普通高等教育"十四五"规划教材

高分子材料加工工艺学

（第二版）

王慧敏　刁　屾　黄　岩　郭焱德　编著

中国石化出版社
·北京·

内 容 提 要

本书共八章。前五章主要介绍高分子材料加工的基础理论，包括聚合物的熔融、溶解、混合、流体的流变性质以及加工过程中涉及的物理和化学变化。后三章首先从塑料加工的角度介绍塑料成型前的配制，重点讲述了挤出理论，塑料的挤出成型、注射成型、压延成型、二次成型的原理、成型方法的工艺和涉及的简单设备，对塑料的其他成型方法做了简单概述；其次从橡胶的角度讲述生胶的配合以及配合体系，生胶的塑炼、混炼以及压延压出成型与硫化的基本原理和工艺；再从合成纤维的角度讲述纤维成型的原理以及后处理中的拉伸和热定型，并对熔融纺丝和溶液纺丝的工艺做了介绍。

本书可作为高分子材料与工程本科专业的专业教材，也可供从事相关专业的人士参考阅读。

图书在版编目(CIP)数据

高分子材料加工工艺学 / 王慧敏等编著. — 2版.
北京：中国石化出版社，2024. 10. —（普通高等教育
“十四五”规划教材）. — ISBN 978-7-5114-7663-0

Ⅰ. TB324

中国国家版本馆 CIP 数据核字第 2024EA9384 号

中国石化出版社出版发行

地址：北京市东城区安定门外大街 58 号
邮编：100011　电话：(010)57512500
发行部电话：(010)57512575
http://www.sinopec-press.com
E-mail：press@sinopec.com
北京富泰印刷有限责任公司印刷
全国各地新华书店经销

*

787 毫米×1092 毫米 16 开本 24.25 印张 581 千字
2024 年 10 月第 2 版　2024 年 10 月第 1 次印刷
定价：60.00 元

第二版前言

《高分子材料加工工艺学》第一版于2012年出版发行，深入浅出地介绍了高分子材料成型加工的基础理论、基本原理，结合实际案例分析了高分子材料的成型工艺，力求做到工艺与工程相结合、理论与实践相结合，比较好地满足了不同层次的高等院校高分子材料与工程专业的教学。本书自出版已被国内十余所院校用作教材，并获评“中国石油和化学工业优秀出版物奖(教材奖)”一等奖。

本次修订是在第一版的基础上，结合使用过程中积累的经验和高等院校教学改革的需要，并根据高等院校“十四五”规划教材的编写要求而完成。

本书保留了第一版原有基本框架、内容和体系，增加了专业的前沿知识，扩充了理论和实践内容，配套了数字化教学资源，可以通过扫描二维码观看丰富的视频、图片和思考题等相关学习资源。本着弘扬社会主义核心价值观的指导思想，部分章节更新补充学科发展史、科学研究方法、材料回收再利用等，同时结合专业的工程认证，强调工程的概念和内容，使教材的科学性、先进性、创新性和实用性更加突出。

本书修订后将纸制教材与信息化资源有机结合，特别是在章节后指明学习的基本要求、重点和难点，增加思考题并进行简单的解析，满足了学生自学、课堂教学、课后复习的全面需求，对促进学生个性化培养起到很好的效果。

本版修订工作由烟台大学王慧敏主持完成，其中，第1~6章由王慧敏执笔，第7章由刁岫以及郭焱德执笔，第8章由黄岩执笔。本书得到烟台大学以及化学化工学院的支持和资助，在此一并表示感谢。

由于编者水平所限，书中难免有不妥之处，敬请读者批评指正。

第一版前言

《高分子材料加工工艺学》是中国石化出版社约稿编写的一本适合于高分子材料与工程本科生的专业教材。

以往该类的教材内容大多以某一类应用较多的高分子类别，或者塑料或者纤维等为主，来讲述高分子材料工艺学的内容。然而高分子材料的涵盖面比较广，涉及的产品种类繁多，有些不同用途的产品其加工方法相差也比较大。并且随着时代的发展，社会对人才的通识性、复合性的要求更高，高校人才培养的目标也发生了很大的变化，专业口径已由狭窄的对口型专业教育向通识性教育基础上的宽口径适应型专业教育转变。因此以单一用途的高分子材料深层次的讲述已经不适合人才培养的需求，取而代之的是从涵盖不同用途的高分子材料，如塑料、橡胶、纤维以及复合材料等几大类出发，分别讲述其特性，并对其共性的部分加以阐述。

本书就是基于以上原因来编写的。其出发点就是本着尽量拓宽专业口径，将高分子材料成型加工的基础理论、基本原理深入浅出地予以介绍，结合实际案例对高分子材料的成型工艺进行分析，力求做到工艺与工程相结合、理论与实践相结合。

此外根据目前本科生的知识状况以及社会对专业人才的需求与二十年前有所不同，因此该书的专业内容在编排上尽量浅显，便于教学工作。

本书在编写过程中，烟台大学化学化工学院的高分子材料专家韩冬冰老师对该书的体系以及内容编排上提出了宝贵的意见，并得到化学化工学院院长任万忠的支持以及同事的鼎力帮助，在此一并表示衷心的感谢。

虽然作者力求使该书能够满足目前高校高分子材料与工程教学的要求，但是由于水平有限，书中难免会有疏漏，敬请同行专家以及读者批评指正。

目　录

第一章　绪　　论

第一节　高分子材料的发展简史

21世纪科学技术的支柱产业有能源工程、信息工程、生物工程以及材料工程。其中材料工程主要包括金属材料(纯金属和合金)、无机非金属材料(玻璃、陶瓷和水泥)、高分子材料(塑料、橡胶、纤维、涂料以及黏合剂)和复合材料。

材料是人类社会进步的物质基础和先导，是人类进步的里程碑。纵观人类发展的历史和材料发展的历史，可以清楚地看到，每一种重要材料的发现和利用都会把人类支配和改造自然的能力提高到一个新的水平，给社会生产力和人类生活带来巨大的变化。材料的发展与人类进步和发展息息相关。从10000年前的旧石器时代，到7000年前的青铜器时代，再到20世纪的钢铁时代，直至20世纪中后期，高分子材料、陶瓷材料的崛起以及复合材料的发展，又给人类带来了新的材料和技术革命，可以看到高分子材料在人类历史中的重要地位。

高分子材料，也称聚合物材料。如今许多传统的材料被高分子材料所取代，而且随着材料品种的不断扩大，许多新型的材料相继问世，为电子工业、宇航工业等领域提供了必要的材料，如分离材料、导电材料、智能材料、储能材料、换能材料、纳米材料、生物活性材料、电子信息材料等。特别是多学科相互交叉渗透，大大加快了高分子材料的发展，例如与生物工程、医疗医药学科的交叉渗透中，高分子材料成为最有希望解决与活性体之间的生物相容性、组织相容性以及免疫反应的有效材料。

高分子材料的使用至今已有几千年的历史，但是真正作为材料使用以及高分子被人们所承认的历史并不是很长久。

橡胶是较早走入人类生活的一种高分子材料。15世纪开始，美洲玛雅人就采用了天然橡胶做容器、雨具等生活用品，但是该产品在温度较高的时候会变黏，弹性也较差。直到1839年，美国人Charles Goodyear发现天然橡胶与硫黄共热后明显地改变了性能，使它从硬度较低、遇热发黏软化、遇冷发脆断裂的不实用的材料，变为富有弹性的材料，这就是橡胶的硫化，也是橡胶作为真正有价值的材料开始使用的一个里程碑。美国的一位印刷工人John Wesley Hyatt为了找出一种代替象牙的材料，进行了大量实验。在1869年，他以硝化纤维作原料，加入樟脑和乙醇的混合物，在高压下共热，制造出了第一种人工合成塑料“赛璐珞”(celluloid)，至今该种材料还在使用。世界上第一根人造丝，是1855年由法国化学家Count Hilaire de Chardonnet发明。他利用硝酸纤维素溶解在乙醚和乙醇的混合溶液中得到一种黏稠的溶液，再用一根玻璃细管把液体挤到空气中，溶剂挥发后得到光亮柔韧的细丝，这就是纤维的鼻祖。

1909年，美国人Leo Baekeland用苯酚与甲醛反应制造出第一种完全人工合成的塑料——酚醛树脂。酚醛树脂的出现标志着合成高分子材料时代的到来。1920年，德国人

Hermann Staudinger 发表了“关于聚合反应”的论文，提出了高分子物质是由具有相同化学结构的单体经过化学反应(聚合)，通过化学键连接在一起的大分子化合物。高分子或聚合物一词即源于此，标志着高分子时代的开始。1926 年，瑞典化学家斯维德贝格等设计出一种超离心机，用它测量出蛋白质的相对分子质量，证明高分子的相对分子质量的确是从几万到几百万。1930 年，聚苯乙烯(PS)在德国商业化生产。1932 年，Hermann Staudinger 总结了自己的大分子理论，出版了划时代的巨著《高分子有机化合物》，成为高分子化学作为一门新兴学科建立的标志。1935 年，杜邦公司基础化学研究所的 Wallace H. Carothers 合成出聚酰胺 66，即尼龙 66，并在 1938 年实现工业化生产。1930 年，德国人用金属钠作为催化剂，用丁二烯合成出丁钠橡胶和丁苯橡胶。1940 年，英国人 T. R. Whinfield 合成出聚酯纤维(PET)。1940 年，Peter Debye 发明了通过光散射测定高分子物质相对分子质量的方法，1948 年，Paul Flory 建立了高分子长链结构的数学理论。1953 年，德国人 Karl Ziegler 与意大利人 Giulio Natta 分别用金属络合催化剂合成了聚乙烯与聚丙烯。1955 年，美国人利用齐格勒-纳塔催化剂聚合异戊二烯，首次用人工方法合成了结构与天然橡胶基本一样的合成天然橡胶。1956 年，Szwarc 提出活性聚合概念，高分子进入分子设计时代。1971 年，S. L. Wolek 发明可耐 300℃高温的芳纶复合材料(Kevlar)。

1970 以后，高分子合成新技术不断涌现，高分子新材料层出不穷。1974 年，美国 Rockefeller 大学著名生物化学家 R. B. Merrifield 将功能化的聚苯乙烯(PS)用于多肽和蛋白质的合成，大大提高了涉及生命物质合成的效率并缩短了合成时间，在功能高分子材料应用于生命物质合成领域作出了突出贡献，获得了 1984 年度诺贝尔化学奖。2000 年，日本人白川英树、美国人艾伦·黑格和艾伦·马克迪尔米德等有关导电高分子材料——掺杂聚乙炔的研究和应用成果突破了“合成聚合物都是绝缘体”的传统观念，开创了高分子功能化研究和应用的新领域。

当然作为新兴材料科学的一个分支，高分子材料目前已经渗透到工农业、建筑、航空航天、国防、商业、医药以及人们的衣、食、住、行的各个方面。在我们生活的环境中，无时无刻不同高分子材料打着交道。我们的生活离不开高分子材料。

由于历史的原因，1950 年以前我国的高分子科学和工业几乎是一片空白。当时国内没有一所高等学校设立高分子专业，更没有开设任何与高分子科学与工程相关的课程。除上海、天津等地有几家生产“电木”制品(酚醛树脂加木粉热压成型的电器元件等)和油漆的小型作坊以外，国内没有一家现代意义的高分子材料生产厂。直到 1954—1955 年，国内首批高分子理科专业和工科专业分别在北京大学和成都工学院相继创立。时至今日全国各层次的高等学校中设置高分子科学、材料与工程专业和开设高分子课程的学校在百所以上，近 70 年来为国家培养出了大批高分子专业人才。人才的出现也大大地促进了高分子工业的发展。从 20 世纪 50 年代开始，国内一批中小型塑料厂、合成橡胶厂、化学纤维和涂料工厂相继投入生产。20 世纪 60—80 年代是我国高分子材料工业飞速发展的时期，与此同时一大批万吨乃至 10 万吨以上级别的大型聚乙烯(PE)、聚丙烯(PP)、聚氯乙烯(PVC)、聚苯乙烯(PS)、ABS、SBS 以及其他类别的高分子材料生产和加工的大型企业在全国各地相继建成投产。其中上海金山、南京扬子、江苏仪征、山东齐鲁、北京燕山、湖南岳阳以及天津、兰州、吉林等地已经成为我国重要的大型高分子材料生产基地。

从高分子学科确立到现在已经经历一个世纪，我国在高分子科学基础研究、专业技术人才培养以及各种高分子材料的生产发展相对迅速。高分子材料产业是建设高端制造强国的关键支撑，也是推动国民经济可持续增长的重要驱动力。中国式现代化背景下，推进高分子材料产业高质量发展，是保障高分子材料产业链供应链安全稳定、攻克关键核心“卡脖子”技术、促进战略性新兴产业集群发展的重要抓手。

高分子材料主要发展趋势体现在以下几个方面：

① 高分子材料的功能化——实际应用的主要方向，功能高分子材料发展迅速，应用领域不断扩大，越来越多的功能高分子材料走向实际应用，体现越来越明显的优越性。

② 高分子材料的复合化——高分子材料发展的有效途径，具备更强的复合功能的高分子材料将会运用在各领域中，促进各领域蓬勃发展。

③ 高分子材料的智能化——未来发展的主要方向，也是具有挑战性的重大课题，能够为实际生活带来很大的提升。

④ 高分子材料的可持续性——未来高分子材料发展的重中之重，改变其不可降解的性质，研发绿色无污染的高分子材料，保证生态环境的健康，促进高分子材料可持续发展。

第二节　高分子材料的加工过程

高分子材料是以高分子化合物为基体，辅以改善材料加工性能和使用性能的各种添加剂，通过某些方法成型的具有一定使用价值的制品。不同类型的高分子材料需要不同类型的添加成分，比如添加于塑料中的有增塑剂、稳定剂、填料、润滑剂、增韧剂等成分，称为助剂；添加于橡胶中的有硫化剂、硫化促进剂、补强剂、软化剂、防老剂等成分，称为配合剂；涂料中添加的助剂有催干剂、悬浮剂、增塑剂、颜料等成分。可见高分子材料是一个比较复杂的体系。

在众多的高分子材料中，塑料、橡胶和合成纤维所占比重较大，其次为涂料和黏合剂。

塑料是一种以高相对分子质量的有机物质为主要成分的材料，它在加工完成时呈现固态形状，在制造以及加工过程中，可以借助其流动来造型。这是美国材料试验协会对塑料的定义。

橡胶是具有可逆形变的高弹性的高分子材料，也称为弹性体。其在室温下富有弹性，在很小的外力作用下能产生较大形变，除去外力后能恢复原状。橡胶属于完全无定形聚合物，它的玻璃化转变温度低，相对分子质量往往很大，一般大于几十万。

高分子材料的基本常识

纤维是指纤细而柔软，长度至少为直径的100倍，具有一定韧性的纤细物质。纤维具有分子间作用力大、弹性模量大、形变量小、强度高等特点，一般为具有晶相的聚合物。本书介绍的纤维，如果没有特殊的说明主要指合成纤维。

为了扩大高分子材料的用途，需要对高分子材料或体系进行操作，得到有实用价值的产品，这就是高分子材料的加工。

由于高分子材料的多样性，例如涂料和黏合剂可以采用预聚体或聚合物溶液，而塑料和橡胶采用树脂或生胶进行成型加工成制品才能得以应用。因为其种类不同，用途各异，成品的形状千千万万，因此高分子材料的加工方法五花八门。在本书中我们着重学习高分子材料制品，如塑料制品、橡胶制品以及纤维制品的加工方法。

如图 1-2-1 所示为高分子材料制品的加工过程，可以看到高分子材料的成型加工大致分为三个阶段：

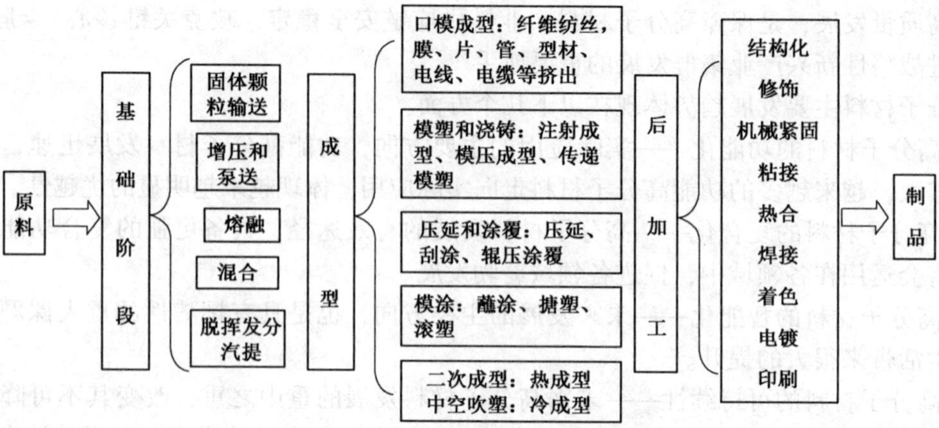

图 1-2-1　高分子材料的成型过程

(1) 基础阶段

基础阶段主要是为成型做准备工作，不同用途的产品其准备工序不同，但大体可以分为粒状固体物料的输送、原料的熔融、液体物料的增压和泵送、物料的混合等。准备工序可以单独作为一个工段，也可以与成型过程连续完成。

(2) 成型

高分子材料的产品非常多，种类、形状、功能也不同，因此成型方法也五花八门。不同用途的高分子材料成型有其共性，也有个性。成型可以归纳为以下几类：

① 口模成型　凡是成型时使聚合物流体(包括熔体、溶液等)连续通过口模(机头)的成型均属于口模成型。例如：纤维的成型，一般称为纤维的纺丝；塑料薄膜、板材、片材、异型材、电线和电缆绝缘的成型，称为塑料的挤出成型；橡胶板材、管材半成品的成型，称为橡胶的压出成型。

② 模塑和铸塑　模塑和铸塑是一类成型方法，包括热塑性聚合物和热固性聚合物为模具"供料"的所有方法。主要包括注射成型、模压成型、传递模塑，以及单体或低相对分子质量的聚合物的普通浇铸和"原位"聚合。其中注射成型应用比较广，主要为塑料的注射成型和橡胶的注压成型。

③ 压延和涂覆　压延和涂覆是一种稳定的连续成型过程，在橡胶和塑料的生产中应用很多。一般采用辊筒作为主要部件，可以进行橡胶压片、橡胶贴合半成品，以及塑料膜、塑料人造革、塑料壁纸等成品的成型。

④ 模涂　在模具的内表面或外表面敷上一层较厚涂层的操作成型方法称为模涂。例如蘸涂、搪塑、滚塑等加工方法。

⑤ 二次成型　二次成型指已经经过预成型的热塑性聚合物的进一步成型，一般是以一次成型的半成品作为原料，例如：纤维的拉伸、塑料的热成型、塑料的吹塑等均属于二次成型。

(3) 后处理阶段

后处理是根据不同的成型制品的需要设定的，包括结构化、修饰、机械紧固、粘接、热合、焊接、着色、电镀、敷金、印刷、彩绘等。不同的高分子材料其后处理阶段差别较大。

基础阶段、成型阶段、后处理阶段中以成型为主要阶段。高分子的加工成型方法非常多，这些方法中有的以物理变化为主，原料需要经过加热、流动成型、冷却定型，例如热塑性材料的挤出注射、纤维的纺丝；有的以化学变化为主，原料经过加热，发生化学反应固化成型，例如预聚体的浇注成型；有的既有物理变化又有化学变化，原料经过加热流动，在流动成型过程中发生化学反应、固化成型，例如橡胶和热固性塑料的注射成型、模压成型等。

高分子材料的加工过程是一个复杂的物理化学变化过程，任何一种高分子材料的加工技术都是从流动变形出发的，因此高分子材料的成型加工流动变形是必要条件。

第三节　配方设计

配方不是原材料之间简单的、经验性的组合，而是在充分研究高分子材料结构与性能关系基础上的综合设计的结果，是一个富于挑战性、且专业性很强、涉及面广泛的技术设计工作。配方设计不仅要求了解所用原料、成型加工工艺和材料的使用条件，同时要对其中组分的配合方法、配方中各组分的优化都要做到详细的分析，以满足材料的加工和使用要求，以期得到最大的收益。它涉及材料加工、应用、配合的各种理论，也涉及长期积累的实际生产经验，只有不断地进行摸索，不断地通过实验工作，才可能使一种配方日臻完善。

但是，一个好的制品绝不仅仅局限于配方设计，它还涉及成型加工工艺及成型设备的选型，制品的外观设计及结构设计、模具设计等，配方设计是保证产品质优的核心。

一、配方设计的基本原则

配方设计的关键在于要对现有的理论、资料充分地分析、消化，经过实验实践，一步步摸索、总结，从而得到符合制品使用要求的配方。

在配方的设计中通常要遵循以下几个原则：

① 查阅相关的资料，掌握原材料的基本性能以及各种组分之间的匹配性，了解原材料的成型加工性和价格因素。

② 根据资料上的数据初步设计配方的组分以及配比。

③ 通过实验对上述的配方进行验证和调整，最终确定配方。

二、配方的表示方法

以橡胶为例，配方的表示方法主要有以下几种，如表 1-3-1 所示。

表 1-3-1　橡胶的配方组成

配合剂名称	质量/份	质量分数/%	体积分数/%	生产配方/kg
天然橡胶	100	62.11	76.70	50
硫黄	3	1.86	1.00	1.5
促进剂 M	1	0.62	0.50	0.5
氧化锌	5	3.11	0.60	2.5
硬脂酸	2	1.24	1.60	1
炭黑	50	31.06	19.60	2.5
合计	161	100	100	80.5

第一种是以质量份数来表示的配方，即以生胶的质量 100 份为基准，其他配合剂用量是以生胶 100 份的量来确定质量份，常用于实验室。第二种是以质量分数来表示的配方，即以

胶料的总质量为100，生胶及配合剂用量都以质量分数来表示，常用于生产中计算材料的成本。第三种是以体积分数来表示的配方，即以胶料的总体积为100，生胶及配合剂用量都以体积分数来表示，常用于生产中计算材料体积成本。第四种是按照炼胶机的容量来制定的配方，也称为实际生产配方。

后三种配方都是从第一种配方算出。

三、配方设计的程序及检验

配方设计按照以下程序进行：

① 确定产品的技术要求，再根据要求制定产品的性能指标，作为配方设计依据。

② 详细收集技术资料，了解同类或类似产品的配方情况作参考。

③ 编制设计方案(包括基础实验和变量实验范围)。

④ 进行实验和整理资料(实验室)。

⑤ 复试和中试，确定生产配方。

生产配方内容应该包括配方选定的组分及组分用量、材料质量指标、工艺条件以及检验方法等整套技术资料。

配方设计的流程如图1-3-1所示。整个过程可以概括为配方拟定和实验筛选两个部分。

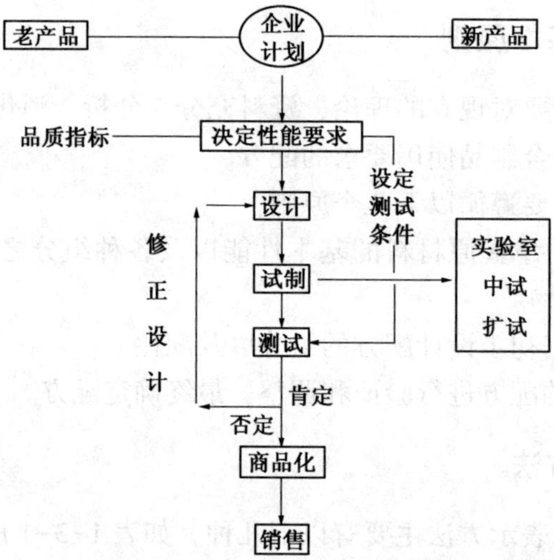

图1-3-1 配方设计的流程

1. 配方拟定

首先根据制品性能要求、加工方法和成本等因素来选择原材料，并初步确定树脂与助剂、其他组分的比例关系，拟定出供实验用的配方。

例如聚氯乙烯(PVC)产品配方设计的时候，首先了解PVC树脂的类型、性能(包括基本性能，使用性能)、适合的加工方法，然后进行树脂和助剂的选择，树脂和其他组分的配比关系设计。其中树脂和其他组分的配比关系是关键环节，一般采用单因素法设计、多因素多水平的正交设计等。

2. 实验筛选

所设计的配方正确与否需经过实践检验，即所设计的配方要用实验来筛选，而且实验要求具有重复性。

实验筛选的原则是根据需要测定不同的性能。原则上一种配方的筛选要首先考虑刚度、弯曲强度，其次考虑拉伸强度、伸长率，再者考虑冲击强度、耐热性、电绝缘性、化学稳定性等。

四、配方中配比关系的确定

在配方设计中，往往要进行许多变量实验来优选其中组分的配比关系，以便确定最佳的配方，目前多采用数理统计的方法进行实验，例如正交实验设计法、回归分析实验设计法等等。

由于配方中的组成较多，每一种组分对于性能的影响都不相同。有时两种组分还会产生协同效果或排斥效应，因而长期以来采用了“炒菜式”的实验方法，即选择若干的实验点，一点点地进行实验。这种方法实验量大，也很难全面地反映材料性能的影响因素。因而要采用一种方法，在尽可能减少实验次数的基础上，得到性能良好的配方，就要利用数学的方法进行实验设计。目前常用的实验设计方法有正交实验设计和正交回归实验设计。

（一）正交实验设计

所谓正交实验法就是用一种排列整齐的规格化的表，即正交表来安排实验和分析实验结果。正交实验设计在生产和科研中已得到了广泛的应用。特别是当一个实验中所考察的因素很多时，正交设计的方法非常有效。

1. 制定因素水平表

制定因素的水平表时，首先要对各个因素进行分析，找出对性能有显著影响的因素，按照一定的顺序分别称为因素 A、因素 B、因素 C。在选定因素后，就要对各个因素进行分析，以确定这些因素的水平。所谓水平就是各因素在其变化范围内所取的实验点。根据经验及专业知识，选择因素的三个水平 1、2、3，相应的因素 A 的三个水平为 A_1、A_2、A_3，相应的因素 B 的三个水平为 B_1、B_2、B_3，相应的因素 C 的三个水平为 C_1、C_2、C_3。

2. 设计实验方案

在因素以及因素的三个水平确定后，就要选择一张合适的正交表安排实验。正交实验表参考相应的正交设计书籍。例如三因素三水平的试验，可选的三水平正交表中实验次数最少的是正交表 $L_9(3^4)$，如表 1-3-2 所示。此时的实验次数为 9 次，可以代替全部的 27 次实验。

表 1-3-2　正交设计表 $L_9(3^4)$

实验号	因素 1	因素 2	因素 3
1	A_1	B_1	C_1
2	A_1	B_2	C_2
3	A_1	B_3	C_3
4	A_2	B_1	C_2
5	A_2	B_2	C_3
6	A_2	B_3	C_1
7	A_3	B_1	C_3
8	A_3	B_2	C_1
9	A_3	B_3	C_2

3. 进行实验

按照上述正交实验安排表，严格地进行实验，并记录各次实验的结果，保持实验的重复性。

4. 分析实验结果

按照正交表实验，记录实验数据，并列入表中性能一栏，如表 1-3-3 所示中的数据 D、E、F、G、H、I、J、K、L。然后计算相应因素中不同水平的实验结果。表中 k_1 为水平 1 的实验结果平均值，k_2 为水平 2 的实验结果总和，k_3 为水平 3 的实验结果平均值。最后对各因素分别计算极差 R，也就是最大值与最小值之差。极差 R 大者表示该因素的波动对实验结果影响较大，极差 R 小者表示该因素的波动对实验结果的影响较小。

表 1-3-3　实验结果

实验号	因素 1	因素 2	因素 3	某个性能数值
1	A_1	B_1	C_1	D
2	A_1	B_2	C_2	E
3	A_1	B_3	C_3	F
4	A_2	B_1	C_2	G
5	A_2	B_2	C_3	H
6	A_2	B_3	C_1	I
7	A_3	B_1	C_3	J
8	A_3	B_2	C_1	K
9	A_3	B_3	C_2	L
k_1	$(D+E+F)/3$	$(D+G+J)/3$	$(D+I+K)/3$	
k_2	$(G+H+I)/3$	$(E+H+K)/3$	$(E+G+L)/3$	
k_3	$(J+K+L)/3$	$(F+I+L)/3$	$(F+H+J)/3$	
极差 R	$R_A=\max k_i-\min k_i$	$R_B=\max k_i-\min k_i$	$R_C=\max k_i-\min k_i$	

正交实验设计举例

正交实验对于各种配方都适用，它方便易行，可以帮助我们较快地筛选配方。但它也存在某些缺点，如在所设计水平外的数据无法得到，对于性能不能进行连续的预测。

5. 正交实验设计举例

为了更好地掌握正交实验设计，我们以 PVC 加工流动性实验和 PVC 复合板实验为例，通过确定因子、水平、交互作用，选择合适的正交表，实验以及实验结果分析，得到合理的配方。

（二）正交回归设计

采用正交回归设计，可以同时估计几个变量的效应，通过对实验结果的分析，建立变量与性能之间的数学模型，并用最优化方法在配方体系的变量范围内寻找最佳解，从而得到最佳的配方。相对于一般的正交设计而言，它克服了因子变化不连续及不能对性能进行预测的缺点，并可以利用计算机对所得的结果进行分析处理，提高了工作效率，节省了人力物力。利用计算机对所建立的数学模型绘制性能的等高线图，可以较直观地观察各因素对性能的影响。

正交回归设计的方法是根据数理统计的原理，由经验设计变量因子和水平，对水平进行组合，根据结构矩阵安排实验，并用计算机对实验数据进行数值分析计算，用回归分析的方法建立变量因子与性能指标间的数学模型，运用最优化方法在配方体系的变量范围中寻求最优解，从而得出材料的最佳配方。其大致的步骤如图 1-3-2 所示。

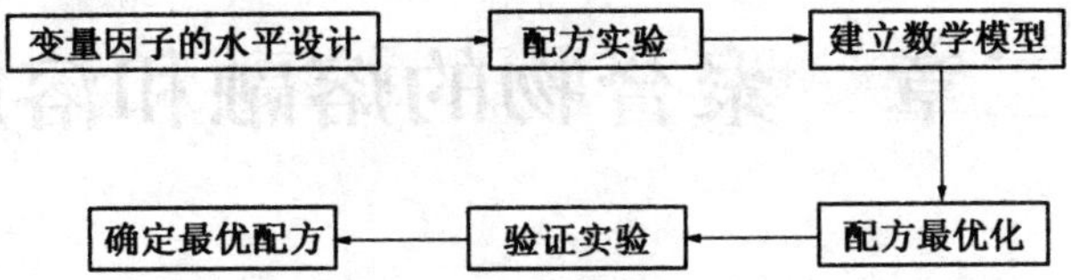

图 1-3-2　正交回归设计的步骤

第一章思考题

第二章　聚合物的熔融和溶解

聚合物的熔融和溶解是高分子材料加工成型的基础阶段。大部分聚合物的加工是在聚合物的熔融状态下进行的。熔融的聚合物可以利用外力的作用使其进行流动成型，例如塑料的挤出成型、注射成型，橡胶的挤压成型和纤维的熔融纺丝等。还有一些聚合物的成型是处于聚合物的溶液状态下，如纤维的溶液纺丝、塑料的浇注成型等。因此熔融和溶解是聚合物加工成型的一个非常重要的阶段。

然而高分子化合物不同于小分子化合物，它的相对分子质量大，分子链长，其结构具有多层次性和多样性，这些特点使聚合物的熔融和溶解变得非常复杂。

第一节　聚合物的熔融

一、聚合物的熔融过程

聚合物的熔融过程是完成对固体聚合物的熔化和融合，使其转变为聚合物熔体的过程。

按照聚合物的结构，当聚合物吸收大量热量时，聚合物大分子之间的活动能大于分子之间的作用力，聚合物的链节及整个大分子链产生自由运动，随着大分子链吸收能量的不断增加，当有外力时，出现大分子链的流动，这时聚合物转变为黏流状态。

由于很多聚合物的熔体黏度比较大，所以在大分子链流动过程中，由于内部的摩擦会产生较大的热量。这种剪切摩擦热在单位体积的熔体中产生的速率 Q，可以用下列公式来表示：

$$Q=\frac{1}{J}\tau\dot{\gamma}=\frac{1}{J}\eta_a\dot{\gamma}^2$$

式中　Q——速率；

τ——剪切应力；

η_a——表观黏度；

$\dot{\gamma}$——剪切速率；

J——热功当量。

聚合物的成型，流动变形是必不可少的，聚合物熔体在流动过程中势必会产生剪切摩擦热。因此在加工成型过程中，聚合物熔融的能量来源实际上是由两部分组成：一个是聚合物开始熔融提供的热量，称为外热，一般是由安装在设备外面的加热器提供的，主要以热传导的形式把热量传递给固体聚合物；还有一部分就是由于流动产生的大分子之间、大分子和设备之间的剪切摩擦热，称为内热。从上面的公式看到，摩擦内热与设备的结构、设备运转的速度以及聚合物本身的性能有关。

剪切摩擦内热在聚合物成型加工中是普遍存在的，例如塑料在挤出机中的熔融过程、橡胶在密炼机中的塑炼和混炼等，是通过设备的相对运动等途径来实现的，这种熔融方法称为有强制熔体移走的传导熔融，如图 2-1-1 所示。

该方法熔体被强制移走，为进一步的热传导提供了方便。同时在熔体移走过程中，由于设备的运动，熔体被拖曳或受到压力的作用，使高黏性的聚合物熔体产生大量的剪切摩擦热量，为聚合物的熔融提供了能量。这种方法的熔融必须考虑其内热和外热的比例协调，否则容易造成聚合物的过热分解或塑化不良。

还有一种无熔体移走的传导过程的熔融，即熔融所需的全部热量由接触或暴露表面提供，基本没有内热，例如塑料的滚塑过程，如图 2-1-2 所示。

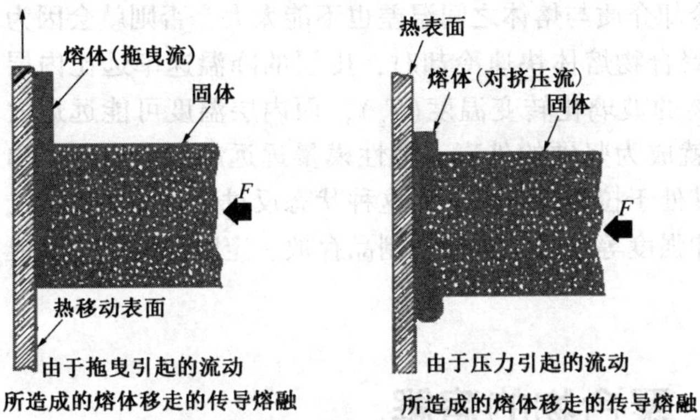

图 2-1-1　有熔体移走的传导熔融

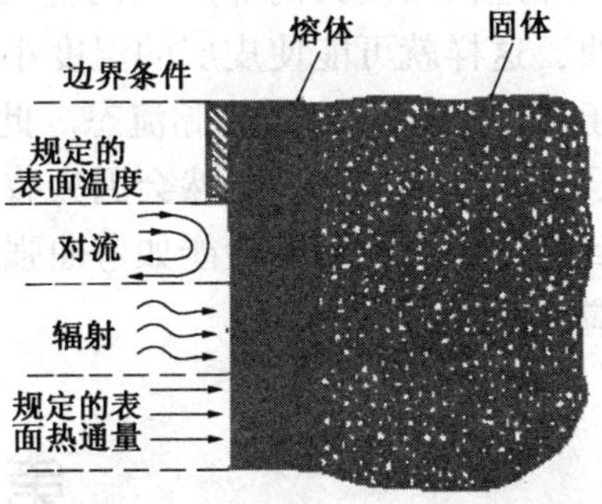

图 2-1-2　无熔体移走的传导熔融

有强制熔体移走的传导熔融和无熔体移走的传导熔融是聚合物加工中主要的两种熔融方法，大部分聚合物的熔融以前者为主。

二、影响熔融的因素

无论何种方式的熔融，必须提供足够的能量使聚合物大分子能克服分子间作用力。

聚合物的熔融过程服从热力学原理，与系统的自由能、熵值和热焓值的变化有关，用热力学的基本方程表示如下：

$$\Delta F=\Delta H-T_m\Delta S$$

式中　ΔF——系统自由能；

ΔH——聚合物热焓值；

ΔS——聚合物热熵值；

T_m——聚合物熔点。

聚合物熔化过程中是系统自由能趋于零的过程，因此就有：

$$\Delta F=\Delta H-T_m\Delta S=0$$

所以聚合物的熔化温度：$T_m=\dfrac{\Delta H}{\Delta S}$

从上式中可以看到，聚合物随着分子链中热焓值的增加，熔点提高；而当热焓值一定时，随着熵值的变化而变。例如无定形聚合物或结晶度比较低的聚合物，由于链的柔性大，构象数目多，熵变较大，熔化温度较低，在相同温度条件下，其熔融速率较大；反之，结晶聚合物熔化温度较高，要想得到较高的熔化速率就需要较高的熔融温度，而较高的熔融温度下可能会造成聚合物局部温度过高而降解。这是因为聚合物的熔融和聚合物的热物理性质有关。例如，比热容(c_p)、导热系数(α)、熔化潜热(K)等。聚合物的比热容越大，熔融所需的热量越大，熔融速率越小；聚合物的导热系数越小，熔融速率越小；结晶聚合物的熔化潜热越大，熔融速率越小。

和金属材料相比，聚合物的导热系数小很多，而且相差非常悬殊。例如聚丙烯的导热系数为0.172W/(m·K)，而铜的为385W/(m·K)，可见聚合物材料的热传导速率非常低。况且当聚合物熔融处于黏流状态时，由于分子链较长，熔体黏度较高，此时热传导很慢。提高聚合物的熔融温度，可能会造成局部温度过高导致聚合物的降解，因此聚合物的加热不容易。

同样道理，聚合物熔体在冷却时，冷却介质与熔体之间温差也不能太大，否则就会因为冷却过快而使其内部产生内应力。因为聚合物熔体快速冷却时，皮层的降温速率远比内层快，这样就可能使皮层的温度小于聚合物的玻璃化转变温度(T_g)，而内层温度可能远远大于T_g，处于高弹态或黏流态。此时皮层就成为坚硬的外壳，弹性模量远远超过内层，当内层进一步冷却时，必然会因为收缩而使其处于拉伸的状态。而这种状态反过来又会使皮层受到压应力，使制品性能如弯曲强度、拉伸强度等下降，这样当制品存放一定时间后还会造成应力开裂。

第二节　聚合物的溶解

在高分子材料成型中，有时候需要利用聚合物的溶液作为原料，即将聚合物采用合适的溶剂进行溶解成溶液，然后成型。例如聚丙烯腈的溶液纺丝、纤维素的流延铸膜等。

聚合物溶液是高分子化合物溶解于低分子溶剂中形成的二元或多元体系。聚合物溶液分为浓溶液和稀溶液：浓溶液浓度一般在15%以上，例如纤维的溶液纺丝，浓度在45%以上，而胶黏剂、油漆、涂料等，浓度可达60%以上；稀溶液浓度在1%以下，主要用于理论研究，例如研究聚合物的相对分子质量以及分布、聚合物在溶液中的形态和尺寸等。

一、聚合物的溶解过程

由于聚合物具有相对分子质量大、分子链长的特点，与小分子相比，其溶解的机理、溶解过程、溶液的性质差别非常大。

聚合物溶解时，由于聚合物大分子与溶剂的分子尺寸相差比较大，分子运动速度存在着较大的差别。溶解时，首先是溶剂分子扩散进入聚合物的外层，并逐渐由外层进入内层，使聚合物的体积增大，这个阶段称为溶胀阶段。溶胀后的聚合物大分子克服分子间作用力，逐渐分散到溶剂中，直到形成均匀的溶液，达到完全溶解。对于体型网状结构的聚合物，由于三维交联网的束缚，溶胀到一定程度后就被分子链的熵弹性所平衡，因此其只能达到溶胀平衡，而不能溶解。能够溶解的聚合物是具有线型结构的聚合物。

从热力学的角度来看，随着溶解的进行，大分子之间、溶剂分子之间的作用力不断减弱，而大分子和溶剂之间的作用力则有所提高。与此同时，大分子和溶剂分子均发生空间排列状态和运动自由度的变化。分子之间作用力的变化将使体系的热焓ΔH发生变化；而分子运动自由度的改变则与体系的熵值ΔS有关。因此溶解过程能否自发进行，可以采用体系在溶解过程中所发生的自由能ΔF_m的改变来判断。

与小分子的溶解过程一样，聚合物的溶解过程也服从热力学关系式：

$$\Delta F_{m}=\Delta H_{m}-T\Delta S_{m}$$

式中 ΔF_{m}——混合自由能；

ΔH_{m}——混合热焓；

ΔS_{m}——混合熵；

T——绝对温度。

聚合物和溶剂混合时，当混合自由能 ΔF_{m} 为负值时才能溶解。在溶解过程中，分子的排列趋于混乱，混合过程中熵的变化是增加的，因此混合自由能取决于混合热焓的正负和大小。

聚合物-溶剂体系在溶解过程中热力学函数的变化，大致分为两类：

一类是由热焓变化决定的溶解过程。极性聚合物，特别是刚性链的聚合物在极性溶剂中发生的溶解过程，由于大分子和溶剂之间的强烈相互作用，溶解时放热 $\Delta H_{m}<0$，使混合体系的自由能降低而溶解。

另一类是由熵变决定的溶解过程。一般非极性聚合物在非极性溶剂中的溶解属于该类型。溶解过程不放热或发生某种程度的吸热，$\Delta H_{m}>0$，同时过程所发生的熵变很大，$\Delta S_{m}>0$。

对于不同的聚合物，如结晶的、非晶的，极性的、非极性的，交联的、线型的等，其溶解过程均不同。非晶态聚合物的溶解过程，只要有足够量的良性溶剂和一定量的非晶态聚合物，溶解过程一般是进行先溶胀，然后溶解。结晶聚合物的溶解和非晶态聚合物的溶解不同。由于结晶聚合物的分子排列规整，堆砌紧密，分子间作用力很大，溶剂分子很难渗透进入聚合物的内部。结晶聚合物的溶解要经过两个过程：①结晶聚合物的解结晶，需要吸热；②解结晶聚合物与溶剂进行混合，直至聚合物大分子散落于溶剂中完全溶解。非极性的结晶聚合物在室温下很难进行，需升高温度，甚至加热到聚合物熔点附近，即结晶完全破坏，转变为非晶态后才能溶解，例如全同立构聚丙烯的溶解，选用四氢萘作为溶剂，首先需要在135℃条件下熔融，然后才能溶解。极性结晶聚合物，只要选择合适的极性溶剂，在室温下就可以溶解。例如聚酰胺可溶解于甲苯酚、40%硫酸、苯酚-冰乙酸的混合溶剂中，而聚乙烯醇可溶于水、乙醇等。

二、聚合物的溶解特性和溶液性质

聚合物的溶解及其溶液的性质依赖于聚合物的平均相对分子质量，而聚合物的平均相对分子质量又具有多分散性，因此增加了聚合物的溶解过程和聚合物溶液性质研究的复杂性。

聚合物的溶解特点和溶液性质如下：

① 聚合物的溶解过程比小分子的溶解过程要缓慢得多。

② 聚合物溶液的黏度明显大于小分子溶液。

③ 聚合物溶液是处于热力学平衡状态的真溶液。

④ 聚合物溶液的行为与理想溶液的行为相比有很大偏离。偏离的原因是聚合物溶液的混合熵比小分子理想溶液的混合熵大很多。

⑤ 聚合物溶液的性质存在着相对分子质量依赖性，而聚合物又具有相对分子质量多分散性的特点，因此增加了聚合物溶液性质研究的复杂性。

三、影响溶解的因素

前面从热力学角度分析了溶解过程中的焓和熵变化，归根到底与聚合物的结构和溶剂的性质有关。

1. 大分子链结构的影响

（1）分子之间的作用力

大分子之间作用力比较强的聚合物一般难于溶解，例如，聚丙烯腈分子间的作用力大，溶解度小，但是如果利用丙烯酸甲酯或甲基丙烯酸甲酯与丙烯腈共聚，其溶解度会增大。

（2）大分子链上官能团分布的均匀性

分子链上官能团如果分布均匀，结构规则，结晶能力强，其溶解度小。

（3）大分子链的柔性

大分子链的柔性大，较容易溶解，当然分子链的柔性与聚合物的整体结构和体系温度有关。例如刚性分子链的聚合物在室温下仅仅发生溶胀，只有高温下才能溶解。

2. 超分子结构的影响

无定形聚合物比部分结晶聚合物容易溶解，主要从分子间的作用力来考虑。例如结晶的聚烯烃，在20℃发生有限的溶胀，在100℃以上的高温才溶解，温度高造成分子间作用力降低。聚乙烯醇的结晶度高，只有在加热的条件下才溶解，且溶解度和结晶度有关。而聚四氟乙烯由于高的结晶度，即使在加热的情况下，也难于溶解。

3. 溶剂的影响

溶剂所具有的溶解能力与其化学结构、溶剂与大分子链上的活性官能团相互作用强弱以及溶剂的缔和关系有关，大多数纺丝液的成纤聚合物都是极性聚合物，一般采用极性溶剂。但是极性溶剂不一定都能溶解极性聚合物(如刚性比较大的)，它们之间的溶剂化程度，与溶剂的极性官能团和聚合物的结构有关。

混合溶剂或溶剂和非溶剂的混合物，在很多情况下比单一的溶剂有更好的溶解性。主要是因为聚合物大分子链上存在各种特殊的官能团，能被具有特性的分子溶剂化。

4. 其他因素

在聚合物溶解过程中，由于聚合物的相对分子质量大，因此溶解速度比小分子慢很多。而溶解的速度问题在实际生产中是很重要的。

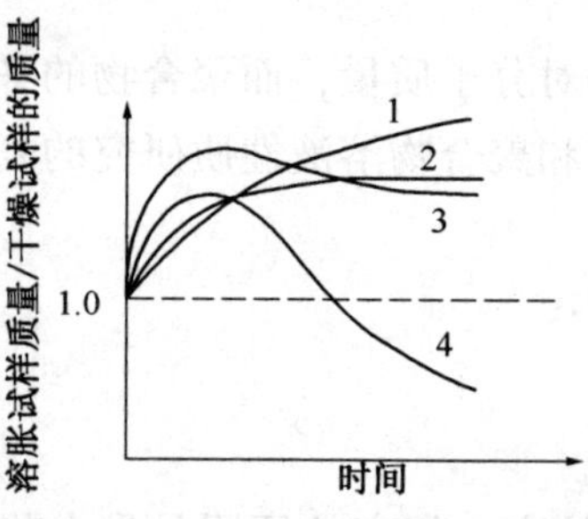

图 2-2-1　聚合物溶解过程试样质量的变化

1—慢速有限溶胀；2—快速有限溶胀；

3—伴有可提取的低分子物质的溶胀过程；

4—伴有部分聚合物溶解过程的溶胀

聚合物溶解过程分为两个阶段，溶胀和溶解。其中溶胀的速度对整个溶解速度有着重要的影响。聚合物的溶胀程度与时间、溶剂的性质、组成、温度、压力等条件有关，聚合物试样在溶胀及溶解时质量的变化如图 2-2-1 所示。图中曲线 1、曲线 2 表示聚合物典型的有限溶胀特征。曲线 3 表示聚合物中含有少量低分子物质，在溶胀过程中，低分子物质被提取，使聚合物的含量下降。曲线 4 表示聚合物除发生溶胀外，试样还进一步发生溶解，最终样品能够完全溶解。

由于聚合物的相对分子质量很大，不可能直接溶解，溶剂扩散到聚合物中产生溶胀过程，提高了聚合物链的柔性，降低了分子间的相互作用力，使聚合物的大分子链逐渐转入液相。但是由于聚合物溶液的黏度较高，分子扩散慢，从聚合物表面逐步扩散是慢慢转为液相，溶解速度主要取决于溶剂的扩散速度。溶剂的溶解过程服从菲克(Fick)定律：

$$I_v = \pm \overline{D}\frac{v_p}{\delta}\Delta C$$

式中 I_v——扩散的体积；

$\overline{D}$——平均扩散系数，主要与溶剂和聚合物的扩散系数有关，由于溶剂的扩散系数远远大于聚合物，因此平均扩散系数主要受溶剂扩散系数的影响；

v_p——扩散物质的比容；

δ——聚合物溶胀层的厚度；

ΔC——聚合物内外层扩散物质的浓度差。

从上式分析看到，聚合物的溶解过程主要决定于溶剂的扩散系数 $\overline{D}$，特别是当温度较高时，可以加速溶剂向聚合物分子的扩散，使聚合物溶胀，大分子链柔性增大，扩散加快。降低扩散层的黏度，容易使大分子离开聚合物表面，提高溶解速度。

为了加速溶解，采用强烈的搅拌，可以促使破坏表面高黏度层的溶液，使溶解的大分子能够及时离开聚合物的表面，降低表面的黏度，加快溶解。

此外加速溶解还可以使聚合物的粒子尺寸减小，增大与溶剂分子的接触表面。

第二章思考题

第三章　混　合

在聚合物的成型加工中，很少有单一聚合物的成型，其中或多或少要加入一些添加剂来改善加工性能、提高产品的使用性能以及降低产品成本。例如聚氯乙烯塑料的成型，根据需要，在聚氯乙烯中加入热稳定剂、增塑剂、润滑剂等助剂；橡胶的加工也要加入硫化剂、防老剂、增强剂等配合剂。如此多的组分添加到聚合物中，要与聚合物成为一个整体，使多组分不均匀的体系变为多组分均匀体系，保证制品的性能，其关键环节就是混合。

第一节　混合的基本概念和混合理论

一、混合的基本概念

“混合”一词严格地说应该称为“混和”。混和通常指用机械方法使两种或多种物料均匀掺混的一种操作，是降低组分非均匀性的一种过程。混和后的产物称为“混合物”。“混和”在很多场合中与“混合”一词通用。

在聚合物加工行业中，由于混合对象状态的多样化，例如有固体的、熔融状的、溶液状的、分散体形式的等等，加上高分子链长、相对分子质量大等特点，因此对于混合的要求比较复杂。

混合是一种操作，是一个过程。在高分子材料工业中，混合作为材料制备工艺中最重要的手段之一，还包含一个更广泛的技术概念“混配”。例如将各种添加剂混合掺入聚合物基体中，使其分散成为树脂体系中的一个组分；以玻璃纤维、碳纤维等增强组分增强聚合物树脂的混合操作；将单一的聚合物熔体均化，或通过受到控制的剪切流动以得到某种期望的流变性质的混合。另外还有一些小技术也可以称为混配，如高分子溶液的增浓处理、聚合物熔体的造粒、体系中残余成分的脱排等。如图 3-1-1 所示为聚合物加工中的混合操作。

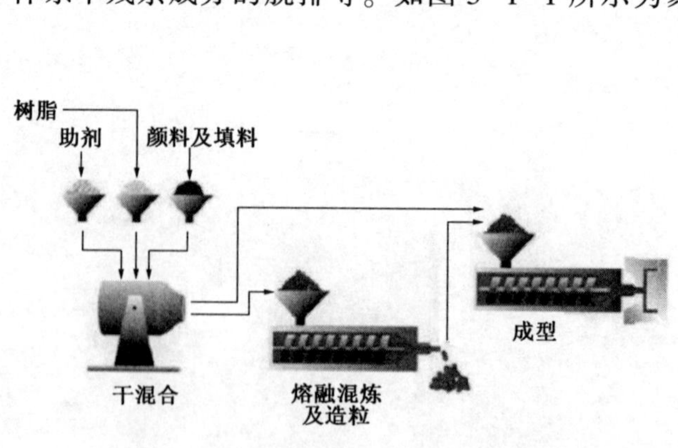

图 3-1-1　聚合物加工中的混合操作

二、混合理论

混合理论比较经典的还是 Brodkey 混合理论。按照 Brodkey 混合理论，混合涉及三种扩散的基本运动形式。

1. 分子扩散

分子扩散是由浓度梯度驱使自发的一种过程，它是由组分的浓度差决定的一种混合。体系中的各组分微粒子由浓度较大的区域迁移到浓度较小的区域，从而达到各组分的均化。

分子扩散在气体和黏度较低的液体中占支配地位，组分间扩散的速度较快。但是在聚合物加工过程中，由于聚合物的熔体、溶液、分散体黏度非常高，大分子链又较长，彼此之间的分子扩散很慢，如果单纯靠分子扩散来完成混合是不现实的，因此分子扩散在聚合物加工中没有实际意义。但是如果在聚合物的配方组分中有小分子的物质，例如抗氧剂、发泡剂、颜料等参与聚合物的混合，那么这些组分的混合就要考虑分子扩散的因素。

2. 涡流扩散

涡流扩散也称湍流扩散，是由于流体的湍流运动而产生的扩散。当流体达到湍流时，必然引起脉动现象而形成涡流，从而产生涡流扩散。在化工行业中流体的混合一般是靠系统内产生涡流来实现的。

但是在聚合物加工中，聚合物的熔体或溶液如果要达到发生湍流的速度，势必要对聚合物施加很高的剪切速率。这样做的结果会使聚合物流体发生不稳定的流动，出现流体破裂现象，也会造成聚合物的降解，所以实际操作的过程中，流体的速度达不到发生湍流的速度。况且聚合物的流体黏度较高，因此很少发生涡流扩散。

3. 体积扩散

体积扩散也称对流混合，是指流体质点、液滴或固体粒子由系统一个空间向另一个空间位置的运动，或两种以及多组分在相互占有的空间内发生运动，以期达到各组分的均匀。

体积扩散包括体积对流混合和层流对流混合。

(1) 体积对流混合

体积对流混合，其中的组分不发生变形，只是通过塞流对物料的体积进行重新排列，这种排列在不同的混合器中状态不同。例如在静态混合器中组分的排列是有序的，而在普通的混合机中则是无规的。

(2) 层流对流混合

层流对流混合也称层状对流混合，是通过层流流动使物料变形而发生的混合，主要发生在组分为液体之间的一种混合。

在聚合物加工中，混合主要还是以体积扩散为主。而且大多数的聚合物在没有分子扩散和分子运动的情况下，其混合主要以层流对流混合为主。层流对流混合会使组分发生变形，增加组分之间的接触面积。物料变形是因为其中的组分会受到一定力的作用，如剪切力、拉伸力以及挤压力等的作用。

按照 Spencer-Wiley 的理论，对层状对流混合中的一维层流剪切流动中的混合现象进行简单分析。通过分析，可以计算主流体与微量组分之间的界面变化，得到最后组分变形的面积 A 与没有变形前最初面积 A_0 的比值，如下式：

$$\frac{A}{A_0}=(1-2\gamma_s\cos\alpha\cos\beta+\gamma_s^2\cos^2\alpha)^{\frac{1}{2}}$$

式中　α——初始平面的法线 n 与 x 轴的夹角；

β——初始平面的法线 n 与 y 轴的夹角；

γ_s——剪切应变。

如果发生的变形比较大，那么变形后面积与初始面积之比简化为：

$$\frac{A}{A_0}=|\cos\alpha|\gamma_s$$

从上式可看出，组分界面积的增大是与剪切应变成比例的。因此，剪切应变成为混合过程定量分析的决定性变量。

在 Spencer-Wiley 理论的基础上，Mohr、Saxton、Jepson 提出了条纹厚度的理论。根据条纹厚度理论对层流混合现象进行了解析。

条纹厚度是指两流体剪切变形后之间的距离。如果考虑两流体交错层的体积为 V，则与条纹厚度 h 以及总界面积 A 的关系如下：

$$V=\frac{hA}{2}$$

这样得到条纹厚度的值：

$$h=\frac{2V}{A}$$

对于大剪切应变，条纹厚度 h 与剪切应变的关系如下式：

$$h=\frac{1}{\gamma_s}\frac{2V}{|\cos\alpha|A_0}$$

从上式可看出，条纹厚度与剪切应变成反比，剪切变形越大，条纹厚度越小，混合程度越高。

从以上讨论说明，剪切应变可以作为评价混合效果的基本尺度。对于任何流体微元，剪切应变可以通过剪切速率与物质在剪切场的停留时间的乘积来计算。在一般情况下，流体微元的剪切速率和停留时间是各异的，对于这种情况，可以采用计算“加权平均总应变”：

$$r_{总}=\dot{\gamma}\times\bar{t}$$

式中　$r_{总}$——总剪切应变；

$\dot{\gamma}$——平均剪切速率；

$\bar{t}$——平均停留时间。

第二节　混合的分类及要素

一、混合分类

混合是指两种或多种不均匀的体系变成均匀体系的过程，由于混合组分的物理状态不同、所用设备对组分的作用不同等，混合的方式可以分为很多种类。

1. 按混合形式分类

按混合形式分为非分散混合和分散混合。

（1）非分散混合

在混合中仅增加粒子在混合物中分布的均匀性而不减小粒子初始尺寸的过程称为非分散混合。有时也称简单混合。

这种混合的运动基本形式是通过对流来实现的，可以通过包括塞形流动和不需要物料连续变形的简单体积排列和置换来达到，是一种体积对流混合的形式。

这种形式的混合在聚合物的加工中所占比例很小，例如PVC在没有熔融前的干混就属于这种混合。

（2）分散混合

分散混合是指在混合过程中发生粒子尺寸减小到极限值，同时增加相界面和提高混合物组分均匀性的混合过程。

聚合物加工中，有时需要将固体颗粒或结块的物料（附聚物）加到聚合物中，有时需要将聚合物的液滴（黏弹态）混合到聚合物的熔体当中，此时的混合需要少数组分的结块或液滴的尺寸变小，均匀分散到多组分中。

聚合物在熔融共混中，两种不混溶（此类情况比较多）的聚合物在给定的流场中受到剪切作用，其中一个相（分散相）会变成液滴而分散到另一个相（连续相）中。液滴的形成和液滴的破裂对于混合的均匀性非常关键。液滴破裂影响因素很多，如聚合物之间的界面张力、两种共混物的相容性、连续相和分散性的黏度比值、剪切应力等。此外还可能发生液滴的聚集、液滴的变形等现象。

当聚合物和固体粒子混合时，作为分散相的固体粒子，由于范德华力、静电力等彼此结合在一起，形成聚集体，聚集体可进一步松散地结合成附聚物。如果外应力大于固体颗粒的内聚强度就会发生颗粒的破碎。但是实际上外应力场很难完成颗粒的破碎，大多数情况下仅仅分散开各个固体微粒，防止聚集形成附聚物。聚合物液体中附聚物的破碎主要借助于加工设备提供的剪切力的作用，此外还和附聚物的疏松度、附聚物粒子间的内聚能、附聚物的半径等有关。

总之分散混合很关键的问题是粒子尺寸减小到极限值，因此混合需要提供一定靠强迫混合物通过窄间隙而形成的高剪切区来完成。

2. 按物料状态分类

按照物料的状态分为固体与固体的混合、液体和液体的混合以及固体与液体的混合。

（1）固体与固体的混合

固体与固体的混合主要是固体聚合物之间以及与其他固体组分，如添加剂的混合。

温度不高的情况下，聚合物通常是粉状、粒状或片状，而添加剂通常也是粉状或粒状。在聚合物加工中，这样的混合称为干混。大多数情况下，这种混合都先于熔体混合。固体与固体的混合通常是无规分布的非分散混合。

（2）液体与液体的混合

聚合物加工过程中液体可以是熔融后的聚合物熔体，还可以是低黏度的单体或预聚体，也可以是小分子的添加剂溶化后的状态。根据不同的形式，如果是小分子的和低黏度单体或预聚体的形式，其混合机理主要以分子扩散和涡流扩散为主；如果是聚合物熔体，其混合机理主要靠体积扩散中层流混合为主。

（3）固体与液体的混合

固体与液体的混合有两种形式，一种是液态添加剂与固态聚合物的掺混，主要发生在准备工艺阶段，此时固态聚合物不会在混合中熔融，例如 PVC 和增塑剂 DOP 的初混合；另一种是将固态添加剂混到熔态聚合物中，而固态添加剂的熔点在混合温度之上，例如 PVC 和碳酸钙的混合属于这种混合。

在生产上习惯把粉状固体之间的混合称为混合；液体和粉状固体的浸渍和混合称为捏合；塑性物料与液体或固体物料的混合称为塑炼。

二、混合要素

混合的目的就是使原来两种或两种以上各自均匀分散的物料从一种物料按可接受的概率分布到另一种物料中去，以便得到组成均匀的混合物。然而，在没有分子扩散和分子运动的情况下，为了达到所需的概率分布，混合问题就变为一种物料发生形变和重新分布的问题，而且如果最终物料颗粒之间不是互相孤立的，分散的颗粒就有一种凝聚的趋势。这样，混合就需要有外加的作用力，这种外加作用力主要起两个作用：一是使物料发生形变和重新分布，二是克服分散后颗粒粒子间的凝聚。

聚合物的混合主要以层流对流混合为主，而该类混合的主要特征是使组分变形，要达到这个目的必须施加一定的外力，如剪切力、拉伸力等。在力的作用下，通过剪切、分流合并、置换、挤压等完成混合过程。

1. 剪切

剪切的情况有很多种，有介于两块平行板间的物料由于板的平行运动而使物料内部产生永久变形的剪切，一般称为“黏性剪切”；有刀具切割物料的“分割剪切”；还有由以上两种剪切合成的如石磨磨碎东西时的“磨碎剪切”。在高黏度分散相的混合操作中黏性剪切占主要优势。

图 3-2-1 为剪切力作用下立方体的变形。由于剪切作用，立方体体积未变，但是立方体已经变形，被拉长，其截面变细，表面积增大。如果同样处于剪切作用下的不同物料组分，由于变形接触面积增加，分布区域扩大，一个组分进入另外一个组分中占有空间的机会就会加大，渗进别的组分中的可能性增加，混合均匀性就会增加。

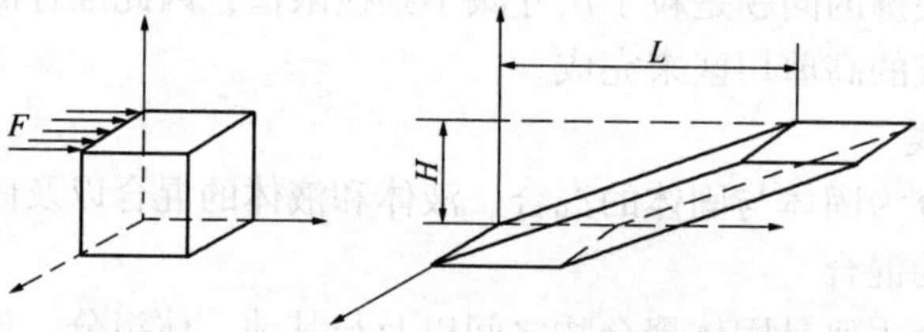

图 3-2-1　剪切力作用下立方体的变形

聚合物加工中，大部分的混合都是靠这种黏性剪切作用完成的，例如在挤出机机筒中聚合物的混合。挤出机机筒和螺杆可以设想为两个无限长的平行板，两者之间的相对运动产生的剪切力，使处于两者之间的高黏度分散相的粒子或凝聚体受到剪切作用，会分散于其他介质中，完成混合。利用剪切力的混合作用，特别适用于塑性物料，因为塑性物料的黏度大，流动性差，又不能通过粉碎来增加分散程度。应用剪切作用时，由于两个剪切力的距离一般总是很小的，因此物料在变形过程中，就能很均匀地被分散在整个物料中。

图 3-2-2 为聚合物混合的模型示意图。黑色的立方体表示高黏度分散相粒子，如图(a)所示，开始混合时，含有“微粒”而具有恒定黏度的流体充满了保持不动的两块板的间隙中；当上板受力开始沿受力方向运动后，流体微粒开始变形，如图(b)所示；随着剪切作用，粒

子继续发生变形，如图(c)和(d)所示。由于变形加大，粒子被拉长，每排粒子间的平均距离，即条纹厚度减小，粒子终将接近，这样逐渐发生混合。

剪切的混合效果与剪切力的大小和力的作用距离、剪切力的方向等有关。在双辊开炼机混炼时，就是通过机械力或人力翻动的办法来不断改变物料的受力位置和方向，从而更快更好地完成混合。

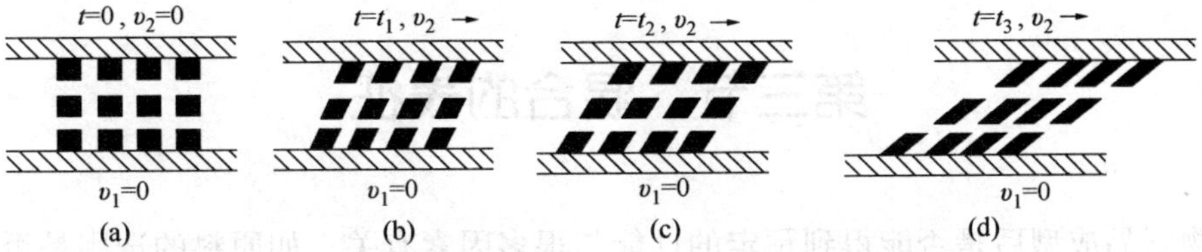

图 3-2-2　在两个无限长的平行板间流体和粒子之间剪切混合示意图(黑色方块代表粒子)

2. 分流、合并和置换

分流是利用加工设备改变流体流道中的几何空间，迫使物料在流道中不断改变方向和流量，然后进行合并或置换。一般采用在流道中设置突起状或隔板状的剪切分流片来完成，如图 3-2-3 所示，分流片设置 4 排，每排 4 个或 5 个。

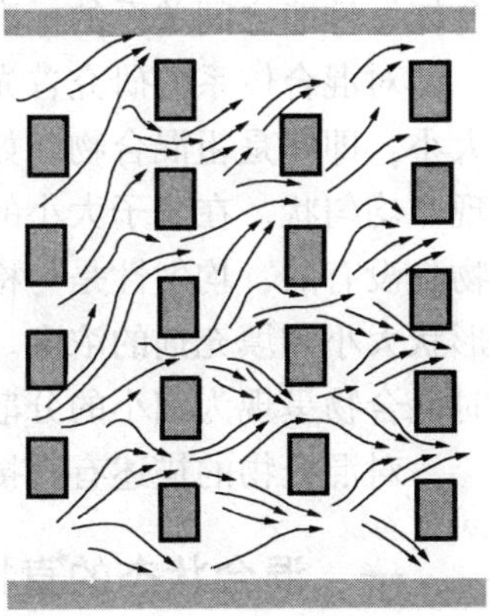

图 3-2-3　分流置换示意图

进行分流时，如果分流片数为 1，则分流数为 2；分流片数为 n，分流数为 $n+1$。如果用于分流的分流片数设置成串联形式，串联阶数为 m，则分流数 $N=(n+1)m$。

分流后，分流束可能有几种情况：一是分流束可能在流动下游再合并为原状态；二是可能在各分流束内引起循环流动后再合并；三是在各分流束进行相对位置交换(置换)后再合并；最后也可以是以上几种过程一起作用的情况。

分流后经置换再合并时，一般希望在分流后相邻流束合并时尽可能离得远一些，而分流后相距较远的流束合并时尽可能接近些，就是说分流时任取两股流束的相对距离和合并时同样的两股流束的相对距离的差别应尽可能大。

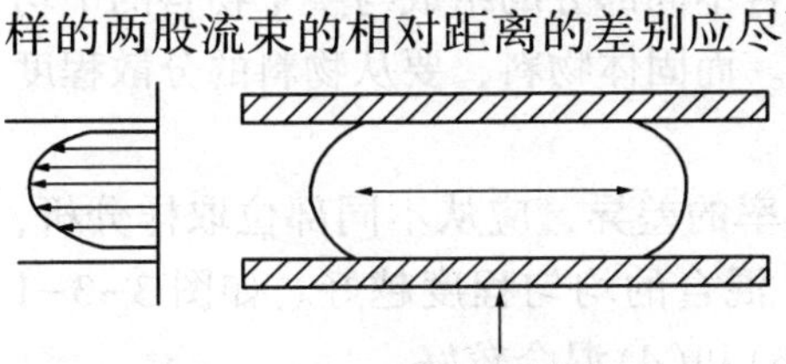

图 3-2-4　挤压(压缩)示意图

3. 挤压(压缩)

混合的效果与剪切有关，如果物料在承受剪切前先经过压缩，使物料的密度提高，这样剪切时剪切应力作用大，可提高剪切效率。而且物料被压缩时，物料内部会发生流动，也会产生由于压缩引起的流动剪切，对提高混合效果非常有利，如图 3-2-4 所示。

这种由挤压(压缩)引起的流动在密炼机、开炼机和挤出机中都存在。在单螺杆挤出机中，由于螺杆的螺槽由加料段到计量段其深度是由深变浅的，因而对松散的固体物料进行了压缩，该压缩有利于固体输送，有利于传热熔融，也有利于物料承受剪切作用。

4. 拉伸

拉伸可以使物料产生形变，减少料层厚度和堆积体积，增加界面接触面积，有利于混合。

5. 集聚

已经破碎的分散相在热运动和微粒间的相互吸引力或在混合设备器壁的作用下，再次集聚在一起。该过程是混合的逆过程，但绝不是恢复初始状态，而是混合过程的深化。

混合的几个要素并非在每一混合过程中都同等程度地出现，它们的出现及其占有的地位因混合最终目的、物料的状态、温度、压力、速度等的不同而不同。其中以剪切作用为主，分流置换起辅助作用，而压缩则是提高物料的密度，为提高剪切作用而设定的，拉伸则进一步使物料变形破碎，集聚是体系的重新组合。

第三节 混合的表征

聚合物制品成型后是否能得到预定的性能与很多因素有关，如原料的选用是否合适、配方的设计是否合理、混合是否均匀、成型(工艺和设备)条件选择是否得当等。其中混合均匀性的判断主要是对混合状态进行研究，找出显示混合状态的方法，找出判定混合状态与混合体系性能之间关系的标准，前提是在其他因素相对稳定的条件下。

对混合体系的研究首先采用合适的检验规模，即对比尺度。为此应考虑样品相对尺寸的大小，即使是粗混合物，如果用目测来分析，也会呈现为均匀状，而用显微镜来分析就会呈现非均匀状。在分子大小的检验规模下，任何混合物都是非均匀的。因此，绝对均匀的混合物是没有的，均匀性是与检验规模有关的。其次为了更充分地判定混合物，必须知道粒子的形状大小和填充剂的浓度。在研究宏观结构时，必须使用比粒子尺寸大得多的检验规模，这时混合物呈现为细小的分散状态，从而可以用统计学的方法处理。

对混合物的描述有直接描述和间接描述两种方法。

一、混合状态的直接描述

该法是直接对混合物取样，对其混合状态进行检验，观察混合物的形态结构、各组分微粒的大小及分布情况。

所用的检测分析方法有视觉观察法、聚团计数法、光学显微镜法、电子显微镜法以及光电法。对液体物料，主要分析混合物不同部分的组成，若不同部分的组成与整个物料的平均组成一致，或相差很小，说明混合效果好；反之，则差。而固体物料，要从物料的分散程度和混合物的均匀程度两方面考察。

均匀程度是指混入物所占物料的比率与理论总体比率的差异，应从不同部位取样分析，计算统计平均结果。平均结果越接近理论或总体比率，混合的均匀程度越好。如图 3-3-1 混合物的示意图，从图中看出(a)和(c)混合不好，而(b)和(d)混合较好。

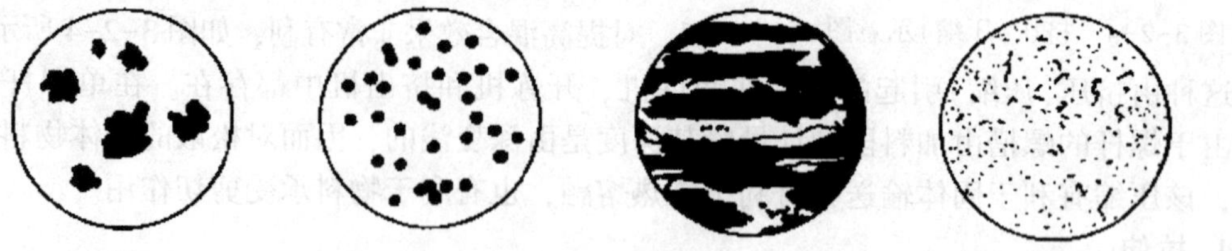

(a) (b) (c) (d)

图 3-3-1 混合物的示意图

(a)(b) 粗粉碎的；(c)(d) 细粉碎的；(a)(c) 混合不好；(b)(d) 混合较好

生产实践中，由于混合、捏和与剪切的操作时间均很短，给分析测定带来一定的困难，较多的是凭实际操作经验和目测。

分散程度是指混合体系中各个混入组分的粒子在混合后的破碎程度。破碎度大，粒径小，其分散程度就高；反之，粒径大，破碎程度小，则分散得不好。如图 3-3-1 所示，(a)和(b)为粗粉碎的，粒径大；而(c)和(d)为细粉碎的，粒径小。

分散程度的描述，可以采用同一组分的相邻粒子间平均距离来描述，距离越短，分散程度越好。如图 3-3-2 所示固体粒子的粒径和分散程度的关系，图中四种情况的混合均匀程度都是一致的，但是分散程度差别较大。

图 3-3-2　两组分固体粒子的混合情况

从图中可看出，同一组分的相邻粒子间距离的大小(r)与各组分粒子的大小有关。粒子的体积越小，或在混合过程中不断减小粒子的体积，则可达到的均匀程度就越高。

从几率的概念出发，同样质量或体积的试样，粒子越小，则相当质量的同种粒子集中于某局部位置的可能性越小，即微观分布越均匀。分散程度越好，各物料的分散粒子越小；分散粒子的体积(V)越小，分散粒子的表面积(S)越大。

而分散粒子的体积与表面积有如下关系：

$$r=\frac{3V}{S}$$

因此，r 越小，分散程度越好。

二、混合状态的间接描述

所谓混合状态的间接描述，是指不检查混合物各组分的混合状态，而检测混合后物料成型的制品或试样的物理性能、力学性能、化学性能等以判断混合状态，因为这些性能往往与混合状态有关。

例如，聚合物共混物的玻璃化转变温度与两种聚合物组分分子级的混合均匀程度有直接关系。

如果聚合物完全达到分子级的均匀混合，呈均相体系，那么只有一个玻璃化转变温度，而且这个玻璃化转变温度值由两组分的玻璃化转变温度和各组分在共混物中所占的体积分数所决定。如果聚合物共混体系完全没有分子级的混合，共混物就可测得两个玻璃化转变温度，而且分别等于两种聚合物独立存在时的玻璃化转变温度。当两组分聚合物有一定程度的分子级混合时，共混物虽仍有两个玻璃化转变温度，但这两个玻璃化转变温度相互靠近了，其靠近程度取决于共混物的分子级混合程度，靠近程度越大，分子级混合程度越大。因此，只要测出共混物的玻璃化转变温度及其变化情况，就可推测其分子级的混合程度。

再比如，利用无机物对聚合物的填充改性，所得的混合物的力学性能除了与参与填充改性的聚合物种类、数量和填充剂的种类、数量以及偶联剂的使用和种类等一系列因素有关外，也与填充剂与聚合物的混合状态有关。一般聚合物与填充剂混合得越均匀，混合物的力学性能越好，因此，我们也可以通过测定混合物试样或制品的力学性能来间接判定混合状态。

但是有时利用间接描述也会存在一定的偏差。例如要确定挤出机的混合效果，可以把挤出的混合物料注射标准样条进行测试，但是由于利用注射机注射样条也可能使物料进行混合，这样就会使测定的结果存在偏差。

第三章思考题

第四章　聚合物的流动和流变行为

聚合物材料的成型过程是一个复杂的物理化学变化过程，其中流动性是必要条件。几乎所有聚合物的成型技术都是依靠外力作用进行流动与变形的。

研究聚合物流动与变形的理论基础是聚合物流变学。聚合物流变学是研究材料流动和变形的科学，是固体力学和流体力学的有机结合。然而由于聚合物大分子的长链结构以及流动流道的多样性，使聚合物流体的流动行为变得异常复杂。研究聚合物的流变规律性，对于聚合反应工程和聚合物加工工艺的合理设计、正确操作，对于获得性能良好的制品，实现高产、优质、低耗具有重要指导意义。

大多数聚合物的成型都要求聚合物处于黏流状态，因为在这种状态下聚合物不仅易于流动，而且易于变形，给它的输送和成型都带来极大的方便。聚合物在成型过程中易于流动和变形，并不限定用黏流态的聚合物（聚合物熔体），采用聚合物的溶液或分散体（悬浮液）等也是可以的，它们均属于流体的范畴。聚合物的加工还有采用固体流动的方法，在一些特殊的成型加工中出现，一般情况不常见。

聚合物熔体和溶液具有流变性，是聚合物材料可以成型为不同形状制品的前提。

第一节　聚合物材料黏流态特征及流动机理

聚合物熔体是指聚合物处于流动温度（T_f）或熔点（T_m）和分解温度（T_d）之间，大分子链克服了分子间的作用力可以移动的一种状态。绝大多数线型高分子材料都具有这种状态。

对非晶的无定形聚合物而言，温度高于流动温度 T_f 即进入黏流态。

对结晶型聚合物而言，相对分子质量低的时候，温度高于熔点（T_m）即进入黏流态；相对分子质量高时，熔融后可能存在高弹态，需继续升温，高于流动温度（T_f）才进入黏流态。如图 4-1-1 所示为聚合物的温度-形变曲线。

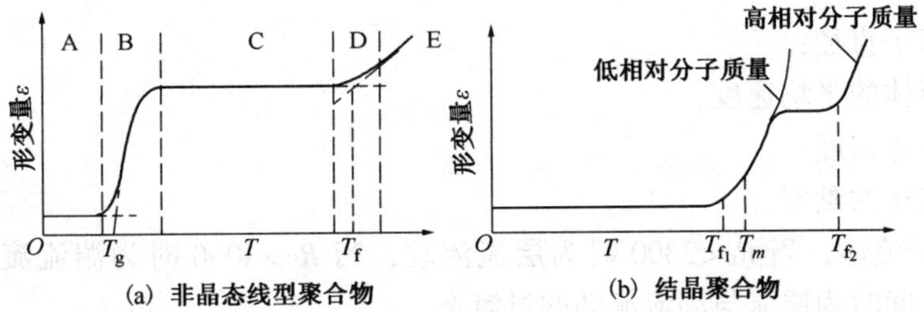

图 4-1-1　聚合物的温度-形变曲线

聚合物处于黏流态对于大多数聚合物的成型非常关键。聚合物黏流态的主要特征：从宏观的角度看，是在外力场作用下，熔体产生不可逆的永久变形；从微观的角度看，是在外力场作用下，处于黏流态的大分子链产生了重心相对位移的整链运动。

聚合物大分子的流动不是简单的整个分子的迁移，而是通过链段的相继跃迁来实现的。形象地说，这种链段的跃迁类似于蚯蚓的蠕动。这种链段模型并不需要在聚合物熔体中产生整个分子链那样大小的孔穴，而只要如链段大小的孔穴就可以了。聚合物大分子的流动不符合牛顿流体的流动规律。

虽然绝大多数的线型聚合物在加热到一定温度的时候会出现黏流状态，但是有些聚合物，例如硫化橡胶及酚醛树脂、环氧树脂、不饱和聚酯等树脂，具有交联体型结构，不具有黏流态，因此这类材料的加工成型一般是在形成体型结构之前进行。某些具有刚性的分子链和分子链间有强相互作用的聚合物，如纤维素酯类、聚四氟乙烯、聚丙烯腈、聚乙烯醇等，其分解温度低于流动温度，因而也不存在黏流态，这类聚合物的加工需要利用非黏流状态，如聚丙烯腈的纺丝采用溶液状态，聚四氟乙烯的成型可以采用冷压烧结法。

在黏流状态下，聚合物材料由于流动要发生变形，流动中大部分属于不可逆的流动，发生的是黏性形变，还有一部分属于可逆流动，流动变形后会回复，即其中有弹性形变成分，因此聚合物熔体(包括溶液)流动具有流变性。

第二节 聚合物流体流动的基本类型

为了分析掌握不同成型条件下的流动规律，将聚合物流体的流动划分为以下几个类型。

一、层流流动和湍流流动

黏性流体流动按流场的结构形态可分为层流流动和湍流流动。

层流流动也称黏性流动，其特征是流体的质点沿平行于流道轴线方向相对运动，与边壁等距离、以同一速度向前移动，各层之间无可见的扰动。层流流动是有规则、有层次、稳定的，而湍流流动是无规则脉动的，其流动是在主流动的横心上作不规则的任意流动，有强烈的掺混性和涡旋性。

英国的雷诺通过圆管流动系列实验，引入了一个无量纲数来区分层流和湍流流动，即雷诺准数 Re。

$$Re=\frac{D\bar{v}\rho}{\eta}$$

式中 D——管子直径；

$\bar{v}$——流体的平均速度；

ρ——流体密度；

η——流体的黏度。

对于低分子流体，当 $Re<2300$ 时为层流流动，当 $Re>4000$ 时为湍流流动，当 Re 处于 2300 和 4000 之间时为层流与湍流流动的过渡态。

聚合物熔体在成型过程中流动时，其雷诺数一般小于 10，聚合物的分散体也不会大于 2300，因此其流动均为层流流动。这主要是因为聚合物相对分子质量大、熔体黏度高，如低密度聚乙烯的熔体黏度约为 $0.3\times10^2\sim1\times10^3$ Pa·s(水的黏度数量级为 10^{-3} Pa·s)，而且流速较低，在加工过程中剪切速率一般不大于 $10^3 s^{-1}$。

但是在有些场合，例如注射成型的熔体在经过模具浇注系统的时候，如果采用小浇口，那么通过浇口时由于剪切速率过大，可能会出现湍流流动，此时的湍流是由于聚合物流体的弹性回复造成的，称为弹性湍流。弹性湍流会使熔体发生破裂，导致成型破坏。

二、稳态流动和非稳态流动

稳态流动，是指流体的流动状况不随时间的变化而变化的流动，其主要特征是引起流体流动的力与流体受到的黏性阻力相平衡，即流体的温度、压力、流动速度、速度分布和剪切应变等都不随时间而变化。例如塑料的挤出成型、纤维的纺丝等，如果挤出机设备是正常工作的，其中的聚合物熔体在挤出机中沿螺杆的螺槽向前流动就属稳定流动，主要因为挤出机的螺杆的转动是一稳定连续的过程，其中的聚合物流体流速、流量、压力和温度分布等参数均会达到稳定的状态，不随时间而变动。

非稳态流动，是指流体的流动状况随时间的变化而变化的流动。例如聚合物的注射成型，在聚合物流动注射充模的过程中，聚合物熔体从开始注射到注射完毕，其中的熔体流速不断增大，温度不断下降，其他的参量也会发生不同的变化，其流动属于非稳态流动。

由于聚合物熔体是一黏弹性流体，流动发生形变，在弹性形变达到平衡之前，总形变速率由大到小变化，呈非稳态流动；但在弹性变形达到平衡后，就只有黏性形变随时间延长而均衡地发展，流动即进入稳定状态。因此稳态和非稳态随着时间的变化也发生互变。

对聚合物流体流变性的研究，一般都假定是在稳态条件下进行的。

三、等温流动和非等温流动

等温流动是指流体各处的温度保持不变情况下的流动。等温流动情况下，流体与外界可以进行热量传递，但传入热量和输出热量保持均衡。

实际加工过程中，聚合物的流体都是非等温流动。这是由于聚合物在加工中由于工艺的要求需要分段控制温度，例如挤出机机筒温度的控制是为了适应聚合物物态的变化，一般温度控制时从加料斗到机头温度是升高的，此外聚合物在流动过程中由于剪切摩擦会生热等，都会使聚合物的流体温度呈现非等温状态。

非等温流动使聚合物流体的流变性变得比较复杂，因此有时为了简化流动过程，常常把某些流动看作是等温流动。例如聚合物在注射成型时的注射充模过程，就可以做这样的简化，而最终的处理过程也不会产生太大的偏差。

四、一维流动、二维流动和三维流动

一维流动中，流道内质点的速度仅在一个方向上变化，质点的速度只用一个坐标，即垂直于质点流动方向的坐标来表示。例如聚合物流体在等截面圆管内作层流流动时，其速度分布仅是圆管半径的函数，是一个典型的一维流动。

二维流动中，流道截面上各点的速度需要用两个垂直于流动方向上的坐标表示。例如流体在矩形流道内流动，其速度在高度和宽度方向都发生变化。

流体在锥形或其他截面呈逐渐缩小形状通道中的流动，其质点的速度不仅沿通道截面纵横两个方向变化，而且也沿主流动方向变化，即流体的流速要用三个相互垂直的坐标表示，因而称为三维流动。

一维流动是最简单的一种流动，而二维和三维流动在数学处理上要复杂很多，因此有时把三维流动简化为二维流动，二维流动简化为一维流动。例如聚合物流体在矩形流道中的流动，如果矩形流道的长宽比很大，就可以忽略侧壁对流动的影响，把二维流动简化为一维流动。

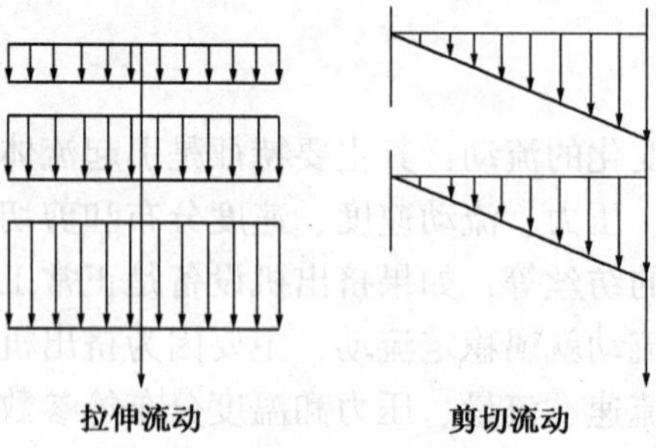

图 4-2-1　拉伸流动和剪切流动的速度分布

五、拉伸流动和剪切流动

拉伸流动和剪切流动是按照流体流动的速度分布和流动方向的关系来划分的，如图 4-2-1 所示。

拉伸流动的质点速度是沿着流动方向发生变化。例如单轴拉伸的合成纤维纺丝、双轴拉伸的薄膜吹塑、中空吹塑等。

剪切流动的质点速度是沿着与流动垂直的方向发生变化。

剪切流动按其流动的边界条件可分为拖曳流动和压力流动。边界固定，由外压力作用于流体而产生的流动，称为压力流动。如聚合物熔体在注射成型过程中，在流道内的流动就属于压力梯度引起的剪切流动。由边界的运动而产生的流动，如运转设备表面对流体的剪切摩擦而产生流动，即为拖曳流动。聚合物在挤出机螺槽中的流动也是拖曳流动。

第三节　聚合物流体的流动曲线和流动规律

流体的流动和变形都是在力的作用下得以实现的。聚合物流体在加工过程中主要受到三种类型力的作用，即剪切力、拉伸力和压缩力，如图 4-3-1 所示。

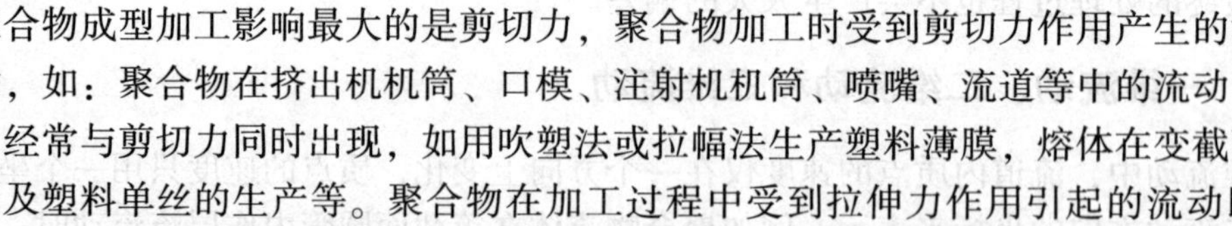

图 4-3-1　力的三种类型

对聚合物成型加工影响最大的是剪切力，聚合物加工时受到剪切力作用产生的流动即为剪切流动，如：聚合物在挤出机机筒、口模、注射机机筒、喷嘴、流道等中的流动。其次是拉伸力，经常与剪切力同时出现，如用吹塑法或拉幅法生产塑料薄膜，熔体在变截面导管中的流动以及塑料单丝的生产等。聚合物在加工过程中受到拉伸力作用引起的流动即拉伸流动。压缩力一般不是很重要，可以忽略不计。但这种力对聚合物的其他性能却有一定的影响，例如熔体的黏度等，所以在某些情况下应给予考虑。

聚合物材料随着受力性质与作用位置的不同而产生不同类型的应力、应变和应变速率。如剪切应力、剪切应变和剪切速率及拉伸应力、拉伸应变和拉伸速率。成型时聚合物流体在设备或模具中流动的压力降、所需功率以及制品质量等都要受到这些因素的制约。在聚合物实际加工过程中材料受力非常复杂，往往不是单一的一种应力，而是三种简单应力的组合，实际应变也是多种应变的迭加。

一、剪切黏度

如图 4-3-2 所示为流体在管道内流动的情况。流体在简单的管和槽中的流动，是压力的作用引起的层流流动，属于简单的一维压力流动，流体在流动中只受到剪切力的作用。

为研究方便，可将流体的流动看成为层流流动，即一层层彼此相邻的液体在剪切应力作用下的相对滑移。

图中 F 为外部作用于整个流体上的恒定剪切力，A 为液层的面积，那么单位面积上剪切力称为剪切应力，剪切应力 τ 表示如下：

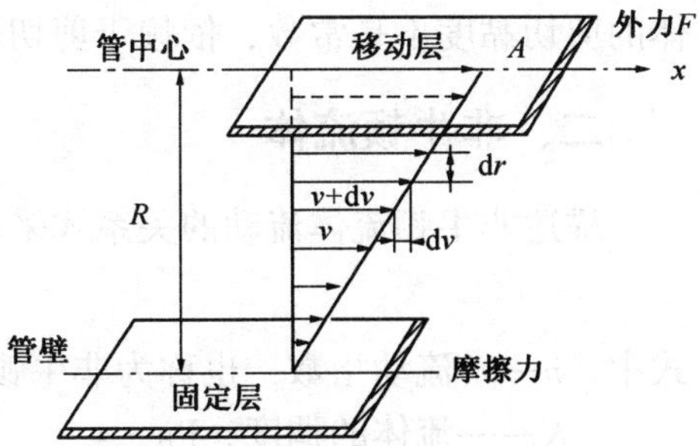

图 4-3-2　液体在管道内时流动速度与管径的几何关系

$$\tau=\frac{F}{A}$$

在剪切应力的作用下，流体以速度 v 沿剪切力方向移动。在黏性阻力和固定壁面阻力的作用下，使相邻液层之间出现速度差。壁面邻近的液层同时受到此两种摩擦阻力，移动速度较小。若假定液层对壁面无滑移，则与壁面接触的液层的流动速度为零。在间距为 $\mathrm{d}r$ 的两液层的移动速度分别为 v 和 $v+\mathrm{d}v$。$\mathrm{d}v/\mathrm{d}r$ 是垂直于液流方向的速度梯度，而液层移动速度 v 等于单位时间内液层沿管轴 x 方向上移动的距离 $\mathrm{d}x$，即

$$v=\frac{\mathrm{d}x}{\mathrm{d}t}$$

因此速度梯度又可以表示如下：

$$\frac{\mathrm{d}v}{\mathrm{d}r}=\frac{\mathrm{d}(\mathrm{d}x/\mathrm{d}t)}{\mathrm{d}r}=\frac{\mathrm{d}(\mathrm{d}x/\mathrm{d}r)}{\mathrm{d}t}$$

其中 $\mathrm{d}x/\mathrm{d}r$ 为剪切力作用下液层产生的剪切应变 γ，因此有：

$$\frac{\mathrm{d}v}{\mathrm{d}r}=\frac{\mathrm{d}(\mathrm{d}x/\mathrm{d}t)}{\mathrm{d}r}=\frac{\mathrm{d}(\mathrm{d}x/\mathrm{d}r)}{\mathrm{d}t}=\frac{\mathrm{d}\gamma}{\mathrm{d}t}=\dot{\gamma}$$

即：

$$\dot{\gamma}=\frac{\mathrm{d}v}{\mathrm{d}r}$$

式中　$\dot{\gamma}$——单位时间的剪切应变，即剪切速率，s^{-1}。

理想黏性流体的流动符合牛顿型流体的流变方程。遵循牛顿黏性定律的牛顿型流体，其剪切应力和剪切速率成正比：

$$\eta=\frac{\tau}{\dot{\gamma}}$$

式中　η——剪切应力与剪切速率的比例常数，称为黏度，Pa · s。

黏度是液体自身所固有的性质，它表征液体抵抗外力引起流动变形的能力。

黏度是液层单位表面上所加的剪切力与液层间的速度梯度的比值。黏度 η 表征了流体的流变行为。

对于小分子的流体，剪切应力和剪切速率成直线关系，该比值为常数，此值称为牛顿黏度。

而对于聚合物流体，由于大分子的长链结构和缠结，剪切应力和剪切速率不成比例，流体的剪切黏度不是常数，依赖于剪切作用。具有这种行为的流体称为非牛顿流体。

二、非牛顿流体

描述非牛顿流体流动的关系式采用幂律定律。

$$\tau = K \cdot \dot{\gamma}^n$$

式中　n——流动指数，也称为非牛顿指数；

K——流体的稠度，Pa · s。

从幂律方程 $\tau = K\dot{\gamma}^n$ 和 $\tau = \eta \dfrac{dv}{dr} = \eta\dot{\gamma}$ 得到下式：

$$\tau = (K\dot{\gamma}^{n-1})\dot{\gamma}$$

令 $\eta_a = K\dot{\gamma}^{n-1}$，则　　$\tau = \eta_a \dot{\gamma}$

式中　η_a——非牛顿型流体的黏度，称为表观黏度，Pa · s。

从上述公式看到，流体的 K 值越大，流体越黏稠。流动指数 n 可以用来判断流体与牛顿型流体的差别程度。当 $n=1$ 时流体具有牛顿行为，此时的 K 值即为牛顿黏度；$n<1$ 时，非牛顿流体的表观黏度随剪切速率的增大而减小，这种流体称为假塑性流体或切力变稀流体，大部分聚合物流体都属于这种；$n>1$，表观黏度随剪切速率的增大而增大，这种流体称为膨胀性流体或切力增稠流体。n 值离 1 越远，其非牛顿性越明显。

很明显，在给定温度和压力下，对于非牛顿型流体，η_a 不是常量，而随着剪切速率的变化而变化。

不同类型流体流动时其剪切应力 τ 随剪切速率 $\dot{\gamma}$ 的变化关系曲线，称为流体流动曲线或流变曲线。

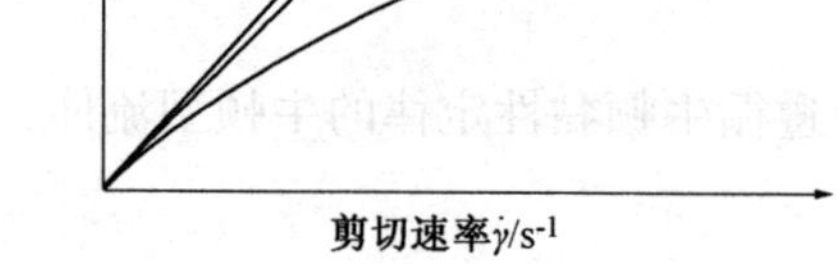

图 4-3-3　不同类型流体的流动曲线

如图 4-3-3 所示为流体的流动曲线类型。从图中可看出，流体的剪切应力和剪切速率之间呈现的曲线关系，不服从牛顿黏性定律的流体称为非牛顿型流体。非牛顿型流体的流动称作非牛顿型流动。这些流体在一定温度下，其剪切应力与剪切速率不成线性关系，其黏度不是常数，而是随剪切应力或剪切速率而变化。黏性系统的非牛顿流体，在受到外力作用而发生流动时的特性表现为其剪切速率只依赖于所施加剪切应力的大小，而与剪切应力所施加时间长短无关。此类非牛顿型黏性流体包括宾哈流体、膨胀性流体和假塑性流体。

宾哈流体与牛顿流体相同，其剪切应力与剪切速率之间也呈线性关系。但此直线的起始点存在屈服应力 τ_y，只有当剪切应力高于 τ_y 时，此类流体才开始流动。宾哈流体因流动而产生的形变完全不能恢复而作为永久变形保存下来，即这种流动变形具有典型塑性形变的特征，故又常将宾哈流体称为塑性流体。符合这类流体的有牙膏、油漆、润滑脂、泥浆、下水污泥、聚合物浓溶液、凝胶性糊塑料等。

假塑性流体是非牛顿流体中最为普通的一种。其流动曲线不是直线，而是一条斜率先迅速变大而后又逐渐变小的曲线，而且不存在屈服应力。流体的表观黏度随剪切应力的增加而降低，即符合切力变稀的规律。绝大多数聚合物的熔体和溶液都属于此种类型。

假塑性流体的黏度随剪切应力或剪切速率的增加而下降的原因与流体分子的结构有关。对聚合物熔体来说，造成黏度下降的原因在于其中大分子彼此之间的缠结点。当缠结的大分子承受应力时，其缠结点就会被解开，同时还沿着流动的方向规则排列，因此降低了黏度。缠结点被解开和大分子规则排列的程度是随应力的增加而加大的。而对聚合物溶液来说，当它承受应力时，原来由溶剂化作用而被封闭在粒子或大分子盘绕空穴内的小分子就会被挤出，这样，粒子或盘绕大分子的有效直径即随应力的增加而相应地缩小，从而使流体黏度下降。因为黏度大小与粒子或大分子的平均大小成正比，但不一定是线性关系。膨胀性流体的流动曲线也是非直线的。其曲线斜率先逐渐变小而后又逐渐变大，也不存在屈服应力。膨胀性流体表观黏度会随剪切应力的增加而上升，即符合切力变稠规律。例如固体含量高的悬浮液、较高剪切速率下的 PVC 糊塑料属于膨胀性流体。

对于膨胀性流体，当其悬浮液处于静态时，体系中由固体粒子构成的空隙最小，其中流体只能勉强充满这些空间。当施加于这一体系的剪切应力不大时，也就是剪切速率较小时，流体就可以在移动的固体粒子间充当润滑剂，因此，表观黏度不高。但当剪切速率逐渐增高时，固体粒子的紧密堆砌就被破坏，整个体系就显得有些膨胀，此时流体不再能充满所有的空隙，润滑作用因而受到限制，导致表观黏度就随着剪切速率的增长而增大。

表 4-3-1 为不同类型流体的流动规律比较。

表 4-3-1　不同类型流体的流动规律

流动类型	流动规律	符合的流体	备注
牛顿流体	$\tau=\eta\cdot\dot{\gamma}$（$\eta$ 为常数）	PC 和 PVDC 接近	低分子多为此类
宾哈流体	$\tau-\tau_y=\eta\cdot\dot{\gamma}$（$\tau_y$ 和 η 为常数）	牙膏、油漆、凝胶糊、良溶剂的浓溶液	在剪切力增大到一定值后才能流动
假塑性流体	$\tau=k\dot{\gamma}^n \quad n<1$	大多数聚合物熔体、溶液、糊	剪切增加，黏度下降
膨胀性流体	$\tau=k\dot{\gamma}^n \quad n>1$	高固体含量的糊	剪切增加，黏度升高

利用幂律定律 $\tau=K\cdot\dot{\gamma}^n$ 中的流动行为指数 n，可以判断流体与牛顿型流体流动行为差别大小。一般 n 值离 1 越远，呈非牛顿性越明显。

从图 4-3-3 所示看到的非牛顿型聚合物流体流变行为，仅局限于剪切速率范围较小的情况，而在宽广的剪切速率范围内聚合物流体的 $\tau-\dot{\gamma}$ 关系与之情况并不相同。

在宽广剪切速率范围内实验得到的聚合物流体的典型流动曲线如图 4-3-4 所示。由图看出，在很低的剪切速率内，剪切应力随剪切速率的增大而快速地直线上升；当剪切速率增大到一定值后，剪切应力随剪切速率增大而上升的速率变小；但当剪切速率增大到很高值的范围时，剪切应力又随剪切速率的增大而直线上升。

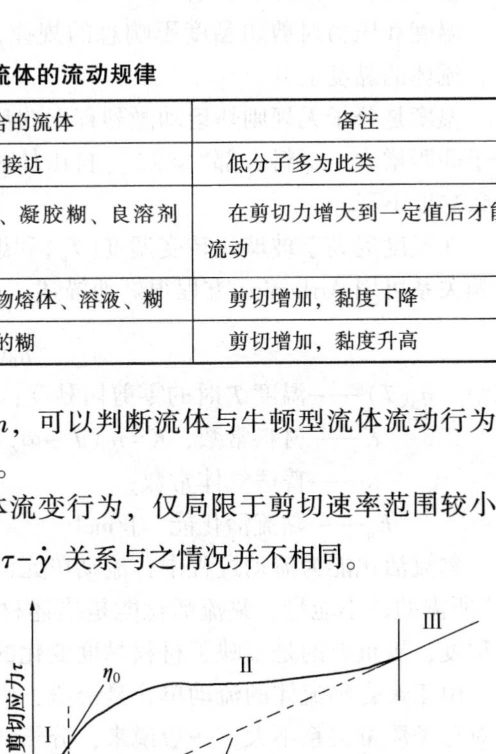

图 4-3-4　宽广剪切速率范围聚合物的流动曲线

我们可将聚合物流体在宽剪切速率范围内

测得的流动曲线划分为三个流动区：

第一流动区Ⅰ，也称第一牛顿区或低剪切牛顿区。该区流体的流动行为与牛顿型流体相近，有恒定的黏度，且黏度值在三个区中为最大。该黏度称为零切黏度或第一牛顿黏度，多以符号 η_0 表示。糊塑料的刮涂与蘸浸操作大多在第一牛顿区所对应的剪切速率范围内进行。

第二流动区Ⅱ，也称假塑性区或非牛顿区。聚合物流体在这一区的剪切速率范围内的流动与假塑性流体的流变行为相近，即表观黏度随剪切速率的增大而减小，出现“切力变稀”现象。在剪切速率变化不大的区段内仍可将流动曲线当作直线处理。聚合物的主要成型技术，例如挤出成型、注射成型、压延成型等多在这一流动区所对应的剪切速率范围内进行成型操作。

第三流动区Ⅲ，也称第二牛顿区或高剪切牛顿区。大多数聚合物流体的黏度再次表现出不依赖剪切速率而为恒定值的特性。聚合物流体在这一区具有最小黏度值，常称为第二牛顿黏度或极限黏度，以符号 η_∞ 表示。聚合物成型流动变形所对应的剪切速率极少能够达到这一范围。

三、影响聚合物流体剪切黏度的因素

1. 实验条件和生产工艺条件的影响

（1）温度和压力的影响

温度和压力对剪切黏度影响总的规律是，当温度升高时，流体的黏度下降；压力升高时，流体的黏度上升。

温度是分子无规则热运动激烈程度的反映。当温度升高时，聚合物的分子热运动加剧，分子间距增大，材料内部“空穴”（自由体积）增多，使聚合物链段易于活动，内摩擦减少，导致黏度下降。

在温度远高于玻璃化转变温度（T_g）和熔点时（$T>T_g+100℃$），聚合物熔体黏度与温度的依赖关系可用 Arrhenius 方程很好地描述：

$$\eta_0(T)=K\mathrm{e}^{\frac{E_\eta}{RT}}$$

式中 $\eta_0(T)$——温度 T 时的零剪切黏度；

K——材料常数，$K=\eta_0(T\to\infty)$；

R——普适气体常数；

E_η——黏流活化能，J/mol。

黏流活化能为流动过程中，流动单元（即链段）用于克服位垒，由原位置跃迁到附近“空穴”所需的最小能量。黏流活化能是描述材料黏-温依赖性的物理量。它反映材料流动的难易程度，更重要的是反映了材料黏度变化的温度敏感性。

由于聚合物流体的流动单元是链段，因此黏流活化能的大小与分子链结构有关，而与总相对分子质量关系不大。一般说来，分子链刚性大，极性强，或含有较大侧基的材料，链段体积大，黏流活化能较高，如 PVC、PC、纤维素等。与此相反，柔性较好的线型高分子材料黏流活化能较低。聚合物的黏流活化能可以由实验来求得。

聚合物黏度的温度敏感性影响材料的加工行为。黏-温敏感性大的材料，温度升高，黏度急剧下降，宜采取升温的办法降低黏度，如分子链刚性强和分子间作用力比较大的聚合物 PC、PMMA 等，否则不予采用升温降低黏度的方法，如柔性链的 PE、POM 等。由于黏度的温敏性大，加工时必须严格控制温度，否则将影响产品质量。

（2）剪切速率和剪切应力的影响

剪切速率和剪切应力对剪切黏度的影响主要表现为“剪切变稀”效应。该效应对聚合物材料加工具有非常重要的意义。由于实际加工过程都在一定剪切速率范围内进行，如表 4-3-2 所示不同加工方法的剪切速率，因此掌握材料黏-切依赖性的关系对指导改进聚合物材料加工工艺十分必要。

表 4-3-2　不同加工方法的剪切速率

加工方法	模压	开炼	密炼	挤出	压延	纺丝	注射
剪切速率/s^{-1}	1~10	$5\times10^1\sim5\times10^2$	$5\times10^2\sim5\times10^3$	$10^1\sim10^3$	$5\times10^1\sim5\times10^2$	$10^2\sim10^4$	$10^3\sim10^5$

材料的黏-切依赖性可以用毛细管流变仪和转子式黏度计全面地测量。如图 4-3-5 所示为几种聚合物熔体在 200℃时的黏度和剪切速率的关系。

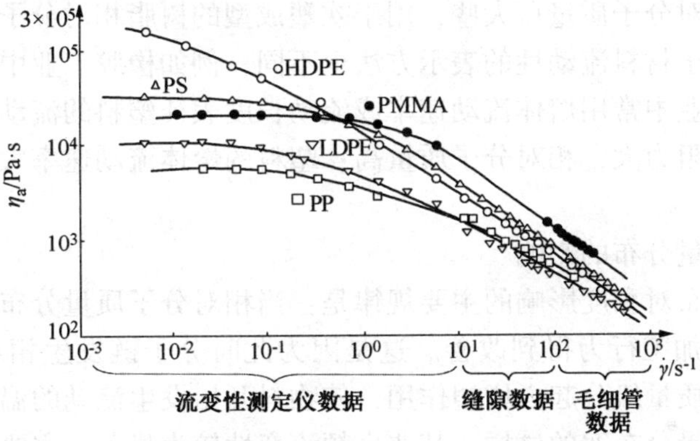

图 4-3-5　几种聚合物熔体在温度 200℃时的黏-切关系

从聚合物材料的“剪切变稀”曲线，我们可以得到以下几方面的信息：

首先材料的零剪切黏度高低不同，对同一类材料而言，主要反映了相对分子质量的差别；其次材料流动性由线性行为（牛顿型流体）转入非线性行为（非牛顿型流体）的临界剪切速率不同；最后幂律流动区的曲线斜率不同，即流动指数 n 不同，流动指数反映了材料黏-切依赖性的大小。

流动曲线的差异归根结底反映了分子链结构及流动机理的差别。一般来讲，相对分子质量较大的柔性分子链，在剪切流场中易发生解缠结和取向，黏-切依赖性较大。长链分子在强剪切场中还可能发生断裂，相对分子质量下降，也导致黏度降低。

2. 聚合物结构参数的影响

（1）相对分子质量的影响

聚合物熔体的黏性流动从微观看，是处于黏流态的大分子链产生了重心相对位移的整链运动，因此相对分子质量越大，流动性越差，黏度就越高。

在给定的温度下，聚合物熔体的零剪切黏度（η_0）和相对分子质量（$\overline{M}_w$）之间的关系如下：

当 $\overline{M}_w<M_c$，$\eta_0=K_1\overline{M}_w$；而当 $\overline{M}_w>M_c$，$\eta_0=K_2\overline{M}_w^{3.4}$

式中 M_c 为大分子链发生“缠结”的临界相对分子质量。缠结是聚合物材料链状分子的突出结构特征，对材料的力学性能和流动性有特别重要的影响。当平均相对分子质量小于临界缠结相对分子质量时，材料的零剪切黏度与相对分子质量基本成正比。一旦相对分子质量大到分子链间发生相互缠结，分子链间相互作用增强，则材料黏度将随相对分子质量的 3.4 次方迅速增加。

相对分子质量增大，除了使聚合物材料黏度迅速升高外，还能使聚合物发生剪切变稀的临界剪切速率变小，其非牛顿性变得突出。其主要原因是由于相对分子质量大，变形松弛时间长，流动中发生取向的分子链不容易恢复原来的状态，因此比较早地出现流动阻力减小的现象。

从纯粹加工成型的角度来看，降低相对分子质量有利于改善材料的流动性，因此橡胶行业采用大功率炼胶机破碎、塑炼胶料，增加流动性，从而降低弹性，以便与配合剂混炼。但相对分子质量降低后必然影响材料的强度和弹性，因此需综合考虑。

再者不同的材料，因用途不同，加工方法各异，对相对分子质量的要求也不同。一般来说，橡胶材料的相对分子质量要高一些(约 $10^5 \sim 10^6$数量级)，纤维材料的相对分子质量要低一些(约 10^4)，而塑料材料居其中。塑料中，用于注射成型的树脂相对分子质量应小些，用于挤出成型的树脂相对分子质量可大些，用于吹塑成型的树脂相对分子质量可适中。

不同用途的高分子材料流动性的表示方法也不同，例如橡胶工业中常用门尼黏度表征材料的流动性，塑料工业中常用熔体流动速率或流动长度表征塑料的流动性。一般橡胶的门尼黏度值大，表示流动阻力大，相对分子质量高；塑料的熔体流动速率大，表示流动性好，相对分子质量低。

(2) 相对分子质量分布的影响

相对分子质量分布对黏度影响的主要规律是：当相对分子质量分布加宽时，物料黏流温度 T_f下降，流动性及加工行为得到改善。这是因为此时分子链发生相对位移的温度范围变宽，尤其低相对分子质量级分起内增塑作用，使物料开始发生流动的温度下降。

此外相对分子质量分布宽的试样，其非牛顿流变性较为显著。主要表现为：在低剪切速率下，宽分布试样的黏度，尤其零剪切黏度 η_0往往较高。但随剪切速率增大，宽分布试样与窄分布试样相比(设两者重均相对分子质量相当)，其发生剪切变稀的临界剪切速率 $\dot{\gamma}_c$ 偏低，黏-切敏感性较大。到高剪切速率范围内，宽分布试样的黏度可能反而比窄的分布试样低。

这种性质使得在聚合物材料加工时，特别是橡胶制品加工时，希望材料相对分子质量分布稍宽些为宜。相对分子质量宽分布的橡胶不仅比窄分布材料更易压出或模塑成型，而且在停放时其“挺性”也更好些。

虽然相对分子质量分布宽的聚合物易于加工，但是此时聚合物材料的拉伸强度比较低。

(3) 长链支化结构的影响

聚合物链的支化结构比较复杂，有短支链、长支链、梳型、星型等不同的形态。当相对分子质量相同时，分子链的支化以及支化程度对黏度影响比较大。

一般来说，短支链(梳型支化)对材料黏度的影响甚微。对聚合物材料黏度影响大的是长支链(星型支化)的形态和长度。若支链虽长，但其长度还不足以使支链本身发生缠结，这时分子链的结构往往因支化而显得紧凑，使分子间距增大，分子间相互作用减弱。与相对分子质量相当的线型聚合物相比，支化聚合物的黏度要低些。若支链相当长，支链本身发生缠结，支化聚合物的流变性质更加复杂。在高剪切速率下，支化聚合物比相对分子质量相当的线型聚合物的黏度低，但其非牛顿性较强。在低剪切速率下，与相对分子质量相当的线型聚合物相比，支化聚合物的零剪切黏度比较复杂，或者低些，或者高些。

3. 添加剂的影响

聚合物加工成型的原料往往要加入除聚合物以外的其他组分，这些添加剂的结构性质相差非常大，对聚合物流体的流动黏度的影响是不可忽略的。

对流动性影响较显著的配合剂有两大类：一是填充补强类的材料，例如碳酸钙、赤泥、陶土、高岭土、炭黑、短纤维等，这类添加剂分散于聚合物中，主要使体系黏度上升，弹性下降，硬度和模量增大，流动性变差；另外一类是软化增塑材料，如邻苯二甲酸二异辛酯、硬脂酸、聚乙烯蜡等，主要减弱组分内聚合物大分子链间的相互牵制，降低摩擦，使体系黏度下降，非牛顿性减弱，使体系的流动性改善。

以上我们介绍的剪切黏度以及流体的流变性主要针对热塑性聚合物，对于热固性聚合物在成型过程中的黏度变化规律与热塑性聚合物有着本质上的不同，其黏度随温度的变化如图 4-3-6 所示。

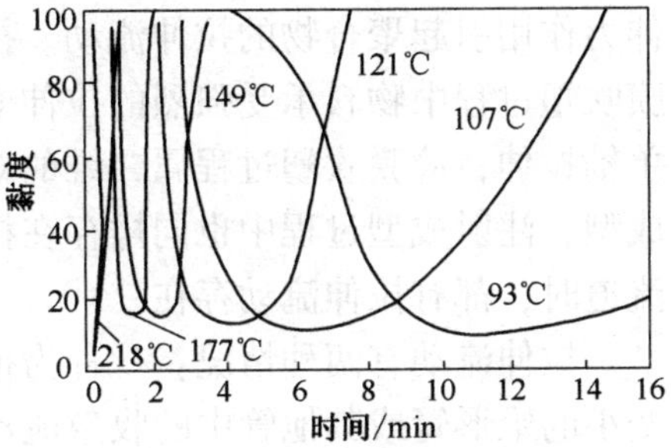

图 4-3-6　酚醛树脂在不同温度下的流动曲线

热固性聚合物在没有成型前，需要加热实现熔融、流动、变形，并取得制品所需形状等物理作用，继续升温发生交联反应并最终完成制品的固化，而且固化后没有再次熔融、流动和借助加热而改变形状的能力。因此剪切作用可增加活性基团和活性点间的碰撞机会，有利于降低反应活化能，故可增大交联反应的速度，使熔体的黏度随之增大。另外大多数交联反应都明显放热，反应热引起的系统温度升高也对交联固化过程有加速作用，导致黏度的更迅速增大。因此影响黏度的因素比热塑性聚合物复杂。

黏度不仅与温度、剪切作用有关，同时还与反应进行的程度有关，即符合下式关系：

$$\eta=f(T,\ \dot{\gamma},\ \alpha)$$

式中　α——交联反应进行的程度。

另外，黏度随受热时间的延长而增大，即热固性聚合物在完全熔融后其熔体的流动性或流动速度均随受热时间延长而降低。其黏度与时间的关系见下式：

$$\frac{1}{\eta}=A'\mathrm{e}^{-\alpha t}$$

式中　A'——常数；

α——常数；

t——受热时间。

加热初期热固性聚合物黏度的急剧减小或流动性的明显增大，是由于在交联反应尚未发生之前加热使聚合物分子活动性迅速增大的结果。在流动性达到最大值后的一段长时间内，由于交联反应的速度还很低，体系的流动性随时间的变化不大。此后，当交联反应以较高的速度进行时，随着交联固化程度的增大，体系黏度急剧增大而流动性迅速降低。

热固性聚合物熔体流动性降低到某一指定值所需之固化时间与温度的关系可用下式表示：

$$T=A''\mathrm{e}^{-bt}$$

式中　A''——常数；

b——常数；

t——固化时间；

T——固化温度。

因此一些成型技术中将热固性塑料的塑化以及塑化料取得模腔形状后的定型采用不同的加热温度，例如，热固性塑料注塑时，机筒的加热应控制在使物料塑化后能达到最低黏度而不会发生明显交联反应的温度，而模具的加热温度则应保证成型物在最短的时间内固化定型。

第四节　拉伸黏度

聚合物流体在加工成型过程中除受到剪切力的作用外，有时还要受到拉伸力的作用。拉伸力作用引起聚合物的拉伸流动。拉伸流动在很多聚合物成型中存在，例如在纤维纺丝和薄膜吹塑过程中物料承受强烈的拉伸变形，流动过程主要为拉伸流动。纤维纺丝过程为一维的单轴拉伸，薄膜吹塑过程属二维的双向拉伸。其他高分子材料加工过程，如压延成型、挤出成型、注射成型过程中也同样存在拉伸流动。可以说，凡是弹性液体流经截面有显著变化的流道时，都有拉伸流动存在。

拉伸流动有两种情况：一种为拟制性拉伸，也叫收敛流动，是聚合物在具有截面积逐渐变小的锥形管或其他管中的收敛流动，这种流动不仅受到剪切作用，而且还受到拉伸作用，如图 4-4-1 所示中收敛流动区；还有一种为非拟制性拉伸，也叫拉伸流动，是当黏弹性聚合物流体从任何形式的管道中流出受外力拉伸时产生的拉伸流动，如图 4-4-2 所示的拉伸流动区。

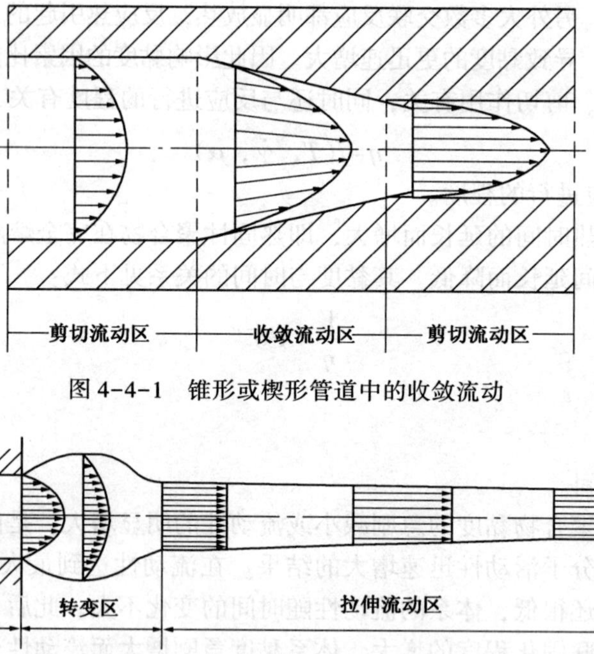

图 4-4-1　锥形或楔形管道中的收敛流动

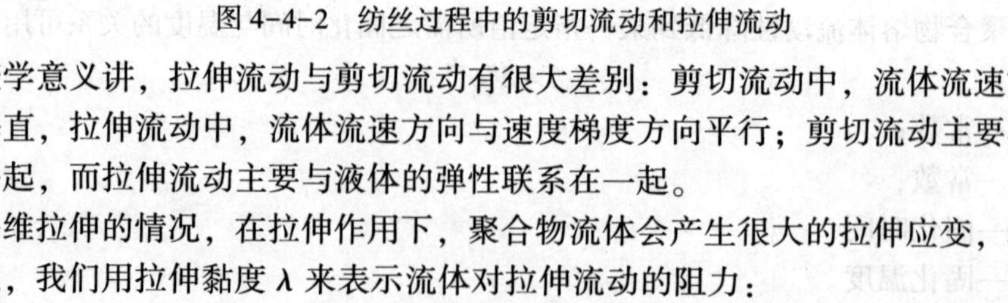

图 4-4-2　纺丝过程中的剪切流动和拉伸流动

从流变学意义讲，拉伸流动与剪切流动有很大差别：剪切流动中，流体流速方向与速度梯度方向垂直，拉伸流动中，流体流速方向与速度梯度方向平行；剪切流动主要与液体的黏性联系在一起，而拉伸流动主要与液体的弹性联系在一起。

考虑一维拉伸的情况，在拉伸作用下，聚合物流体会产生很大的拉伸应变，和剪切黏度的形式类似，我们用拉伸黏度 λ 来表示流体对拉伸流动的阻力：

$$\lambda=\frac{\sigma}{\dot{\varepsilon}}$$

式中 σ——拉伸应力；

$\dot{\varepsilon}$——拉伸应变速率。

聚合物流体的拉伸黏度非常复杂，且其变化规律有多种类型，目前尚无一种恰当的理论，能够解释拉伸黏度如此复杂的变化规律。拉伸黏度 λ 与拉伸应力 σ 的关系，按实验结果分为三类：一是 λ 随 σ 的增大而增大，例如 LDPE、聚异丁烯、PS 等支化聚合物，此类聚合物中有局部弱点存在，在拉伸过程中，会逐渐趋于均匀化而消失，同时又存在应变硬化；二是 λ 随 σ 的增大而减小，例如 HDPE、PP 等高聚合度线型聚合物，因局部弱点在拉伸时会导致熔体的破裂；三是 λ 与 σ 无关，例如 PMMA、PA、ABS、POM。拉伸黏度 λ 与拉伸应力 σ 的关系如图 4-4-3 所示 A、B、C 三条线。

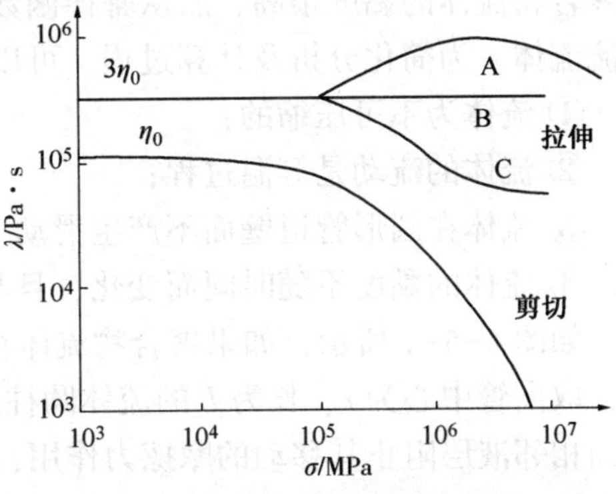

图 4-4-3　聚合物剪切黏度以及拉伸黏度与相应应力之间的关系

拉伸黏度随拉伸应力和拉伸速率变化的分子机理，是由于拉伸应力对黏度产生两种效应：一种效应是拉伸应力使大分子间缠结破坏，导致拉伸黏度下降；另一种效应是拉伸应力使分子链伸展，并沿力的方向取向，大分子间作用力增加，流动阻力增大，使拉伸黏度升高。拉伸黏度随拉伸应力的变化趋势，取决于这两种效应哪一种占优势。

拉伸流动的研究在聚合物加工中十分重要，特别是对于某些聚合物拉伸黏度随拉伸应变速率增大而增大的特性，对纤维纺丝、吹塑薄膜、拉伸薄膜、片材的热成型等十分有利。

聚合物拉伸流动过程黏度增大的特性在很大程度上决定了聚合物能在恒温条件下纺丝或成膜。因为拉伸黏度随着应力或应变速率增大而增大，则增大的黏度将使成型中制品的薄弱成分或应力集中区域不至于在张应力的作用下产生破坏，从而能获得形变均匀的产品。

拉伸黏度和剪切黏度都是聚合物流体在流动过程抵抗外力变形的一种能力。但是由于其外力不同，因此存在较大的差异。首先拉伸力引起拉伸流动，拉伸流动是一个平面上两个质点间的距离延长；剪切力使聚合物流体出现剪切流动，剪切流动是一个平面在另一个平面上的滑动。拉伸流动的速度梯度场是沿拉伸方向的(与形变方向相同)，包括单向拉伸和双向拉伸；剪切流动的速度梯度场是与流动方向垂直的。拉伸黏度与剪切黏度的关系为$\overline{\overline{\lambda}}=2\overline{\lambda}=6\eta_a$。对于假塑性流体，剪切黏度 η_a 随剪切速率的增加而下降，而拉伸黏度则不确定；聚合物在大应力作用下，拉伸黏度比剪切黏度大 100 倍，而低分子流体只是 3 倍。因此在聚合物成型过程中，只要有拉伸形变因素存在，虽然只占 1%，其作用就相当可观，因此拉伸流动以及拉伸黏度是不可忽视的。

第五节　聚合物流体在导管中的流动

尽管在聚合物成型加工过程中，所使用的设备模具种类繁多、形式各异，但都不外乎是圆形和狭缝形通道两种情况，复杂的形状流道都可视为这两种基本情况的组合。

由于聚合物流体流动时存在内部黏滞阻力和管道壁的摩擦阻力，这将使流动过程中出现明显的压力降和速度分布的变化。管道的截面形状和尺寸若有改变，也会引起流体中的压力、流速分布和体积流率(单位时间内的体积流量)的变化。所有这些变化，对成型设备需提供的功率和生产效率及聚合物的成型工艺性能等都会产生不可忽视的影响。

一、聚合物流体在圆形导管中的流动

圆形通道在注射模具和挤出模具中最为常见。圆形通道可分为等截面的圆管通道和圆锥形通道。如：注射机中的喷嘴、模具的浇口或流道、挤出机的机头通道或口模等。由于大多数聚合物流体的黏度很高，服从幂律函数，通常情况下在圆形通道中的流动为稳定状态下的层流流体。为简化分析及计算过程，可以做以下假设：

① 流体为不可压缩的；

② 流体的流动是等温过程；

③ 流体在圆形管道壁面不产生滑动，即壁面速度等于零；

④ 流体的黏度不随时间而变化，且其他性质也不变。

如图 4-5-1 所示，如果聚合物流体在半径为 R 的等截面圆管中的流动符合上述假设条件，取离管中心为 r、长为 L 的流体圆柱单元，当其在压力梯度($\Delta p/L$)的推动下移动时，将受到相邻液层阻止其移动的摩擦力作用，在达到稳态层流后，作用在圆柱单元上的推动力和阻力必处于平衡状态，即：

$$\Delta p(\pi r^2)=\tau(2\pi rL)$$

式中 Δp——圆管两端的压力降；

L——液柱长度；

r——液柱离管中心的距离；

τ——剪切应力。

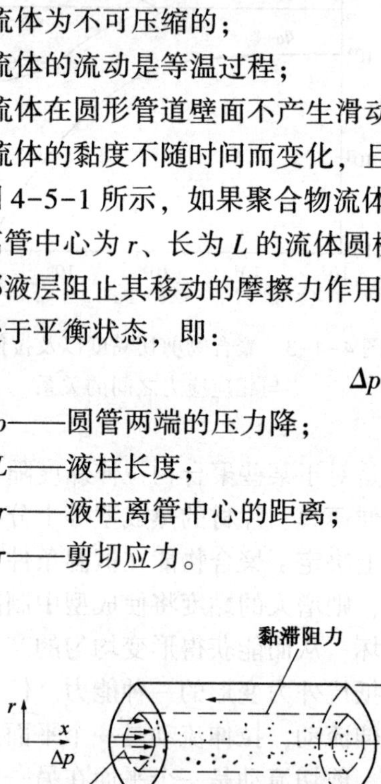

图 4-5-1 单元液柱力的平衡

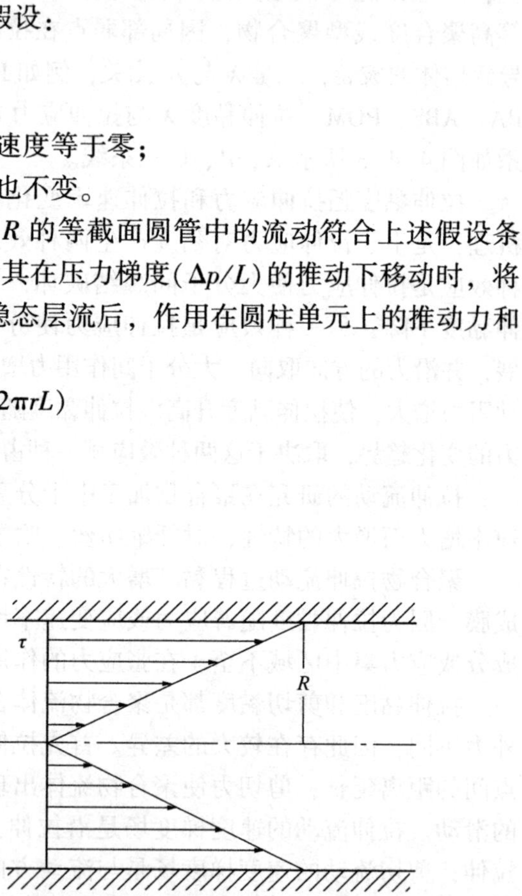

图 4-5-2 圆管中聚合物流体受到的剪切应力示意图

从上式得到剪切应力的分布式：

$$\tau=\frac{r\Delta p}{2L}$$

从式中可以看到，在一定应力梯度 $\Delta p/L$ 下，剪切应力 τ 与离开轴线的距离 r(半径)成正比，与流体的性质无关。从而得到流体在管壁处剪切应力最大，为$\tau_R=\dfrac{R\Delta p}{2L}$，而在中心处为零，其关系如图 4-5-2 所示。

1. 牛顿流体

对于牛顿流体，剪切应力与剪切速率呈直线关系，即$\frac{\tau}{\dot{\gamma}}=\eta$，其比例常数$\eta$为牛顿黏度。

剪切速率为流体速度沿半径方向的变化速率(速度梯度)，把剪切应力关系式代入，得：

$$\dot{\gamma}=-\frac{\mathrm{d}v}{\mathrm{d}r}=\frac{\tau_{\mathrm{r}}}{\eta}=\frac{r\Delta p}{2\eta L}$$

并积分：

$$v=\int_0^v \mathrm{d}v=-\frac{\Delta p}{2\eta L}\int_R^r r\mathrm{d}r$$

由此得到圆管中的层流流动的速度分布v_{r}如下：

$$v_{\mathrm{r}}=\frac{\Delta p}{4\eta L}(R^2-r^2)$$

式中　v_{r}——圆管中聚合物流体在半径方向的速度；

R——管子的半径。

该速度的分布为一抛物线，如图4-5-3所示。流体在管中心的速度最大，而在管壁处为零。

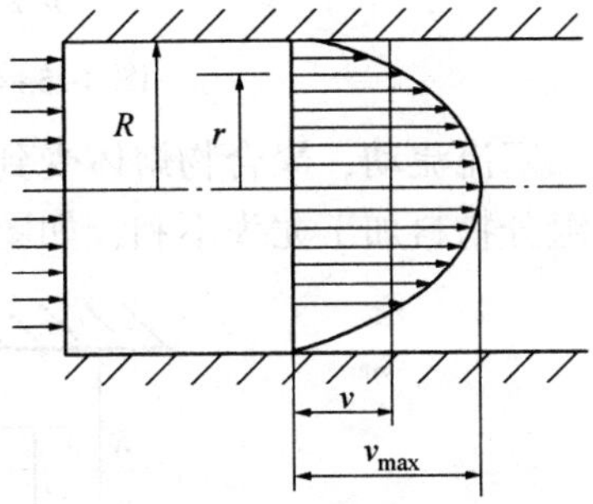

图4-5-3　牛顿型流体在圆管中的速度分布

将上式对r作圆管整个截面积S的积分，得到单位时间内体积流量Q。

$$Q=\int_0^R v(r)\mathrm{d}S=\int_0^R v(r)2\pi r\mathrm{d}r=\frac{\pi R^4\Delta p}{8\eta L}$$

该方程称为Hagen-Poiseuille方程。

该方程与剪切速率方程变换可以得到下列关系：

$$\frac{R\Delta p}{2L}=\eta\cdot\frac{4Q}{\pi R^3}$$

由此得到管壁处剪切速率　$\dot{\gamma}_{\mathrm{R}}=\frac{4Q}{\pi R^3}$

2. 非牛顿流体

同牛顿流体相同的推导，非牛顿流体的剪切应力与剪切速率是非直线关系：

$$\tau=-K\dot{\gamma}^n=-K\left(\frac{\mathrm{d}v}{\mathrm{d}r}\right)^n$$

同理可得聚合物流体在圆管中任意半径处速度分布v_{r}：

$$v_{\mathrm{r}}=\frac{n}{n+1}\cdot\left(\frac{\Delta p}{2KL}\right)^{\frac{1}{n}}\cdot\left(R^{\frac{n+1}{n}}-r^{\frac{n+1}{n}}\right)$$

由上式可看出，聚合物流体在圆管中速度分布与流动指数有关，在中心处流速最大，管壁处为零。取不同的n值，可以得到流体在不同管径方向的速度分布曲线，如图4-5-4所示。

从图中可看出，$n=1$时为牛顿流体，其流动的速度分布曲线为抛物线形；对于膨胀性流体，$n>1$时，速度分布曲线变得较为陡峭突起，n值越大，越接近于锥形。而假塑性流体，$n<1$时，分布曲线较抛物线平坦，n值愈小，管中心部分的速度分布越平直，曲线形状类似于柱塞，故而此种流动称为柱塞流动，其流动为塞流。

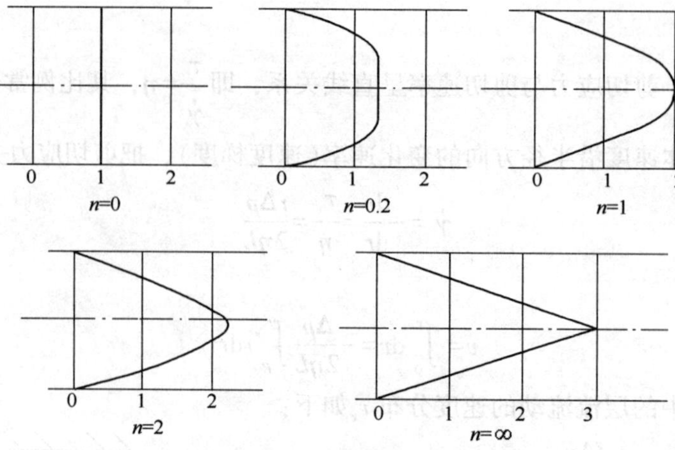

图 4-5-4　不同流体在圆管中流动的速度分布曲线

塞流流动，聚合物熔体受到的剪切作用很小，因此均化作用差，所得制品性能低，对于多组分物料加工尤为不利，如图 4-5-5 所示。

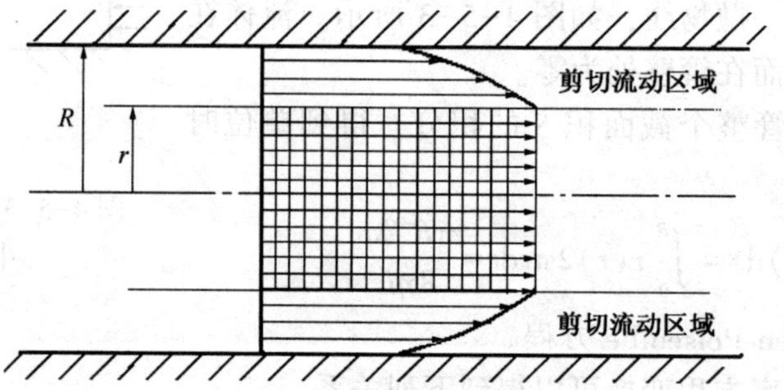

图 4-5-5　圆形管中流动的柱塞流动速度分布

因此，对于多组分聚合物，如果是比较典型的柱塞流动，如 PVC 和 PP，必须通过螺杆甚至双螺杆挤出，方能达到满意的效果。如果是抛物线型流动，例如 PE，不仅能使流体受到较大的剪切作用，而且在液体进入小管处有旋涡流存在，增大了扰动，提高了混合均匀程度，如图 4-5-6 所示。

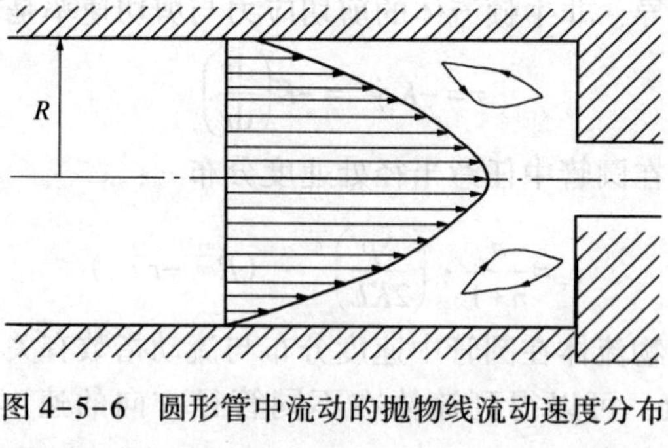

图 4-5-6　圆形管中流动的抛物线流动速度分布

利用速度分布，与牛顿流体推导同样的道理，可以推出聚合物流体的体积流率：

$$Q=\frac{\pi n}{3n+1}\left(\frac{\Delta p}{2KL}\right)^{\frac{1}{n}}R^{\frac{3n+1}{n}}$$

将该式两边取对数，可以得到测定流变特性参数 n、K 的关系式如下：

$$\ln Q=\frac{1}{n}\ln\Delta p+\ln\left[\frac{\pi n}{3n+1}\left(\frac{1}{2KL}\right)^{\frac{1}{n}}R^{\frac{3n+1}{n}}\right]$$

当用毛细管黏度计测定流变特性参数时，已知几何尺寸，此式右边项为常数，通过改变压力降测得不同的体积流量，取对数作图得一直线，斜率即为 $1/n$，可求出 n，再代入上式求出黏度系数 K。

将体积流率关系式 $Q=\frac{\pi n}{3n+1}\left(\frac{\Delta p}{2KL}\right)^{\frac{1}{n}}R^{\frac{3n+1}{n}}$ 与 $\tau=K\dot{\gamma}^{n}=K\left(\frac{\mathrm{d}v}{\mathrm{d}r}\right)^{n}$ 比较得剪切速率关系式。非牛顿流体在管壁处的剪切速率 $\dot{\gamma}_{\mathrm{w}}$：

$$\dot{\gamma}_{\mathrm{w}}=\frac{3n+1}{n}\cdot\frac{Q}{\pi R^{3}}$$

在资料上所查的流动曲线大多数是用牛顿流体的剪切速率作出的，将非牛顿流体的剪切速率看作牛顿流体时的剪切速率，即所谓的表观剪切速率(又叫牛顿剪切速率) $\dot{\gamma}'=\frac{4Q}{\pi R^{3}}$。

真实剪切速率 $\dot{\gamma}$ 与表观剪切速率 $\dot{\gamma}'$ 的关系如下式：

$$\dot{\gamma}=\left(\frac{3n+1}{4n}\right)\dot{\gamma}'$$

此式为非牛顿流体的 Rabinowitsch 修正。

同样也可以用黏度系数 K 来修正，引入一个表观流动常数 K'，与 K 的关系如下式：

$$K=\left(\frac{3n+1}{4n}\right)K'$$

在工程上，处理非牛顿流体时，就可以先作为牛顿流体看待，然后再进行修正，使结果更真实。

通过以上关系式可看到，聚合物流体受到的剪切应力与流体流动的形式无关，剪切应力呈线性分布在圆管半径方向，而且最大剪切应力和剪切速率都集中在管壁上。流体流速以及流量随管子半径的增加而增加，而随流体的黏度和管子长度的增加而减小。

在分析过程中曾假定在管壁的流速为零，但实际上聚合物流体在管壁上可能会出现滑移现象。主要是由于聚合物流体在管内流动过程中，还伴随有聚合物相对分子质量的分级效应。相对分子质量较低的级分在流动中逐渐趋于管壁附近，使这一区域流体黏度降低，流速进一步增加。相对分子质量较大的级分，则趋向于管的中心，使其流体黏度增加，流速减缓。由于上述两种原因，聚合物流体的实际流动速率比理论计算值要大。

二、聚合物流体在狭缝形导管中的流动

通常将高度(或称厚度)远比宽度或周边长度小得多的流道称作狭缝通道。如用挤出机挤膜、挤板、挤出薄壁圆管和各种中空异型材的机头模孔以及注射模具的片状浇口等。

常见狭缝通道的截面形状有平缝形(也称狭缝形)、圆环形和各种异形等三种。狭缝形导管如图 4-5-7 所示。

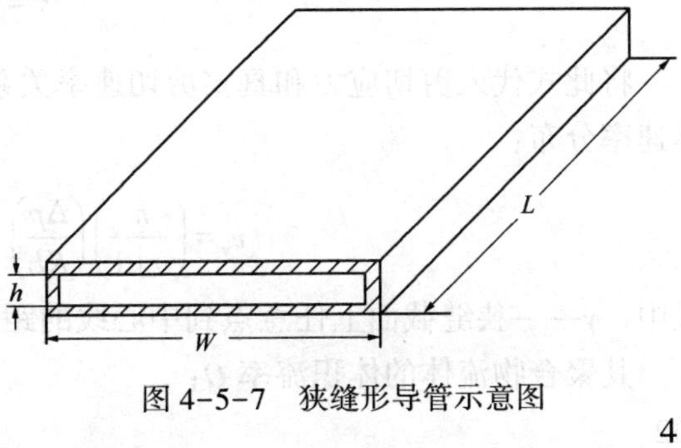

图 4-5-7　狭缝形导管示意图

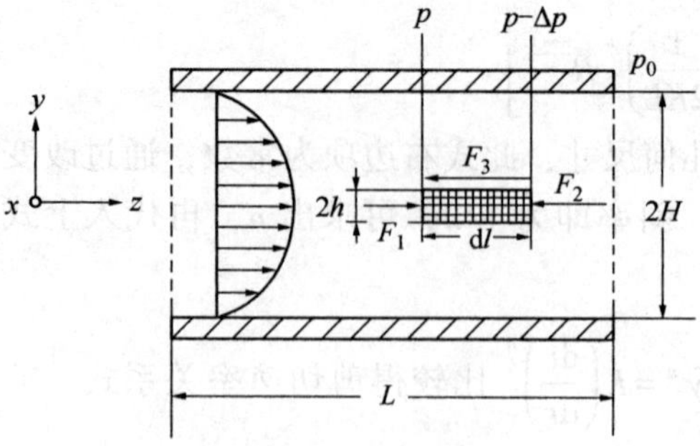

图 4-5-8　平行狭缝流道中聚合物流体的受力情况

以狭缝形导管为例，如果狭缝的宽度 W 大于狭缝厚度 h 的 20 倍，就可以忽略狭缝流道两个侧壁对流体流动的影响。流体在沿狭缝形截面宽度上的流速中心线上各点最大，在上下两壁处为零。

同流体在圆管中的流动相同的推导过程相似，如图 4-5-8 所示，在长度为 L 的一段上存在的压力差为 $\Delta p=p-p_0$，如果压力梯度($\Delta p/L$)产生的推动力足以克服内外摩擦阻力，流体即可由高压端向低压端流动。在狭缝高度方向的中平面上、下对称地取一宽为 W、长为 $\mathrm{d}l$、高为 $2h$ 的长方体液柱单元。

那么液柱单元受到的推动力 F_1 为：

$$F_1=2Wh\Delta p$$

式中　F_1——推动力；

W——液柱宽度；

$2h$——液柱高度；

Δp——压力差。

液柱单元受到上、下两液层的摩擦阻力为：

$$F_2=2WL\tau_{\mathrm{h}}$$

式中　F_2——摩擦阻力；

L——液柱长度；

h——液柱高度；

τ_{h}——与中平面的距离为 H 液层的剪切应力。

流体在达到稳态流动后，推动力和摩擦阻力相等，因而有：

$$2Wh\Delta p=2WL\tau_{\mathrm{h}}$$

则：

$$\tau_{\mathrm{h}}=\frac{h\Delta p}{L}$$

在狭缝的上、下壁面处($h=H$)熔体的剪切应力：

$$\tau_{\mathrm{H}}=\frac{H\Delta p}{L}$$

则 y 处与中心层平行的流层所受到的剪切应力为：

$$\tau=\frac{p}{L}\cdot y$$

将此式代入剪切应力和真实剪切速率关系中，得到在距中平面任意位置 y 处 z 方向的流体速率分布：

$$v_{\mathrm{y}}=\left(\frac{n}{n+1}\right)\left(\frac{\Delta p}{KL}\right)^{\frac{1}{n}}\left[H^{\left(\frac{n+1}{n}\right)}-y^{\left(\frac{n+1}{n}\right)}\right]$$

式中　y——狭缝截面上任意点到中心线的距离。

其聚合物流体的体积流率 Q：

$$Q=\int_0^{\frac{h}{2}} Wv_y\,dy=\frac{2n}{2n+1}H^2W\left(\frac{H\Delta p}{KL}\right)^{\frac{1}{n}}$$

从聚合物体积流率公式看到体积流率随流道尺寸、流体流速和压力降的增大而增大。流体中剪切速率在壁面处($h=H$)最大：

$$\dot{\gamma}_H=\frac{2n+1}{2n}\cdot\frac{Q}{WH^2}$$

该式与流体在圆形管中相应的公式是相似的，说明非牛顿流体在狭缝流道中的稳态流动与圆形管中的流动是相似的。

第六节　聚合物流体的弹性以及在流动中的弹性行为

一、聚合物流体的弹性

聚合物流体，特别是聚合物的熔体除具有非牛顿黏性外，还具有弹性。在聚合物熔体受到外力作用时，一部分能量消耗于耗散形变，即黏性形变，不可以回复。此外还有一部分变形的能量被储存起来，一旦外力撤去，便得以回复，即储能弹性形变，例如挤出物的出模膨胀。除此之外入口效应、熔体破裂等都和聚合物的弹性形变与回复有关。

聚合物弹性形变的实质是大分子长链的弯曲和延伸，应力解除后，这种弯曲和延伸部分的回复需要克服分子内在的黏滞阻力。所有弹性形变及其回复，对制品的质量会产生重要影响。聚合物加工成型过程中黏性行为和弹性行为是交织在一起的，研究聚合物熔体的弹性规律性与黏性对高分子材料加工是同等重要的。

聚合物熔体在加工成型过程中受到应力作用时，发生弹性形变和黏性形变，两种形变哪一种占优势，通常由松弛时间来确定。凡是变形经历的时间大于松弛时间，大分子有足够的时间来松弛产生的弹性形变，那么加工过程以黏性形变为主，如：注射成型、挤出成型都是以黏性形变为主的。相反，变形经历的时间小于松弛时间，没有足够的时间回复形变，那么大分子的形变就以弹性形变为主。

此外聚合物加工中的其他因素也对是否发生弹性形变有影响。聚合物加工如果是处于黏性变形温度 T_m(T_f)以上，聚合物处于黏流态，流动主要发生黏性形变，形变不可逆，但是也有少量的弹性变形影响产品质量，不可忽视。如果是处于 T_f或 T_m以下，T_g以上，聚合物处于高弹状态，弹性成分大，黏性成分小，那么形变主要发生弹性形变，但是弹性形变也可以转变为类似于黏性形变的塑性形变。例如：中空容器的成型、压力成型、纤维成型、薄膜热拉伸，都是在 $T_g\sim T_f$(T_m)范围内受力变形，来完成成型的。

二、聚合物流体在流动过程中的弹性行为

1. 端末效应

端末效应是指聚合物流体(包括熔体和溶液)在管子进口端和出口端由于弹性效应而出现的压力降低和液流膨胀的现象，分别称为入口效应和模口膨化效应(离模膨胀)。如图 4-6-1 所示。

(1) 入口效应

入口效应是指聚合物流体在管道入口端因出现收敛流动而出现压力降突然增大的现象。

如图 4-6-2 所示，可以通过压力传感器来测定压力的下降情况，并且通过实验以及经验来大致确定入口段的长度 L_e。聚合物熔体入口段的长度见下式：

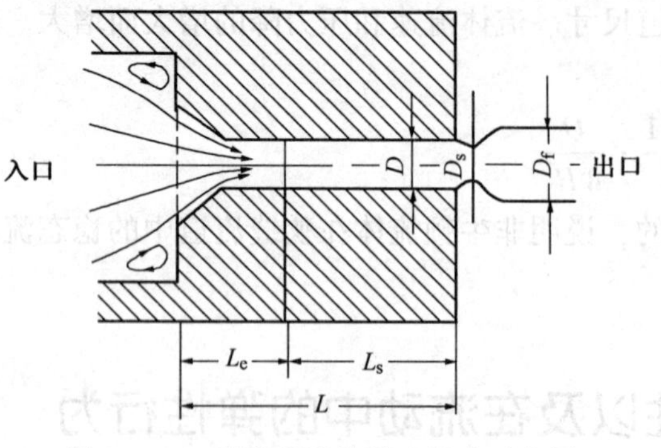

图 4-6-1　聚合物流体端末效应示意图

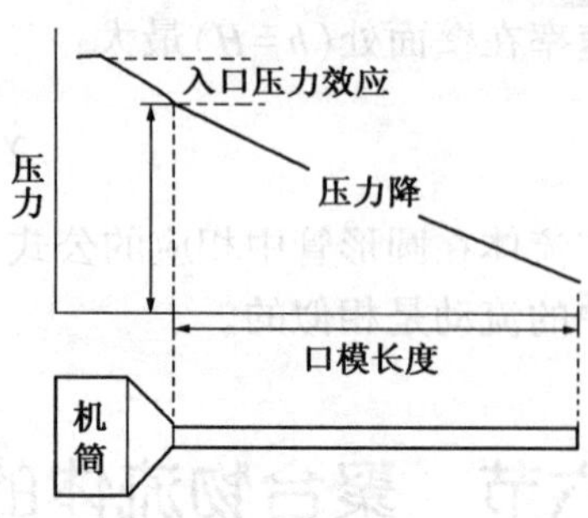

图 4-6-2　聚合物流体在口模中压力分布

$$L_e=(0.03-0.05)Re\times D$$

式中　Re——雷诺数；

D——小管管径(口模直径)。

在 L_e 这一段的压力降实际值比计算值大，此段以后才会出现稳态流动。

产生入口效应的主要原因是由于弹性的效应。首先当聚合物流体由大管流向小管时，必然产生收敛流动，因此要增大剪切速率来调整流速保持稳定的流率，要消耗适当的能量来抵偿剪切速率的增大；此外从大管进入小管，流体必须变形以适应新的流道，但是聚合物流体具有弹性，对变形具有抵抗能力，因此造成能量消耗，来完成这一段的变形。

两种原因使压力降下降很大，与计算式中的压力降不符，一般以加大长度的办法来调整压力降下降较快造成的能量损失。可以将原来的长度 L 用长度 $L+3D$ 代替，则由上面两种情况引起的压力降就可被包括在内，即对入口效应进行修正。此外也可用其他的方法进行严格的入口校正。

(2) 出口效应

出口效应又叫记忆效应，是指聚合物由于黏弹性在压力下挤出模口或离开管道出口后，流柱截面增大，而长度缩小的现象。这种现象称为巴拉斯效应(Barus Effect)，也称为离模膨胀、挤出物胀大。

如图 4-6-1 所示，聚合物熔体从流道流出时，料流有先收缩后膨胀的现象。如果是牛顿流体则只有收缩而无膨胀。收缩的原因除了物料冷却外，还由于熔体在流道内流动时，料流径向各点的速度不相等，当流出流道后须自行调整为相等的速度。这样，料流的直径就会发生收缩，理论上收缩的程度可用下式表示：

$$\frac{D_s}{D}=\sqrt{\frac{(n+2)}{(n+3)}}$$

式中　D_s——料流在出口处的直径；

D——流道直径；

n——流动指数。

对于牛顿流体，$n=1$，则 $D_s/D=0.87$，表明收缩率为 13%。如果是假塑性流体，则收缩率恒小于此值。由于后面紧接着料流发生膨胀，因此收缩现象常不易观察到。

离模膨胀的程度采用挤出胀大比 B 来表示，其公式如下：

$$B = D_f / D$$

式中 D_f——完全松弛的挤出物直径。

离模膨胀依赖于熔体在流动期间可回复的弹性形变。离模膨胀有几种理论解释，但比较倾向性的解释还是侧重于聚合物流体的弹性行为。

如图 4-6-1 所示，当聚合物流体从大管进入小管，即在入口区域 L_e 这一段由于收敛流动使聚合物大分子受到拉伸的作用发生弹性形变，在稳定流动的区域 L_s 这一段主要受到一维的剪切流动使聚合物大分子取向产生剪切弹性形变，两种弹性形变的存在使聚合物流体从管中流出时，作用于流体上的应力消失后，聚合物大分子恢复无规线团构象，出现弹性胀大现象。

此外出口效应还与聚合物流体的正应力(法向应力)有关，即黏弹性流体处于一维流动时，流体中与剪切应力相垂直的两直角坐标上的正应力存在差值。正应力的差值会使聚合物流体流出管道时发生垂直于流动方向的胀大，差值越大，膨胀越大。

挤出物的膨胀是由于弹性回复造成的。如果是单纯的弹性回复而且熔体组分均匀，温度恒定和符合流动规律，则这种膨胀可以通过复杂计算求得。但是实际过程中这种情况极少。圆形流道中的聚合物熔体，其相对膨胀率为 30%~100%。

弹性回复的情况与很多因素有关。如果口模段 L_s 很长，那么入口效应引起的变形有足够的时间得到松弛、回复，引起出口膨胀的原因主要是剪切流动引起的(剪切流动储存弹性能)；如口模段 L_s 很短，出口膨胀就是由入口效应中剪切和拉伸作用储存的弹性能两个方面引起的。

(3) 影响挤出物胀大的因素

实验表明，一切影响聚合物流体弹性的因素都对挤出胀大行为有影响。如挤出温度升高，或挤出速度下降，或体系中加入填料而导致聚合物流体弹性形变减少时，挤出胀大现象明显减轻。

当剪切速率较低时，随着剪切速率的提高，挤出胀大比 B 提高，当剪切速率达到一定值后 B 下降。B 开始下降时所对应的剪切速率称为临界剪切速率，当剪切速率超过临界剪切速率后，熔体会产生不稳定流动。

在剪切速率相同的情况下，升高温度有利于松弛过程进行，故可减少聚合物流体在出口时的弹性能储存量，从而减小弹性表现程度，致使 B 下降，有少数的聚合物，例如 PVC 其 B 会上升。

增加管子直径 D、提高管子的长径比(L/D)，液体在管子内有足够的时间恢复拉伸弹性形变，因此 B 下降。

此外流道的形状、聚合物本身的性质(相对分子质量以及相对分子质量分布等)对挤出胀大也有影响。如果截面形状不对称的管道，如平行狭缝管道，厚度方向的 B 大于宽度方向的 B，且前者是后者的平方倍，聚合物流体的黏度大，相对分子质量分布窄，非牛顿性强，在流动中易储存弹性，膨胀严重，制品易变形，而且有内应力。实际加工中可以采用如下方法降低胀大比，例如增加管子长度，增加管径，提高流道的 L/D，适当降低加工应力，增加加工温度，施加一定的牵伸力，减小弹性变形的不利因素等。

如图 4-6-3 所示为熔融纺丝过程中的熔体喷出和形变情况。这是个比较典型挤出胀大的例子。

从图中可看出，当聚合物熔体在管中流动时，大分子链处于高速剪切，链段被舒展开

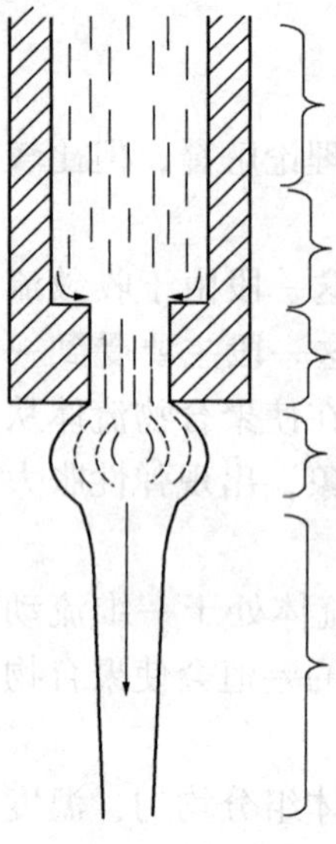

图 4-6-3　熔融纺丝过程中的熔体喷出和形变情况

来，发生了弹性形变，弹性能被储存起来。相当于受到拉伸而使链段取向，熔体出现各向异性。当熔体突然放大或从管道中流出而使高分子链突然“自由化”，致使在管道中形成高弹形变立即得以回复，分子链又恢复到大体无序的平衡状态，链间距离增大，以至出现流束膨胀。

挤出胀大现象是一种弹性能的储存和释放，它对聚合物的加工是不利的，容易引起制品的变形和扭曲，降低制品尺寸稳定性等，因此在加工中尽量避免或减小这种效应。

2. 不稳定流动和熔体破裂现象

聚合物流体在低剪切应力或低剪切速率的流动条件下，其雷诺数通常均小于 10，是一种层流流动，各种因素引起的小的扰动由于速度比较低也容易受到控制。但是聚合物这种黏性流体，不仅黏度高，黏滞阻力大，而且还具有弹性，在高剪切应力和高剪切速率下，会发生弹性形变。当弹性回复过快或过大，弹性形变的储能达到或超过黏滞阻力的流动能量时，则流动单元的运动就不会限制在一个流动层，流体中的扰动难以控制，势必引起湍流流动，此时的湍流由于是弹性引起的，因此通常称为弹性湍流。

发生弹性湍流也可以采用弹性雷诺数 S_R 来区分。弹性雷诺数也称韦森堡值，其表达式如下：

$$S_R = \dot{\gamma}\eta_a J = \tau J = \frac{\tau}{G}$$

式中 S_R——弹性雷诺数；

J——弹性柔量；

G——剪切弹性模量。

当 $S_R<1$ 时，液体为黏性流动，弹性形变很小；$S_R=1\sim7$ 时，液体为稳态黏弹性流体；$S_R\geqslant7$ 时，液体为不稳定流动或发生弹性湍流。

弹性雷诺数和低分子雷诺数有截然不同的区别，低分子流体发生湍流主要依赖于线速度，而聚合物熔体则因剪切和拉伸引起弹性能的储存，当弹性能累积到为熔体自身强度所不允许时，导致不稳定流动的发生。所以弹性雷诺数取决于弹性能的储存量。

例如通过口模挤出聚合物熔体，在较低的剪切速率范围内，挤出物的表面光滑、形状均匀，但当剪切速率超过一定极限值时，从模口出来的挤出物变为波浪形，继而表面变得粗糙、失去光泽、粗细不匀和弯曲，这种现象称为“鲨鱼皮症”。此时如再增大剪切速率，挤出物会成为竹节形或周期性螺旋形，在极端严重的情况下会发生断裂，这种现象称为“熔体破裂”。以上出现的情况都称为不稳定流动。如图 4-6-4 所示为不稳定流动试样的状况。

熔体破裂以及不稳定流动究其原因主要与聚合物流体的弹性有关，此外与聚合物在管道壁处的滑移、所受的剪切历史差异等因素有关。综合起来有以下两个原因。

一个原因是流体在流动时出现滑移和流体中的弹性回复，最终造成弹性应力与黏性流动阻力的不平衡。当流体处于稳态流动时，具有正常的沿管轴对称的速度分布，并得到直线形表面光滑的挤出物，如图 4-6-5 所示。

聚合物流体在管道中流动时管壁附近的剪切速率最大，由于黏度对剪切速率的依赖性，所以管壁附近的流体必然只有较低的黏度。同时流动过程的高分子的分级效应又使聚合物中低相对分子质量级分较多地集中到管壁附近，这两种作用都使管壁附近的流体黏滞性降低，从而容易引起流体在管壁上滑移。滑移使管壁处流体流速增大，造成流体的剪切速率分布发生变化。剪切速率分布的不均匀性，流体中弹性能的分布沿径向上也存在差异，剪切速率大的区域聚合物分子的弹性形变和弹性能储存较多。随着剪切速率增大，当流体中产生的弹性应力增加，增加到与黏性流动阻力相当时，黏性阻力不能再平衡弹性应力的作用，液体中弹性应力间的平衡即遭破坏，随即发生弹性回复作用。

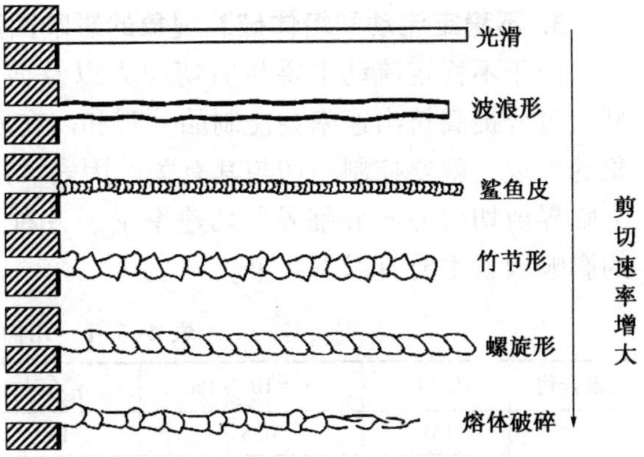

图 4-6-4　聚合物在不同剪切速度下发生的不稳定流动试样的示意图

管壁附近的液体黏度最低，弹性回复作用在这里受到的黏滞阻力也最小，所以弹性回复较容易在管壁附近发生。当管壁某一区域形成低黏度层时，伴随弹性回复滑移作用使管子中的速度分布发生改变，产生滑移区域的液体流速增加，压力降减小，层流流动被破坏，一定时间内通过滑移区域的流体增多，总流率增大，如图 4-6-6 所示；当新的弹性形变发生并建立起新的弹性应力平衡后，这一区域的流速分布又回复到如图 4-6-5 的正常状态，然后液体中的压力降重新升高。与此同时，管中另外的区域有时会出现上述类似的滑移-流速增大-应力平衡破坏的过程。

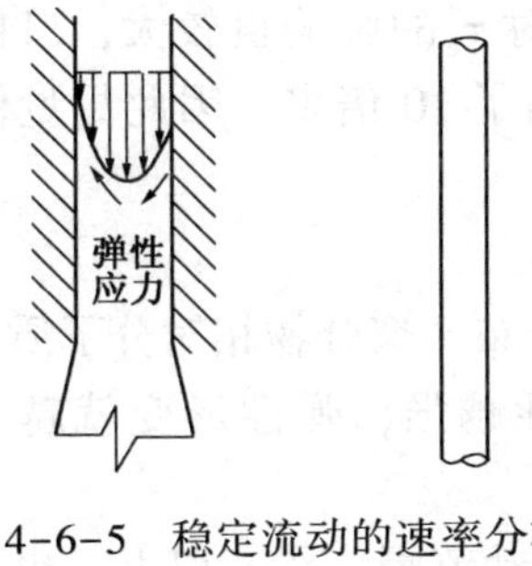

图 4-6-5　稳定流动的速率分布

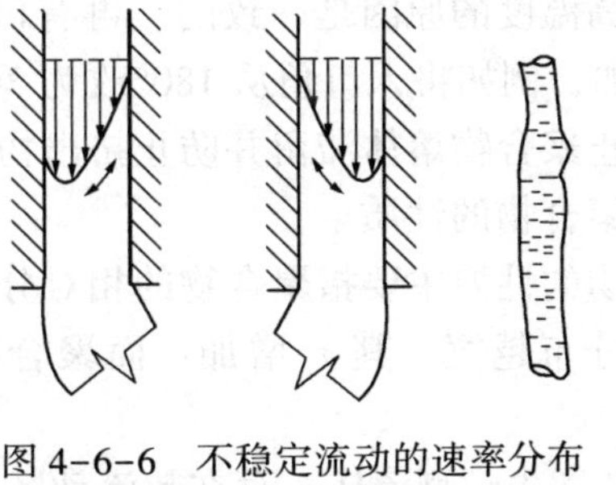
图 4-6-6　不稳定流动的速率分布

流体流速在某一区域的瞬时增大是由弹性效应所致，即发生了“弹性湍流”。在圆管中，如果产生弹性湍流的不稳定点沿着管的周围移动，则挤出物将呈螺旋状，如果不稳定点在整个圆周上产生，就得到竹节状的粗糙挤出物。

产生不稳定流动和熔体破裂现象的另一个原因是流体剪切历史的差异。流体在入口区域和管中流动时，受到的剪切作用不一样，因而能引起流体中产生不均匀的弹性回复。另外，在入口端收敛角以外区域存在着旋涡流动，这部分流体与其他部分的流体相比较，受到不同的剪切作用。当旋涡中的流体周期性进入管道时，这种剪切历史不同的流体能引起流线的中断，当它们流过管道时，就可能引起极不一致的弹性回复，如果这种弹性回复力很大，以致能克服流体的黏滞阻力时，就能引起挤出物出现畸变和断裂。

可以看出，熔体破裂现象是聚合物流体产生弹性应变与弹性回复的总结果，是一种整体现象。

3. 不稳定流动和熔体破裂现象的影响因素

由于不稳定流动主要与剪切应力以及剪切速率有关，对于很多的成型加工，如挤出成型，过分提高挤出速率会使制品外观和内在质量受到不良影响。因此为了防止不稳定流动现象的出现，就要控制一切与其有关的因素。出现不稳定流动现象的剪切应力以及剪切速率称为临界剪切应力 τ_c 和临界剪切速率 γ_c，几种聚合物的 τ_c 和 γ_c 值如表 4-6-1 所示，对 τ_c 大小的影响因素主要有以下几个。

表 4-6-1　几种聚合物的 τ_c 和 γ_c 值

聚合物	T_c/℃	$\tau_c\times10^{-5}$/Pa	γ_c/s^{-1}	聚合物	T_c/℃	$\tau_c\times10^{-5}$/Pa	γ_c/s^{-1}
LDPE	158	0.57	140	HDPE	190	3.6	1000
	190	0.7	405	PP	180	1	250
	210	0.8	841		200	1	350
PS	170	0.8	50		240	1	1000
	190	0.9	300		260	1	1200
	210	1	1000				

（1）温度

从表 4-6-1 可以看到，随着温度的升高，τ_c 增加。主要是因为温度升高，利于大分子的松弛，因此可减少聚合物流体的弹性能储存量，减小了不稳定流动以及熔体破裂的发生几率。

（2）流道的尺寸

流道的尺寸主要指口模的长径比和口模入口角度。一般随着口模长径比的提高，τ_c 增加，与升高温度的原因是一致的。再有口模的入口角对 τ_c 的影响也较大，口模的入口角越小，τ_c 增加，例如将入口角从 180°改为 30°，其 τ_c 提高了 10 倍多。因此尽量使用流线型的结构，防止聚合物熔体滞留并防止挤出物不稳定。

（3）聚合物的性质

聚合物的性质主要指聚合物的相对分子质量以及分布。聚合物相对分子质量越低、相对分子质量分布越宽，其 τ_c 增加；而聚合物的非牛顿性越强，弹性形变就越突出，会使 τ_c 下降。

HDPE 和牛顿型流体，存在超流动区，有较高的流动范围，在 τ_c 以上，也不会发生熔体破碎，这些聚合物可以采用高速加工。

（4）流动材料

τ_c 与口模光滑程度关系不大，但是与制模材料关系较大。

第四章思考题

第五章　聚合物加工中的物理化学变化

大部分聚合物的成型都要经历受热、受力、流动变形(成型)、冷却定型等阶段，最终成为制品。在这个过程中，聚合物也随之发生一系列的物理和化学变化，导致聚合物的聚集态结构变化。最主要的物理和化学变化可概括为结晶、取向、降解和交联。

在这些物理变化及化学变化中，有些是希望出现的，有些则是应该极力避免的，但无论如何，它们都会对产品质量和性能产生决定性的影响。因此，深入探讨聚合物成型过程中发生的结晶、取向、降解和交联等物理及化学变化的特点，以及成型条件对它们产生的影响，有利于指导我们的生产实践。

第一节　聚合物的结晶

一、成型条件下聚合物的结晶形态

聚合物晶体是大分子链聚集在一起的一种排列方式。聚合物的结晶形态随聚合物所处状态(如稀溶液、浓溶液或熔体等)、结晶条件(如过冷度、有无应力作用)等的不同会产生很大差异。

根据不同的状态以及结晶条件，聚合物可以形成不同的宏观或亚微观的晶体，如稀溶液缓慢降温得到的单晶，浓溶液或熔体冷却得到的球晶，通过挤出、吹塑、拉伸等作用得到的纤维状晶体，熔体在应力下冷却得到的柱晶，在极高压力下慢慢结晶得到的伸直链晶体等等。

聚合物成型过程中主要的结晶形态为球晶。因为在成型过程中，聚合物绝大多数是以浓溶液或熔体形式，并在不大的拉伸应力或剪切应力作用下，以一定速度冷却固化成型的。例如在注射成型制品的中心部分，熔体所受到的剪切应力很小，并且冷却速度较皮层部分缓慢，因此可以使聚合物形成球晶。

球晶是在不存在外界应力和流动的情况下，有结晶倾向的聚合物从浓溶液中析出，或聚合物熔体冷却过程时，在条件合适的情况下得到的一种聚集态结构。球晶呈圆球状，直径可以从几微米到几毫米，在正交偏光显微镜下呈特有的黑十字(即 Maltese Cross)消光图像。如果对它的微观结构进行分析可以看到，球晶是由许多径向发射的长条扭曲晶片组成的多晶聚集体。扭曲晶片是厚度约为 10^{-8}m 的折叠链晶片。

二、聚合物的结晶能力和结晶过程

虽然聚合物可以在不同的条件下结晶形成不同形态的晶体，但不是每一种聚合物都能够结晶的。聚合物的结晶能力由聚合物的结构特征所决定。有的聚合物容易结晶或结晶倾向大，有的聚合物不易结晶或结晶倾向小，有的则完全没有结晶能力。

1. 聚合物结晶的条件

(1) 有规整的对称重复空间结构

有规整对称重复空间结构的聚合物，比较典型的例子是聚乙烯，其大分子主链上全部是碳原子，结构简单，规整对称性好，非常容易结晶，结晶度高达95%，相似的还有聚四氟乙烯。聚合物结构的规整结构也允许若干部分的不规整，例如有支链、轻度交联或构型上其他的不规整性，但是不规整部分不能多，规整序列仍然应占绝对优势。

主链含不对称碳原子分子链，如果具有空间构型的规整性，则仍可结晶，否则就不能结晶。如自由基聚合制得的聚丙烯、聚苯乙烯、聚甲基丙烯酸甲酯等为非晶聚合物，但由定向聚合得到的等规或间规立构聚合物则可结晶。聚氯乙烯(PVC)结构中氯原子破坏了其结构的对称性，失去了结晶能力，因此PVC是非晶的。主链含有杂原子的聚合物，如聚甲醛、聚酯、聚醚、聚酰胺、聚砜等，虽然对称性有所降低，但仍属对称结构，都具有不同程度的结晶能力。

分子空间排列规整是聚合物结晶的必要条件，但不是充分条件。

(2) 有适当的分子间作用力

聚合物分子链节间的次价力——偶极力、诱导力、色散力和氢键的作用力有利于其形成结晶体。分子间力越大结晶结构越稳定，结晶度和熔点越高。如果分子间力太小，就不能克服分子热运动的吸力，也就无法结晶。但是分子间作用力太大，会使分子链的柔性下降，从而影响结晶能力。如天然橡胶，常温下分子间力太小，不能结晶，-24℃时方可结晶；再如尼龙，分子间存在氢键，结晶能力强，在200℃晶粒还不受破坏。

(3) 分子链节小，柔顺性适中

聚合物的分子链节小，易于形成晶核。分子链具有一定的柔性是结晶时链段向结晶表面扩散和排列所必需的条件，分子链的柔顺性不好，将在一定程度上降低聚合物的结晶能力。如聚乙烯的分子链柔性很好，大分子链不容易缠结，可以使其具有适当的构象排入晶格，形成一定的晶体结构，其结晶能力很强；聚对苯二甲酸乙二醇酯的主链含有苯环，使其分子链的柔顺性下降，结晶能力降低，只有在熔体缓慢冷却时才能结晶；聚碳酸酯主链上苯环密度更大，刚性强，不能结晶。但是柔顺性太大时，分子链虽容易向晶体表面扩散，但也容易从晶格上脱落，也不能结晶，如聚二甲基硅氧烷就是典型的例子。

此外缩聚物比加聚物结晶困难，因为缩聚物重复结构单元通常比加聚物长。

具有以上条件的聚合物有一定的结晶倾向，但是能否结晶还需要一定的外界条件，如结晶温度、冷却速度等。有些聚合物，如聚对苯二甲酸乙二醇酯(PET)，骤冷得无定形产品，长时间不变，但是在50~60℃缓慢冷却，可以得到结晶度较高的产物。

所以具有结晶倾向的聚合物可以得到结晶型的产品，也可以得到无定形的产品，这主要由加工条件来决定。

2. 聚合物的结晶过程(球晶)

聚合物的结晶通常是在聚合物熔体冷却或浓溶液析出过程产生的。首先在其中的某些有序区域形成晶胚，长大到某一个临界尺寸时转变成初始晶核，大分子链由于热运动在晶核上进行重排生成最初的晶片，初期的晶片沿晶轴方向生长，形成晶体。聚合物的结晶过程是大分子链段重新排列进入晶格，由无序变为有序的松弛过程。

大分子进行重新排列需要一定的热运动，而聚合物要形成结晶结构又需要大分子间有足够的内聚能。所以大分子的热运动以及分子间的内聚能有适当的比值是大分子进行结晶所必需的热力学条件。

当温度较高时，大分子的热运动自由能显著地大于分子间的内聚能，聚合物难于形成有序的结构，因此不能结晶。而当温度较低时，大分子处于冻结状态，其内聚能再高也难以发生分子的重排运动形成结晶结构。因此为了保证结晶结构的形成，结晶型聚合物的结晶温度范围需要控制在聚合物玻璃化转变温度(T_g)和熔点(T_m)之间。

聚合物的结晶过程包括两个阶段：一是晶核的生成阶段，二是晶体的生长阶段。结晶的总速率是由晶核生成速率与晶体生长速率所控制，三者与温度的关系如图 5-1-1 所示。

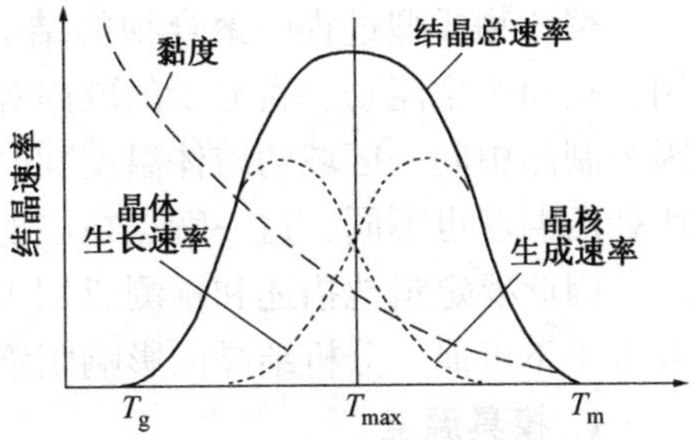

图 5-1-1　聚合物结晶速率和温度的关系

从图中可看到，当聚合物熔体温度降至 T_m 以下不远时，由于分子热运动剧烈，大分子链段有序排列所形成的晶核速率较慢，晶核的形成非常不容易或不稳定，所以，尽管此时分子热运动的能力很强，但总的结晶速率仍较低；随着熔体温度的下降，晶核生成的速率增加，同时由于此时分子链仍具有相当的运动活性，容易向晶核扩散排入晶格，因而晶体生长速率也加快，所以，结晶总速率迅速增加。结晶总速率最大值时的温度为 T_{max}。当温度进一步下降时，虽然晶核生成速率继续增加，但由于此时温度较低，聚合物熔体黏度增大，分子链的热运动活性降低，大分子链不易向晶核扩散排入晶格，因而晶体生长速率降低，从而使结晶总速率也随之降低；当熔体温度继续降低接近玻璃化转变温度 T_g 时，大分子链的运动越来越迟钝，因此，晶核生成速率和晶体生长速率都很低，结晶几乎不能进行。

如果将熔融聚合物温度骤然降至聚合物的玻璃化转变温度以下，即使是有结晶倾向的聚合物得到的也将是无定形的或结晶度比较低的产品。

以上分析的是均相成核的结晶过程。均相成核也称为散现成核，是纯净的聚合物中由于热运动而自发的生成的晶核。

如果在聚合物熔体中混有其他物质，则这些外来物质对结晶过程的影响是比较复杂的。有的外来物质的存在会阻碍结晶过程的进行，有的外来物质却能加速结晶过程的进行，该类物质称为成核剂。有成核剂的加入，不仅可以加速结晶过程，而且能减少温度条件对结晶速率的影响。常用的成核剂有微量的高熔点聚合物，它可在熔体冷却时首先结晶，微细的无机或有机结晶物质的粉末也可作为成核剂，如滑石粉等。有成核剂存在的结晶一般为异相成核，异相成核也称预成核、瞬时成核。

异相成核的结晶速率快，晶粒尺寸小且均匀，制品的力学性能及耐热性能等均较理想；而均相成核时结晶速率慢，晶粒尺寸大而且不均。

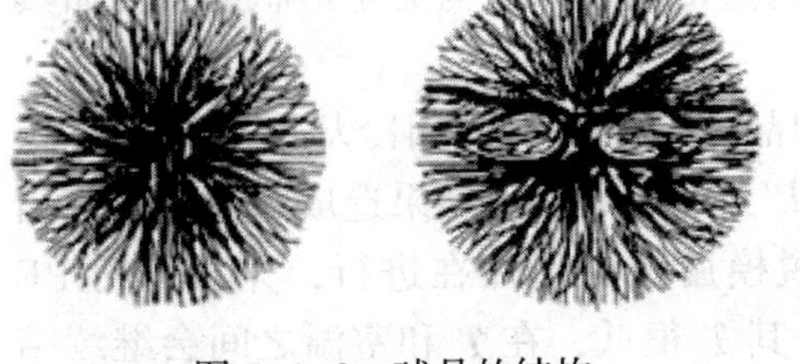

图 5-1-2　球晶的结构

同样是形成球晶，均相成核和异相成核也有很大的差别，例如球晶有双眼结构的为均相成核，没有的为异相成核，如图 5-1-2 所示；球晶的边界是一直线的为异相成核，是双曲线的为均相成核；结晶后熔融，再冷却结晶，晶核位置不变的为均相成核，晶核位置改变的为异相成核等。

三、聚合物成型过程中影响结晶的因素

聚合物的结晶过程是一个非常复杂的过程，既与聚合物分子结构有关，又随结晶时外部条件的变化而有所改变。改变结晶条件，能对结晶度、结晶形态、晶粒大小及晶体的数目等产生影响，而这些又无疑都会在最终产品的性能上有所体现。

聚合物成型过程中聚合物的结晶是动态结晶，这是由于成型过程中熔体会受到外力作用，从而产生流动、大分子的取向等。同时成型中聚合物的结晶过程还是非等温过程，不仅因为制品中同一区域的熔体温度随时间延长而降低，而且还由于同一时间不同区域的聚合物所处的温度也不同，这一特点在注射成型过程中体现得尤为明显。

因此要定量地描述和预测成型工艺条件对聚合物材料结晶结构的影响就变得非常复杂，以至于不可能，分析结晶的影响因素也只限于定性分析。

1. 模具温度

温度是聚合物结晶过程的最敏感因素。模具温度是指与制品直接接触的模腔表面温度，它直接影响着聚合物在模腔中的冷却速度。当然，除了模具温度外，制品厚度以及聚合物自身的热性能等对冷却速度也起着十分重要的作用。

一般采用聚合物熔体温度 T_m 与模具温度 T_M 之差来表示冷却速度：

冷却速度=聚合物熔体温度(T_m)-模具温度(T_M)

在实际结晶过程中，实际结晶温度总是低于理论结晶温度的，这种现象称为过冷现象。聚合物结晶时实际结晶温度与低于平衡结晶温度之差称为过冷度。过冷度的大小与冷却速度密切相关，冷却速度越快，实际结晶温度就越低，过冷度就越大；反之冷却速度越慢，实际结晶温度就更接近理论结晶温度，过冷度就越小。

根据冷却速度的不同，可以将聚合物的冷却分为三种情况：

(1) 等温冷却

等温冷却是指模具温度接近于聚合物熔点，聚合物熔体冷却的速度非常缓慢，结晶过程在近似于等温条件下进行，过冷度很小。这种情况下，由于温度高，晶核生成速度低，且生成的晶核数目少，而聚合物分子链的运动活性很大，故制品中易生成粗大的结晶晶粒，且晶粒数量少，结晶速度慢。粗大的晶粒结构会使制品韧性降低，力学性能劣化。

同时由于等温冷却的冷却速度太慢，造成制品成型的周期太长，生产效率降低。此外，由于模具温度太高，制品在开模取出的时候刚度往往不够，非常容易扭曲变形，因此实际生产中很少采用这种冷却方式。

(2) 快速冷却

快速冷却其模具温度远低于聚合物的熔点，而接近聚合物的 T_g 值，因此冷却速度快，过冷度很大。当冷却介质的温度远远小于 T_g 时，熔体过冷程度大，聚合物分子链运动重排的松弛速度滞后于温度的降低速度，来不及结晶，变为过冷液体，成为无定形状态，制品具有明显的体积松散性，密度很小。

由于聚合物的导热系数较低，对于壁厚较大的制品来说，虽然表面冷却形成无定形状态，但内部的聚合物熔体温度相对较高，可以慢慢冷却并形成结晶。结果造成制品内外结晶不一致，非常容易产生内应力。也可能造成制品在脱模后结晶仍然在进行，尤其是对 PE (T_g=-120℃)、PP(T_g=-18℃)、POM(T_g=-50℃)，其 T_g 很低，在 T_g 和室温之间会继续结晶，结晶使制品形状、尺寸发生变化，造成翘曲、开裂等不良现象。因此，虽然快速冷却可

以缩短成型周期，但是带来的问题也较多。首先，由于模具温度很低，聚合物的导热系数也较小，虽然制品表层部分靠近模具，温度降低较快，但制品芯部温度下降较缓慢，这样造成制品表层和芯部温差较大，不仅会在结晶度上表现为皮层低于芯部，晶粒尺寸上皮层大于芯部，晶粒数目上皮层少于芯部，结晶速度上皮层低于芯部，还易造成制品产生较大的内应力；其次，由于熔体温度骤冷，造成制品总的结晶度很低，会使结晶型聚合物的物理及力学性能大大降低；最后，迅速冷却造成制品中形成的结晶结构不完善或不稳定，制品在以后的储存和使用过程中会自发地使这种不完善或不稳定的结晶结构转化为相对完善或稳定的结构，即在制品中发生后结晶和二次结晶，从而造成制品形状及尺寸的不稳定性。

二次结晶是指发生在初晶结构不完善的部位或是发生在初始结晶残留下的非晶区内的结晶现象，二次结晶的速度比初始结晶更慢，有时甚至需数年或数十年才能完成。后结晶是在聚合物成型时未来得及结晶的区域在成型后发生的继续结晶过程，后结晶常在初始晶体的界面上生成并发展，促使聚合物内晶体进一步长大。二次结晶和后结晶都会使制品的性能和尺寸在使用和储存中发生变化，为避免这种现象，常对成型后的制品进行退火热处理。

与等温冷却相比，快速冷却虽然大大缩短了成型周期，提高了生产效率，但通常制品的性能较难达到要求，因此，实际生产中这种操作应用的也不多，除非一些特殊工艺，例如快速冷却降低结晶度、制备高透明性的薄膜等。

（3）中速冷却

中速冷却时，一般控制模具温度在聚合物的玻璃化转变温度 T_g 与聚合物的最大结晶速度温度 T_{max} 之间。此时，靠近表层的聚合物熔体在较短时间内形成凝固壳层，在冷却过程中最早结晶，而制品内部温度有较长时间处于 T_g 以上，有利于晶体结构的生长、完善和平衡。

在理论上，这一冷却速度能获得晶核数量与其生长速度之间最有利的比例关系。晶体生长好，结晶完善且稳定，故制品的因次稳定性好。同时，成型周期也较短，因此是实际生产中常常被采用的一种冷却方式。

通过上述分析可以看到，模具温度对结晶影响的表现在于它决定了制品的结晶度、结晶速度、晶粒尺寸及数量等。聚合物成型时模具温度应根据制品结构及使用性能要求来确定，不同的使用场合所要求的制品性能不同，结晶结构也应随之发生变化，模具温度亦应随之调整。

2. 塑化温度及时间

聚合物在成型过程中，要通过成型设备加热熔融达到充分塑性状态，使之具有良好的可塑性。对于有结晶倾向的聚合物在熔融塑化阶段的温度及时间，也会影响最终制品的结晶及其结构。有结晶倾向的聚合物若熔融塑化时的温度较低，熔体中就可能有较多的残存晶核；如果塑化时熔融温度较高，分子热运动加剧，大分子中就难以维持原来的晶核，熔体中残存的晶核就少。

如果熔体中有残存的晶核存在，则聚合物在冷却结晶过程中，残存的晶核相当于成核剂，因此聚合物的结晶过程是一异相成核过程，聚合物结晶速度快，晶粒尺寸小且均匀，制品的力学性能及耐热性能等均较理想；反之，如果熔体在冷却以前，熔体中没有残存晶核或残存晶核很少，则其聚合物结晶过程主要为均相成核，均相成核时结晶速度慢，晶粒尺寸大且不均。

塑化时间对熔体中的残存晶核也有相似的影响，塑化温度高与塑化时间长影响程度相当。

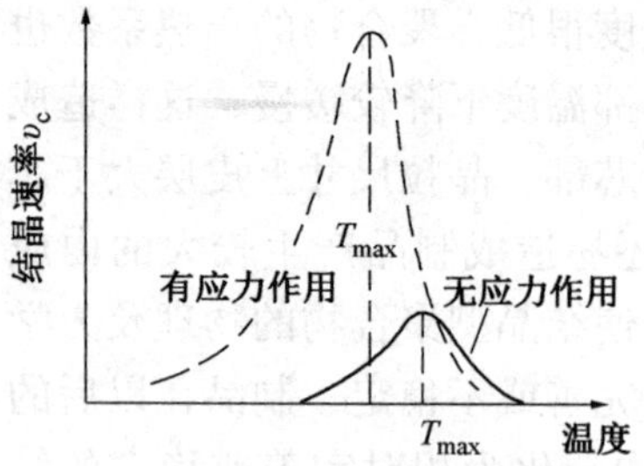

图 5-1-3　应力对结晶速率 v_c 和 T_{max} 的影响

3. 应力作用

聚合物在挤出、注射、压延、模压和薄膜拉伸等成型加工过程中必然受到应力的作用，当受应力作用时，聚合物的结晶过程会加速。其主要原因是聚合物受拉伸和剪切作用时，大分子沿受力方向伸直，且生成有序区，诱发成核，使得晶核形成时间缩短，晶核增加，结晶速度加快，且随拉伸速率和剪切速率的增加而增加。如 PP、PE 纺丝拉伸时，结晶速度比不拉伸时快 1000 倍。如图 5-1-3 所示为应力对结晶速率的影响，很明显，有应力作用的聚合物结晶速率远远高于没有应力作用的，同时有应力作用的聚合物结晶的最大速率的温度也降低了。

应力对晶体的结构和形态也有影响。例如在剪切应力或拉伸应力作用下，聚合物熔体形成的晶体可能是纤维状晶体，压应力能够影响球晶的大小，低压下能生成大而完整的晶体，但在高压下形成的球晶小且形状不规则。

同时应力的存在也会使聚合物的结晶温度提高。例如在注射制品时，应力控制不当，会使结晶温度提高，此时即使熔体温度很高，也会提前出现结晶而引起黏度急剧增加，使成型发生困难。严重时，因早期形成过多结晶而改变熔体流变性质，表现出膨胀性流体的剪切增稠现象。

4. 低分子物和固体杂质的影响

聚合物材料是以高分子化合物为主要成分，根据需要添加很多小分子物质组成的多组分体系，其中很多低分子物如水、溶剂、增塑剂、固体杂质等在一定条件下对聚合物的结晶过程会产生影响。

例如聚酰胺，吸湿性比较强，吸收水分后能够加速结晶，变为不透明的结晶制品。溶剂 CCl_4 扩散到聚合物中，能使其在内应力作用下的小区域加速结晶。

固体杂质的影响较复杂，有的起阻碍结晶的作用，而有的可以作为成核剂，能形成结晶中心，起到促进结晶的作用。促进结晶的固体杂质有炭黑、氧化硅、滑石粉等，可提高结晶速率。

除上述介绍的温度、应力等对聚合物结晶的影响外，退火（热处理）方法对聚合物结晶的影响也是不可忽视的。首先退火能够使结晶聚合物的结晶结构趋于完善，增加聚合物的结晶度，使较不稳定的结晶结构转变为较稳定的结晶结构，微小的晶粒转变为较大的晶粒等。其次退火可明显使晶片厚度增加，熔点提高，但在某些性能提高的同时又可能导致制品“凹陷”或形成空洞及变脆。此外退火也有利于大分子的解取向和消除注射成型过程中制品中产生的冻结应力。

四、结晶对制品性能的影响

结晶聚合物中大分子链敛集以及类似于交联点的微晶都使结晶聚合物的性质不同于其他的聚合物。

1. 结晶对制品密度及光学性能的影响

由于结晶时聚合物分子链做规则、紧密排列，所以晶区密度高于非晶区密度，制品密度随结晶度的增加而增大。

由于聚合物的结晶度达不到100%，在制品中同时存在晶区和非晶区。物质的折射率与密度相关，制品中晶区与非晶区的密度不同，因此折射率也不同。这样当光线通过结晶聚合物时，就会在晶区与非晶区界面上发生反射和折射，不能直接通过制品，因此结晶聚合物制品常呈现乳白色，不透明。但是如果晶区与非晶区密度非常接近，晶区尺寸小于可见光波长，结晶聚合物制品也具有较好的透明性，所以在成型时加入成核剂减小晶区尺寸，可以提高制品的透明度。此外拉伸可以使聚合物产生微晶，也会提高制品的透明度。

2. 结晶对制品力学性能的影响

结晶会使聚合物材料的力学性能提高。例如：结晶度15%的聚合物就像交联的橡胶；结晶度达到20%，聚合物比橡胶硬；当结晶度达到40%，晶区的密度加大，形成连续晶相，此时聚合物的应力随结晶度的增加而发生变化。一般是结晶度越大，聚合物的屈服强度、模量和硬度也提高。

结晶对聚合物制品力学性能的影响，与制品中非晶区所处的力学状态有关。如果非晶区处于橡胶态，则随着结晶度的提高，制品硬度、弹性模量及拉伸强度提高，冲击强度、断裂伸长率等韧性指标下降。如果非晶区处于玻璃态，则随着结晶度提高，制品变脆，拉伸强度下降。

除结晶度外，聚合物的结晶形态、晶粒尺寸和数量也对制品的力学性能产生影响。细小而均匀的晶粒结构，制品综合力学性能好。

对于结晶聚合物制品来说，结晶度不是100%，制品内不同区域结晶度、结晶结构及形态不同，各部分力学性能也会产生差异，这也是结晶型聚合物塑料制品产生翘曲与开裂的原因之一。

绝大多数结晶聚合物在 $T_g \sim T_m$ 之间拉伸时会出现屈服点，对于有屈服点的试样，拉伸时，会出现细颈化，随着细颈的扩大，试样趋于均匀直到断裂。

3. 结晶对热性能及其他方面性能的影响

结晶有利于提高制品的耐热性。耐热性提高后，在相同温度下，制品的刚度提高。对注射制品而言，脱模是需要有一定刚度的，因此提高制品的结晶度可以减少制品在模内的冷却时间。例如，结晶度为70%的聚丙烯热变形温度为124.9℃，结晶度变为95%后，热变形温度能够提高到151.1℃。

结晶型聚合物，分子链排列规整、紧密，与无定形聚合物相比，能更好地阻挡各种试剂的渗入，所以结晶度提高，耐溶剂性提高。

第二节 聚合物的取向

取向是指非晶聚合物的大分子链段或整个高分子链，结晶聚合物的晶带、晶片、晶粒等，或纤维状填料在外力作用下，沿外力作用的方向进行有序排列的现象。这种排列也称为定向作用。

取向过程是大分子链或链段的有序化过程，而热运动却是这些有序单元趋向紊乱无序的一个解取向过程。取向需要靠外力的作用才能实现，而解取向是一个自发的过程。因此取向态是一非平衡状态，一旦外力除去，链段或大分子链便自发解取向而回复到原状。因此，若想得到取向材料，必须在取向后迅速降温到聚合物的玻璃化转变温度以下，将链段或大分子链冻结。当然冻结状态属于热力学非平衡状态，只是具有相对的稳定性，时间、温度都可能影响其取向结构的稳定性。

一、取向分类

由于加工成型过程中采用的设备以及设定的工艺条件不同，聚合物可以形成很多不同类型的取向。

1. 拉伸取向和流动取向

拉伸取向和流动取向是根据外力作用的方式不同来划分的。

拉伸取向是聚合物的取向单元(包括链段、分子链、晶片、纤维状填料等)在拉伸力的作用下产生的一种取向。一般特指热塑性聚合物在其玻璃化转变温度 T_g 与熔点 T_m(或黏流温度 T_f)范围内所发生的取向，如纤维纺丝的后处理拉伸、塑料打包带、塑料定向薄膜等。聚合物在该温度范围内受外力拉伸时，大分子链段或微晶等取向单元沿力的方向取向，使沿拉伸方向的拉伸强度和抗蠕变性能得到提高。

流动取向是指聚合物大分子处于可流动状态时，由于受到剪切力的作用而发生流动变形，取向单元沿流动方向所做的平行排列。聚合物熔体或溶液中的大分子、链段或其中任何形状的不对称的固体粒子(集团或填料)都可以成为流动取向的单元。

2. 等温取向和非等温取向

根据取向过程中聚合物的温度分布与变化情况，取向又可分为等温取向和非等温取向。

等温取向是取向过程中聚合物的温度保持不变。在注射成型过程中，聚合物在机筒和喷嘴中的取向过程可近似看作等温取向。而在各种流道、浇口和模腔中的取向都是非等温取向，因为在该过程中，聚合物流体的温度是呈逐渐下降趋势的。发生在流道、浇口和模腔中的非等温取向对制品的质量和性能将产生很大影响。

3. 结晶取向和非结晶取向

根据聚合物取向时的结构状态不同，取向又分为结晶取向和非结晶取向。

结晶取向是指发生在有结晶倾向聚合物材料中的一种取向，该类聚合物在取向过程中由于有晶体的形成，故此变得较复杂。

非结晶取向则指无定形聚合物在外力作用下取向单元的一种有序排列。

4. 单轴取向和双轴取向

根据取向的方式不同，取向又可分为单轴取向和双轴取向(又称平面取向)，如图5-2-1所示。

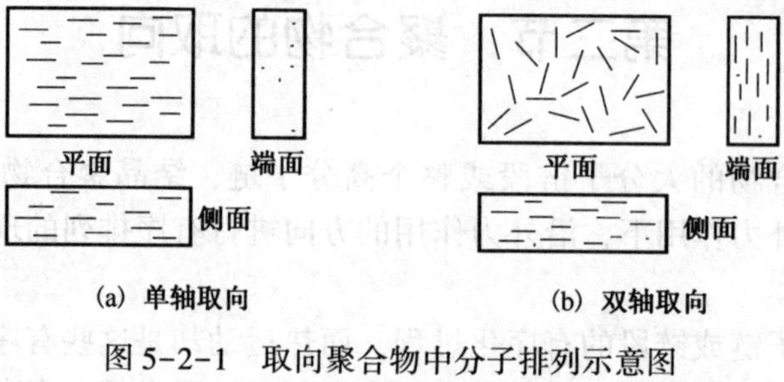

图 5-2-1　取向聚合物中分子排列示意图

单轴取向是指取向单元沿着一个方向做平行排列而形成的取向状态；双轴取向则指取向单元沿着两个互相垂直方向的取向状态。

二、成型过程中的流动取向

成型过程中的流动取向是由剪切力诱发而形成的取向单元沿力的方向的规整排列。根据取向单元的不同，流动取向分为聚合物（无定形聚合物和结晶型聚合物）的流动取向和填充物（纤维状填料）的流动取向。

1. 聚合物的流动取向

用热塑性聚合物生产制品时，只要存在着流动，几乎都有聚合物分子的取向问题。然而对于聚合物制品中分子取向的形成，不仅仅与剪切应力有关，同时还与时间以及聚合物的温度有关，是三者综合作用的结果。

剪切应力具有促使聚合物分子取向的作用，是聚合物分子取向的动力，同时取向在一定温度和时间的影响下可能会出现解取向，因此聚合物的流动取向是一种热力学非平衡状态。当温度较高、时间较长时，取向的聚合物在分子热运动的作用下可能发生解取向。聚合物分子的取向在各点上的差异应该是这两种对立效应的净结果。

因此只有当聚合物大分子沿着力的方向流动时，在适当的条件下降温把流动取向的形式冻结下来，才能得到取向结构。

以注射成型生产的长方形样条为例，分析无定形聚合物流动取向情况，如图 5-2-2 所示。

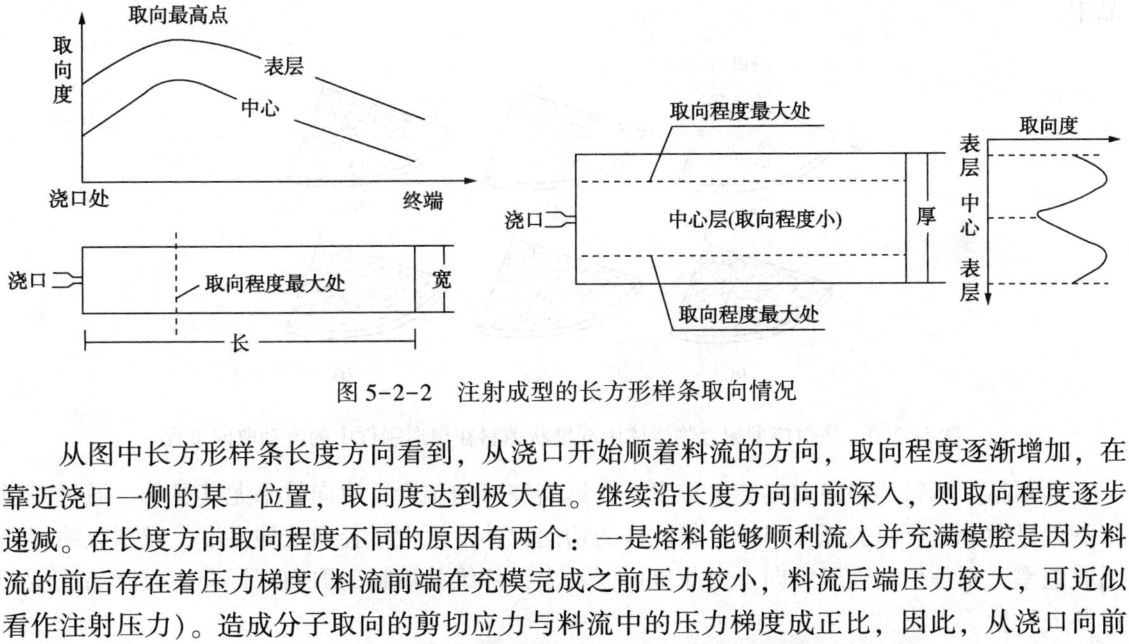

图 5-2-2　注射成型的长方形样条取向情况

从图中长方形样条长度方向看到，从浇口开始顺着料流的方向，取向程度逐渐增加，在靠近浇口一侧的某一位置，取向度达到极大值。继续沿长度方向向前深入，则取向程度逐步递减。在长度方向取向程度不同的原因有两个：一是熔料能够顺利流入并充满模腔是因为料流的前后存在着压力梯度（料流前端在充模完成之前压力较小，料流后端压力较大，可近似看作注射压力）。造成分子取向的剪切应力与料流中的压力梯度成正比，因此，从浇口向前剪切应力逐步减小。但是对于熔体，在充模过程中，实际上总是先充满离浇口不远处的模腔横截面，然后逐步向后充满与其相邻的模腔，靠近浇口的模腔是最后才被充满的，因此最大受力部位不是浇口，而是在离浇口不远的地方。二是由于成型热塑性聚合物的模腔温度较低，所以沿着制品长度方向熔料温度应是离浇口越远，温度也越低。剪切应力与温度沿制品长度方向这样的分布状态，决定了沿此方向聚合物的分子取向程度在距离浇口最近处和最远处都较低，而在这二者之间的某一位置取向程度最大。

从样条的厚（宽）度看，在制品的中心区和表层区，取向程度都不高，取向程度较高的区域是介于中心区和表层区之间的部分。制品横截面上剪切应力的分布是靠近模壁处最大，而中心区域最小，同时看到温度分布是靠近模壁处最低，而中心区域最高，所以在制品横截面上取向程度最大的地方既不是模壁处，也不是中心区域，而是介于二者之间的某一区域。其原因是靠近模壁处熔体温度较低，分子运动被冻结，尽管受到最大程度的剪切作用也不能再发生取向，或只能发生很小程度的取向；而在制品的中心区域，流体所受剪切力较小，不足以诱导分子取向，即使能够发生某种程度的取向，但由于此处熔体温度最高，分子热运动剧烈，也会对取向的进行构成破坏作用。因此介于中心区域与模壁之间的某一区域，剪切应力和温度条件都合适，使得取向极易进行，取向程度也较高。

2. 聚合物中填充物的流动取向

聚合物流体中如果有填充物，而且填充物的几何形状是不对称的，如纤维状的填充物，那么在聚合物流体发生流动取向时，会使纤维状的填充物发生取向。

如图 5-2-3 所示为带有纤维状填料的扇形注射制品。当聚合物熔体通过注射机从浇口进入扇形的模腔时，其中裹挟的纤维状填料随熔体一起进入模腔。由于注射速度较高，而通常浇口的尺寸较小，因此通过浇口时产生的速度非常大，从浇口处沿半径方向铺散开来，料流前端直接接触到模腔，被迫改变流动方向，由原来沿扇形模腔径向流动改为沿其切线方向流动，熔料中纤维状填料的取向也随着料流方向的改变而改变。随着成型物料温度的降低或交联反应的进行，物料逐渐冷却固化，由于流动造成的纤维状填料的取向也就被保留在制品中。

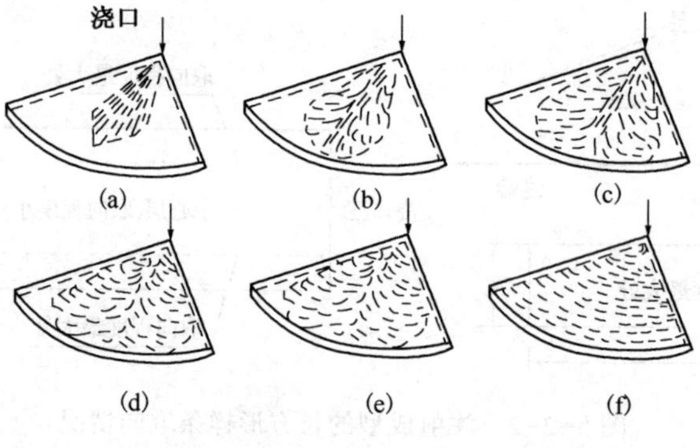

图 5-2-3　注射成型聚合物熔体中纤维状填料在扇形制件中的流动取向过程

从制品中填料的最终取向结果看出，在远离浇口的位置，取向效果尤其显著。通过对扇形制件显微分析可以验证，扇形片状试样的切向拉伸强度大于径向拉伸强度，成型收缩率和后收缩率，则是切向大于径向。由此也可以看出，纤维状填料的取向同样会造成制品性能上的各向异性。

和聚合物的取向不同，纤维状填料的取向在聚合物制品使用过程中，一般不会发生解取向，除非将热塑性制品重新加热到黏流态。另外纤维状填料的取向更大程度依赖于剪切应力，对温度的依赖性相对较小。

3. 影响流动取向的因素

聚合物以及纤维状填料的流动取向会造成制品各向异性，使制品产生内应力，影响产品的使用，特别是对于注射制品，因此一般不希望存在取向结构。但是有时我们可以利用流体取向的结果，获得某些有特殊要求的性能。

对流动取向有影响的主要有以下几个因素：

(1) 模具温度

聚合物的取向是一种热力学非平衡状态，当温度升高后聚合物大分子热运动加剧，发生解取向，其抵消了分子取向的作用。因此当模具温度升高后，流动中的聚合物分子热运动加剧，可以降低聚合物的取向效应。

(2) 模具流道的尺寸

加宽流道尺寸，即增加制品壁厚，可以降低聚合物流体流动过程中所受的剪切力，而流动取向主要是由于剪切力所致，因此模具流动尺寸加大可降低聚合物流动取向效应。

(3) 流体的流速

流体的流速与所受到的剪切力有关，速度越高受到的剪切力越大。因此减小聚合物流体的流速，实际上就是降低了聚合物流体所受到的剪切力，同时也降低了聚合物的流动取向效应。

(4) 流动模式

不同的模具结构使聚合物流体具有不同的流动模式，特别是浇口位置选择的不同，使聚合物流体的流动模式差别很大。合理的设计可以减少或增加流体流动中的流向，降低或增大流动取向效应。利用这种可以“控制”的流动模式，使取向得到合理利用。如图 5-2-4 所示，在聚丙烯铰链盒设计过程中，将浇口设计在合适的位置(与铰链相对应的位置)，使铰链处的大分子流动取向加强，从而使铰链处的强度提高，增加使用性。

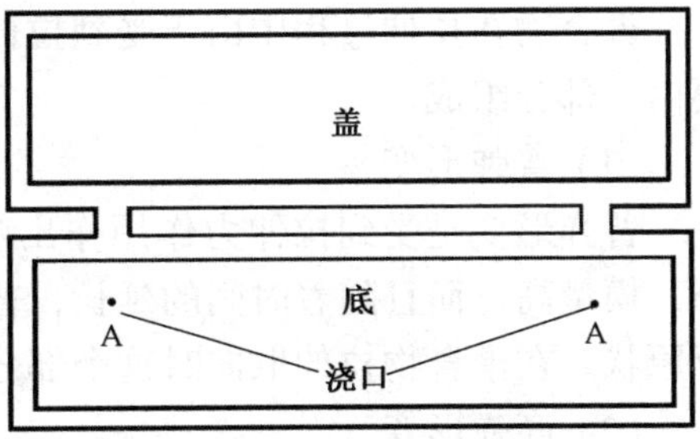

图 5-2-4　带铰链的聚丙烯盒子的示意图

(5) 退火处理

退火处理可以加速聚合物分子的热运动和松弛过程。通过退火处理，部分取向的链段和分子链可恢复到自由卷曲状态，从而消除或减轻由取向带来的制品的内应力和各向异性，因此可以根据需要进行退火处理。

三、拉伸取向

拉伸取向是由于聚合物大分子取向单元受到拉伸力的诱发，沿着拉伸力方向进行规整的排列。因此凡是存在拉伸力的场合都有可能发生聚合物拉伸取向。

同流动取向一样，拉伸取向也是一个动态过程，一方面有分子被拉直，即分子无规线团被解开，而另一方面又有取向的分子在纠集成无规线团。

在聚合物加工过程中，拉伸有两种形式，因此拉伸取向也有两种形式：

一种拉伸取向是处于熔点 T_m 或黏流温度 T_f 以上的拉伸取向。当在流道中流出的聚合物流体受到拉伸作用，或从大管流入小管形成收敛流动受到拉伸作用时，两种流动均为拉伸流动，也可以产生拉伸取向。这种拉伸可以称为黏性拉伸，产生的取向与流动取向比较相似，只是引起取向的应力和速度梯度的方向有差别。黏性拉伸由于在很高的温度下，即使很小的力也会引起大分子以及链段的高度取向，但大分子活动能力很强，取向的结构非常不稳定，解取向也非常快，因此取向结构很弱，同时，黏性拉伸由于所处的温度高，在拉伸力稍大的时候可能发生液流断裂现象。还有一种是通常聚合物加工中涉及的拉伸取向，特指温度范围

在 $T_g \sim T_f(T_m)$ 之间，在这个区间拉伸的主要原因是高于玻璃化转变温度以上的聚合物大分子才具有足够活性，才能在拉伸应力作用下，分子无规线团被拉开、拉直和在分子间发生位移，而在熔点以下，才有实际意义。对于后一种情况，聚合物沿着一个或两个相互垂直的方向进行拉伸至原来长度的几倍，使其中的聚合物链段、分子链或微晶结构沿拉伸方向做整齐排列，再迅速冷却至室温，可以使拉伸取向结构冻结在制品中。

拉伸取向同流动取向一样可以使制品各向异性，因此拉伸方向的机械强度和抗蠕变性能等都得到较大提高。拉伸取向又不同于流动取向，拉伸取向可以人为进行控制，因此拉伸取向可以看作在成型过程中对聚合物进行的一种物理改性。例如塑料的薄膜或片材、纤维的后处理等，通过拉伸取向，可使最终制品的力学性能提高幅度非常大。

一般热塑性聚合物都能进行拉伸取向，但并非都能取得良好的结果。目前，能够拉伸且取得良好效果的聚合物有 PVC、PET、PVDC、PMMA、PA、PE、PP、PS 及某些苯乙烯共聚物。

1. 拉伸取向过程中的形变

聚合物在拉伸过程中由于受到拉伸应力的作用，会使聚合物发生变形。拉伸的形变量主要由三部分组成。

(1) 普弹形变

普弹形变是受到拉伸力作用作出响应最早的一种形变。普弹形变瞬时发生，形变量很小，模量高，而且随着时间的延长，普弹形变会慢慢松弛掉。解除应力后普弹形变也立即恢复原状。在聚合物拉伸取向时这个部分的形变可以忽略不计。

(2) 高弹形变

高弹形变是在 T_g附近或者拉伸应力小于屈服应力($\sigma<\sigma_Y$)的条件下的一种形变，是大分子无规线团解开的结果，其大分子排直的方向与拉伸应力的方向相同。这一部分的形变即所谓分子链段取向部分。如果在拉伸温度或高于拉伸温度解除应力，高弹形变也可回复，但回复需要一定时间。如果拉伸时立即降温到 T_g 以下，高弹形变被冻结，不可能回复，但温度升高到拉伸温度或以上，形变又有一定回复，制品可以发生热收缩。如图5-2-5所示为聚合物的应力-应变曲线，从图中可看到，当拉伸应力小于屈服应力时，即 $\sigma<\sigma_Y$，拉伸的结果只能对材料产生高弹形变，形变量不大，其取向程度不高，取向结构也很不稳定。

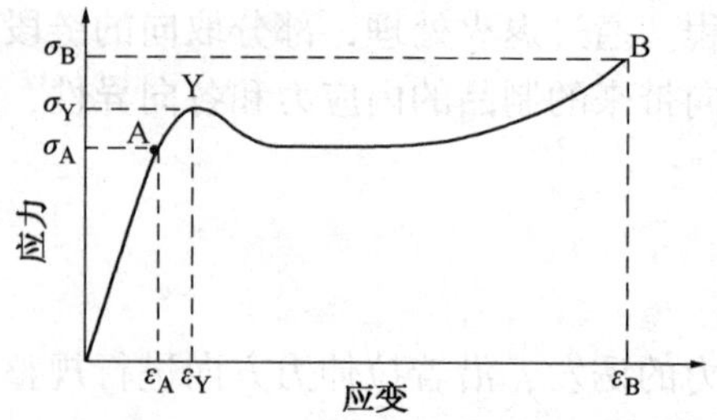

图 5-2-5　聚合物的应力-应变曲线

如果在 $T_g \sim T_f(T_m)$ 之间，或当拉伸应力大于屈服应力时，即 $\sigma>\sigma_Y$，或拉伸力持续长时间作用于材料时，拉伸力都会迫使高弹态下大分子作为独立单元发生解缠和滑移，使材料由弹性形变发展为塑性形变。塑性形变不同于弹性形变，是大分子的一种形变，形变量大且不可逆，所以取向结构稳定，取向度非常高。

(3) 黏流形变

通常黏流形变与流体的变形一样，是大分子链间的彼此滑动，是不能回复的，但是由于温度比较高，大分子的活动能力比较强，解取向也大，因此取向度比较低。在 $T_g \sim T_m$之间也可以发生黏性形变，但是一般占的比例很少。

从上述可以看到，在 T_g附近拉伸，主要发生高弹形变，取向为链段形变和位移，取向度低，结构不稳定。而当温度高于 T_g较多，且低于 T_m或 T_f拉伸，或者拉伸力长时间作用于材料，聚合物主要发生塑性形变，拉伸力迫使高弹态下的大分子作为独立结构单元，发生解缠和滑移的持续作用，形变不可逆，取向结构稳定，取向度高。在 T_m附近和高于 T_m拉伸，主要发生黏性拉伸，聚合物黏性大易拉伸取向，但是温度高易发生解取向，取向不稳定，而且在拉伸力的作用下容易造成液流中断。

在工程技术上很多材料利用拉伸取向来获得高的性能。例如塑料薄膜或单丝，在稍高于 T_g时进行快速拉伸，普弹形变很快回复，最后存在于拉伸取向后材料中的形变，只有高弹形变和黏流形变。两者在总形变中所占的比例如何，取决于拉伸过程中的各种条件。因为黏流形变的发生在时间上总是滞后于高弹形变，所以，如果在拉伸取向时合理控制各种工艺参数，使形变中黏流形变的比例较小，也就是说由于链段沿外方向取向而造成的高弹形变以及大分子链的塑性形变占据主导地位，则拉伸后的制品取向程度就较高且较稳定。因此塑料薄膜或单丝拉伸时，当高弹形变相当大时，而黏性形变刚开始，此时将塑料薄膜或单丝骤冷至 T_g以下，就得到取向产品。

2. 非晶态聚合物的拉伸过程

非晶态聚合物如 PVC、PS 的拉伸过程比较简单。首先把聚合物加热到 T_f成为黏流状态，通过挤出机得到板、片或膜管，然后均匀冷却到拉伸温度，非晶聚合物的拉伸温度大致在 T_g附近或稍高，根据具体的聚合物品种以及使用要求确定。在恒温或降温条件下进行单向或双向拉伸，得到取向产品。如果此时骤冷，可以得到热收缩产品，例如热收缩膜。若在张紧状态下控制热处理温度进行热处理，使已经取向的部分链段以及短链小分子得到松弛，进行收缩，而主要的取向部分大分子链的取向不会被破坏，就可以得到取向较稳定的薄膜制品。该制品由于拉伸取向作用，其强度高、透明性好。要注意的是热处理温度在能够满足短链分子和分子链段松弛温度的情况下尽量不要太高，以免扰乱已经取向的主要部分。

非晶态聚合物的拉伸，在相等拉伸条件下，同一聚合物相对分子质量越高，取向度越低。此外拉伸取向在温度梯度降低的情况下进行较好，因为聚合物的拉伸是一放热过程，热量的放出，会使原来设定的等温拉伸状态破坏，从而造成制品厚度波动比较大。

3. 晶态聚合物的拉伸工艺过程

由于结晶聚合物如 PET、PP、PE 在拉伸过程中，除取向单元的取向外，还涉及聚合物的结晶，即在拉伸取向过程中伴随大分子晶核和晶体的生长，因此这类聚合物的拉伸很复杂。对于有结晶倾向的聚合物在拉伸取向过程中要考虑结晶和取向二者之间的关系。

（1）结晶与取向的关系

取向是高分子链或链段沿着纤维轴(大分子链)的方向或晶胞中的轴向做有序的排列，它的有序性是单向的或双向的，取向后的结构是外力强迫形成的相对稳定或不稳定的结构。结晶是链段做有序排列，是使高分子链“三维空间”或“三向”有序化，结晶后的结构是稳定的结构。能结晶的聚合物都能取向，但能取向的不一定能结晶，如 PVC 能很好地取向但是不能结晶，而尼龙既能结晶又能很好地取向。

（2）结晶型聚合物的拉伸过程

结晶型聚合物在拉伸时首先将其加热到 T_m以上，保证晶态结构全部消失，再挤出成厚片或膜管，后迅速冷却到最大结晶速率温度以下，要求骤冷后的聚合物为无定形的，再加热到稍高于 T_g进行快速拉伸。但是对于聚丙烯这类 T_g很低的聚合物，为保证它的无定形，拉伸温度在最大结晶速率温度以上、T_m以下，设法阻止结晶的生长。例如，聚丙烯的熔点为

170℃，按照最大结晶速度温度与熔点间的统计关系，$T_{max}=0.85T_m$，则 $T_{max}=145$℃，所以，聚丙烯的拉伸温度应在145~170℃范围内。

对结晶聚合物进行拉伸应注意，首先不希望在结晶状态下拉伸。因为在结晶状态下拉伸取向较没有结晶或结晶度低时所需的应力要大，结晶度高，拉伸应力大，被拉伸物非常容易在拉伸应力下破裂。且结晶聚合物有晶区和非晶区，两者在拉伸取向时发展速度不同，结晶区取向快，而非晶区取向慢，取向程度晶区高于非晶区，因而造成被拉伸物性能的不均匀。被拉伸物如果结晶，在拉伸时容易产生细颈现象，使之拉伸变形不均匀。综上，所以希望拉伸时使结晶度尽量小。具体不同的聚合物应根据结晶行为进行分析。

其次在拉伸时会产生结晶现象，并加速结晶过程，同时还会使原本存在的晶体结构发生变化(拉伸前已存在晶相的聚合物)和晶相定向。一旦被拉伸物存在晶相，会产生拉伸不均匀现象，产生细颈，产生细颈区越多，制品性能越差，厚度波动越大。再者结晶聚合物拉伸伴有热量产生，如果制品厚度不均，或散热不良，很容易破坏拉伸的等温状态，从而影响产品质量，因此拉伸定向最好也是在温度梯度下降的情况下进行。

最后结晶聚合物的拉伸要考虑进行热处理。在继续保持拉伸状态下加热到最大结晶速率温度，保持一段时间，直到所需结晶度为止。因为结晶会限制分子的运动，热处理温度和时间应在能使聚合物形成的结晶度足以防止收缩的区域内。这样制得的制品，如膜或丝，其稳定性好、强度高、收缩率小且透明性高。

4. 影响聚合物拉伸取向的因素

(1) 温度和应力的影响

温度是通过聚合物黏度和松弛时间的作用来影响取向过程的。温度升高，聚合物黏度降低，在应力不变下，高弹形变和黏性(塑性)形变都增大，但高弹形变增加有限，而黏性(塑性)形变很快发展，有利于聚合物取向。然而温度升高，大分子热运动加剧，松弛时间缩短，聚合物取向和解取向都是松弛过程，因此升温也使解取向过程很快发展。

温度影响是一个相互矛盾的作用，有效取向取决于这两个过程的平衡条件。能否将取向固定下来取决于很多因素。

首先是聚合物所处的加工温度。当温度高于 $T_f(T_m)$时，聚合物处于黏流状态，流动取向(例如聚合物在注射模具的型腔中的流动)和黏流拉伸取向(例如熔融纺丝中熔体流出喷丝孔)均发生在这一温度区域。取向结构能否冻结下来，主要取决于冷却速度。冷却速度快，则松弛时间短，不利于解取向过程的发展，尤其是骤冷能冻结取向结构。在玻璃化转变温度(T_g)和黏流温度之间，聚合物可以通过热拉伸而取向，这个温度段是聚合物取向的最佳温度区间，因为大分子在玻璃化转变温度以上才具有足够的活动能力，在拉伸应力作用下大分子从无规线团中被拉开、拉直并在分子之间发生位移。所以，热拉伸可以减小拉伸应力，增大拉伸比和拉伸速率。为了增加分子的排直形变减小黏性形变，拉伸温度应该在 T_g 至黏流温度或熔点这一温度范围内选得越低越好(一般取比 T_g 稍高的温度)，结晶聚合物所取的拉伸温度要比非晶聚合物高一些，这是因为含有晶相的聚合物，在拉伸时不易提高其定向程度，为了保证其无定形，拉伸温度应选在结晶速率最大的温度以上和熔点之间。在拉伸过程中，随着拉伸温度的提高，其拉伸应力和屈服应力都下降，尤其是在 T_g 附近，因此对材料进行热拉伸，拉应力可减小，拉伸比可增大，拉伸速度也较高。在室温附近拉伸通常称为冷拉伸，由于冷拉伸时温度低聚合物松弛速度慢，大拉伸比和快的拉伸速度会引起拉伸应力急剧上升，超过极限易使材料断裂，因此冷拉伸用于材料 T_g 低和拉伸比小的场合。

其次是聚合物从加工温度降到凝固温度的区间温度。对于非晶聚合物凝固温度为玻璃化转变温度，而对于结晶聚合物为形成晶体的温度(T_m)。非晶聚合物的这个温度区间宽，聚合物松弛时间长，容易发生解取向，结晶聚合物容易冻结，取向结构产品中取向度比非晶高。因此当冷却温度小于玻璃化转变温度，即冷却速度快时，取向结构很快被冻结；反之，如果冷却温度在玻璃化转变温度和熔点之间，对于非晶聚合物冷却慢，有利于解取向；而对于结晶聚合物来说，这个区间温度为结晶速率最大的温度，所以更易冻结取向结构。

表 5-2-1 所示为几种聚合物的拉伸温度。

表 5-2-1　几种主要聚合物的拉伸温度

聚合物	产品形式	T_g/℃	T_m/℃	拉伸温度/℃	热定型温度/℃
PET	薄膜	67(非晶)	276	78~80	180~230
	纤维	81(结晶)		80~90	
IPP	薄膜	-35	165~180	120~150	150
	纤维				
PS	薄膜	100	—	105~155	
HDPE	纤维	-80	136	90~115	
PA6	纤维	45	228	室温~150	100~180
PA66	纤维	45	264	室温	100~190
PAN	纤维	90	—	80~120	110~140

如前所述，由剪切流动所形成的分子链、链段和纤维状填料的取向是由于流动速度梯度诱导而成的，而速度梯度又依赖于剪切应力的大小，因此在注射成型等剪切速率较大的成型方法中都会出现不同程度的剪切流动取向。在拉伸取向过程中，拉伸应力与拉伸温度是配合使用的，由于温度低必须加大拉伸应力，在 $T_g \sim T_f(T_m)$ 温度范围内，以较大的应力和在较长的作用时间下，可产生类似于熔体的不可逆形变，即塑性形变，其实质是高弹态条件下大分子的强制性流动。加大应力类似于降低聚合物的流动温度，迫使大分子发生解缠、排直和滑移。

(2) 拉伸比的影响

在一定温度下材料在屈服应力作用下被拉伸的倍数为自然拉伸比，亦即材料拉伸前后长度之比。拉伸比越大则材料的取向程度也越高，即拉伸材料的取向程度随拉伸比而增大。

拉伸比与聚合物结构和物理性能有关。结晶聚合物的拉伸比大于非晶聚合物，多数聚合物的自然拉伸比为 4~5。例如聚苯乙烯类非晶聚合物拉伸比约为 1.5~3.5，结晶度不太高的聚酯、聚酰胺等拉伸比约为 2.5~5，高结晶度的聚合物如高密度聚乙烯、聚丙烯拉伸比可达 5~10，大多数在 4~5。单轴拉伸可达 3~10，双轴拉伸两个方向分别为 3 和 4。

在拉伸温度和拉伸比一定的前提下，拉伸速率越大，取向程度越高。因为拉伸速率越大，单位距离内速率变化也越大。在拉伸比和拉伸速率一定的前提下，拉伸温度越低(不低于玻璃化转变温度)，抗张强度越高。

(3) 聚合物结构和低分子物的影响

聚合物的链结构简单、柔性大、相对分子质量较低，那么链段的活动能力强，黏流活化能低，容易变形和取向，但同时聚合物的松弛时间短，易发生解取向。除非这种聚合物能够结晶，否则取向结构很不稳定，如POM、HDPE、等规PP。相反链结构复杂、刚性大、相对分子质量高(缠结点增加)、分子间作用力大的聚合物，需要大的取向力，取向困难，但同时解取向也困难，比较典型的例子如PC。此外能够结晶的聚合物取向时比非晶聚合物需要更大的应力，但是由于有结晶结构，因此这类聚合物的取向结构稳定，如PA、PET。

在聚合物中如果存在其他物质如溶剂或增塑剂，能降低聚合物的玻璃化转变温度和黏流温度，使高弹形变活化能减小，松弛时间缩短，同时还能减少体系中的内摩擦，从而使聚合物受力时形变加速，易于取向，取向应力和温度都显著降低，但同样会增加解取向速度。这类聚合物取向后去除溶剂或使聚合物形成凝胶对保持取向结构较有利，例如聚丙烯腈以及某些人造纤维的抽丝就是基于这一原理。

四、取向对聚合物性能的影响

无论何种类型的取向，取向单元沿外力作用的方向进行有序排列，其结果都可以使产品出现各向异性，例如在取向方向上的力学性能得到加强，而与取向垂直的方向上，力学性能可能被减弱。即取向聚合物材料是各向异性的，取向方向不同，性能不同。

材料的各向异性有些是根据设计及使用要求在成型过程中特意形成的，如塑料薄膜的双轴拉伸和纤维制品的单轴拉伸，会使制品沿拉伸方向的强度及光泽性等提高。材料各向异性的原因主要有两个：第一个原因是与键能有关，材料的强度主要取决于主价键和次价键的强度，主价键(化学键)的键能比较高，为418.7kJ/mol，次价键(范德华力)的键能约为41.87kJ/mol。沿着取向方向是大分子的长度方向，主要为以主价键为主，垂直于取向方向为大分子之间的作用；主要以次价键为主，由于克服次价键所需的力要比克服主价键所需的力小得多，因此两个方向的性能，特别是力学性能相差比较大。第二个原因是取向过程中消除了存在于材料的某些缺陷(如微孔等)，或使某些应力集中物同时顺着力场方向取向，这样，应力集中效应在平行方向上减弱，在垂直方向加强。

然而对于许多厚度较大的制品，如模塑制品，取向或取向程度的不均可能会给制品的使用性能带来恶劣的影响。

非晶聚合物拉伸取向后，由于大分子链沿着应力方向规整排列，在应力方向的物理力学性能，如拉伸强度、冲击强度、断裂伸长率均随取向度的提高而增大。

结晶聚合物，例如塑料薄膜若不取向，则薄膜的脆性大，且透明性低；取向而未结晶的结晶型聚合物，对热敏感、收缩率大，可以用于热收缩包装；适当结晶又取向的聚合物，力学性能好、使用价值高、模量高、透明性好、尺寸稳定性好、热收缩性低(结晶限制了分子的热运动)；结晶型聚合物经过拉伸晶体扭曲变形，形成新的微晶，使透明度提高。结晶聚合物拉伸取向后的力学性能主要依赖于连接晶片的伸直链的数量，伸直链段越多，其力学性能也越高。晶片间伸直链的存在还能使结晶聚合物的韧性和弹性得到改善。随着取向度的增加，结晶聚合物的密度和结晶度提高，强度也相应提高，而伸长率下降。

双轴取向可以克服单轴取向的各向异性，使薄膜或薄片在平面内的两个方向都具有单轴取向的优良性质。

拉伸取向能提高聚合物的韧性，对于PS、PMMA等脆性聚合物的韧性也有提高，因而通过取向扩展了该类材料用途。

剪切流动取向所引起的力学性能的变化与拉伸取向相似，即沿制品流动方向的力学性能高于垂直于方向的强度。例如注射产品，沿流动方向的拉伸强度为垂直方向的1~3倍，冲击强度提高1~10倍。

取向的结果使聚合物材料的其他性质也发生变化。例如取向使光学的各向异性出现了双折射现象，从而降低了透明性；取向还使材料的玻璃化转变温度提高，高取向和高结晶度的聚合物 T_g 可以提高25℃。此外由于取向，使材料的线膨胀系数、弹性模量出现各向异性。

第三节 成型加工中聚合物的化学作用

对于聚合物来说，理想的成型过程应在不降低材料内在性质的前提下进行。

成型中的化学反应主要有两类，即降解和交联，它们与结晶和取向一样，会对制品性能和质量产生重要影响。降解(包括分解)通常都是有害的，它的存在会破坏制品的外观及内在质量，也使成型过程不易控制。但是在有些情况下，可以积极地利用某些降解(如力降解)，来减小聚合物的平均相对分子质量和熔体黏度，以达到改善材料流动性和成型性的目的。交联反应是热固性聚合物成型中必需的，如果不发生交联反应或交联反应程度不够高，热固性聚合物的一系列性能优势也无法得到体现。但在热塑性聚合物成型中，一般都应避免产生不正常的交联反应。

一、降解

降解是指在光、热、氧等外界因素影响下，聚合物相对分子质量下降，化学结构发生改变，导致其产品的外观、力学性能等下降。

1. 热降解

热降解是在无氧或少氧情况下，温度较高或作用时间较长时导致的聚合物断链过程。热降解与聚合物的化学键能有关，化学键能越高，越不容易发生降解。比如聚四氟乙烯，C—F键键能大，所以稳定性很好。热降解还与聚合物的纯度有关，如果分子存在不稳定结构或杂质，降解更容易发生。容易发生热降解的塑料有PVC、PVDC以及POM。

聚合物的热降解类型主要为链式降解，这种降解指碳链聚合物在各种物理因素或氧的作用下，分子链末端或中间断开，形成活泼自由基，活泼自由基瞬时引发大分子链连续断裂，从而降解为大小不一的链块，直至低分子单体为止。这种降解可视为自由基引发的加聚反应的逆反应，所以也称作解聚反应。键的强度大小与聚合物大分子的结构有关。例如PVC的热降解被认为是自由基链式反应机理。

首先是自由基的形成。PVC在制备过程中由于聚合反应的复杂性，使分子链中产生的双键、支化点、含氯的结构等在光热等作用下形成自由基。

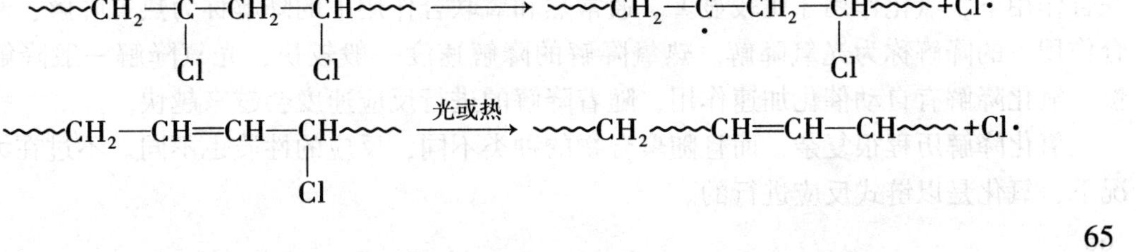

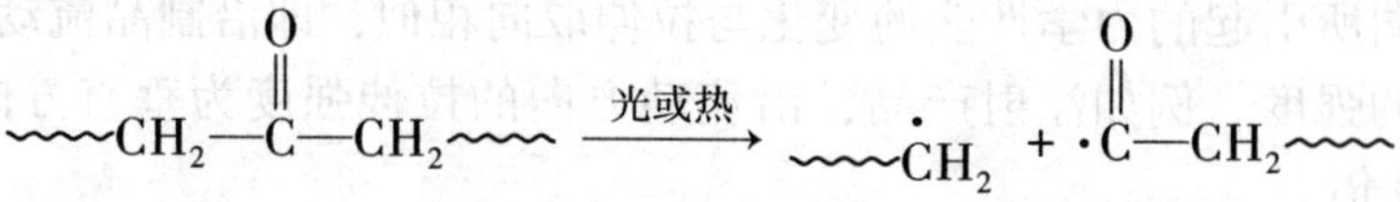

自由基引发 PVC 脱出 HCl：

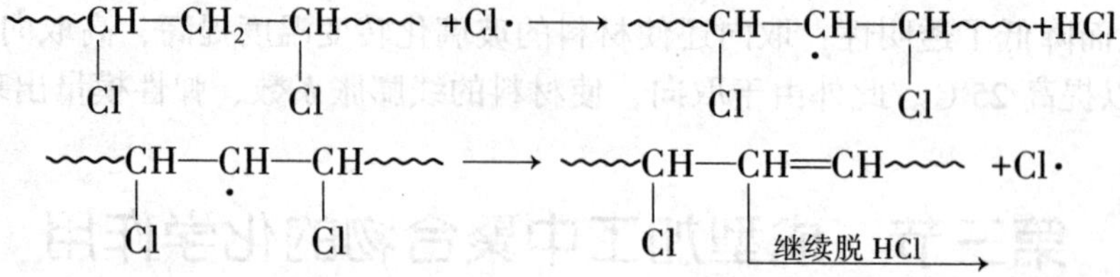

脱出的 HCl 对 PVC 进一步分解有自动催化作用，且脱出 HCl 后可以在主链上生成共轭双键(生色基团)：

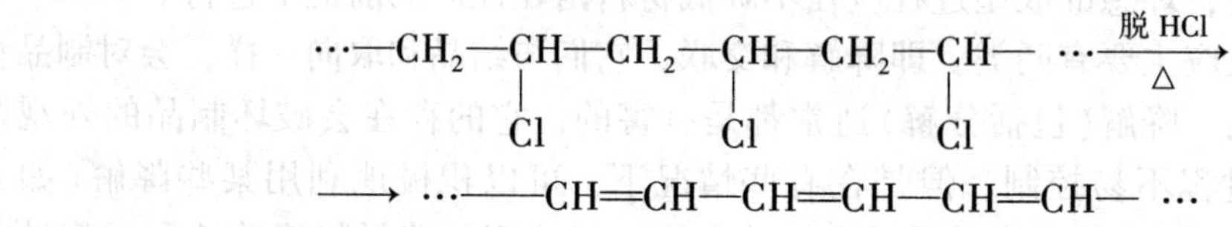

并使分子链间发生交联反应：

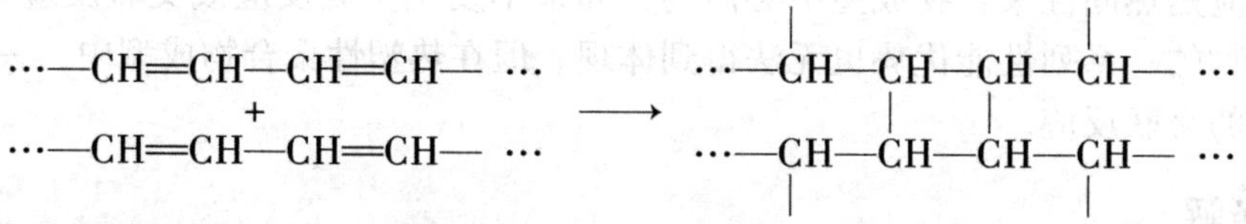

几乎所有的聚合物成型加工都要进行加热，所以防止热降解的方法首先是温度不要太高或高温时间不要太长。此外对于聚氯乙烯降解脱出 HCl，产生出的 HCl 本身又是脱 HCl 反应的催化剂，因此，要增加聚氯乙烯的稳定性就必须减小游离 HCl 的含量。因此可以加入热稳定剂，加入热稳定剂的主要目的是中和 HCl、取代 PVC 中的不稳定的 Cl、与结构中不饱和部位反应等，从而消除不稳定的因素，防止或减缓热降解。

还有的热降解属于无规热降解，其聚合物的主链发生断裂的部位是任意的、无规律的。研究表明，大多数聚合物的热降解都是无规热降解，例如聚乙烯、聚丙烯的热降解。

对于热降解，利用聚合物的“热稳定性”来表征其加工成型过程中在温度和时间双重作用下的持久能力。聚合物种类不同，其使用的场合不同，热稳定性的衡量指标也不同，常见的有半寿命温度 $T_{1/2}$(聚合物在真空中加热 30min 后，质量损失 1/2 所需要的温度)和 K_{350}(聚合物在 350℃下的质量损失速率)等。$T_{1/2}$越高或 K_{350}越小，聚合物的热稳定性越好。

当然在考察聚合物的耐热性时，不能把温度作为唯一的因素，必须同时把时间甚至力等因素综合考虑。在具体实施时，应考察哪些因素，哪些因素是主要因素，还必须根据聚合物在成型时所处的状态加以取舍和判断。

2. 氧化降解

在常温下，绝大多数聚合物都能和氧气发生极为缓慢的作用，只有在热、紫外辐射等的联合作用下，氧化作用才比较显著。通常热和氧联合作用下的降解称为热氧降解，光和氧联合作用下的降解称为光氧降解。热氧降解的降解速度一般较快，光氧降解一般降解速度较慢。氧化降解有自动催化加速作用，随着降解的进行反应速度会越来越快。

氧化降解历程很复杂，而且随聚合物的种类不同，反应的性质也不同。不过在大多数情况下，氧化是以链式反应进行的。

聚合物首先通过热或其他能源的引发形成自由基，其中的自由基与氧结合形成过氧化自由基，过氧化自由基又与聚合物作用形成过氧氢化物和另一个自由基。过氧氢化物很不稳定，极易分解为自由基，进一步使链引发。

链引发：

$$RH \xrightarrow{热能} R\cdot$$

$$RH + O_2 \xrightarrow{热能} R\cdot + \cdot OOH$$

链传递：

$$R\cdot + O_2 \longrightarrow ROO\cdot$$

$$ROO\cdot + RH \longrightarrow ROOH + R\cdot$$

$$ROOH \longrightarrow RO\cdot + \cdot OH$$

$$2ROOH \longrightarrow RO\cdot + ROO\cdot + H_2O$$

$$RO\cdot + RH \longrightarrow ROH + R\cdot$$

$$HO\cdot + RH \longrightarrow HOH + R\cdot$$

链终止：

$$R\cdot + R\cdot \longrightarrow R—R$$

$$R\cdot + RO\cdot \longrightarrow ROR$$

$$RO\cdot + RO\cdot \longrightarrow ROOR$$

$$ROO\cdot + ROO\cdot \longrightarrow 非自由基生成物$$

$$R\cdot + \cdot OH \longrightarrow ROH$$

一般的聚合物都有被氧化降解的趋势，尤其有不饱和键和带支链结构的聚合物。比如PP、ABS。有效防止氧化降解的方法是：加入抗氧剂，尽量减少聚合物在高温时与氧接触。

一般主抗氧剂中含有—OH、$>$NH ，能与自动催化氧化反应中形成的自由基作用，使自由基消失，终止氧化的链式反应。

$$R'H + ROO\cdot \longrightarrow ROOH + R'\cdot$$

（R—树脂分子链主体，R′—抗氧剂结构主体）

$$R'H + R\cdot \longrightarrow RH + R'\cdot$$

$$R'\cdot + ROO\cdot \longrightarrow ROOR'$$

$$R'\cdot + R'\cdot \longrightarrow R'R'$$

辅助抗氧剂能够将其中形成的氢过氧化物分解为不活泼产物，使其失去活性终止反应。

$$(R'O)_3P + ROOH \longrightarrow ROH + (R'O)_3P{=}O$$

链终止：

$$2RO\cdot \longrightarrow ROOR$$

$$2ROO\cdot \longrightarrow ROOR + O_2$$

$$R\cdot + ROO\cdot \longrightarrow ROOR$$

$$2R\cdot \longrightarrow RR$$

3. 力降解

聚合物在成型加工过程中(如粉碎、塑炼、高速搅拌、塑化、挤出、注射等过程)，经常会受到剪切力及拉伸力的作用，这些力有时也会引起聚合物的降解，称为力降解或机械降解。

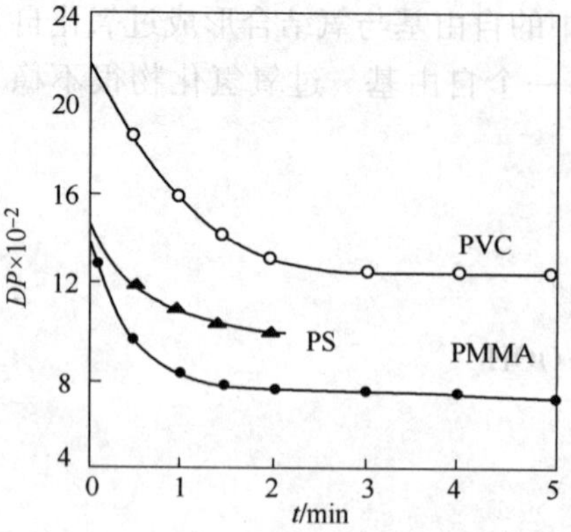

图 5-3-1　三种聚合物的塑炼过程

力降解发生的难易程度不仅与聚合物的种类和化学结构有关，而且与聚合物所处的物理状态，如温度等有关。

如图 5-3-1 所示，将聚合度相同的三种聚合物 PVC、PMMA、PS 在相同条件下进行塑炼，从而看出力降解的规律。从图中的三条曲线看到，在塑炼初期，三种聚合物的聚合度均随时间显著降低，到某一临界时间时，聚合度达到一恒定值，以后不再明显变化。

发生力降解反应时会有热放出，而且常会产生大量的活泼自由基，所以，如果控制不当，力降解反应又会诱发其他降解反应，如热降解等。因此，除特殊情况，如橡胶的塑炼(借助热和机械力使橡胶软化为具有可塑性的均匀熔体的过程)外，一般不希望出现力降解。

4. 水降解

聚酰胺、聚酯、缩醛及某些酮类聚合物的分子结构中含有可被水解的基团。例如：

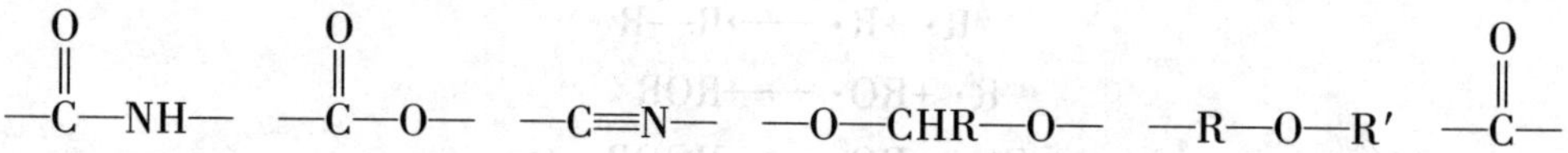

当成型过程中遇到少量的水分，加之成型时温度比较高，极易发生水解反应。水解反应的发生同样会引起聚合物的断链，降低产品的性能，这种就是水降解。

为避免在成型中水降解的发生，很重要的一点就是保证物料成型前进行充分的干燥，一般含水率应控制在 0.2%～0.5%以下，PET、PPO 等对水分敏感的聚合物更应严格。否则，会使制品内部及外观质量受到影响，如制品内部产生气泡、银纹，外部形成流痕等。

二、交联

交联，是将具有化学反应活性的线型结构聚合物通过化学反应变为三维网状(体型)结构聚合物的过程。

成型过程中的交联，分为两种：一种是热塑性聚合物，成型过程中在热、氧等的作用下发生降解反应的同时，有时也会伴随着交联反应，这一类交联反应无论交联程度如何，都是在成型中所不希望看到的。它可以使聚合物的性能变差，黏度增大，以至于无法成型。还有一种是热固性聚合物，如酚醛树脂、环氧树脂、不饱和聚酯等在成型中发生的交联反应。热固性聚合物的交联反应是必需的。不发生交联反应，热固性聚合物的一系列优良特性都无法体现出来，“热固性”也就失去了其本来的意义。热固性聚合物的交联在性质、结果和作用方面与热塑性聚合物在成型中的交联都有很大不同。

此外一些热塑性的聚合物为了某些提高性能，满足加工的需要可以通过化学方法和物理方法进行交联反应，例如聚乙烯、聚丙烯、聚二甲基硅氧烷等。交联聚合物的机械性能、耐热性、耐溶剂性、化学稳定性、制品的形状稳定性等都有所提高。

聚合物在尚未成型时，其主要组成物(树脂)都是线型或带有支链的聚合物。这些线型聚合物分子如果是热固性聚合物，其分子链中都带有反应基团(如羟甲基等)或反应活点(如不饱和键等)，如果是热塑性聚合物需要加入交联剂引发产生活性点。成型时，这些分子通过自带的反应基团作用或引发的反应活性点与交联剂作用而交联在一起。所以，从本质上说，交联反应是聚合物分子链上反应点之间或反应点与固化剂之间相互反应的过程。

聚合物交联反应程度高低用交联度表示。交联度是指已经参加交联反应的反应点与初始反应点数目之比。实际的交联反应很难达到100%的交联度，主要原因是随着交联反应的进行，体系黏度越来越大，聚合物分子链的活动能力越来越小，分子链上反应点之间以及反应点与固化剂间的接触几率越来越小，最后，接触甚至完全成为不可能。再者反应体系（尤其是可逆的缩聚反应体系）产生出的副产物有时会阻止交联反应的继续进行。

在聚合物成型工业中，交联一词常常用硬化、熟化等词代替。所谓“硬化得好”或“硬化得完全”并不意味着交联作用的完全，而是指交联作用发展到一种最为适宜的程度，以制品的物理性能、力学性能等达到最佳的境界。一般称硬化程度大于100%的为“过熟”，反之则为“欠熟”。

第五章思考题

第六章　塑料的成型

第一节　概　述

一、塑料的发展简史

塑料是20世纪迅速发展起来的一种新材料，在高分子材料乃至材料范围内其应用最广，发展最快。在19世纪以前，人们利用沥青、松香、琥珀、虫胶等天然树脂就已经制备了一些产品，但是天然树脂产量低，质量不容易控制。为了找到天然虫胶的替代品，对其进行了研究，1868年，最终将樟脑作为增塑剂添加到天然硝化纤维中制成塑料，这是世界上第一个塑料品种，中文名称赛璐珞，英文“celluloid”。

赛璐珞的出现，开始了人类使用塑料的历史。1909年出现了第一种人工合成的塑料，即酚醛塑料，1920年又一种人工合成塑料氨基塑料(苯胺甲醛塑料)诞生了。这两种塑料当时对于推动电气工业和仪器制造工业的发展起到了非常积极的作用。20世纪20年代和30年代之间，又相继出现了醇酸树脂、聚氯乙烯、聚苯乙烯、聚酰胺和丙烯酸酯类等塑料。从40年代至今，随着高分子理论的逐渐建立以及科学技术和工业的发展，石油资源的广泛开发利用，塑料工业获得了迅速发展，人工合成的树脂，如聚乙烯、聚丙烯、不饱和聚酯、氟塑料、环氧树脂、聚甲醛、聚碳酸酯、聚酰亚胺等投入工业化生产。现在，全世界每年的塑料产量已经超过钢、铝和铜产量的总和。

二、塑料工业生产过程

塑料工业生产过程包括塑料原料(合成树脂)的生产和塑料制品的成型，如图6-1-1所示。

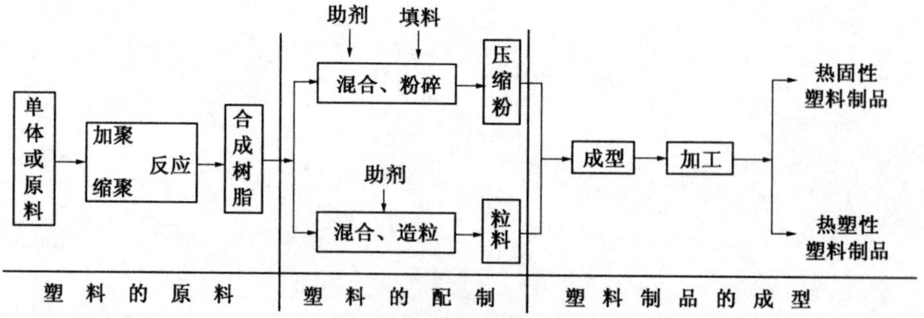

图6-1-1　塑料工业的生产示意图

从图中可看出，对于有些塑料，其配制过程包含在树脂的生产中，例如聚乙烯这类纯粹树脂组分的塑料；而更多塑料的配制过程是在成型前进行的，包含在制品的成型中，例如多组分的聚氯乙烯塑料以及热固性塑料的成型都如此。

塑料从原料变成有使用价值的塑料制品，必须经过成型加工过程，这个过程也称为材料化过程。塑料的成型加工过程即塑料制品的生产过程是一个非常复杂而又重要的过程。在此过程中，首先必须根据各种成型材料固有的性质，利用加热、溶解等一切可以实施的办法使其达到可塑状态，并在一定力的作用下获得产品所赋予的形状和尺寸，再经进一步冷却定型以及不同的后加工，最终成为符合要求的制品。

根据上述过程，塑料制品生产系统概括起来可分为四个连续步骤，即成型、机械加工、修饰和装配，如图 6-1-2 所示。成型是将各种形态的塑料(粉料、粒料、溶液或分散体)制成所需形状的制品或型坯的过程，也是一切塑料制品或型材生产的必经过程，是塑料制品制造过程中最重要的一个环节，而机械加工、修饰和装配视制品的成型情况和最终要求不同，来确定是否进行操作。

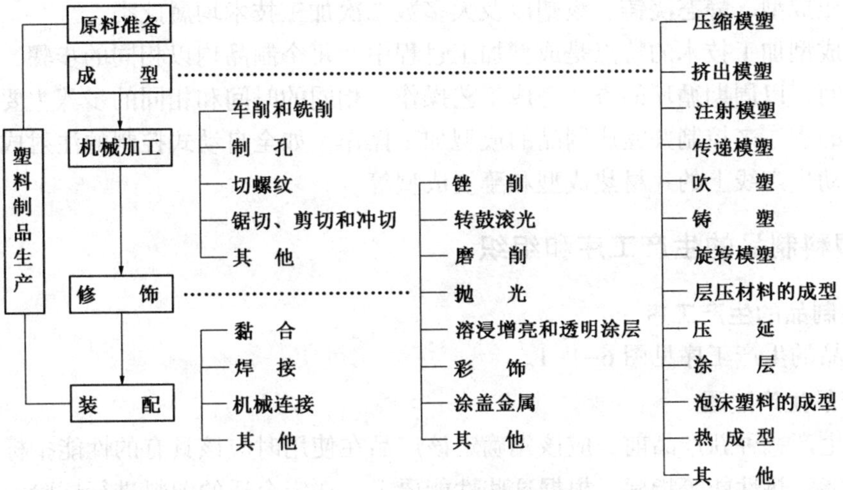

图 6-1-2 塑料制品生产的组成

塑料的成型方法是所有高分子材料中最多最复杂的，其成型过程概括起来可分为两个阶段：第一个阶段是使塑料成型材料达到可流动状态或至少是部分可塑状态；第二个阶段通过施加压力等方式使其充满型腔或通过模口成为所需制品及型坯。

成型过程中塑料会发生一系列的物理或化学变化，而促使其发生这些变化的重要因素就是热和力。

三、塑料成型加工技术分类

由于塑料制品的种类很多，其相应的成型加工技术种类也五花八门，可以将其按照以下几种方式进行分类。

1. 按照成型过程中塑料的变化划分

按照成型过程中塑料的变化划分，可分为以物理变化为主和以化学变化为主的成型加工技术。

以物理变化为主的成型加工技术，多指塑料的主要组分聚合物树脂在成型加工过程中主要发生物理变化，如相态与物理状态的转变、流动与变形以及机械分离之类的变化，这类的成型加工有热塑性塑料的挤出成型、注射成型和压延成型等。

以化学变化为主的成型加工技术，在其成型加工过程中聚合物树脂或其单体有明显的交联反应或聚合反应，而且这些化学反应进行的程度对制品的性能有决定性影响。例如热固性塑料的注射成型、模压成型、单体的浇铸成型等。

2. 按照成型加工的操作方式划分

按照成型加工的操作方式划分，可分为连续式成型加工技术、间歇式成型加工技术和周期式成型加工技术。

连续式成型加工技术的特点是其成型加工过程一旦开始，就可以不间断地一直进行下去。塑料产品的长度可不受限制，例如塑料管材、塑料棒材、塑料单丝、塑料板材、片材、塑料薄膜等。该成型技术包括挤出成型、压延成型等。

间歇式成型加工技术的特点是，成型加工过程的操作不能连续进行，各个制品成型加工操作时间并不固定，有时具体的操作步骤也不完全相同。例如压缩模塑和传递模塑、冷压烧结成型、层压成型、静态浇铸、滚塑以及大多数二次加工技术均属此类。

周期式成型加工技术的特点是成型加工过程中，每个制品均以相同的步骤，每个步骤均以相同的时间，以周期循环的方式完成工艺操作。相同的时间和相同的步骤主要通过成型设备预先设定的程序来控制并完成制品的成型加工操作。如全自动式控制的注射成型、注坯吹塑，以及自动生产线上的片材热成型和蘸浸成型等。

四、塑料制品的生产工序和组织

1. 塑料制品的生产工序

塑料制品的生产工序见图 6-1-1。

2. 新产品生产过程

通常在生产一种新产品前，应该先确定该产品在使用时应该具有的性能指标，如力学性能、物理性能、热性能等指标。根据这些性能要求，选定合适的塑料进行试验，满足要求后再决定并试验采用何种成型加工方法。与此同时还应对产品的成本进行估算以确定其经济性。最后，再通过试制并确定生产工艺规程。

在工艺规程中，每个工序规定的步骤往往不是一个，必须先后分明。对每个工序的操作条件也必须有明确的指标，并应该规定所能允许的差值。有关注意的事项也应列出，以保证生产的安全。同时，在实践的基础上工艺规程还须不断地完善。

3. 塑料成型工厂对生产设备的布置

塑料成型工厂对生产设备的布置通常有两种体制：

一种是过程集中制。过程集中制是将塑料产品生产需要的几种工序所用的生产设备分别集中起来进行生产的一种制度。它的优点是设备集中，便于管理，适于塑料品种多、产量小而又变换快的制品生产，其缺点是在衔接生产工序时所需的运输设备多、费时费工，同时也不容易实现连续化生产。

另一种是产品集中制。产品集中制是按照一种产品所需生产过程实行配套成龙的生产制度。它适于生产品种单一、产量大和永久性强的制品。由于连续性很强，物料运输较方便，容易实现机械化和自动化，成本也因而得以降低。

无论用哪一种体制进行生产，均应在合理的段落设置技术检验站，以保证正常生产和制品质量。

第二节　塑料成型用物料的工艺性能

一、塑料成型所用的物料

塑料制品的主要成分是聚合物树脂。塑料成型用的树脂品种繁多，外观状态也不同，有粒状、粉状、液体状和糊状(分散体)树脂，树脂决定了塑料产品的基本性能。

由于树脂的品种非常多，不同的树脂具有不同的性能和用途，同一树脂合成条件和方法不同则性能也不同，因此在成型加工中采用的工艺条件也不同。

对树脂性能影响较大的有以下几个因素。

1. 相对分子质量及其分布

相对分子质量及其分布对塑料制品的性能，特别是力学性能以及成型加工性影响非常大。一般随着树脂相对分子质量的增大，塑料制品的强度和耐热性提高，但是相对分子质量太大，其熔体流动性降低，混合和成型温度也提高了，给成型加工带来困难。因此在满足产品强度的条件下尽量选择相对分子质量小的树脂。

相对分子质量分布宽，意味着树脂中低相对分子质量级分和高相对分子质量级分都存在。低相对分子质量级分的存在会造成塑料的力学性能、热性能降低，同时高相对分子质量级分又会对混合和成型加工显示出不同的行为，这些都影响着塑料制品的质量。因此塑料的成型通常要求树脂的相对分子质量分布不能太宽。

2. 颗粒结构和粒度

树脂颗粒的结构主要影响与助剂的作用情况，例如 PVC 颗粒可以分为疏松型和紧密型两种结构，疏松型也称棉花球型，其结构疏松多孔、表面毛糙，这样的结构易于吸收增塑剂，配制时所需温度较低，时间较短；紧密型也称乒乓球型，其结构密实无孔、表面光滑，不易吸收增塑剂，配制时所需温度较高，时间较长。

树脂的粒度主要影响混合塑化的均匀性。树脂粒度大，与其中添加的助剂接触面积小，容易造成混合不匀现象；树脂粒度大，也不易塑化或塑化不完全。但是过细的粒子又容易造成粉尘飞扬和容积计量的困难。因此对树脂的粒度要求是适中且均匀。

在塑料加工中，除合成树脂外，还需在树脂中添加一些辅料，其目的是改良塑料的使用性能、改善调整其加工特性、降低成本等，这类物质一般称为塑料助剂。少数热塑性塑料，如聚乙烯有时也以纯树脂形式使用，而热固性塑料则必须加入助剂才具有一定的使用价值。

塑料助剂的常用品种有十几大类，如增塑剂、稳定剂(热稳定剂、抗氧剂、光稳定剂等)、填充剂、偶联剂、润滑剂、抗静电剂、阻燃剂、发泡剂、开口剂、着色剂、交联剂、抗冲击改性剂、相容剂、防雾剂、防霉剂、加工改性剂等。由于近年来塑料树脂品种的增多，其应用领域的拓展，以及加工成型技术的不断进步，塑料助剂的类型和品种日益增多，现已发展成为一个颇具规模的精细化学品行业。

塑料常用助剂

二、物料的工艺性能

了解物料的工艺性能对于确定合理的工艺、选择合适的加工设备、正确的设计模具，从而制备完美的制品，都是非常必要的。

1. 热塑性塑料的工艺性能

（1）收缩性

大部分的塑料加工成型是使塑料处于熔融状态，熔融状态的塑料在模具型腔中成型为塑件，塑件从模具中取出冷却到室温后，塑件的各部分尺寸都比原来在模具中的尺寸有所缩小，这种性能称为收缩性。

塑件的收缩率按照下列公式计算：

$$S_{实}=\frac{a-b}{b} \qquad S_{计}=\frac{c-b}{b}$$

式中 $S_{实}$——实际收缩率,%；

$S_{计}$——计算收缩率,%；

a——塑件在成型温度下的尺寸，mm；

b——塑件在室温下的尺寸，mm；

c——塑模在室温下的尺寸，mm。

造成热塑性塑料收缩的主要原因与塑料在不同温度下体积的变化以及塑料的弹性回复有关。塑料收缩表现的形式是多种多样的，首先是塑件的尺寸收缩变化，表现为制件与模具尺寸的差异，其原因为不同温度下塑料的体积不同；其次是塑件的收缩具有方向性，不同方向的流动造成不同的取向，弹性回复会造成不同的流动方向其收缩有所不同；还有塑件的后收缩以及后处理收缩，主要由于后处理以及使用过程中慢慢发生的大分子链的回复。

塑件的收缩率太大，容易引起制品的翘曲、开裂，降低尺寸精确度。因此尽可能在成型加工时通过调整工艺条件以及在设计模具中考虑到塑料的收缩性来尽量降低塑件的收缩。

首先通过调整成型工艺条件，主要条件为温度和应力。如果成型的模具温度高，塑料熔体冷却慢，大分子有充分的松弛时间，收缩率就大；塑料熔体受的压力高或作用时间长，则塑件的收缩率小，但方向性大；塑料的温度高，塑件的收缩率大，方向性小。

其次是模具和塑件的尺寸形状。塑件的形状、尺寸、壁厚、有无嵌件、嵌件数量及其分布均影响收缩率的大小，一般塑件的形状复杂、尺寸较小、壁薄、有嵌件、嵌件数量多且对称分布，则塑件收缩率小。模具的分型面、浇口形式及尺寸等因素直接影响料流方向、密度分布、保压补缩作用及成型时间，进而影响塑件的收缩率。一般浇口大，收缩小，各向异性大，沿料流方向收缩小，垂直料流方向收缩大；浇口小，浇口凝结收缩得不到补充，收缩大。

此外塑料品种不同，收缩率也不同，同种塑料如各种组分的比例不同、相对分子质量大小不同，则收缩率也不相同。一般树脂的相对分子质量高，树脂含量多，含有机填料或有机填料比例高，则塑件的收缩率大。

（2）流动性

塑料在一定温度与压力下填充型腔的能力称为流动性。

塑料的流动是塑料成型的必要条件，与塑料在熔融状态下的黏度有关，因此塑料的流动性依赖于成型的条件，如温度、压力和剪切速率，同时也依赖于树脂和助剂的性质以及设备的流动尺寸。

在工业上，测定热塑性塑料流动性简单方便的方法是采用熔体流动速率仪测定塑料的熔体流动速率(*MFR*)。如图 6-2-1 所示，在规定的温度和应力下，每 10min 通过规定尺寸毛细管的物料的质量，即为熔体流动速率。该值越大塑料的流动性越好。

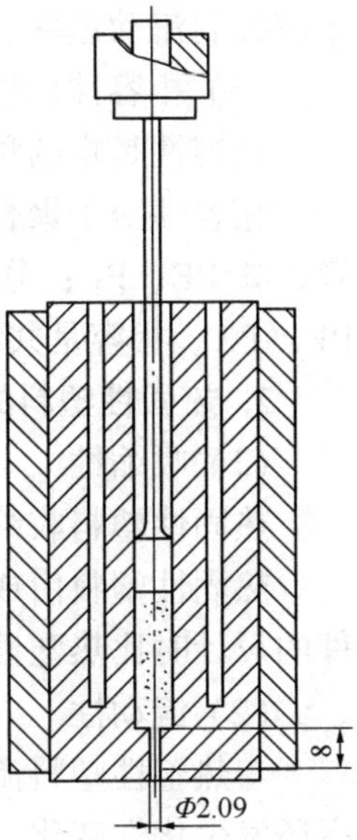

图 6-2-1　塑料熔体流动速率测定原理图

根据 *MFR*，可以把常用塑料的流动性分为三类：一类是流动性比较好的树脂，如 PE、PP、PS 等；一类是流动性中等的树脂，如改性 PS、ABS、AS、PMMA、POM、氯化聚醚等；还有一类是流动性差的树脂，如 PC、硬 PVC、聚苯醚、聚砜、氟塑料等。

影响热塑性塑料流动性的主要因素有温度、压力和流道结构。物料温度高则流动性增大，此类塑料诸如 PS、PA、PMMA、ABS、PC 等。压力增大则熔体受剪切作用大，流动性也增大，例如 PE、PP、POM 等。凡促使熔体降低温度，增加流动性阻力的流道则流动性就降低。

(3) 结晶性

成型加工过程中，聚合物的聚集态结构由于工艺条件的差异表现得非常明显，继而影响制品的性能。

所谓结晶现象即为塑料由熔融状态到冷凝时，分子由独立移动完全处于无次序状态，变成分子停止自由运动，按略微固定的位置，并有一个使分子排列成为有序状态倾向的一种现象。

大多数的情况是：结晶型塑料为不透明或半透明状态，无定形塑料为透明状态(如有机玻璃等)。例外的情况，聚(4)甲基戊烯为结晶型塑料却有着高透明性，ABS 为无定形塑料但却表现为不透明状态。

结晶型塑料如果在成型后希望也是结晶的，在模具设计及选择注射机时注意，料温上升到成型温度所需的热量多，要用塑化能力大的设备；冷凝时放出热量大，要充分冷却。

(4) 热敏性及水敏性

热敏性是指物料对热较为敏感，在高温下受热时间较长或剪切作用增大使塑料的温度升高，易出现变色、降解的倾向，这种性能称为热敏性。典型的例子是 PVC、POM 等，称为热敏性塑料，在加工成型过程中要加入热稳定剂，且在加工中尽量控制温度、受热时间、剪切强度等。

水敏性是指有的塑料即使含有少量水分，在高温、高压下也会发生分解，这种性能称为水敏性。例如 PC、PET、PA、ABS 等，结构含有吸水基团，加工中温度高的时候容易引起水降解，因此这类塑料在加工成型前要进行干燥处理。

(5) 应力开裂及熔体破裂

应力开裂是指有些塑料对应力比较敏感，成型时容易产生内应力，质脆易裂，当塑件在外力作用下或在溶剂作用下即发生开裂的现象。这类塑料的结构一般是刚性较强，如 PS、PC 等。当然控制工艺条件也可以减小此类现象的发生。

熔体破裂是指当一定熔体流动速率的聚合物熔体，在恒温下通过喷嘴孔，当流速超过某一数值时，熔体表面即发生横向裂纹，这种现象被称为熔体破裂。熔体破裂与聚合物弹性回复有关。大部分的塑料在超过临界剪切速率的条件下都可发生熔体破裂现象，因此成型加工中应控制流动速率。

(6) 相容性(共混性)

相容性是指两种或两种以上不同品种的塑料，在熔融状态下不产生相分离现象的能力。

相容性对于聚合物的共混，包括塑料和橡胶的共混非常关键。分子结构相似则较易相容，如PE、PP；分子结构不同时较难相容，如PE、PS；极性相差较大的也很难相容，如PP、PA。相容是共混的首要条件。

2. 热固性塑料的工艺性能

(1) 收缩性

热固性塑料收缩的表现形式、影响因素和计算方法与热塑性塑料基本相同。

热固性塑料由成型前的线型结构变成了成型后的体型结构，密度相差非常大，因此在塑件的设计时比热塑性塑料的收缩率考虑得更多。

(2) 流动性

与热塑性塑料流动性不同的是，热固性塑料在流动过程中除物理变化外，随着温度的升高还发生化学变化，即交联反应，因此其流动性的测定方法与热塑性塑料相差比较大。

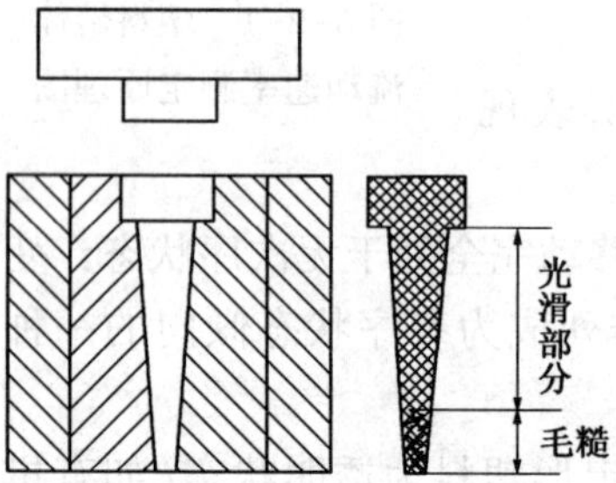

图6-2-2 拉西格流动性测试模

热固性塑料流动性通常用拉西格法测定，如图6-2-2所示为拉西格流动性测试模。

拉西格法是将定量的塑料在一定温度和压力下，用模具在规定的时间内压成一定的成型物，然后利用成型物的长度(光滑部分)，即拉西格流动性(以mm计)来表示流动性的大小。

拉西格流动性数值大则流动性好。每一品种的热固性塑料通常分三个不同等级的流动性：拉西格流动值为100~130mm，流动性较差，适用于压制无嵌件、形状简单、厚度一般的塑件；拉西格流动值为131~150mm，具有中等流动性，一般用于压制中等复杂程度的塑件；拉西格流动值为151~180mm，流动性较好，可用于压制结构复杂、型腔很深、嵌件较多的薄壁塑件或用于压注成型。

(3) 比容和压缩率

比容是指每1g塑料所占有的体积，单位cm^3/g。

压缩率是指塑料与塑件两者体积之比值，其值恒大于1。

比容和压缩率都表示粉状或短纤维状塑料的松散性的指标，它们可以用来确定模具加料室的大小。压缩率越大，需要模具的加料室也越大，随料带入的气体越多，既耗费模具用材，不利于加热，还需要长时间排气。因此在成型前采用预压方法，将热固性塑料，如酚醛树脂预先加压成预压锭。

(4) 固化特性

固化特性是热固性塑料独具的性能。热固性塑料加热时很快由固态变成黏流态，这种物理作用存在的时间很短，而后发生化学反应，化学作用使分子结构由线型变为体型，体系黏度逐渐增大，当分子停止运动时，塑料硬化成坚硬的固体。

热固性塑料的加工过程中，塑料由可熔又可溶变为既不熔又不溶的状态，在成型工艺中把这一过程称为固化，工业上称为熟化。

固化过程中固化速率、固化时间等参数直接影响热固性塑料的成型工艺。

第三节 塑料的配制和混合

工业上塑料成型用的原料外观形式主要有粉料、粒料、溶液和分散体，部分成型采用单体和预聚体，应用比较广泛的是粉料和粒料。

粉料是将粉状的原料树脂和各种不同助剂混合分散均匀所制得的。该混合过程是一简单的混合过程，混合后的粉料又称干混料。

粒料是将粉料通过塑炼作业，使之进一步塑化并通过不同的方法制成的混合粒状物料。粒料在加工过程中可以减少对成型过程的要求，从而使成型易操作。但是，随着生产技术的提高和设备的改进，目前已有相当多的制品工艺和设备直接采用粉料加工成型，免去了造粒工序，降低了生产成本。

一、塑料粉料的配制

（一）原料的配制

粉料的配制主要针对 PVC 树脂，其配制过程包括原料的准备过程和配制过程。

1. 原料的准备过程

原料的准备过程是对选定的原料以及其中的助剂进行必要的预处理、计量、输送等操作。

PVC 树脂的预处理主要包括过筛、吸磁等工序。过筛的目的是去除杂质以及不合乎尺寸要求的粒子，使之塑化更均匀，保证产品质量。吸磁处理，主要除去金属杂质，防止其中的金属对设备产生伤害。

对于润性物料(加入相当数量的液态助剂如增塑剂的物料)中的增塑剂，一般需事先预热，强化传热过程，加速增塑剂分子的扩散速率，使聚合物加速溶胀，以提高混合效率。

对于其他的助剂，如稳定剂、色料，为了更好地分散均匀，最好配制成浆料或母料。浆料是针对润性物料的，按一定比例将助剂以及部分增塑剂混合搅拌，利用三辊机进行研磨，达到一定细度的浆状料。母料是事先配制成的含有高百分比例助剂(如色料、填料等)的塑料混合物。使用时，以适当的母料与聚合物掺和，以便达到最终的浓度和均匀分散的程度。

经过预处理后的原料，按照工艺配方的需要，进行称量和输送。

由于原料的形态不一，因此称量方法不同，物料输送量大小不一，输送的方式也不同。称量输送的原则如下：①一般固体物料的计量采用电子秤，液体物料的计量采用计量泵；②添加量较少的固体和液体物料可以采用人工称量和投料，而需要量较大的树脂和固体助剂，一般常用气力输送到高位料仓，使用时依靠重力下放；③液体物料量较大时，如 PVC 软制品中用的增塑剂和浆料，常用计量泵送至高位槽，使用时通过计量装置直接加入混合设备。

2. 配制(混合)方法

粉料的配制过程实质上是一混合过程，干混合是制备粉状成型物的主要方法。

干混合配制方法比较简单，原料和助剂之间的混合是一种简单的非分散混合。其配制过程是将粉状的树脂以及各种助剂(大部分为固体)加入混合设备中，在一定温度和搅拌速度下，混合均匀。

（二）配制设备（混合设备）

粉料的混合一般是在温度较低的情况下进行的，是物料在非熔融状态下的一种混合。

混合设备的加热考虑摩擦热，一般不超过 100℃，加入设备的物料与混好的从设备中排出的物料，其状态基本是相同的。

1. 转鼓式混合机

转鼓式混合机是最简单的滚筒类混合设备。该混合机的混合室的两端与驱动轴相连接，可以绕轴转动，如图 6-3-1 所示。当混合室开始转动时，位于混合室底部的物料随之运动。当物料上升到一定的高度时，在重力的作用下落到底部，然后又上升，如此循环往复，结果使其中的不同物料在竖直方向反复重叠、换位，达到混合的目的。

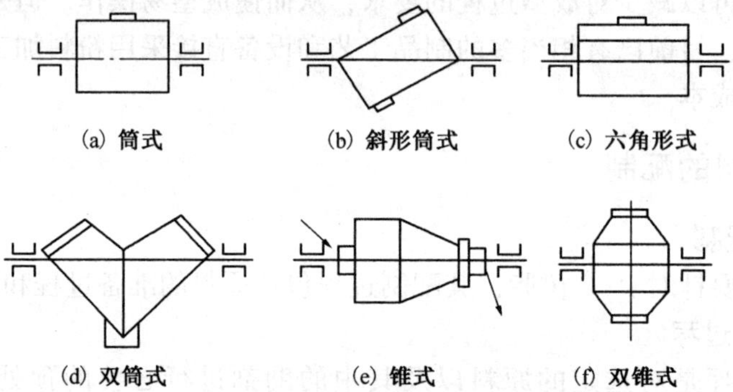

图 6-3-1　转鼓式混合机示意图

当混合室的转速超过某临界转速时，物料将紧贴在混合室的内表面，随混合室一起做圆周旋转运动，物料各部分之间无位置更换，不再有混合作用。因此该种设备混合的速度不能接近或高于临界转速。

转鼓式混合机的混合室，其轴线是水平放置的。当混合机工作时，物料在混合室内的混合作用仅仅发生在其竖直方向，在水平方向很少产生物料的混合运动。因此为了提高混合效果，常常将混合室的轴线与水平旋转轴线成一定角度。

混合效果还与物料的填充率有关。物料的填充率太大，物料在混合室内的流动空间受到限制，料流的置换与对流的区域太小，不利于有效地混合，而且混合所耗费的时间较长。对于粉状物料，填充率一般控制在 0.3~0.4 之间，对于颗粒状的物料，填充率一般控制在 0.7~0.85之间。该系列转鼓式混合机属于小批次混合设备。

2. 螺带式混合机

螺带式混合机由混合室、螺带、进出料口和驱动装置等部分组成。根据螺带的个数与旋向，可以将混合机分为单螺带式混合机和多螺带式混合机。根据螺带的安装位置，可以分为卧式螺带混合机、立式螺带混合机。

如图 6-3-2 所示为卧式双螺带混合机。该设备在工作时，螺带在驱动轴的带动下旋转，将物料沿混合室的内壁向上提升，当物料到达混合室的中心部位时，又回落到底部，如此往复循环，形成了物料之间的分布混合。

图 6-3-3 为立式螺带混合机及物料流态。由于立式螺带混合机的混合室是由两个带有一定锥度的圆筒相交而成的，由各螺带拖动的物料可以在混合室的锥筒交界处进入另一个混合锥筒，形成了两个锥筒的物料相互之间的交叉混合流动，即横流混合。因此，立式螺带混合机比卧式螺带混合机的混合更有效。

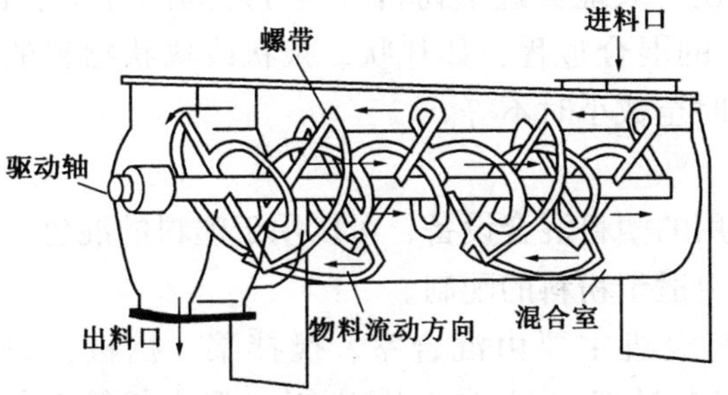

图 6-3-2　卧式双螺带混合机

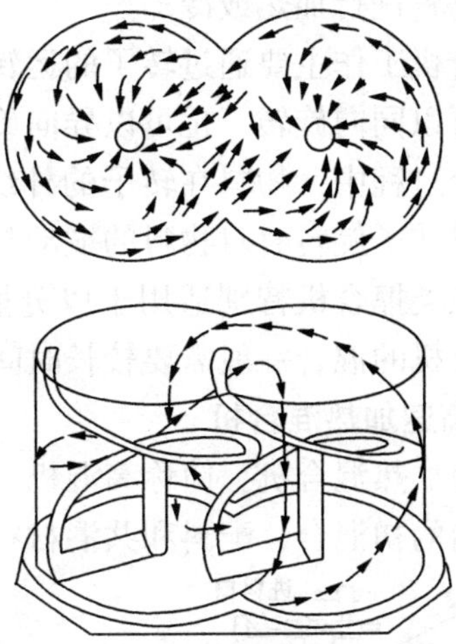

图 6-3-3　立式螺带混合机及物料流态

螺带式混合机结构简单，操作维护方便，是一种低强度的混合设备，适用于粒状或粉状物料与助剂的混合，也可以用于对固态助料与少量液态助剂的混合。如塑料的着色、PVC 树脂的干混、硬质 PVC 的初混、共混物及填充混合物的初混等。

螺带式混合机是通过螺带的转动对物料的混合，其作用比较弱，产生的摩擦热也少，无须另外冷却。该混合机除了用于混合外，还可与高速混合机配合使用，作为冷却混合设备。如图 6-3-6 所示，用于冷却混合的螺带式混合机的混合室比较大，而且一般都带有冷却夹套来提高冷却效果。

螺带式混合机由于其混合强度较低，因此混合时间较长。当对两种密度相差较大的物料进行混合时，密度较大的物料容易沉入底部，造成混合不均。因此，采用该类设备对物料进行混合时，物料的密度应尽量接近。

3. 捏合机

捏合机是常用的物料初混装置。捏合机主要由转子、混合室及驱动装置组成，其典型结构如图 6-3-4 所示。

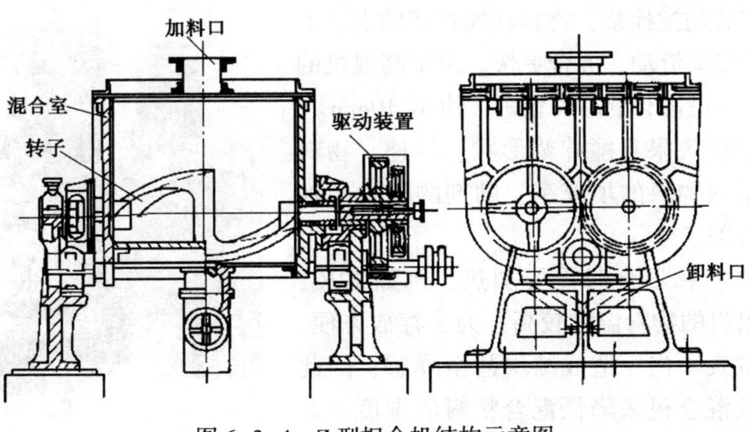

图 6-3-4　Z 型捏合机结构示意图

捏合机的混合室采用不锈钢制作，上盖开有加料口，工作时可以密闭操作，下部设有卸料口。混合室一般采用夹套结构，根据工艺要求，混合操作时可以通入加热介质或冷却介质，对物料进行加热或冷却。

捏合机工作主要通过转子的运转，转子安装在混合室内，与驱动装置相连接。工作时，两转子可以同向旋转，也可以异向旋转，转子之间保持一定的速比。

混合过程中，物料在转子的外缘与混合室内壁之间以及两转子之间受到强烈的剪切作用，同时转子旋转时对物料的搅动与翻转作用还有效地促进了物料各组分之间的分布混合。因此，该类捏合机特别适用于以分散混合为主的混合过程，如片状、条状或块状物料的混合。捏合机的混合一般需要较长时间，约半小时至数小时不等。

4. 高速加热混合机

高速加热混合机，简称高混机，是广泛使用的塑料混合设备，可以用于塑料的混色、制取母料前的初混合、配料和共混材料的预混，更适于粉料的配制。

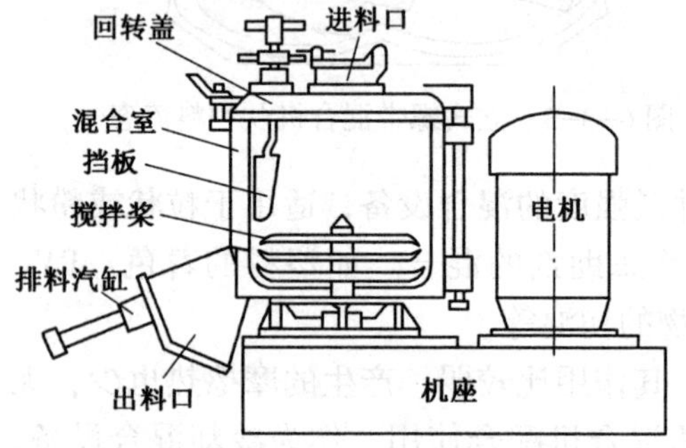

图 6-3-5　高速加热混合机示意图

高混机主要由混合室、搅拌桨、挡板、回转盖、卸料装置(出料口、排料汽缸)和电机等部分组成，其结构如图 6-3-5 所示。

高混机的混合室带有夹层，可以加热，搅拌桨可以是单层的或多层的。高混机工作时，高速旋转的搅拌桨通过其表面与物料之间的摩擦力和侧面对物料的推力，使物料产生沿搅拌桨切线方向的运动，同时，在搅拌桨离心力的作用下，物料被推向混合室的内壁，并沿内壁向上运动，到达一定高度后，又在重力的作用下回落到搅拌桨的中心，然后又被抛起。因此，在混合过程中，混合室内物料的运动实际上是交替经历的螺旋上升与下降运动状态。

由于搅拌桨的转速很高，一般为 10~35r/min，物料的运动速度也很快，快速运动的物料流使得物料相互之间不断发生摩擦、碰撞，团状物料被粉碎，物料的温度也因此上升，经历了快速的交叉混合，促进了物料各组分之间的均匀分布和对液态助剂的吸收。

混合室中的挡板也称折流板，其主要作用是进一步搅乱物料的流态，使物料的运动显得更加无序，并在挡板附近形成对混合极为有利的强烈旋涡。

对于高位安装的搅拌桨，物料在搅拌桨的上、下侧形成了连续的交叉流动，混合更快。由于高混机的混合效率较高，一般混合的时间较短，约 8~10min。

高混机的混合效果与搅拌桨形状、转速、物料的温度、混合室内物料的填充率、助剂的种类与加入方法等因素有关。

由于有些物料在混合时需要加热，例如 PVC，因此从高混机出料的物料温度较高，为了存放方便，防止物料热量散发不出，造成结块甚至降解，因此可以配合螺带式混合机来降低混合物料的温度。如图 6-3-6 为热/冷高速混合机机组。

图 6-3-6　混合机组

（三）混合工艺

粉料的制备是物料之间进行的一种简单的混合，该过程也称初混合过程。该混合是在树脂的流动温度以下和较低剪切作用条件下进行的，在混合过程中，只是增加了各组分微粒空间的无规则排列程度，并不减小粒子的尺寸。

粉料的混合过程大多是间歇操作。根据混合组分中有无液体物料而分为润性物料的混合(加入液体组分，主要为增塑剂)和非润性物料(无液体组分)的混合。两类混合的工艺和设备不同。在大批量生产时，较多使用高速加热混合机，对两种类型的混合都适用。

1. 润性物料的混合工艺

对于润性物料的混合，其混合结果要求增塑剂既不完全渗入聚合物内部，又不太多露在表面。如果没有达到要求，则前者在后续的操作中，例如采用双辊开炼机塑炼时不包辊，后者则在存放时容易发生增塑剂的分离。

润性物料的混合采用以下的工艺步骤：

① 首先将聚合物树脂加入一定温度的设备中，加热搅拌，温度一般小于100℃，时间约10min，具体的条件要根据配方特别是增塑剂的含量来确定。加热的目的是驱逐树脂中的水分使其更快吸收增塑剂。如果聚合物中水分不多或采用预热的增塑剂，则可改用低温混合。

② 将事先加热到预定温度的增塑剂或者几种混合的增塑剂，利用喷射器喷到翻滚的树脂中，充分混合。

③ 再加入由稳定剂、染料等助剂与部分增塑剂研磨调制的浆料。

④ 最后加入填料以及其他助剂，混合后出料。

润性物料的混合，例如PVC润性物料，要特别注意的是，混合好的物料能自由流动，互不黏结，并应冷却到40~60℃存放。此外对树脂的选择应易于吸收增塑剂，且吸收增塑剂应力求均匀，如果存在没有吸收增塑剂的粒子，将给制品带来“鱼眼”斑。混合设备最好选用剪切速率较大且能变速的混合设备。此外组分中加有填充剂时，应该先使树脂与增塑剂充分混合后再加入填充剂，其原因是先加入填充剂，会使填充剂和树脂争夺对增塑剂的吸收，增塑剂对树脂的作用就不能充分发挥，造成制品的硬度增大，柔软性下降。

2. 非润性物料的混合工艺

对于非润性物料的初混合，其加料顺序为塑料树脂、稳定剂、加工助剂、冲击改性剂、色料、填料、润滑剂，计量后加入混合机内。如采用高速加热混合设备，主要靠物料的剪切摩擦热使物料升温；如采用低速混合机，则通过设备夹套中的介质如油或水蒸气升温来加热混合的物料。

采用高速加热混合机混合，一般混合的时间为8~10min，出料后要经过带冷却夹套的混合机中冷混合，降至40~60℃，防止结块或降解。

初混合的混合终点可以通过物料外观来判断，如混合物疏松不结块、表面无油脂、手捏有弹性等。

经过初混合后的物料很难混合均匀，不能满足产品性能的要求，这种粉状的塑料如果要直接成型，就要求有较强的塑化混合作用，例如PVC粉状混合料必须采用双螺杆挤出机进行挤出成型，因为双螺杆挤出机能够提供较强的塑化混合作用，见图6-3-7。

如果采用其他的塑化效果不强的设备成型，如单螺杆挤出机、注射机等，初混料需要经过塑炼、造粒后，再进行加工。

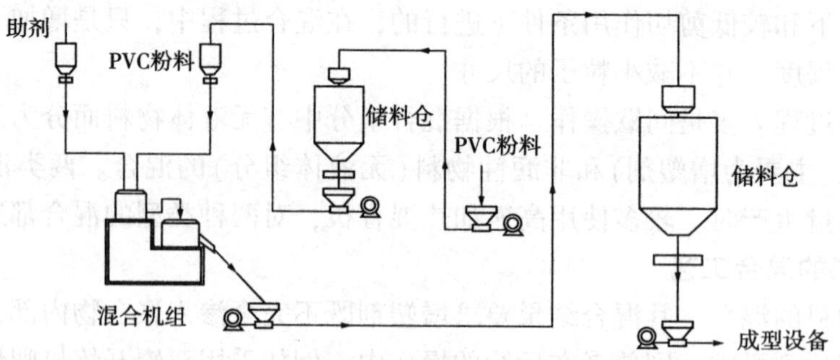

图 6-3-7　PVC 配料系统示意图

二、塑料粒料的配制

塑料粒料的配制是在粉料配制的基础上经过塑化并通过一定的方法得到的粒状物料。

（一）塑炼（塑化）

塑炼是指大量的塑性状态聚合物与较少量的液状、粉状和纤维状助剂的一种塑性混合操作。该操作不仅用于组分均一性高的热固性塑料和多组分热塑性塑料的配制，而且是聚合物共混改性和制品加工必不可少的操作。

塑炼是借助加热以及剪切应力，使聚合物树脂熔融，驱逐出其中的挥发物，并进一步使其中的组分分散均匀。因此塑炼的温度在树脂的黏流温度 T_f 或熔点 T_m 以上，并且要考虑剪切摩擦热的作用，塑炼时间的长短根据物料的性质而定。

塑炼料可以用撕力机测定料的撕力来确定塑炼的终点。工业上一般通过经验，用刀切开塑炼料来观察其截面，如截面上不显毛糙，颜色和质量都很均匀即达到终点。

目前生产中广泛采用的塑炼设备是开放式炼塑机、密闭式炼塑机和各种类型的挤出机。

1. 开放式炼塑机

开放式炼塑机简称开炼机，其结构示意如图 6-3-8 所示。

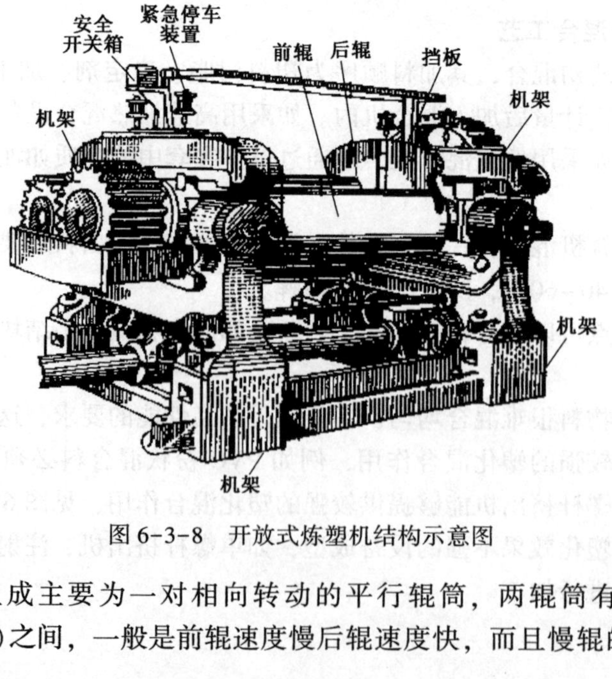

图 6-3-8　开放式炼塑机结构示意图

开炼机的结构组成主要为一对相向转动的平行辊筒，两辊筒有一定速比，大致在(1∶1.05)~(1∶1.1)之间，一般是前辊速度慢后辊速度快，而且慢辊的温度高出快辊温度

5~10℃，这样在操作过程中塑化的物料会包住前辊，便于操作。辊筒的间距可调，辊筒内有循环加热或冷却的通道。辊筒长径比不超过2.5∶1左右。开炼机的尺寸规格是采用辊筒直径来表示的，如SK-450，指开炼机，辊筒直径为450mm。

开炼机除用于塑料的塑化外，还可以用于塑料的混合、填充物的混炼、共混改性物的混炼、母料的制备，以及为压延机连续提供塑化的塑料等。

塑料在开炼机中的塑炼主要通过辊筒间强大的剪切力、挤压力以及辊筒表面对它的加热来完成的。

如图6-3-9所示，开炼机工作时，两个辊筒向内相向旋转，且速度不等。处于辊筒上方的物料由于与辊筒表面的摩擦和黏附作用以及物料之间的黏结力而被拉入辊筒之间，在辊隙内物料受到强烈的挤压和剪切。剪切挤压使物料产生大的形变，从而加大各组分之间的界面，产生分布混合，同时剪切也使物料受到较大的应力，当剪切应力大于物料的许用应力时，物料就会分散开。

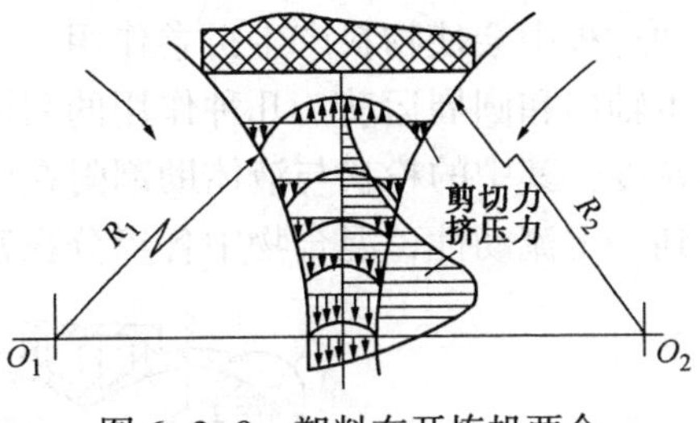

图6-3-9　塑料在开炼机两个辊之间的受力情况

影响开炼机塑炼的主要因素有辊筒温度、辊筒间距、辊筒转速、物料在辊隙上方的存料量，以及物料沿辊筒轴线方向的分布与换位等。

开炼机是一种开放式的操作设备，在操作过程中物料在开炼机上与空气接触的机会多，因此会因热量的散失使物料温度降低，黏度升高，从而使剪切效果增加。此外开放式的操作，易使物料与空气中的氧频繁接触，容易造成物料的氧化，所以易氧化的物料如PP等物料很少在开炼机上塑炼。开炼机的辊筒提供的剪切挤压力非常强，但是物料受剪切力是单向的，瞬间被剪切的料并不多，与相邻物料的混合并不好，对流作用差，所以生产上在操作时要打“三角包”，即用刀子切开辊子上的物料，再使其交叉叠合呈三角形，再辊压，以改变物料的受力位置、方向，使物料均匀塑炼。

2. 密闭式炼塑机

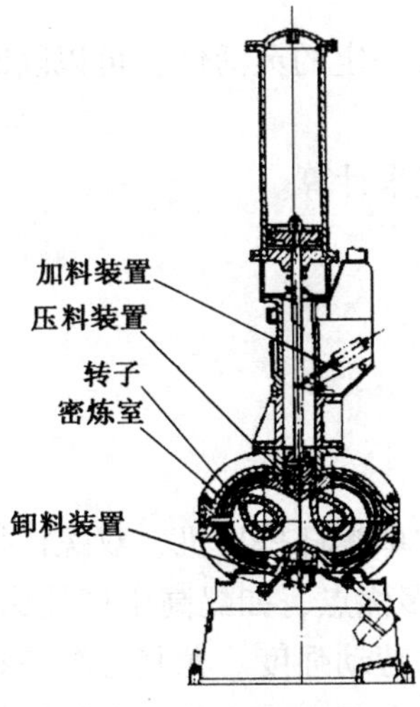

图6-3-10　密炼机的结构示意图

密闭式炼塑机简称密炼机，图6-3-10为密炼机的结构示意图。密炼机的主要组成部分为密炼室，也称塑炼室，上部为加料装置(上顶栓)，下部为卸料装置(下顶栓)，当上顶栓和下顶栓关闭后，即形成一密闭式塑炼室。塑炼室内有一对相向旋转的转子，转子横断面呈梨形，沿纵向为螺旋形状，转子转速略有不同，转子之间以及转子与塑炼室内壁之间存在一定速比。塑炼室外壁有冷却(加热)夹套，以便对物料进行冷却(加热)。

密炼机的规格型号一般以它的工作容量和转子的转速来表示。按照我国密炼机系列标准规定的表示法，例如：SM-250/40。

与开炼机相比，由于密炼机塑炼的物料是处于密闭室内，因此操作安全，物料不易氧化，转子提供的剪切力大，塑炼效果好，塑炼时间短，同时改善了劳动条件。但是由于是密闭式操作，混合室内的热量不易散发，因此须严格控制温度，防止物料热降解。

密炼机工作时，首先上顶栓提起，物料由加料口加入，上顶栓在气压驱动下将物料压入混炼室，工作过程中，上顶栓始终压住物料，给物料一定力的作用。混合完毕后，下顶栓开启，物料由排料口排出。经过密炼机塑炼的物料，在出料的时候为黏性的团状物，必须配开炼机辊压成片状并冷却，再进行下一步的操作。

密炼机的工作原理如图 6-3-11 所示。在密炼机的密炼室内，由于热量的传递，物料不断升温，且物料通过转子与转子之间、转子与密炼室壁之间、转子与上下顶栓之间的剪切力作用，促使物料产生剪切变形而进行塑炼。由于转子的断面是椭圆形的，其与密炼室内壁可以形成最小的间隙，当物料通过最小间隙时会受到强烈的剪切、挤压和撕拉作用，同时转子转动过程中会使物料产生折卷作用。由于转子的排列是沿轴线的螺旋方式，因此又会使物料产生轴向和圆周运动。几种作用的共同结果使物料中大的团块被破碎，逐步细化，达到一定的粒度，其中的粉状与液体助剂附在塑料表面，直到被塑料包围。当物料逐步软化或塑化，达到一定流动性，混合物中各组分在密炼室中进行位置更换，形成各组分均匀分布状态。

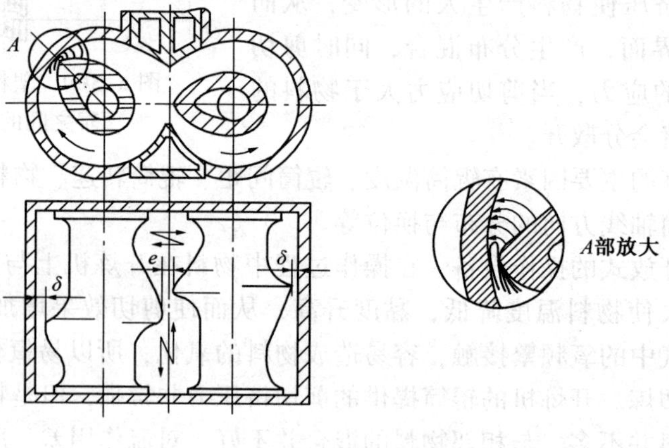

图 6-3-11　密炼机的工作原理

开炼机和密炼机的塑炼都属于间歇式操作。间歇操作的过程主要有三个步骤，即投料、塑炼和出料。

间歇操作的生产效率低，塑炼的质量不稳定，但是间歇操作有一定的灵活性，可以随时调整工艺。

间歇式混合设备的生产能力 Q，即单位时间的生产量采用下式来计算。

$$Q=\frac{W}{t}$$

式中　Q——生产能力；

W——一次投料量；

t——混合时间，包括投料时间、混合时间、出料时间等。

除上述间歇操作的塑炼设备外，还有一些连续的塑炼设备，如单螺杆挤出机、双螺杆挤出机、行星螺杆挤出机和 FCM 连续混炼机。连续操作的设备有许多优点，如提高生产能力，易实现自动控制，减少能量消耗，混合质量稳定，降低操作人员的劳动强度。尤其是配备相应装置后，可实现混合、成型一体操作，一方面减少了工序，另一方面又可避免聚合物性能的降低，所以连续式混合设备是目前的发展趋势。连续操作设备的缺点是对工艺要求较高。同间歇操作设备一样，连续设备的塑炼也是在受热和剪切作用下完成。但是物料在连续塑炼设备中，如挤出机，其对流作用很小，对于物料大范围内混匀是非常不利的。因此连续混炼的物料需要事先进行初混合。

双螺杆挤出机在塑料的连续塑炼设备中应用居多，关于双螺杆挤出机，在本章的第四节中介绍。

表 6-3-1 列出了几种设备塑炼的特点。

表 6-3-1　三种设备塑炼特点比较

设备名称	开炼机	密炼机	挤出机
工作方式	间歇	间歇	连续
结构形式	开放式	密闭式	密闭式
工作气氛	接触 O_2	隔绝 O_2	隔绝 O_2
剪切强度	中等	最大	较小
操作形式	手工操作	机械操作	自动操作
工作环境	较差	较好	最好

塑料的塑炼工艺，对于不同的原料差别很大。塑炼主要控制的工艺条件有温度、压力和塑炼时间。如果工艺条件控制不当，可能会造成热塑性塑料的降解、热固性塑料的交联等，降低混合物质量。

塑炼的终点，可以通过分析塑炼后样品的均匀性、分散程度、表面状态、宏观测定撕裂强度等来确定。

（二）粉碎和造粒

塑炼后的物料通常要进行粉碎和造粒等粒化操作。造粒和粉碎的目的都是减小固体的尺寸，以利于下一步的成型加工需要。不同的是造粒所形成的颗粒大小较均一，形状较固定，而粉碎所形成的颗粒形状不确定，大小也不均一。采用何种方法减小粒子的尺寸，主要取决于物料的性能、成型加工方法等。例如塑炼后的热固性塑料，通常采用粉碎机粉碎，硬性的或韧性的废旧塑料的回收利用，一般也采用粉碎，经开炼机塑炼的片状塑料物料，有时也采用粉碎机粉碎。而造粒一般需要配合造粒机头，因此采用挤出机塑炼的物料通常进行造粒比较方便。

利用塑炼设备塑炼造粒，根据成粒时塑化料的状态不同可分为冷切粒和热切粒两种。

1. 冷切

冷切分为拉片冷切、挤片冷切、挤条冷切。拉片冷切是用开炼机塑化，冷却后用平板切粒机切粒，这种方法产量大，适合各种形状的塑料，但不适合黏度小和易于发生热氧降解的塑料。挤片、挤条冷切是物料经过挤出机挤出料条或片，料条通过冷却水槽冷却，再利用风干机吹干料条表面的水分，通过牵引装置送至切粒机切粒。此类方法不易发生热氧降解，如图 6-3-12 所示。

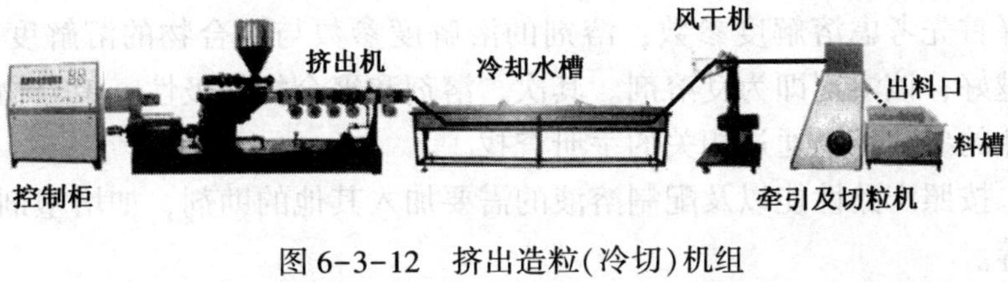

图 6-3-12　挤出造粒(冷切)机组

目前热塑性塑料普遍采用挤条冷切，挤条冷切后粒子形状为相同横断面的圆柱体，直径和长度可以通过挤出速度、牵引速度来调节，规格较多的为 3mm×3mm。

冷切对于脆性塑料如 PS 不合适。

2. 热切

热切分为干热切、空中热切、水下热切。干热切是用挤出造粒机直接塑化造粒，适合黏度较大的物料，黏度小容易出现粘粒现象。水下热切是用水来冷却，粒子既不粘，也可防止热氧降解，适合大批量造粒时选用。空中热切是在干热切的基础上用风冷，减小了粘粒现象。如图 6-3-13 所示，塑料经过挤出机挤出料条后，通过在模口处安装的旋转切刀趁热直接对热料条切割成一定形状的粒子，切割后的粒子采用风冷却，粒子在落下的同时，通过鼓风机的作用，沿管道向前输送，冷却输送同时进行。

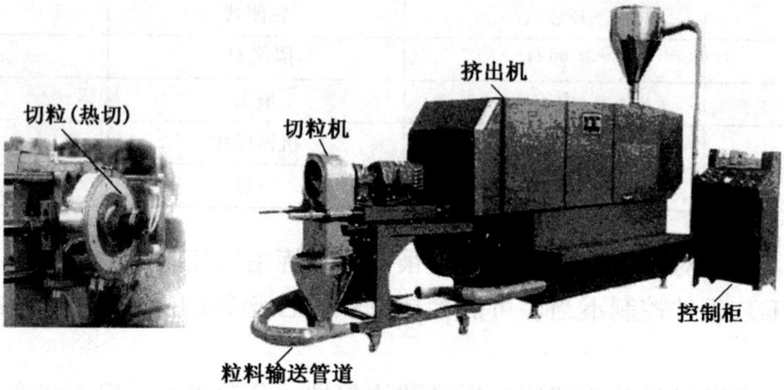

图 6-3-13　挤出造粒(热切)机组

三、塑料溶液的配制

在塑料成型中，有些成型，如浇铸成型、流延法生产薄膜胶片等，采用塑料溶液作为成型的原料。如果单体在聚合时采用的是溶液聚合，其聚合物溶液可以直接作为原料使用，如酚醛树脂和聚酯等的溶液。否则需要根据树脂以及成型方法选择合适的溶剂，进行溶液的配制，如乙酸纤维素和氯乙烯-乙酸乙烯酯共聚物的溶液等。

塑料溶液的配制需要溶剂和聚合物树脂。溶剂是一类比较特别的配合剂，它不能存在于加工成型的制品中，需要在加工成型中或在加工成型后挥发掉。因此只是为了加工成型的需要加入的助剂，是一类加工助剂，而不是性能助剂。

溶剂的选择，首先要求对聚合物的溶解性好，其次还要求具有无色、无臭、无毒、不燃、化学稳定性好、沸点低、成本低等优点。为提高溶解性，也可以采用两种或两种以上的混合溶剂。

由于聚合物树脂的相对分子质量较高，分子链较长，因此要保证聚合物能够进行溶解形成溶液，选择合适的溶剂是关键。

溶剂的选择首先考虑溶解度参数，溶剂的溶解度参数与聚合物的溶解度参数两者越相近，溶解性能越好，该溶剂即为良溶剂。其次，溶剂和聚合物的极性、聚合物的基团结构等也应考虑。具体的参数可以通过相关的手册查找。

除溶剂外，按照产品性能以及配制溶液的需要加入其他的助剂，如增塑剂、稳定剂、着色剂、稀释剂等。

聚合物的溶解是通过溶剂和聚合物之间的溶剂化作用，使溶剂小分子进入聚合物大分子中，产生溶胀(体积膨胀)现象，随着溶胀的扩大，形成聚合物黏性小团，小团逐渐变成大团(黏性)，团块相互脱落、扩散，最后完全溶解。由于大分子的特点，聚合物的溶解过程很慢，结晶聚合物结构中由于存在着晶体，其溶解过程更慢。在工业生产上为了提高溶解速度，加快塑料溶液的配制，应采取必要的措施。一般在工业上，加快溶解的关键是加速溶胀、强化扩散，因此加热以及搅拌对于溶解至关重要。

目前工业上主要采用以下两种方法来进行溶液的配制。

1. 慢加快搅法

配制时，先将选定的溶剂在溶解釜内加热至一定温度，然后在快速搅拌和定温下，缓缓加入粉状或片状的聚合物树脂，直至投完应加的量为止。缓慢加料的目的在于使树脂完全分散之前不至于结块，而快速搅拌则既有加速分散和扩散作用，又借助搅拌桨叶与挡板间的剪切应力来撕裂可能产生的团块。

2. 低温分散法

先将溶剂在溶解釜内进行降温，直到它对聚合物失去活性为止，然后将应加的聚合物粉状物或片状物一次投入釜中，并使它很好地分散在溶剂中，最后再不断地搅拌将混合物逐渐升温。这样当溶剂升温而恢复活性时，就能使已经分散的聚合物很快溶解。

配制溶液时，对溶剂和溶液加热的温度应在可能范围内尽量降低，否则即使在溶解釜上设有回流冷凝装置，也会引起溶剂的过多损失，甚至影响生产的安全性。另外，由于溶解过程时间较长，高温常易引起聚合物的降解。当然激烈的搅拌也可能使聚合物有一定降解。

不管是采用什么方法配制聚合物溶液都需注意，由于溶剂易挥发，所以，溶剂和溶液的温度都不能升得太高。否则，不仅造成溶剂损失，严重时还会酿成生产事故。同时，搅拌力也不宜过大。

配制好的溶液经过滤、脱泡处理后即可使用。溶液配制过程中的质量检验和过程控制指标主要是固体含量和溶液黏度，它们可以直接反映溶解的进度和效果。至于溶液的检查项目，则视其用途而定。

四、塑料分散体的配制

固体树脂稳定地悬浮在非水液体介质里所形成的分散体系称为分散体，也称为塑料糊或糊塑料。目前用得最多的塑料糊是乳液法生产的 PVC 及氯乙烯共聚物分散体，因此，也称作 PVC 糊。PVC 糊主要用作 PVC 的浇铸成型、涂层成型及泡沫塑料成型的原料，其产品有人造革、壁纸、玩具、泡沫制品、铺地材料、乳胶手套、软管、隔膜等。

PVC 糊中除含聚氯乙烯树脂以及增塑剂、稳定剂、润滑剂等助剂外，根据需要还可以添加填料、着色剂、胶凝剂、稀释剂、挥发性溶剂等助剂。加入的目的和种类都取决于制品的使用要求。

1. 塑料分散体的分类

(1) 塑性溶胶

塑性溶胶为树脂的分散体，其中的液相完全是增塑剂，也称增塑糊。为了使塑性溶胶的黏度符合成型流动的要求，塑性溶胶中的增塑剂含量一般不少于树脂的 40%，因此成型后的制品一般是软质的。

(2) 有机溶胶

有机溶胶是塑性溶胶中的部分或全部增塑剂可用挥发性高的非水液体代替，主要起稀释剂的作用。该稀释剂为有机溶剂，因此也称稀释增塑糊。由于成型后的制品中不含稀释剂，稀释剂只是降低有机溶胶的黏度，增加流动性，利于成型，同时稀释剂代替了增塑剂，又不至于使成型后的制品太软。

(3) 塑性凝胶

加有胶凝剂的塑性溶胶，也称为增塑胶凝糊。

(4) 有机凝胶

加有胶凝剂的有机溶胶，也称为稀释增塑胶凝糊。

胶凝剂是一种具有增稠作用的配合剂，常用的是有机膨润土和一些金属皂类。它的作用是降低体系的流动性，在烘熔成型时塑型不变形。由于塑性凝胶和有机凝胶加有胶凝剂，它们的黏度大大增加，并且流变行为也由塑性溶胶和有机溶胶的假塑性或膨胀性流体的流变行为变为塑性流体的流变行为，在其剪切应力和剪切速率的关系曲线中存在明显的屈服应力。这样，塑性凝胶和有机凝胶在不受热和没有外力作用后，就不会因自身重力而发生流动，避免糊塑料的流泄和塌落，这一特点对于成型是非常有利的。

2. 分散体糊塑料中树脂的要求

糊塑料的配制成糊是非常关键的，而成糊的关键是其中对树脂的选择。对成糊树脂首先是粒度的要求，用于塑性溶胶和塑性凝胶的树脂，其直径为0.20~2.0μm，用于有机溶胶和有机凝胶的树脂则为0.02~0.20μm。颗粒太大时，容易在所配制的分散体中下沉，而且在加热处理后不易得到质量均匀的制品；反之，颗粒太小时，在室温下常会因过度的溶剂化而使溶胶塑料的黏度偏高，同时还不耐存放。其次是颗粒形状，一般希望其呈球形，因为球形颗粒可以防止室温下过多溶剂化。溶剂化作用过大时，分散体常呈现膨胀性流体的流变行为，否则，一般表现为假塑性流体的流变行为。

从颗粒尺寸和颗粒形状两方面考虑，最符合要求的就是采用乳液聚合生产的PVC树脂。聚合生成的聚合物粒子(即初级粒子)经过干燥过程变为树脂粒子(即次级粒子)。初级粒子大小及分布、次级粒子的结构和强度均影响PVC糊的黏度。PVC乳液树脂颗粒通常情况下为次级粒子形态，调糊后，因增塑剂浸润、渗透，不断崩裂成为较小的颗粒和初级粒子，这样单位容积中的粒子数目增多、表面积增大，需要更多的增塑剂覆盖新增生的粒子表面，使增塑剂的相对量减少，造成糊的表观黏度增大。

次级粒子松散的树脂，成糊后在短时间内就完成崩裂过程，表现为黏度显著增加，此后由于缓慢的溶胀，黏度增加也慢，放置时间过程中的稳定性也较好；反之，次级粒子紧密的树脂，成糊后在短时间内不能完成崩裂过程，在放置时间过程中的稳定性就较差。

初级粒子粒径大，单位质量的树脂具有较小的表面积，增塑剂覆盖的量较少，相应增大了提供流动的增塑剂的量，使得糊的黏度减小。初级粒子粒径分布大，小颗粒填充大颗粒之间，置换出更多的提供流动的增塑剂，因此，初级粒子粒径大且粒径分布大的树脂所得糊的黏度较小。反之，糊的黏度较大，流动困难。

此外由于乳液聚合的树脂相对分子质量较高，因此，它还可使制品获得优良的物理机械性能。高相对分子质量的PVC树脂在糊中能适当地阻止溶剂化进程，使PVC糊的黏度比较稳定，而胶凝和熔化过程需要更高的温度和更长的时间，因此用高相对分子质量PVC树脂所制得的制品物理、力学性能更加优良。

为了降低成本，通常用悬浮法PVC树脂部分甚至全部代替乳液聚合的树脂配制PVC糊。悬浮法PVC树脂粒径较大，不易直接成糊，需要特殊的“冲糊工艺”才可使用。

3. 分散体的流变性能

分散体系的黏度总是大于分散介质的黏度，且随固体粒子含量的增加而增大。同时体系黏度还可因多种作用而增大，如树脂颗粒的溶剂化作用、树脂颗粒结块等。温度对体系黏度的影响也常常是通过改变体系内部结构而发生的。

剪切速率对糊塑料体系流变行为的影响比较复杂，不仅与剪切速率范围有关，而且与体系组成和类别有关。一般情况下当剪切速率很低时，流动行为是牛顿性流体。剪切速率较高时，表现为假塑性流体的流动行为，主要是因为树脂表面的吸附层或溶胀层在剪切应力作用下，被剥脱或变形，使黏度下降，表现为假塑性。当树脂含量大、剪切速率高时，会变成膨胀性流体，因为树脂颗粒产生了敛集效应，使能够随意活动的液体数量减少，造成黏度增加。如果分散剂溶剂化能力很强，开始表现为牛顿流体，后为膨胀性流体。加有胶凝剂的分散体，有一屈服值，表现为塑性流体的流变特征。

4. 分散体的配制工艺

分散体配制全过程通常由原料准备、混合、脱泡和贮存等工序组成。

分散体配方中事先将组分中颗粒较大、不易分散的助剂如填充剂、稳定剂、着色剂等，加少量增塑剂研磨混匀成浆料，然后将浆料与树脂、分散剂以及其他配合剂在球磨机中进行球磨，直至成“糊”状物。成型前需要脱泡处理，脱泡采用离心机、抽真空、薄层流动等方法。

在配制过程中需注意一些问题，如果增塑剂用量较大，如塑性溶胶，为充分利用球磨机的剪切效率和节省时间，应将增塑剂分批加入；配制有机溶胶和有机凝胶时，由于其中要加入稀释剂，为避免其中挥发性液体挥发的损失，增塑剂和其他分散剂应一次全部加入；配制的分散体在混合和储存过程中，由于溶剂化作用，会使糊黏度增大，因此控制温度不能超过30℃，并防止变质；最后混合时搅拌速度不宜过快，以免卷入过多空气。

混合终点的控制可采用测定体系黏度的方法，工厂中凭经验，通过控制时间来掌握混合终点。混合后的物料一般需经脱泡处理，才能成为可供成型用的分散体。脱泡可以采用以下方法：

① 将配制成的溶胶塑料，按薄层流动的方式从斜板泻下，以便气泡逸出；

② 抽真空使气泡脱除；

③ 利用离心作用脱气；

④ 以上几种的综合作用。

第四节　塑料的挤出成型

挤出成型在聚合加工领域中属于变化最多、用途最广、比重最大的一类成型工艺。

挤出过程是使聚合物熔体在挤出机螺杆的挤压作用下，通过具有一定形状的口模成型，最终制得具有恒定断面的连续型材。

塑料、橡胶和合成纤维三大合成材料的挤出成型没有本质上的区别，所用设备以及挤出的原理大同小异。挤出成型中涉及的挤出理论、工艺以塑料研究居多，故本节主要讨论塑料的挤出成型。其结果同样也适用于橡胶和合成纤维。

一、概述

（一）挤出成型

挤出成型也称挤压模塑或挤塑成型，即借助螺杆或柱塞的挤压作用，使塑化的塑料在一定压力的推动下，强行通过口模而成为具有恒定断面的连续型材的一种成型方法。

挤出成型属于一次成型，由于物料是以流动状态连续通过口模进行成型的，所以又称口模成型。挤出成型是塑料加工工业中使用最早的成型方法之一，其应用也最广泛，目前塑料制品的三分之一是用挤出方法生产的。挤出法几乎能成型所有热塑性塑料和部分热固性塑料。

塑料挤出成型生产的制品包括塑料管材、塑料异型材、塑料板材、塑料薄膜、线缆包覆物及塑料与其他材料的复合材料等。

（二）挤出成型的特点

首先挤出成型是一种连续成型的方法，其生产量大，生产效率高。其次挤出生产的产品断面形状简单且一致，质量均匀密实且各向异性小，尺寸准确性较好。最后挤出成型的适应性很强，主要表现在适应的塑料品种多，几乎适合除 PTFE 外的所有热塑性塑料，用量最大的是 PVC、PE、PP，其次是 PS、PMMA、乙酸纤维素、EVA、ABS、聚酰胺、聚碳酸酯和聚甲醛等，目前通过特殊的配方以及特殊设计的挤出机也可以生产 PTFE；适应的制品多，只要改变机头口模，就可改变制品形状；适应不同的加工，可用来塑化、造粒、染色、共混改性，也可配合吹胀和双轴拉伸进行吹塑成型和拉幅成型；此外，还可为压延成型供料。

（三）挤出成型分类

1. 按塑化方式分

（1）干法挤塑

干法挤塑是依靠加热将固体物料转变成熔体，塑化和挤出可在同一设备上进行，挤出塑性连续体的定型只是简单的冷却操作。

（2）湿法挤塑

湿法挤塑仅用于硝酸纤维素和少数乙酸纤维素等。湿法挤塑的物料要用溶剂将其软化，软化和挤塑要在两个设备中各自独立完成，而定型处理要有脱出溶剂的操作。

2. 按加压方式分

（1）连续式挤出

连续式挤出是采用螺杆式挤出机(单螺杆或双螺杆)，成型时借助螺杆旋转产生压力和剪切力，使物料充分塑化和混合均匀，通过型腔(口模)而成型。

（2）间歇式挤出

间歇式挤出一般是采用柱塞式挤出机。柱塞式挤出机借助柱塞压力，将事先塑化好的物料挤出口模而成型。

目前应用较多的是干法连续挤出成型，部分需要压力大的成型或热固性塑料可以采用间歇式挤出。

二、单螺杆挤出成型设备

（一）挤出成型设备的组成

挤出成型设备主要包括主机和辅机两大部分。

主机称为挤出机，由挤压系统(螺杆、机筒)、加料装置等组成，主要完成塑料的熔融塑化，并提供一定的压力，定量、定温、定压地挤出物料。按照螺杆的数目不同挤出机可以分为单螺杆挤出机和双螺杆挤出机，图 6-4-1 所示为单螺杆挤出机结构示意图。

辅机根据产品来进行设置，产品不同辅机也不相同。辅机由机头(成型装置)、定型装置、冷却装置、牵引装置、切割装置等组成，主要完成制品的成型和冷却定型。

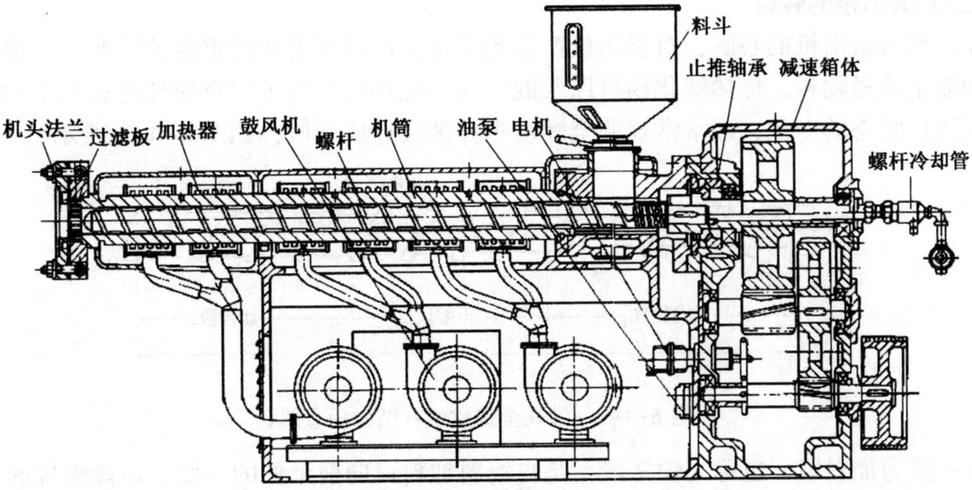

图 6-4-1　单螺杆挤出机结构示意图

除主辅机外，还有传动系统和加热冷却系统，主要控制主辅机的运转和加热冷却，保证成型的工艺条件，实现自动化生产。

（二）挤出成型设备的主要技术参数

表征一台挤出成型设备特征的有以下主要技术参数：

（1）螺杆直径

螺杆直径指螺杆外径，用 D 表示，单位 mm，与机筒的公称尺寸相同。螺杆直径表示挤出机生产能力的高低以及生产的制品横断面的大小。

（2）螺杆长径比

螺杆长径比用 L/D 表示。其中 L 为螺杆有效长度，即螺纹部分的长度（工艺上将 L 定义为由加料口中心线到螺纹末端的长度）。该值在一定长度上反映了挤出机的塑化效果。

（3）螺杆的转数范围

螺杆的转数范围 $N_{max} \sim N_{min}$，单位 r/min。表示螺杆工作转动的允许范围。

（4）驱动电机功率

驱动电机功率用 N 表示，单位 kW。表示挤出机螺杆工作时消耗的功率大小。

（5）机筒加热段

机筒加热段数用 B 表示。为了适应树脂物态的变化，机筒要分段加热，加热段数 B 最小为三段。

（6）机筒加热功率

机筒加热功率用 E 表示，单位 kW。表示加热机筒所消耗的功率。

（7）挤出机生产率

挤出机生产率，即挤出机的生产能力，用 Q 表示，单位 m^3/h 或 kg/h。

（8）机器的中心高

机器的中心高用 H 表示，指螺杆中心线到地面的高度，单位 mm。大部分的挤出机螺杆距离地面的距离为 100mm。

（9）机器的外形尺寸

机器的外形尺寸，主要指主机的外形尺寸，即长×宽×高，单位 mm。

（三）挤出机的螺杆

螺杆作为挤出机的心脏，对挤出机产品的质量和产量有着非常重要的影响。一根螺杆的主要功能是输送物料、传热塑化物料以及混合与均化物料。为了实现螺杆的这几个功能，适应物料物理状态的变化，通常常规的全螺纹螺杆被设计成三段，如图 6-4-2 所示。

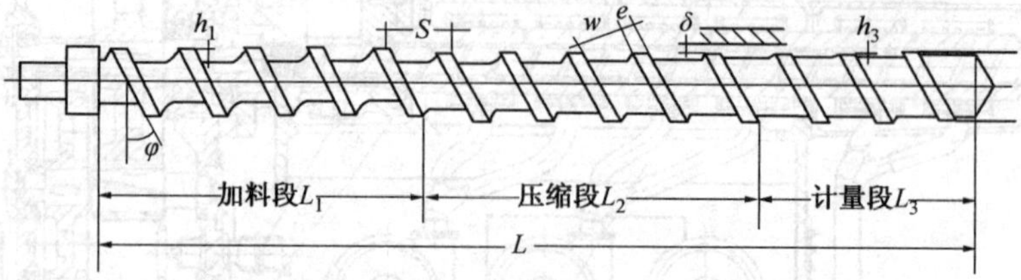

图 6-4-2 常规全螺纹螺杆结构示意图

第一段为加料段，也称为输送段，是自物料加料口向前延伸的一段。该段螺杆的螺距相同，螺杆深度也相同，即螺杆是等距等深的。该段的主要功能是通过螺杆的转动使物料受压、受热，并向机头方向输送物料。物料在移动过程中始终保持固体状态。

第二段为压缩段，也称迁移段。该段的螺杆螺距相同，螺槽深度逐渐变小，主要为了适应物料物态的变化，其螺槽体积逐渐变小。该段可以完成对物料的压实作用，并使物料在机筒外加热以及物料与螺杆之间的剪切摩擦产生的内热作用下逐渐软化、熔融成为黏流状态，同时通过压力的作用排除物料中的挥发分。

第三段为均化段，也称为计量段。该段的螺杆与加料段一样是等距等深，但是螺槽深度比加料段螺槽深度要浅。该段与机筒配合的间隙很小，会使通过的物料产生强大的剪切作用，使之进一步熔融塑化、混合均匀，并定量定压定温地把熔体送入机头，在口模中成型。

表征螺杆特征的参量有螺杆直径 D、螺杆长径比 L/D、螺杆的几何压缩比 ε、螺杆螺距 S、螺槽深度 h(均化段螺槽深度 h_3)、螺杆的螺旋角 φ、螺杆和机筒间隙 δ、螺杆分段等。其中螺杆的几何压缩比 ε 为：

$$\varepsilon=\frac{\text{加料段第一螺槽的体积}}{\text{均化段最后一个螺槽的体积}}$$

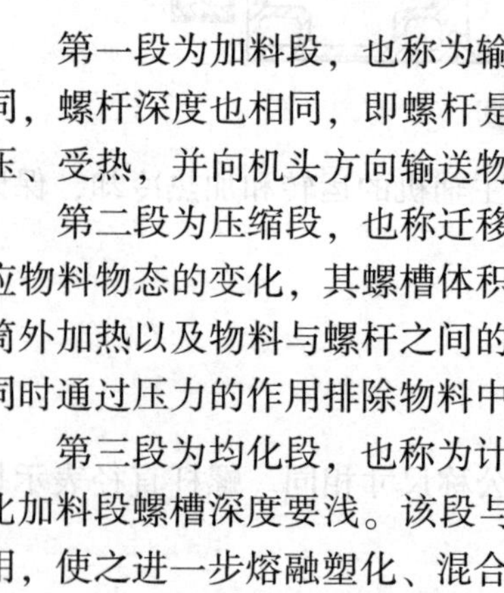

图 6-4-3 螺旋线展开图

将螺杆按照螺旋线展开，其沿螺旋线的长度 Z 为：

$$Z=\frac{t}{\sin\varphi}=\frac{\pi D}{\sin\varphi}\tan\varphi=\frac{\pi D}{\cos\varphi}$$

式中，t 为螺杆的导程。对于单头螺纹其导程与螺杆的螺距 S 相等。

螺杆螺旋线展开图见图 6-4-3。

（四）挤出机的其他部分

1. 机筒

机筒和螺杆组成了挤出机的挤压系统。和螺杆一样，机筒也是在高压、高温以及一定的腐蚀条件下工作的。由于高压以及刚性较强物料的作用会使机筒受到严重磨损。

机筒外部设有加热冷却系统，并在其前部安装机头。在挤出过程中，机筒具有将热量传给物料或将热量从物料中移走的作用。此外，机筒的加料段上方有加料口，而加料口的几何形状及其位置的选定对加料性能的影响很大。机筒内表面的光洁度、加料段内壁是否开设沟槽等，对挤出过程有很大影响，见挤出理论。

机筒结构分为整体机筒和组合机筒，设计或选择何种形式的机筒时要考虑到上述因素。

2. 分流板和过滤网

分流板和过滤网是一种压力调制装置，其安装位置如图 6-4-4 所示。

分流板是一个厚金属圆盘，上面均匀分布一些与螺杆轴线相平行的通孔，如图6-4-5所示。分流板的主要作用是改变塑料熔体的螺旋运动为直线方向运动，并支撑过滤网，与过滤网一起作为挤出机出口处的阻力元件，起到增压作用，使成型的制品更加密实。

过滤网的主要功能是过滤杂质，也可以通过滤网层数来调节机头压力。如果杂质多了，堵塞滤网，要及时更换。为了不影响正常的生产，可以选择不停机更换滤网，如图 6-4-6 所示为滑板式换网和带式连续换网装置。

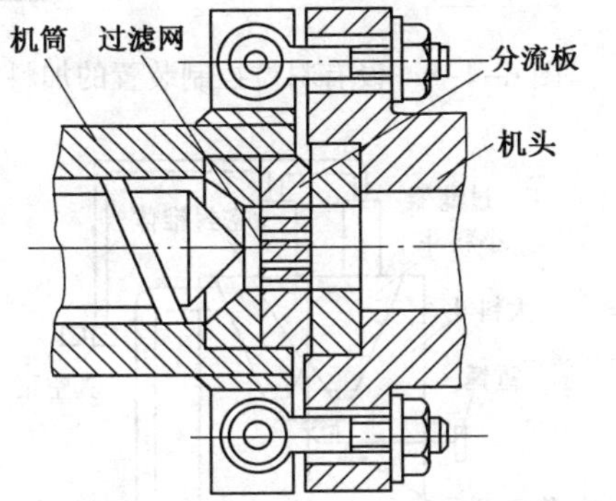

图 6-4-4　过滤网和分流板的安装位置

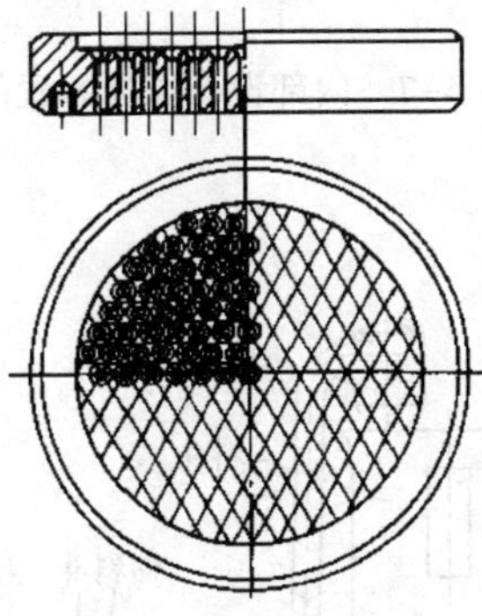

图 6-4-5　平板式分流板

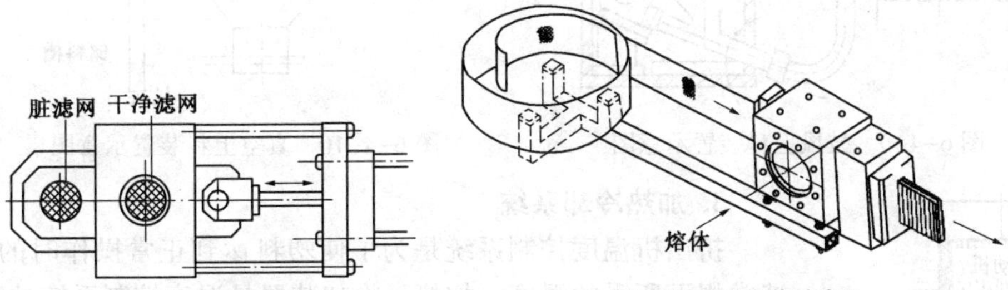

(a) 滑板式换网器　(b) 带式连续切换过滤器

图 6-4-6　不停机快速更换过滤网示意图

3. 加料系统

加料系统由加料斗和上料装置组成。加料斗的形式有很多，如图 6-4-7 所示为常见的圆柱-圆锥组合形式。料斗内部可以设搅拌桨，进行定量加料或强制加料。为了方便上料，料斗可以设置料位控制装置，与自动上料装置配合加料，见图 6-4-8。

塑料挤出机的自动上料装置主要有鼓风上料、真空上料和弹簧上料等。如图6-4-9所示为鼓风上料器，是利用风力将物料吹入输送管道，经料斗上的旋风分离器分离物料，固体物料落入加料斗中。这种方式适合输送粒料，输送能力较低。

图 6-4-10 所示为真空上料器，这种送料装置是通过抽真空形成负压，从而吸取物料进行输送的。真空吸料器上料速度快，输送能力较大，而且通过抽真空，利于物料中的水分和气体的排除。

弹簧上料器，是由电机直接驱动弹簧转动，靠机械输送的方式将物料运送到料斗中。它可以输送粉料、粒料和流质体物料，输送能力中等，适用于单机短距离的输送，如图 6-4-11 所示。

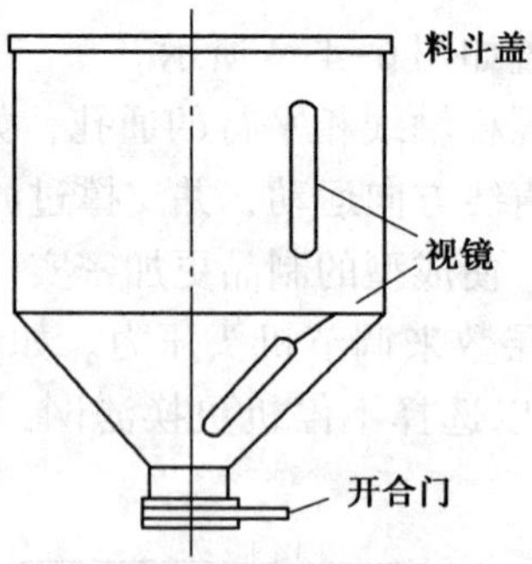

图 6-4-7　内部设有搅拌装置的加料斗

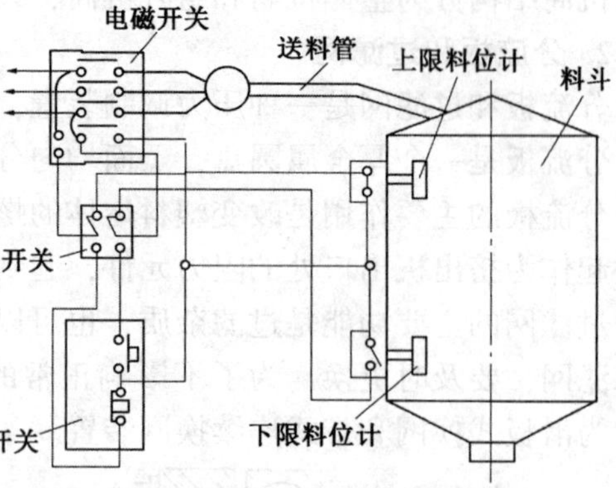

图 6-4-8　设有料位控制装置的加料斗

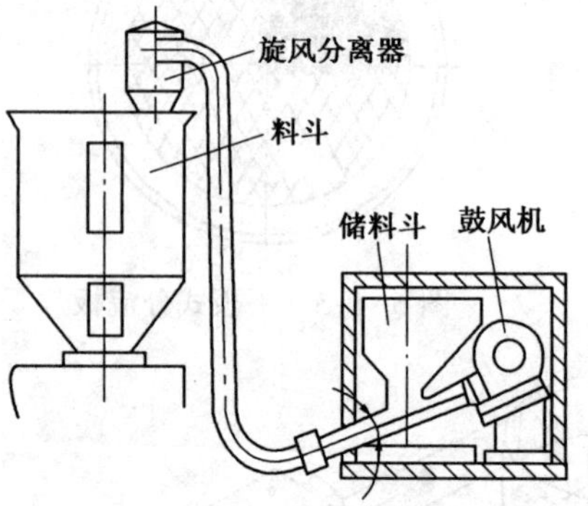

图 6-4-9　鼓风上料装置示意图

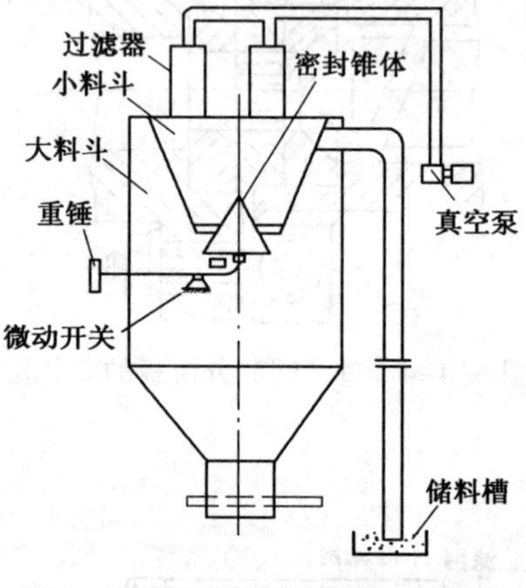

图 6-4-10　真空上料装置示意图

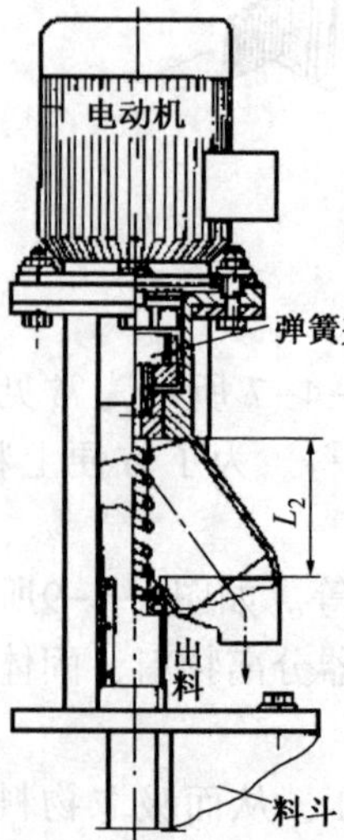

图 6-4-11　弹簧上料器

4. 加热冷却系统

挤出机温度控制系统是为了使塑料达到正常操作时的温度和保持常规下所需的温度。加热、冷却装置是温度控制系统的重要组成，其设计是否合理将影响到挤出机生产能力、制品质量和能量的消耗。

挤出机的加热部位主要在机筒处，加热主要采用电加热，如电阻加热和感应加热。挤出机温度的测量采用热电偶温度传感器，温度的控制采用比例积分微分调节控制温度。

挤出机的冷却部位很多，如机筒、料斗座、螺杆等部位。

机筒的冷却采用风冷和介质冷却，一般需要与加热系统互相配合，如图 6-4-12 所示。

风冷是利用机筒外装鼓风机产生强制空气冷却。该法冷却热传导速率较小，柔和、均匀、干净，加热器外表面或加热器间的垫圈对风冷却装置的安装影响不大。

介质冷却常采用水冷。与风冷相比，水冷却速度较快、体积不大、成本低，但是容易造成急冷。同时为了防止水垢形成影响冷却效果，一般采用软化水。

为了保证挤出机进料口的温度满足加料的需要，不产生由于物料过热而产生的“架桥”，应控制料斗下方的温度。此外冷却加料斗还能阻止挤压部分的热量传到传动系统，保证传动系统的正常工作。加料斗的冷却多采用水冷。

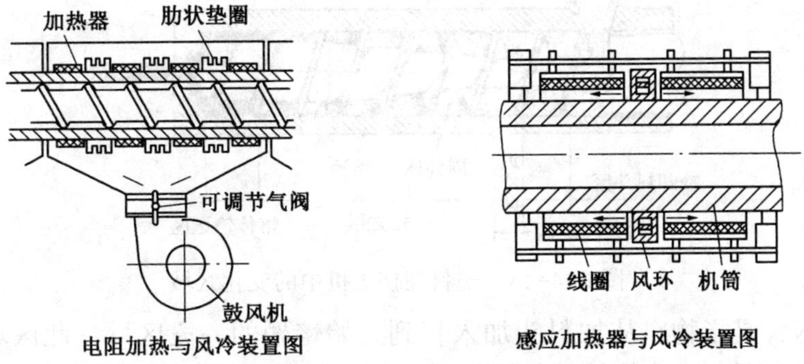

图 6-4-12 常见冷却装置示意图

（五）挤出成型以及挤出机工作过程

由高分子物理学得知，聚合物一般存在着玻璃态、高弹态和黏流态三种物理状态，在一定条件下，这三种物理状态将发生相互转化。塑料的挤出成型是物料在黏流态下进行的一种成型方法，其黏流状态的变化是在螺杆中完成的。塑料由料斗加入挤出机后，首先通过螺杆的加料段，螺槽被松散的固体粒子(或粉末)所充满，物料开始被压实，并在螺杆的转动下向机头方向输送。随着物料的不断迁移，由于螺槽逐渐变浅，以及过滤网、分流板和机头的阻力，在塑料中形成了很高的压力，把物料压得很密实。同时在机筒外热和螺杆、机筒对物料的混合、剪切作用所产生的内摩擦热的作用下，塑料的温度逐渐升高。对于常规三段全螺纹螺杆，大约在压缩段的三分之一处，与机筒壁相接触的某一点的塑料温度达到黏流温度，开始熔融。随着物料向前输送，熔融的物料量逐渐增多，而未熔融的物料量逐渐减少，大约在压缩段的结束处，全部物料熔融而转变为黏流态，但这时各点的温度尚不很均匀。熔融的物料经过螺杆的均化段，通过螺杆和机筒的进一步搅动和加热，使熔融物料的各点温度逐渐趋于均匀，最后螺杆将熔融塑化好的物料定量、定压、定温地挤入机头，完成了挤出机塑化和输送物料的作用。进入机头的物料被成型为型坯，型坯再经过冷却定型和其他工序，获得制品。

挤出机的工作过程实际上就是通过螺杆的加料段对物料压实并输送，压缩段对物料熔融并进一步的压实，最后由螺杆的均化段均化，并定量、定温、定压地挤出到辅机成型的过程。

三、挤出理论

挤出理论是描述物料在挤出机中运动变化规律的基本理论。研究挤出理论的意义在于，通过理论分析，寻求在聚合物加工中提高产量、保证塑化质量、降低能量消耗的有效途径，为聚合物挤出成型加工，改进工艺和设备提供一定的理论依据。

挤出理论是根据物料在挤出机螺杆中物态变化和流动的行为来进行的研究。

（一）概述

1. 物料在挤压系统中的运动和物态变化

物料在单螺杆挤出机中的流动，要经历很复杂的变化，其间温度和压力要发生变化，流体流动方式也很复杂，例如有拖曳流动，还有压力流动。为了简化，可以按照塑料在螺杆中的物态变化相应地划分为三个区域，如图 6-4-13 所示。

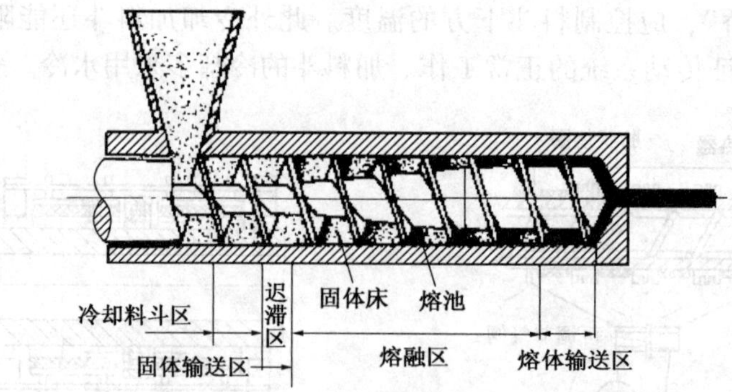

图 6-4-13　塑料在挤出机中的变化区域

固体输送区，是指物料从加料斗加入直到开始熔融的一段区域。此区域物料全部为固体，且物料温度较低，由于螺杆的作用物料逐渐被压实，并向前输送。

熔融区，指物料从开始熔融到全部熔融结束的区域。部分物料的温度达到黏流温度或熔点，逐渐熔融变成黏流液体。该区域的物料有固体还有熔体，因此为两相共存。

熔体输送区，指物料从熔融结束到螺杆头部的区域，因此该区域的物料全部为熔体。熔体沿螺杆进行搅拌和混合均化，同时被定量定压输送。

在理想状态下，这三个区域与螺杆的三段是相对应的。实际上随工艺条件、物料的性质以及其他条件的变化三个区域也不断发生变化。

目前应用最广的挤出理论就是在以上三个区域中建立起来的，分为三个理论：即固体输送理论、熔融理论和熔体输送理论。

2. 挤出理论的研究方法

挤出理论的研究是以单螺杆挤出机以及塑化挤出的塑料为研究对象，采用模型法进行研究的。挤出理论的研究首先通过对挤出过程的观察，了解实际的挤出状况，分析并研究物料的运动情况并建立物理模型，而后简化实际过程(如作出一定的假设，将复杂的问题简单化)，利用流变学、流体力学、理论力学等理论基础作出数学运算，推出理论公式。通过分析理论公式并经过实际验证，进而对理论进行修正，从而指导生产实践。

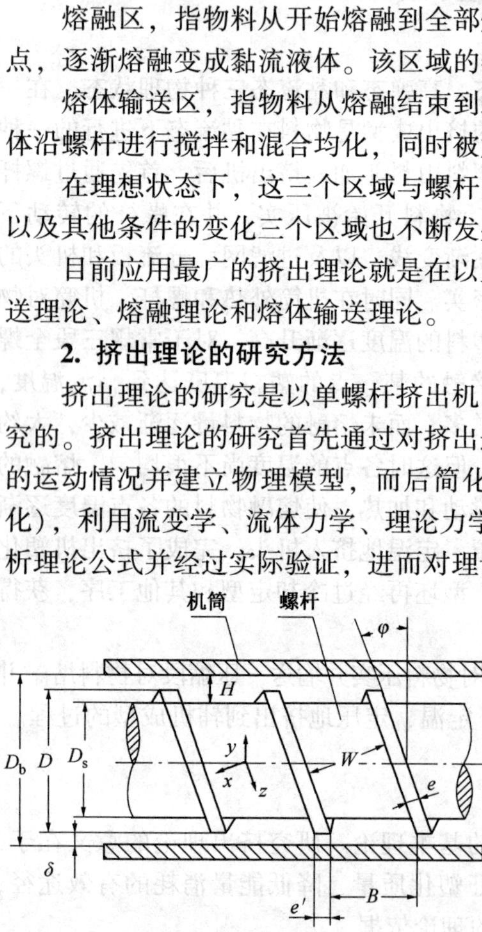

图 6-4-14　螺杆的参量

为了方便了解理论研究中的一些参量，将螺杆的具体参数表示如下。参见图 6-4-14。

D_b—机筒内径；D—螺杆外径(当忽略螺杆和机筒间隙时，取 $D=D_b$)；D_s—螺杆的螺纹根部直径；$\overline{D}$—螺杆的螺纹中部直径；H—螺纹根部至机筒内表面的距离(均化段槽深 h_3、加料段槽深 h_1)；δ—螺杆螺纹顶部至机筒内表面的间隙；L—螺杆的长度(螺杆的有效工作长度)；t—螺纹升程(或导程)；S—螺纹轴向距离(螺距)；L/D—螺杆的长径比；P—螺纹头数，大部分螺杆为单头螺纹；B—螺纹槽的轴向宽度；$\overline{B}$—平均螺槽宽度；W—螺纹槽的法向宽度；W_b—螺纹顶部螺纹槽的法向宽度；$\overline{W}$—平均螺槽宽度；e—螺纹顶处螺棱的法向宽度；e'—螺纹顶处螺棱的轴向宽度；φ—螺杆螺旋角；φ_b—螺纹顶部的螺旋角；φ_s—螺纹根部的螺旋角；$\overline{\varphi}$—螺纹中径的螺旋角；Z—机筒内表面处沿螺槽方向的长度。

（二）固体输送理论

关于固体输送区的理论有几种不同的学说，此处将重点介绍具有代表性的 Darnell 和 Mol 于 1956 年提出的根据固体对固体摩擦的静力平衡为基础建立起来的固体输送理论。

1. 理论研究的基本假设

① 物料被压实成固体塞，并充满整个螺槽。在加料段螺槽中的物料可以看成一个被压实的连续的整体，与螺槽的形状一致，称为固体塞。固体塞在运动过程中不变形、内部无压力梯度和速度梯度。

② 固体塞受的压力沿螺槽方向变化。固体塞沿着螺槽向前运动，所受的压力在螺槽深度方向是不变的，只是螺槽长度的一个函数，即 $p=f(z)$。

③ 物料与挤出机的摩擦系数为常数。物料与机筒内壁和螺杆的螺棱以及螺槽都存在摩擦，摩擦系数分别表示为 f_b、f_s，两者均为常数，不随温度压力以及设备的材料等的变化而变化。

④ 忽略固体塞密度的变化，忽略物料的重力影响，忽略螺杆与机筒的间隙，即 $\delta=0$。

⑤ 加料段螺槽截面为矩形且槽深不变。螺槽截面为矩形，即忽略了螺杆的螺纹曲率对物料的影响，该段的螺杆螺槽深度保持不变。

⑥ 螺杆不动，机筒以速度 v_b 作相对于螺杆的运动。

根据以上假设，可以得到如图 6-4-15 所示的螺槽中固体输送的模型。

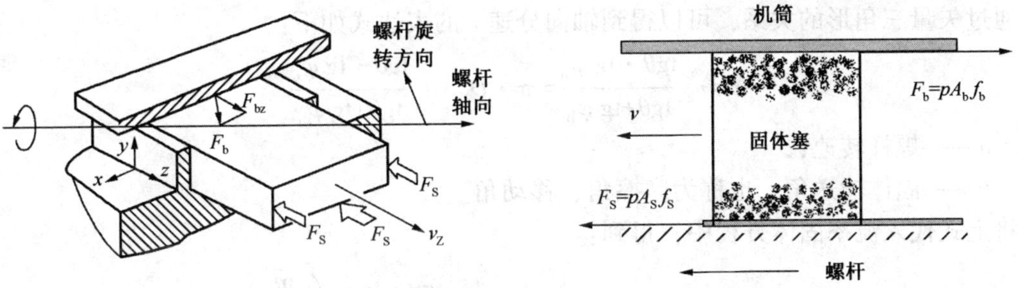

图 6-4-15　螺槽中固体输送的理想模型

其中，p 为螺槽中体系的压力，A_b、A_s 为固体塞与机筒和螺杆间的接触面积，F_b、F_s 为固体塞与机筒和螺杆之间的摩擦力。

物料以固体塞的形式在螺槽中，与螺杆和机筒存在着摩擦，由于机筒以速度 v_b 相对于螺杆运动，总的结果致使固体塞沿着螺槽向机头方向以 v_z 输送。

2. 流率方程的推导

固体输送是挤出机加工的先决条件。固体流率 Q_s 可以用固体塞沿着螺杆的轴线运动的速度 v 和垂直于轴线的截面积 F 的乘积来表示：

$$Q_s=F\times v$$

式中　v——物料沿螺槽向前运动的轴向分速；

F——垂直于螺杆轴线平面上的螺槽截面积，其表示式如下：

$$F=F_{螺槽}-F_{螺棱}\approx\pi h_1(D_b-h_1)\times\overline{W}(\overline{W}+e)$$

（1）固体塞的运动分析

在固体塞子上取一微单元 dz，如图 6-4-16 所示。

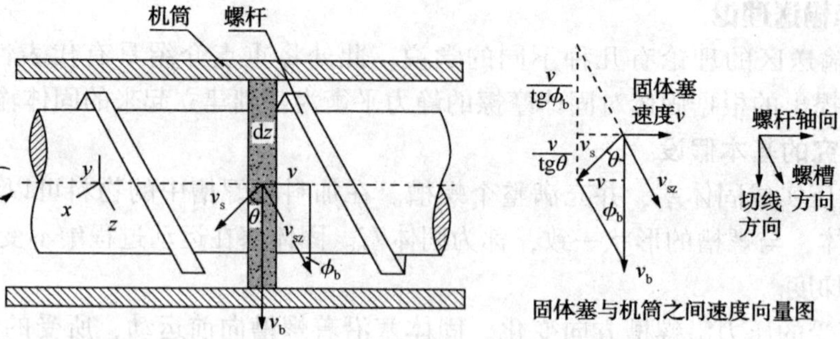

图 6-4-16 固体塞的运动分析

由于假定螺杆是不动的，那么机筒以 $v_b=\pi D_b n$ 的线速度相对于螺杆运动。

物料在螺槽中，同机筒、螺杆存在摩擦，由于运动的机筒会拖动固体塞，使固体塞相对机筒产生一个速度 v_s，该速度的方向与 v_b成 θ 角，θ 角称为摩擦角或方向角。

固体塞实际的运动是沿着螺槽，向机头方向的运动，其相对于螺杆运动的速度用 v_{sz} 表示。那么固体塞实际的运动速度 v_{sz}与上述两个速度的关系如下式：

$$\vec{v}_s=\vec{v}_b+\vec{v}_{sz}$$

固体塞实际的运动速度 v_{sz}可以分解为轴向和切向两个分速，轴向分速即为 v(固体塞绝对速度 v_{sz}的轴向分量)。

通过矢量三角形的关系，可以得到轴向分速 v 的表达式如下：

$$v=v_b\frac{tg\theta\cdot tg\,\varphi_b}{tg\theta+tg\,\varphi_b}=\pi\cdot D_b\cdot n\frac{tg\theta\cdot tg\,\varphi_b}{tg\theta+tg\,\varphi_b}$$

式中 n——螺杆转速；

θ——固体输送角，也称为摩擦角、移动角。

将上式代入流率固体方程中，得到：

$$Q_s=\pi^2\cdot D_b\cdot n\cdot h_1(D_b-h_1)\frac{tg\theta\cdot tg\,\varphi_b}{tg\theta+tg\,\varphi_b}\left(\frac{\overline{W}}{e+\overline{W}}\right)$$

$$\approx\pi^2\cdot D_b\cdot n\cdot h_1(D_b-h_1)\frac{tg\theta\cdot tg\,\varphi_b}{tg\theta+tg\,\varphi_b}$$

从上式看到，若想求得固体输送量，在螺杆参量以及工艺条件确定的情况下，需要求出固体输送角 θ。

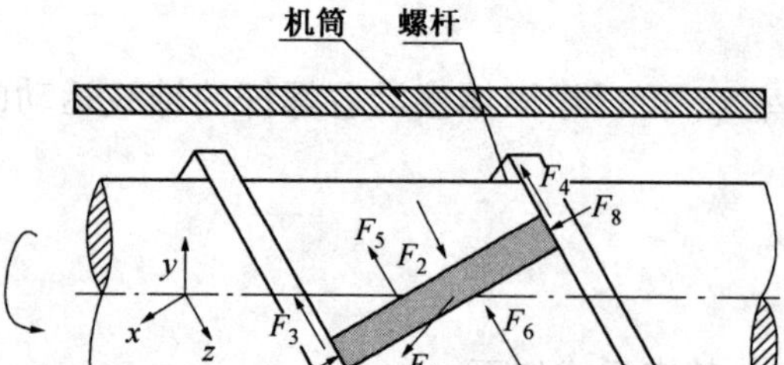

图 6-4-17 固体塞的受力分析

(2) 固体塞的受力分析

为了求出固体输送角需要对固体塞在螺槽中的受力进行分析。如图 6-4-17 所示为固体塞在螺槽中运动时受力情况。

固体塞在螺槽中受到两种力的作用，一种为正压力，另一种为摩擦力。

摩擦力为四个，分别为 F_1、F_3和 F_4以及 F_5。F_1为固体塞与机筒内表面的摩擦力，它是使固体物料在螺槽中运动的驱动力，其方向与螺杆轴的法线方向成 θ 角。F_3和 F_4为物料与螺杆的两个螺棱侧壁产生的摩擦力，F_5是物料与螺杆螺槽底面的摩擦力。

正压力也为四个，分别为 F_2、F_6和 F_7、F_8。F_7和 F_8为螺棱侧面对固体塞产生的正压力，F_2和 F_6为压力增长产生的压力。

将上述八个力分解为沿轴线方向的分力和切线方向的分力：

$F_{il}(i=1,\ 2,\ 3\cdots8)$

$F_{i\theta}(i=1,\ 2,\ 3\cdots8)$

根据假设的条件，固体塞的运动是稳定的，流速为常数，因此力和力矩是平衡的。

根据力平衡和力矩平衡有：

$$\sum_{i=1}^{n} F_{il}=0(i=1,\ 2,\ 3\cdots8)$$

$$\sum_{i=1}^{n} M_{il}=\sum_{i=1}^{n} F_i\times R_i=0 \qquad (i=1,\ 2,\ 3\cdots8)$$

将以上两式组成方程组求解，可得下式：

$$\cos\theta=K\sin\theta+M$$

其中：$K=\dfrac{\overline{D}}{D_b}\cdot\dfrac{\sin\overline{\varphi}+f_b\cos\overline{\varphi}}{\cos\overline{\varphi}-f_s\sin\overline{\varphi}}$

$$M=2\frac{h_1}{W_b}\cdot\frac{f_s}{f_b}\sin\varphi_b(K+\frac{\overline{D}}{D_b}\cdot\mathrm{ctg}\overline{\varphi})+\frac{W_s}{W_b}\cdot\frac{f_s}{f_b}\sin\varphi_b(K+\frac{D_s}{D_b}\cdot\mathrm{ctg}\,\varphi_s)$$

$$+\frac{\overline{W}}{W_b}\cdot\frac{h_1}{Z_b}\frac{1}{f_b}\sin\varphi_b\left(K+\frac{\overline{D}}{D_b}\cdot\mathrm{ctg}\overline{\varphi}\right)\ln\frac{p}{p_0}$$

M 为螺杆的集合项，其表达式中的第一项 M_1为螺棱两侧面摩擦对 θ 的影响；第二项 M_2为螺槽底面摩擦对 θ 的影响；第三项 M_3是由于压力升高对 θ 的影响。

以 θ 为参量，作出 M 与 K 的关系图，如图 6-4-18 所示。根据计算的 K 值与 M 值，直接查图，即可获得 θ 值。也可以通过下式：

$$\cos\theta=K\sin\theta+M$$

求解 θ 为：

$$\theta=\frac{\sqrt{1+K^2-M^2}+KM}{1+K^2}$$

通常 θ 在 10°~25°之间。得到输送角的值代入固体输送率方程，便可计算固体输送率 Q_s。

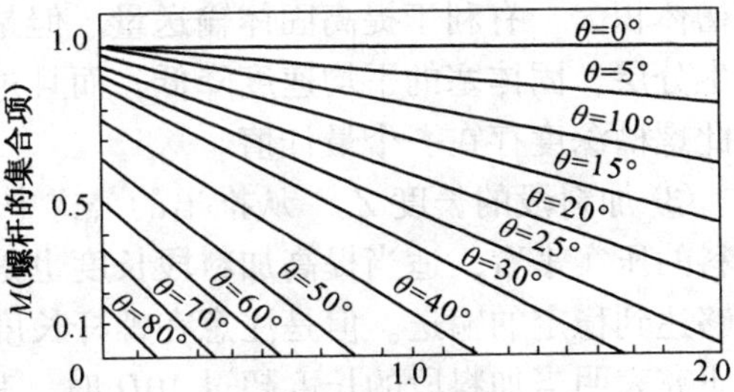

图 6-4-18　系数 K、M 与输送角的关系

3. 讨论

固体输送作为挤出机生产的第一个环节，其重要性是显而易见的。固体输送理论的讨论主要是围绕如何提高挤出机螺杆对物料的输送效率。

(1) 固体输送角 θ 的讨论

从上面的推导过程看到，固体输送角 θ 是影响固体输送的重要因素，正是由于机筒对固体塞的拖曳，从而产生一个方向与机筒成 θ 角的运动，所以才能保证物料的前移，才有固体物料的向前输送。

从推出的固体输送角公式看到，固体输送角取决于螺杆几何参数、摩擦系数和压力增长情况。

从图6-4-16固体塞运动的分析来看，θ越大，产生的轴向分速越大，因此固体输送流率Q_s也越大。当$\theta=90°$时，可获得理论上最大固体输送流率；而当固体输送角θ为零时，物料没有沿螺杆轴向的分速，只是抱住螺杆作圆周运动，此时$M=1$，固体输送流率Q_s为零，实际生产中如果机头被封死，反压很大就会出现这种情况。

（2）摩擦系数的讨论

固体输送流率随着固体输送角的增大而增大，而固体输送角的大小和螺杆、机筒与固体塞之间的摩擦有关，因此增大固体输送流率的关键是控制摩擦系数。

从图6-4-18看到，当M和K越小，θ越大。而从M表达式看到，降低螺杆表面粗糙度和提高机筒内表面的摩擦系数都可以使M降低，从而提高固体输送流率，即f_s越小，Q_s越大，而f_b越大，Q_s越大。

在生产中可以采用机筒和螺杆不同的表面状态来控制f_s和f_b。尽量使螺杆表面光滑，例如在螺杆表面涂覆PTFE可以提高固体输送流率；而在螺杆加料段相应的机筒内开沟槽并加强冷却，可以有效增大机筒内表面的摩擦系数，提高固体输送效率。也可以通过控制机筒螺杆的温度来获得不同的摩擦系数，例如在加料段螺杆内部通入冷却水等，但是由于温度与摩擦系数的关系比较复杂，况且摩擦系数还与固体塞的运动速度以及压力有关，因此这个方法不容易令人满意。最好保持温度的稳定性，减小摩擦系数的变化，进而提高输送的稳定性，同时保证该温度下物料保持固体状态。

（3）螺杆参数的讨论

① 螺旋角φ　螺杆的螺旋角对固体输送流率影响比较复杂。理论上，当$p_1=p_2$，$f_s=0$时，可以得到最大的固体输送率，这时$\varphi=45°$。但实际上，$f_s>0$，φ总比45°小。同时为了加工方便，大多数螺杆（单头螺纹）的螺距设计与螺杆直径的值相等，此时$\varphi=17°40'$。

② 槽深$H(h_1)$　槽深H，即加料段槽深h_1对Q_s的影响较复杂。从直观上分析，较深的螺槽体积大，有利于提高固体输送量。但是当螺槽过深，物料在螺槽中的输送过程中可能会发生分层，固体塞的平均速度降低，而且过深的螺槽导致螺杆根径变细，影响螺杆的强度。因此螺槽深度存在一个最佳值。

③ 加料段的长度Z_b　从推出的公式中看出加大加料段的长度有利于固体输送。此外从物料的压实来看，适当提高加料段长度也是有利的，而压实物料有助于提高固体输送率，且能够达到稳定的输送。但是注意在螺杆长度不变的情况下，需要兼顾其他两段的长度。有资料研究表明当加料段的长度超过$10D_s$时，其长度的变化对固体输送率影响不明显。

（4）物料压力

在加料段尽早建立压力，有利于物料的压实，也利于提高固体输送量。同时压实的物料空隙小，利于传热，可以使物料提前熔融，在一定的转速下利于缩短螺杆长度。

以固体对固体的摩擦静力平衡为基础建立起来的固体输送理论是在等温条件下建立起来的，忽视了固体输送区螺纹深度的变化、压力分布的各向异性、固体塞子的密度变化等。尽管该理论对生产实践起了指导作用，但是毕竟很多的假设与生产实践不相符合，出现了很大的偏差。有人提出了对该理论的修正，例如各向等压的修正、螺槽深度和物料密度的变化影响等，同时发展了很多新的理论，如黏性牵引理论、能量平衡理论等。尽管各个固体输送理论的出发点和理论不尽相同，有很多争论之处，但以下几点却是一致的，并且已经被实验所证实：

① Q_s与f_s、f_b有关，$f_b>f_s$，提高f_b，降低f_s，可以提高固体输送率。

② 在固体输送区，压力的建立对压实固体塞子以及避免熔融区的不良熔融和波动都是必需的。压力的建立与很多因素有关，例如随着固体输送段的加长，压力增大；固体输送段螺杆根部的锥度越大，则压力建立越快，压力值越大；压力的建立与固体塞子表面温度(主要是机筒接触面温度)有关；压力的建立与f_s、f_b的大小有关，f_s/f_b减小，则压力升高，f_s/f_b增大，则压力下降。

③ 固体输送区所消耗的动力主要消耗在机筒内表面上，该动力转变为摩擦热，提高了固体塞的温度。

④ 物料的性质、粒子的几何形状对固体输送率、固体塞在加料段压力的建立、固体塞温度的升高等有直接影响。

目前在挤出机螺杆加料段对应的机筒内腔开设带锥度的纵向沟槽并对该段进行强力冷却，就是固体输送理论研究成果的具体应用。

(三) 熔融理论

熔融理论又称为融化理论、相迁移理论，它是研究塑料从固态转变为熔融状态的过程，是建立在热力学、流变学等基础上的一种理论。熔融理论主要用于指导螺杆压缩段的设计。

橡胶挤出时从固态转变为熔融状态的过程不明显，因此在橡胶挤出时不做该理论的研究。

有关熔融区理论的研究是近几十年的事，到目前为止，仍处于发展阶段。此处重点介绍的是 Todmor 所建立的熔融理论。

1. 熔融理论的物理模型

熔融理论是在挤出机上进行的大量冷却实验的基础上提出来的。1959 年和 1961 年 Maddock 及 Street 分别对挤出机进行了如下的冷却实验：将着色物料(或炭黑)和本色物料加入挤出机中，待挤出过程稳定后，快速停车并骤冷机筒(如果可能，也冷却螺杆)，抽出螺杆(或将机筒打开)，将螺旋状的已冷却的塑料带从螺杆上剥下，如图 6-4-19 所示，可以发现，已熔融的物料和局部混合的物料呈现流线状，而未熔的物料将保持初始的固态。

从垂直于螺纹方向切取截面，可以看到一个截面内有三个区域：白色的固态塑料称为固态床；黑色的为熔融塑料称为熔池；接近机筒表面的黑色部分称为熔膜。

通过切取如图 6-4-19 所示不同的截面，可以看到，随着物料向前输送，熔池逐渐加宽，固体床相应变窄，直到最后，熔体充满整个螺槽，固体床消失。

基于以上实验观察，建立如图 6-4-20 所示的熔融物理模型。从模型看到，对于螺杆压缩段某一个螺槽，其固体床有一定的宽度、熔池保持一定的体积，而熔膜具有一定的厚度。

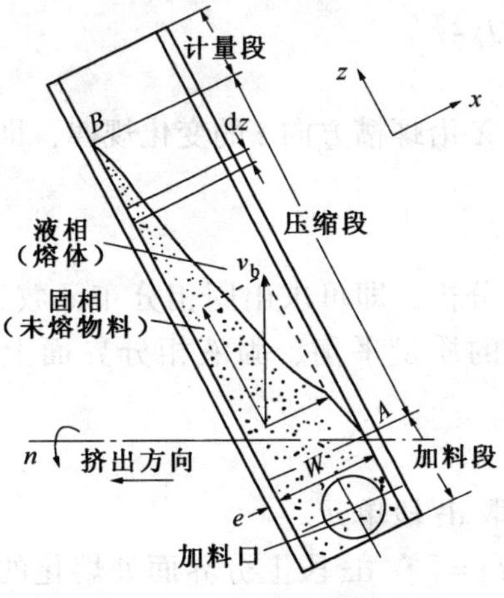

图 6-4-19　冷却塑料展开图

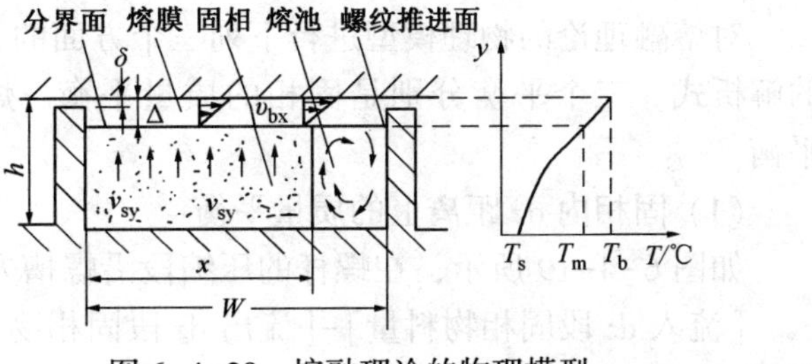

图 6-4-20　熔融理论的物理模型

物料在固体输送区压成宽 W 的固体床，固体床随着机筒和螺杆的相对运动而前移，与热的机筒表面接触，由于传导热和摩擦热的作用会在机筒内壁形成一层熔膜；当熔膜的厚度 Δ 大于螺杆和机筒间隙，即 $\Delta>\delta$ 时，熔膜被刮落以速度 v_{bx} 被机筒拖曳到螺杆的推进面形成熔池；随着熔膜的刮落，熔膜厚度减小，故加速了机筒向物料的热传导，同时由于剪切产生了大量的热量，使固体床和熔膜分界面处的固体粒子不断熔融。

随着熔融过程的不断进行，固体床宽度逐渐变窄，熔池逐渐变宽，大约进入计量段，固体床消失，即物料全部熔融，完成了熔融过程。

2. 理论研究的基本假设

为了预测螺槽中固体熔化所需的螺杆长度，以及该量与物料性能、螺杆的几何参数和操作条件的关系，Tadmor 和 Klein 等对熔融模型进行了深入的研究，建立了熔融理论的数学模型，并作了如下假设。

① 挤出过程稳定。物料固液两相有明显的分界面。

② 固相为均质的连续体，液相为牛顿流体。

③ 固体物料的熔融仅在固液分界面上进行。

④ 螺槽、固体床横截面为矩形，固体床无限深。如图 6-4-20 所示，螺槽的横截面为矩形，忽略螺杆曲率的影响。在固液分界面上固体床不断熔融，逐渐减少，而熔融的液体不断增加，但是固体床却不断以 v_{sy} 向分界面运动来补充减少的固体熔融部分，因此保持该断面固体床宽度和液体体积以及熔膜厚度不变。

⑤ 热量在螺槽深度方向传导。即热量只是螺槽深度 y 方向的函数，x 和 z 方向的热传导忽略不计，同时忽略了热对流。

塑料在熔融过程提供的热源主要有两个：一是由外加热器加热机筒，通过热传导传递给机筒中的塑料，这一部分为外热；二是内热，即塑料在输送流动过程中，由于螺杆的运动产生的黏性耗散热(剪切热)，其能量与使螺杆转动的电机的机械能有关，也与物料的内在性质有关。

⑥ 螺杆不动，机筒作相对于螺杆运动。

从熔融过程可以看到，固体床宽度从 W 逐渐减小，直至为 0。所以熔融过程的实质是固体床宽度的变化。固体床一方面以 v_{sy} 来补充刮落的熔膜，另一个方面以 v_{sz} 沿螺槽前移，宽度逐渐减小。即熔融的进行是固体床沿螺槽方向宽度所发生的变化，即：

$$X=f(z)\text{，或 } X/W=f(z)$$

这个关系式称为固相分布函数。

研究熔融理论的目的，就是为了找出固体床宽度 X 沿螺槽方向 z 的变化规律，即固相分布函数 $X=f(z)$。

3. 固相分布函数的求解

对熔融理论的物理模型进行下列三个方面的平衡分析，即可求出固相分布函数 $X=f(z)$ 的解析式。三个平衡分别是固相的质量平衡、熔膜的质量平衡、固液相分界面上的热量平衡。

(1) 固相内 dz 距离上的质量平衡

如图 6-4-19 所示，在螺杆的压缩段沿螺槽方向取 dz 段单元。

[流入 dz 段固相物料量]-[流出 dz 段固相物料量]=[在 dz 段上分界面处熔化的固相物料量]

根据该平衡，整理后得到下列式子：

$$-\rho_s v_{sz}\mathrm{d}(HX)=\omega \mathrm{d}z$$

式中　ρ_s——固相密度；

v_{sz}——固相沿 z 方向移动速度；

ω——单位螺槽长度上的固相熔化速率。

（2）熔膜内 dz 距离上的质量平衡

根据假设，固相只在 y 方向熔融，而不在 x 方向熔融。同时，熔膜只有 x 方向的流动。因而可以得出：

[由固相沿 y 方向加入熔膜的新熔化的熔融物料量]=[由熔膜流入液相(熔池)的熔融物料量]

即：

$$-\rho_s v_{sy} x \mathrm{d}z=\frac{1}{2}v_{bx}\delta\rho_m \mathrm{d}z$$

整理后得：

$$\rho_s v_{sy} x=\frac{1}{2}v_{bx}\delta\rho_m=\omega$$

式中　ρ_s——固相密度；

ρ_m——液相密度；

v_{bx}——机筒在 x 方向的分速度；

v_{sy}——固相在 y 方向的熔化速度。

（3）固液相分界面上单位面积的热量平衡

根据假设，固相只在 y 方向熔融，因此热量也只在 y 方向传递。由此得出单位时间内单位面积上的热量平衡。

[由熔膜流入分界面每单位面积上的热流量]-[由分界面每单位面积流出进入固相内的热流量]=[分界面每单位面积上塑料熔融消耗的能量]+[新熔融塑料升到熔膜平均温度每单位面积消耗的能量]

根据傅立叶导热定律，流体流过不同温度的固体壁面时，产生热交换，换热量由下式计算：

$$q=-K\frac{\mathrm{d}T}{\mathrm{d}y}$$

式中，K 为导热系数。

由此得到下列公式：

$$K_m\left[\frac{\mathrm{d}T}{\mathrm{d}y}\right]_{m,y=0}-K_s\left[\frac{\mathrm{d}T}{\mathrm{d}y}\right]_{s,y=0}=\rho_s v_{Sy}\lambda=\frac{1}{2}v_{bx}\delta\rho_m$$

式中　$\left(\frac{\mathrm{d}T}{\mathrm{d}y}\right)_{m,y=0}$——分界面液相一侧的温度梯度；

$\left(\frac{\mathrm{d}T}{\mathrm{d}y}\right)_{s,y=0}$——分界面固相一侧的温度梯度；

K_m——液相的热传导率；

K_s——固相的热传导率；

λ——塑料的熔融潜热，即熔化单位质量的塑料所需要的热量。

(4) 求解固相分布函数

由上述三个平衡方程组，通过适当的变换后，可以求出固相的分布函数如下：

$$-\frac{1}{\sqrt{X}}\mathrm{d}(H \cdot X)=\frac{\Phi \cdot H_0 \cdot W}{G}\mathrm{d}z$$

式中 G——熔融物料的质量流率，即压缩段的生产能力；

H——压缩段螺槽深度；

H_0——压缩段初始槽深；

Φ——为熔融速率 ω 的量度，表达式如下：

$$\Phi=\left\{\frac{v_{bx}\rho_m\left[K_m(T_b-T_m)\right]+\frac{\eta v_j^2}{2}}{2\left[C_s(T_m-T_s)+\lambda^*\right]}\right\}^{1/2}$$

Φ 的实质是供给热量和所需热量的比值。当 Φ 升高，供给热量多，熔融速率 ω 也大。

由固相分布函数 $-\frac{1}{\sqrt{X}}\mathrm{d}(H \cdot X)=\frac{\Phi \cdot H_0 \cdot W}{G}\mathrm{d}z$ 看到，当螺槽深度 H 为常数时，即等深螺槽，积分得到下式：

$$X=X_1\left[1-\frac{\Phi \cdot H_0 \cdot W}{2G \cdot H \cdot \sqrt{X_1}}(Z-Z_1)\right]^2$$

式中 Z——物料熔融需要的螺杆长度(螺槽展开)；

Z_1——熔融区起始点处 Z 向坐标值；

X_1——Z_1处固相宽度。

熔融区开始处：即 $Z_1=0$、$X_1=W$ 代入上式得：

$$\frac{X}{W}=\left[1-\frac{\Phi \cdot \sqrt{W} \cdot H_0}{2G \cdot H}Z\right]^2$$

引入熔化系数，令：

$$\psi=\frac{\Phi\sqrt{W}}{\frac{G}{H_0}}=\frac{\omega}{\frac{G}{H_0}}$$

ψ 为无因次量，其含义为熔融起始点处的初始熔化速率(ω)/单位螺槽质量流动速率的比值(G/H_0)。将 ψ 代入得出下式：

$$\frac{X}{W}=\left(1-\frac{\psi}{2H}Z\right)^2$$

上式中，当 $X=0$(固体床宽度为零)时，即可得到固相完全熔化所需要的螺杆的总长度 Z_T：

$$Z_T=\frac{2H}{\psi}=\frac{2G}{\Phi}\sqrt{W}$$

该式反映了固相完全熔化所需要的螺杆的总长度 Z_T 与质量流率 G、熔化系数 ψ、螺杆参数、工艺条件及物料性质的关系。

对于渐变螺杆，引入渐变度 $A=(h_1-h_3)/Z$，同样可以导出固相分布函数。

4. 影响物料熔融的主要因素

在实际生产过程中，总是希望物料的熔融尽量在比较短的螺杆长度 Z_T 内进行，这样可以缩短螺杆长度，或在螺杆压缩段长度不变的前提下提高螺杆转速，使熔融的质量流率 G 更高，进而提高挤出机的生产能力。

(1) 物料性质的影响

从物料熔融所需要的螺杆长度 Z_T 公式看到，与物料性质有关的量是 Φ，为熔化速率的量度。当 Φ 增加，熔化速率 ω 提高，物料熔融所需要的螺杆长度相对比较短。而 Φ 与物料的物理性能、热性能和流变性能有关系。

从塑料的热性能看出，当塑料的导热系数增大、熔化潜热降低、熔点低、比热容小时，都会使熔化速率增加，从而会使物料熔融所需要的螺杆长度下降，即熔融段的长度减小了，或在相同的熔融区长度下，增大质量流率。比较明显的例子是聚乙烯和聚丙烯，聚丙烯的熔点 $T_m=170℃$、导热系数 $K=0.22$，而高密度聚乙烯 HDPE 的熔点 $T_m=135℃$、导热系数 $K=0.45$，因此聚丙烯熔融需要的螺杆长度比 HDPE 长，但生产效率却比 HDPE 低。

从塑料的流变性能看，对于高黏度的物料 η，从理论公式看，熔化速率是更高的，这样熔融需要的螺杆长度较短。这一点与实际生产不符，因为黏度高的物料一般熔点也高，流动差，其熔融吸热过程是一个较长的缓慢过程，因此熔融所需要的螺杆长度较长。

(2) 操作工艺条件的影响

① 挤出质量流率 G　从固相完全熔化所需要的螺杆的总长度 Z_T 公式看到，当质量流率增大时，将会导致熔融的发生和终了都会延迟，而且会使物料熔融的螺杆长度增加。实践也证明了，在其他条件不变的情况下，G 的增加，会使物料熔融不充分，造成产品质量变坏。

从图 6-4-21 看到 Z 与 X/W 的关系，如果要保证熔融塑化质量和挤出质量，一般要求挤出机工作时熔融长度 $Z_T \leqslant Z_{AB}$。

若 $Z_T > Z_{AB}$，应加背压装置。背压装置是在机头处安装的一种装置，可以提高机头阻力，控制挤出量。安装背压装置后可以使物料熔融的相变结束点 B'' 重新移到 B 点以内，否则将使物料得不到较好的熔融。

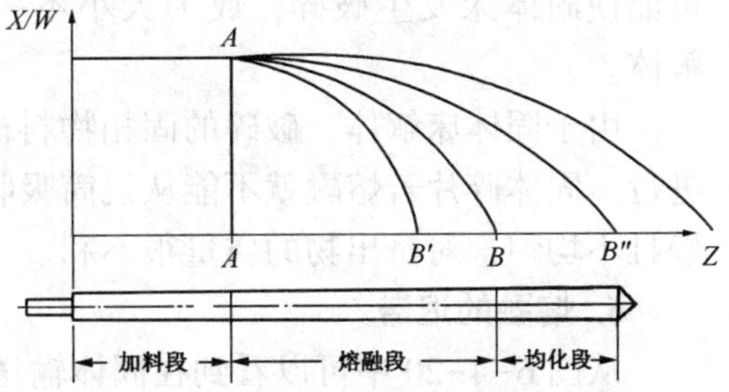

图 6-4-21　固相分布函数与螺杆长度的关系

② 螺杆转速 n　提高转速 n，对于物料的熔融有双重效应。一方面转速提高使质量流率 G 增加，因而物料熔融所需的螺杆长度 Z_T 加长；另一个方面，螺杆转速的提高能加强剪切，增大内热的比例，提高熔融速率 ω，又使物料熔融所需的螺杆长度 Z_T 变短。因此，当螺杆转速 n 提高时，需要增加背压装置，来控制质量流率 G 的增加，使熔融长度 Z_T 的增加得到控制，保证挤出质量。没有背压控制装置的时候，熔融速率的增大不足以补偿质量流率增加带来的影响，因此挤出机的转速不能太高，否则会造成挤出量不稳定，挤出质量下降。

③ 机筒温度 T_b　物料熔融所需要的外热主要是机筒外加热器提供的，因此机筒温度 T_b 的提高有利于热传导和物料的熔融，这一点从 Φ 的表达式中也可以看到。但是机筒温度的影响是多方面的，过高地提高机筒温度 T_b 将使物料与机筒的摩擦系数 f_b 降低，物料的黏度下降，减少剪切摩擦内热，不利于熔融，致使物料熔融所需要的螺杆长度 Z_T 增加；同时机筒温度过高会使熔膜和机筒分开，熔膜速度分布变形，反而也会使熔融速率减小。综合分析，机筒温度 T_b 存在一个最佳值。

④ 物料温度 T_s　同样从 Φ 的表达式中看到，提高料温 T_s 利于物料的熔融。提高固体物料的温度一般是通过预热来达到的，且预热物料也利于除去物料的水分和挥发分。但是物料

的温度 T_s 也不能过高，否则不利于固体输送，也不利于降低能耗。

(3) 螺杆的几何参数

螺杆的几何参数对物料的熔融影响较复杂。

① 螺槽深度 H　通常认为在实用范围内螺槽深度 H 大些为好。螺槽深度深一些可以容纳的物料多，可以提高质量流率。在其他条件相同的情况下，渐变螺杆可以使熔融区缩短，这是由于螺槽变浅使物料压实，有利于熔融。但渐变度的大小要适应于固体床的变化，太大的渐变度会引起固体床破裂，料流阻力增大，造成挤出过程的压力波动和挤出波动，从而直接影响产品的质量。因此螺槽深度的影响较复杂。

② 螺旋角 φ　与螺槽深度 H 对 Z_T 的影响相似，过大过小都不利于 Z_T 减少，而且一般要兼顾其他两段螺杆的设计及螺杆的机械加工。

③ 螺杆的螺棱与机筒间隙 δ　螺棱与机筒间隙 δ 增大，会导致熔膜增厚，不利于热传导，致使物料熔融所需螺杆长度 Z_T 增大；同时螺棱与机筒间隙 δ 增大，会使其间物料受到的剪切作用降低，也使物料熔融所需要的螺杆长度 Z_T 增大。因此螺棱与机筒间隙 δ 增大，不利于物料的熔融。

5. 固体床解体

物料沿螺杆的螺槽进行运动的过程中，随着始融的进行，螺槽中熔池的体积逐渐增大，而固体床的宽度逐渐减小，且固体床能够承受外界的压力也下降，导致固体床的内部出现裂缝。由于固体和熔体是处于一个螺槽中，因此熔体会渗入固体床的裂缝中，当外力不大时就可能使固体床发生破碎，成为大小不一的碎块，固液分界面消失，这种现象称为固体床解体。

由于固体床解体，破碎的固相物料被熔料包围后，其熔融过程就不再按原来的熔化机理进行。固体碎片若熔融就不能从机筒吸收热量，只能通过周围液相来吸收热量，熔融变得缓慢且不均匀，对挤出物的质量很不利。

6. 熔融的迟滞

从图 6-4-20 中可以看到在固体输送区和熔融区之间有一迟滞区。迟滞区指熔池和熔膜出现的部位不相吻合，前者比后者晚，这种现象称为熔融的迟滞，也称为熔融的延迟。熔池和熔膜两者不吻合的原因是当熔膜出现后，只有当熔膜的厚度超过螺杆和机筒的间隙时才能被刮落到螺杆的推进面形成熔池，且固体床中有微小的间隙时可能会使形成的熔膜进入其中，也使熔池的形成延迟。减小熔融迟滞采取的主要措施是提高机筒温度、提高物料温度、减小螺杆和机筒的间隙等。

熔融理论的研究主要用来指导螺杆压缩段的设计。由于理论的研究中有很多的假设，与实际相差很大，为此在 20 世纪 70 年代有很多学者对模型进行了修正，例如对黏度的修正、对固体床无限深的修正、对螺槽横断面为矩形的修正等。

(四) 熔体输送理论

熔体输送理论也称流体动力学理论，是研究熔体输送区的理论。在熔体输送区完全熔融的物料得到进一步的均化，并通过螺杆的转动被定温、定压、定量地挤入机头中进行成型。

常规的全螺纹单螺杆均化段的熔体输送理论已得到很好的发展。熔体输送理论在 1953 年建立，是研究开展最早也最为成熟的理论。这一理论的出发点是把物料在均化段的运动看作为黏性流体的流动，以流体力学的方法来进行研究。

熔体输送理论研究的目的是如何保证物料完全塑化、稳定挤出以及如何提高挤出机生产能力。

1. 基本假设

如图 6-4-22 所示为螺槽断面示意图，对该理论的研究作如下假设。

① 进入均化段的物料全部熔融塑化。

② 熔体为等温的牛顿流体，在螺槽中的流动是连续的、稳定状态下的等温层流流动。

③ 螺槽是等深的，且螺槽的宽度与深度比值$W/H>10$，即忽略螺杆侧壁对熔体流动的影响。

④ 熔体压力只是沿螺槽方向发生变化，即 $p=f(z)$，熔体不可压缩，且密度、黏度无变化。

⑤ 螺槽是矩形的，忽略螺棱曲率的影响。

⑥ 机筒作相对运动，螺杆相对静止，熔料与机筒和螺杆表面之间无相对滑动。

2. 熔料在螺槽中的运动分析及流率方程的推导

熔体输送理论的研究通常以均化段生产率代表挤出机的生产能力，以它的功率消耗作为整台挤出机功率消耗的基础，因此流率方程的推导实际意义非常大。

如图 6-4-23 所示为螺杆以及机筒展开示意图。如图机筒以 v_b 作相对螺杆的运动，处于两者之间的熔体由于黏性拖曳被机筒拖动向前运动，在机筒壁处的速度为最大 v，在螺杆根部为零。

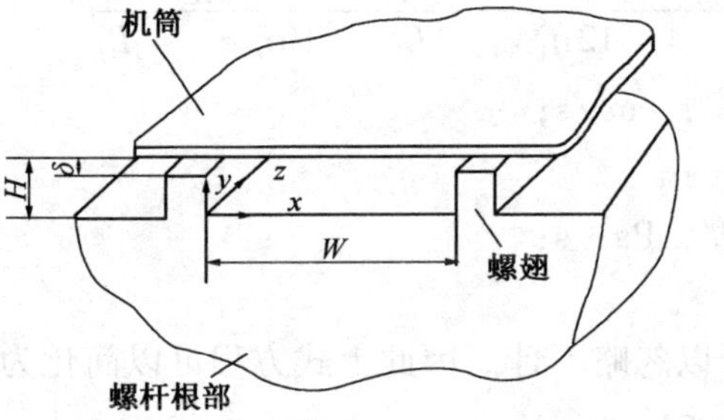

图 6-4-22　螺杆断面图

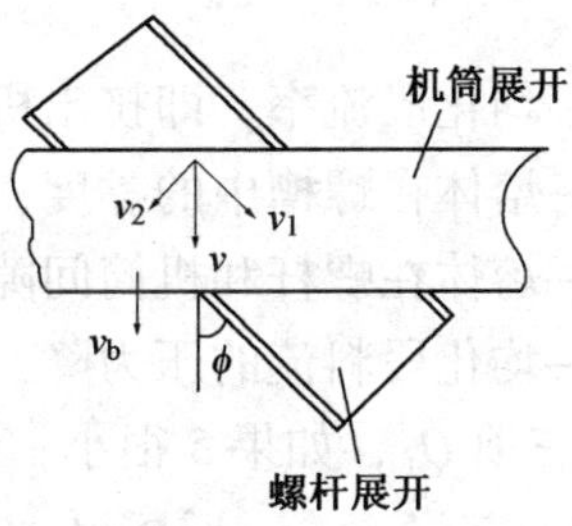

图 6-4-23　螺杆机筒展开图

熔体速度 v 可以分解为沿螺槽方向的速度 v_1 和垂直螺棱方向的速度 v_2，由此聚合物熔体在螺杆中会形成四种流动：

① 正流　也称为顺流、拖流。是由螺槽方向的分速 v_1 引起的熔料流动，是聚合物熔体沿着螺槽向机头方向的一种流动，是挤出成型的主要流动。正流的流量为 Q_d。

② 横流　也称为环流。是由垂直螺棱方向的分速 v_2 引起的熔料流动，是螺杆旋转时螺棱的推挤作用和阻挡作用所造成的。该流动能够使聚合物熔体在螺槽中作环形运动，主要起到搅拌、热交换的作用，对物料的均化比较有利，但对熔体向前输送的流量影响不大。

③ 压力流　也称为逆流。是熔体沿着螺槽向机头方向流动过程中，由于机头、分流板、过滤网等阻力使熔料形成压力下的回流，该流动与正流 Q_d 方向相反。压力流的流量为 Q_p。

正流和逆流的综合结果称为净流，是正流和逆流两种速度的代数和。

④ 漏流　与压力流一样，漏流也是压力下的回流，不同的是熔料的流动是在螺杆与机筒的间隙处 δ。漏流的流量为 Q_L。由于其间隙 δ 很小，因此一般情况下漏流流率要比正流流率和逆流流率小很多，可以忽略不计。

如图 6-4-24 所示为螺槽内熔料的几种流动。

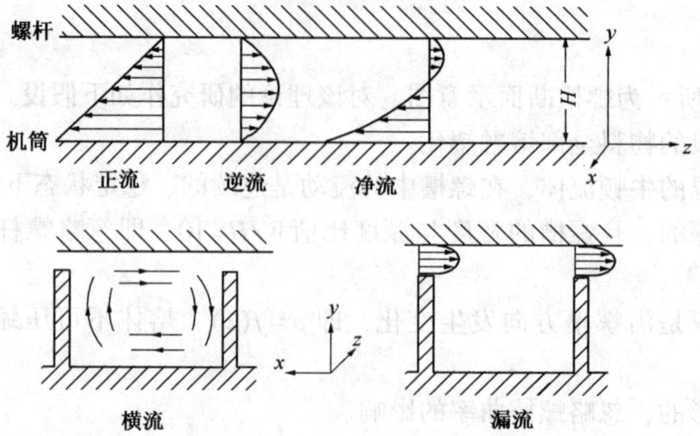

图 6-4-24　螺槽内熔料的几种流动

均化段的流率为上述四种流动的合运动，即：

$$Q=Q_{\mathrm{d}}-Q_{\mathrm{p}}-Q_{\mathrm{L}}$$

在上述假定的基础上，按照黏性流体流动理论，根据熔料在螺槽中的运动速度分布、螺杆的几何尺寸和熔体在管道中的流动方程，可以计算三种流动的体积流率，进而求出单螺杆挤出机均化段的流率，即挤出机生产能力 Q。

$$Q=Q_{\mathrm{d}}-Q_{\mathrm{p}}-Q_{\mathrm{L}}=\frac{\pi^2D^2nh_3\sin\varphi\cos\varphi}{2}-\frac{\pi Dh_3^3\sin^2\varphi}{12\eta_1}\cdot\frac{\Delta p}{L_3}-\frac{\pi^2D^2\delta^3\mathrm{tg}\varphi}{10\eta_2e}\cdot\frac{\Delta p}{L_3}$$

式中　Q——均化段流率，即挤出机的生产率，$\mathrm{cm^3/s}$；

η_1——熔体在螺槽中的黏度，Pa·s；

η_2——熔体在螺杆和机筒间隙中的黏度，Pa·s；

Δp——均化段料流的压力降，Pa；

式中第三项 Q_{L}，如果 δ 很小，计算时可以忽略不计。因此上式方程可以简化为：

$$Q=\frac{\pi^2D^2nh_3\sin\varphi\cos\varphi}{2}-\frac{\pi Dh_3^3\sin^2\varphi}{12\eta_1}\cdot\frac{\Delta p}{L_3}=An-\frac{B}{\eta_1}\Delta p$$

式中 A 和 B 只与螺杆的几何参数有关，对于给定的螺杆，它们为常数。

3. 流率方程的讨论

上述流率方程表示了物料在螺杆中的流动情况，而要完成挤出成型必须在有机头的情况下进行，因此要了解挤出过程的特性，进行挤出机生产能力的讨论，需将熔料在螺杆中和在机头中的流动结合起来进行讨论。

(1) 螺杆特性线

对于熔料在挤出机中流动的方程

$$Q=\frac{\pi^2D^2nh_3\sin\varphi\cos\varphi}{2}-\frac{\pi Dh_3^3\sin^2\varphi}{12\eta_1}\cdot\frac{\Delta p}{L_3}=An-\frac{B}{\eta_1}\Delta p$$

如果利用机头压力 p 代替均化段压差 Δp，可以得到下列方程：

$$Q=An-\frac{B}{\eta_1}p$$

那么对于给定的螺杆(A 和 B 为常数)以及一定的工艺条件(n 和 η_1 为常数)下，可以得

到挤出机流率 Q 与机头压力 p 之间的线性关系。将其关系表示在坐标图中，如图 6-4-25 所示，压力与流率的关系线称为螺杆特性线。在其他条件不变的条件下，改变螺杆转速 n 可以得到一组平行线，称为螺杆特性族线。

从图中看到，机头压力与挤出机的流率是成反比的，即随着机头压力的升高，物料通过螺杆均化段的流量下降。流率下降的快慢由该线的斜率决定(B/η_1)，对于斜率不同的螺杆特性线，虽然机头压力改变值相同，但流率的变化相差很大，斜率大的机头压力改变对流率的影响较大，而斜率小的，则影响较小。斜率小的螺杆特性线属于比较硬的特性曲线，这样的螺杆适应机头的能力较强。

(2) 口模特性线

假设物料在机头中的流动为层流流动，熔体为牛顿流体，同样可以推导出熔料在机头中流动情况方程：

$$Q=K\frac{\Delta p}{\eta_3}$$

式中 Q——机头流率，cm^3/s，正常操作的情况下与熔料通过挤出机的流率相等；

η_3——熔体在机头处黏度，Pa·s；

K——与机头的尺寸大小形状有关的阻力常数；

Δp——熔体通过机头的压力降，Pa。

利用机头压力 p 近似代替压力降，该方程可以表示为：

$$Q=K\frac{p}{\eta_3}$$

对于给定的机头(K 为常数)以及工艺条件(η_3为常数)，可以得到机头处物料流率 Q 与机头压力 p 之间的线性关系。将其关系表示在坐标图中，如图 6-4-26 所示，压力与流率的关系线称为口模特性线。

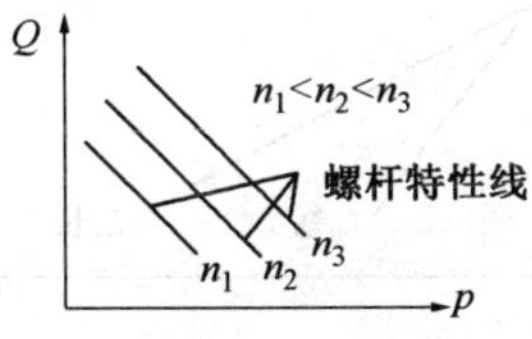

图 6-4-25 熔料在螺杆中流动流率与压力关系

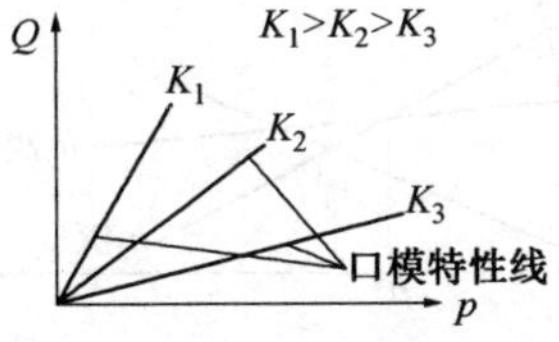

图 6-4-26 熔料在机头中流动流率与压力关系

从图中看到，机头压力越大，物料通过机头的流量越大，即挤出机的流率越大。

(3) 挤出机的工作点和工作图

假定挤出机在等温条件下工作，聚合物熔体为牛顿流体，假设熔体在螺杆和机头中有相同牛顿黏度 η，那么熔体在螺杆和机头中流动的方程可以用下式表示。

$$\begin{cases} Q=An-\frac{B}{\eta}p \\ Q=K\frac{p}{\eta} \end{cases}$$

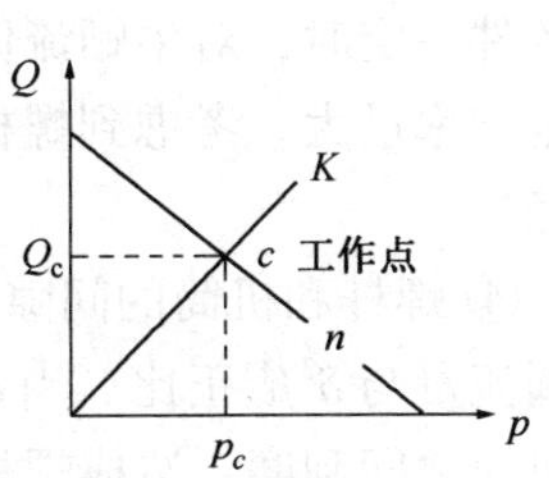

图 6-4-27 挤出机的工作图

对于给定的螺杆和机头，当螺杆转速 n 一定时，挤出机的流率 Q 由螺杆和机头两者共同决定。将其中的关系表示在同一个坐标图中，该坐标图为挤出机的工作图，如图 6-4-27

所示。其中两线的交点 c 为挤出机的工作点，挤出机工作点所对应的机头压力和流率为：

$$Q_c=\frac{KAn}{K+B} \qquad p_c=\frac{A\eta n}{K+B}$$

从得到的机头压力和流率的表达式看到：机头压力与螺杆参数、机头参数、螺杆转速 n、熔体黏度 η 有关，而挤出机的流率，即生产能力只与螺杆机头参数有关，与物料黏度无关。这是因为在机头口模尺寸不变的情况下，当物料黏度增加时，通过机头时的压力也增加，从而可以保证通过挤出机的量不变。

（4）挤出机生产能力的讨论

① 均化段螺槽深度 h_3　均化段螺槽深度 h_3 对挤出机生产能力的影响比较复杂。从公式看到，均化段螺槽深度与系数 A 和 B 都有关系，即螺杆特性线的截距和斜率都受到影响。

在其他参数相同情况下的两根螺杆，一根均化段螺槽较深，一根较浅，如图 6-4-28 所示，为两根螺杆的特性线。其交点对应的机头压力为 p^*。当 $p<p^*$ 时，即采用低阻力机头（K_1），均化段螺槽较深的螺杆得到的熔体挤出生产能力大；反之，$p>p^*$ 时，采用高阻力机头（K_2），均化段螺槽较浅的螺杆得到的熔体挤出生产能力大。

从均化段螺槽深度对挤出机的生产能力的影响看到，螺杆的设计不是孤立的，若想得到较高的生产能力，设计螺杆的时候必须考虑配何种机头。一般在设计螺杆时，比较偏向浅的均化段槽深。这是由于螺杆的螺槽越浅，其对物料的剪切越强烈，有利于物料的熔融塑化，同时这样的螺杆形成的特性线较硬，适应机头的能力较强。

② 均化段螺杆长度 L_3　如图 6-4-29 所示为均化段长度对熔体流率的影响，可以看到均化段螺杆长度 L_3 对螺杆特性线的斜率有影响。当螺杆的均化段较长时，可以减少漏流和逆流量，提高生产能力。

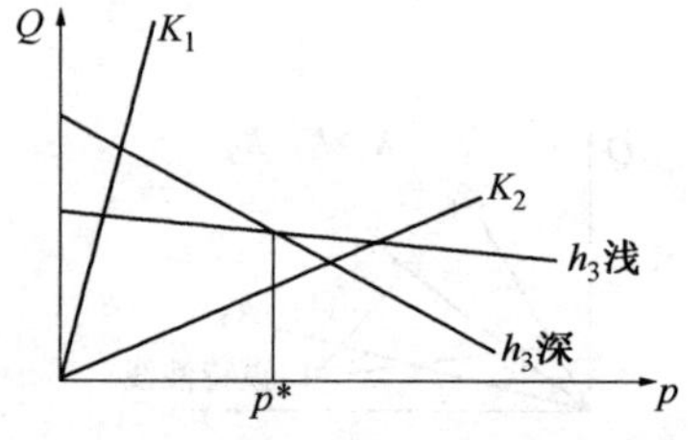

图 6-4-28　均化段槽深对流率的影响

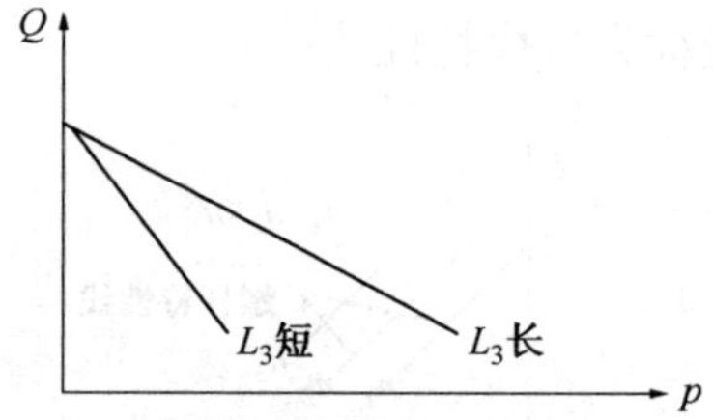

图 6-4-29　均化段长度对流率的影响

此外均化段较长，熔料在均化段停留的时间较长，有充分的时间调整不稳定的因素，使挤出稳定，减小熔料温度、压力、流量的波动。因此在不影响输送和熔融的前提下，尽量使螺杆的均化段长度长一些。

③ 螺杆的螺旋角 φ　从均化段流率方程看出，螺旋角对生产能力的影响很复杂。当其他条件一定时，对牛顿流体等温挤出的情况下，可以利用求极值的方法，求得 $\varphi=30°$，挤出机生产率最大。考虑到螺杆的加工制造等原因，一般取 $\varphi=17°40'$（单头螺纹，螺距等于螺杆直径）。

④ 螺杆和机筒的间隙 δ　从均化段流率方程分析看，螺杆和机筒的间隙 δ 影响漏流量，且漏流量与 δ^3 成正比。当 δ 较小时，漏流量也很小，可以忽略不计，但由于某些原因，螺杆与机筒之间刮磨，造成螺杆与机筒的间隙增大时，漏流量会明显增大，此时漏流不可忽略。

⑤ 螺杆转速 n　从均化段流率方程看，螺杆转速 n 与挤出机的生产能力 Q 是成正比的，

随着螺杆转速的增大，生产能力增加。

但是随着螺杆转速 n 的增大，加强了物料的剪切作用，从而使物料黏度下降，导致挤出时漏流和逆流增大；另外螺杆转速 n 大，使剪切速率增大到一定数值时，挤出物呈现熔体破裂现象，使制品表面质量下降；此外螺杆转速 n 大，物料在螺杆中的停留时间下降，所受到的热历程短了，会造成塑化质量下降。因此要综合考虑螺杆转速 n 的影响。

（5）挤出机螺杆消耗的功率

均化段消耗的功率 N 由三项组成：一是熔融物料在螺槽内承受剪切变形消耗的功率；二是物料抵抗反压流动消耗的功率；三是在螺杆和机筒间隙中所消耗的功率。在推导功率计算式时，其假设条件与推导生产率公式时相同，其推导结果如下式：

$$N_{均化段}=\frac{\pi^3D^3n^2\eta_1L_3}{h_3}+\frac{Q_dp}{\cos^2\varphi}+\frac{\pi^2D^2n^2\eta_2L_3e}{\delta \text{tg}\varphi}$$

式中符号含义与流率方程相同。其中第二项，抵抗反压流动消耗的功率占总功率消耗的10%不到，因此均化段的流率方程可以简化为下式：

$$p_{均化段}=1.1\left(\frac{\pi^3D^3n^2\eta_1L_3}{h_3}+\frac{\pi^2D^2n^2\eta_2L_3e}{\delta \text{tg}\varphi}\right)$$

以此作为基础，物料在挤出机螺杆中消耗的功率为均化段螺杆消耗功率的一定倍数。对于 PVC，挤出机螺杆消耗的功率为均化段消耗功率的 3 倍，即 $N_{螺杆}=3N_{均化段}$；对于 PE，挤出机螺杆消耗的功率为均化段消耗功率的 2 倍，即 $N_{螺杆}=2N_{均化段}$。

均化段流率方程以及均化段功率在推导时，为了使数学推导简化，作了若干假设，由此而得的计算结果与实际存在一定的误差，因此当需要求较为精确的计算结果时，就要对上述的公式作某些修正，例如螺槽侧壁对流动影响的修正、机筒和螺杆表面曲率影响的修正、螺槽深度方向上温度变化的修正、非牛顿修正等。图 6-4-30 所示为实测的螺杆和口模特性线。

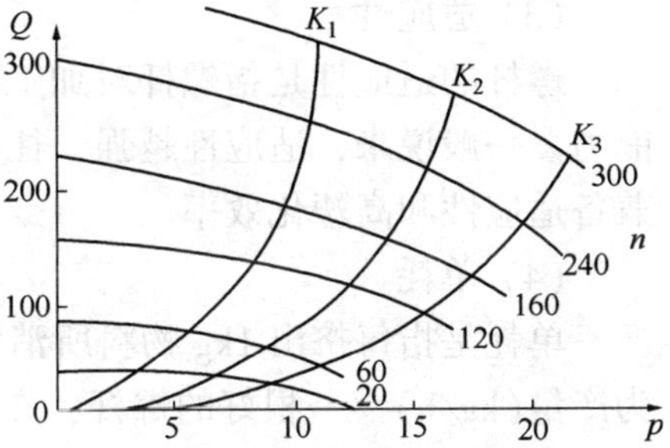

图 6-4-30　实测螺杆和口模特性线

挤出理论的三个理论对于设计螺杆、指导实际生产非常重要。

挤出理论的三个理论是独立发展和推出的，但是在实际应用过程中，要多方面考虑应用。三个理论的推导中有一个共同的量，即工作能力，对于固体输送区域为固体输送能力，对于熔融区域为质量流率，而对于熔体输送区域为均化段的流率。这三个量，表示的为三个区段的工作能力，要求必须均衡，才能达到最佳工作效能。

提高挤出机生产能力的关键是提高固体输送量，而保证质量的关键是提高塑化质量。现代挤出机生产能力之所以获得如此飞速提高，其中一个重要原因是在螺杆设计时强化固体输送量、提高塑化、均化能力。

同时看到，挤出理论还揭示了物料性质、操作工艺和螺杆、机筒几何参数的相互关系，以及它们对挤出机生产能力、产品质量、所消耗功率的影响，也对设计挤出机、控制工艺参数有着重大意义。

四、常规螺杆

所谓常规螺杆是指全螺纹三段螺杆，该形式的螺杆出现最早、应用最广，整根螺杆由三段组成，其挤出过程完全依靠全螺纹的形式来完成。

（一）评价螺杆的标准

评价螺杆的优劣至少应当从以下几个方面进行评价。

（1）塑化质量

一根螺杆首先必须能生产出合乎质量要求的制品。所谓合乎质量要求是指所生产的制品应当具有合乎要求的各种性能，包括规定的物理性能、化学性能、力学性能以及电学性能，具有合乎要求的表观质量，如能达到用户对气泡、晶点、染色分散均匀性的要求等。

因此对于一根螺杆能否提供具有合乎要求塑化质量的熔体，主要表现在螺杆所挤出的熔体温度是否均匀，轴向波动、径向温差多大；是否有得以成型的最低熔体温度；挤出的熔体是否有压力波动；染色和其他助剂的分散是否均匀等。

特别指出的是，低温挤出是目前的一个发展趋势，它能改善挤出制品的质量(如降低内应力等)，防止热敏性物料过热分解，降低能量消耗，减少主辅机冷却系统的负担，提高生产率。因此低温挤出也可以作为评价螺杆塑化质量的一个指标。

（2）产量

产量是指在保证塑化质量前提下，通过给定机头时的产量或挤出量。产量一般用 kg/h 或 kg/转来表示。

一根好的螺杆，应当具有较高的生产能力(前提是不降低产品的质量)，即保证质量的前提下达到最佳的挤出生产率。

（3）适应性

螺杆的适应性是指螺杆对加工不同种类的物料、匹配不同型号的机头和不同制品的适应能力。一般说来，适应性越强，往往伴随着塑化效率的降低。因此总希望一根好的螺杆，应兼备适应性和高塑化效率。

（4）单耗

单耗是指每挤出 1kg 物料所消耗的能量，一般用 N/Q 用表示。其中 N 为功率(kW)，Q 为产量(kg/h)。一根好的螺杆，在保证塑化质量的前提下，所消耗的能量应尽可能低。

（5）制造的难易

一根好的螺杆还必须易于加工制造，尽量降低成本。

以上几条标准必须综合起来考虑，只强调一方面是片面的。当然，也允许针对不同要求，重点保证达到某条标准。

（二）选择螺杆考虑的因素

要选择一根合乎以上标准的性能优异的螺杆并非一件轻而易举的事。在进行螺杆选择时，要综合考虑以下诸因素。

（1）物料的特性及其外观形状、尺寸和预热状况

不同物料其物理特性，如挤出温度范围、黏度、稳定性和流变性能等各不相同，因而挤出的加工性能也大不相同，在选择螺杆的时候差别也很大。

橡胶和塑料其常温的状态不同，但是挤出成型时都处于黏流状态，因而整个受热过程不同，所以橡胶挤出机螺杆与塑料挤出机螺杆的螺杆长径比、螺槽深度、螺杆结构(塑料挤出机螺杆带有混炼元件、剪切元件)等都差别很大。

即使同样生产塑料产品，其挤出机螺杆差别也很大，例如硬质聚氯乙烯和聚烯烃就有很大差别。前者为无定形塑料，黏度大，对温度比较敏感，无明显熔点；后者为结晶型塑料，

黏度较低，有明显的熔点。选择聚氯乙烯用螺杆应考虑到不能剪切过强。即使同为聚氯乙烯树脂，由于生产厂家不同或批号不同，其性能也有差异。同一种物料，粉状和粒状的加工性能也不尽相同，预热和不预热对加工性能也有影响。

因此，要通过不同的螺杆结构和参数来适应不同物料的生产。

（2）口模的几何形状和机头阻力特性

由挤出机的工作图可知，口模特性线要与螺杆特性线很好地匹配，才能获得满意的挤出效果。例如机头阻力高的，一般要配以均化段螺槽深度较浅的螺杆；机头阻力低的，需与均化段螺槽较深的螺杆相配；对排气挤出机，机头阻力的大小和螺杆性能的匹配显得更重要，匹配不好，挤出机可能会冒料，甚至不能正常工作。

（3）机筒的结构型式和加热冷却情况

由固体输送理论知，在加料段机筒壁上加工出锥度或纵向沟槽并进行强力冷却，会大大提高固体输送效率。若采用这种结构型式的机筒，设计螺杆时必须在熔融段和均化段采取相应措施，使熔融速率、均化能力与加料段的输送能力相匹配，否则会出现塑化不良等问题。

（4）螺杆转数

由于物料的熔融速率很大程度上取决于剪切速率，而剪切速率与螺杆转数有关，故进行螺杆设计时必须考虑螺杆转数这个因素。

（5）挤出机的用途

选择螺杆时必须了解挤出机的用途。挤出机可以用来加工产品，例如塑料管材、塑料板材等，还可以用来混合物料、塑化、造粒，也可以作为压延机的喂料设备等。不同用途的挤出机，其螺杆的差别较大。

（三）常规全螺纹三段螺杆的选择

1. 螺杆的型式

常规螺杆按照螺距和螺槽深度可以分为等距变深、等深变距、变深变距以及锥形等几种型式。从加工制造的角度来看，等距变深螺杆结构简单，加工容易，因此使用得比较多。

常规全螺纹三段等深变距螺杆按照螺槽深度变化的快慢，可以分为渐变型螺杆和突变型螺杆两种型式，如图6-4-31所示。

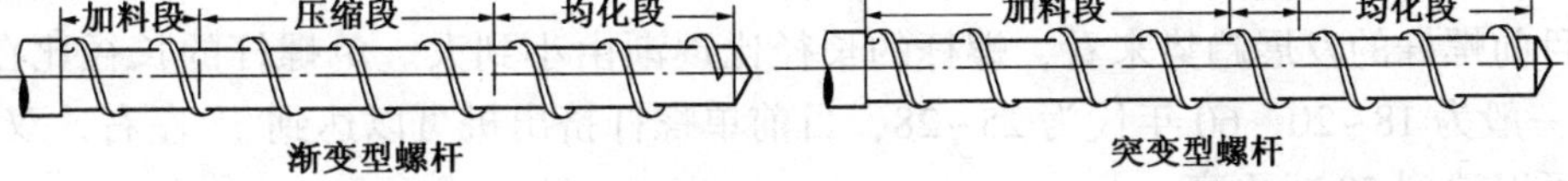

图6-4-31　螺杆的型式

渐变型螺杆是指由加料段较深螺槽向均化段较浅螺槽的过渡，是在一个较长的螺杆轴向距离内完成的。渐变螺杆大多用于无定形塑料和橡胶的加工，它对大多数物料能够提供较好的热传导，且传热均匀，效果好，对物料的剪切作用较小，而且可以控制剪切作用，其混炼特性不是很高，适用于热敏性塑料，也可用于结晶型塑料。物料在这种螺杆中的熔融过程符合熔融理论。

突变型螺杆是指由加料段较深螺槽向均化段较浅螺槽的过渡，是在较短的螺杆轴向距离内完成的。突变螺杆由于具有较短的压缩段，有的甚至只有$(1 \sim 2)D$，对物料能产生巨大的剪切，故适用于黏度低、具有突变熔点的塑料，如尼龙、聚烯烃。对于高黏度的塑料容易引起局部过热，故不适于硬质聚氯乙烯。物料在这种螺杆中的熔融过程也符合熔融理论。

采用何种型式的螺杆，主要根据被加工物料的物理性质和进入螺杆时物料的具体情况而定。非结晶型聚合物，由于熔融过程是在一个较大的温度范围内完成，一般采用等距渐变螺杆，如硬 PVC。结晶型聚合物的软化温度范围较窄，适用于采用等距突变螺杆，而且加料段一般较长，如 LDPE。

2. 螺杆直径

螺杆直径是一个重要参量，它在一定意义上表征挤出机挤出生产能力的大小。在初步确定螺杆的生产能力后可按照经验公式或者挤出理论的均化段流率方程来进行计算。计算后的螺杆直径按照标准螺杆进行选取。我国挤出机标准所规定的螺杆直径（mm）系列为：30、45、65、（85）90、（115）120、150、200、250、300 等，一般情况下，确定的螺杆直径应符合此系列。

确定螺杆直径还要考虑所加工制品的断面尺寸、加工物料的种类。一般情况下制品的截面积和螺杆直径的大小有一个适当的关系。总的原则是，大截面的制品选大直径螺杆，小截面的制品选小直径螺杆，这对制品的质量、设备的利用率和操作等综合考虑都较有利。螺杆直径和塑料制品尺寸的对应关系参考经验值见表 6-4-1。

表 6-4-1　螺杆直径和塑料制品尺寸的对应关系参考经验值

螺杆直径/mm	挤出硬管直径/mm	挤出吹膜折径/mm	挤出板材宽度/mm
30	3~30	50~300	—
45	10~45	100~500	—
65	20~65	400~900	—
90	30~120	700~1200	400~800
120	50~180	~2000	700~1200
150	80~300	~3000	1000~1400
200	120~400	~4000	1200~2500

3. 螺杆的长径比

螺杆的长径比是螺杆的重要参数之一。若将它与螺杆转数联系起来考虑，在一定意义上也表示螺杆的塑化能力强弱和塑化质量的高低。

就目前螺杆的发展趋势来看，螺杆的长径比逐渐由小到大。单螺杆的长径比在 20 世纪 50 年代一般为 18~20，60 年代为 25~28，目前单螺杆挤出机可以达到 35 左右，双螺杆挤出机甚至可以达到 50 或更高。

长径比加大后，螺杆的长度增加，物料在机筒中停留的时间延长，塑化会更充分更均匀，故可以保证产品质量。或者在保证质量的前提下，提高螺杆的转数，从而提高挤出能力。

但是，长径比加大后，会出现很多问题。首先螺杆、机筒的加工和装配比较困难和复杂，成本也相应提高。其次由于螺杆加长，挤出机的机身加长，增加了所占厂房的面积。另外，长径比增大后，因螺杆的下垂度与其长度的四次方成正比，故会增加螺杆的弯曲度而造成螺杆与机筒的间隙不均匀，有时会出现挤出机工作时螺杆刮磨机筒的现象，从而影响挤出机的寿命。最后长径比加大后，若提高螺杆转数，其扭矩必然加大，这对小直径的螺杆来说，因其加料段的螺纹根径较小，就要考虑其强度是否满足要求的问题。

因此长径比的选择，要同时考虑物料性质、螺杆强度和刚度、安装难易、消耗的功率、挤出机的用途等综合因素。总体的原则是，力求在较小的长径比条件下获得高产量和高质量的产品，且不可盲目地加大长径比。

4. 螺杆的分段及各段参数

如前所述，常规全螺纹三段螺杆一般分为三段，加料段、压缩段和均化段。由挤出过程可知，螺杆的每一段功能不同，物料在这三段中的物理状态也不相同。在确定螺杆时，每一段几何参数的选择，应当围绕着该段的作用功能以及整根螺杆和各段的相互关系来考虑。

（1）加料段

加料段的核心问题是输送能力。在加料段可以通过很多办法来提高固体输送量，如降低螺杆表面摩擦系数，增加加料段的螺槽深度，在机筒加料段内壁开纵向沟槽或加工出锥度等，其中增大加料段的长度也是一种有效的方法。此外加料段的长度与压力的建立、熔融区的熔融状况和波动有关。

加料段的长度一般取(3~10)D，对于结晶型塑料，加料段长度一般取为螺杆全长的60%~65%。

针对不同功能的螺杆，例如熔体控制型螺杆，即熔融均化能力低，挤出量主要由压缩段和均化段的熔融均化速率所决定的螺杆，加料段的设计应当与压缩段和均化段相匹配，输送的物料应与后两段熔融均化速率相一致，使熔体充满均化段螺槽，过多或过少都会造成挤出的不稳定。而加料控制型螺杆，即熔融均化能力很高，挤出量主要取决于加料段的输送能力的螺杆，加料段应当输送尽可能多的物料给后两个区段。当然，这时也有一个熔融均化能力和加料能力相一致的问题，否则会引起过热和塑化不良。

（2）压缩段

螺杆压缩段的主要作用是将物料压缩，排除气体，建立必要的压力，保证物料到达螺杆末端时有足够的致密度。由于常规全螺纹的螺杆需要在该段实施对物料的压缩，因此对于螺杆的压缩段必须有一定的压缩比。

螺杆获得压缩比的方法，可采用等距变深螺槽、等深不等距螺槽、不等深不等距螺槽、锥形螺杆等方法。其中等距不等深螺槽的螺杆采用比较多，其加料段第一个螺槽容积与均化段最后一个螺槽容积之比即为压缩比(见92页螺杆参数)。压缩比与加工物料的种类和产品形态有关，例如粉状物料相对密度小，夹带的空气多，加工粉料的螺杆压缩比应大于加工粒状物料。

目前螺杆压缩比多根据经验选取，即使加工同一种物料和同一种制品，也会采取不尽相同的压缩比。例如橡胶的热喂料螺杆压缩比一般为1.3~1.5，冷喂料螺杆压缩比为1.7~2.1，塑料用螺杆的压缩比一般根据塑料种类不同取2~5。

压缩段长度，目前国内多以经验方法确定。根据一般经验，考虑物料的熔融所需要的螺杆长度，对非结晶型塑料，压缩段占整个螺杆长度的55%~65%，而对于结晶型塑料，则取(1~4)D不等。

（3）均化段

由挤出过程可知，均化段的主要作用是将来自压缩段的已熔物料进一步混合、均化，并定压、定量、定温地挤到机头中。均化段的螺槽深度和长度是螺杆两个非常重要的参量。

均化段螺槽深度h_3的确定，应当使均化段的均化计量能力与压缩段的熔融能力相匹配，以适当地控制每一转的挤出量。如果该段螺槽深度过大，使其潜在的熔体输送能力大于熔体熔融能力，压缩段没有熔融的物料会进入该段，残留的固相碎片若得不到进一步均匀塑化而挤入机头，会影响制品质量。如果螺杆的螺槽太浅，产量就会降低，而且熔体会受到过大的剪切，熔体的温度会变得过高，非但不能获得低温挤出，甚至会引起过热分解。此外均化段螺槽深度的确定还应与使用的机头相匹配，若想获得高的挤出量，高阻力机头应与均化段螺槽浅的螺杆相匹配，低阻力机头应与均化段螺槽深的螺杆相匹配。

均化段螺槽深度 h_3 的确定比较复杂，目前仍以经验方法确定，其经验式如下：

$$h_3=(0.02\sim0.06)D$$

螺杆直径较小者，h_3 取大值；反之，取小值。

均化段长度 L_3 是另外一个重要参数。均化段长度长一些，可以使物料的均化时间相对长一些，也可以减少压力、产量、温度的波动对挤出的影响。但 L_3 过长会使压缩段和加料段在螺杆全长中占的比例变小，不利于物料的熔融和输送，或者在其他两段长度不变的情况下，使整个螺杆的长度加长。

大多数的情况下均化段的长度是凭经验确定的。对于非结晶型塑料，均化段长度约占螺杆全长的 22%~25%，对结晶型塑料，均化段长度占螺杆全长的 25%~35%。螺杆三段长度的分配见表 6-4-2 所示。

表 6-4-2　螺杆三段长度的分配

塑料类型	加料段的比例/%	压缩段的比例/%	均化段的比例/%
非晶型塑料	10~25	55~65	22~25
结晶型塑料	60~65	1~2D	25~35

注：各段比例指各段占螺杆全长的比例。

总之，对于某种给定的物料，有一个最佳的均化段螺槽深度和均化段长度。均化段的尺寸决定了它的均化能力。有实验证明，在其他条件不变的情况下，均化段螺槽深度 h_3 稍微增大就会使物料的均化质量大大下降；相反，均化段螺槽深度 h_3 稍微减少，产量会减少约 50%。而均化段的长度如果减少太多，同样也会引起塑化质量的下降。

此外螺杆还有一种习惯的计算方法，即当压缩比 ε 和均化段槽深 h_3 确定后，加料段螺槽深度 h_1 可以用下面的几何关系式计算：

$$h_1=0.5\left[D-\sqrt{D^2-4\varepsilon h_3(D-h_3)}\right]$$

但是应注意：压缩比 ε 不应作为决定加料段螺槽深度的标准。

5. 螺杆与机筒间隙 δ

螺杆与机筒间隙 δ 的确定与许多因素，如物料的性质、机头、螺杆等有关。加工物料的性质，如采用热敏性物料需要间隙大一些；所采用的机头如果阻力越大那么螺杆与机筒的间隙就越小；如果螺杆直径越大，δ 的绝对值应选得越大，螺杆直径越小，δ 的绝对值应选得越小。

因此螺杆与机筒间隙的选取比较复杂，我国已有挤出机系列标准的直径间隙值，可根据直径的情况选取。直径大者取小值，小者取大值。

$$\delta=(0.003\sim0.005)D$$

6. 螺杆的其他参数

(1) 螺旋升角 φ

螺旋升角 φ 很难确定，实验证明，物料形状不同，对加料段的螺纹升角要求也不一样。如 $\varphi=30°$ 左右的螺杆适于粉料的输送，$\varphi=17°$ 左右的螺杆适于圆柱料输送，$\varphi=15°$ 左右的螺杆适于方块料输送。同样考虑螺杆机械加工的方便性，一般取 $D=S$，$\varphi=17°40'$。

（2）螺纹的头数 i

螺杆螺纹可以是单头的，也可以是双头的，多头螺纹用得较少，这是因为物料在多头螺纹中不易均匀充满，易造成波动。目前螺杆常采用单头螺纹，即 $i=1$。

（3）螺棱宽度 e

从均化段流率方程以及均化段消耗的功率方程看到，螺棱宽度 e 对挤出机的流量和螺杆消耗的功率都有影响。螺棱宽度 e 太小会使漏流增加，而导致产量降低，特别是对低黏度的熔体来说影响更大。但是螺棱宽度 e 太大会增加螺棱上的动力消耗，产生局部过热的危险。根据螺杆直径选取经验值。

$$e=(0.08\sim0.12)D$$

7. 螺纹断面形状

常见螺杆螺纹的断面形状有三种，如图 6-4-32 所示。

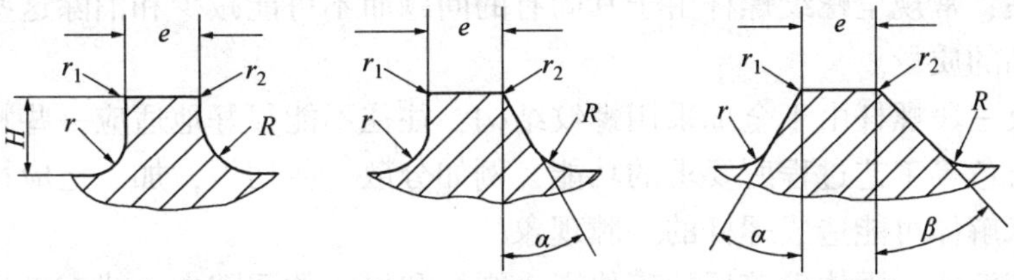

图 6-4-32　螺纹的断面形状

第一种为矩形，在螺槽根部有一个很小的圆角半径，它有最大的装填体积，而且机械加工比较容易，适用于加料段螺杆；第二种是锯齿形，改善了塑料的流动情况，有利于搅拌塑化，也避免了物料的滞留，适用于压缩段和均化段；第三种为双楔形，输送物料稳定，提高塑化效果，可提高产量 30%～50%。

五、新型螺杆

所谓新型螺杆，是相对于常规全螺纹三段螺杆而言的。新型螺杆是在常规全螺纹三段螺杆的基础上发展起来的，在作用原理、结构设计上具有许多特点，目前无论是在单螺杆挤出机还是在双螺杆挤出机中都已经得到了广泛应用。

（一）常规全螺纹三段螺杆存在的问题

（1）物料在螺杆中的熔融效率低，塑化混炼，染色、与填充物混合不均匀

由熔融理论可知，固体床熔融的热源有两个：一是来自机筒外加热器向内进行传导的热量，即外热；二是发生在熔膜中的剪切热，即内热。如果能使固体床在其消失之前始终能以最大面积与机筒壁相接触，则可以获得最大的熔融效率。但是在常规三段螺杆中，熔融段有固体床和熔池同居一个螺槽中，熔池不断增宽，固体床逐渐变窄，从而减少了固体床与机筒壁的接触面积，减少了机筒壁直接传给固体床的热量，降低了熔融效率。

由于物料在常规螺杆中的熔融效率低，为了保证产品的质量，螺杆的转速不能太高，这样可以保证物料在挤出机中停留时间长一点，尽量提高塑化效果，结果挤出量提高受到一定限制。

常规全螺纹三段螺杆中固液同处在一个螺槽中，固体床解体是不可避免的。固体床解体，形成固体碎片，固体碎片混到已熔的塑料中，为熔体所包围，不能直接与机筒壁接触而

获得外部加热器的热量，只能从包围它们的熔体中获得热量。由于熔融聚合物传热性能很差，完全将这些碎片熔融将是很困难的，也是很慢的。另外漂浮在熔体中的固体碎片受的剪切力很小，很难从剪切内热获得热量，因此造成塑料的塑化不良。

由于上述种种因素，使固体床不能彻底地熔融。相反，已熔的物料由于与机筒壁相接触，仍能从机筒壁和熔膜中的剪切获得热量，使温度继续升高。这样一来，一部分物料得不到彻底熔融，另一部分物料则过热，导致物料的温度差过大，造成塑化不均匀，影响挤出物的质量。

(2) 常规螺杆挤出物料的压力波动、温度波动和产量波动大，加工物料适应性差

常规全螺纹三段螺杆在转动过程中，非常容易引起较高频率的波动和低频波动。高频率的波动与螺杆回转频率一致，是由螺杆的旋转引起的，特别易发生在固体输送过程中。而低频波动是由于熔融过程的不稳定性(可能是由于固体床周期性地解体)所引起的。这些波动与螺杆设计有关，常规全螺纹螺杆由于其固有的问题而不可能减少和消除这些波动，而波动最终影响到产品的质量。

常规全螺纹三段螺杆由于全部采用螺纹结构，往往不能很好地适应一些特殊塑料的加工或进行混炼、着色等工艺过程所要求的功能，例如分散、剪切等，加工适应性较差。

(3) 固体床解体可能造成螺杆的扫膛现象

由于固体床解体，固体破碎后的碎块嵌入螺杆和机筒的间隙中，或在螺杆圆周上有不规则的固相分布，从而对螺杆造成各点径向压力不等，出现扫膛现象。

常规全螺纹螺杆存在的缺点，简单地说就是提高质量和产量之间存在矛盾。为了克服常规全螺杆存在的上述缺点，目前采取的措施是加大长径比、提高螺杆转数、加大均化段的螺槽深度等。这些措施虽然取得了一定的成效，但非常有限，因为这些措施没有从根本上改变常规螺杆的结构所造成的固有缺点，这就促使人们突破螺杆的常规全螺纹的形式，探索创造新的螺杆结构。

(二) 几种新型螺杆

针对常规螺杆存在的问题，对挤出过程进行了深入的研究，在大量实验和生产实践的基础上，发展了各种新型螺杆。

与常规螺杆相比，新型螺杆具有很多优点，如提高了挤出量，改善了塑化质量，减少了产量波动、压力波动和温度波动，提高了混合的均匀性和填加物的分散性。因此新型螺杆的应用越来越广泛。

新型螺杆的型式很多，但尚无一个全面的、科学的分类方法，下面仅就目前较为流行的分类方法，简单地介绍几种新型螺杆。

1. 分离型螺杆

分离型螺杆的设计思路是使螺槽中的固液相尽早分离，可以使固体尽快熔融，液相有尽量低的温度，以获得低温挤出，保证产品质量，提高挤出机的产量。

根据该思路，针对常规全螺纹三段螺杆因固液相共存于同一螺槽中所产生的缺点，采取设置主副螺纹的措施，将已熔融的物料和未熔融的物料尽早分离，从而促进未熔物料更快地熔融，使已熔融物料不再承受过热的剪切而获得低温挤出，在保证塑化质量的前提下提高挤出能力。

分离型螺杆典型的代表是BM螺杆，也叫主副螺纹螺杆。如图6-4-33所示为分离型螺杆示意图。

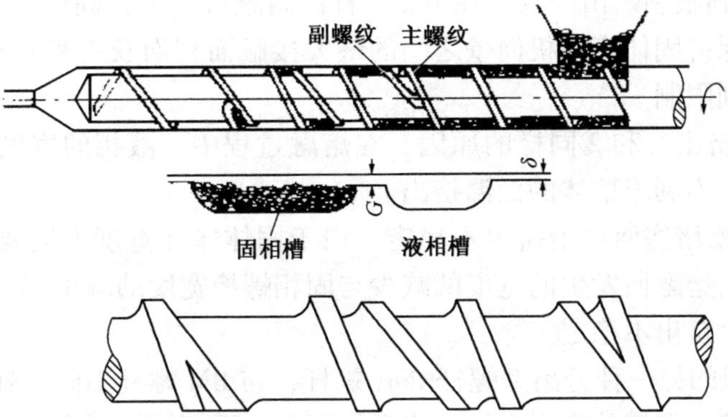

图 6-4-33　分离型螺杆示意图

BM 螺杆的结构是在螺杆的熔融段再附加一条螺纹，这两条螺纹把原来一条螺纹所形成的螺槽分成两个螺槽，一条螺槽与加料段螺槽相通，另一条螺槽与均化段相通。前者用来盛固相，后者用来盛液相。附加螺纹与机筒壁的间隙 G 要比原来的螺纹(主螺纹)与机筒壁的间隙 δ 大。

BM 螺杆熔融物料的机理与熔融理论所揭示的物料在螺槽中的熔融规律是一致的。当固体床形成并在输送过程中开始熔融时，已熔的物料将越过间隙 G 而进入液相螺槽，而未熔融的固体粒子不能通过 G 而留在固相螺槽中。由于主副螺纹的螺距不等，液相螺槽宽度由零逐渐变宽，直至达到均化段整个螺槽的宽度，固相螺槽由宽变窄，至均化段其宽度变为零。固相槽和液相槽的螺槽深度则由加料段螺槽深度逐渐变化至均化段螺槽深度。在液相螺槽宽度为零的那一点固液相开始分离，在固相螺槽的宽度为零的那一点熔融完成。全部熔融的物料再经均化段均化，定压、定量、定温地挤入机头。

(1) BM 螺杆的优点

① 由于螺杆的液相槽和固相槽之间的棱与机筒的间隙 G，只有熔融了的塑料才能越过它进入液相螺槽，而那些尚未完全熔融的小颗粒在通过间隙 G 时，在高剪切速率的作用下获得热量也能完全熔融。

② 液相分离后，固相直接与高温机筒内壁接触，加速了固相的熔融，因而熔融速率比较高。

③ 由于固液相分离，固液不混合，固体中的气体容易排出，提高了排气性能。由于固液分离，固体破碎的可能性减小了，压力波动以及扫膛现象，即螺杆刮磨机筒和振动的现象便要小得多。由于固液相分离，能够保证已熔融物料不再承受过热的剪切，而获得低温挤出。

④ 分离型螺杆的液相从开始形成一直到均化段末全部为熔体，相对于普通螺杆有一个稳定的较长的计量段长度，此外由于液相螺槽与固相螺槽互不相通，不可能再产生熔体的回流，两个因素都有利于物料定压、定量地挤出，减小了压力波动、温度波动和产量波动。

⑤ BM 螺杆适应性强，可用于多种用途制品的挤出，适用于多种物料的熔融塑化，提高了塑化效率，也减少了能耗，因此单耗也比较低。

(2) BM 螺杆的缺点

① 加工制造困难。由于主附螺纹螺距不等，给加工制造带来很多困难，影响了它的推广和使用。

② 熔融能力受到限制。由于物料在 BM 螺杆的熔融过程中，固体床的宽度是由宽变窄，因此不能自始至终保持固体床与机筒壁之间的最大接触面积而获得来自机筒壁的最多热量，从而使熔融能力受到限制。

③ 不利于低温挤出。和②同样的原因，在熔融过程中，液相的宽度逐渐增大，与热的机筒接触的面积大，不利于熔体的低温挤出。

④ 可能引起螺槽堵塞而产生挤出不稳定。由于固体床在宽度方向要发生形变，如果设计不当，即固体床因熔融而发生的宽度的减少与固相螺槽宽度的减少不一致的时候，有可能引起螺槽堵塞而产生挤出不稳定。

与 BM 螺杆相似的另一种分离型螺杆 Barr 螺杆，与 BM 螺杆不同之处是主附螺纹的螺距相等。固相螺槽和液相螺槽的宽度自始至终保持不变，而螺槽深度发生变化，固相螺槽由加料段的深度渐变至均化段的槽深，而液相螺槽深度由零渐变至均化段的槽深，且加工比较方便。Barr 螺杆在结构上可以克服 BM 螺杆的一些缺点。

Barr 螺杆的结构可使固相始终保持与机筒的最大接触面积，因而具有较高的熔融能力。

2. 屏障型螺杆

屏障型螺杆就是在螺杆的某部位设立屏障段，如图 6-4-34 所示为直槽屏障混炼元件(屏障段)示意图。

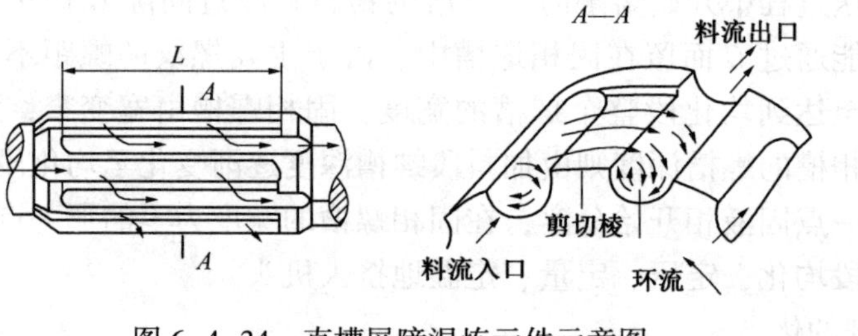

图 6-4-34　直槽屏障混炼元件示意图

该屏障段的结构为一圆柱体，在圆柱面上等距地开了若干纵向沟槽，沟槽两个为一组：一个是进料槽，其出口在轴线方向是封闭的；另一个是出料槽，其入口在轴线方向是封闭的。将进料槽和出料槽隔开的棱面与机筒之间的间隙用 Δ 表示，Δ 大于正常螺杆与机筒之间的间隙 δ，该棱称为剪切棱，也称为屏障棱。

当物料经过屏障段时，先由料流入口流入进料槽，若想通过屏障段，只有通过剪切棱进入料流出口。从进料槽经过剪切棱进入出料槽的物料一般只有熔融的物料和粒度小于间隙 Δ 的固相碎片，而那些未熔的粒度较大的固相碎片被屏障阻挡。

物料通过屏障型螺杆可以受到两种作用：一是剪切作用，熔料和未熔融但能通过 Δ 的固相碎片在通过 Δ 时，由于其间隙很小，故受到强烈的剪切作用；二是分流混合作用，物料在进入屏障段时会使物料分流，同时在进、出料槽中，物料由于螺杆的转动会产生环流运动。

屏障段的结构和参数如果设计得当，这种带有屏障段的螺杆无论是产量还是质量，以及单耗等项指标都优于常规全螺纹三段螺杆。此外从加工制造方面来说，也较容易。屏障型螺杆特别适于加工聚烯烃类塑料。

3. 分流型螺杆

在螺杆的某一部位设置许多突起部分或沟槽或孔道，这样可将螺槽内的料流反复分割，以改变物料的流动状况，促进物料的熔融，增强混炼和均化，这类螺杆称为分流型螺杆。销钉螺杆是分流型螺杆的典型代表，如图 6-4-35(a)所示为圆销钉螺杆示意图。

进行分流的圆销钉根据不同的作用可以设置在螺杆的不同位置。在螺杆的压缩段设置销钉，销钉可以尽快将固体床打碎，促进固体床的解体，并将料流反复地分割，打乱两相流动，改变螺槽中料流的方向和速度分布，使固相和液相充分混合，增大固体床与熔体之间的传热面积，对料流产生一定阻力和摩擦剪切，从而促进物料的熔融。如果销钉设置在螺杆的均化段，此时物料已经基本熔融，基本熔融的物料通过销钉将熔料多次分割、分流而增加对物料的混炼、均化和助剂的分散性，获得低温挤出。

DIS 螺杆与销钉螺杆有着相似的结构，如图 6-4-35(b)所示为 DIS 混炼元件。

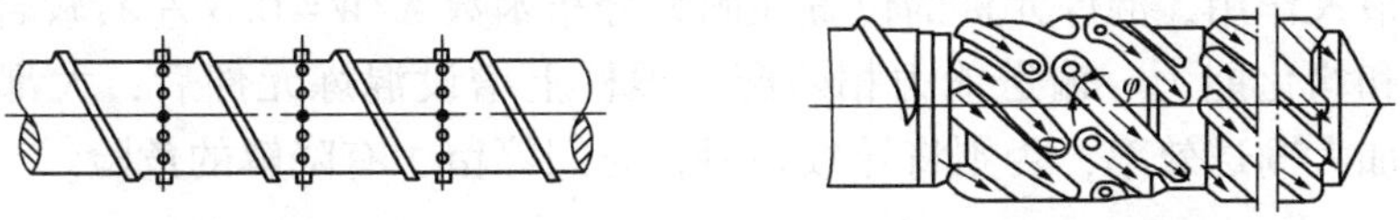

(a) 圆销钉螺杆　　(b) DIS混炼元件

图 6-4-35　分流型螺杆示意图

4. 组合螺杆

分离型螺杆是在熔融段附加螺纹或螺槽，它只能和原螺杆做成一体；而屏障型螺杆、分流型螺杆多在均化段或熔融段来增设非螺纹形式的各种区段，该区段称为螺杆元件。

螺杆元件可以与螺杆做成一体，也可以用连接的方法加到螺杆本体上。根据这些区段的作用不同，分别称为输送元件、压缩元件、剪切元件、混炼元件、均化元件等。输送元件主要为螺纹结构，其功能为输送物料，给物料一定的推力，使物料能克服在流道中所遇的阻力。压缩元件主要使物料体积变小，起到压缩增实的作用。混合混炼元件，主要使物料受到一定的分流剪切，进一步塑化物料、均化物料。

组合螺杆由螺杆主体和各种不同职能的螺杆元件组成。改变这些元件的种类、数目和组合顺序，可以得到各种特性的螺杆，以适应不同物料和不同制品的加工要求，并找出最佳工作条件。组合螺杆突破了传统常规全螺纹三段螺杆的框框，螺杆可以不再是整体式的，也可以不再是由三段组成，可根据需要任意组合不同的元件。组合螺杆最大特点是适应性强，专用性也强，易于获得最佳的工作条件，在一定程度上解决了“万能”和“专用”之间的矛盾，因此组合螺杆得到了越来越广泛的应用。但是这种螺杆设计较复杂，在直径较小的螺杆上实现有困难。

图 6-4-36 所示为一例组合型螺杆，它由带有加料段的螺杆本体和输送元件、压缩元件、剪切元件、均化元件及混炼元件组成。如图 6-4-37 所示为带有剪切元件和混合元件的多级螺杆。组合型螺杆可使螺杆每一段都充分发挥其独特结构所带来的功能优势，但同时又不会因各段结构不匹配，如螺旋角不同、螺距不同等，而给螺杆加工制造带来困难。

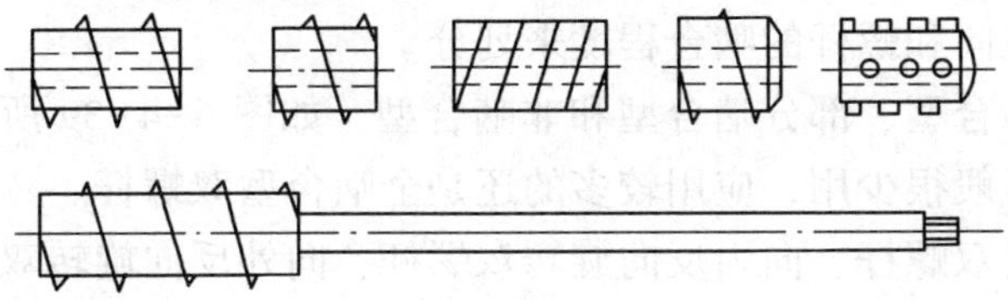

图 6-4-36　组合型螺杆

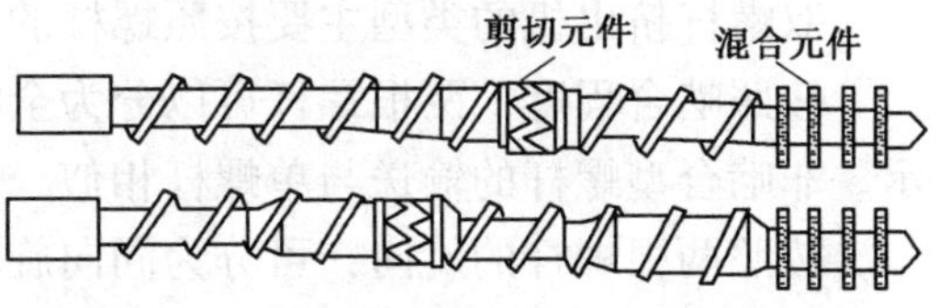

图 6-4-37　带剪切元件和混合元件的多级螺杆

新型螺杆是在常规全螺纹三段螺杆的基础上发展起来的，尽管在结构、工作原理上有别于常规全螺纹三段螺杆，但其中心问题还是围绕着提高挤出物的产量和产品质量问题。新型螺杆强化了剪切分流等作用，因此对于不同原料的挤出、不同目的的挤出要多方面考虑。

首先必须弄清各种新型螺杆的工作原理及其适用的场合。例如一种以剪切作用为主的新型螺杆——屏障型螺杆，不适于热敏性物料的加工，但是适于聚烯烃物料的塑化。其次选择理想的混炼元件和剪切元件的位置。很多混炼元件和剪切元件，例如混炼头，对物料的输送都有阻碍，因此一般不设在加料段附近，大都设在计量段或压缩段末。有资料介绍，为了发挥混炼元件的最大作用，混炼元件的位置在固相分布函数 $X/W=0.3$ 左右较合适。另外螺杆熔融能力必须和均化能力、输送能力相匹配。螺杆上增设混炼元件后，大都会提高熔化速率，因此必须加大输送效率，否则将导致物料长时间停留，有降解的危险。

六、双螺杆挤出机

单螺杆挤出机工作时会存在着一些问题，例如输送固体物料主要靠摩擦作用，因此对于粉状料、玻璃纤维或其他无机添加剂的物料以及废旧回收的形状不规则的塑料等在机筒内输送困难。又比如为了使物料熔融塑化得更充分，物料在机筒中停留的时间需要比较长，因此易造成物料分解。针对单螺杆挤出机的一些缺陷，人们开发研制并逐步改良了双螺杆挤出机。

（一）双螺杆挤出机结构

双螺杆挤出机与单螺杆挤出机结构相似，主要由两个螺杆、机筒、加料装置和传动装置等组成。其结构如图 6-4-38 所示。

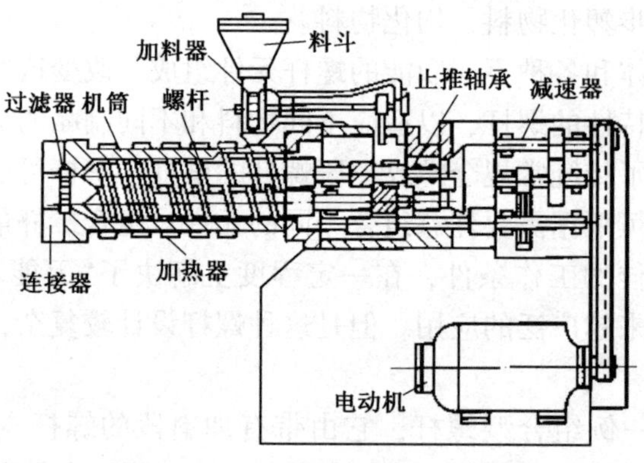

图 6-4-38　双螺杆挤出机结构

1. 双螺杆结构

与单螺杆一样，双螺杆也分为加料段、压缩段、均化段三段。

双螺杆挤出机的类型主要按照螺杆的旋向和螺杆的啮合程度来划分。

按照啮合程度，两根螺杆可以分为全啮合型、部分啮合型和非啮合型，如图 6-4-39 所示。非啮合型螺杆的输送与单螺杆相似，一般很少用，应用较多的还是全啮合型双螺杆。

按照两根螺杆的旋向，可分为同向旋转双螺杆、向内反向旋转双螺杆、向外反向旋转双螺杆。

按照两根螺杆轴线的几何角度，可分为平行型双螺杆和锥型双螺杆。

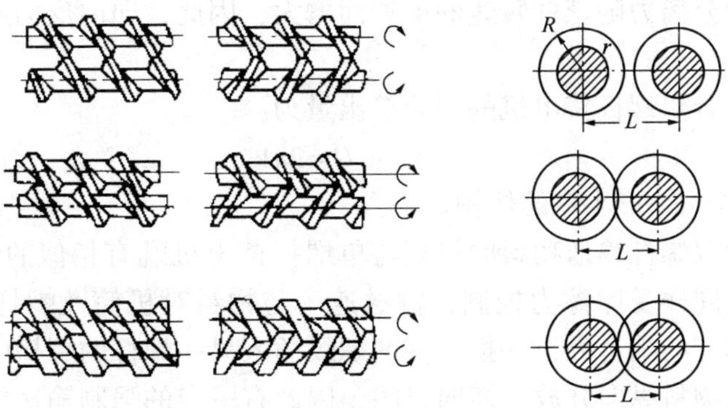

图 6-4-39　双螺杆的类型

2. 机筒的结构

由于螺杆的数量为两个，因此外机筒结构呈∞字形，机筒也分为整体式与组装式两种类型。对于整体式机筒在维修时，把机筒沿导轨朝挤出方向滑动；对于组装式机筒，只要分段拆卸即可。

3. 加料装置

与单螺杆挤出机不同，由于双螺杆挤出机输送物料采用强制(见啮合型双螺杆挤出机工作特性)的方式，为了防止挤出机产量的波动，要定量加料，所以双螺杆挤出机的加料装置设置了定量加料系统。

(二) 啮合型双螺杆挤出机工作特性

1. 强制输送物料

双螺杆挤出机输送物料的机理与单螺杆挤出机不同。

由于双螺杆的啮合程度和旋向不同，物料在螺杆中可以有不同流动。物料从一根螺杆沿螺槽流到另一根螺杆的螺槽，称为纵向开放，那么纵向封闭就意味着两根螺杆上各自形成若干个互不相通的腔室，一根螺杆的螺槽完全被另一根螺杆的螺棱堵死。若横过螺棱有通道，物料可以从同一根螺杆的一个螺槽流向相邻的另一个螺槽，或一根螺杆的一个螺槽中的物料可流到另一根螺杆的相邻两个螺槽中，称为横向开放。

全啮合型异向旋转双螺杆的几何形状如图 6-4-40 所示。

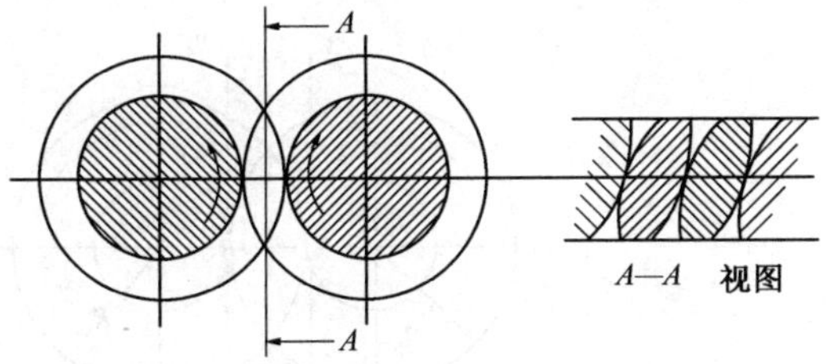

图 6-4-40　异向旋转螺杆啮合区的横截面

对于向外反向旋转的双螺杆，螺槽纵横向完全封闭。在两根螺杆的啮合处，一根螺杆的螺纹插入另一根螺杆的螺槽中，使连续的螺槽被分割成与螺距数相同的“C”形小室。物料由料斗落下后，由于两根螺杆均向外转动，在加料口处暴露出最大容积的螺槽，因此，物料很容易落入槽内将螺槽充满。当螺杆转动一周，“C”形小室中的物料向前移动一个导程。“C”形小室内的物料由于受到啮合螺纹的推力作用，被强制向前输送，因此螺杆可以实现强制输送，无论是粉状、粒状的物料，还有物料的装填程度高低都可以输送。物料的输送效率与物料和机筒以及螺杆间的摩擦力无关。

向内反向旋转的双螺杆在输送物料时，也是在两螺杆啮合处形成“C”形小室以容纳物料，并在啮合螺纹的推动作用下被强制向前输送。但物料在啮合区内被旋转的螺杆拉入两螺杆之间后会对螺杆产生使两螺杆分离的力，造成螺杆变形，进而在变形处加速机筒与螺杆的磨损。并且这种分离力随螺杆转速的增加而增大，因此，向内反向旋转的双螺杆挤出机转速不能太高。

异向旋转啮合双螺杆挤出机的理论挤出量为：

$$Q=2nV$$

式中　V——单个“C”形小室的体积。

同向旋转的双螺杆输送物料的机理与单螺杆挤出机既有相似的地方，又有不同的地方。相同的是，输送同样受摩擦力控制，输送速率与物料对机筒及螺杆的摩擦力有关。不同的是，由于在双螺杆的啮合处，一根螺杆的螺纹插入另一螺杆的螺槽中，对其中的物料起推动作用，可以实现物料纵向开放、横向封闭，因此有一定的强制输送能力，输送效率略高于单螺杆挤出机，但与向外反向旋转的双螺杆相比输送效率仍较低。

由于双螺杆挤出机的强制输送功能，为了实现挤出的稳定性，在双螺杆挤出机中需要设置定量加料装置。

2. 混合效果好

物料在双螺杆挤出机中熔融塑化与单螺杆挤出机基本相似，都是通过外加热以及剪切摩擦内热共同完成，但物料在双螺杆的啮合处由于受到的剪切会更强烈，剪切的次数会更多。因此，与单螺杆挤出机相比，双螺杆挤出机中物料的熔融更迅速，塑化、混合也更加均匀。

如图6-4-41所示为双螺杆挤出机的啮合区速度分析，为了方便，可以把双螺杆的横断面简化看作两个相交的圆盘。在相交处啮合区内取一点 A，A 是螺杆1螺棱的顶部与螺杆2螺槽底部相接交处，其相对速度，对于异向旋转的螺杆，可以用下式表示：

$$v_{rA}=2\pi n(R_b-R_s)$$

同向旋转的螺杆，可以用下式表示：

$$v_{rA}=2\pi n(R_b+R_s)$$

式中　v_{rA}——A 点处两螺杆之间的相对速度；

R_b——A 点到螺杆1的轴心距离；

R_s——A 点到螺杆2的轴心距离；

n——螺杆转速。

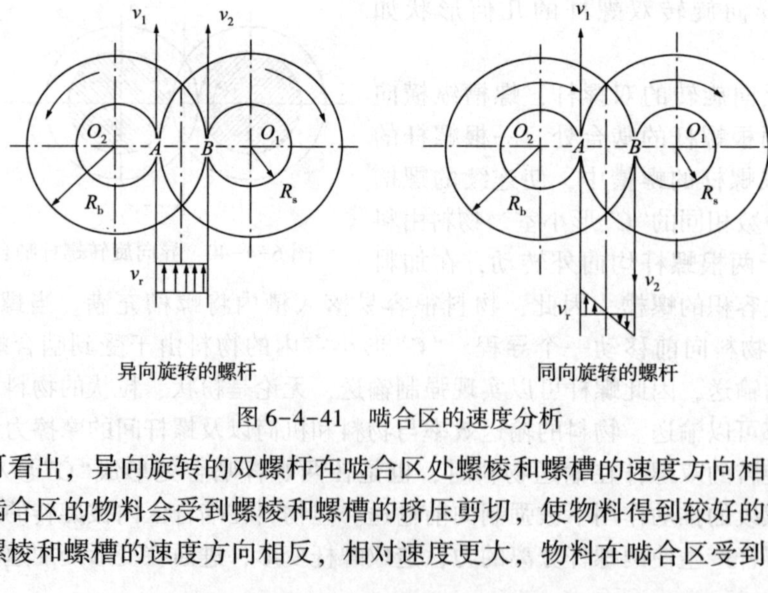

图6-4-41　啮合区的速度分析

从上式可看出，异向旋转的双螺杆在啮合区处螺棱和螺槽的速度方向相同，但存在速度差，因此在啮合区的物料会受到螺棱和螺槽的挤压剪切，使物料得到较好的混合。而同向旋转双螺杆，螺棱和螺槽的速度方向相反，相对速度更大，物料在啮合区受到的剪切挤压更强烈，混合效果更好。而且由于物料在同向旋转双螺杆啮合区受到的速度方向相反，一根螺杆把物料拉入啮合区，另一个螺杆又把它拉出，结果会使物料从一根螺杆转到另一个螺杆，形成∞字形的流动，如图 6-4-42 所示，这种流动对于物料的混合和均化更有利。

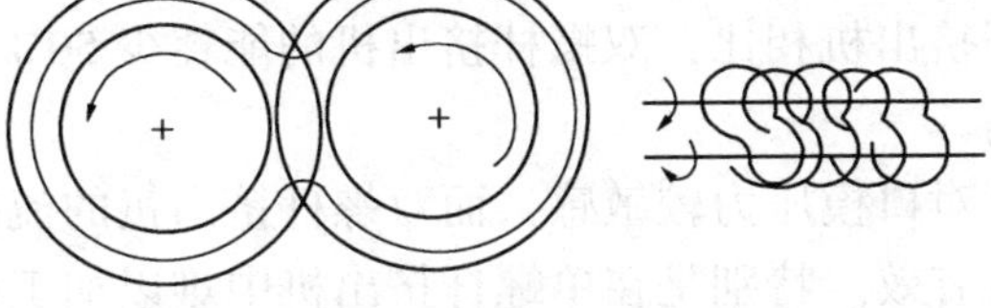

图 6-4-42　同向啮合双螺杆中物料的∞字形流动

3. 自洁性能

挤出机在工作过程中不可避免地会有一部分物料黏附于螺槽表面，时间长了，非常容易引起物料的降解，尤其对于 PVC 一类的热敏性物料。降解最终影响产品质量，特别是对力学性能的影响更大。

物料在双螺杆中的黏附可以通过双螺杆的相对运动来清洁。反向旋转的双螺杆，由于啮合处有一定的速度差，使得一个螺棱对另一螺槽中的物料有清理作用，物料不易黏附于螺杆上，这被认为是双螺杆良好的自洁性。物料在同向旋转的螺杆的啮合区相对速度更大，有高的剪切速度，其自洁性更好。

4. 压延效应

压延效应主要针对向内反向旋转的双螺杆挤出机。

在啮合区物料受到螺杆挤压力的作用，同样物料对螺杆产生一个反作用力，这个力力图使两根螺杆分离，迫使螺杆变形、磨损，这种现象同塑料在压延机辊筒中的受压相似，因此也称为压延效应。随着螺杆转速的提高，螺杆变形就越厉害，压延效应也越明显。因此向内反向旋转的双螺杆挤出机只能在低速下工作。

同向旋转的双螺杆挤出机，螺杆无压延效应，转数较高，也有利于使物料受到比异向旋转双螺杆更高的剪切效果，对于物料充分熔融混合十分有利。

（三）双螺杆挤出机的优势

与单螺杆挤出机相比，双螺杆挤出机对塑料成型加工时具有很大的优势。

（1）加料容易

在单螺杆挤出机中，塑料的输送是靠摩擦起作用的，因此，如果是粉料物料，或在物料中加入玻璃纤维等填料组成的混合料，这些物料在单螺杆挤出机中的输送效率相当低。而在双螺杆挤出机中，物料的输送是靠正位移的原理进行的，不可能有压力回流，因此，无论何种物料都容易加入。现在许多厂家利用双螺杆挤出机直接采用初混的粉料进行生产，节省了造粒工序，也降低了成本。

（2）塑料在双螺杆挤出机中的停留时间短

对于那些停留时间较长就会降解的物料，例如 PVC 类热敏性塑料，可以利用双螺杆挤出机进行此类物料的着色以及配料。虽然在挤出机中停留的时间短，但同样能够保证熔融塑化效果和混合的均匀性。

（3）具有优异的混合、塑化效果

由于两根螺杆的互相作用，塑料在双螺杆挤出机中经受着纵横向的剪切、混合，因此混合塑化效果比起单螺杆挤出机好很多。

（4）优异的排气性能

由于双螺杆挤出机啮合螺杆的有效混合，排气部分的自洁功能使得塑料在排气段能获得完全更新的表面。

（5）具有较低的功率消耗

与相同产量的单螺杆挤出机相比，双螺杆挤出机的能耗少 50%。

（6）容积效率非常高

单螺杆挤出机的流率对口模压力较敏感，而双螺杆挤出机的流率对口模压力不敏感，用来挤出大面积的制品比较有效。特别是在单螺杆挤出机中难以加工的材料更是如此。

（四）锥形双螺杆

如图 6-4-43 所示为锥形双螺杆示意图。

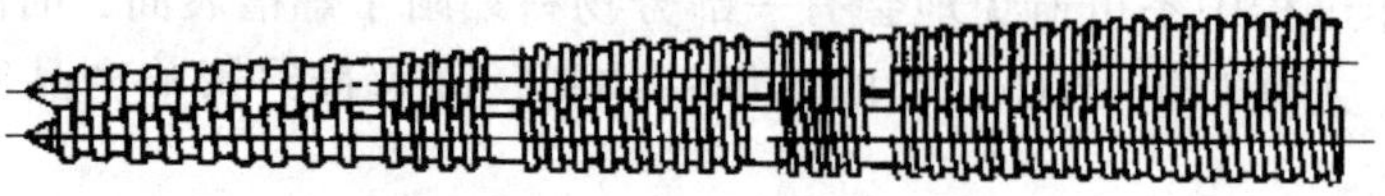

图 6-4-43　锥形双螺杆示意图

锥形双螺杆在外形上与平行双螺杆不同，其两端直径大小不同，加料段直径大，而均化段直径小，从加料段到均化段是逐渐过渡的。

前面介绍的平行同向双螺杆挤出机塑化性能好、混合物料均匀，但相比于锥形双螺杆挤出机其挤出力小，产量不大，消耗的能量大，因而在实际使用生产中主要用来混料造粒。挤出产品主要采用锥形双螺杆挤出机。

锥形双螺杆为啮合型，大多数为异向旋转。两根锥形螺杆在机筒中互相啮合、异向旋转，一根螺杆的螺棱顶部与另一根螺杆的根部有合理的间隙。由于异向旋转，一根螺杆上物料螺旋前进的道路被另一根螺杆堵死，物料只能在螺纹的推动下通过各部分间隙轴向前进。当物料通过两根螺杆之间的径向间隙时，犹如通过两辊的辊隙，所受的搅拌和剪切非常强烈，因而，物料的塑化非常均匀，特别适宜加工 PVC 塑料。

锥形双螺杆的压缩比不但由螺槽从深到浅而形成，同时，也由螺杆外径从大到小而形成，因而压缩比相当大，所以，物料在机筒中塑化得更充分、更均匀，保证了制品的质量。这样在保证质量的前提下，可以提高挤出机的转速，从而提高挤出机的生产能力。

锥形双螺杆的螺杆特性曲线较硬，较易于调整沿机筒轴向温度曲线的形状，以适应加工温度范围较窄的塑料需要。对于 PVC 塑料，在加料段必须使加工温度低于黏流温度，在以后各段又应有一个适当的温度梯度，而锥形双螺杆则能够实现理想的调节作用。

锥形螺杆的计量段末螺杆横截面减小，因此在同等的机头压力下，它具有较小的轴向压力，减轻了止推轴承的负载。两根螺杆的轴线尾部分开，有利于安装较大的承载轴承，故可承受较大的扭矩，提高寿命。而其加料段直径大、螺杆强度高、物料受热面积大，有利于塑化；计量段直径小、熔融物料受热较小，利于低温挤出。

目前又出现了锥形同向旋转的双螺杆挤出机，其锥形螺杆的同方向旋转使被加工塑料在进入机筒后，在机筒中环绕锥形双螺杆成与平行双螺杆一样的∞字形挤压，增加了塑化时间，减少了塑料和机筒螺杆的摩擦力，从而保证了塑化质量，降低了能耗。同时因为采用的螺杆为锥形，保持了锥形双螺杆挤出机良好的挤出力性能。

锥形同向双螺杆挤出机通过上述技术，完全实现了挤出力大、塑化性能好、产量高、能耗低的特征，经实践证明锥形同向双螺杆挤出机可节能 30%~50%以上，是适合各种塑料或橡胶挤出造粒以及成型的新型设备。

随着锥形双螺杆挤出机的发展，在挤出产品等方面逐渐取代了平行异向旋转双螺杆挤出机。

表6-4-3所示为SJSZ系列锥形双螺杆挤出机的部分参数，该系列挤出机配以相应的辅机，可将各种热塑性塑料特别是硬聚氯乙烯粉料直接挤出成管、板、片、膜及异型材等，也可完成对各种塑料的改性及粉料造粒过程。

表6-4-3 锥形双螺杆挤出机参数

型号	SJSZ45	SJSZ50	SJSZ55	SJSZ65	SJSZ80	SJSZ92
螺杆直径/mm	45/90	50/105	55/110	65/120	80/143	92/188
螺杆数量/根	2	2	2	2	2	2
螺杆转向	异向向外					
螺杆转速/(r/min)	1~45.5	1~37	1~34.8	1~34.7	1~36.9	1~36.9
主电机/kW	15	22	27	37	55	90
机筒加热功率/kW	12	10	18	24	36	48
生产能力/(kg/h)	95	135	150	250	380	520
机器中心高度/mm	1000	1000	1000	1000	1000	1000
净重/kg	2000	2500	4200	5000	6500	7500
外形尺寸(长×宽×高)/mm	3500×1020×2410	3500×1100×2450	3620×1050×2157	4235×1520×2450	4750×1550×2460	5190×1650×2470

(五)双螺杆挤出机中的功能元件

同前述的组合螺杆相似，双螺杆也采用不同的元件进行组合。

功能元件的组合一般根据加工的原料、用途等来确定。例如热塑性塑料的共混改性，主要依靠扩散、对流、剪切等方式来完成，因此需要该类元件的组合。填充塑料，一般采用中等螺距和较小压缩比，配以较强的破碎混炼元件，促使无机填料均匀地分散到聚合物熔体中。纤维增强、混炼元件大都设计成带有一定的倾角，方便剪断玻璃纤维。热固性塑料及粉末的塑炼，采用较大螺距，并适当地串联某些混炼元件，螺杆的长径比、压缩比都较小。

七、几种制品挤出工艺

挤出成型是塑料成型中非常重要、应用较广的一种成型方法。目前常见的挤出成型大都采用单螺杆挤出机或双螺杆挤出机，利用加热使物料熔融塑化，然后通过辅机进行成型，所用的原料为热塑性塑料。

塑料挤出的制品很多，其挤出工艺流程大同小异，主要经过以下几个工序：原料预处理、加料、塑化挤出、成型、定型、冷却、牵引、卷取(切割)、后处理，最后得到产品。挤出成型主要归纳为以下几个方面，即塑化挤出、模内成型、冷却定型。

塑化挤出在挤出机中进行，对于不同物料、不同产品、不同的设备，其塑化挤出过程是相同的。

在挤出机螺杆加料段，由于螺杆的转动使斜棱面对塑料产生一个推力，将塑料向前推进。塑料在螺杆加料段已经吸收了一定的热量，进入螺杆压缩段，由于固体粒子的热传导和摩擦内热，熔融过程逐步进行，直至螺槽全部充满了熔体，完成了熔融过程。最后进入螺杆

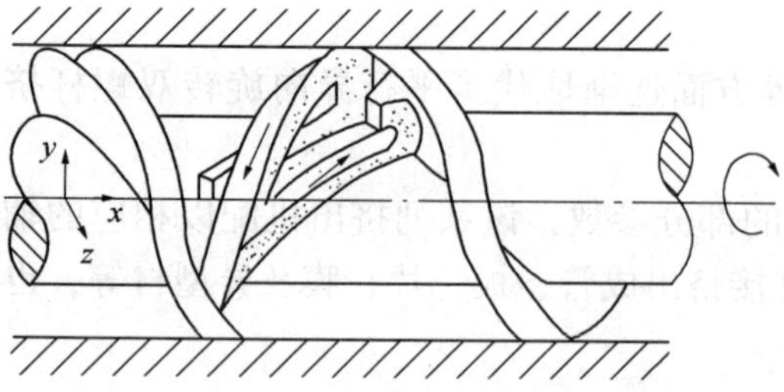

图 6-4-44　熔体在螺槽中的组合流动情况

均化段，在该段熔体的流动既有压力流动，又有拖曳流动。在螺杆的螺槽中形成正流、横流、逆流和漏流四种流动(见挤出理论)，四种流动使得聚合物熔体沿着螺杆和机筒组成的通道作螺旋形的轨迹向前流动，其组合情况如图 6-4-44 所示。

从螺杆中挤出的熔体在机头内进行成型，不同的制品其机头的结构不同，其流动状态差别也很大。但是无论何种结构的机头，其熔体的流动成型都是利用了聚合物的可挤压性质，即聚合物流体通过挤压作用(主要受剪切力)发生形变时获得形状和保持形状的能力。

在塑料成型过程中，常见的挤压作用有物料在挤出机和注射机机筒中、压延机辊筒间以及在模具中所受到的挤压作用。研究塑料的可挤压性对正确选择聚合物材料和成型方法、确定和控制合理的成型工艺条件都具有十分重要的意义。

塑料只有在熔体或浓溶液状态下才具有可挤压性。聚合物熔体或浓溶液在受到挤压作用时将发生剪切流动和拉伸流动而变形，流动变形的难易程度取决于流体的黏度，包括剪切黏度和拉伸黏度。黏度太低，虽然流动性好，但保持形状的能力较差，可挤压性不好；黏度过高，虽然保持形状的能力较好，但挤压困难，流动和成型不易，因此，也就不易获得形状，可挤压性也不好。因此，聚合物流体只有在合适的黏度范围内才具有良好的可挤压性。

聚合物的可挤压性不仅与聚合物的分子结构、相对分子质量和组成有关，而且与成型时的温度、压力等成型条件有关。

评价聚合物可挤压性的方法，是通过测定聚合物的流动度(黏度的倒数)，通常简单实用的方法是测定聚合物的熔体流动速率。测定聚合物的熔体流动速率采用熔体流动速率仪。

(一)塑料管材的挤出

1. 管材挤出工艺流程

管材是具有一定长度的、断面为空心的圆环形制品。

挤出法生产的管材有软管和硬管之分，但是工艺流程大致相同。如图 6-4-45 所示为聚氯乙烯硬管的挤出工艺流程框图。

首先树脂和助剂经过处理，按照配方的比例称量，并利用混合设备配制好后，加入挤出机中，挤出机中的物料随着螺杆的旋转被向前输送，在机筒内加热熔融塑化为均匀熔体后，经多孔板和过滤网挤入机头成型，成型后的管型坯在牵引装置的作用下定型、冷却，并不断向前运动，硬管经切割成为要求长度的管材制品，软管进行卷取成盘。

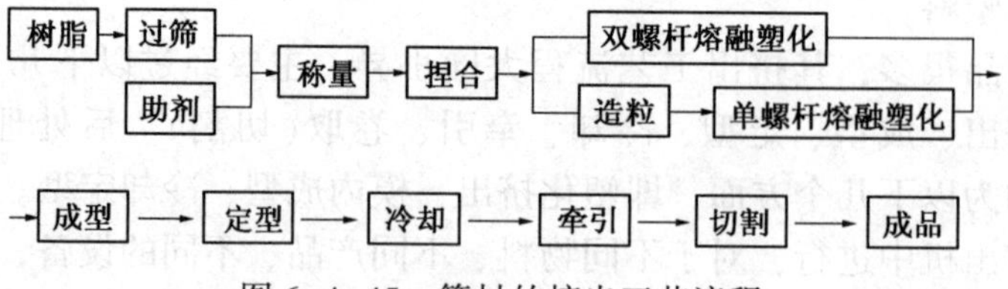

图 6-4-45　管材的挤出工艺流程

2. 挤出成型以及工艺分析

(1) 塑化挤出

管材的塑化挤出可以采用单螺杆挤出机或双螺杆挤出机。

单螺杆挤出机靠摩擦输送物料，其熔融塑化的效果不如双螺杆挤出机，但是造价很低。目前聚乙烯、聚丙烯粒料一般采用单螺杆挤出机成型，螺杆大都不是常规的三段全螺纹螺杆，而是增加了混炼元件的新型螺杆，强化了混合塑化效果。聚氯乙烯原料由于是粉状的，如果采用单螺杆挤出机生产必须要事先进行混合造粒，这样增加了生产工序，所以目前PVC粉料的生产直接采用锥形双螺杆挤出机进行塑炼和成型。PVC的塑化挤出在设计或选择挤出机螺杆的时候，其结构和参数要考虑PVC特别是硬质PVC的热敏性性能。

挤出机的选择首先根据制品的生产能力进行螺杆直径的确定，同时还要特别考虑管材直径大小，如表6-4-1所示。其原则为管材横截面积与螺杆的截面积之比为0.25~0.40，如果原料采用聚乙烯、聚丙烯等流动性好的塑料，该比值可以取大值，相反取小值。

如果采用双螺杆挤出机，一般根据管材最大定径直径与双螺杆挤出机的型号关系进行选择，如表6-4-4所示。

表6-4-4　管材最大定径直径与双螺杆挤出机的型号关系

双螺杆挤出机型号	SJZ-45	SJZ-55	SJZ-65	SJZ-80	SJZT-80
管材最大定径直径/mm	80	120	250	400	600

螺杆的结构根据塑料性能来选择。

挤出管材常用树脂选择如表6-4-5所示。一般用于挤出原料的熔体流动速率相比其他的成型方法（如注射成型）都要小，主要考虑它的逆流会随着流动性的增加而增大。

表6-4-5　用于挤出树脂的熔体流动速率

树脂	PP	LDPE	LLDPE	HDPE	RPVC	SPVC
熔体流动速率/(g/10min)	0.15~0.85	0.1~5.0	0.2~2.0	0.1~0.5	SG-5	SG-2/3/4

挤出机工艺条件控制要根据挤出用的原料以及产品的规格来确定。挤出机工艺条件主要是挤出机温度，挤出机采用分段加热，至少分为三段，各段温度根据原料和螺杆结构来确定。

(2) 模内成型

管材的成型是使塑料熔体通过一个环形口模而连续成型的。该装置称为成型装置，即挤出模具，也称为机头。经过螺杆熔融塑化的物料被挤到机头中进行成型。

管状口模的流道由一系列或多或少近乎环形的流动区域组成，它们差不多都是横断面均匀的、直的、带有锥度的流道，或者是带有障碍物的流道。如图6-4-46所示为直通式管材机头示意图。

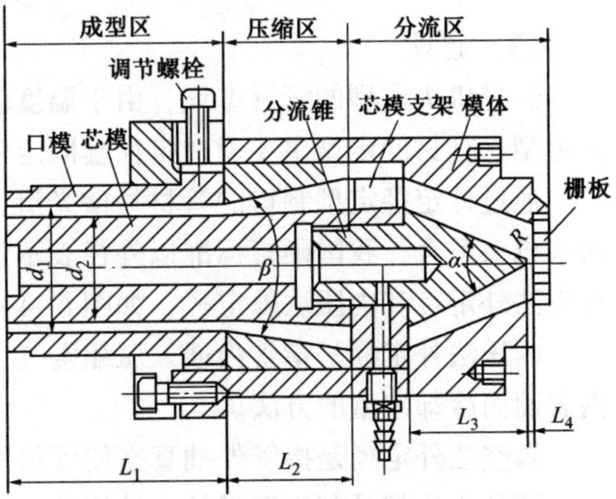

图6-4-46　直通式管材机头示意图

直通式机头结构简单，制造容易，料流阻力小，应用广泛，特别适合PVC的成型。该管材机头环形流道由外口模和芯模构成，芯模和分流锥用芯模支架支撑。熔融的物料通过分流锥分割后，进入流道，通过压缩区逐渐压实，进入成型区，经过口模和芯棒组成的环形缝隙形成管状型坯。

从图中可看出，熔料的流动呈轴线对称，这种口模碰到的唯一的严重问题是由分流锥的支架所引起的“熔接”线和条纹，即使这些障碍物远离模口区，在通常的挤出速度下，聚合物熔体也不能完全“熔合”，会形成合流痕。

造成合流痕的原因是，物料通过芯模支架时，靠近支架壁的熔料所受的剪切速率大，而中心处则小，因受应力而发生弹性变形也不同。如果大的弹性变形部分在以后得不到回复的机会，在产品中就显露出一条可见的料线或纵向裂纹，又叫熔接痕。这种合流痕的存在，会影响管材的爆破强度。合流痕的机械强度都较弱，而且可以明显看出光学性质与本体部分的不同。另外由于合流痕附近胀大程度不同，还可能造成管子的规格不一致。

为了消除这种现象，可以通过提高物料的温度、减少支架的数量和尺寸，并加工成流线型。但是这种方法也有限制，主要涉及支架的支撑强度。比较有效的办法是延长口模平直部分的长度和加长支架与口模出口的距离，使料流在出口前得到应有的松弛而熔接。

为了消除合流痕，也可以采用直角机头，如图 6-4-47 所示为该结构机头的示意图。

除以上形式的机头外，还有一种筛孔板式机头用于挤出管材，其结构如图 6-4-48 所示。这种机头的特点，既没有分流锥支架，也没有芯模，从螺杆挤出的物料经筛孔板直接进入口模成型段。这样制备的管材没有“合流痕”，因此管材的强度也较高。另外，筛孔板式机头结构简单紧凑、占地面积小、料流稳定均匀，主要用于生产大口径的聚烯烃类塑料管材，对于 PVC 热敏性塑料不适合。

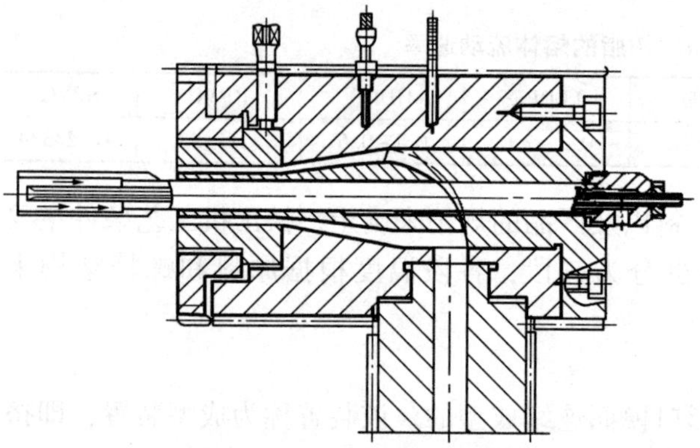

图 6-4-47　直角机头示意图

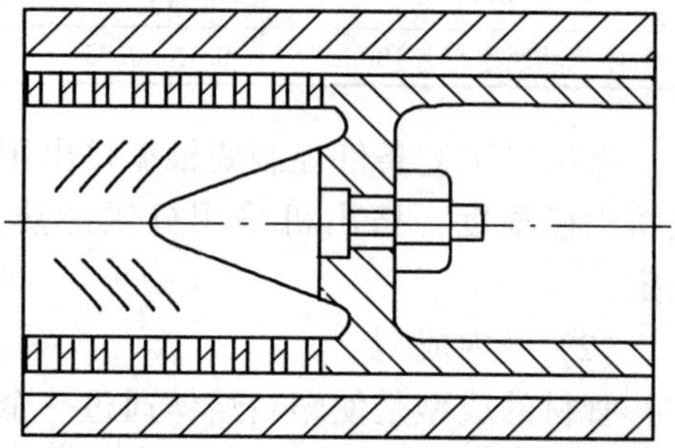

图 6-4-48　筛孔板式机头

(3) 定型

经过机头成型的管材型坯，由于温度较高，很容易变形，因此要通过定型装置完成型坯的定型。管材的定型主要通过定径套固定管子的外径或内径完成。

通过外定径定型制得的管材外壁光滑，外径尺寸精确。该装置简单、操作方便，常与直通式机头配合。我国硬管标准以外径表示管材规格，所以硬管以外定径为主。外定径又分为真空法外定径和内压法外定径，如图 6-4-49 所示。

内压法外定径是指管内通入压缩空气，管外加冷却定型套，使管材外表面贴附在定型套内表面而冷却定型的方法。

真空法外定径是指管外抽真空使管材外表面吸附在定型套内壁冷却定型的方法。

两种方法都是利用管子的内外压差，采用冷却和加压的方法使管子的外表面贴近定径套的内表面，因此定径套的结构尺寸对管坯的成型质量影响较大。定径套的安装位置如

图 6-4-50所示。从机头挤出的管坯经过定径套后，既能使管坯有一定的降温，又要使管坯能够形成一个有较稳定形状的管内外壁冷硬层，达到定径套的工作目的。

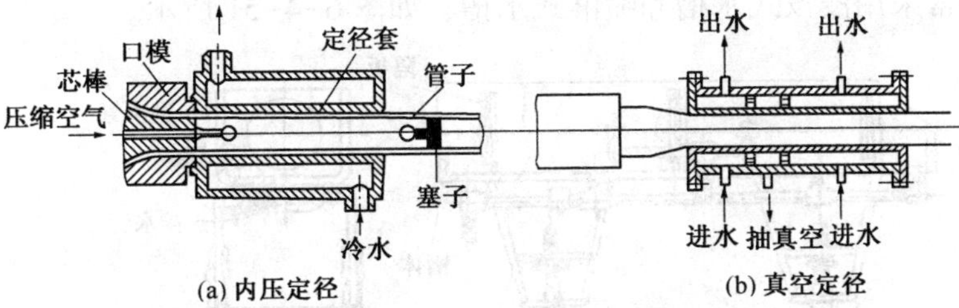

图 6-4-49　外定径装置示意图

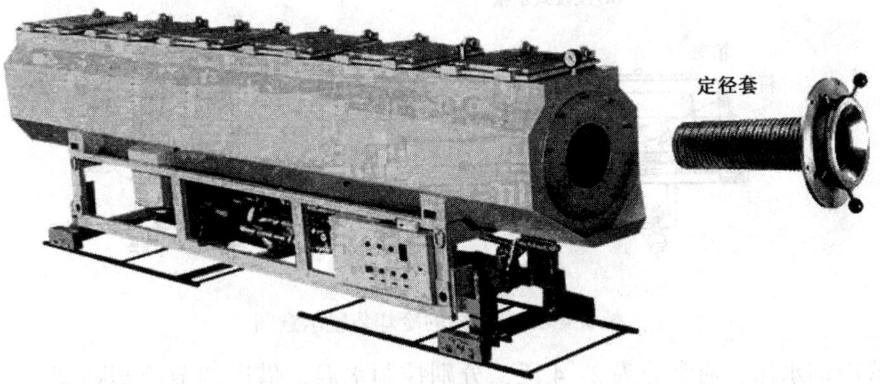

图 6-4-50　真空定型水箱

定径套长度一般根据成型用原料的性能、挤出管坯的速度、冷却水的温度等条件而定。一般定径套长度为管直径的 2~5 倍，小直径管取大值，大直径管取小值。长度越长，定径效果越好，但管材的牵引摩擦阻力也越大。

定径套的内径是成型管材的外径尺寸，一般这个内径尺寸略比口模的内径尺寸大 1%左右，定径套的管出口直径要比管进口直径小些，这主要考虑到管坯在通过定径套时温度降低后有一定的收缩值，按照经验数据，这个锥度值一般在 8%左右。

目前管材的定径采用真空定型的较多，一般采用如图 6-4-50 所示的真空定型水箱。真空定型水箱采用不锈钢箱体，装有供定型和冷却的真空系统和水循环系统。水循环系统大多为喷淋冷却系统，箱体上装有前后移动装置和左右、高低调节手动装置。整个箱体都处于真空状态，保证了除与定径套接触的那一段管子以外的管子其他部分的圆度，主要用于管材的定型、冷却。

内定径定型是一种在具有很小锥度的芯棒延长轴内通冷却水，靠芯棒延长轴的外径确定管材内径的方法。这种方法多用于直角机头。由于管材内、外壁同时冷却，内径定径法具有机头阻力较小、管材内孔的圆度好等优点。但是定型装量结构复杂，塑料在机头内流程长，流道有弯折，容易有死角，导致发生过热降解，不适用于 PVC 热敏性塑料管的挤出，多用于成型 PE、PP 等塑料管材，尤其适用于要求内径尺寸稳定的产品定型。

（4）冷却

经过定径的管材，虽然也伴随介质的冷却，管材的温度有一定的下降，但是管材的温度还没有下降到热变形温度。特别是外定径的管材，管材的内表面温度较高，如果不继续冷却降温，在壁厚的径向方向存在温度梯度，会使原本冷却的外表层温度上升而变形，产生内应力，影响管材的质量，因此有必要对管材进行更充分的冷却。

管材的冷却常采用浸没式水槽和喷淋式水槽，如图 6-4-51 所示。

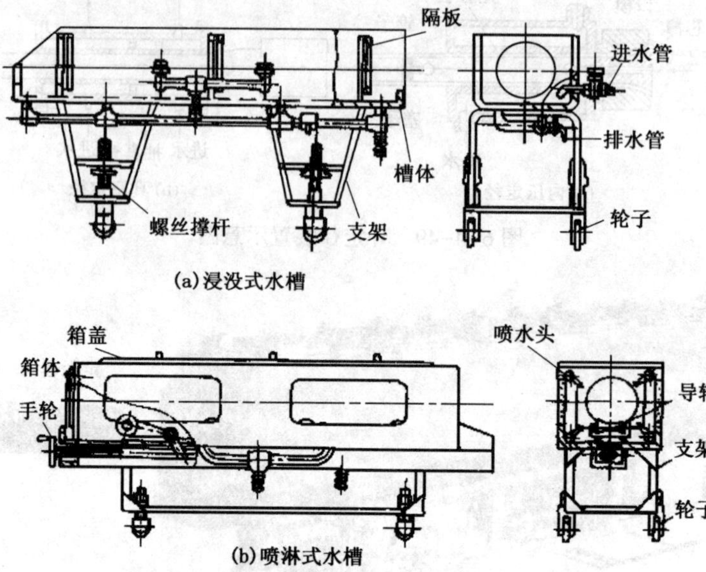

图 6-4-51　管材的冷却装置示意图

浸没式冷却水槽，通常分为 2~4 段，分别控制水温，借以调节冷却强度。一般从最后一段进入，水流与管材前进的方向相反，使管材保持一定的冷却速度梯度，这样使管状物降温较缓慢，以避免因降温过快而使管壁内产生大的内应力。浸没式冷却装置由于水槽上下水温不同，管材在冷却过程中会因上、下收缩不均而出现弯曲，特别是口径大的管材通过水槽时会受到浮力作用，产生弯曲的可能性更大。

为了克服上述缺点，并提高冷却效率，可以采用喷淋式水槽对管材进行冷却。喷淋式水槽内，管材径向方向四周均匀布置 3~6 根喷淋水头，管子的入口处可以排列得密集些。这样可以避免因为浮力以及冷却水的温度不均匀出现的管材弯曲现象，也增加了管材和冷却水的热交换，提高了冷却效率，对于大口径的管子尤其适用。该喷淋式水槽可与真空定型水箱做成一体。水槽的长度取决于管子的厚度和直径。喷淋式水槽也可以做成喷雾式，冷却效率更高。

(5) 牵引

牵引的主要作用是均匀拉出管材并通过调节牵引速度来控制管材的壁厚。

牵引装置主要有滚轮式和履带式两种，如图 6-4-52 所示。

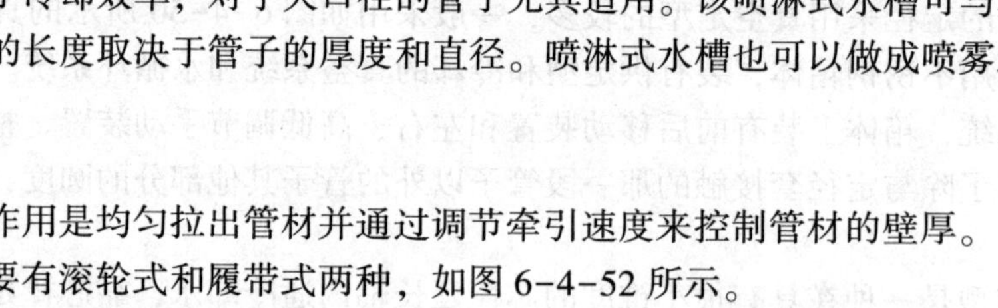

图 6-4-52　管材牵引装置示意图

滚轮式牵引装置，是通过滚轮和管材之间的点接触，因此牵引力较小；而履带式牵引装置由 2 条、3 条、6 条履带均匀分布在管材四周，与管材的接触面积大，牵引力大且受力均匀，管材不易变形打滑，因此目前主要采用履带式牵引装置。

牵引力和牵引速度是在牵引中要控制的主要参量。

牵引速度要与挤出速度相适应，对于管材一般前者比后者大 1%~10%。牵引速度过快会在管壁中产生不适当的聚合物分子定向，从而降低管材的爆破强度，残余内应力大，管材易弯曲变形，易拉断；牵引速度过慢，管坯会在口模处堆积，并由于离模膨胀，壁厚增大。此外牵引速度必须稳定，否则会导致管材纵向厚度不均匀。

牵引力是指牵引装置夹紧管材的力，该力要适中，防止管子变形和牵引不足。牵引力随着与管子的接触面积和定径处的径向压力增加而增大。

要保证牵引速度和牵引力的稳定，任何不规则的波动都有可能使制品表面出现皱纹或其他缺陷。

（6）切割

切割是将挤出的管材切割成一定的长度，以便存放和运输。

切割装置主要有两种形式，自动(或手动)圆锯切割机和行星式自动切割机。

自动圆锯切割机是由行程开关控制管材夹持器和电动圆锯片。夹持器夹住管材，锯座在管材挤出推力或牵引力的作用下与管材同速前进，锯片开始切割，管材被切断后夹持器松开，锯片返回原处。自动圆锯切割机对于大口径的管材不适用，适用于切 200mm 直径以下的管。

行星式自动切割机适用于大口径管材的切割。切割时，可由一个或几个锯片同时锯切，圆片不仅自转，而且还可围绕管材旋转。

切割装置要与挤出速度同步前进的过程中切割，保证断面与管材垂直。由行程开关控制锯和夹持器。

（二）塑料异型材的挤出

所谓异型材是指横截面为非圆形、非圆环或很薄的矩形的塑料制品的统称。例如瓦楞槽、T 形等，异型材的断面形状如表 6-4-6 所示。

表 6-4-6　异型材的断面形状

异型管材	中空异型材	隔塞式异型材	开放式异型材	分节异型材	镶嵌异型材	实心异型材

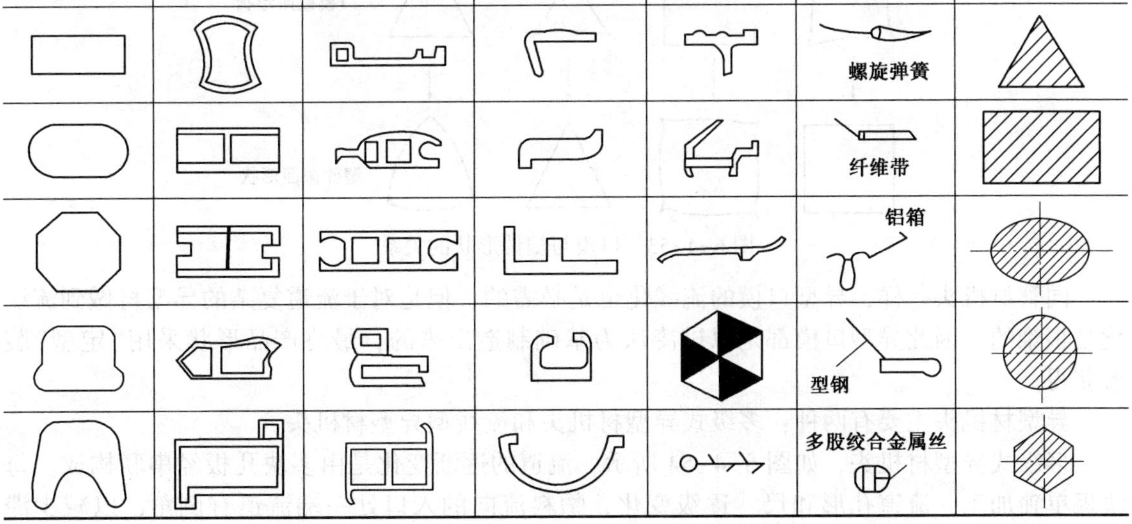

异型材按材料分为两种：一种是全塑料异型材，另一种是指塑料材料和非塑料材料复合而得的复合异型材。

按异型材的软硬程度可分为软质异型材和硬质异型材。

按塑料品种分类可分为PVC异型材、PE异型材等，其中大多数是PVC异型材。

塑料异型材的挤出工艺流程与管材的挤出工艺流程非常相似，下面以PVC为例，介绍异型材不同于管材的地方。

1. 塑化挤出

异型材用挤出机不需要特殊的结构，只要正确地选用通用的挤出机，并根据异型材截面的大小选择：当型材每米重不超过250g时，只能选用单螺杆挤出机；当型材截面大时可用单螺杆挤出机或双螺杆挤出机。采用单螺杆挤出机成型时，PVC粉状树脂需要事先造粒。双螺杆挤出机可以直接采用简单混合的PVC树脂，而且成型一般采用异向旋转的锥型双螺杆挤出机。挤出机的选择可参照表6-4-7异型材的最大宽度与双螺杆挤出机型号的关系。

表6-4-7　异型材的最大宽度与双螺杆挤出机型号的关系

挤出机型号	SJZ-55	SJZ-65	SJZ-80
异型材最大宽度/mm	180	300	1200

2. 成型

与管材的对称截面不同，异型材的断面比较复杂，异型口模的流道厚度非常不均匀，这使异型口模的设计以及预测黏弹性流体的挤出胀大非常困难。

对于圆形口模来说，圆心到圆周各点的距离是相等的。而对于异型材，即使是对称的异型材如正方形，对称中心到周边各点的距离是不等的。距离不等就造成剪切应力大小不同，因而离模膨胀的程度也就不同。

若聚合物熔体在正方形断面流道内流动，则挤出物在它各边的中央处由于经受较高的剪切速度而胀大得更多些，所得的挤出物则会在每一边显出向外的“鼓凸”。因此要生产正方形的产品，则需要一个各边凹进去的像一个四角星的模口。如图6-4-53所示为口模与塑件形状的关系。

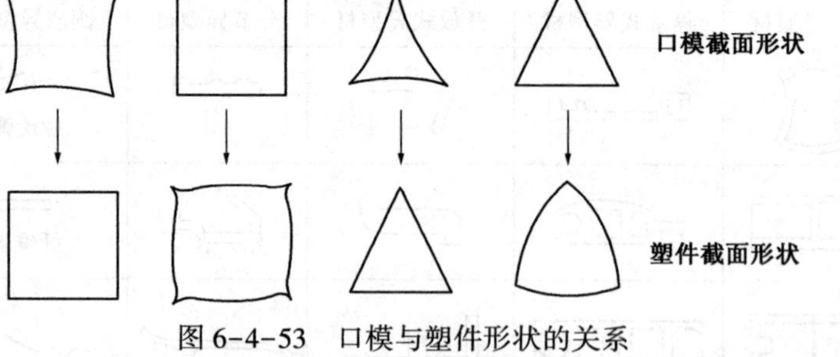

图6-4-53　口模与塑件形状的关系

同管材机头一样，异型口模的流线化也是必需的，但是对于流道复杂的异型材做到流线化是很难的。因此异型口模都是以试凑法为基础制造出来的，最终产品形状采用“定型”装置获得。

异型材机头主要有两种：多级式异型材机头和流线型异型材机头。

多级式异型材机头，如图6-4-54所示，流道的逐渐变化是由多块孔板经串联构成。每块板单独加工，流道孔形和尺寸逐级变化，物料流向的入口处一端流道有倒角，以减少滞料。此种机头的流道加工简单，但对热敏性聚合物(如聚氯乙烯等)不适合。

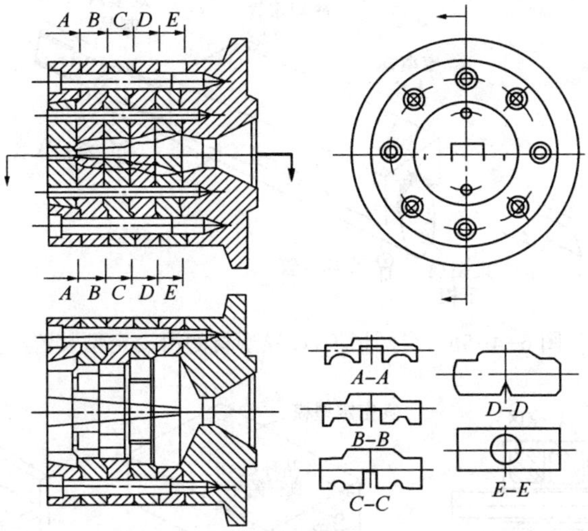

图 6-4-54　多级式异型材机头

流线型异型材机头，如图 6-4-55 所示，整个流道无任何“死点”，截面连续逐渐减小，直至成型区达恒定截面。这样的机头流道，熔体无滞留点，且流速恒定增加，能获得最佳型材质量。但流道加工较苛刻，需经过特殊加工，整体制成。

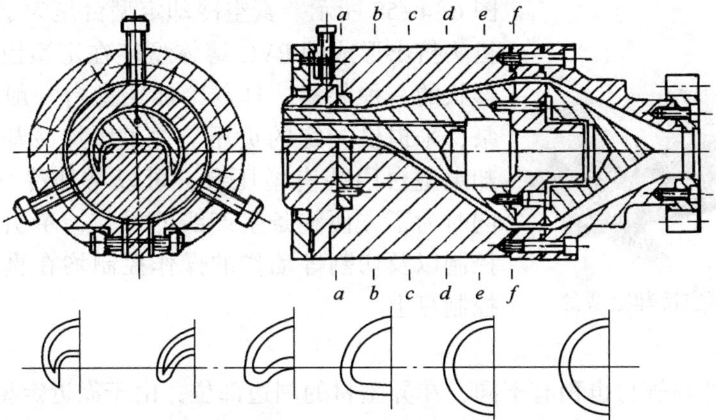

图 6-4-55　流线型异型材机头

3. 定型

由于异型材断面形状复杂，异型口模都是以试凑法为基础制造出来的，最终产品形状采用“定型”装置获得，该定型装置在挤出物离开异型口模后作用于异型材的型坯。

异型材的定型方式大致分为三类：密闭式外侧定型(加压定型或真空定型)，多用于中空异型材，如窗框；开放式滑动定型，用于开放型材，如楼梯扶手、线槽等；内定型，用于中空异型材。

图 6-4-56 所示为滑动式定型装置，是一种比较简单的定型装置，可以不对产品加压，也可以通过弹簧或平衡锤等调节对制品的摩擦力来对产品施压。

当异型材尺寸要求精确时，必须使用真空定型装置，如图 6-4-57 所示。真空定型装置采用真空定型模，型坯在通过定型模时，同时对型坯进行冷却并抽真空，利用压力差起到定型的效果，其定型效果好，但结构较复杂。一般真空度大于67kPa。

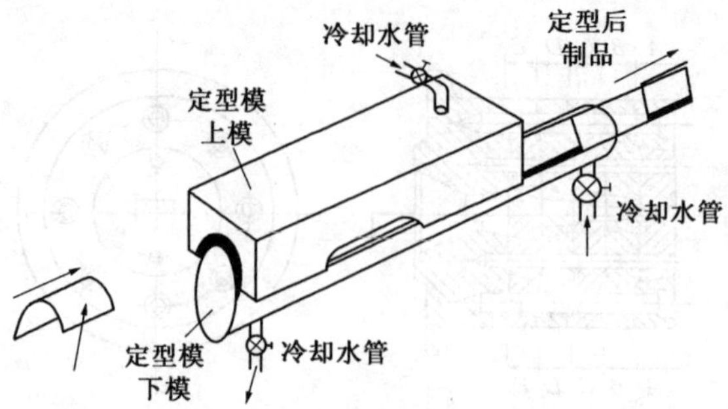

图 6-4-56　半圆形 PVC 异型材的滑动定型装置

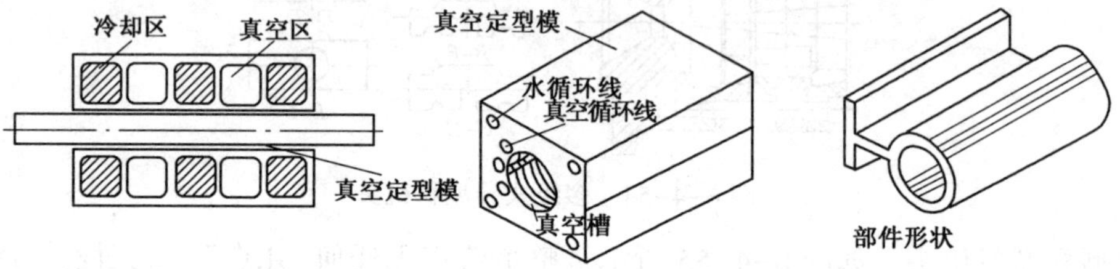

图 6-4-57　真空定型装置

图 6-4-58　真空冷却定型台

生产 PVC 异型材时，常采用真空冷却定型台，如图 6-4-58 所示。真空冷却定型台是为了配合挤出机通过机头挤出形成的 PVC 熔体型坯在定型模具中冷却成规定形状的一种装置。真空冷却定型台一般设有水环式真空泵，来提供一定的负压。为了增加冷却水压，在真空冷却定型台内装有增压泵，可以增加冷却水的冷却效果。同时为了方便整条生产线的操作，牵引机的启动和调速控制以及切割等动作的操作控制均在真空冷却定型台的控制盘上。

4. 冷却

异型材的冷却与管材也稍有不同，在异型材的周边部位，由于靠近定型模，所以冷却速度较快，而中间的支承部位的位置冷却就相当慢。这个部位熔融塑料的热量要传递给相邻的壁部，再由壁部传递给定型模，所以在实际生产中要用三级定型，才能使冷却较慢的部位得到充分冷却。因此异型材冷却均匀性问题对于保证产品的质量非常关键。

（三）塑料板材的挤出

板材(>1mm)和片材(0.25~1mm)是一种形状简单的制品，可以列入异型材中，但是由于形状的特点，与异型材又有很大的差异。目前可生产板材和片材的方法有很多，如挤出成型、压延成型、浇铸成型、层压成型等。挤出成型生产板材具有设备简单、生产成本低、制品抗冲击强度高等特点。目前挤出板材的宽度一般为 1~1.5m，最大可达 4m。

挤出板材可用的塑料品种有 PVC、PE、PP、ABS、HIPS、PC、PA、POM、CA 等，其中前四种多见。

1. 板材挤出工艺流程

挤板的工艺流程如图 6-4-59 所示，同管材的流程基本相似，塑化的物料通过挤板机头进行成型，定型采用三辊压光机，冷却一般通过冷却输送辊完成。板材需要按照使用要求进行切边和定长切割。

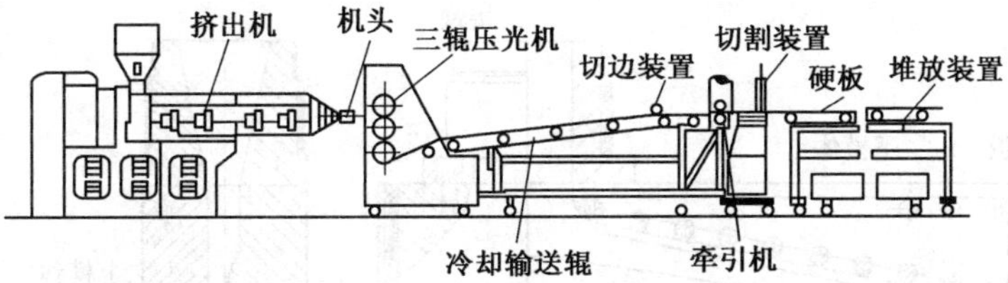

图 6-4-59 挤板生产工艺流程示意图

2. 挤板原理以及工艺分析

(1) 塑化挤出

挤板的挤出机可以采用单螺杆挤出机，但是由于板材较宽，因此采用单螺杆挤出机时螺杆直径大都大于 90mm，长径比≥20。挤出 PVC 板材时可以采用锥型双螺杆挤出机，挤板用挤出机的选择如表 6-4-1 所示。

(2) 模内成型

板材成型时，聚合物熔体是从一个很宽但开度很小的近似于矩形的通道中挤出而连续成型的。该装置为板式机头，通常称为扁平机头。

对于板材机头，要求在整个口模宽度方向上熔体以相同的速度离开出料口，即如图 6-4-60所示的矩形出口，这是保证挤出板材厚度均匀和表面平整的重要条件。而两个质点从圆形的通道进入，要流到较宽的矩形的出口处，由于流动的路程不同，其结果必然会造成通过模口的流率沿口模宽度方向不同位置的不均匀性。

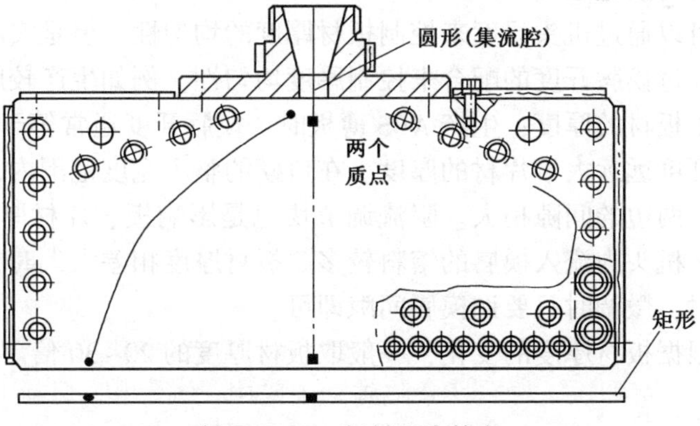

图 6-4-60 板材机头特点

从机械结构看，板材机头的特点是熔融的物料从断面为圆形的集流腔中心流入，集流腔通过一个窄缝通道(物料沿其整个长度流动)把熔体分配到过渡流道，合理的口模设计应该在规定条件下使聚合物熔体通过不变的模口，以恒定的流率和温度挤出来。因此，从挤出机到口模流动通道的设计和选择就非常重要。

板材机头按照结构可以分为“T”形机头、鱼尾形机头、衣架式机头等。

“T”形机头，有一支管，支管可以起到分配物料、稳定料流的作用，但是支管处容易使物料停留时间过长，因此不合适硬质 PVC。鱼尾形机头的流道形状像鱼尾，它是为克服“T”形机头流道支管带来的弊端，扩大使用范围，而改进的一种平缝形机头。应用较广的是衣架式机头，它集中了支管式和鱼尾式机头的优点。其采用了支管式机头的圆管形流道，存有一定的料量，可起到稳压作用，但缩小了圆管形流道的截面积，减少了物料的停留时间，同时采用了鱼尾形机头的扇形流通来弥补板材厚度不均匀的缺点，如图 6-4-61 所示。

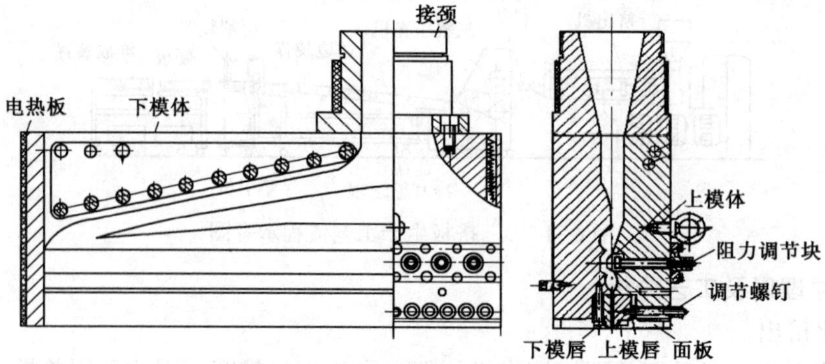

图 6-4-61　衣架式机头示意图

无论何种机头，当成型后的型坯从口模出来时，挤出物会发生胀大的现象，挤出物胀大的程度由树脂物性、熔体温度、口模长度与开度之比以及口模壁面处的剪切应力决定。当剪切应力超过一定值时会出现不稳定流动现象。

板材机头可以通过两个很重要的参量来控制板材厚度的均匀性，即机头温度和模唇的尺寸。由于板材的特点，机头的温度控制很难，机头温度一般比机筒温度高 5~10℃。因机头较宽，熔料要在相当宽的机头分布均匀，必须提高料温，以提高熔料的流动性。机头温度应严格控制在规定范围之内，如果过低，则板材表面无光泽、易裂，若过高，则塑料容易分解、制品有气孔。此外，机头温度一般控制在中间低两边高，机头的温度波动不能超过±5℃，这是板材厚度较为均匀的措施之一。

虽然在理论上可以通过机头温度来控制板材厚度的均匀性，但是实际生产中控制机头温度较为困难，一般通过模唇开度的配合来控制厚度均匀性。例如生产较厚的板材时，模唇开度一般等于或稍大于板材的厚度；生产 ABS 薄板时，模唇开度通常等于或略小于板材厚度；生产薄片时，模唇开度远远大于片材的厚度。在口模的整个宽度范围内，一般来说，模唇开度中间的间隙较小，两边的间隙稍大。阻流调节块也是影响板、片材厚度的重要因素之一。阻流块开度较大时，机头内流入模唇的熔料较多。板材厚度相差太大时，应调节阻流块的位置；厚度相差不大时，微调时只要调模唇间隙即可。

模唇流道长度根据板材厚度的变化，一般取板材厚度的 20~30 倍。

（3）定型

同管材的生产一样，板材经过成型后需要定型。同管材和异型材不同，板材的定型采用三辊压光机。

三辊压光机由直径 200~400mm 的上、中、下三个中空辊组成，辊筒中心供加热、冷却介质回流。辊筒的长度应比机头稍宽，辊筒表面的镀铬层使板材或片材表面形成高光洁度。中间辊固定，上下辊隙可调以适应成型不同厚度板材的需要。

实际上三辊压光机在生产线中还起到对机头挤出物料的牵引作用，为防止物料发生褶皱和减少内应力，辊子的牵引速度是挤出线速度的 1.10~1.25 倍，因此辊筒转动的速度无级可调。

压光机和机头的距离一般为 50~100mm，间距过大，不仅挤出的板坯易在重力作用下下垂，产生皱褶影响表面质量，而且还会由于进入辊隙前散热过多降温而对压光不利。从机头引出挤出物到三辊机去的方向有水平形式和斜向形式两种，如图 6-4-62 所示。

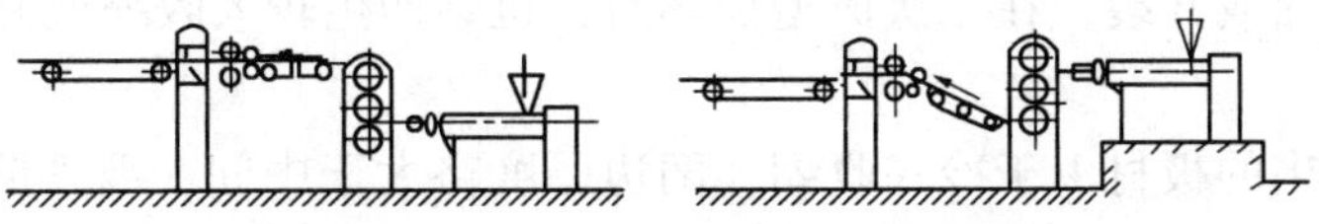

图 6-4-62　板材进入三辊压光机位置示意图

水平形式的引出使用比较普遍，适用于不太厚的板材，水平引出的可以从上、中辊之间或中、下辊之间引入三辊机。斜向形式引出的适用于厚板，可避免板材下垂。

在工艺上，需要控制三辊压光机的温度、辊筒的速度、与机头的距离、辊筒的间隙等。

三辊压光机的线速度一般应与挤出速度相适应或比挤出速度快 10%~25%，且各辊速度应同步，以免产生过大的拉伸和取向，造成板材纵横向性能不一致。

三辊压光机辊筒间距一般调节到等于或稍大于板材厚度。其中，上辊和中辊间隙的调节十分重要。二辊间距沿板材宽度方向应调节一致。对于 PE、PP 板材，为了防止口模出料不均而出现缺料使制品产生大块斑，此辊距间隙应有一定量的存料，但存料量过多，会使板材产生“排骨”状的条纹。

三辊压光机的温度直接影响板材的表面光洁度和平整度。为了防止板材产生过大的内应力而翘曲，应使板材缓慢冷却，这样，压光辊筒有时要加热。辊筒表面温度应高到足以使熔融塑料与辊筒表面完全贴合，使板、片表面上光或轧花。但温度又不能过高，温度过高会使板、片材难以脱辊，表面产生横向条纹，甚至将其拉坏。温度较低时，板、片材不能贴紧辊筒表面，否则板、片材表面无光泽。生产 PVC、ABS 板及片材时，辊筒温度不超过 100℃，而 PP 生产时，辊筒温度有时要超过 100℃。

如果挤出的坯料从上辊和中辊间隙进入，贴紧中辊绕半圈，经过中辊和下辊的间隙，经过下辊半圈面导出，这时，中辊的温度最高，上辊的温度稍低，约比中辊低 10℃，下辊的温度最低，约比中辊低 10℃。例如，生产 RPVC 板材时，三个辊筒的温度依次为 70~80℃、80~90℃、60~70℃。

(4) 冷却

通过压光机后板坯温度还较高，要利用导辊继续冷却。聚合物薄片在不受到拉伸的情况下采用对流的冷空气(或惰性气体)、用浸入到液体槽中或采取使其在导辊上通过等方法来进行冷却。导辊又叫冷却输送辊，是由多个 50mm 左右的圆辊组成，它的排列长度取决于板材厚度和塑料的导热性。通常挤出 PVC、ABS 板材时，冷却输送长度为 3~6m，挤出聚烯烃板材时冷却输送长度为 5~10m。

冷却过程中要注意：板坯的两侧与空气接触面积大而降温较快，厚度较小的降温快，降温较快的地方会产生较大的内应力，带有内应力的板材在二次成型时往往会翘曲不平而无法成型，所以必须使板坯各部分降温速率尽量一致。此外冷却过程中不应受到强制牵伸。

(5) 牵引

牵引装置由两个辊筒组成，其作用是将板或片均匀牵引至切断装置，防止压光辊处积料，并将板压平防止弯曲。牵引力是靠辊与板间的摩擦力获得的，当材料一定时，调节压紧力(即正压力)，可改变牵引力的大小。牵引线速度可无级调速。

牵引速度与挤出的线速度基本相等，牵引机应比三辊压光机快 5%~10%，将长达 5~6m 的冷却输送辊处的板材张紧，在空气中缓慢自然冷却至室温。牵引辊的速度不能太快，因从三辊出来的板材，芯层温度可能接近高弹态温度，若牵引速度过大，板材芯层存在内应力，使用过程会发生翘曲或开裂，在二次成型加热时，也会产生较大收缩或开裂。

(6) 切边

从扁平口模挤出的板材由于冷却收缩，两边厚度略大于中间，要切除 5~10mm 的边部，保证板材厚度均匀。

切边装置可以是旋转的圆片切刀或圆锯片。为了控制厚度在给定范围内，多采用β射线测厚仪测厚。β射线测厚仪不直接与板材直接接触，测量快而准确，测量精度可达 0.002mm。

(四) 吹塑薄膜

塑料薄膜一般是指厚度在 0.25mm 以下的平整而柔软的塑料制品。

塑料薄膜的生产方式大体上可分为挤出法、压延法和流延法三类，而挤出法又分为挤出吹塑、挤出平膜两种。此处主要介绍挤出吹塑法生产的塑料薄膜，即吹塑薄膜。

1. 吹塑薄膜的生产特点

吹塑薄膜是塑料薄膜成型方法之一。其过程是将树脂利用挤出机熔融塑化挤成薄壁管，然后在牵引装置的作用下，利用聚合物此时具有较好的流动状态，采用压缩空气将它吹胀成所要求的厚度，经冷却定型后成为薄膜。

目前用于吹塑薄膜的原料有 PE、PVC、PDVC、PP、PS、PA、EVA、PVA 等，吹塑薄膜熔体流动速率的要求如表 6-4-8 所示。除单层薄膜外，还可以生产多层复合薄膜，薄膜规格为：厚度在 0.01~0.3mm 范围，剖开宽度从几十毫米到几十米。

表 6-4-8 吹塑薄膜原料选择

原料	PP	LDPE	LLDPE	HDPE
熔体流动速率/(g/10min)	3~6	0.3~8	0.3~3.3	0.5~8

与其他塑料薄膜的生产方法比较，挤出吹塑薄膜具有设备简单、投资少、机台利用率高、操作简单、无废边、成本低且便于土法上马的优点，此外薄膜经牵引、吹胀，力学性能有所提高，其成品是圆筒形，用于包装可省略焊接工序。挤出吹塑薄膜的缺点是薄膜厚度均匀性差、冷却速度低、薄膜透明度低，且受冷却速度的限制，卷取线速度一般不超过 10m/min，产量较低。

2. 吹塑薄膜的生产方式

吹塑薄膜有三种生产方式，即平挤上吹法、平挤下吹法、平挤平吹法。

(1) 平挤上吹法

如图 6-4-63 所示，平挤上吹法的生产使用直角机头，机头的出料方向与挤出机出料方向垂直，挤出管坯垂直向上引出，经吹胀压紧，导入牵引辊，再经过导向辊进入卷取装置。

由于平挤上吹法的整个管泡都挂在泡管部已经冷却的坚韧段，所以牵引稳定，能制得厚度范围大和宽幅的薄膜。挤出机安置在地面上，不需要操作台，操作方便，维护检修也方便。

平挤上吹法由于管泡周围的热空气向上流动、冷空气向下流动，对泡管的冷却不利。此外物料在机头处需要有一个直角的流动，增加了料流阻力，容易使物料在拐角处分解。机头和辅机的结构要复杂些。

(2) 平挤下吹法

如图 6-4-64 所示，与平挤上吹法相似，平挤下吹法的生产也使用直角机头，机头的出料方向和挤出机出料方向垂直，挤出管坯垂直向下引出，经吹胀压紧，导入牵引辊，经过导向辊进入卷取装置。

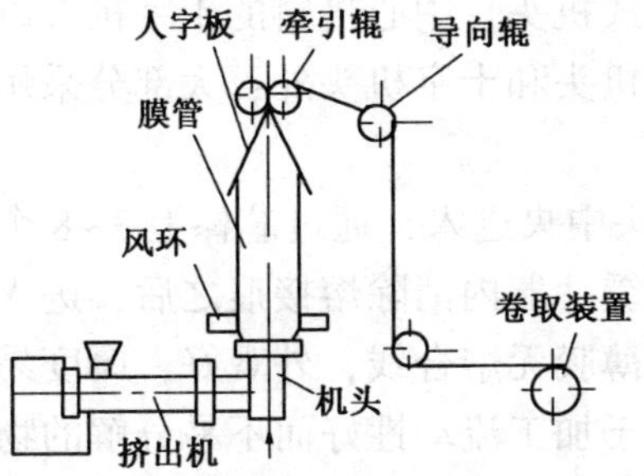

图 6-4-63 平挤上吹工艺流程示意图

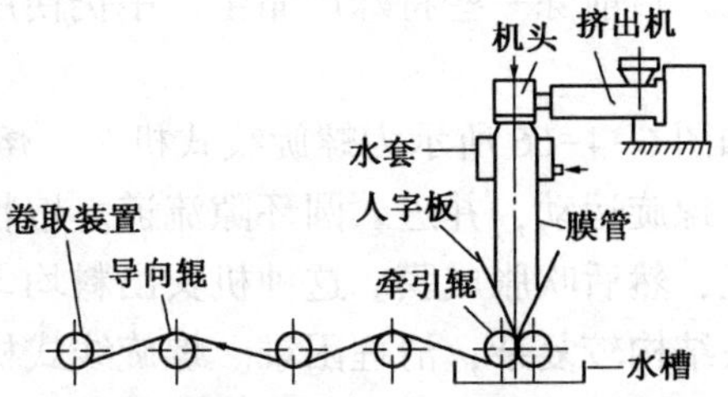

图 6-4-64 平挤下吹工艺流程示意图

平挤下吹法与平挤上吹法的特点正好相反。

平挤下吹法挤出的管泡，其牵引方向与机头产生的向上的热气流正相反，有利于管泡冷却。由于冷却装置在机头下方，可以采用水套直接冷却泡管，冷却速度快，使生产效率和制品透明度得到显著提高。引膜靠自重下垂进入牵引辊，引膜方便。

平挤下吹法的缺点是整个管泡挂在上部尚未冷却的塑性段上，在生产厚膜和牵引速度较快时，易拉断管泡，对于相对密度较大的塑料(如 PVC)牵引更难控制。此外挤出机必须安置在较高的操作台上，操作维修不方便，增加了操作成本。

(3) 平挤平吹法

如图 6-4-65 所示，平挤平吹法的生产使用直通机头，机头的出料方向和挤出机出料方向一致，挤出管坯水平引出，经吹胀压紧，导入牵引辊，经过导向辊进入卷取装置。

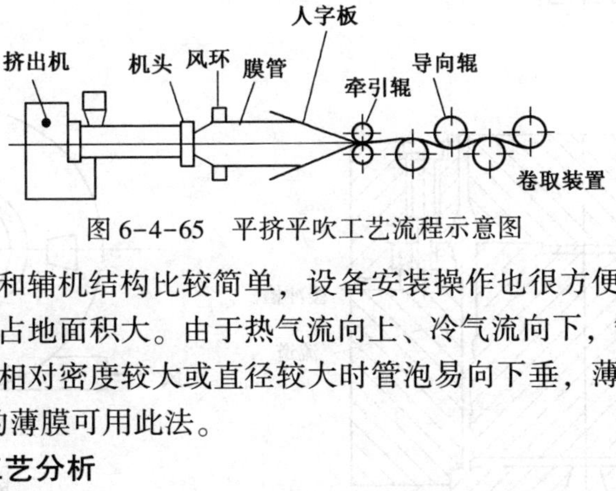

图 6-4-65 平挤平吹工艺流程示意图

平挤平吹法的机头和辅机结构比较简单，设备安装操作也很方便，对厂房要求也不高。但是平挤平吹法的设备占地面积大。由于热气流向上、冷气流向下，管泡上半部分冷却要比下半部分困难，当物料相对密度较大或直径较大时管泡易向下垂，薄膜厚度不易调节均匀，通常幅宽小于 600mm 的薄膜可用此法。

3. 吹膜原理以及工艺分析

(1) 塑化挤出

挤出吹膜通常采用单螺杆挤出机，用于吹塑薄膜的挤出机应保证平稳、连续地提供黏度、温度及塑化程度均匀的塑料熔体至机头口模。挤出机的生产量要与薄膜的厚度和折径相适应。螺杆长径比通常在 25∶1 以上，有时为了增加混炼效果，螺杆头部增加混炼装置。表 6-4-9 所示为吹膜用挤出机的螺杆直径与吹膜机头直径的关系。

表 6-4-9 螺杆直径与吹膜机头直径的关系

螺杆直径/mm	45	50	65	90	120	150
机头直径/mm	<100	75～120	100～150	150～200	200～300	300～500

(2) 模内成型

吹塑薄膜的成型采用吹膜机头，机头是决定薄膜厚度及外观质量的关键部件。吹塑薄膜用机头的结构型式很多，常见的为侧向进料的芯棒式机头、中心进料的十字机头以及螺旋线式机头。目前除一些特殊产品生产中仍使用芯棒式机头和十字机头外，大部分采用螺旋线式机头。

如图 6-4-66 所示为螺旋线式机头。熔体从机头中央进入，通过芯棒上 3~8 个螺纹槽向上，作螺旋运动，并进入圆环隙流道。熔料在环形缓冲器内消除熔接痕之后，进入成型区挤成管坯，然后吹胀成膜。这种机头出料均匀稳定，薄膜无熔合线，外观好，厚度易控制。但该机头结构较复杂，清理困难。螺旋线式机头适合于加工流动性好而不易分解的物料，如聚乙烯农膜和包装膜的加工。

(3)冷却

吹塑薄膜的冷却是吹塑薄膜系统的关键环节，冷却效率直接影响到吹塑薄膜的生产效率。因此对于吹塑薄膜用的冷却装置必须有较高的冷却效率，冷却均匀，能对薄膜厚度不均匀性进行调整。此外冷却装置可以对膜泡起定型作用，在挤出过程中保证管泡稳定、不抖动，使生产出的薄膜具有良好的物理力学性能。

冷却装置主要有风环冷却、水环冷却、双风口减压风环冷却和内冷装置冷却。

风环是常用的冷却装置。风环一般距离机头 30~100mm，薄膜直径增加时选大值。风环的内径比口模的内径大 150~300mm，小口径时选小值，大口径时选大值。

普通风环由上下两个环组成，如图 6-4-67 所示，有 2~4 个进风口，压缩空气沿风环的切线(或径线)方向由进风口进入。在风环中设置了几层挡板，使进入的气流经过缓冲、稳压，以均匀的速度吹向管泡。

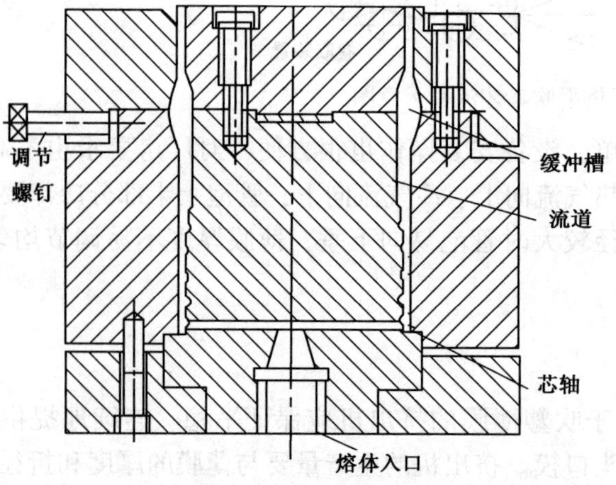

图 6-4-66　螺旋线式机头

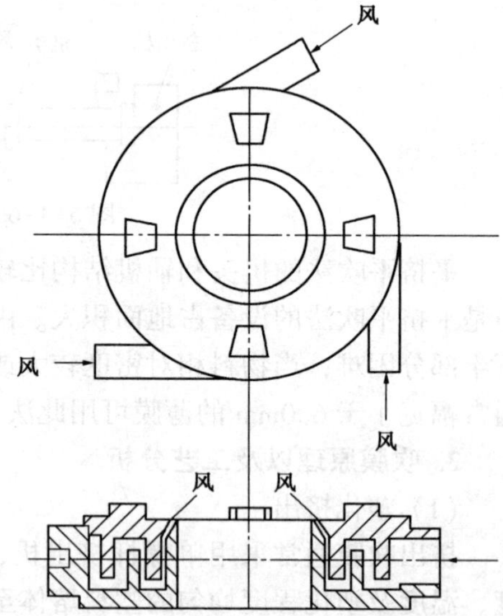

图 6-4-67　风环结构示意图

普通风环的作用是将来自风机的冷却风沿着薄膜圆周均匀、定量、定压、定速地按照一定方向吹向管泡。出风口的开口度大小可调，一般在 1~4mm，风从风环导出与水平面成 45°以上的倾角，多选 60°倾角。倾角小则风力集中，膜泡不稳；倾角增大，气流托住膜泡，膜泡颤动小，容易操作。出风口的角度应根据塑料的品种、膜泡的泡型进行综合考虑。

聚丙烯、聚酰胺等结晶型聚合物，在熔融过程中需要吸收大量的热，且成型温度较高，因此，在冷却定型时需要放出大量的热。为了避免结晶速度不同引起的弊病，即结晶度和晶体结构的差异造成性能不一而外观质量下降，必须有效地控制冷却速率。

实践表明，采用水骤冷方式可以生产出透明度高、平整度好、脆性低、物理机械性能均一的聚丙烯和聚酰胺薄膜。通常采用溢流式水冷却定型环，用于下吹法生产。

从冷却风环吹出的冷却空气对泡管的降温速率，不仅影响生产率，而且与所生产塑料薄膜的外观、尺寸和性能有密切关系。实际生产过程中，常采用冷冻线高度来判定所选择的冷却条件是否合适。

在采用风环冷却工艺时，刚挤离口模的管状物是透明的，一旦冷却到适当温度而产生晶体时(例如聚烯烃结晶型物料)，即失去透明性而变浑浊，透明与浑浊的交界线称为冷冻线。影响冷冻线高度的因素有冷却速率、挤出管膜温度、吹胀比、牵引速度等。一般冷却速率越大，挤出泡管温度越低，吹胀比越大，牵引速度越低，冷冻线高度越低；反之则增高。

对于结晶型物料，为了得到透明度高、强度好的薄膜，应适当降低冷冻线高度，因为快速降温到 T_m 以下，结晶过程难以充分进行，膜的晶粒细小，结晶度也较低。而且泡管上升超过冷冻线以上后，仍可在 T_g 以上保持一段时间，另外泡管尚处在张紧状态，这二者均有利于大分子通过链段运动消除应力，但又不致降低取向度。

在实际生产过程中，由于降低冷冻线高度必须采用高效冷却，使成型过程能耗明显增大。另外为保持纵、横向的取向度接近而无法将牵引速度大幅度增大(理论上牵引比取 4~6 较理想)，一般并不要求冷冻线高度太低。

冷却速度(风环的位置)不仅使泡管定型，而且对薄膜的光学性能和力学强度都有一定影响。实际生产中，可以用三种泡型来表示冷冻线的高低，即 L、M、H 型，如图 6-4-68 所示。其中 M 型是生产中常采用的泡型。

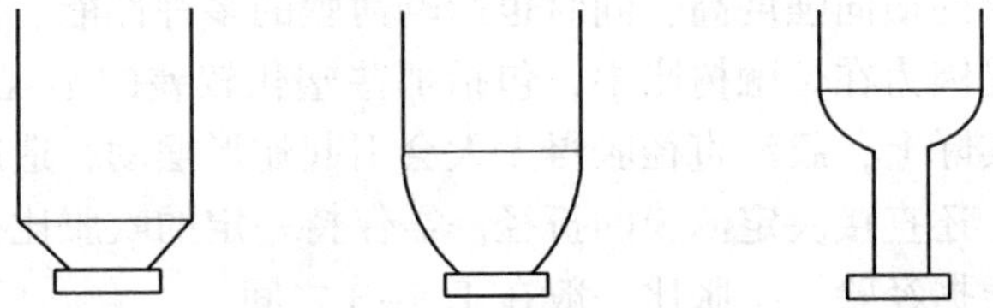

图 6-4-68　不同泡型的冷冻线

H 型是薄膜离开机头一定距离后急冷形成的泡型。H 型冷冻线过高，则冷却不足，冷却时间长，薄膜结晶度增加，透明性下降。高冷冻线的 H 泡型，显示了膜管在冷冻线处骤然膨胀，促使分子发生纵横两向同时取向，但横向取向程度更高。具有 H 型泡型是制取高强度超薄薄膜、双向收缩薄膜的必要条件。

L 型是薄膜离开机头立刻冷却时形成的泡型。L 型膜管冷冻线过低，冷却过急，冷却时间短，薄膜易产生内应力，薄膜发脆。横向来不及吹胀，纵向取向的程度高，使纵、横向均衡性比较差。L 型仅在制取单向收缩薄膜或拉伸薄膜时采用。

M 型是冷却速度较为缓慢时所获得的泡管形状。当风环位置较低、但风量不大、空气温度也不特别低时可形成这种形状。M 型冷冻线适中，则冷却适中，薄膜冷却均匀，表面光滑，纵、横向均衡性最好，薄膜质量好，是一般吹塑薄膜常采用的一种泡型。

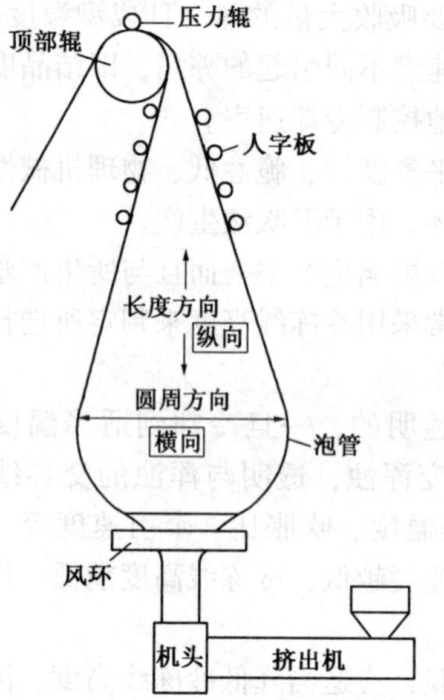

图 6-4-69　吹塑薄膜生产中的取向效应

(4) 牵引和吹胀

聚合物为基材的塑料材料有一个重要特性，即聚合物材料虽然通常是以相对无序的结构存在，但能在成型过程中使其分子链沿成型方向排列。

取向最显著的特点是制品的拉伸强度和弹性模量明显增加。

通常在严密的控制环境中，通过拉伸取向的挤出物可使拉伸强度提高 3~10 倍，刚度可增加到 2~5 倍不等。如果采用快速成型，则制品的拉伸强度最大可提高 20~50 倍，弹性模量最大可提高 50~100 倍。

吹塑薄膜的生产可以使薄膜产生相当高的取向，控制好吹胀比和冷冻线，可以生产出不同取向程度的吹塑薄膜。

如图 6-4-69 所示为吹膜生产中的取向效应，可看到吹膜在横向和纵向都获得一定的取向。横向方向的取向是由于从机头处吹入的压缩空气而使管状物在横向方向胀大，采用吹胀比来表示横向方向的取向。

吹胀比是指泡管直径与口模直径之比：

$$\alpha=0.637\frac{W}{D}$$

式中 α——吹胀比；

W——薄膜的折径；

D——口模直径。

吹胀比大，则薄膜的横向强度高，同时也影响薄膜的多种性能。例如吹胀比越大，薄膜的光学性能越好，这是因为在熔融树脂中，包括那些塑化较差的不规则料流可以纵横延伸，使薄膜平滑所致。但实际上，膜泡直径胀得太大会引起蛇形摆动，造成薄膜厚薄不均，产生皱褶。吹胀比的大小，还直接决定薄膜的折径。需保持一定的吹胀比，即维持泡管内压缩空气达到一定的压力，根据经验，吹胀比一般在 1.5~3 之间。

纵向方向的取向主要通过牵引装置提供的大于挤出速度的牵引速度。牵引装置由一根钢辊和一根橡胶辊组成，钢辊为主动辊，牵引辊的缝隙要对准机头中心，牵引装置的牵引速度能实现无级调速。牵引装置的作用是将人字板压扁的薄膜压紧并送至卷取装置，同时还防止管泡内空气泄漏，保证管泡的形状及尺寸稳定。通过牵引速度调节薄膜的取向程度和厚度。

牵引辊到口模的距离决定了冷却时间，不同的塑料热物理性能不同，冷却时间也不同，黏度越小，需冷却时间越长。如 PE 比 PVC 用的牵引辊到口模距离长，如果冷却不充分，两层薄膜会出现“自黏”现象，严重时对以后的加工和应用带来不便，甚至报废。纵向方向的取向程度是采用牵引比 β 来表示。牵引比 β 是指牵引速度与挤出管坯的线速度之比：

$$\beta=\frac{v_1}{v_2}$$

式中 β——牵引比；

v_1——牵引速度；

v_2——挤出速度。

牵引比使薄膜在引膜方向上具有取向作用，增大牵引比，薄膜的纵向强度随之提高，但牵引比不能太大，否则难以控制厚度均匀度，甚至有可能将薄膜拉断。此外，当加快牵引速度时，从模口出来的熔融树脂的不规则料流在冷却固化前不能得到充分缓和，故光学性能较差，即使增加挤出速度，也不能避免薄膜透明度的下降。在挤出速度一定时，若加快牵引速度，纵横两向强度不再均衡，而导致纵向强度上升，横向强度下降。一般拉伸比为4~6。

牵引比和吹胀比控制薄膜纵横向的取向，两者需要均衡，其关系如下：

$$\delta=\frac{b}{\alpha\beta}$$

式中 δ——薄膜平均厚度；

b——口模环隙宽度。

在生产中为了保证薄膜取向的均匀性，吹胀比和牵引比尽量相同，但是实际很难做到。主要原因是：在机头口模尺寸一定的情况下，吹胀比受泡管预定折径的限制。另外吹胀比过大会导致泡管的不稳定和促使管坯上已存在的缺陷扩大，故吹胀比可调整的范围不大。从两者关系式看到，既然吹胀比不能在较大范围内变动，要使膜厚度减小就只能增大牵引比，在实际生产中吹胀比远小于牵引比。

如果仍然希望维持膜纵横向的定向程度一致，就只能依靠调整口模温度和冷却系统的冷却能力来实现。因为提高口模温度和降低冷却速度，能够适当延长挤出物在其冷却温度以上的停留时间，有利于降低泡管在纵向的大分子取向度。

(5) 其他装置(见图6-4-63~图6-4-65)

① 人字板　人字板由两块板状结构物组成，其作用是能稳定管泡形状，使其逐渐压扁导入牵引装置。人字板的夹角一般为30°，有时也可以到50°。夹角太大，薄膜有褶皱；太小，辅机高度增加。如果是用金属辊排列所成的人字板，则辊内还可以通冷却水，进一步对薄膜进行冷却。

② 导向辊和展平辊　在牵引装置和卷取装置之间有一定的距离(可以使薄膜进行继续冷却和松弛)，一般要设置若干个直径在50mm左右的金属导向辊或薄膜展平辊，尤其是在薄膜卷取之前，展平辊是必需的。该装置的作用是稳定卷取速度和薄膜位置，展平薄膜，防止皱褶。

③ 卷取装置　薄膜卷取装置分为表面卷取和中心卷取，其作用是将薄膜整齐、松紧适度地卷绕到芯筒上。

表面卷取，也称摩擦卷取，是将动力传到主动辊上，由于卷辊的重量而压在主动辊上，因摩擦随主动辊作反向旋转，从而卷取薄膜。这种装置的卷取速度与卷绕直径无关，因而能与牵引速度保持同步。但当薄膜厚薄不均匀时导致卷取辊与主动辊各点之间压力变化，而使沿卷绕辊宽度上的张力分布不均匀。

中心卷取是把薄膜直接卷绕在转动的卷辊的卷芯上。为了薄膜收卷时有恒定的线速度，保证薄膜在收卷时受到恒定的张力，一般要利用力矩电机。

两种方式均针对卷取时，随芯筒上薄膜量的增加，直径增加，而送入的薄膜线速度不变的实际情况，通常使收卷的角速度变化，来保证卷取的松紧程度不变。

此外根据需要还设有一些辅助装置，如横向切断、纵向剖切、电晕放电处理。

第五节　塑料的注射成型

一、概述

（一）注射成型

塑料的注射成型也称为注射模塑，简称注塑。注射成型属于周期式成型加工技术。

注射成型是将塑料(一般为粒料)从注射机的料斗送进加热的机筒，经加热熔化呈流动状态后，由柱塞或螺杆推动，使其通过机筒前端的喷嘴注入闭合模具中，充满塑模的熔料在受压的情况下，经冷却(热塑性塑料)或加热固化(热固性塑料)后即可保持注射模型腔所赋予的形状，打开模具取得制品，完成一个模塑周期。

（二）注射成型特点

注射成型对于原料的适应性非常强，除聚四氟乙烯和超高相对分子质量聚乙烯等极少数品种外，几乎所有的热塑性塑料和部分热固性塑料都能用这种工艺方便地进行成型加工。

除尺寸很大的制品外，注射技术能一次成型出外形复杂、尺寸精确、可带有各种金属嵌件的三维尺寸模塑制品，注射成型的制品占塑料制品总量的20%~30%。

同塑料的其他成型工艺相比，注射成型有如下优点：

① 由于塑料成型的熔融塑化和流动成型是分别在注射机的机筒和模具两个不同的地方进行，模具可以始终处于使熔体很快冷凝或交联固化的状态，非常有利于缩短成型周期。

② 注射过程中是先锁紧模具然后将塑料熔体注入其中，具有良好流动性的熔体对模具的型腔磨损很小，因而可用一套模具大批量生产形状复杂、表面图案与标记清晰和尺寸精度高的制品。

③ 成型过程的合模、加料、塑化、注射、启模和顶出制品等全部操作均由注射机完成，从而使注射工艺过程容易全自动化和实现程序控制。

注射成型的缺点：由于冷却条件的限制，很难用这种技术制得既无缺陷、厚度变化又较大的热塑性塑料制品；此外由于注射机和注射模具的造价都较高，成型设备的起始投资大，故注射技术不适合小批量制品的成型。

二、注射机及其性能参数

注射成型技术采用的设备为注射成型机，简称注射机。

（一）注射机的组成和分类

1. 组成

注射机主要由注射系统、合模系统、液压系统和电器控制系统四个部分组成，如图6-5-1所示。

注射系统主要由塑化部件(螺杆、机筒、喷嘴)、电动机、注射油缸、注射座整体移动油缸等组成。注射系统的功能是完成对塑料的熔融塑化，并将塑化的物料注射到模具型腔、进行注射后的保压补塑。

合模系统主要由前后固定板、动模板、拉杆、合模油缸、顶出油缸等组成，主要完成锁紧模具、启闭模具、顶出制品功能。

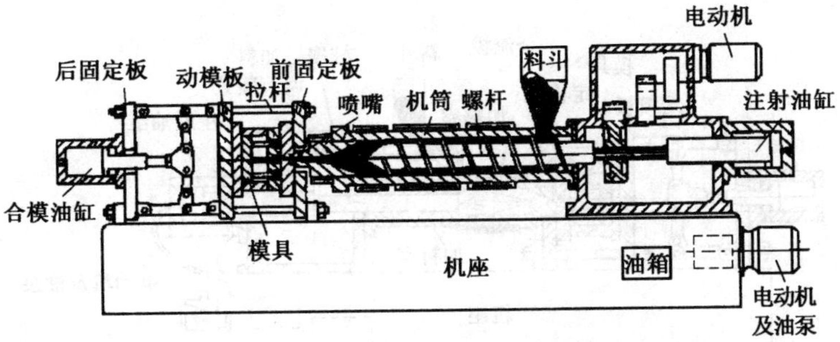

图 6-5-1　卧式螺杆注射机示意图

液压系统主要由各种液压回路组成，完成注射机液压部分的工作，给注射机提供一定的压力和速度。

电器控制系统主要控制注射机温度、压力等工艺条件，并使注射过程按照工艺要求进行工作。

2. 注射机分类

注射机的种类很多，按照外形分为卧式注射机、立式注射机和角式注射机，如图 6-5-2 所示，比较常见的是卧式注射机。

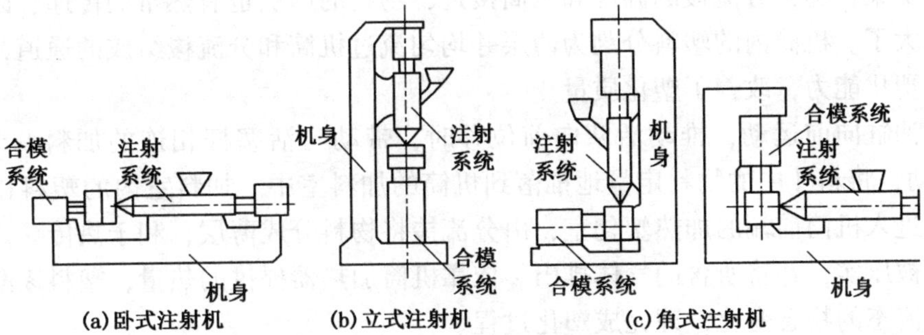

图 6-5-2　注射机的分类

按照塑化方式分为柱塞式注射机、往复螺杆式注射机。

按加工能力分为超小型、小型、中型、大型、超大型注射机。

按操作方式分为手动、半自动、全自动注射机。

(二) 注射机的注射系统

注射机的注射系统是注射机的主要部分，具有塑化、注射、保压的功能。塑化，即能够提供均匀加热和熔融塑化的物料，并进行准确的计量加料；注射，在一定的压力和速度下，把已塑化好的物料注入模腔内；保压，为了保证制品表面平整、内部密实，在注射完毕后的一段时间内仍需对模腔内的物料保持一定压力，以防止物料倒流，并且在许可范围内，尽量提高塑化能力与注射速度。

按照注射系统的加热塑化功能，注射系统主要分为柱塞式和往复螺杆式两种。

1. 柱塞式注射机的注射系统

如图 6-5-3 所示为柱塞式注射机的结构示意图。

柱塞式注射装置由定量加料调节装置、塑化部件、注射油缸、注射座移动油缸等组成。其中塑化部件是注射系统的核心部分，由机筒(加料室和加热室)、柱塞、分流梭、喷嘴等组成。

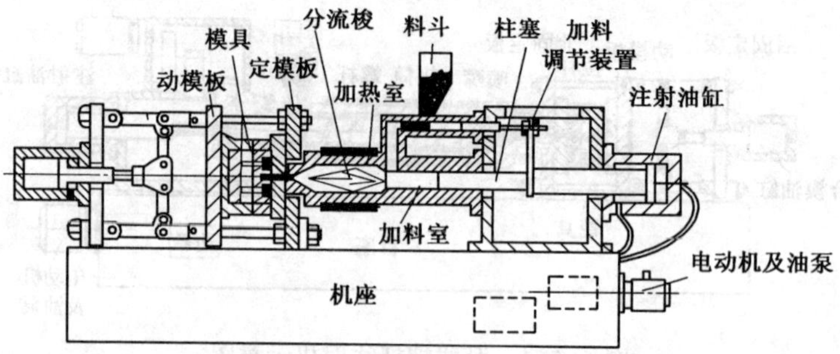

图 6-5-3　柱塞式注射机结构示意图

柱塞是一根坚实的表面硬度极高的金属圆杆，不能转动，只能作往复运动。柱塞的作用是将注射油缸的压力传递到熔融的物料上。因此柱塞是一压力传递部件，以较快的速度将一定量的熔料注射入模具内。

机筒分为加料室和加热室，加热室外部安装加热器进行加热，其体积为一次注射量的4~8倍，加热室和加料室的过渡部分设计成流线型。

分流梭，安放在机筒的加热室，其作用是使物料分流并减薄料厚，由于机筒的热量会沿着分流梭的支架传递，分流梭的温度和机筒接近，物料的内层也有热量的传递，因此物料的传热面积加大了。机筒内的塑料分割为薄层并均匀流过机筒和分流梭组成的通道，加快热传递，提高了塑化能力，改善了塑化质量。

当注射油缸向前运动，推动活塞向前位移时，带动与活塞杆相连的加料调节装置（计量）向前移动，将料斗中的物料定量地推落到机筒的加料室中。加料室内的塑料在柱塞的作用下，依次进入机筒前端的加热塑化室，由分流梭将物料分成薄层，利于热传导。在这一过程中，物料被压实，并将所含的气体排出。依靠机筒加热器提供的热量，塑料逐渐实现由颗粒状态到黏流态的物态变化，即完成塑化过程。

柱塞继续前进，机筒和喷嘴间已呈黏流态的物料便被注射到模具的型腔中，完成注射过程。

由于柱塞式注射系统的结构，其塑化和注射可能存在如下问题：

（1）塑化不良和温度不均匀

柱塞式注射机注射系统中的主要塑化部件柱塞，只能进行轴向移动，而不能进行转动，因此机筒中的塑料熔融塑化主要靠加热器提供的热量，以热传导的方式传递到机筒内，因此会使机筒内的塑料在径向形成一定的温度梯度。而且塑料在机筒中的流动类似层流流动，塑料又是热的不良导体，进一步形成了塑料表层（与机筒壁接触处）与塑料芯层之间较大的温差，最终造成塑料的塑化不良和温度不均匀，导致成型的制品存在较大的内应力，影响了产品的质量。

（2）塑化能力较低

从柱塞式注射系统的塑化过程来看，其塑化能力与机筒的容积有关。增加机筒直径和长度可以使塑化能力提高，但是加大机筒直径和长度都会加剧塑化不良和温度不均匀现象。可见柱塞式注射装置塑化能力的提高受到限制。而机筒的塑化能力也决定其注射量的大小，柱塞式注射机塑化能力较低，注射量的提高也受到了一定限制。柱塞式注射机的注射量一般在300g 以下。

(3) 注射压力损耗大

柱塞式注射机在塑化和注射过程中，首先是粒状塑料在柱塞的推力作用下被压实成柱，然后被分流梭分开，塑料进一步受到压缩，在此过程会有一定的压力损失。此外塑料在熔融前后，流经机筒、分流梭、喷嘴时要克服一定的阻力，也会损失一部分压力。

因此，在注射时虽然使用的注射压力很高，一般在 70~140MPa 之间，但是经过上面的一系列损失，到喷嘴处熔料所具有的压力仅为柱塞所施加压力的 30%~50%。

(4) 柱塞移动速度不均匀，影响制品的质量

注射是利用注射油缸充入液压油，推动与油缸活塞连接的柱塞向前运动。柱塞在注射时应为等速运动，但是实际上柱塞只是一个力的传递部件，在运动过程中，柱塞首先对落入加料室的物料进行压实，然后才将压力传到塑化室的熔料上，并将熔料注入模腔。因此，柱塞即使做等速运动，熔料入模速度也是先慢后快。入模速度的变化影响熔料在模腔内的流动情况以及制品的质量。

2. 往复式螺杆注射机的注射系统

往复式螺杆注射机的注射系统由塑化部件、料斗、螺杆传动装置、注射油缸、注射座移动油缸等组成。其中塑化部件是螺杆注射机的主要部件，主要由螺杆、机筒和喷嘴组成。

不同于柱塞式注射机的注塞，往复式螺杆注射机的螺杆在机筒内既有轴向移动，又有旋转运动。螺杆在机筒内旋转时，将料斗内落入的塑料卷入机筒，并逐步将其向前推送、压实、排气和塑化。物料塑化的热量有机筒提供的外热及螺杆旋转的剪切摩擦内热，而且物料经过螺杆的搅动，混合均化更好。熔融的塑料不断地在螺杆顶部与喷嘴之间积存，而螺杆本身受熔料的压力而缓慢后移，当积存的熔料达到一次注射量时，螺杆停止转动。注射时，通过螺杆将液压或机械力传给螺杆头部的熔料，使它注入模具。因此螺杆的主要作用就是对塑料进行输送、压实、塑化和施压。

同挤出螺杆相似，注射机的螺杆也主要由三段组成：加料段，将料斗供给的物料送往压缩段，塑料在移动过程中一般保持固体状态，由于受热而部分熔化；压缩段，压实物料，使物料由固体转化为熔融体，并排除物料中的空气；计量段(均化段)，将熔融物料均化。

与柱塞式注射机的注射系统相比较，往复式螺杆注射机的螺杆预塑和注射的优势非常明显，主要表现在塑化均匀、注射压力低、成型周期短。

由于注射成型是一周期性过程，注射机的螺杆是处于时停时转交替过程中，同时螺杆还有轴向移动，因此它与挤出机螺杆的工作过程存在着相同之处，同时又有着很大的区别。与挤出机螺杆相同之处是，螺杆由料斗中攫取物料后，在螺杆的旋转下，物料沿着螺杆向前输送，在输送过程中，物料在外热和物料各层之间剪切热的作用下，由固态转变为黏流态。但是注射机的螺杆不像挤出机螺杆那样会一直转动下去，在塑化一定的物料后螺杆就停止转动，因此挤出成型与注射成型螺杆的功能是不同的，主要表现在：

(1) 挤出过程是相对稳定的、连续的过程

挤出机的工作是连续的、稳定的过程，对于挤出机螺杆的螺槽中某一个断面，固体床的宽度、熔池的体积以及熔膜的厚度会保持相对稳定，在整个螺杆长度上，熔融过程实际上是可控的。

(2) 注射过程是一个非稳定熔融的间歇过程

在注射机工作过程中，由于塑料的输送、塑化和注射都是由螺杆完成，螺杆时转时停，边旋转边后退(因而使螺杆的实际工作长度逐渐缩短)，故不能像熔融理论所揭示的物料在

挤出机那样维持稳定的熔融过程。

最初注射机中物料的输送、熔融和塑化与物料在挤出机中是相似的，即螺杆转动，物料经过加料段、压缩段，由于外热以及螺杆转动的剪切摩擦热，逐渐熔融塑化，进入均化段到螺杆头部。此时对于螺槽的某一个断面，其固体床宽度、熔池体积以及熔膜的厚度会保持相对稳定。塑化好的物料堆积到螺杆头部，推动螺杆一边旋转一边后退。塑化完毕，螺杆停止后退，此时由于热传导，机筒的热量会传递到螺槽中的物料中，造成熔膜增厚，而固体床则相应减薄，破坏了螺槽中物料的相对稳定状态。当螺杆再次转动时，如果时间足够长可能会恢复到最初螺槽的状态，但是实际的螺杆转动时间即塑化时间很短，因此该断面螺槽中熔池的体积、固体床宽度以及熔膜的厚度都恢复不到最初的状态，螺槽的断面分配发生变化。而且当注射时，螺杆以很大的力和速度向前运动，螺槽中的物料会产生强烈的横流和反流，强烈的横流会把固体床从螺棱的背面推向推力面，这些因素也促使了固体床更早解体。因此注射机中物料的熔融过程是一个比挤出机更为复杂的过程。

（3）注射机的螺杆对物料注射的稳定性要求不高

螺杆对注射的稳定性要求不高，主要是由于注射出料时，螺杆只是力的传递部件，注射的稳定性与螺杆的结构以及参量没有关系。而挤出机的螺杆，如螺杆的长度与挤出的稳定性关系非常密切。因此注射机的塑化部件的设计和挤出机螺杆的挤压系统不同，有着特殊的要求。

首先注射机螺杆的长径比(*L*/*D*)一般比挤出机螺杆短。这是因为注射机的螺杆仅作预塑用，塑化时出料的稳定性对制品质量的影响很小，并且塑化所经历的时间比挤出机长，而且物料通过喷嘴时，由于高的剪切速率对物料还能起到塑化作用，故 *L*/*D* 没有必要像挤出机那样大。注射机螺杆的长径比以前多为 15~18，现在加长到 20。*L*/*D* 加大后，塑化效果好，温度均匀，混炼效果好。但从制造角度看，短的螺杆加工制造容易，也可以缩短注射机的机身，减轻注射机重量，清理螺杆也方便。

其次均化段螺槽深度一般比挤出机螺杆深 15%~20%，约为(0.04~0.07)*D*(一般小直径取大值)，注射机螺杆的压缩比一般比挤出机螺杆的小。其原因同长径比的一致。同时注射螺杆的塑化还可以通过调节背压来改变。螺杆压缩比不同，其调整背压的效果是不一样的，一般压缩比小的螺杆，调整背压物料塑化温度的变化明显，故压缩比小的螺杆可以提高物料适应性。注射螺杆的压缩比，对结晶型塑料一般取 3.0~3.5；对黏度高的塑料，可取 1.4~2；通用型螺杆可取 2~2.8。

另外，注射机的螺杆既有旋转运动，又有轴向位移，所以注射机螺杆的有效长度是变化的。因为有轴向位移，注射螺杆的三段中加料段较长，压缩段、计量段较短。

最后，注射螺杆头和挤出螺杆头不一样。挤出螺杆头多为圆头或锥头，而注射螺杆头多为尖头，有的还设计成特殊结构。主要是注射时螺杆头部直接作用于熔料，尖形螺杆头是为了减少注射时物料流动的阻力。特别当加工 PVC 等热敏性、高黏度的物料时，经常发生螺杆头处排料不干净而造成的滞料分解现象，因此注射螺杆用的螺杆头多为尖头。

如图 6-5-4 所示为不同注射螺杆螺杆头型式。为了防止注射产生漏料，特别是黏度低的物料，可以采用带有止逆装置的螺杆头。带有止逆装置的螺杆头在塑化时，螺杆旋转，沿螺槽前进的熔体将止逆装置推向前方，熔料沿着止逆装置与螺杆头的间隙进入机筒的前端。注射时，由于机筒前端熔料的压力升高，止逆装置被压向后退而与螺杆端面密合，从而防止物料回流。

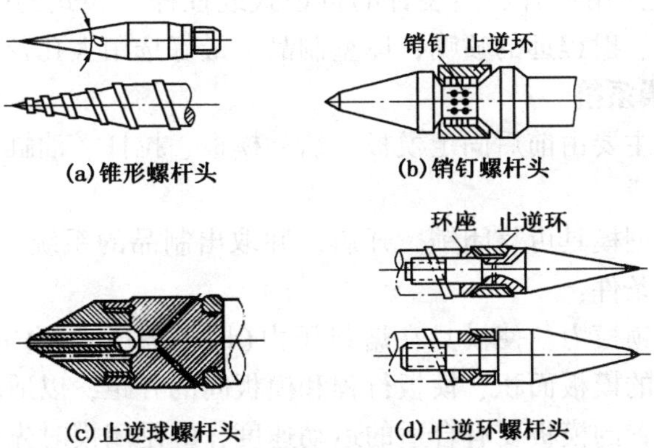

图 6-5-4　注射螺杆的螺杆头型式

同挤出螺杆一样，注射螺杆也有许多新型的注射螺杆。为增加混炼、塑化效果，可以在常规注射螺杆的计量段增设一些混炼剪切元件，即为新型的注射螺杆。新型注射螺杆上采用的混炼剪切元件，常见的有屏障型、销钉型等。然而由于注射机的工作过程与挤出机不同，因此将这些混炼剪切元件应用到注射螺杆上时应考虑到注射过程以及注射螺杆与挤出过程以及挤出螺杆的不同之处，不能照搬。

喷嘴是连接机筒和模具的桥梁，其作用是引导聚合物熔体从机筒进入模具型腔，通过喷嘴时提高物料的速度，补充熔料，进一步塑化。喷嘴的形状如图 6-5-5 所示，进口逐渐向出口收敛，其内径小，可以提高剪切作用。喷嘴的型式主要有结构简单的直通式喷嘴和防止“流涎”的锁闭式喷嘴。

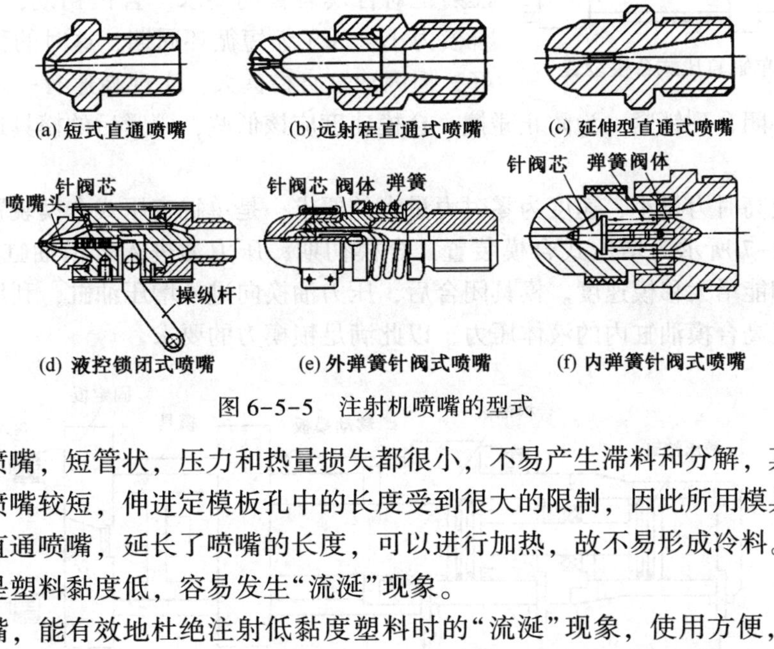

图 6-5-5　注射机喷嘴的型式

短式直通喷嘴，短管状，压力和热量损失都很小，不易产生滞料和分解，其外部一般不设加热装置。喷嘴较短，伸进定模板孔中的长度受到很大的限制，因此所用模具的主流道应较长。延伸型直通喷嘴，延长了喷嘴的长度，可以进行加热，故不易形成冷料。直通式喷嘴结构简单，但是塑料黏度低，容易发生“流涎”现象。

锁闭式喷嘴，能有效地杜绝注射低黏度塑料时的“流涎”现象，使用方便，自锁效果显著，但结构复杂，注射压力损失大，射程较短，补缩作用小。为使闭锁可靠，使用寿命长，最好选用高温弹簧。

喷嘴的型式一般根据加工塑料的性能和成型制品的特点来选择。熔融黏度高，热稳定性差的塑料，宜选用流道阻力小、剪切作用比较小的大口径直通式喷嘴；熔融黏度低的塑料，为防止“流涎”现象，宜选用带有加热装置的自锁式或杠杆针阀式的喷嘴为好；形状复杂的薄壁制品，选用小孔径、射程远的喷嘴；厚壁制品，最好选用大孔径、补缩作用大的喷嘴。

（三）注射机的合模系统

注射机的合模装置主要由前后固定模板、活动模板、拉杆、油缸、连杆以及模具调整机构、制品顶出机构等组成。

合模装置是保证成型模具可靠闭锁、开启，并取出制品的系统。一个完善的合模装置，应该具备下列三个基本条件：

首先要提供足够的锁模力，使模具在熔料压力（即模腔压力）作用下，不至于有胀模现象发生；其次要有足够的模板面积、模板行程和模板间的开距，以适应不同外形尺寸制品的成型要求；最后合模装置的模板要有合适的运动速度，应是闭模时先快速后慢速，开模时按照慢-快-慢的速度进行，以防止模具的碰撞，实现模具的平稳开合并提高生产能力。

合模装置的种类较多，若按实现锁模力的方式分，则有机械式、液压式和液压-机械组合式三大类。机械式由于噪音大、精度差，目前很少使用。

1. 液压式合模装置

液压式合模装置，主要通过液压系统提供的力和速度来开启和锁紧模具，并顶出制品。液压式合模装置的特点是合模力调整方便，移模距离大，移动模板可以在行程的范围内任意位置停留并施加压力。

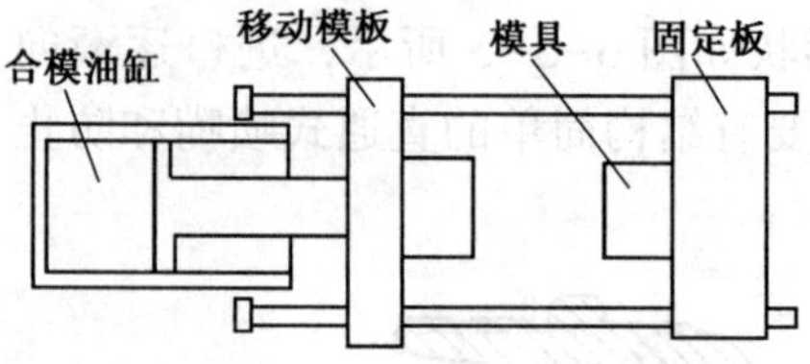

图 6-5-6　单缸直压式合模装置

如图 6-5-6 所示为单缸直压式液压合模装置，模具的启闭和锁紧都是在一个油缸的作用下完成的，这是最简单的液压式合模装置。这种合模装置并不十分符合注射机对合模装置的要求。合模初期，模具尚未闭合，合模力小，为了缩短循环周期，这时的移模速度应快才好，但因油缸直径甚大，实现高速有一定困难。而合模后期，从模具闭合到锁紧，为防止碰撞，合模速度应该低些，锁紧后的模具还需要达到锁模吨位。

这种速度高时力量小、速度为零时力量大的要求，是单缸直压式合模装置难以满足的。

如图 6-5-7 所示为增压式合模装置，合模初期，压力油进入合模油缸，因直径较小，其推力小，却能增大移模速度。模具闭合后，压力油换向进入增压油缸，利用增压活塞面积差的作用，提高合模油缸内的液体压力，以此满足锁模力的要求。

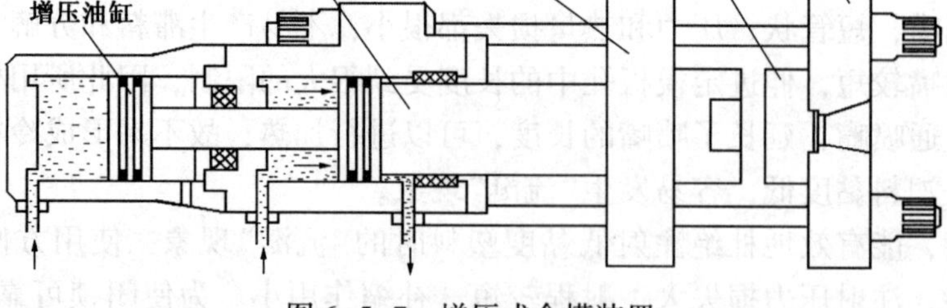

图 6-5-7　增压式合模装置

增压式合模装置可以在不用高压油泵的情况下提高锁紧模具的力，但是由于油压的增高对液压系统和密封有更高的要求，故增压是有限度的。目前一般增压到 20~32MPa，最高可达40～50MPa。增压式合模装置一般用在中小型注射机上，其合模速度并不十分快，因为实际上合模油缸直径还是较大的。

如图6-5-8所示为充液式合模装置。合模时，压力油首先进入小直径移模油缸，实现快速闭模。合模过程中，锁模缸的活塞随着移动模板前进，因而造成油缸内的负压，充液阀打开，大量的工作油进入锁模油缸。当模具闭合，锁模油缸接通高压油，使合模力迅速上升到锁模吨位。开模时，从移模油缸的另一端进油，由于移模油缸直径小，故能实现快速开模。

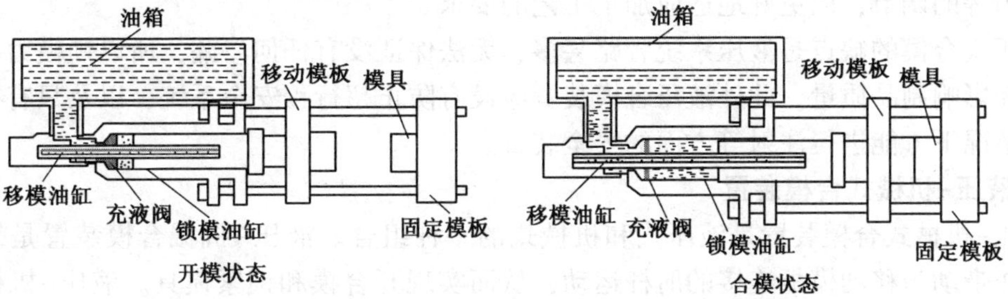

图6-5-8 充液式合模装置

充液式合模装置的优点是可以用小直径油缸取得高速，大直径油缸取得较大合模力，可实现较大合模力。但是该装置的体积较大(大油缸直径大)，移模速度(尤其锁模加压速度)较慢，油量吞吐量大。

液压合模装置还有一种比较特殊的液压式合模装置，如图6-5-9所示。该装置是在充液式合模装置的基础上，为克服液压油缸用大行程去适应不同模具高度的要求，减小油缸长度，从而减少油液的吞吐量，对其进行改进的一种形式。

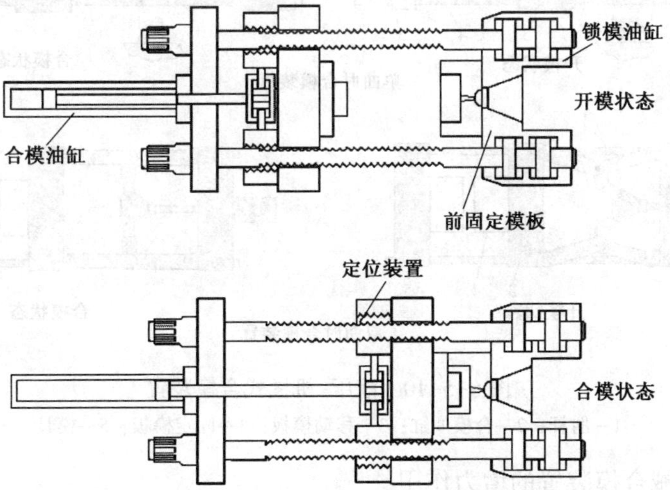

图6-5-9 特殊的液压合模装置

这类合模装置的特点是将锁模油缸单独设置在动模板或固定模板上，用机械定位的方式，缩短合模油缸的行程，同时用大直径短行程缸代替大直径长行程缸。为适应不同厚度的模具，需将定模板(或动模板)的起始位置做相应的调整。

该装置所需工作油量小，能耗低，速度快，升压时间短，合模系统刚性大(由于行程缩短)，但其结构和油路较复杂，适用于1000t以上的大型注射机。

总之，从以上介绍的几种合模装置来看，液压式合模装置具有以下优点：

① 固定模板和移动模板间的开距大，能够加工制品的高度范围较大。

② 移动模板可以在行程范围内任意位置停留，因此，调节模板间的距离十分简便。

③ 通过调节油压，就能方便地调节锁模力的大小。

④ 锁模力的大小可以直接读出，操作方便。

⑤ 由于液压系统的液压油路使其中的零件能自润滑，磨损小。

⑥ 在液压系统中增设各种调节回路，能方便地实现注射压力、注射速度、合模速度以及锁模力等的调节，以更好地适应加工工艺的要求。

液压式合模的缺点是液压系统管路甚多，无法保证没有任何渗漏，所以锁模力的稳定性差，从而影响制品质量。此外液压合模装置应设有防止超行程安全系统，以及只有模具完全合紧的情况下方能进行注射等方面的安全装置。

2. 液压-机械式合模装置

液压-机械式合模装置是液压式和机械式的一种组合。液压-机械合模装置是靠合模油缸的工作带动与移动模板连接的肘杆运动，从而实现开合模和锁紧模具。液压-机械式合模装置有液压-单曲肘和液压-双曲肘合模装置，如图 6-5-10 所示为液压-机械式合模装置的示意图。

由于该装置有液压装置准确可靠的速度以及机械肘杆装置的运动，因此使模板在力和速度方面具有特殊性能。

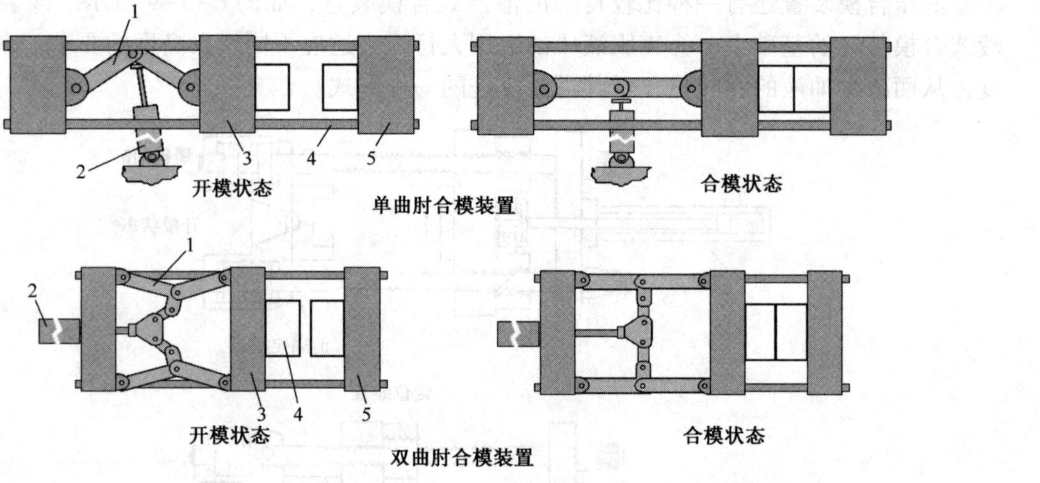

图 6-5-10　液压-机械式合模装置

1—肘杆；2—合模油缸；3—移动模板；4—固定模板；5—模具

（1）液压-机械合模装置的增力作用

液压-机械合模装置驱动肘杆的油缸直径较小，提供的力也不大，但是由于是肘杆直接作用于移动模板，在模板处产生的力可以放大。单曲肘增力倍数大约为 10，双曲肘增力倍数大约为 20。增力倍数的大小同肘杆机构的型式、各肘杆的尺寸以及相互位置等有关。

（2）液压-机械合模装置的自锁作用

当液压-机械合模装置处于合模状态时，肘杆是伸直的，此时即使撤去油缸推力，由于肘杆不弯曲，合模系统仍然处于锁紧状态。

（3）模板的运动速度符合工艺条件的要求

在合模过程中，肘杆是从弯曲到伸直，而开模正好相反。肘杆在变换过程中，其带动模板的运动速度会发生变化。合模开始，速度由零很快到最高速度，以后又逐渐减慢，终止时速度为零，合模力则迅速上升到锁模吨位。速度的变化正好符合工艺对合模装置运动速度的要求，特别是液压-双曲肘与工艺要求非常符合。同样，开模过程中模板的运动速度也是变化的，但与上述相反。

为了适应不同厚度的模具，液压-机械合模装置的模板间距、锁模力和合模速度需要进行调节，但是调节比较麻烦和困难，必须设置专门的调模机构，因此不如液压合模装置的适应性大和使用方便。此外，肘杆机构容易磨损，其加工精度要求也高。

综上所述，液压合模装置和液压-曲肘合模装置具有各自的特点，这些特点都是相对的，同时也不是不可改变的。因此，在中小型注射机上，上述各种型式都有应用。不过相对来说，液压-机械式合模装置多一些；而大中型则相反，液压式合模装置采用较多。

（四）注射机表示方法

注射机的表示方法主要采用注射机的加工能力，即采用注射量或注射机的合模力来表示。例如 XS-ZY500，表示螺杆式塑料注射机，最大注射量 500cm^3。

目前注射机规格的表示法更加简单，例如 SZ-200，表示塑料(S)注射机(Z)，理论注射容积 200cm^3。也可以采用注射容积与合模力共同表示法，例如 SZ-200/1000，表示塑料(S)注射机(Z)，理论注射容积 200cm^3，合模力 1000kN。

国际规格采用当量注射容积与合模力或注射功与合模力表示。

（五）注射机的性能参数

1. 注射量

注射量(cm^{3}或 g)指注射机在对空注射(无模具)条件下，注射机的螺杆或柱塞作一次最大注射行程时，注射系统所能达到的最大注射量。

注射量有两种表示方法，一是注射出熔体的体积(cm^3)；另一种是以 PS 为标准，注射出熔体的质量(g)。

如图 6-5-11 所示为注射量与注射机的几何关系。

$$V_{理论}=\frac{1}{4}\times\pi\times D^2\times S$$

式中 V——注射量，cm^3；

D——螺杆直径，cm；

S——螺杆或柱塞的行程，cm。

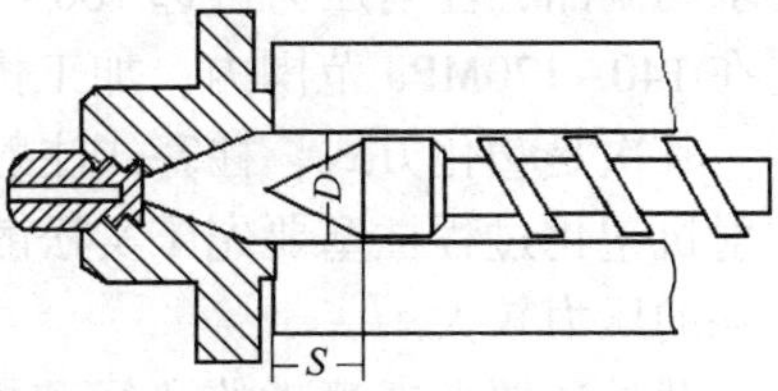

图 6-5-11　注射量与注射机的几何关系

实际的注射量没有理论注射量高，其关系：

$$V_{实际}=\alpha\times V_{理论}$$

式中，α 为注射系数，值为 0.7~0.9。

实际注射量与理论注射量不同，其主要原因是，在注射时会有少量的熔体在注射压力的作用下产生回流。此外塑料在注射成型的过程中，随着温度和压力的变化，密度也随之发生变化，例如非晶塑料可以变化 7%，结晶塑料达到 15%。注射系数 α 的大小与螺杆的参数、结构、注射速度、注射压力等有关。如果采用带有止逆装置的螺杆头回流量较小，α 值可以取大些。在进行注射机选择的时候，首先要考虑的参数就是注射量。

2. 注射压力

注射压力(MPa)是指在注射时，螺杆或柱塞端面施加于熔料单位面积上的压力，如图6-5-12所示注射压力与注射机的几何关系。

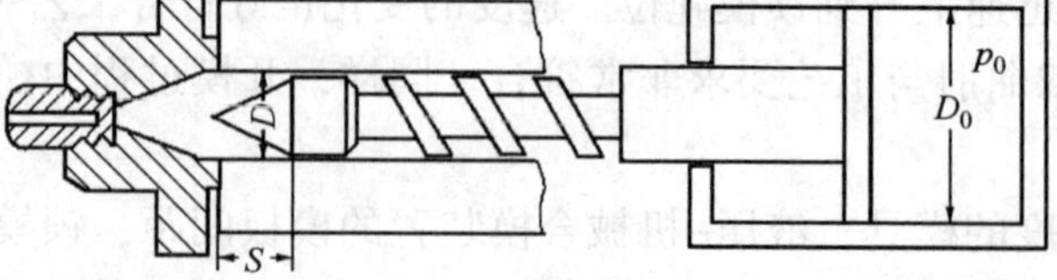

图 6-5-12　注射压力与注射机的几何关系

从图中的几何关系可以得到注射压力的表达式：

$$p=\frac{F}{A}=\frac{\frac{1}{4}\pi D_0^2 p_0}{\frac{1}{4}\pi D^2}=\left(\frac{D_0}{D}\right)^2 p_0$$

式中　p——注射压力，MPa；

F——螺杆或柱塞端面施加于熔料上的压力，N；

A——螺杆或柱塞端面面积，cm^2；

p_0——工作油压力，MPa；

D_0——注射油缸内径，cm。

注射压力的选取很重要。注射压力过高，制品可能产生毛边，脱模困难，影响制品光洁度，使制品产生较大内应力，甚至成废品，还会影响到注射装置及传动系统的设计；注射压力过低，则易产生物料充不满模腔、甚至根本不能成型等现象。

注射压力的选取与很多因素有关，一般根据注射机的种类、原料的性质、产品的形状来选取。

首先是熔料的流动性，流动性好的物料选用的注射压力低，例如加工黏度低、流动性好的塑料，其注射压力可选用 35~55MPa；加工中等黏度的塑料，形状一般，但有一定的精度要求的制品，注射压力可选 100~140MPa；对高黏度工程塑料的注射成型，其注射压力大约选在 140~170MPa 范围内；加工优质精密微型制品，注射压力可用到 230~250MPa 以上。

其次是塑化方式，柱塞式注射机比螺杆式注射机注射压力高近 1.5 倍。这是因为柱塞式注射机塑化过程柱塞要先压实松散的物料，然后才能将压力作用在需要注射的熔料上，这样消耗的压力较大。

此外还要考虑喷嘴的孔径和模腔的形状。喷嘴的孔径大，模腔的形状简单，制品壁较厚，熔料流程短，模温较高，则所需的注射压力较低。

3. 注射速度、注射速率、注射时间

注射速度(cm/s)、注射速率(cm^3/s)和注射时间(s)这三个参量都是表示熔料流动快慢的参数。

注射时间 t 是指螺杆或柱塞完成一次注射量所需的时间。

注射速度 v_z 是指注射时，螺杆或柱塞移动的速度。

$$v_z=\frac{S_z}{t}$$

式中　S_z——螺杆或柱塞移动行程。

注射速率 Q_v 是指单位时间内熔料从喷嘴射出的容量。

$$Q_v=\frac{V_{实际}}{t}=1/4\times S_z\pi D^2/t$$

三个参数之间是互相关联的，其大小直接影响制品的质量和生产效率。合理地提高注射速率，能缩短生产周期，减少制品的尺寸公差，能在较低的模温下顺利地获得优良的制品。因此该参数的选取对提高产品的质量和生产效率有影响。

一般说来，注射速率应根据工艺要求、塑料的性能、制品的形状及壁厚、浇口设计以及模具的冷却情况来选定。

为了提高注射制件的质量，尤其对形状复杂制品的成型，近年来发展了变速注射，即注射速度是变化的，其变化规律根据制件的结构形状和塑料的性能决定。

4. 塑化能力

塑化能力是指注射机塑化装置在 1h 内所能塑化物料的质量(以标准 PS 为准)，它是衡量注射机性能优劣的重要参数。

一台注射机的塑化能力数据通过某些规定条件测定得到。如塑料工业协会(SPI)规定，测定用的树脂为通用级聚苯乙烯(GPPS)，喷嘴处树脂温度控制在(216±6)℃，螺杆计量行程为二分之一最大计量行程，塑化时螺杆背压阀要全部打开，螺杆在最高转速下，螺杆转动时间与停止时间相等。在此条件下测出的塑化量与螺杆转动时间之比(kg/h)定为螺杆的塑化能力。

塑化能力应与注射机的整个成型周期配合协调，若塑化能力高而机器的空循环时间太长，则不能发挥塑化装置的能力；反之，则会加长成型周期。目前注射机的塑化能力总体有了较大的提高。

在理论上，预塑式螺杆塑化装置的塑化能力，可用挤出理论中所介绍的熔体输送理论的计算公式，计算出注射机的塑化能力。

实际上常常采用下面经验公式来计算。

$$Q=\frac{3.6W}{T}$$

式中 Q——塑化能力，kg/h；

W——实际注射量，g；

T——塑化时间(一个生产周期内)，s。

5. 合模力

合模力 F(kN)是指注射机合模机构对模具所施加的最大夹紧力，可由下式得到：

$$F=K\bar{p}_0A$$

式中 $\bar{p}_0$——平均模腔压力，MPa；

K——安全系数，一般取 1.1~1.2；

A——塑件及浇注系统在模具分型面上的总投影面积，cm^2。

平均模腔压力可以通过经验值来确定。易于成型的制品，例如壁较厚且均匀的日用品，模腔平均压力为 25MPa，普通薄壁制品为 29.4MPa，高黏度原料、制品精度较高的如 ABS、POM 机械零件要求模腔压力为 34MPa，黏度很高、制品精度要求很高的模腔压力为 39MPa。

平均模腔压力 $\bar{p}_0$ 也可以通过流长比和制品厚度来确定。流长比为熔料流经自浇注口到制品最边缘的极限流程(L)与制品壁厚(δ)之比，其表达式为：

$$i=\frac{L}{\delta}$$

如图 6-5-13 所示，根据流长比和制品厚度选取模腔压力 p_0，再根据下列公式来最终确定模腔平均压力。

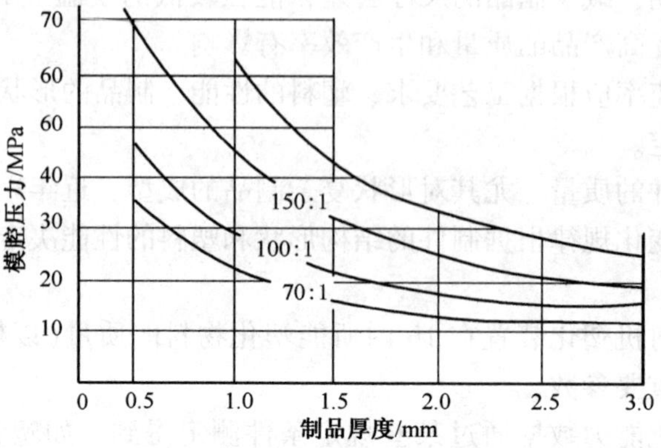

图 6-5-13　模腔压力与制品厚度和流长比的关系

$$\bar{p}_0=\alpha p_0$$

式中，α 为物料的黏度系数，按照表 6-5-1 进行选取。

表 6-5-1　塑料的黏度系数

塑料名称	PE、PS、PP	PA	ABS	CA	PMMA	PC
黏度系数	1	1.2~1.4	1.3~1.4	1.3~1.5	1.5~1.7	1.7~2.0

合模力是由注射机提供的，因此在选择注射机时必须使注射机的合模力大于计算需要的合模力，且选择设备后要进行校核。

注射成型中，可以采取一些措施来降低合模力，例如改进注射螺杆的结构设计从而提高塑化质量，对注射量施行精确控制，提高注射速度并对其实现程序控制(即变速注射)，改进合模装置，提高螺杆和模具的制造精度和光洁度，减少熔料流动阻力等。

6. 合模系统的基本尺寸

合模系统的基本尺寸在一定程度上规定了所用模具的尺寸范围、定位要求、相对运动程度及安装条件。合模系统的基本尺寸主要包括模板尺寸、拉杆间距、模板最大开距、动模板行程、模具最大厚度和最小厚度等，如图 6-5-14 所示。

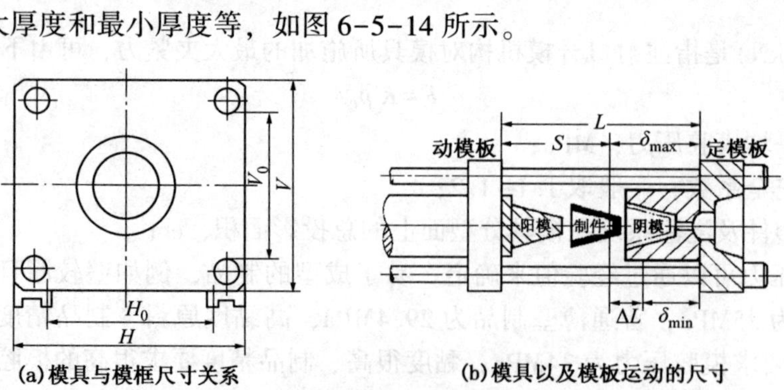

图 6-5-14　合模系统的基本尺寸

（1）模板尺寸及拉杆间距

模板尺寸为 $H \times V$，拉杆间距为 $H_0 \times V_0$，这两个尺寸参数均表示模具安装面积的大小。一般来说，模板面积大约为机器最大成型面积的 4~10 倍(小规格机器取大值)。

（2）模板最大开距 L 和动模板行程 S

模板最大开距 L 是动模开启时，动模板与定模板之间的最大距离(包括调模行程在内)。

其表达式：

$$L=S+\delta_{max}$$

式中 S——动模板行程；

δ_{max}——模具最大厚度。

动模板行程 S 是指动模板移动行程的最大值，或者说是模具安装于模板后，模具分型面处的最大间距。

对于每一种确定型号的注射机来说，模板最大间距及动模板行程都是一定的，它们将决定注射机所能成型的塑件高度。

一般模板最大开距为成型制品最大高度的 3~4 倍。为了便于取出制品，通常动模板行程 S 大于或等于成型制品最大高度的 2 倍。

（3）模具最大厚度(δ_{max})和最小厚度(δ_{min})

模具的最大厚度和最小厚度是指动模板闭合后，达到规定合模力时，动模板与定模板之间所达到的最大距离和最小距离，这两值之差就是合模机构的调模行程 ΔL。

如果设计制造的模具实际厚度大于注射机所能提供的模具最大厚度，则在成型时，模具闭合后不能达到规定的合模力；反之，如果实际模具厚度小于注射机所能提供的模具最小厚度，为保证成型时合模力达到规定值，就必须采用垫板等附加工具使模具的厚度增加。通常模具厚度应选择在最大模具厚度和最小模具厚度之间。

7. 开合模速度

开合模速度是注射机的经济指标参数之一。它不但影响注射成型周期长短，而且影响到动模板运动的平稳性。

根据开合模的运动特性，要求模板的运行速度是变化的，即合模时从快到慢，开模时由慢到快再到慢。慢行的主要原因是使模具闭合时平稳以及开模、顶出制品时不使制件损坏，但模板又不能在全行程中都慢速运行，这样会降低生产率。

目前国产注射机的动模板移动速度，高速为 12~22m/min，低速为 0.24~3m/min。随着生产的高速化，动模板的移动速度，高速已达 25~35m/min，有的甚至可达 60~90m/min。

（六）注射机的动作过程

注射成型属于周期性成型技术，如图 6-5-15 所示为注射成型过程示意图，该过程是从注射机的合模系统动作开始的。

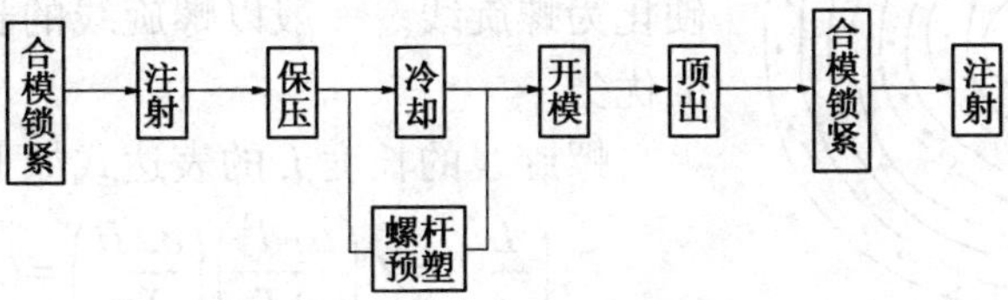

图 6-5-15 注射成型过程示意图

1. 合模与锁紧

注射成型的周期一般是以合模为起始点。合模过程中，注射机动模板的移动速度是变化的。动模板带动模具首先以低压快速进行闭合，即低压保护阶段，当动模与定模快要接近时，合模的动力系统自动切换成低压低速，使模具导柱能与导柱孔准确对中，也避免模具内有异物或模内嵌件松动，然后切换成高压锁紧模具。

2. 注射

模具锁紧后，注射机的注射座整体移动油缸带动注射系统的喷嘴与模具完全贴合，此时注射油缸开始工作，推动注射螺杆(柱塞)前移，以高速高压将机筒前部的熔体注入模腔，并将模腔中的气体从模具分型面驱赶出去。

3. 保压

熔体注入模腔后，对于热塑性塑料由于模具的低温冷却作用，使模腔内的熔体产生收缩。为了保证注射制品的致密性、尺寸精度和强度，必须使注射系统对模具施加一定的压力(螺杆对熔体保持一定压力)，对模腔塑件进行补缩，直到浇注系统的塑料冻结为止。

4. 制品的冷却和预塑化

当模具浇注系统内的熔体冻结到其失去从浇口回流的可能性时，即浇口封闭时，就可卸去保压压力，使制品在模内充分冷却定型。为了缩短成型周期，在冷却的同时，注射机的注射系统需要进行下一个周期物料的塑化。

塑化是注射成型过程的关键环节。首先是注射机的传动装置带动螺杆转动，使料斗内的塑料经螺杆向前输送，并在机筒的外加热和螺杆剪切作用下使其熔融塑化。物料由螺杆输送到机筒前端，并产生一定压力。在此压力作用下螺杆在旋转的同时向后移动，当机筒前端的熔体达到一定注射量时，螺杆停止转动和后移，完成塑化。

5. 开模顶出制品

当模腔内的制品冷却定型后，在注射机的合模装置作用下开启模具，并顶出制品。

三、注射原理

(一) 聚合物的可模塑性

注射成型主要是利用了聚合物的可模塑性。可模塑性是指聚合物在温度和压力作用下发生形变并在模具型腔中模制成型的能力。因此可模塑性主要取决于聚合物本身的属性，如流变性、热性能、物理性能、力学性能、热固性材料的化学反应性能等，以及工艺因素，例如温度、压力、成型周期等，和模具的结构尺寸。

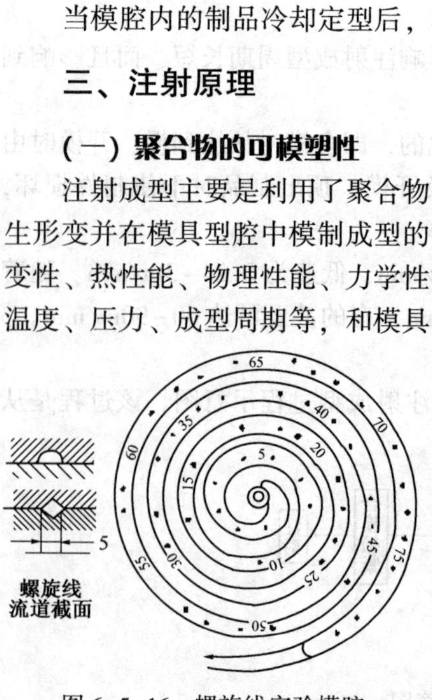

图 6-5-16　螺旋线实验模腔

聚合物的可模塑性通常用如图 6-5-16 所示的螺旋流动实验来判断。聚合物熔体在注射压力作用下，由阿基米德螺旋形槽的模具的中部进入，经流动而逐渐冷却硬化为螺旋线。一般以螺旋线的长度来判断聚合物流动的优劣。

螺旋线的长度 L 的表达式如下式：

$$\left(\frac{L}{d}\right)^2 = C\left(\frac{\Delta pd^2}{\Delta T}\right)\left(\frac{\rho\Delta H}{\lambda\eta}\right) = C\left(\frac{\Delta pd}{\eta v}\right)\left(\frac{\Delta H\rho vd}{\Delta T\ \lambda}\right)$$

式中　L——螺旋线的长度；

Δp——压力降；

ΔT——熔体与螺槽壁的温差；

ρ——固体聚合物的密度；

ΔH——熔体和固体之间的热焓差；

λ——固体聚合物的导热系数；

η——熔体黏度；

C——常数，与螺杆横断面的形状有关；

d——螺槽横断面的有效直径；

v——熔体平均线速度。

从公式可看出聚合物的可模塑性，即 L 的长度与加工条件($\Delta pd^2/\Delta T$)、聚合物的流变性、热性能($\rho\Delta H/\lambda\eta$)、螺槽的截面尺寸和形状(常数 C)之间的关系。

模具的热传导对螺旋线的长度影响较大。随着熔体进入模具，由于热传导，会使与模壁接触的熔体首先冷却和硬化，熔体流动的区域变窄。进入模具的聚合物随着冷却速率的增加而减少，当模壁周围硬化的熔体厚度增加到模具的中心部位时，熔体的流动被阻断并硬化形成表征的螺旋线。螺旋线愈长，聚合物的流动性愈好。

螺旋线的长度还与熔体流动的压力(注射压力)有关，一般随着压力的增加而加长。而且还与压力的作用时间(注射时间)有关，如果压力的作用时间很短，螺旋线的长度也会降低。此外黏度增加、导热性增大、热焓量减小，都可以导致螺旋线长度减小；增大模具的几何尺寸会使螺旋线长度增加。

螺旋流动实验的意义在于帮助人们了解聚合物的流变性质，确定压力、温度、模塑周期等最佳工艺条件，反映了聚合物相对分子质量和配方中各助剂的成分、用量以及模具结构、尺寸对聚合物可模塑性的影响。

为求得较好的可模塑性，要注意各影响因素之间的相互匹配和相互制约的关系。在提高可模塑性的同时，要兼顾到诸因素对制品使用性能的影响。例如压力过高会引起溢料，压力过低则充模不足成型困难；温度过高会使制品收缩率增大，甚至引起聚合物的分解，温度过低则物料流动困难，热固性塑料交联反应不足，制品性能变劣。

不同的成型方法对聚合物的可模塑性的要求是，使熔体能充满模具型腔获得制品所需尺寸精度，制品有一定的密实度，满足制品需要的使用性能等。

除螺旋线外，聚合物的可模塑性也可采用模塑范围图(模塑面积图)来判断。模塑范围图表示出了能成型出合格塑件的温度和压力组合值。典型的模塑范围如图 6-5-17 所示。

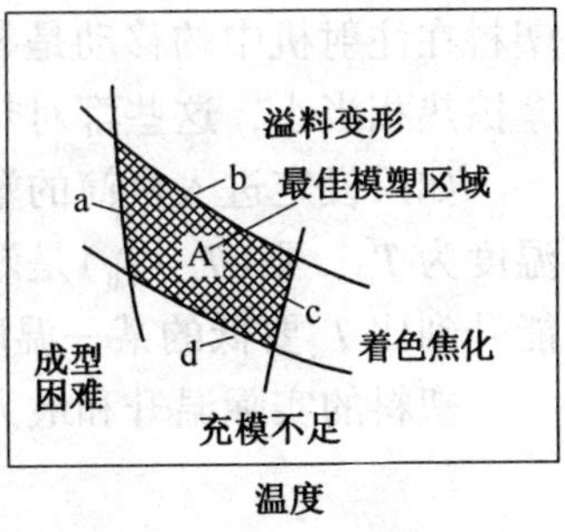

图 6-5-17 典型的模塑范围图

模塑范围图由四条特征线构成，a 线是成型温度的最低限线，亦称黏弹性极限线，在此线左侧各点温度下，熔体黏度过高，弹性增大，流动困难，成型性差，制品因次稳定性降低；b 线是成型压力的最高限线，此线以上区域各点对应压力过大，成型时容易在模具分型面处产生溢料，造成制品毛边，并使制品内应力增加，设备寿命降低；c 线是成型温度的最高限线，此线右侧各点对应的温度过高，会使收缩率变大，甚至还会造成塑料降解；d 线是成型压力的最低限线，此线以下各点所对应的压力过低，易造成充模不足制品缺料。因此，只有四条线包围的区域，即图中 A 区域各点所对应的温度、压力才是合适的成型温度和压力。

模塑范围图的绘制必须针对给定的聚合物和模塑设备，因此，不具有普适性。模塑范围图的绘制过程较繁杂，但作为给定聚合物和成型设备条件下模塑工艺的指导却非常实用，根据此图，可迅速确定合理的成型温度、压力范围。

（二）注射成型过程原理

热塑性塑料的注射成型过程主要包括加料、塑化、注射充模、冷却和脱模等几道工序，其中关键环节是塑化、流动成型(注射充模、压实与保压、倒流)和冷却。

1. 塑化过程

塑化是注射成型的准备过程。塑化是指塑料在机筒内受热达到充分熔融状态，且具有良好的可塑性的过程。其要求是塑料在进入模腔之前既要达到规定的成型温度，又要使熔体各点温度尽量均匀一致，而其中的热分解物的含量则应尽可能少，并能提供足够量的上述质量的熔融塑料以保证生产顺利进行。

塑化质量主要由塑料的受热情况和所受的剪切作用所决定。具有足够的温度是使塑料得以形变、熔融和塑化的必要条件。通过机筒对塑料的加热，使聚合物由固体向熔体转变，而剪切作用则是以机械力的方式强化了混合和塑化过程，使熔体温度分布均匀，使聚合物形态发生改变，物料组分趋于均化。同时，剪切作用能在塑料中产生更多的摩擦热，也加速了塑料的塑化进程。

塑化与塑料的特性、工艺条件的控制以及注射机塑化装置的结构都有密切关系。

移动螺杆注射机工作时，因为螺杆的转动能对物料产生剪切作用，因而对塑料的塑化比柱塞式注射机好得多。目前广泛采用的是往复式移动螺杆注射机，塑料在移动螺杆式注射机内的熔融塑化过程与螺杆式挤出机内的熔融塑化过程类似，有关螺杆与机筒对塑料塑化的一些理论已在相应的章节内讨论过，对往复式螺杆注射机是可以借鉴的。柱塞式注射机由于柱塞只有轴向移动，因而其塑化效果不如往复式螺杆注射机。如何提高其塑化效率和热均匀性是注射机的一个重要问题，特别是对于柱塞式注射机。这里就柱塞式注射机的加热效率、塑化能力、料温分布等来对塑料的塑化做一讨论，以突出螺杆式注射机的特点。

（1）加热效率

热塑性塑料由于导热系数低，要使其均匀加热是一个相当复杂的问题。对于螺杆式注射机，塑料塑化所需的热量来自两个方面，即机筒壁的热传导(外热，主要部分)以及塑料之间的内摩擦热(内热)。而柱塞式注射机内塑料熔融塑化的热源绝大多数靠机筒的外加热。塑料在注射机中的移动是靠柱塞的推动，几乎没有混合作用，塑料在移动过程中产生的剪切摩擦热相当小，这些都对热传导不利。

如果设定进入机筒的塑料初始温度为 T_0，加热器对机筒加热后使机筒内壁达到的最大温度为 T_w，则(T_w-T_0)是塑料可以达到的最大温升，但实际上塑料从加料口至喷嘴范围内只能升到比 T_w 要低的某一温度 T($T_w>T>T_0$)，所以塑料实际温升应该是($T-T_0$)。

塑料的实际温升和最大温升之比即为加热效率 E，加热效率的表达式如下：

$$E=\frac{T-T_0}{T_w-T_0}$$

从上式可看出，提高加热效率实际上是有利于塑料塑化的，而加热效率与以下一些因素有关。

① 摩擦热　如果能够获得摩擦热，塑料的温度 T 有可能大于机筒内壁温度 T_w，这时 $E>1$，而实际上柱塞式注射机内摩擦很小，不可能有这种情况。而螺杆式注射机由于螺杆的转动产生的剪切摩擦非常大，可能会出现加热效率大于 1 的情况。

② 受热时间 t　柱塞式注射机在机筒几何尺寸一定的情况下，设定塑料在机筒内的受热

时间 t、机筒内的存料量 V_p、每次注射量 W、注射周期 T_c，这样有如下关系：

$$t=\frac{V_p \times T_c}{W}$$

从上式可看出，存料量多、注射周期长，都可以增加塑料受热时间，提高塑料的温升，使 E 值增大。但不适当地延长塑料的受热时间，易使塑料降解，故一般机筒内的存料量不超过最大注射量的 3~8 倍。

③ 热扩散速率 α　塑料的热扩散速率 α 与热传导系数 λ、塑料的比热容 c 和密度 ρ 有如下关系：

$$\alpha=\frac{\lambda}{c\rho}$$

即塑料的热扩散速率正比于热传导系数。由于一般塑料的热传导系数都较小，因此要增大热扩散速率取决于塑料是否受到搅动，很显然，柱塞式注射机的加热效率不如移动螺杆式注射机，塑化质量也比其差。

④ 塑料层的厚度 δ　由于塑料的导热性差，故机筒的加热效率会随料层厚度的增大而降低，随机筒与塑料间的温差减小而降低。因此，减少柱塞式注射机机筒中的料层厚度是很有必要的。

为了达到这个目的，在机筒的前端安装分流梭，它能在减少料层厚度的同时迫使塑料产生剪切和收敛流动，加强热扩散作用。

此外，机筒的热量可通过分流梭而传递给塑料，从而增大了对塑料的加热面，改善了塑化情况。

⑤ 塑料温度分布　在机筒中的塑料有不均匀的温度分布，靠近机筒壁的温度偏高，而机筒中心的温度偏低。此外，熔体在机筒内流动时，机筒中心处的料流速度快于筒壁处，造成径向速度分布不同。因此料流无论在横截面上还在长度方面都有很大的温度梯度。

设熔料的最高极限温度为机筒壁温 T_w，最低温度为 T_i，T_i 必然高于进入机筒的塑料初始温度 T_0，即 $T_i>T_0$。而机筒内塑料的平均温度 T_a 处于 T_i 和 T_w 之间，即塑料熔体的实际温度总是分布在 $T_i \sim T_w$ 之间，塑料从机筒实际所获得的热量可由温差(T_a-T_0)表示。

在 T_w 固定的情况下，如果塑料的温度分布宽，即塑料热均匀性差，则塑料的平均温度 T_a 降低，T_a-T_w 的值就小，对应的加热效率较低。反之，在 T_w 一定时，塑料温度分布窄，则 T_a 升高，加热效率提高。

如图 6-5-18 所示，生产中 T_a 是有一定范围的。实践证明，要使塑化质量达到可以接受的水平，E 值不应小于 0.8。

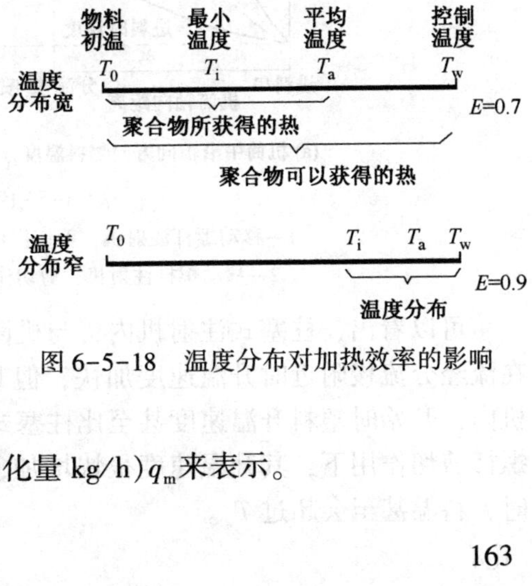

图 6-5-18　温度分布对加热效率的影响

由以上讨论可知，延长塑料在机筒中的受热时间 t，增大塑料的热扩散速率 α，减小机筒中料层的厚度 δ，在允许的条件下提高机筒壁温 T_w，都能提高加热效率 E。这种关系可用函数表示如下：

$$E=f\left[\frac{\alpha t}{(2\delta)^2}\right]$$

(2) 塑化能力

塑化能力以单位时间内机筒熔化塑料的质量(塑化量 kg/h)q_m 来表示。

塑化能力有两种表示方法：注射量和受热体积。

在一个成型周期(s)内，塑化量必须与注射量(g)相平衡，所以塑化能力可用每一注射周期 t 的注射量表示：

$$q_m = \frac{3.6 \times W}{t}$$

塑化能力与加热温度及塑料的性质有关，用机筒与塑料的接触面积 A 和塑料的受热体积 V_p 来表示：

$$q_m = \frac{KA^2}{V_p}$$

在塑料品种、塑料的平均温度以及加热效率一定的情况下，K 为常数，显然要提高塑化量 q_m，则须增大注射机的传热面积和减小加热物料的体积，但在柱塞式注射机中，由于机筒的结构所限，增大 A 就必然加大 V_p。解决这一矛盾的有效方法是采用分流梭，兼用分流梭作加热器或改变分流梭的形状等，以增大传热面积或改变 K 值。

而移动螺杆式注射机，由于螺杆的剪切作用引起摩擦热，能使塑料温度升高，其温升值为：

$$\Delta T = \frac{\pi D n \eta}{cH}$$

式中 D——螺杆直径；

n——螺杆转速；

H——螺槽深度；

c——塑料的比热容；

η——熔体的黏度。

这种剪切作用和由于剪切作用的温升都使移动螺杆式注射机的加热效率增加，塑化量和塑化质量均有提高。

(3) 料温分布

物料在机筒中加热时轴向和径向升温曲线如图 6-5-19 所示。

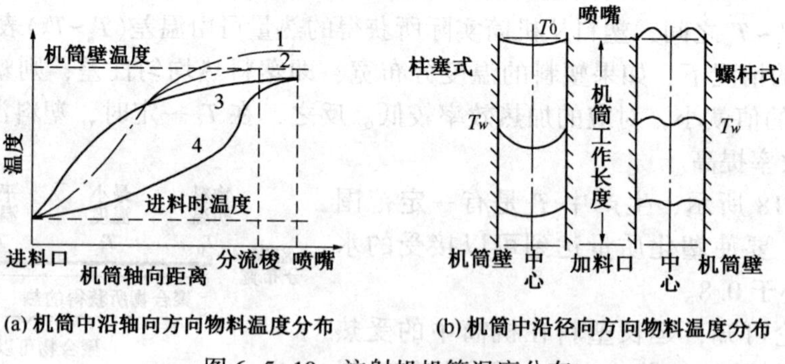

图 6-5-19 注射机机筒温度分布

1—移动螺杆注射机，剪切作用强烈；3—柱塞注射机，靠近料筒壁的物料；

2—移动螺杆注射机，剪切作用较平缓；4—柱塞注射机，中心部分物料

可以看出，柱塞式注射机内，与机筒接触处附近区域的塑料升温较快，中心升温很慢，在流经分流梭附近时升温速度加快，但其最后的料温仍然低于机筒 T_w。在移动螺杆式注射机内，开始时塑料升温速度甚至比柱塞式注射机内靠近机筒壁的塑料升温速度还要慢，但在螺杆剪切作用下，其升温速度很快增加，到达喷嘴前，料温可接近 T_w，如果剪切作用很强时，料温甚至会超过 T_w。

从物料沿机筒前进方向的径向温度分布可以看出，柱塞式注射机内塑料在机筒壁和中心的温差沿前进方向逐渐增大，而在分流梭附近接近喷嘴处才逐渐缩小并变得较均匀。移动螺杆式注射机内塑料受螺杆剪切作用，由于靠近机筒壁的剪切应力最大，摩擦生热使该处料温要比中心部分高，最终甚至可超过机筒壁温 T_w。在剪切作用很强烈时，甚至离喷嘴较远处的机筒中部物料的温度可达到 T_w 以上。

塑化好的塑料熔体在柱塞或螺杆的推动下，由机筒前端经喷嘴和模具浇注系统流入型腔而获得一定形状。此过程是注射成型最重要和最复杂的阶段。这一过程经历的时间几秒甚至更短，但熔体在其间所发生的变化却不少，而且这些变化对制品的质量有重要的影响。

熔体自机筒注入模腔需要克服一系列的流动阻力，其中包括熔体与机筒、喷嘴、模具浇注系统和模具型腔之间的外摩擦以及熔体内部的摩擦，同时还需要对熔体进行压实。

不论何种注射机，塑料进入模具模腔内的流动情况都可分为四个阶段，即充模阶段、压实保压阶段、倒流阶段和浇口冻结后的冷却阶段，如图 6-5-20 所示为各个阶段模腔压力的变化曲线。

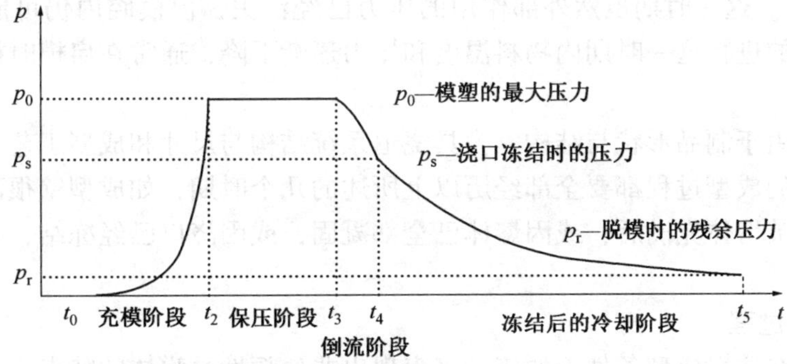

图 6-5-20 塑料熔体在模具中的流动情况

用大浇口模具成型厚壁制品所观测到的在模具锁紧时间内柱塞或螺杆位置、物料温度、作用在柱塞或螺杆上的压力、喷嘴内的压力和模腔内的压力变化如图 6-5-21 所示。

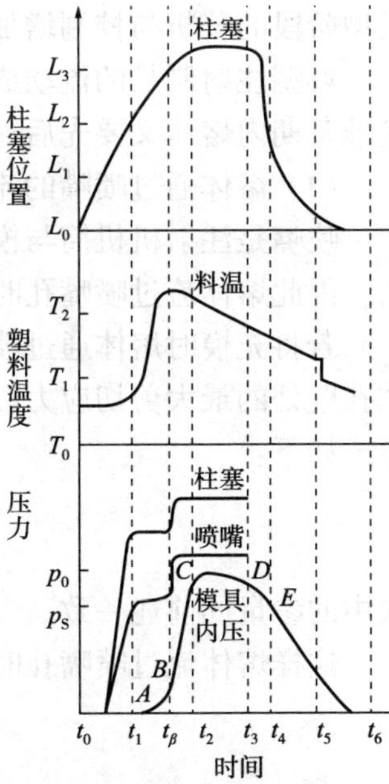

图 6-5-21 注射过程中流动成型与冷却情况

充模阶段 $t_0 \sim t_2$。这一阶段从柱塞或螺杆开始向前移动起，直至模腔被塑料熔体充满为止。该阶段包括两个时期：首先为柱塞或螺杆的空载期，在时间 $t_0 \sim t_1$ 内，注射前柱塞或螺杆虽开始向前移动，但物料尚未进入模腔，物料在高速流经喷嘴和浇口时，因剪切摩擦而引起温度上升，同时因流动阻力而引起柱塞和喷嘴处压力增加。随后是充模期，在时间 $t_1 \sim t_2$ 内。时间 t_1 时塑料熔体开始快速注入模腔，模具内压力上升至 p_0 时，型腔被充满，模腔内压力达到最大值，同时物料温度、柱塞和喷嘴处压力均上升到最高值。充模期分为两个时期：一是注射充模流动时期，时间从 t_1 开始至熔体到达模腔末端的时刻 t_β 结束，熔体在此流动过程中，阻力并不大，故模腔内的压力仍然很低。二是压实流动时期，从 t_β 时刻开始至柱塞到达其前进行程的最大位置的时刻 t_2 结束，在此之前模腔虽已被熔体充满，但由于充模流动结束时喷嘴内的压力远高于模腔内的压力，故这一时期后仍有少量熔体被挤入模腔，使模腔内熔体密度增大而压力急剧上升至最高值，这一过程也称压实增密过程。

保压期 $t_2 \sim t_3$。这一阶段是熔体充满模腔时起至柱塞或螺杆撤回时为止的一段时间。这个阶段的特点是柱塞并不立即退回，而需要在最大前进的位置再保持一段时间，作用在柱塞上的压力和喷嘴内的压力保持最大值不变。模具的冷却作用使模腔内物料温度下降、型坯体积收缩，体积收缩又导致模腔内压力下降和浇道内熔体缓慢地流进模腔。此时，塑料还在流动，温度不断下降，取向的分子很容易被冻结，所以，这一阶段是大分子取向形成的主要阶段，时间越长，取向程度也越大。

倒流与封口期 $t_3 \sim t_4$。这一阶段是从柱塞或螺杆后退时开始，到浇口处熔体冻结为止。保压期结束后，柱塞(螺杆)在 t_3 时刻开始后退，喷嘴和浇道内的压力也迅速下降。模腔内的压力会高于浇道内的压力，若浇口内的熔体仍能流动，少量熔体就会从模腔倒流入浇道并导致模腔内压力迅速降低。这一阶段也有倒流分子取向，但是程度不大，波及的区域不大；相反，由于此时温度还较高，已取向的分子还可能因布朗运动而解取向。t_4 为“封口点”。

继冷期 $t_4 \sim t_5$。这一时期虽然外部作用的压力已经消失，但模腔内仍可能保持一定的压力，随冷却过程的进行这一时期内物料温度和压力逐渐下降，通常在启模时模腔内仍可能残留一定的压力。

实际生产中由于制品形状与结构、模具浇道系统结构与尺寸和成型工艺条件的不同，并非每个注射制品的成型过程都要全部经历以上所述的几个时期，如成型壁很薄和采用点浇口的制品，在模腔被熔体充满后，或因熔体已全部凝固，或因浇口已经冻结，不必保压也不会出现倒流现象。

2. 流动成型过程

聚合物熔体在注射成型条件下的流动多表现出非牛顿性黏弹体的特点，而在流动充模过程中又不可避免地伴随着熔体降温，加上流动的模具几何形状和尺寸的复杂多样性，给流动成型阶段的分析与控制增加很多困难。

典型注射制品的流动成型过程，包括成型周期中入模准备、充模和压实三个时期，在入模准备期内熔体又要先后通过喷嘴和模具的浇道系统。

(1) 熔体通过喷嘴的流动

喷嘴是注射机机筒与模具之间的连接件，充模时熔体经过喷嘴通道中剪切速率变化相当大，因此熔体流过喷嘴孔时会有较多的压力损失和较大的温升。

若将充模时熔体通过喷嘴孔近似地看作等温条件下通过等截面圆管时的层流，对幂律熔体孔壁处的最大剪切应力($R\Delta p/2L$)与相应的表观剪切速率($4Q/\pi R^3$)和表观黏度(η_a)的关系式如下：

$$\frac{R\Delta p}{2L}=\eta_a \cdot \frac{4Q}{\pi R^3}$$

式中的参量同前述一致。

这样熔体流过喷嘴孔时的压力损失利用下式估算：

$$\Delta p=\frac{8\eta_a LQ}{\pi R^4}$$

由压力损失的式子可以看出，不论是牛顿流体还是非牛顿流体，通过喷嘴时的压力损失都随喷嘴长度 L 和体积流率 Q 的增大而增加，而当喷嘴孔的半径 R 增大时，压力损失随其四次方的指数关系减小，因此，喷嘴孔直径的微小变化，会引起压力损失的较大变化。

用上式估算的压力损失通常小于实测值，其主要原因一是由于熔体通过喷嘴时有摩擦生热以及热量损失，不是真正的等温过程；二是喷嘴的形式多种多样，多数带有锥度，不是等截面圆管；三是熔体从机筒进入喷嘴，流道由大变小，会出现“入口效应”等。

充模期间熔体高速流过喷嘴孔时必将产生大量剪切摩擦热，该热量几乎全部用于加热熔体使其温度升高。温升值可由压力降对单位时间内流过喷嘴孔熔体所做功转换成的热量，与单位时间内流过喷嘴孔熔体温度升高 ΔT 所需热量的平衡关系得到：

$$\Delta T = \Delta pQ / J\rho c_p Q = \Delta p / J\rho c_p$$

式中 Q——体积流率；

Δp——压力降；

c_p——熔体的比定压热容；

ρ——熔体密度；

J——热功当量。

由上式可以看出，熔体流过喷嘴孔时的温升，主要由熔体通过时压力损失的大小所决定。实验表明这一理论结论与实测结果基本相符。因此注射充模时，注射速度、注射压力越高，物料通过喷嘴时的温升越大，这也说明了为什么热稳定性差的塑料不宜采用细孔喷嘴高速注射充模的原因。

表 6-5-2 所示为喷嘴的温升与喷嘴直径和注射压力的关系，实际加工中可以参考。

表 6-5-2　喷嘴的温升与喷嘴直径和注射压力的关系

注射压力/MPa	49						98			
喷嘴直径/mm	3.2	2.0	1.4	1.0	0.7	0.5	1.4	1.0	0.7	0.5
熔料温度/℃	18	19	23	25	26	26	43	45	47	46

（2）熔体在模具浇注系统中的流动

熔体流过模具浇注系统与流过喷嘴一样，也会出现温度和压力的变化，这种变化还与浇注系统的冷、热状态有关。

热塑性塑料注射用模具有冷浇道系统和热浇道系统。热浇道系统工作时要单独加热，其温度保持在塑料的黏流温度或熔点以上。熔体通过热浇道系统时的情况与其通过喷嘴时的情况很相似。目前生产中较多的是使用冷浇道系统。

熔体通过冷浇道系统时，首先通过模具的主流道和分流道，由于流道中温度远低于熔体的温度，熔体流表层与流道壁接触后迅速冷却形成紧贴流道壁的冷凝料壳层，从而使流道允许熔体通过的实际截面积减小，因而在用上面的公式估算压力损失时，应考虑要减小流道半径值。

流道内形成的冷凝壳层对随后通过的熔体有一定的保温作用，而且熔体通过时与壳层摩擦产生一定的热量会使熔体通过的温度有所升高。只要知道冷凝壳层的厚度后，对于圆截面流道熔体流过主流道、分流道的温升，也可用上面的公式进行估算。冷凝壳层的厚度与塑料的热物理性能、熔体的温度和流速以及模具温度等多方面因素有关。由于结晶塑料的熔体冷却到稍低于熔点时就会很快凝固，冷凝壳层的厚度一般大于非结晶型塑料。

熔体从流道进入浇口时，浇口的截面积很小，熔体高速通过时产生大量摩擦热，使浇口处局部温度有较大升高。此外浇口紧靠模腔容易受到其中高温熔体的加热，一般不会形成冷凝壳层。

充模过程最基本的要求是在尽量短的时间内有足够量的熔体充满模腔，即充模时应有较高的体积流率。对牛顿流体，通过圆形截面或平板狭缝形浇口时的体积流率可由下式表示：

圆形截面浇口：
$$Q=\frac{\pi R^4 \Delta p}{8\eta L}$$

平板狭缝形浇口：
$$Q=\frac{2H^3 B\Delta p}{3\eta L}$$

式中 R——圆形浇口的半径；

B——狭缝浇口的宽度；

H——狭缝浇口的厚度。

从上述公式可知，增大浇口的截面积有利于提高熔体的体积流率，但是会导致流体通过时剪切速率减小，致使流体表观黏度随之增大，反而会使体积流率下降，因此截面积小的浇口更有利于熔体快速充模。

(3) 熔体进入模腔后的流动

熔体在模腔的流动是流动充模成型过程中最重要也是最复杂的时期。熔体的温度较高，而模具型腔的温度相对较低，塑料熔体在流动成型过程中温度会逐渐下降，期间会发生取向、结晶等聚集态结构的变化，同时制品的形状、尺寸、外观、内应力等，均在这时间内基本形成并确定。因此这个时期熔体在模腔内的流动方式、熔体在模腔内的流动类型等均会对产品的质量产生重要的影响。

由于浇口的位置和模腔的形状及结构不同，熔体在模腔内的流动方式可以归纳为四种，如图 6-5-22 所示。

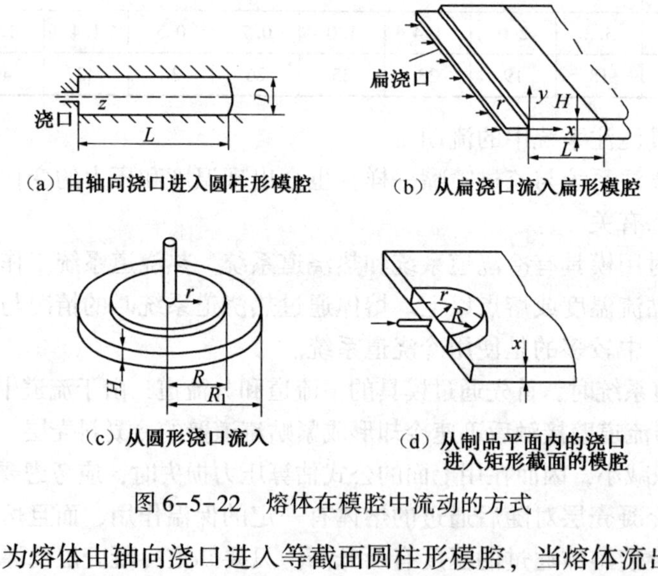

图 6-5-22 熔体在模腔中流动的方式

图 6-5-22(a) 为熔体由轴向浇口进入等截面圆柱形模腔，当熔体流出浇口后，沿 z 方向流动；

图 6-5-22(b) 为熔体从扁浇口（膜状浇口）流入扁形或平行板狭缝形模腔，沿 x 方向充模；

图 6-5-22(c) 为熔体经过与圆板状制品平面相垂直的浇口流入模腔，流动方式是以浇口为圆心，沿半径 r 方向，同样的速度辐射状地向周边界限为 R_1、深为 H 的圆盘形模腔中充模流动；

图6-5-22(d)为熔体由制品平面内的浇口进入矩形截面的模腔，其充模方式是越过浇口的料流前缘以浇口为圆心按圆弧状向前扩展。

无论何种流动方式，熔体从浇口进入模腔，首先要保证充满模腔。

熔体在模腔内流动时，由于模具温度较低，随冷却时间的延长，模具凝固层的厚度逐渐加大，当凝固层的厚度达到模腔高度的一半或等于圆筒形模腔截面的半径时，熔体在模腔内的流动就完全停止，这一流动长度称为极限流动长度。只有极限流动长度大于制品方向的长度，熔体才能充满型腔。

模具凝固层内表面的温度应与塑料的熔融温度相近，而与模壁接触的凝固层外表面温度应与模具温度一致，这两个温度在充模的整个时间内可基本保持不变。充模期间流动中的熔体温度也极少变化，这是因为凝固层与熔体流界面上有摩擦热产生，甚至在熔体与凝固层温差很大时，摩擦热也是阻碍熔体流中心部分降温的热屏障。

熔体在模腔中的极限流动长度是塑料熔体的流变性能、热物理性能以及成型工艺条件的综合反映。熔体在模腔中的极限流动长度主要受以下因素影响。

① 塑料的流动性和冷凝速度　塑料种类不同，加工温度和冷凝速度也不同，流动长度与模腔厚度的比值(流动距离比即流长比 L/t)也不同。表6-5-3所示为不同的塑料在不同流道中的流长比，该值在一定程度上反映了塑料的可模塑性。

表6-5-3　不同塑料的在不同流道的流长比

塑料种类	壁厚/mm	L/t	塑料种类	壁厚/mm	L/t
PE	0.3~3	280~200	ABS	1.5~4	280~160
LDPE	0.3~3	280	POM	1.5~3	250~150
HDPE	0.3~3	230	PMMA	1.5~5	150~100
PP	0.6~3	280~160	HPVC	1.5~5	150~100
PA	0.8~3	320~200	PC	1.5~5	150~100
PS	1.4~4	300~220			

② 机筒温度　在加工温度范围内，提高机筒温度有利于增加熔体在模腔中的极限流动长度。但塑料种类不同，流动长度对机筒温度的敏感性也不同，如表6-5-4所示为当机筒温度升高1℃时充模流动长度的增加值 ΔL。

表6-5-4　机筒温度升高1℃不同塑料充模流动长度的增加值 ΔL

塑料名称	ΔL/mm	塑料名称	ΔL/mm
PS	0.63~0.90	PMMA	0.68~0.85
HIPS	0.54~0.60	LDPE	0.34~0.44
ABS	0.27~0.36	HDPE	0.34~0.68

③ 模具温度　模具温度的高低对流长比有影响，但是很小。实践证明，模具温度主要影响熔体在模壁上的凝固层厚度，对流动长度无显著影响。

④ 注射压力　提高注射压力，可增加熔体的流动长度，如表6-5-5所示。

但是注射压力增大的同时也会使聚合物分子流动取向程度增加，导致制品出现明显的各向异性，因此不能为了充模而盲目提高注射压力。

表 6-5-5　塑料在不同的注射压力下流长比的大小

塑料名称	注射压力/MPa	L/t	塑料名称	注射压力/MPa	L/t
PE	150	280~250	硬 PVC	130	170~130
	60	140~100		90	140~100
PP	120	280		70	110~70
	70	240~200	软 PVC	90	280~200
PS	90	300~280		70	240~160
PA	90	360~200	PC	130	180~120
POM	100	210~110		90	130~90

⑤ 注射速度　提高注射速度有利于增大充模流动长度，减少流动时间，提高充模速度。在不出现湍流的情况下，注射速度尽量加大。同时提高注射速度可以避免采用大的注射压力而导致制品出现各向异性，尤其是成型薄壁制品时应采用此法增加流动长度。

⑥ 模腔厚度　模腔厚度是影响充模阻力的重要因素，模腔厚度增加，充模流动长度也会增大。

充模时熔体在模腔内的流动类型主要由熔体通过浇口进入模腔时的流速决定。如图 6-5-23 所示为快速充模和慢速充模两种极端情况。

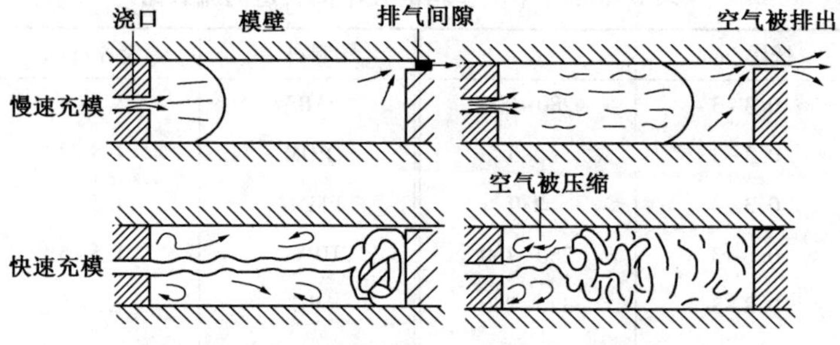

图 6-5-23　不同充模速率的熔体流动情况

从图中可见，当熔体从浇口进入模腔的流速很高时，熔体流首先射向对壁，以湍流的形式充满模腔。严重的湍流引起喷射而带入空气，由于模腔底部先被熔体填满，模内空气无法排出，未排出的空气被热熔体加热、压缩成高温气体后，会引起熔体的局部烧伤和降解，造成成型后的制品质量下降，还会使制品形成大的内应力，表面出现裂纹。

当熔体从浇口进入模腔的流速很低，即慢速充模时，熔体以层流形式自浇口向模腔底部逐渐扩展，以层流流动充模。慢速充模可避免湍流流动充模引起的各种缺陷，若控制得当可得到表观质量和内在质量均较高的制品。但过慢的速度会显著延长充模时间，易使熔体在流道中冷却降温，引起熔体黏度大幅度提高，熔体的流动性下降，导致模腔充填不满，并出现制品分层和结合不好的熔接痕，影响制品的强度。

熔体从浇口处向模腔底部以层流方式推进时，形成扩展流动的前峰波的形状可分成三个典型阶段，如图 6-5-24 所示。第一个阶段是熔体流前缘呈圆弧形的初始阶段，第二个阶段是前缘从圆弧渐变为直线的过渡阶段，第三个阶段是前缘呈直线移动的主流充满模腔的阶段。如图 6-5-25 所示，熔体以层流方式充模时，热熔体前锋表面由于与冷空气接触而形成高黏度的前缘膜。随后由于降温引起的黏度进一步增大和表面张力的作用，其前进速度会小于熔体自身的流速，所以前缘膜后的熔体单元通常会以更高的速度追到膜上。这时可能出现两种情况：一是受到膜的阻止熔体单元不再前进，只得转向模壁方向且很快被冻结；二是熔体冲破原有的前缘膜，形成新的前缘膜。转向模壁的熔体单元与紧贴模壁的冷冻层接触后，迅速冷凝成线速度和切变速率均接近零的不冻层，由此在熔体流的截面上产生很大的速度梯度，这会使大分子链的两端因处于不同的速度层中而受到拉伸并取向。

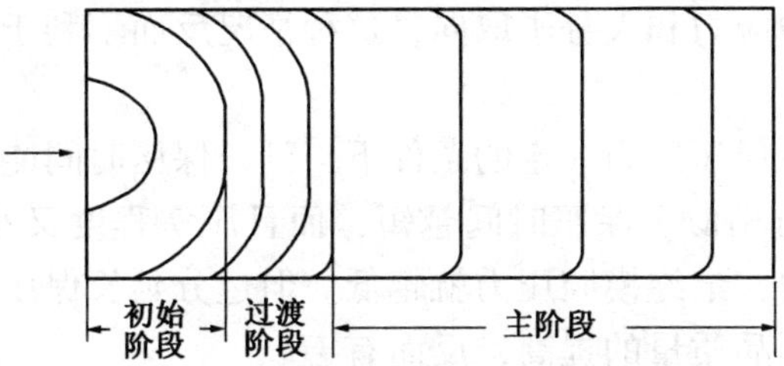

图 6-5-24　充模时熔体前缘变化的各阶段

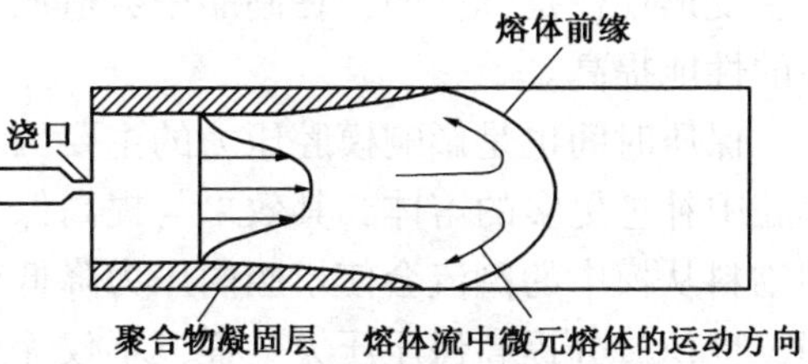

图 6-5-25　熔体流的速度分布

因此，在靠近模壁的区域内存在着不同于其他部分的特殊取向机理，是造成制品表层形态结构与芯层不同的一个重要原因。

模腔内实测的熔体流动流线分布表明，在充模过程中，熔体单元被前缘膜阻止转向和冲破原有膜形成新膜的两种情况交替出现，并且是制品表面上出现小波纹的重要原因。这种小波纹在其冷硬之前若能被随后到来的热熔体所传递的压力"熨平"，就不会在脱模后的制品表面上出现。因此，较高的注射压力、注射速度和模具温度，有利于获得光洁平整表面的制品。

（4）模腔内熔体的压实和保压

模腔内熔体的压实和保压，也是熔体在模腔的一种流动。

充模流动结束后，熔体进入模腔的快速流动停止，但这时模腔内的压力并没有达到最高值，而此时喷嘴压力已达最大值，因而流道内的熔体仍能以缓慢的速度继续流入模腔，使其中的压力升高到能够平衡浇口两边的压力为止。

模腔内熔体的压实前提条件是浇口出口处有一定的压力和充模期结束时熔体具有一定的流动性。这个压实过程虽然时间很短，但熔体充满模腔各部缝隙取得精确模腔型样，且本身受到压缩使成型物增密，就是在这一极短的时间内依靠模腔内的迅速增压完成的。注射过程中增大注射压力、减小喷嘴和模具浇道系统内的流动阻力，均对增高模腔进口处的压力有利，而提高熔体温度、模具温度、注射速度和增大模腔厚度，均有利于改善模腔内的压力传递条件，这些对于压实流动都较有利。

特别要注意的是，压实期压力的选择问题。虽然压力升高有利于压实流动，但是在压实期内模腔内压力过大时常使模具出现变形，特别是在模腔的中心部分，压力越高变形量也最大。模具变形带来的后果，一是使塑料制品的厚度大于模腔厚度，二是增大了制品厚度的不均一性。为此，当合模力一定时，工艺上可采取在充模后期适当降低注射压力的方法，使压实期模腔内可能达到的最高压力值降低，减小模具的变形。

压实结束后柱塞或螺杆不立即退回，而必须在该位置上再停留一段时间，该阶段为保压阶段。在保压阶段熔体仍能流动，称保压流动。保压流动和充模阶段的压实流动都是在高压下的使熔体致密的一种流动。这时的流动特点是熔体的流速很小，不起主导作用，而压力却是影响过程的主流因素。产生保压流动的原因是模腔壁附近的熔体因冷却而产生体积收缩，这样在浇口冻结之前，熔体在注射压力作用下继续向模腔补充熔体，产生补缩的保压流动。

当然保压流动的必要条件是压实结束后机筒前端仍有一定量的熔体，且从机筒到模腔的通道能允许熔体通过，即浇注系统没有冻结。

保压阶段的压力是影响模腔压力和模腔内塑料被压缩程度的主要因素。保压压力高，则能补进更多的料，不仅使制品的密度增高，模腔压力提高，而且持续地压缩还能使成型物各部分更好地融合，对提高制品强度非常有利。但在成型物的温度已明显下降之后，在高压下产生变形往往是弹性的，在制品中会造成大的内应力和大分子取向，这种情况反而不利于制品的性能提高。

保压时间也是影响模腔压力的主要因素，在保压压力一定的条件下，延长保压时间能向模腔中补进更多的熔体，其效果与提高保压压力相似。保压时间越短，而且压实程度又小，则物料从模中的倒流会使模腔内压力降低得越快，最终模腔压力就越低。但过分延长保压时间，也像过分提高保压压力一样，不仅无助于制品质量的提高，反而有害。

3. 冷却定型过程

熔体进入模具型腔后虽已开始了冷却降温过程，但由于充模期和压实期的时间很短，因而还需要在模腔内继续冷却一段时间，使其全部冷凝或具有足够厚度的凝固层，保证制品的形状以及制品取出的时候不发生变形。

典型注射制品的冷却定型过程包括三个时期：保压过程的冷却、熔体倒流过程的冷却和浇口封断后的冷却。

（1）保压过程的冷却

由于保压的时间很短，而且这个过程要求熔体有一定的流动性，因此该过程熔体的温度下降得不多。为了达到以上要求，该阶段的保压压力和保压时间的选择要特别注意。

（2）熔体倒流过程的冷却

用大尺寸浇口成型厚壁制品时，保压期内可以有足够长的时间向模腔补料并传递压力。若在浇口凝封之前就解除模腔的外压，由于此时浇道内的压力随之急剧下降而远低于模腔内的压力，致使熔体从型腔倒流入浇道。随熔体的流出，模腔内的压力迅速下降，倒流的流速也逐渐减小，直至通过浇口的熔体因有充分时间冷却而使模腔封口。

封口时刻模腔内的温度和压力，分别称为封口温度和封口压力，这二者是影响注射制品质量的重要工艺参数，可以由修正的范德华方程得到封口压力和封口温度的关系：

$$p=\left[\frac{R'T}{(\nu-b)}\right]-\pi$$

式中 R'——修正的气体常数；

π——内压力；

ν——聚合物比容；

b——绝对零度时的比容。

由上式可见，在聚合物的比容一定时，作用在模腔内物料上的压力与其温度呈直线关系。

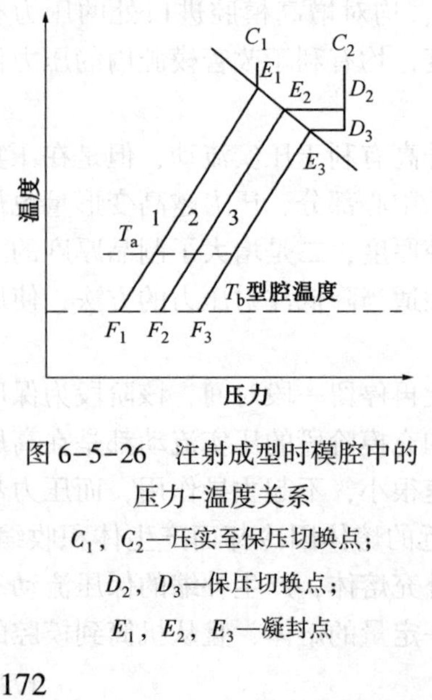

图 6-5-26　注射成型时模腔中的压力-温度关系

C_1，C_2—压实至保压切换点；

D_2，D_3—保压切换点；

E_1，E_2，E_3—凝封点

型腔中压力与温度的关系如图 6-5-26 所示。C_2点看作压实期结束点，直线 C_2D_2代表保压期模腔内压力与温度的关系。C_2D_2直线与温度坐标轴平行，这一过程物料温度下降，但因有外部熔体的不断补进而使模腔内的压力基本保持恒定。D_2点为保压期结束，螺杆后退，随之出现的倒流引起模腔内压力沿 D_2E_2直线下降，E_2为封口

点。此后模腔内的物料量不再改变，即比容为定值，故温度和压力沿 E_2F_2呈直线的关系下降。

若将保压时间从 C_2D_2延长到 C_2D_3，在 D_3点才解除外压，此后倒流使模腔内压力沿D_3E_3直线下降，E_3为封口点，自封口点 E_3后模腔内的压力与温度即沿 E_3F_3直线下降，由此而得到的制品密度和重量较前述情况大，但其内应力较高，而且常因成型收缩过小而引起脱模困难。

C_1E_1直线表示在较低的压力下补料而且浇口的凝封发生在螺杆后退之前，这时外压解除后无熔体倒流，从 E_1点起模腔内物料即沿 E_1F_1直线降温和降压，但因封口压力较低，所得制品的密度较小。

制品的密度或重量一般是随封口的压力增大而增加，因此调节封口温度和封口压力非常关键，工艺上多借助改变保压时间来调节。

保压时间过短，补进模腔的料量少而倒流出的料量多，致使封口压力很低，由此得到的制品容易出现凹陷和缩孔，且成型收缩率也较大，因而密度低、强度差、尺寸精度也差。延长保压时间，可使封口压力增大，这对改善制品的外观、强度和尺寸精度都有利。但过高的封口压力，不仅会造成制品脱模的困难，而且会因制品内应力过大反而使强度降低。

除保压时间外，改变保压压力、浇口尺寸、熔体温度和模具温度等，对封口温度和封口压力也有不同程度的调节作用。

（3）浇口封断后的冷却

浇口封断后的冷却过程是使模腔内的制品整体或足够厚的表层降温至聚合物玻璃化转变温度或热变形温度的过程，此时将制品从模腔中顶出才不至于发生变形。

这个过程的冷却时间是在无外压作用条件下进行的，在整个冷却时间中占有非常大的比例，主要是通过模具的冷却系统进行冷却。成型物的冷却时间主要由塑料的热物理性能和制品的壁厚所决定。热传导理论的计算表明，制品在模腔内冷却所需要的最短时间 t_k可用下式估算：

$$t_k = \frac{H^2}{\pi^2 \alpha} \ln\left(\frac{4}{\pi} \cdot \frac{T_a - T_W}{T_E - T_W}\right)$$

式中 H——制品的壁厚；

α——塑料的热扩散系数；

T_a——模腔内熔体的平均温度；

T_W——模具温度；

T_E——脱模时制品的温度。

这里模具温度的选择确定非常关键。模具温度高低决定于塑料的结晶性、制品的尺寸与结构、性能要求以及其他工艺条件，如熔体温度、注射速度、注射压力、模塑周期等。总的来说模具温度提高，制品取向程度降低，结晶度升高，制品表面光洁程度提高，产品收缩率增加，保压时间延长。

对于结晶型塑料来说，温度降低到熔点即开始结晶，模具温度高，结晶速率快，有利于大分子松弛过程，取向效应小，对于结晶速率低的塑料（如 PET）适合。而中等模温，冷却速率中等，结晶、分子取向适宜，适合大多数的结晶型塑料的冷却。模具温度低，熔体在结晶温度区域停留时间短，不利于晶体和球晶的增长，使聚合物结晶度低，此时若塑料的玻璃化转变温度低（如聚烯烃），就会出现后结晶引起制品收缩，性能改变。

对于无定形塑料，由于没有相变化，模具温度主要影响熔体的流动性，即充模速率。因此对于黏度低或中等的无定形塑料，如 PS、CA 等，模具温度常偏低。对于黏度高的塑料，如 PC、聚苯醚、聚砜等，必须采用高模具温度。另外高模温也可调整冷却速率，防止温差过大产生凹痕、内应力、裂纹等。

表 6-5-6 所示为部分塑料注射时可选用的模具的参考温度。

表 6-5-6　部分塑料注射时可选用的模具温度

塑料名称	PP	PE	PA	PS	ABS	POM
模温范围/℃	55~65	40~60	40~60	40~60	40~60	40~60
塑料名称	HPVC	PMMA	PC	聚苯醚	聚砜	
模温范围/℃	30~60	40~60	90~120	110~130	130~150	

四、热塑性塑料注射工艺及分析

如图 6-5-27 所示为热塑性塑料的注射工艺过程。该工艺可以分为三个部分：成型前的准备、成型以及塑件的后处理。

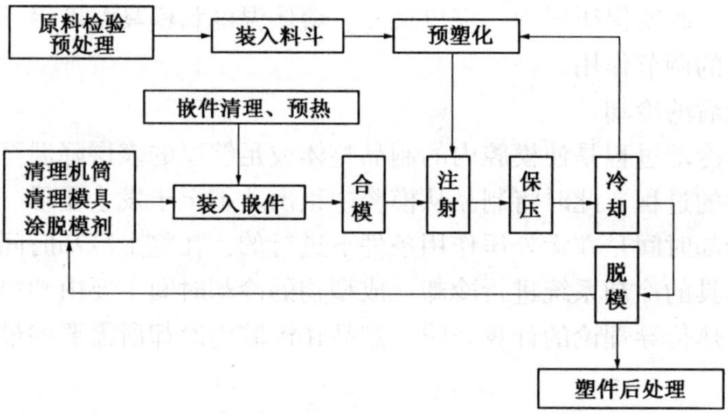

图 6-5-27　热塑性塑料的注射工艺过程

（一）成型前的准备

成型前的准备主要包括对注射成型的塑料原料、设备以及其他部分进行准备工作。

1. 原料的准备工作

注射成型所用的原料品种很多，其中也包括很多的工程塑料。注射用的塑料大多为粒料。塑料原料的准备主要包括原料检验、原料染色以及原料的干燥。

为保证注射产品的质量，在成型前需要对原料进行检验，检验的标准是要符合注射工艺的要求，主要包括流动性、水分及挥发物含量、收缩率等。注射产品一般采用色母料来着色，因此事先根据需要进行色母料与原料的配制，见相关的章节。

原料树脂的干燥对于注射成型是必要的，这主要与注射机的特点有关。注射机在加工成型过程中很难去除树脂中水分以及挥发分，以致影响制品的质量。不同原料干燥的温度不同，允许的含水量不同，一些塑料的吸水率及允许的含水量如表 6-5-7 所示。

小批量的原料树脂干燥一般采用热风循环烘箱、红外线加热烘箱、真空烘箱以及干燥料斗，而大批量的原料树脂则采用沸腾干燥、气流干燥等。常压时通常 100℃以上，须特别注意干燥时间和干燥之后的防潮。

表 6-5-7　几种塑料的吸水性

塑料名称	吸水率/%	允许含水量/%	塑料名称	吸水率/%	允许含水量/%
ABS	0.2~0.45	0.1	PA66	1.5	0.2
PE	<0.01	0.5	PC	0.24	0.02
PP	<0.03	0.5	PSF	0.22	0.1
PS	0.03~0.10	0.1	PPO	0.07~0.2	0.05
POM	0.02~0.35	0.1	PPS	0.02~0.08	0.1
PA6	1.3~1.9	0.2	PMMA	0.3~0.4	0.05

2. 注射机的准备工作

注射机的准备工作主要是机筒的清洗。由于注射机的工作总是很频繁地更换物料，因此机筒的清洗就显得很重要。柱塞式注射机由于柱塞不能转动，清洗比较困难，一般是利用拆卸或采用专用机筒的方法来进行。螺杆式注射机由于螺杆工作时有转动，一般采用置换的方法，选择合适的温度和正确的步骤进行。

例如，机筒内的料 A，置换料(成型料)B。如果 B 比 A 的成型温度高，升温到 B 的最低温度，加入 B，连续进行对空注射，直至全部存料清洗完毕时才调整温度进行正常生产；如果 B 比 A 的成型温度低，升温到 A 的最佳流动温度后，切断电源，在降温过程中用 B 进行置换清洗；如果 A 是热敏性塑料(PVC)，而 B 的熔体黏度高，采用流动性好、热稳定性高的 C 料(如 PS、PE)过渡清洗。

3. 嵌件预热

有一些塑料制品为了安装方便或增加强度，要复合金属嵌件。其中有些金属嵌件，需要在注射前安放在模具内。金属嵌件在安放前需要进行预热，这样可以减小金属嵌件与塑料熔体的收缩率差，防止在冷却定型过程中产生很大的内应力。特别是对于一些刚性较强的塑料，如 PS、PC 等，更容易产生应力开裂，因此嵌件必须预热；而有些小的嵌件可以通过模具预热，预热的温度为 110~130℃，预热温度不能太高，防止对金属嵌件产生破坏。

4. 脱模剂的使用

为了使制品顺利脱模而在模具上喷涂的一种助剂，称为脱模剂。

常用的脱模剂有硬脂酸锌、液体石蜡和硅油等。硬脂酸锌，除聚酰胺外都能使用；液体石蜡也叫白油，作为聚酰胺类塑料的脱模剂最好，除润滑作用外，还可防止内部产生空隙；硅油，润滑效果好，但要配成甲苯溶液，涂在型腔表面，待干燥后方能显示优良效果。

目前将脱模剂制成喷雾剂形式，使用方便。脱模剂用量要适当，过少起不到效果；过多会影响制品外观及强度，使透明制品出现毛斑或浑浊现象。

(二) 注射成型

注射成型工艺的核心问题，就是采用一切措施得到塑化良好的塑料熔体，并把它注射到模腔中去，在控制条件下冷却定型，使制品达到合乎要求的质量。最重要的工艺条件应该是足以影响塑化和注射充模质量的温度(包括物料温度、喷嘴温度和模具温度)、压力(注射压力、塑化压力)和相应的各个作用时间(注射时间、保压时间和冷却时间)以及注射周期等。而对影响温度、压力变化的工艺因素，例如螺杆转速、加料量及剩料等也不应忽视。

1. 温度

温度是保证注射成型的首要条件，包括机筒温度、喷嘴温度和模具温度。温度主要影响塑料树脂的塑化、流动成型以及冷却定型。

(1) 机筒温度

机筒温度对塑料的塑化和流动的影响较大。机筒温度的设定，原则上要保证塑料的塑化，实现顺利注射，且不应出现降解现象。当然机筒温度的设定还应该根据所用的原料树脂、所采用的设备、制品的形状以及所用模具的型式等多方面来考虑选择控制。

一般来说，塑料的热性能是首先要考虑的。机筒温度一般控制在塑料的 $T_f(T_m) \sim T_d$ 之间。在 $T_f(T_m) \sim T_d$ 之间温度较窄的热敏性塑料，相对分子质量较低和相对分子质量分布较宽的塑料，机筒温度应选择较低值，比 $T_f(T_m)$ 稍高即可；而 $T_f(T_m) \sim T_d$ 之间温度分布较宽，相对分子质量较高和相对分子质量分布较窄的塑料，机筒温度可适当选取较高值。同时要考虑塑料在机筒中停留的时间，常规的做法是机筒温度高，物料在机筒中的停留时间应缩短，尤其对于诸如聚甲醛、聚氯乙烯等塑料更为重要。

同样的塑料如果采用不同注射机，机筒温度设定也有差异。例如柱塞式注射机机筒温度的设定比螺杆式注射机要高，主要是因为螺杆式注射机中螺杆转动，剪切作用大，产生的摩擦热也大，螺杆的转动使塑料在机筒中的料层相对较薄，熔体黏度低，热扩散速率大，温度分布均匀，加热效率高，混合和塑化好，因此机筒温度可低些；而柱塞式注射机，仅靠机筒壁和分流梭表面向机筒内的树脂传递热量，机筒中塑料的料层厚，传热速率小，传热速率内外层受热不均，温差较大，塑化不均匀，故机筒温度应比螺杆式注射机高约 10~20℃。

此外制品的形状也关系到机筒温度的设定。结构简单、厚壁的制品一般机筒温度设定比较低；而薄壁制品，塑料流动阻力大，易冷却而失去流动能力，为顺利充模，机筒温度应高些；如果制品的形状复杂而且带有金属嵌件的，物料的流动阻力也大，机筒温度也应设定得高一些。

总之，机筒温度的分布，从料斗开始至喷嘴方向，由低到高分布。螺杆式注射机由于剪切摩擦热，因此前段的温度可以略低于中段，以防塑料的过热分解。

(2) 喷嘴温度

喷嘴温度主要影响塑料的流动。由于喷嘴的口径较小，物料通过喷嘴受到的剪切摩擦热较大，因此喷嘴温度通常是略低于机筒最高温度。降低的温度可以从通过喷嘴产生的较大摩擦热而得到补偿，同时还可以防止塑料在直通式喷嘴中可能发生的“流涎现象”。

机筒和喷嘴温度的设定除了上述因素外，还受到其工艺条件的影响。例如选择较低的注射压力时，为保证塑料的流动，应适当提高机筒温度；反之，机筒温度偏低就需要较高的注射压力。实际生产一般要根据理论数据，在成型前通过“对空注射法”或制品的“直观分析法”来进行调整，以便从中确定最佳的机筒和喷嘴温度。

在其他条件不变的情况下，机筒温度和喷嘴温度的设定关系到塑料在模腔中的取向和结晶。由于注射过程中塑料熔体的流动会形成流动取向，而流动过程中温度下降，关系到聚合物大分子的结晶，因此这时熔料的温度高低对于取向结晶的影响是很大的。这种聚集态结构的变化对于产品的性能，特别是力学性能影响较大。

一般非晶聚合物的极限拉伸强度随注射温度的提高均趋于降低，主要原因是非晶聚合物的取向度随着注射温度的提高而减小，而结晶聚合物的拉伸强度随着注射温度的提高结晶度降低。

(3) 模具温度

模具温度影响塑料的流动和冷却，特别是对产品的表面和内部质量以及产量影响比较大。

前面我们介绍过，结晶型塑料，模具的温度影响熔体冷却的速度，也关系到产品的结晶与否。一般情况模温高有利于结晶，同时有利于大分子的松弛，但是成型周期长，而模温低不利于结晶，会造成有些塑料出现后结晶，所以一般采用中等模温。无定形塑料，模具温度的高低影响充模情况和冷却速率。

由于模具温度对结晶型塑料结晶度的影响，进而直接影响产品的力学性能。总的来说，随着模具温度的升高，结晶型塑料的注射制品，其拉伸强度和弹性模量增大，断裂伸长率有所下降，如图 6-5-28、表 6-5-8 所示。

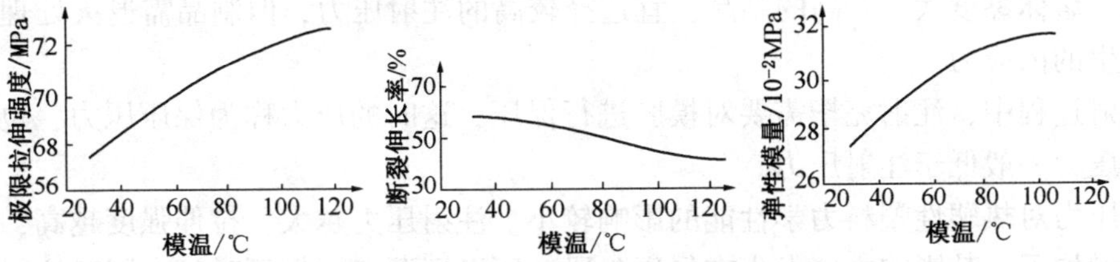

图 6-5-28　聚甲醛的性能与模温的关系

表 6-5-8　模温对聚酰胺力学性能的影响

聚酰胺类型	模温/℃	弹性模量/MPa	极限拉伸强度/MPa	断裂伸长率/%	硬度
PA6	20	2450	70	100	96
	120	2550	80	60	100
PA11	20	1400	40	200	52
	120	1500	50	150	60
PA610	20	1900	—	—	70
	120	2700	65	70	90
PA66	20	2200	—	—	100
	120	2850	82	50	102

模具温度的设定通常低于塑料的 T_g 或不易引起制件变形，脱模温度稍高于模温。

对于黏度较大的塑料，如聚碳酸酯、聚砜等宜选择高的模温，黏度小的塑料如 PE、PA 宜选择低模温。

模具温度的设定也要考虑对大分子取向、制品内应力和各种物理机械性能的影响。一般情况下模温低，取向作用大，内应力高，不利于结晶。此外模具温度对制品的收缩率也有一定的影响，但对某些塑料如 PMMA 影响不大。

2. 压力

(1) 塑化压力

塑化压力也称背压，是指螺杆式注射成型机在塑化时，螺杆顶部熔料在螺杆转动后退时所受到的压力。塑化压力的大小可以通过调整液压系统中的溢流阀来控制。

背压大小随螺杆的设计、制品质量的要求及塑料种类的不同而不同。如这些情况和螺杆的转速不变的情况下，增加塑化压力，将增加剪切作用，提高熔体的温度，但会减小塑化的速率，增大逆流和漏流。

增加塑化压力能使熔体的温度均匀，色料混合均匀，排出熔体中的气体，但会导致模塑周期延长，塑料降解。

实际应用中，在保证质量的前提下塑化压力应越低越好，背压很少超过 2MPa。

(2)注射压力

注射机提供一定的注射压力，可以克服塑料熔体从机筒流向模腔的一切流动阻力，给予熔体一定的充模速率以及对熔体进行压实。因此注射压力对注射过程和制品质量有很大影响，它的选取很重要。

在注射过程中，随注射压力增大，物料的充模速度加快，流动长度增加，制品中熔接强度提高，制品的密度增加，制品的大多数物理机械性能均有所提高。成型大尺寸、形状复杂、薄壁、熔体黏度大、T_g高的制品，宜选择较高的注射压力，但制品需退火处理，以消除高压下产生的内应力。

在注射过程中，注射完毕需要对模腔进行保压，这时的压力称为保压压力，也称二次压力。保压压力一般低于注射压力。

注射压力对热塑性塑料力学性能的影响较小。注射压力越大，拉伸强度越高，主要是制品密实度增加了。其影响主要发生在保压阶段，所以还要考虑保压时间。同时注射压力提高会使注射制品的熔接缝在高压下熔合，增加了熔接缝的接合强度。

3. 时间(成型周期)

通常将注射机完成一个制品所需的全部时间称为总周期时间，一个注射成型周期内，锁模装置、螺杆和注射座的动作时间与各部分操作时间都要列入其中。

注射的成型周期可以分为两个时间段：一是成型时间，是指熔体进入模具、充满模腔成型和在模腔内冷凝定型所需的全部时间；二是辅助操作时间，是指在总周期时间内除成型时间外的其余所有时间，通常包括注射机有关运动部件启、闭模和顶出制品的动作时间，以及安放嵌件、涂脱模剂和取出制品等的辅助操作时间。

4. 注射制品中的大分子取向与内应力

在热塑性塑料注射过程中，很多情况下，在不同程度上都存在着大分子取向和内应力，前面已介绍了一些。它们对注射塑件质量，特别是内部质量有不可忽视的影响，是注射成型时必须关注的。

(1) 大分子取向

在第五章中介绍了注射制品的取向情况，注射成型过程中，凡能改变熔料流动的速度梯度和熔料停止流动后在凝固点以上温度停留时间等的因素，都会影响塑件的取向度及其分布。

注射制品中的大分子取向，会给制品带来明显的各向异性，使得塑件在不同方向上的拉伸强度、模量以及断裂伸长率等力学性能有明显的不同，这种各向异性给塑件质量带来很大损害。因此，在设计和成型塑件时，总要尽力控制一些条件减小这种各向异性。实验结果表明，提高熔体温度和模具温度，降低充模压力和充模速度，以及缩短保压时间等，都会在不同程度上使制品的取向应力减小。

另外制品尺寸对取向也有影响。通常用表面积与体积之比表征制品尺寸特性，因为这个比值对成型物在模腔内的冷却降温速率有明显影响，比值愈大冷却降温就愈快。由于注射制品中大分子的取向主要产生在次表层中，故表面积对体积之比大的制品，其取向程度和取向应力都较大。

(2) 内应力

在注射制品成型过程中的充模、压实和保压过程中，外力在模腔内熔体中建立的应力，若在凝固之前不能通过松弛作用全部消失而有部分在制品中存留下来，存留下的力称为残余应力，也称内应力。内应力的存在会使注射制品在储存和使用中出现翘曲变形和开裂，影响其光学性能、电学性能和外观质量，特别是在制品使用过程中要承受热、有机溶剂和其他能加速其开裂的介质时，更易开裂。

用注射制件研究塑料的强度性能时，制件中存在的较大内应力会使测试结果的分散性增大，对材料性能错误评价。例如，聚碳酸酯与通用 ABS 塑料比较，由于内应力的存在，有可能 PC 强度小于 ABS，因此在成型过程中应尽量降低内应力。

在注射制品中由于起因的不同，通常存在有三种不同形式的内应力：

① 构型体积应力　构型体积应力是由于制品几何形状复杂而引起的不同成型收缩所产生，这种形式的内应力在制品不同部位的壁厚差别较大时容易表现出来，应力值不大时可通过热处理消除。

② 体积温度应力　体积温度应力与制品各部分降温速率不等而引起的不均匀收缩有关，在厚壁制品中表现明显。这种形式的内应力有时会因形成缩孔或表面凹痕而自行消失，也可以通过热处理来消除。

③ 结晶聚合物产生的应力　结晶聚合物由于在成型降温过程的结晶，从而引起收缩，收缩受到限制也会产生内应力。

总之注射参数控制不当，以及原料处理等问题会使注射产品不同程度地出现表面或内部缺陷。表 6-5-9 为注射制件表面缺陷产生的原因及防止方法。

表 6-5-9　注射制件表面缺陷产生的原因及防止方法

制品缺陷	产生原因	防止方法
凹陷 缩孔 汽孔	由于原料树脂吸湿性太大，干燥不够好，制品壁厚不均，模腔压力不足或模腔中排气不良而形成阻隔，使熔体流不能与模具表面全部接触，缩孔位置多发生在加强筋表面和远离浇口处	设计制品时要防止由于加强筋造成的壁厚不均，加强筋的拐角处壁厚也要均匀，注射时降低模温、熔体温度，增加注射压力、保压时间和注射量，对容易发生缩孔的地方加强冷却，增加浇口截面尺寸，加大压力传递效果
无光泽 泛白 搓痕 皱纹	大都是由于模具温度过低、熔体温度过高、冷却速度过快所致，当熔体还在充模时，在型腔壁上就形成了很硬的壳。壳层受到各种力的作用，使之泛白变浑。严重者，壳层可能被撕破，发生位移，这就发生了搓痕或皱纹。还有一种原因是熔体在模内发生不规则的脉动流动，在浇口尺寸很小或注射速度很大时，塑料熔体料流以细而弯曲的射流状射入模腔中，细射流若冷下来则与其余熔体融合不好，就会出现此类缺陷	选择光泽度好的聚合物，提高模腔加工的表面光洁度，同时适当提高模具温度或浇口处采取局部加热等措施
银纹 剥层	充模时，运动的熔体前缘发生部分分解析出挥发物，形成小气泡“分布”在制品表面上，所留下的痕迹往往呈“V”字形，尖端背向浇口。当树脂含湿量过大时，受热则会产生水汽，或者螺杆工作时排气不良等，也会产生银纹。在某些情况下，大气泡被拉长成扁气泡覆盖在制品表面上，容易从制品上脱落下来，产生剥层	要使原料树脂干燥充分，以降低其含湿量。在工艺方面，降低熔体温度，提高模具温度，增加塑化背压。在模具上，要使模腔排气顺利

续表

制品缺陷	产生原因	防止方法
焦烧 暗纹 暗斑	在充模时，模内空气被压缩，温度升高而产生聚合物的焦烧，并多在熔接缝发生。暗纹或暗斑的出现大多是由于树脂过热分解而引起，也有因为塑化不均匀，制品中留有未熔化的料粒，从外观上看呈暗斑痕	使原料充分干燥，降低熔体温度，提高背压，在模腔内开设排气槽等
翘曲	因为流动方向上大分子取向程度比垂直于流动方向的分子取向程度高，于是垂直于流动方向因松弛而产生的收缩比流动方向上的要小，这种收缩的不一致产生了内应力，导致翘曲现象出现。此外，制品在模内冷却不均匀，也会使制品发生翘曲。结晶聚合物的翘曲要比非结晶的大	主要是从减小取向作用、减少制品内应力的原则出发。例如工艺上需增大浇口尺寸，适当降低熔体和模具温度，提高注射速度，增大注射压力，延长注射和保压时间，减小浇口处的压力；在模具方面，需设计足够的拔模斜度，可以采用多点浇口以便改善浇口附近的压力和分子取向，同时模具的冷却应当均衡等

（三）注射制品的后处理

注射制件产生的缺陷，有时可通过后处理来减小或者消除。常用的后处理有热处理和调湿处理。

1. 热处理

热处理是将注射制件放进矿物油、甘油、乙二醇和液体石蜡等液体介质或空气之中，然后慢速升温到指定温度并在此温度下保持一定时间，最后使制品与加热介质或加热装置一起缓慢冷却至室温。

热处理时间主要由制品的壁厚和聚合物大分子刚性的大小而定。一般说来，制品的壁越厚、大分子链的刚性越大，需要热处理的时间越长。

热处理的作用一是消除内应力，使冻结的大分子链得到松弛时间；二是加速后收缩，尽快达到尺寸稳定；三是对于结晶塑料可以提高结晶度，改变结晶结构，从而提高结晶塑料的弹性模量和硬度，降低断裂伸长率。

需要进行热处理的制件，有分子链刚性大的聚合物(如 PC、PS)制件；有壁厚比较大的制件，内外冷却不均易产生内应力；也有带金属嵌件的制件，还包括使用温度范围大的制件，尺寸精度要求高的制件，为了使其尽快达到稳定尺寸，也需要进行热处理。

2. 调湿处理

调湿处理是将注射制件放进沸水浴、乙酸钾水溶液浴或油水浴中加热一段时间，然后使制品与浴槽内的处理介质一起冷却至室温。一般加热温度在 80~100℃。

调湿处理主要针对聚酰胺之类吸湿性强的制品，其目的一是可加速其吸湿平衡，尽快达到尺寸稳定；二是使其在隔绝空气的条件下受到消除内应力的热处理；三是对避免聚酰胺类制品因在高温下与空气接触而发生氧化变色十分有利；四是调湿处理过程中吸收适量的水分，对聚酰胺类塑料有一定的增塑作用，这对改善这类塑料的韧性非常有利。

五、热固性塑料注射工艺及分析

（一）概述

注射成型是生产热固性塑料制品较先进的技术，与热固性塑料传统成型技术压缩模塑和传递模塑相比，注射技术具有生产效率高、成型过程容易自动化、制品质量一致性高等突出优点。

热固性塑料注射成型多在螺杆式注射机上进行，成型的物料首先在温度较低的机筒内预塑化到半熔融状态，在随后的注射充模过程中因受到进一步塑化而达到最佳流动状态，注入高温模腔后，经一定时间的交联固化反应而成为制品。热固性塑料成型工艺性与热塑性塑料有着很大的差别。

热固性塑料注射和热塑性塑料注射的主要不同点如下：

① 预塑化的熔体温度低，流动性要求不高；

② 注射充模的流动过程熔体要经受进一步塑化；

③ 熔体取得模腔型样后的定型是依靠高温下的固化反应完成。

由于上述特点，热固性塑料注射的基本要求是在低温机筒内塑化的物料能较长时间保持良好流动性，而在高温的模腔内能快速反应固化。能否精确控制物料在成型过程中各主要阶段的状态变化和化学反应，是成功实现热固性塑料注塑的关键。

在各种热固性塑料中，酚醛塑料最适合用注射方法成型，其次是邻苯二甲酸二烯丙酯(DAP)塑料、不饱和聚酯塑料和三聚氰胺甲醛塑料，而环氧树脂由于固化反应对温度很敏感，可模塑性差，注射成型时技术难度较大。

(二)热固性塑料注射工艺分析

热固性塑料的注射，在注射机的成型动作、成型步骤和操作方式等方面，均与热塑性塑料的注射相似，但在工艺控制上有较大的差别。

如图 6-5-29 所示为注射成型酚醛塑料时，在一个成型周期中物料的温度和黏度的变化情况。

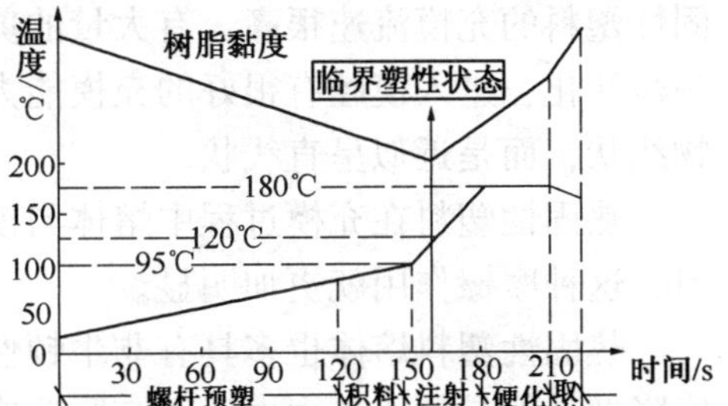

图 6-5-29　热固性塑料在注射成型过程中温度和黏度的变化

1. 热固性塑料在机筒内的塑化

热固性塑料的主要组分是线型或稍带支链型的低相对分子质量的聚合物，而且聚合物分子链上存在有可反应的活性基团。从加料斗加入机筒的热固性塑料，因为受热转变到黏流态而成为有一定流动性的熔体。

因此与热塑性塑料相同，对塑化后热固性塑料熔体的基本要求是温度的均一性应尽可能高，所含固化产物应尽可能少，熔体的流动性应满足从机筒中顺利注出。

影响热固性塑料在机筒内塑化主要有以下几个工艺条件：

（1）机筒温度

机筒的温度必须严格控制，一般是在流动温度的下限附近。温度太低，热固性塑料在机筒内的流动性差，同时温度低产生的剪切力大，靠近机筒壁的塑料因摩擦生热，造成温度高而发生固化，而内部却是“生料”，造成注射困难。而机筒温度过高，大部分的热固性塑料分子会过早交联，黏度增大，流动性变小甚至失去流动性。

一般情况下机筒温度从加料斗开始由低到高升温。例如，酚醛树脂一般在90℃左右熔融，超过100℃已能观察到交联反应产生的放热，所以机筒高温加热段的温度取85~95℃为宜。

（2）螺杆转速

螺杆转速应该根据黏度来调节。黏度小的热固性塑料摩擦力小，螺杆后退时间长，螺杆转速可高一些。黏度大的塑料摩擦力大，物料很快到达前端，混炼状态不好，螺杆转速可适当降低。

另外螺杆转速低，塑化时间相应增长，这样送至机筒前端的物料温度就较高，滞留的时间就长，反应程度可以更完善。反之螺杆转速过高时，时间相应缩短，物料所受压力增加，但混炼变差，同时机筒与螺杆之间的剪切摩擦热增加，使热固性塑料受热不均和部分物料早期固化。而在注射成型的周期性过程中，通常模具内固化时间总是大于预塑时间，因此螺杆的转速不必过高，也能满足预塑化的要求。

从以上的要求看，成型热固性塑料的注射机螺杆，低转速要比高转速有利于塑化和固化。

(3) 背压

背压主要影响物料在机筒内的塑化停留时间。背压高，物料停留时间长，可能造成的固化程度大，黏度高，不利于充模，因此一般热固性塑料的塑化，需要放松背压阀减小背压，仅用螺杆后退时的摩擦阻力作背压。

2. 热固性塑料熔体在充模过程中的流动

热固性塑料熔体在充模过程中不仅要求能够充满模具的型腔，同时充模的流动过程也是熔体进一步塑化的过程。

热固性塑料在充模过程中，喷嘴和模具均处在加热的高温状态，熔体流过喷嘴孔和浇道时不会像热塑性塑料在通道的壁面上形成不动的固体塑料隔热层，而且由于壁面附近有很大的速度梯度，使靠近壁面的熔体以湍流形式流动，从而提高了热壁面向熔体的传热效果。热固性塑料的充模流速很高，有大量的剪切摩擦热，所以温度迅速升高，熔体在喷嘴和流道进一步塑化，进入模腔有很好的充模能力。因此，它的流速分布不同于热塑性塑料流动时的抛物线状，而是近似呈直线状。

热固性塑料在充模过程中熔体与模腔间的摩擦作用较大，如果塑料中加有大量的固体填料，这种摩擦作用就更加明显。

热固性塑料熔体也多具有非牛顿性假塑性流体的流变特性，因而提高剪切应力可使其黏度降低，但是剪切应力由于对交联反应有活化作用，又会因反应加速而使黏度升高。

在热固性塑料熔体充模过程中控制的工艺条件如下：

(1) 注射压力

为了防止固化，热固性塑料塑化的温度较低，因此塑化后的熔体黏度较高，这样充模时就需要高的注射压力。注射压力越高，制品密度越大，力学强度、电性能越好。此外热固性塑料中所含的填料较多，约占50%以上，造成熔体与模腔间的摩擦作用明显较大。因此注射压力一般比热塑性塑料注射时要大，为100~170MPa。但注射压力过高，会造成内应力增加，制品飞边增多，脱模困难，且合模需要的压力也高。

(2) 注射速度

随着注射速度增大，熔体可从喷嘴、流道、浇口等处获得更多的摩擦热，对后期的固化非常有利。但过高的注射速度会产生过大的摩擦热，易发生制件局部过早固化，同时模具内的低分子气体来不及排出，会在制件某些部位，例如深凹处、加强筋、四角等出现缺料、气痕、接痕等现象。注射速度过低，会使制品出现波纹。注射速度的控制应保证在交联反应显著进行之前将熔体注满型腔。一般注射速度为3~5cm/s。

采用高的注射压力与注射速度和尽量缩短浇注系统长度等，都有利于在最短的时间内完成充模过程。

(3) 保压压力和时间

热固性塑料的保压压力一般比注射压力低一些，而保压时间长一些，这样浇口处物料易固化，使制品密度大，成型收缩率降低。

3. 在模腔内的成型固化

热固性塑料的交联反应通常均伴有热量产生，造成模腔内的物料升温膨胀，对交联反应引起的收缩有补偿作用，因此在充模结束后不必补料。而且浇口内的物料常比型腔内的料更早固化，所以热固性塑料充模后，既无法向模腔内补料，也不会出现倒流。

对于借助缩聚反应而交联固化的塑料，反应副产物水及低分子物要及时排出型腔。因为这些副产物留在型腔，既不利于缩聚反应的充分进行，又会使制品出现疏松、起泡和表面失去光泽等缺陷。

在热固性塑料成型固化过程中控制的工艺条件如下：

(1) 模具温度

模具温度与注射的成型周期和固化速率有关。提高模具温度对缩短成型周期有利，热固性塑料的固化速率与模腔温度成正比，但是模具温度不宜过高，否则固化过快，对低分子物的排除不利，造成制品质地疏松。同时制品表面有焦斑，还会产生缺料、起泡、裂纹等缺陷。

(2) 固化时间

在模具温度一定的情况下，固化时间与制件的壁厚成正比，形状复杂和厚壁制件需适当延长固化时间。随着固化时间的延长，制品的力学性能提高，但过度增加固化时间对制品性能的改善不起作用，反而降低生产效率。

(三) 热固性塑料注射机特点

由于热固性塑料成型与热塑性塑料工艺有着很大的差别，因此所用的注射机虽然基本结构相同，但是其中零部件，例如螺杆的结构设计和参数差别较大。

1. 注射系统不同之处

注射系统的功能是保证熔融塑化和注射以及保压，因此设计和控制参数主要从提高塑化质量和防止固化来考虑。

首先热固性塑料注射机所用螺杆的设计，通常螺杆几乎无加料段、压缩段和计量段之分，压缩比很小或没有，长径比也较小，大概为12~16，往往是等距等深的无压缩比螺杆。螺杆对塑化物料只起输送作用，不起压缩作用，这样可保证物料在机筒中的停留时间较短。

其次机筒的加热温度相对较低，温控精度要求高，目前较多采用水或油加热循环系统。因此机筒设计成夹套型，这样的加热方式温度均匀稳定，其温度波动可控制在±1℃。

另外注射机的喷嘴通常采用敞开式，喷嘴孔径小，大概2~2.5mm，喷嘴要便于拆卸，以便发现硬化物时能及时打开进行清理。喷嘴内表面应精加工，以防料流有阻滞而引起硬化。

最后螺杆传动装置采用液压马达，防止物料固化扭断螺杆。

2. 合模系统不同之处

合模系统的功能保证启闭模具和锁紧模具，而热固性塑料需要在模具中发生固化反应，反应过程中有小分子的产物放出，因此合模系统的设计比较特殊。

首先注射机的合模结构应满足能及时放气排除缩聚交联反应产生的低分子物的操作要

求，这就需要具有能迅速降低合模力的执行机构，一般采用增压油缸来实现对快速开模和合模动作的控制。

其次为了满足热固性塑料的固化，模具要有加热装置和温度控制系统，并设置排气口，因此模具结构相对复杂些。

六、注射成型新技术

随着注射机向精密化、自动化、大型化和微型化方向的发展，出现很多新的注射成型技术，新技术的出现又促进新的设备进一步发展。

目前适合于特殊塑料的专用注射成型技术，有高湿含量热塑性塑料的排气注塑、泡沫塑料的发泡注塑、阻燃塑料注塑、热固性塑料注塑和液态反应性物料的反应注塑(RIM)等。

专用注射成型技术，有高尺寸精度制品的精密注塑、复合色彩制品的多色注塑、内外由不同物料构成的夹芯制品的夹芯注塑和光学透明制品的注射-压缩成型等。

(一) 反应注射成型

反应注射成型(RIM)是高分子领域的一种新工艺，它是把两种或两种以上具有高活性的低相对分子质量的液体原料，在一定温度下，通过高压(14~20MPa)作用，使它们相互碰撞混合，并立即注入密封的模腔内，完成聚合、交联固化等反应并成型制品的工艺过程。

这种成型方法把单体的聚合与注射成型结合为一，因而具有一些其他成型方法无法比拟的优点：

① 聚合反应与注射模塑合二为一；

② 物料混合效率高，节约能源，产品性能好且成本低；

③ 液体原料黏度低，流动性好，易于输送；

④ 物料混合均匀，原料配方灵活，充模压力低，锁模力也低；

⑤ 可以调整化学组分，得到可模塑性能不同的产品；

⑥ 反应速度快，生产周期短；

⑦ 模具数量及夹具少，可节约设备投资；

⑧ 生产过程简化，不需造粒、熔化，耗能少，适宜大型及形状复杂的制品。

反应注射成型应用较多的是聚氨酯的成型，其工作原理如图 6-5-30 所示。A、B 两组分经计量后碰撞混合并迅速注入模腔，在模腔内进行快速聚合反应并交联固化，然后脱模，再经后固化而成为制品。A 组分为聚醚型多元醇、扩链剂(交联剂)、催化剂、发泡剂和表面活性剂，B 组分为异氰酸酯(MDI)、异氰酸酯的预聚体、发泡剂和表面活性剂。

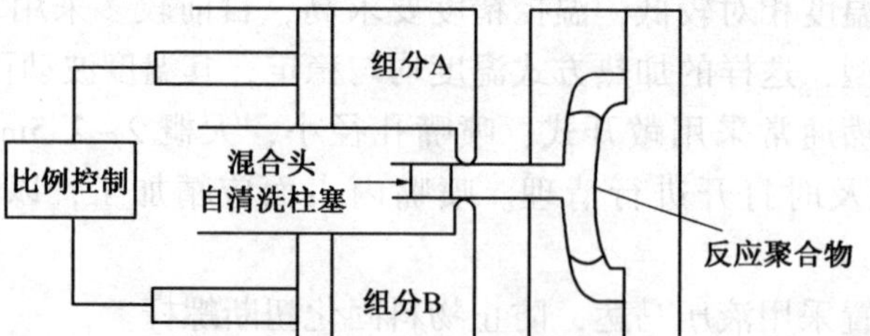

图 6-5-30　RIM 设备工作原理

其中扩链剂的作用是与异氰酸酯基反应，将大分子连接起来。常用的有脂肪系二元醇，如乙二醇、丙二醇、1,4-丁二醇。催化剂对链增长、扩链反应起催化作用，常用的有有机锡类（如二月桂酸二丁基锡）、胺类（如三乙撑二胺）。物理发泡剂为卤代烃类化合物（现已禁用）和非卤代烃类。

该成型方法的特点：能准确控制原料各个组分的流量及混合比率；能快速加热和冷却原料；A、B两组分在混合头内能获得充分的混合，原料注入模腔后能自动清理；A、B两组分应同时进入混合头；料流以层流形式注射入模；固化速度快，要求快速的模塑循环。

（二）结构发泡注射成型

结构发泡材料是指密度在10~60kg/m^{3}之间的发泡材料。该发泡材料的特点是表面呈封闭的致密表层，芯部却呈微孔泡沫结构。

结构发泡注射成型适用于成型壁厚5mm以上，具有较大重量和尺寸的塑料制品。成型后的制品抗弯曲性好，刚性高，因此制品设计可减少加强筋。内应力小，使用中不易产生大变形，机械加工性能好，是木材较好的替代物。

1. 低压结构发泡注射成型

低压结构发泡注射成型属于欠料注射，即模具的充料量只占模腔容积的75%~85%。该方法主要采用的树脂有PS、PE、PP、PPO、PC、PA、PU等。

低压结构发泡注射成型的特点是压力低，因此模具提供的锁紧力也小。如图6-5-31所示为低压结构发泡注射成型。通常采用化学发泡剂如偶氮二甲酰胺与热塑性树脂一起进行混合和塑化，在一定温度的作用下，发泡剂分解并放出气体，渗入到塑料熔体中。熔体与气体的混合物被注射喷嘴封闭在机筒的储料室中并保持较大的压力。当注射时，熔体在注射压力下注入模腔，气体立即膨胀，并把物料迅速地推向模腔壁。

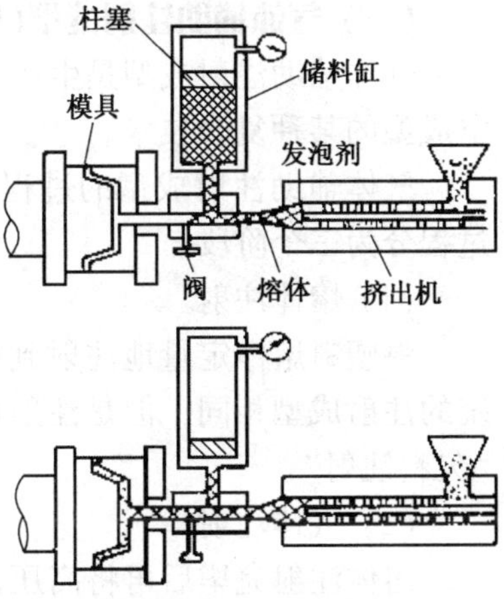

图6-5-31　低压结构发泡注射成型过程

低压结构发泡注射多采用螺杆塑化和柱塞注射的双阶平角式注射机。

低压结构发泡注射成型的优点是能够生产较厚制品，可以明显地改进凹痕、溢边和翘曲等缺陷。此外由于表面致密可以涂层、印刷和涂雕图案，且模具承受的锁模力小，采用的材料造价低，可以降低产品的成本等。低压结构发泡注射成型的缺点是只能生产较小的制品，这是由于普通注射机的注射量和模腔尺寸较小，而注射速度慢致使结构泡沫制品的密度大。

2. 高压结构发泡注射成型

高压结构发泡注射成型的一次注射量正好等于模腔容积，模腔压力比上述的低压法高。

高压结构发泡注射的注射机与普通注射机比较，增加有二次锁模保压装置。在高压结构发泡注射中，当熔体被注入模腔后，延长一段时间，合模机构的动模板要稍许后移，使模具的动、定模之间少有分离，模具的型腔扩大，于是，模内塑料熔体开始发泡膨胀。

高压结构发泡注射成型可以通过控制模板移动来控制制品大小和密度。其缺点是模具造价高，注射机要符合二次锁模的要求，制品会由于二次移模留下痕迹等。

3. 双组分结构发泡注射成型

双组分发泡注射是20世纪70年代投入工业化生产的，这是一种特殊的高压结构发泡注射成型，需要采用专门的双组分注射机。双组分结构发泡注射成型也称为夹心注射成型，其

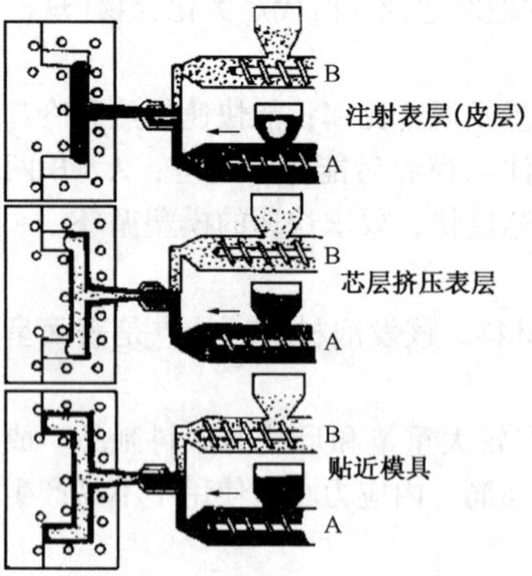

图 6-5-32　双组分结构发泡注射成型过程

注射过程如图 6-5-32 所示。

该注射机上的两套注射装置，一套用来注射制品的表层，而另一套则用来注射制品的芯部。注射时，先注入皮层 A 材料，然后通过同一浇口再注入芯部的 B 材料。由于芯部材料呈层流状态流动，保证了芯部材料均匀地包覆在皮层内部，使型腔得到完全填充。当熔料填满型腔后，再注入少量 A 材料，使浇口封闭。这样可以得到具有不发泡致密表层和芯部有发泡的制品。

适合于注射双组分发泡制品的塑料有 HDPE、LDPE、PP、PS、ABS、PMMA、EVA、PA、PC 等。增强塑料也可生产结构泡沫制品。

由于是双组分，因此要特别注意两种材料必须具有一定的黏结力，收缩率相同或接近，熔融强度、热稳定性和流动性接近，这样才能保证芯层和皮层的复合。

（三）气体辅助注射成型(中空注射成型)

气体辅助注射成型是生产中空制品的一种方法，这种成型方法可以看成是注射成型与中空成型的某种复合技术。

气体辅助注射成型的过程如图 6-5-33 所示，该过程分为三个阶段。

（1）熔体注射

将塑料熔体定量地注射到模具型腔。此过程与传统的注射成型相同，但是注射的熔料量少，即所谓的“欠料注射”。

（2）气体注射

熔体注射完毕后再将高压高纯的氮气注射到模具中，气体进入熔体的芯部，熔体流动前缘在高压气体驱动下继续向前流动，最后充满整个模腔。

（3）气体保压

熔料充满模腔要在保持气体压力情况下使制件冷却。在冷却过程中，气体由内向外施压，保证制品外表面紧贴模具内壁。补塑主要通过气体二次穿透从内部补充因熔体冷却凝固带来的体积收缩。

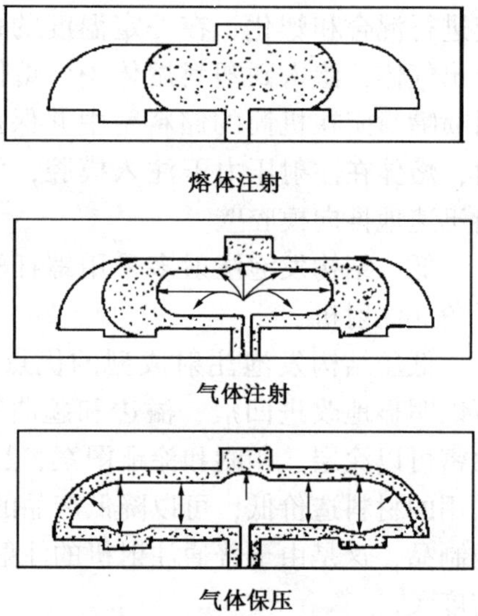

图 6-5-33　气体辅助注射成型工艺过程

（四）可熔型芯注射成型

可熔型芯注射成型的原理是利用低熔点的金属作为注射模具的型芯来生产内外表面形状复杂并且要求有一定光洁度以及内部尺寸要求精确的中空塑料制品。其成型过程如图 6-5-34 所示。

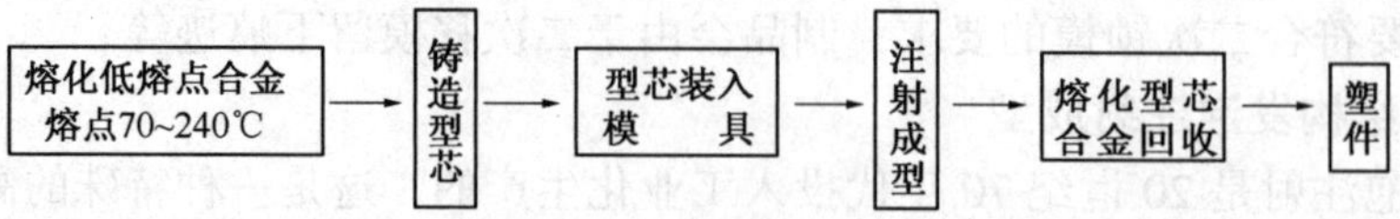

图 6-5-34　可熔型芯注射成型过程

这种技术的关键是塑料熔体在注射时，型芯不得熔化。同时用作型芯的金属，其熔体以及用来熔化型芯的介质不会腐蚀塑料。此外在熔化型芯的温度下，制件不会发生变形。

目前型芯采用的材料主要为 Sn-Bi 和 Sn-Pb 低熔点合金。

可熔型芯注射产品的应用领域为汽车发动机的全塑多头集成进气管、汽车水泵、离心热水泵、航天器油泵、水泵推进轮等。

(五) 全电动注射机

全电动注射机：采用大功率电机和滚珠丝杆驱动完成注射成型的所有动作流程。

全电动注射机及其他注射机

第六节　塑料的压延成型

一、概述

塑料的压延成型是专用于热塑性塑料的一次成型技术。首先用各种塑炼设备将树脂熔融塑化，然后使已经塑化的熔体通过一系列相向旋转的辊筒间隙，使之经受挤压与延展作用成为平面状的连续塑性体，再经过冷却定型和适当的后处理即得到膜、片、人造革等塑料制品。

如图 6-6-1 所示为 PVC 压延薄膜生产流程示意图。

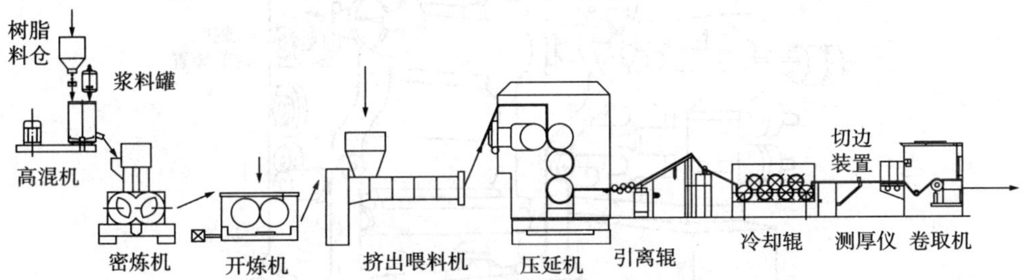

图 6-6-1　聚氯乙烯压延薄膜生产流程示意图

首先按配方要求将物料称量后加入高混机，搅拌混合后可以采用密炼机、开炼机、挤出机等设备或几种设备的组合进行塑化，塑化后的物料再通过输送带或挤出喂料机均匀地向压延机供料。物料经过金属监测器加入四辊压延机的第一道辊隙，被压成料片，然后依次通过第二道和第三道辊隙而逐渐被挤压和延展成厚度均匀的薄层材料。最后由引离辊承托而撤离压延机，并经拉伸取向，若需制品表面有花纹，则进行轧花处理，再经冷却定型、测厚、切边后，由卷绕装置卷取或切割装置切断成品。

塑料压延成型生产的软质薄膜，如 PVC 一般厚度为 0.05~0.5mm，硬质片材，如 PVC 厚度一般为 0.3~1.0mm。压延软质塑料薄膜时，如果以布、纸或玻璃布作为增强材料，将其随同塑料通过压延机的最后一对辊筒，把黏流态的塑料薄膜紧覆在增强材料之上，所得的制品即为人造革或涂层布(纸)，这种方法通称为压延涂层法。根据同样的原理，压延法也可用于塑料与其他材料(如铝箔、涤纶或尼龙薄膜等)贴合制造复合薄膜。

与塑料的其他成型相比，压延成型具有生产过程连续，生产能力大，操作方便，容易实现自动化；压延产品质量均匀，致密、精确；产品成型不用模具，利用辊筒为成型面，且表面可轧花纹；压延制品为薄层连续型材，断面形状固定，制品尺寸较大等优点。

但是压延成型的原料适应性不是很宽，原则上要求塑料具有较宽的 $T_f(T_m) \sim T_d$ 范围，但目前工业上用量最大的塑料品种是PVC，其次是PE、PP、改性PS、ABS和醋酸纤维素等塑料；此外压延的制品形状单一，主要为薄膜(片)、人造革；压延设备所用的设备庞大，投资高，压延辅助设备多，占地面积大等。

二、压延设备

1. 压延设备的组成

从图6-6-1压延成型的流程中可看出，压延的整个过程分为供料、压延、后处理三个部分，因此压延成型所涉及的设备很多，大致可以分为三个部分：主机、辅机和全机的控制系统。

主机也称为压延机，为主成型设备，辅机包括备料和供料设备，以及后处理设备。

压延机是压延成型设备的主要部分，主要对塑化混炼好的塑料进行挤压、延展。压延机是塑料压延制品加工过程的基本设备，属于重型高精度机械。

压延机的结构如图6-6-2所示，其组成主要为辊筒，以及机架、辊距调整装置、挡料装置、轴线交叉装置等，其中辊筒为主要部件，对塑料进行压实和延展就是通过辊筒完成的。

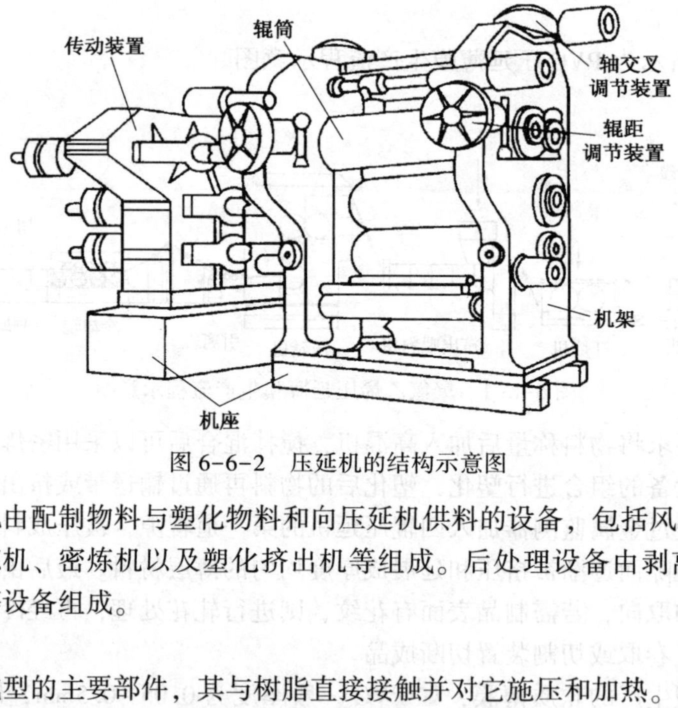

图6-6-2　压延机的结构示意图

备料供料辅机由配制物料与塑化物料和向压延机供料的设备，包括风机、泵、料仓、料斗、计量器、开炼机、密炼机以及塑化挤出机等组成。后处理设备由剥离、轧花、冷却定型、牵引与卷取等设备组成。

2. 辊筒

辊筒是压延成型的主要部件，其与树脂直接接触并对它施压和加热。塑料制品的质量在很大程度上受辊筒的控制，因此压延成型对辊筒的要求较高。

由于辊筒要对物料进行加热，因此首先辊筒材料应具有良好的导热性。其次辊筒与成型物料接触，因此辊筒的工作表面应有较高的加工精度，以保证尺寸的精确和表面粗糙度，从而保证压延制品的质量。另外辊筒运转承受较大的力作用，必须具有足够的刚度与强度，以确保在对塑料的挤压作用时不超过许用值而发生变形或破坏。最后辊筒表面应有足够的硬度，同时应有较好的耐磨性和耐腐蚀性，保证辊筒表面的质量，即保证产品的质量。

(1) 辊筒的结构

辊筒的结构主要分为中空式和钻孔式两种形式。

中空式辊筒的结构如图 6-6-3 所示，其结构较简单，制造较方便，成本低，但辊壁较厚，传热面积小，传热效率差。中空式辊筒沿辊筒长度上的温度分布不一致，辊筒表面中部与边上的温差有时大于 10℃，且随着压延速度的提高温差会加大，因此中空式辊筒的压延速度不能太高。中空式辊筒根据制造方法不同分整体式和组合式两种。

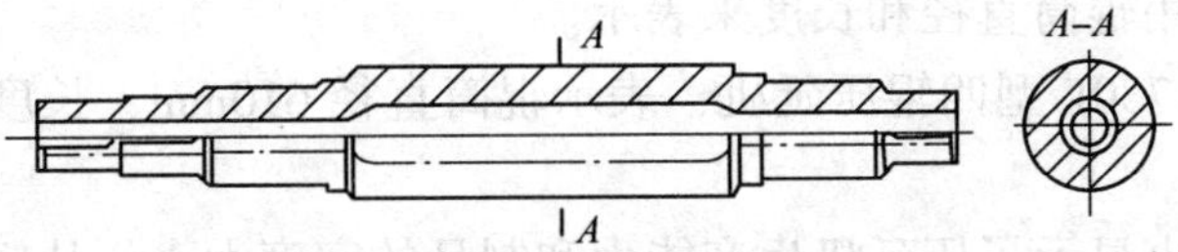

图 6-6-3　中空式辊筒结构示意图

钻孔式辊筒是在辊筒表面淬火层附近，沿其圆周钻孔并与中心孔相通，如图 6-6-4 所示。钻孔部分的硬度要均匀，以防止钻偏，还需避开辊筒的淬火层。

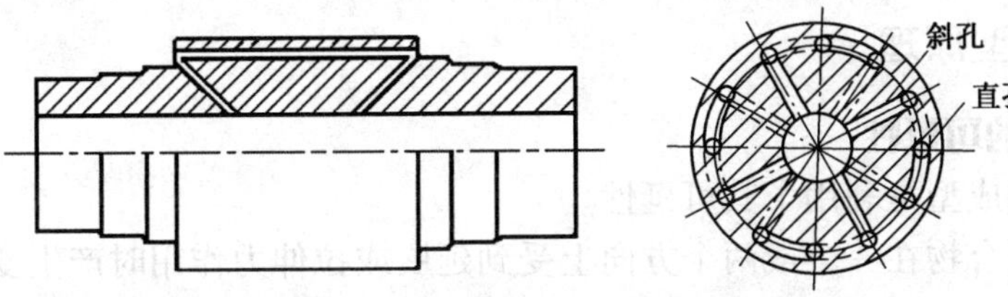

图 6-6-4　钻孔式辊筒结构示意图

钻孔式辊筒由于加热面积增大了，其加热介质离辊筒表面距离很近，因此改善了辊筒表面的热传导。但是该辊筒加工难度大，适合高速压延机。

钻孔式辊筒的加热冷却形式分为单钻孔和成组钻孔(3~5 个孔为一组)两种，后一种可以加快蒸汽或冷却水等介质的流动速度，传热效果更好。

(2) 压延机的分类

压延机一般是按照辊筒的数目和排列方式来分类的，如图 6-6-5 所示。

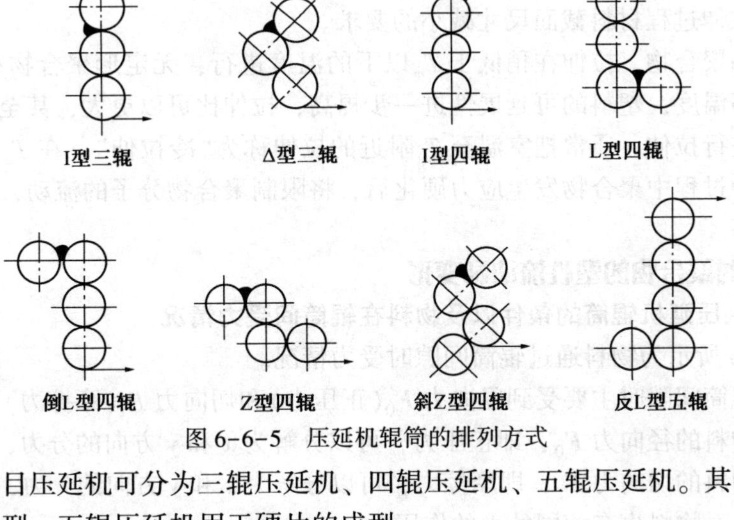

图 6-6-5　压延机辊筒的排列方式

按辊筒的数目压延机可分为三辊压延机、四辊压延机、五辊压延机。其中四辊压延机主要用于塑料的成型，五辊压延机用于硬片的成型。

按辊筒的排列形式，压延机可分为 I 型压延机、Δ 型压延机、L 型压延机、Γ(倒 L)型压延机、Z 型压延机、S 型压延机(斜 Z 型)。由于每一种形式的辊筒排列方式不同，因此辊筒之间的受力干扰、机器的维修难易、机器的占地面积以及加料的方便程度等不同，进而影响到产品的质量。综合来看，目前用于塑料成型较多的是 Γ 型四辊压延机和 S 型四辊压延机。

(3) 压延机规格

压延机的规格采用辊筒直径和长度来表示。

例如：SY-610-1730Γ 型四辊压延机，表示辊筒直径 610mm、长度 1730mm 的 Γ 型四辊压延机。

辊筒长度、直径也显示了压延机生产能力和制品的宽度大小。从辊筒的受力变形以及所消耗的功率来看，辊筒的长径比一般小于 3。长径比主要根据制品的生产工艺要求确定，即原料的种类、制品的厚度范围和宽度范围、压延速度(即产量)等。一般加工软质料，取长径比为 2.5~2.7；加工硬质料，取长径比为 2.0~2.2。

三、压延成型原理

(一) 聚合物的可延性

聚合物的压延成型是利用了其可延性。

可延性是指聚合物在一个或两个方向上受到延展或拉伸力作用时产生变形的能力。利用塑料的可延性，通过压延或拉伸工艺可生产塑料薄膜、片材和纤维。

塑料的可延性来自线型聚合物大分子的长链结构和柔顺性。固体聚合物在 $T_g \sim T_f$(或 T_m)温度范围内受到大于屈服强度的拉力作用时，就产生塑性延伸变形，在变形过程中聚合物结构单元(链段、大分子和微晶)因拉伸而开始取向。随着取向程度的提高，大分子间作用力增大，引起聚合物黏度升高而出现“硬化”的倾向，变形亦趋于稳定而不再发展，这种现象称为“应力硬化”。当拉伸应力增大时，聚合物因不能承受应力的作用而破坏，这时的应力称为拉伸强度或极限强度。变形的最大值称为断裂伸长率。

塑料的可延展性取决于本身产生塑性变形的能力和应变硬化作用。变形能力与固体聚合物所处的温度有关，在 $T_g \sim T_f$(或 T_m)温度区间聚合物分子在一定拉伸力作用下能产生塑性流动，以满足拉伸过程材料截面尺寸减小的要求。

对于半结晶聚合物，拉伸在稍低于 T_m 以下的温度进行，无定形聚合物在 T_g 附近的温度进行。适当升高温度，塑料的可延展性进一步提高，拉伸比可以更大，甚至一些延伸性较差的聚合物也能进行拉伸。通常把室温至 T_g 附近的拉伸称为“冷拉伸”，在 T_g 以上的拉伸称为热拉伸。在拉伸过程中聚合物发生应力硬化后，将限制聚合物分子的流动，从而阻止了拉伸比的进一步提高。

(二) 压延时聚合物的塑性流动和变形

1. 物料进入压延机辊筒的条件以及物料在辊筒间受力情况

如图 6-6-6 所示为物料通过辊筒间隙时受力情况。

物料通过辊筒间隙时主要受到径向力 F_Q(正压力)和切向力 F_T(摩擦力)两种力的作用。

辊筒 1 对物料的径向力 F_Q，即正压力，可以分解为 x 和 y 方向的分力，即 $F_{Q,x}$ 与 $F_{Q,y}$；

辊筒 1 对物料的切向力 F_T，即摩擦力，可以分解为 x 和 y 方向的分力，即 $F_{T,x}$ 与 $F_{T,y}$。

同样辊筒 2 对物料也有相同的力的作用。

辊筒对物料的水平分力 $F_{Q,x}$ 和 $F_{T,x}$ 其方向都是向内，对物料产生挤压作用，该方向的力称为挤压力；而垂直分力的方向不同，其作用结果也不同，垂直分力 $F_{Q,y}$ 阻止物料进入辊隙，而垂直分力 $F_{T,y}$ 则力图把物料拉入辊隙。为了保证物料能够进入辊隙就必须使 $F_{T,y}>F_{Q,y}$。

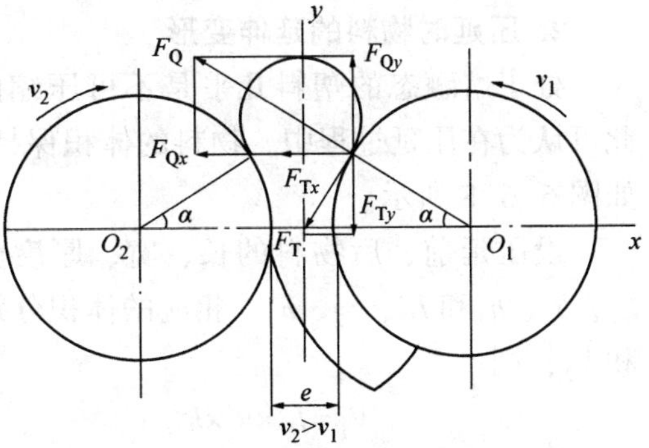

图 6-6-6　塑料在辊筒间受力情况

切向摩擦力 F_T 可以表示为：

$$F_T=F_Q\cdot\mu$$

式中，μ 为物料对辊筒的摩擦系数，即 $\mu=\mathrm{tg}\,\beta$，β 为摩擦角。

所以　　$F_T=F_Q\cdot\mathrm{tg}\,\beta$

那么　　$F_{T,y}=F_Q\cdot\mathrm{tg}\,\beta\cdot\cos\alpha$　　$F_{Q,y}=F_Q\cdot\sin\alpha$

式中，α 为接触角，如图 6-6-6 所示。

为了使压延机正常操作，即塑料能够进入辊筒间隙，必须使：$F_{T,y}\geqslant F_{Q,y}$，即

$$F_Q\cdot\mathrm{tg}\,\beta\cdot\cos\alpha\geqslant F_Q\cdot\sin\alpha$$

整理后得到　　$\beta\geqslant\alpha$

从得出的结论看到，只有当物料与辊筒的接触角 α 小于或等于物料和辊筒的摩擦角 β 时，才能在摩擦力作用下被带入辊隙中从而保证压延机的正常操作。

接触角与塑料在两辊上方的存料有关，存料量越大，接触角也大，由于压延是连续加料的，辊隙间堆积的塑料较少，故接触角很小，一般为 3°～10°。而摩擦角与塑料的黏度性质有关。一般塑料在正常压延操作的时候，辊温比较高，塑料已达黏流态，塑料与辊筒表面的摩擦角较大。

以上原因，使 β 远远大于 α，故压延操作时，塑料进入辊隙是较容易的。当然辊间的存料量还与辊筒直径和辊筒间隙有关。

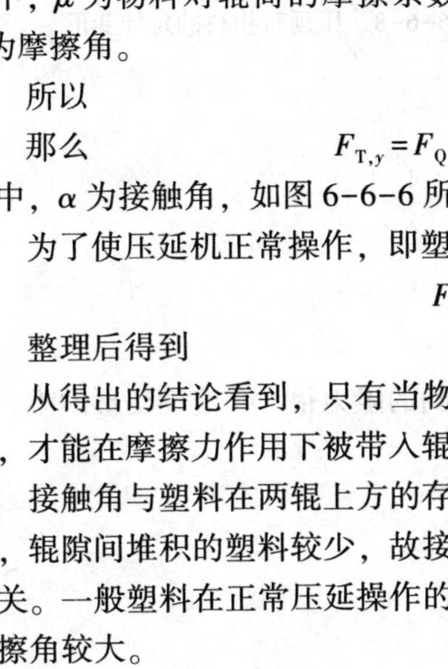

图 6-6-7　辊筒间物料的压缩变形

如图 6-6-7 所示为压延过程示意，两辊间隙为 $e(H_0)$，薄膜厚度为 h_2，薄膜宽度为 W，压延速度为 v。

设能够进入辊距物料的最大厚度为 h_1，压延后物料的厚度变为 h_2，压延厚度的变化为 $\Delta h=h_1-h_2$，Δh 为物料的直线压缩，它与物料的接触角 α 及辊筒的半径 R 的关系如下：

若　　$R_1=R_2=R$

则　　$\dfrac{\Delta h}{2}=R-O_2C_2=R(1-\cos\alpha)$

即　　$\Delta h=2R(1-\cos\alpha)$

当辊距为 e 时（忽略塑料的弹性 $e=h_2$），能够进入辊距中的物料的最大厚度为：

$$h_1=\Delta h+e=2R(1-\cos\alpha)+e$$

当 e 值一定时，R 值越大，能够进入辊距中的供料最大厚度即允许的供料厚度也越大。进入辊间的物料与辊径和辊隙有关。

2. 压延时物料的延伸变形

处于熔融态的塑料几乎是不可压缩的，因此可认为在压延过程中，物料的体积保持不变，如图 6-6-8 所示。

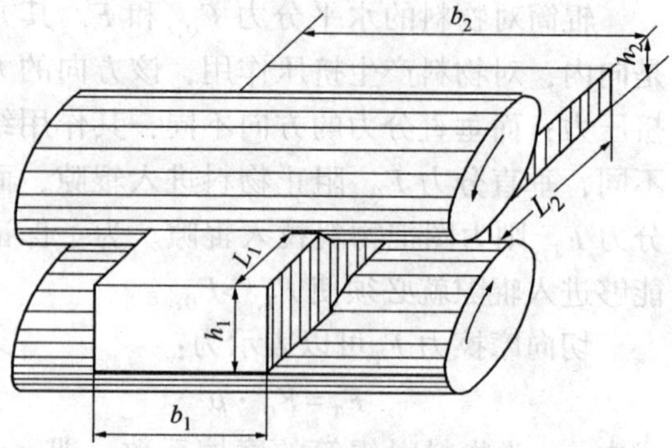

图 6-6-8　压延时物料的延伸变形

设压延前、后物料的长、宽、厚度分别为 L_1、b_1、h_1和 L_2、b_2、h_2，相应的体积分别为 V_1 和 V_2，则：

$$V_1=L_1\times b_1\times h_1$$

$$V_2=L_2\times b_2\times h_2$$

因为压延前后物料的体积未变，即 $V_1=V_2$，所以有：

$$\frac{V_2}{V_1}=\frac{L_2}{L_1}\times\frac{b_2}{b_1}\times\frac{h_2}{h_1}=\alpha\cdot\beta\cdot\gamma=1$$

式中　α——物料的延伸系数(L_2/L_1)；

β——物料的展宽系数(b_2/b_1)；

γ——物料的压缩系数(h_2/h_1)。

压延时，物料沿辊筒轴向，即压延物料的宽度方向受到的阻力很大，流动变形困难，故压延时物料的宽度变化很小，即 $\beta\approx1$。

于是

$$\frac{V_2}{V_1}=\frac{L_2}{L_1}\times\frac{h_2}{h_1}=\alpha\cdot\gamma=1$$

即

$$\alpha=1/\gamma,\ h_1/h_2=L_2/L_1$$

压延时物料厚度的减小，必然伴随着长度的相应增大。当压延厚度要求一定时，在辊筒上的接触角范围内的物料厚度 h_1越大，压延后的物料长度 L_2也越大。

（三）钳住区和钳住点的位置

从流体力学可知，任何流体产生流动，都有动力推动。

压延时推动物料流动的动力来自两个方面：一是物料与辊筒之间的摩擦作用产生的辊筒旋转拉力，它把物料带入辊筒间隙；二是辊筒间隙对物料的挤压力，它将物料推向前进方向。

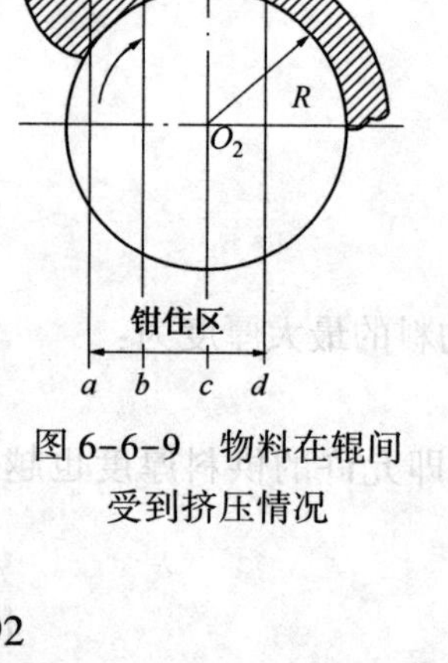

图 6-6-9　物料在辊间受到挤压情况

图 6-6-9 所示为物料进入两个相向旋转的辊筒间的挤压情况，压延时，物料是被摩擦力带入辊隙而流动。由于辊隙是逐渐缩小的，因此当物料向前行进时，其厚度越来越小，而辊筒对物料的压力就越来越大。然后物料快速地流过辊距处，随着物料的流动，压力逐渐下降，至物料离开辊筒时，压力为零。

压延中物料受辊筒挤压时受有压力的部分称为钳住区。

辊筒开始对物料加压的点称为始钳住点 a，加压终止点为终钳住点 d，两辊筒横截面圆心连线的中点称中心钳住点 c，钳住区压力最大处称最大压力点 b。

(四) 物料在压延辊筒间隙的压力分布

物料在进入辊筒间隙后的流动、塑性形变等均由辊筒间隙的压力分布所决定。如图 6-6-10 所示，在两辊筒之间建立直角坐标系：物料流动方向为 x 轴，与之垂直的两辊中心方向为 y 轴，h 为 x 轴上任一点到辊筒表面的距离，v 为辊筒表面线速度。

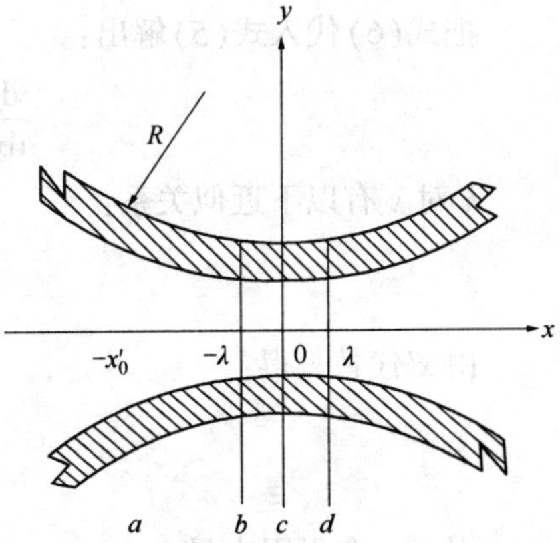

图 6-6-10　压延流动分析坐标图

物料在压延辊筒间隙的压力分布可由理论推导计算。为了使分析简单，作以下几点假设：

① 在压延过程中，物料为不可压缩牛顿流体，物料作等温、层状、稳定的流动，即物料的温度和黏度是不变的；

② 两辊筒的半径和转速是相等的，辊筒刚度足够大，流动的几何边缘不受辊隙间压力的影响；

③ 忽略物料的弹性，物料在辊筒表面没有滑动；

④ 两辊筒间隙远远小于辊筒的半径，即 $e \ll R$，可认为钳住区内两辊筒表面平行，物料在 y 方向流速为零，物料在 x 方向的流速 v_x 变化远小于 y 方向的变化，dv_x/dx 可忽略不计；

⑤ 物料严格按 x/y 二维流动，在辊筒宽度 z 向无料流，即 $v_z=0$；

⑥ 压力 p 仅为 x 的函数，压力降 dp/dx 为常数。

由此根据流体力学黏性流体连续流动方程可推得如下的压力方程式。

物料的连续方程：

$$\frac{\partial \nu_x}{\partial x}+\frac{\partial \nu_y}{\partial y}=0 \tag{1}$$

物料的动量方程：

$$\eta\left(\frac{\partial^2 \nu_x}{\partial^2 v_y}\right)=\frac{dp}{dx} \tag{2}$$

对上式积分得：

$$\left(\frac{\partial \nu_x}{\partial y}\right)=\dot{\gamma}=\frac{1}{\eta}\left(\frac{dp}{dx}\right)y+c \tag{3}$$

因为 $y=0$ 时，$\dot{\gamma}=0$，所以积分常数 $c=0$，进行二次积分，并应用 $y=h$，$v_x=v$ 积分边界，得到速度分布方程：

$$v_x=v+\frac{y^2-h^2}{2\eta}\left(\frac{dp}{dx}\right) \tag{4}$$

单位辊筒宽度上的体积流率=速度×截面宽度，微分，再积分得：

$$Q=2h\left[v-\frac{h^2}{3\eta}\left(\frac{dp}{dx}\right)\right] \tag{5}$$

用一无因次量 x' 表示 x，可使方程简化：

$$x'=\frac{x}{\sqrt{(2RH_0)}} \tag{6}$$

x' 是横坐标的函数。

把式(6)代入式(5)解出：

$$\frac{dp}{dx'}=\sqrt{(2RH_0)}\left(\frac{3\eta}{h^2}\right)\left(v-\frac{Q}{2h}\right) \tag{7}$$

h 对 x 有以下近似关系：

$$h=H_0+\frac{x^2}{2R} \tag{8}$$

由 x' 代替 x 得：

$$\frac{h}{H_0}=1+x'^2 \tag{9}$$

引入一个无因次量 λ：

$$\lambda^2=\frac{Q}{2VH_0}-1 \tag{10}$$

设在终钳住点处 $h=H$，式(9)为：

$$\frac{H}{H_0}=1+x'^2 \tag{11}$$

物料在终钳住点脱离辊筒表面，物料流速将与辊筒相同，$v_x=v$，而 $Q=2VH_0$，代入式(10)得：

$$\lambda^2=\frac{H}{H_0}-1$$

$$\lambda^2=x'^2 \tag{12}$$

$$\lambda^2=\frac{X^2}{2RH_0} \tag{13}$$

λ 等于终钳住点处的 x'，把 λ^2 引入式(7)得物料在钳住区任一点的压力微分式：

$$\frac{dp}{dx'}=\frac{\eta v}{H_0}\sqrt{\frac{18R}{H_0}}\left[\frac{x'^2-\lambda^2}{(1+x'^2)^3}\right] \tag{14}$$

根据 $\lambda=x'$ 时终钳住点处 $p=0$(忽略大气压力)，可得积分常数近似为 $5\lambda^3$，得：

$$p=\frac{\eta v}{H_0}\sqrt{\frac{9R}{32H_0}}\left[g(x',\ \lambda)+5\lambda^3\right] \tag{15}$$

该式是一个复杂的函数，它有两个重要的根，即压力为零的两个点，一个始钳住点，一个终钳住点，即 $x'=-x_0'$，$x'=\lambda$。

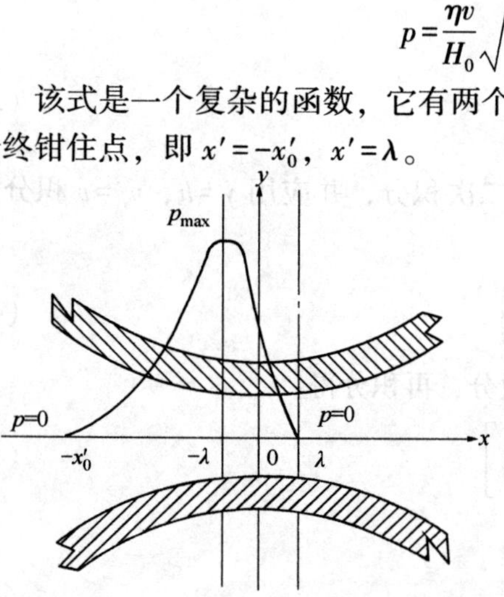

图 6-6-11　物料在辊筒间隙的压力分布

在始钳住点处：$g(-x_0',\ \lambda)=-5\lambda^3$

在终钳住点处：$g(\lambda,\ \lambda)=-5\lambda^3$

因而，$g(-x_0',\ \lambda)=g(\lambda,\ \lambda)$　　(16)

可见始钳住点和终钳住点之间存在惟一的关系，如图 6-6-11 所示为钳住点与压力关系。

从图可见：$-x_0'$ 恒大于 λ，始钳住点并不与终钳住点关于 y 轴对称，$-x_0'$ 与 λ 值的大小与物料的弹性有关，弹性越小，两值越小，始钳住点与终钳住点越靠近中心钳住点，钳住区域越小，产品的厚度越接近辊距，当物料完全没有弹性时，即为理想的牛顿流体 $-x_0'=\lambda=0$，始钳住点、终钳住点、中心钳住点三点重合，产品厚度与辊距相等，这种情况实际上是不存在的。

从式(14)可知，当 $x'=\pm\lambda$ 时，$\frac{dp}{dx'}=0$

这时 p 分别为极小值和极大值，极大值为：

$$p_{\max}=\frac{5\lambda\eta v}{H_0}\sqrt{\frac{9R}{8H_0}} \tag{17}$$

任一点的压力与最大压力之比定义为相对压力，则可以得到相对压力的关系式：

$$p'=\frac{p}{p_{\max}}=\frac{p(x')}{p(-\lambda)}=\frac{1}{2}\left[1+\frac{g(x',\ \lambda)}{5\lambda^3}\right] \tag{18}$$

由此式可得钳住区各点的相对压力值：

始钳住点 $x'=-x_0'$，$p'=0$

最大压力点 $x'=-\lambda$，$p'=1$

中心钳住点 $x'=0$，$g(0,\ \lambda)=0$，$p'=\frac{1}{2}$

终钳住点 $x'=\lambda$，$p'=0$

物料从进入辊筒到离开辊筒，在 x 轴方向上，在不同的位置上压力是变化的，如图 6-6-11 所示。从 a 点开始物料受到的压力从零逐渐上升，到 b 点达到最大值，而辊筒的中心钳住点 c 点并不是最大压力点，其仅为最大压力的一半，到达 d 点压力降到零。

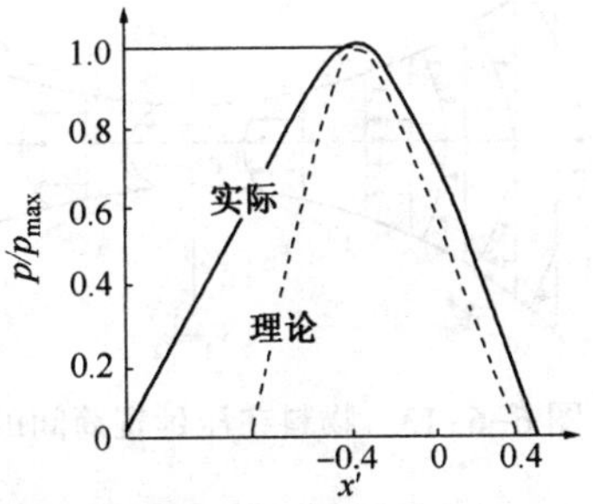

图 6-6-12　理论与实际压力分布曲线比较

根据理论计算的压力在钳住区的分布情况的曲线与实测的压力曲线比较表明，它们的最大压力点相当一致。以此为分界线，靠近终钳住点理论值与实际值接近，靠近始钳住点一侧，理论值比实际值低，如图 6-6-12 所示。主要原因有两个，首先是熔体的非牛顿性，假设的黏度是常数，实际熔体为假塑性，在辊隙区剪切速率大，黏度值较小，因此压力建立比理论要求的早。其次熔体弹性及喂料端有存料也会产生误差。

（五）物料在压延辊筒间隙的流速分布

联立式(4)和式(14)，把 x 化为 x' 整理得：

$$\frac{v_x}{v}=\frac{2+3\lambda^2\left[1-\left(\frac{y}{h}\right)^2\right]-x'^2\left[1-3\left(\frac{y}{h}\right)^2\right]}{2(1+x'^2)} \tag{19}$$

用此式作图得速度分布曲线，如图 6-6-13 所示。

当 $x'=\pm\lambda$ 时，无论在 y 轴方向上哪一点都有相同的速度，该处没有速度梯度，速度分布为直线，即最大压力点与终钳住点处物料速度等于辊筒表面线速度，$v_x=v$。

当 $-\lambda<x'<\lambda$ 时，$v_x>v$，压力梯度为负，速度分布为凸状曲线，在此区域内，除了与辊筒接触的物料 $v_x=v$ 外，其他各点的速度都大于辊筒线速度。在 x 轴方向上，v_x 由 $-\lambda$ 处在 y 轴上各点速度相等起，在压力的作用下，中间层的速度逐渐加快，但越接近辊筒表面，物料的流速越接近辊筒的线速度。至中心层物料流速增加到最大值，即形成了最大的速度梯度，此即所谓的超前现象。过了中心钳住点后，随着压力递减，中间层物料的流速逐渐减小，最后

到达终钳住点 λ 处，y 轴各点物料的流速又恢复到辊筒线速度。

当 $x'<-\lambda$ 时压力梯度为正，速度分布为凹状曲线。在此区域内，由于辊筒旋转的拉力作用，使沿辊筒表面的物料流速快于中间层物料，即所谓压延中的滞后现象。$x'=x^*$ 时，在 $y=0$ 处 $v_x=0$，称为滞留点，即物料在此处的流动速度为零。由式(19) $v_x=0$ 即可求得 $x^*-3\lambda-2=0$，说明 x^* 与 λ 有关。

当 $x'<-x^*$ 时，物料运动出现两个相反方向的速度。靠近中心面处，物料流速为负，物料离开钳住区向负 x 方向流动；靠近辊筒表面处，物料流速为正，物料进入钳住区向着正 x 方向流动。因此在此区域内，存在局部环流。这种流动使物料呈现翻转现象。

以上分析是假定两相同直径的辊筒以相同转速相向旋转，但实际上辊筒大都是同一直径而有不同表面线速度，此时流动速度分布规律基本一样，只是物料的流动状况和流速分布在 y 轴上存在一个与两辊筒表面线速度差相对应的变化，其主要特点是改变速度梯度分布状态。这样就增加了剪切力和剪切变形，使物料的塑化混炼更好，如图 6-6-14 所示。

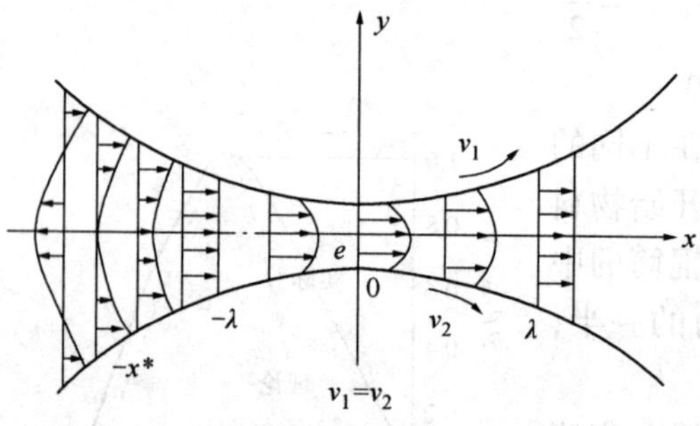

图 6-6-13　物料在压延辊筒间的流速分布

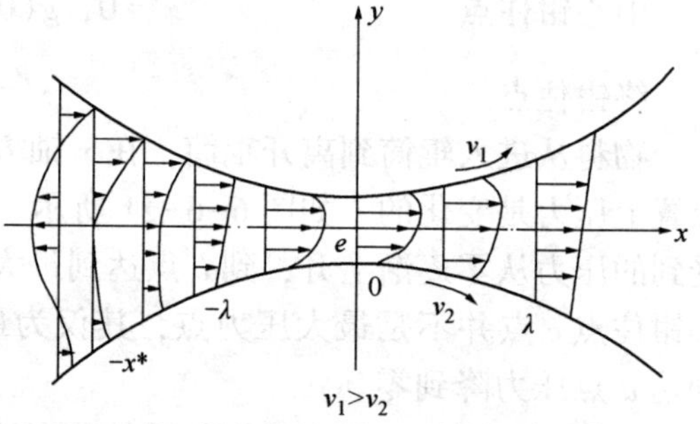

图 6-6-14　物料在异速压延辊筒间的流速分布

（六）压延过程中的剪切作用

根据熔体在钳住区的速度分布公式，把 v_x 对 y 求偏导数，可求得流体在辊筒表面即 $y/h=1$ 处的剪切速率公式：

$$\dot{\gamma}_h=\frac{3v}{H_0}\left[\frac{x'^2-\lambda^2}{(1+x'^2)^2}\right]$$

相应的剪切应力：

$$\tau_h=\frac{3v\eta}{H_0}\left[\frac{x'^2-\lambda^2}{(1+x'^2)^2}\right]$$

根据剪切速率公式，可以求得辊筒表面上的最大剪切速率和最小剪切速率：在中心钳住点，即 $x'=0$ 时剪切速率最小，$\dot{\gamma}_{min}=-\frac{3v\lambda^2}{H_0}$；在 $x'=-\sqrt{1+2\lambda^2}$ 处剪切速率最大，$\dot{\gamma}_{max}=\frac{3v}{4H_0}\left(\frac{1}{1+\lambda^2}\right)$。同样根据剪切应力公式，求出最大剪切应力为：$\tau_{max}=\frac{3v\eta}{4H_0}\left(\frac{1}{1+\lambda^2}\right)$，最小剪切应力 $\tau_{min}=-\frac{3v\lambda^2}{H_0}\eta$。

如图 6-6-15 所示为剪切速率的分布曲线，从(a)图剪切速率在 y 轴的分布曲线看到，在 $x'=\pm\lambda$ 处(即最大压力和物料离开处)，不管 y 为何值，剪切应力和剪切速率都为 0。

从(b)图辊筒表面的剪切速率对 x' 的分布曲线看到：当物料刚进入钳住区($x'=x^*$)，剪切速率和相应的剪切应力大于零，后逐渐增大，在 $x'=-\sqrt{1+2\lambda^2}$ 处达极大值，之后逐渐减小（均为正值），到压力达最大值处（$x'=-\lambda$），剪切应力和剪切速率都为 0。过此以后二者均为负值，即物料的剪切速率和辊速方向相反，到达 $x'=0$，达到一极小值（绝对值为最大值），过后剪切速率和剪切应力逐渐增加，仍然为负值，直到终钳住点（$x'=\lambda$）时，剪切速率和剪切应力为 0，物料离开钳住区。

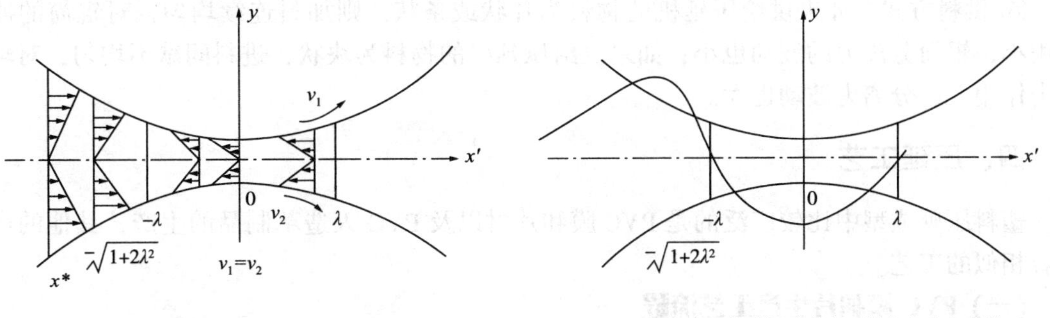

(a)剪切速率在y轴方向分布曲线　　(b)辊筒表面的剪切速率在x'轴方向分布曲线

图 6-6-15　剪切速率的分布曲线

在钳住区熔体所对应的剪切变形在 $x'=-\lambda$ 之前越来越大，过此剪切变形有所恢复，直到离开钳住区，仍然保持一定量的剪切变形。因此对于黏弹性物料来说，压延制品的厚度总是略大于压延机最后一道辊距。

（七）压延过程中辊筒的分离力

在压延过程中，辊筒对物料施加压力，而物料对辊筒又产生反作用力，此力试图使两辊筒分开，这个使辊筒趋向分离的力叫作分离力，用 F 表示。

由物料压力在钳住区积分可得：

$$F=\frac{3\eta vRB}{4H_0}q(\lambda)$$

式中 H_0——两辊间隙的一半；

v——辊筒表面线速度；

R——辊筒半径；

η——物料黏度；

B——辊筒工作面长度；

$q(\lambda)$——取决于 λ 的变化。

辊筒分离力 F 随物料黏度、辊筒转速、辊筒长度及直径的增加而增大，随辊筒间隙的增大而减小。辊筒分离力是引起辊筒弹性变形和弯曲的最主要原因。

压延操作中影响分离力的因素有：

① 辊距　辊距与 F 成反比关系。生产很薄的制品时，分离力会很大，即使辊筒的强度允许，而辊筒的挠度将增加，制品的厚度均匀性会受影响，所以一般压延不适合生产太薄的制品。

② 材料的种类和性质　物料的黏度越大，F 越大，因此压延同样厚度的硬 PVC 制品比软 PVC 制品的分离力大得多。

③ 压延速度　虽然公式反映了压延速度与分离力呈正比关系，但是，因推导方程时忽略了转速提高使物料生产更多的摩擦热，物料温度升高而黏度降低，实际测量的结果表明辊

筒速度增加分离力也增加，但增加速度不明显。

④ 辊筒直径和长度　随辊筒直径和长度的增加，分离力呈线性增大，也就是即使在控制长径比的情况下，仍不能无限度地增大辊筒尺寸的原因。

⑤ 辊筒进料处的存料量　辊筒进料处的存料量越多，钳住区面积越大，辊筒分离力越大。

⑥ 供料方式　如果供给压延机的物料为片状或条状，则加料连续均匀，对辊筒的冲击作用小，辊筒分离力的波动也小；如果供给压延机的物料为块状，进料间歇不均匀，对辊筒冲击作用大，分离力波动也大。

四、压延工艺

塑料压延成型中比较广泛的是PVC膜和片材以及PVC人造革制品的生产，其他的产品有着相似的工艺。

（一）PVC膜和片生产工艺流程

PVC膜和PVC片压延工艺流程过程主要分为供料（准备）和压延两个阶段，如图6-6-16所示。

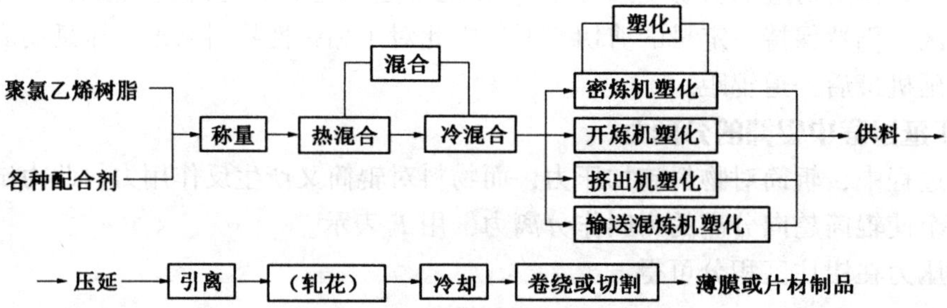

图6-6-16　压延成型工艺流程

压延法生产塑料薄膜（片）主要以聚氯乙烯作主要原料，加入增塑剂、稳定剂、润滑剂、颜料等助剂。

在供料阶段，首先按不同制品性能要求制定工艺配方，树脂及助剂进行计量配混后，经高速混合机温度不超过100℃的条件下，搅拌混合一定时间。混合均匀后可以经冷却分散至50℃左右或直接送入下一道工序进行塑炼，塑炼根据需要可以选用开炼机、密炼机或挤出机进行。最后塑化后的物料利用皮带输送，经金属探测仪检测后，供料给压延机辊筒。

物料进入压延机的辊筒，即进入压延阶段。已经塑化好的塑料经过几个相向旋转的高温辊筒的进一步塑化，被辊筒辊压延展，成为厚度均匀的薄膜（片）。最后经引离、轧花、冷却定型和测量厚度后，卷曲而成。

压延阶段是压延成型的关键部分，压延塑料薄膜或片材可以采用四辊压延机或五辊压延机，其工艺流程如图6-6-17所示。

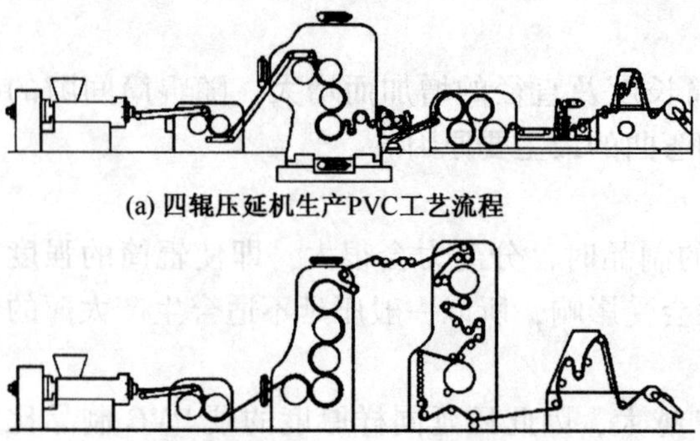

(a) 四辊压延机生产PVC工艺流程

(b) 五辊压延机生产PVC工艺流程

图6-6-17　四辊和五辊压延机生产PVC的工艺流程

（二）压延工艺过程中的影响因素

1. 原材料因素

（1）树脂

从制品的使用角度考虑，采用相对分子质量高的、相对分子质量分布窄的树脂，物理机械性能好，表面均匀性好。但是从加工角度考虑，相对分子质量高会给成型带来困难，使成型温度增高，设备的承载能力提高。此外树脂中的灰分会降低薄膜的透明度，水分和挥发分会使制品产生气泡，树脂中较大颗粒吸收增塑剂慢，难以塑化，从而使产品出现未熔化颗粒状树脂（俗称鱼眼），影响制品外观和强度。因此 PVC 树脂在混合前要进行筛选。

本体聚合的树脂产品透明度好，吸收增塑剂效果也好。

通过树脂与其他材料的掺和改性和单体接枝嵌段共聚，可以得到性能更好的树脂，如在聚氯乙烯中加入丙烯酸类均聚物，可提高加工速度和生产片材厚度至 0.8mm 的硬片。由于树脂主体有较高的强度，压延时就允许有较大的牵引速度和后期热成型（二次成型）时可以有较大的牵伸比，而且可以在较低的温度下加工。

（2）配方中其他组分的影响

PVC 膜中的增塑剂含量较多，超过 70 份。增塑剂含量越多，在相同的压延条件下，其黏度越低，因此在不改变压延机负荷的情况下就可以提高辊筒的转速或降低压延机的温度，使生产效率提高。为了更好地使树脂吸收增塑剂，需要预热增塑剂。

PVC 的加工稳定剂是必不可少的。在 PVC 膜配方中稳定剂的选择尤其重要，稳定剂选择不当，会使压延机辊筒和轧花辊筒表面附带上一层蜡状层物质。形成蜡状层的原因主要是某些热稳定剂只能与树脂部分相容，因此在压延时会被挤出而包围在辊筒上；另外稳定剂的分子大多数是兼有极性和非极性的（如金属皂类），这种分子对金属常具有亲和力，因而对辊筒表面发生黏附作用，形成蜡状层；蜡状层的形成还与所用颜料、螯合剂、润滑剂等的配料有一定的关系，但不太重要。蜡状层物质使薄膜或透明片材的表面质量下降，使薄膜表面无光或在换产品时产生困难。压延温度越高，这种现象越严重。消除或避免蜡状层的方法，首先采用适当的稳定剂，一般稳定剂的极性基团的正电性越高时，越易形成蜡状层。例如钡皂不如镉皂和锌皂好，因为钡皂的正电性高，所以配方中选用镉皂占优势的钡镉稳定剂，如果仍不能满足要求，可再加入锌皂，但决不能单独使用锌皂，因为锌对 PVC 降解起催化作用，具有长期着色性。其次掺入吸收金属皂类强的填料，如含水氧化铝，也可以加入酸性润滑剂，常用的是硬脂酸，但用量不宜太多，以防后期从薄膜中析出。因为酸性润滑剂对金属具有更强的亲和力，可以先占领辊筒表面，并对稳定剂起润滑作用，因而能避免稳定剂黏附于辊筒表面。

润滑剂选用相容性好的内润滑剂，保证不过量，否则会出现喷霜现象。

其他助剂根据需要进行选取，并注意选用的原则。

（3）压延前的混合和塑炼

压延前混合和塑炼的主要目的，是保证物料分散均匀和塑化均匀。如果分散不均匀，会使树脂各部分增塑作用不等，使薄膜产生鱼眼、冷疤、柔韧性降低等缺陷。如果塑化不均，会使薄膜产生斑痕、透明度差等缺陷。

塑炼过程中的温度不能过高，时间不能过长，否则会使增塑剂散失和树脂降解。塑炼过程中的温度也不能过低，否则会出现不粘辊和塑化不均现象，还会使辊压时间延长，也会降低薄膜的力学性能。

塑炼的适宜温度要根据配方而定，一般软制品在165~170℃，而硬制品在170~190℃之间。塑炼时间根据温度来确定。塑炼好的物料应该是十分均匀的面团状料。

2. 压延过程中工艺条件的控制

(1) 辊筒的温度和速度

辊筒具有足够的热量是使物料熔融塑化、延展的必要条件。物料在压延过程中所需的热量主要来源于两部分：一是外热，即通过介质(过热水或油)或电对辊筒表面进行加热，使辊筒具有一定的温度；二是内热，是指在工作过程中辊筒转动时，由于剪切作用而产生的大量摩擦热。物料所需要的热量是一定的，内热和外热需要均衡，因此辊速和辊温的控制要互相关联。

辊温控制主要根据配方中树脂以及助剂的因素来确定。例如配方中树脂熔融温度低、熔融黏度低、增塑剂含量高，则压延时辊筒温度可选低些。

内热主要受辊筒速度的影响。辊速越快，剪切摩擦热越高，内热越大，这样需要的外热相对较小，因此辊温可适当降低。但是单纯提高辊速，会使产品偏厚，存料量和横向厚度发生变化。如果辊速过低，压延时间延长及分离力减少，产品会先变薄，而后由于摩擦热减少，出现表面毛糙、不透明、有气泡，甚至出现孔洞。

压延过程物料因摩擦生热，物料的温度将会逐步升高，为此要严格控制各个辊筒温度。另外塑化的物料一般是包在高温辊上，因此为了保证物料顺利地过渡到下一个辊筒，根据需要压延机各辊筒应维持一定的温度梯度(温差)。辊温及相邻两辊的温差取决于物料的品种、辊筒的转速等，通常温度范围在5~10℃。对于四辊压延机可以使3[#]、4[#]辊温度接近相等，有利于薄膜引离，在操作时辊筒温度应控制为$T_4 \geqslant T_3 > T_2 > T_1$。

除此之外，压延机辊筒表面温度还应该尽量一致，这样才能够使制品的横向厚度均匀。但是由于辊筒两端比中间部分更易散热，从而使辊筒两端的温度比中间低。温度低的地方辊筒径向的热膨胀量小，使轴向辊隙值出现较大变化，进而也会导致制品横向上两侧的厚度增大。为了减小辊筒轴向存在温差而引起的制品横向厚度差，在工艺上采用红外线灯或专门的电热器对辊筒两端温度偏低的部位进行局部补充加热。

(2) 辊筒的速比

压延机相邻两辊筒线速度之比称为辊筒的速比。调整压延机辊筒的速度，使各个辊筒具有一定的速比。主要原因一是由于物料处于辊间的时候，如果使其引离进入下一个辊筒间，一般下一个辊筒的速度要高于上一个辊筒，因此沿料流的方向依次提高辊筒的转速，有助于物料依次引离贴辊。二是相邻辊筒间存在一定的速比，能强化物料在辊筒间所受到的剪切作用，提高物料的塑化程度。三是辊筒间速比的存在，还能使压延物得到一定的延伸和取向，从而使薄膜厚度降低，薄膜强度特别是纵向强度提高。

同样目的，压延机辅机的各辊筒也有一定速比，即引离辊、冷却辊和卷取轴的线速度依次增高。但该处由于薄膜是处于冷却状态，因此速比不能太大，否则会出现冷拉伸现象，使薄膜厚度不均匀，产生内应力，最终影响制品质量。

压延机的辊筒速比控制应适中。如果速比过大，会出现包辊现象，薄膜厚度会不均匀，甚至薄膜出现不能顺利前进的现象，有时还会产生过大的内应力。但如果速比过小，薄膜会不吸辊，薄膜和辊筒之间有气泡夹入，硬板会产生“脱壳”现象，同样也会影响制品质量。

辊筒速比根据薄膜的厚度和辊速来调节。辊筒的速度一般控制为$v_3 > v_4 > v_2 > v_1$。

(3) 辊距和辊隙间存料

辊距是相邻两辊表面间的最小距离。压延时各辊筒间距的调节既是为了适应不同厚度制品的要求，也是为了改变各道辊隙之间的存料量。

调节辊距时沿物料前进方向各组辊筒间距越来越小直至与制品厚度相近。对于四辊压延机的3#辊是固定的，3#和4#辊的间隙与薄膜厚度大致相同(为引离、冷却、轧花的拉伸留有余量)，其他辊的间隙自下而上是增大的。这样各辊隙间都存有余料，可以起到储备物料、补充物料和进一步塑化物料的作用。

辊隙间存料量对产品质量的影响也很大。辊隙间存料量过多，物料在压延前停留时间过长，温度降低，再进入辊间压延时就会造成薄膜表面毛糙，内部有气泡，生产硬片时就会出现冷疤。辊隙间存料量过少，压延物料供不应求时，会因为挤压力不足使薄膜表面毛糙、起疙瘩，俗称皱皮现象。生产硬片时会出现菱形孔洞，同时压延的物料易断，对操作不利，回料麻烦。

根据物料在进入辊间前的速度分布以及存料量的要求，希望在进入辊间物料的流动呈铅笔状的旋转运动状态。由于辊温太低、料温太低、辊距调节不当等因素都可使存料旋转不佳，会使产品横向厚度不均，造成薄膜有气泡、硬片有冷疤。

(4) 压延效应

压延过程中，由于压延机相邻辊筒间的转速、温度以及表面粗糙度等的差异，物料在两辊间隙的钳住区中受到很大的剪切和拉伸作用，压延物也因此产生沿其纵向的分子取向，从而造成压延物在性能上表现出各向异性，这种现象在压延成型中称为压延效应或取向效应。

压延效应的大小受到压延温度、辊筒转速与速比、辊隙存料量、制品厚度以及物料的性质等因素的影响。适当提高物料温度，可以提高其塑性，加强大分子的热运动，破坏其取向排列，降低压延效应。辊筒的转速下降，则压延的时间增加，可降低压延效应。辊隙存料量多，压延效应也增加。制品的厚度越小，辊筒间隙就越小，物料在辊筒间所受的剪切作用就越大，则压延效应也增加，所以压延制品越薄，其质量就越难以保证，这也是为何薄膜厚度小于0.05mm很少采用压延法生产，而采用挤出吹膜生产。压延后的制品缓慢冷却，有利于取向分子松弛，对降低压延效应非常有利。此外引离辊、冷却辊和卷取辊等之间的速比，也对压延效应有影响。

3. 压延设备因素

压延过程中由于辊筒对物料的挤压作用，使物料对辊筒产生很大反作用，该力即为分离力。辊筒工作时，分离力作用在辊筒的长度方向，会使压延辊筒受分布载荷作用产生挠曲变形，其变形值从挠度最大处的辊筒轴线中点处向两端展开并逐渐减小，从而使压延薄膜的宽度方向上出现中间厚两边薄的现象。

辊筒长径比愈大，这种弹性变形也愈大，其影响如图6-6-18所示。

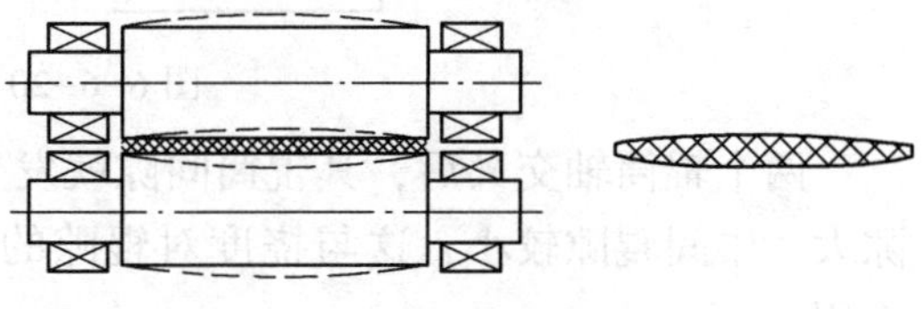

图6-6-18 压延机辊筒的弹性形变以及对产品横向断面的影响示意图

根据辊筒的受力情况，可以计算出辊筒中部的最大挠度 y：

$$y=\frac{p}{24EJ}\left[-\frac{x^4}{L}+2x^3+6a(x^2-Lx)-L^2x+\frac{5}{16}L^3+\frac{3}{2}cL^2\right]$$

式中 p——辊筒横压力；

E——辊筒材料的弹性模数；
J——辊筒断面惯性矩；
L——辊筒工作表面长度；
c——轴承压力作用点到轴肩距离；
x——从轴肩开始算起的任一距离；
a——辊筒轴承压力作用点之间距离。

为克服辊筒变形引起的压延薄膜横向不均一的现象，除从选材和结构设计等方面提高辊筒的刚性外，还需对辊筒进行补偿处理，即利用中高度法、轴交叉法和预应力法的合理设计、制造和组合使用对辊筒的挠度进行补偿，以保证压延制品横向厚度均匀。

（1）中高度补偿法

中高度补偿法是事先将辊筒做成腰鼓形，中间宽两边窄。辊筒表面可以做成圆弧或椭圆的一部分。如图 6-6-19 所示，其中辊筒突出的高度 h 称为中高度，一般为百分之几到十分之一毫米。这样辊筒在工作时可以补偿因为分离力而造成的制品中间厚两边薄的现象。

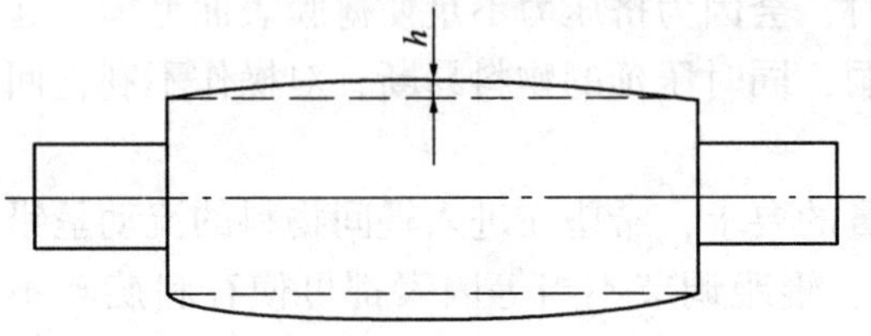

图 6-6-19　中高度凸缘辊筒

中高度补偿法简单易行，在具有多台压延设备的专业化成型加工厂中，若每台设备只需考虑加工一两种或几种性能接近的原料，用这种方法还是合理的。辊筒的中高度值在没有其他补偿方法联合使用时，通常在 0.02～0.10mm 范围；在与其他方法联合使用时，通常在 0.02～0.06mm 范围。由于每个辊筒所处的地位和作用不同，因而每个辊筒的中高度值也不一样，应根据实际情况确定。

由于辊筒的挠度曲线比较复杂，而利用中高度法做成的辊筒表面主要以二次曲线为主，因此利用该法并不能完全补偿辊筒的变形，而且该补偿法的中高度值由于加工制造等原因也有一定的限制。

（2）轴交叉补偿法

轴交叉补偿法是将压延机其中的一个辊筒绕两个辊筒轴线中点的连线旋转一个角度，如图 6-6-20 所示，φ 称为轴交叉角，一般在 2°以内。

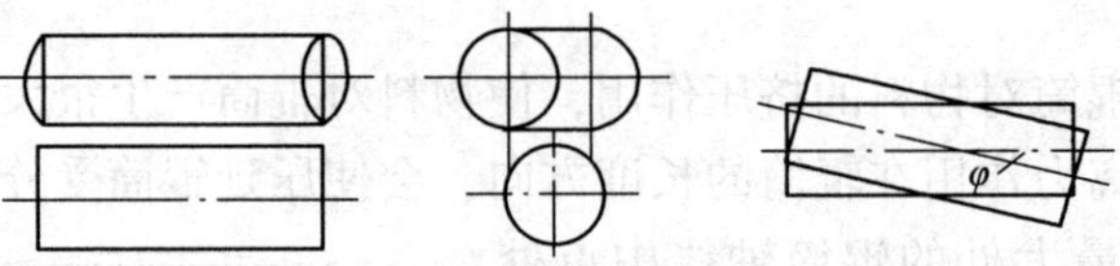

图 6-6-20　辊筒轴交叉示意图

两个辊筒轴交叉后，其辊筒间隙就发生了很大的变化。如图 6-6-21 所示辊筒两端的间隙大，中间辊隙较小，这与挠度对辊隙的影响正好相反，因此在辊筒工作时可以起到补偿作用。

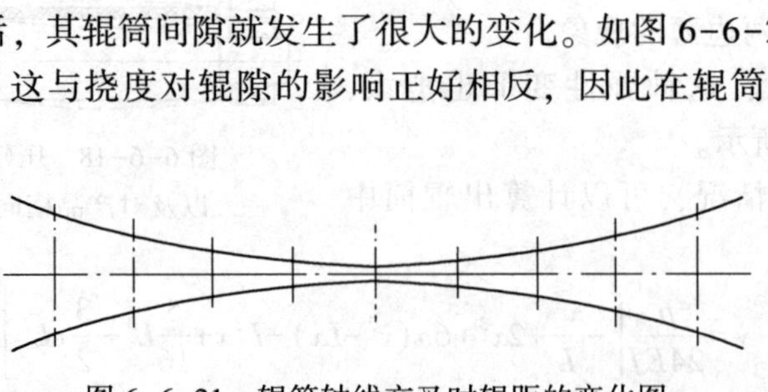
图 6-6-21　辊筒轴线交叉时辊距的变化图

辊筒实际挠度曲线与轴交叉补偿曲线如图 6-6-22 所示。由于辊筒挠度曲线与轴交叉补偿曲线并不相同，因此也不能完全对压延制品进行补偿，有时反而会使制品出现三高两低现象，也称为 U 型效应。这种 U 型效应将随轴交叉量增大而增大，故轴交叉角一般限制在 2°以内。当轴交叉法与微小的中高度法配合使用时，U 型效应会减少，制品的厚薄均匀性会提高。

轴交叉装置装设的位置和方向取决于压延机的用途和辊筒的排列与数目。常用的四辊压延机用于塑料薄膜以及橡胶的贴胶作业，多设在 1[#]、4[#]辊筒上，如图 6-6-23 所示。

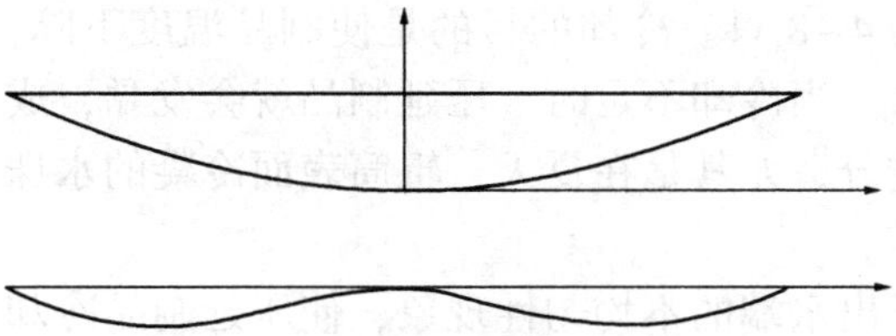

图 6-6-22　挠度曲线与轴交叉补偿后的挠度曲线

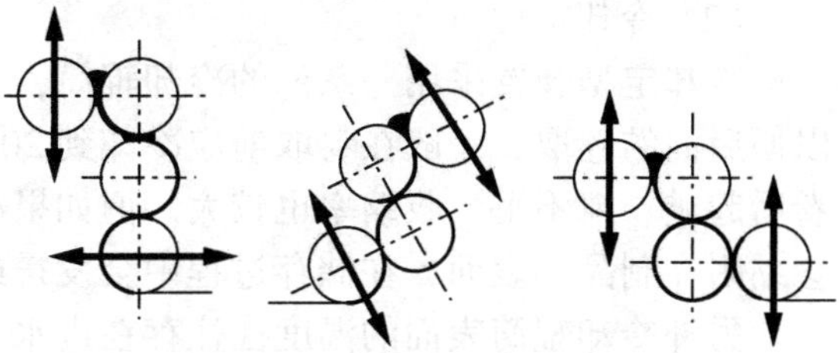

图 6-6-23　轴交叉设定的位置

表 6-6-1 所示为压延机实际挠度与轴交叉补偿后的量之间的比较。

表 6-6-1　型号为 610×1730 压延机实际挠度与轴交叉补偿量比较　　mm

轴肩开始到辊筒中间的距离	辊筒实际挠度	轴交叉时补偿量	挠度与补偿量之差
0	0	0	0
150	0. 0028	0. 00254	+0. 00026
300	0. 0110	0. 01040	+0. 00060
450	0. 0243	0. 02230	+0. 00200
600	0. 0420	0. 04060	+0. 00190
760	0. 0636	0. 06360	0
860	0. 0815	0. 08150	0

(3) 预应力补偿法

预应力补偿法也称为反弯曲法，是在压延机工作前，辊筒没有受到负荷作用的时候，在辊筒轴承两端的轴颈上预先施加额外的载荷，其作用方向正好与工作负荷相反，如图 6-6-24 所示。

当压延机工作时辊筒产生的变形与分离力引起的变形方向正好相反，这样，在压延过程中辊筒所产生的两种变形便可以互相抵消，从而达到补偿的目的。

预应力使辊筒变形的曲线与辊筒受到弯曲力的挠度曲线非常接近，利用预应力补偿法可以较好地补偿挠度变形带来的制品厚薄不均现象。但是只有这种外加的力非常大时，辊筒变形曲线才能与挠度变形曲线相符，而辊筒受到两种变形的力，增加了辊筒轴承的负荷，降低了辊筒使用寿命。

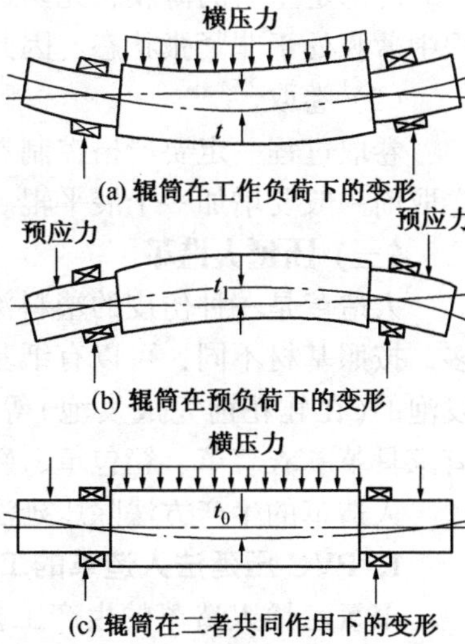

图 6-6-24　预应力装置原理图

预应力补偿法可以与其他两种方法组合使用。

4. 压延制品的后处理

(1) 引离

引离采用引离辊。为了将制品导出压延机辊筒，引离辊的转速通常比压延机主辊转速快25%~35%。引离辊的转速过快会造成制品的内应力产生，取向进一步增强，且会产生制品尺寸偏差。

为了避免制品在引离时发生冷拉伸，防止增塑剂等易挥发物凝结在引离辊表面，影响产品质量，需要将引离辊加热。

(2) 冷却定型

冷却定型装置采用一系列的冷却辊筒，一般为4~8只。冷却的目的是使制品温度下降，以便后面的卷取，一般在卷取前应冷却到20~25℃。当冷却不足时，压延制品就会发黏，成卷后起皱、摊不平，收缩率也较大。但如果冷却过分，尤其是在夏天，辊筒表面冷凝的水珠会黏附在制品的表面，在储存过程中会发霉或起霜。

另外冷却辊筒表面的温度往往存在进水端低于出水端的不均匀性现象，使压延制品冷却不匀，薄膜各部分收缩不一致，成卷后往往起皱、不平，如果压延硬片，会出现单边翘曲。所以冷却辊的流道结构设计应改进。另外为使薄膜两面得到均匀的冷却，通常采用“穿引法冷却”，薄膜在前进过程中正反交替与辊筒表面接触。

冷却辊的转速一般应控制比引离辊转速高20%~30%。如果转速过高，可能会出现冷拉伸，使薄膜出现内应力，存放后收缩量大，不易展平；但冷却辊的转速过小，会使定型后的薄膜发皱。

(3) 测厚

常用的薄膜厚度检测设备是β射线测厚仪，其原理是放射性同位素放出的β射线，穿透薄膜后在电离室内产生电流，随膜厚的不同电离电流强度随之改变。电离电流经放大后自动记录下来，即可连续得到膜厚数据。薄膜厚度的这种连续检测方法，不仅能不间断地显示测量结果，而且可用于反馈控制。

(4) 输送

冷却定型后的薄膜，先切边，再平坦而松弛地用无端橡皮输送带送至卷取装置。输送过程中薄膜处于非紧张状态，因此可在一定程度上消除薄膜因压延和牵伸而产生的内应力。

(5) 卷取

卷取过程一定要严格控制卷取速度，使其始终与压延速度相适应。另外为使卷取平整，卷取前一般要增加一个展平辊。

(三) 压延人造革

人造革是一种仿皮的塑料涂层制品，PVC人造革是人造革的主要品种。人造革种类较多，按照基材不同，可以有纸基、纺织布基、针织布基；按照人造革的结构，有非发泡的、发泡的(在轧花前完成发泡)等；按照表观特征，有贴膜革、印花革、套色革；按照用途，有家具革、衣着革、箱包革、鞋用革、地板革、墙壁革等。

人造革的生产方法除压延法外还有涂覆法、层合法等。

1. PVC压延法人造革的工艺

聚氯乙烯人造革的生产工艺流程与PVC薄膜的基本相同，不同之处主要在压延机辊筒的最后一道辊隙中要进行不同基材的复合工序，如图6-6-25所示。

根据生产过程中涂层材料与基层复合方式的不同，压延法生产人造革又可分为贴胶法和擦胶法两种。

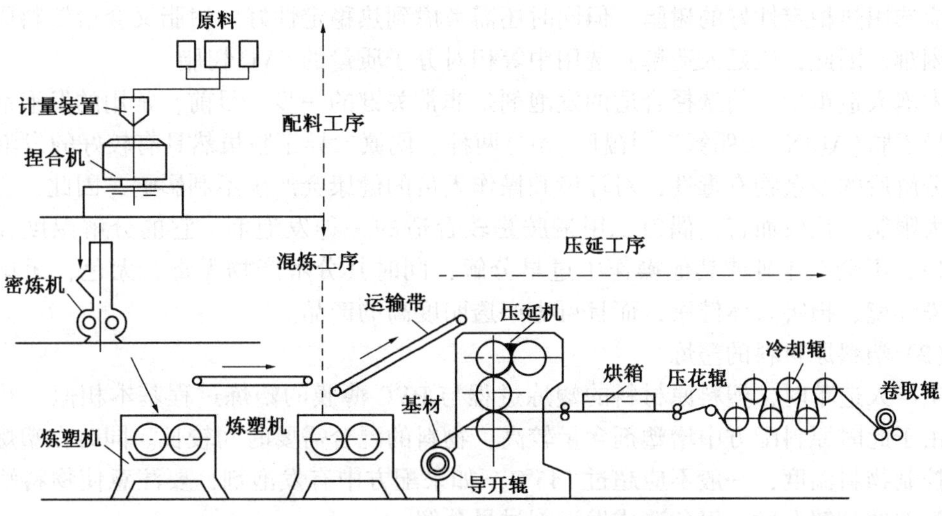

图 6-6-25　压延法生产 PVC 人造革流程图

擦胶法是利用压延机辊筒间转速的不同，将部分塑料擦进基材的微孔或缝隙中去，以保证两者牢固地黏结在一起。擦胶法生产的人造革的优点是塑料与基材黏结强度高，生产前基材无须涂黏合剂。缺点是柔韧性差、手感差，除此之外，由于擦胶法是利用辊筒间的速比来保证塑料与基材间黏合效果的，生产过程中易撕裂或破坏基材，因此该方法仅适于强度较高基材涂覆。

贴胶法是借助贴合辊的压力，使压延成型薄膜状塑料与基材贴合在一起而得到最终的人造革。按照塑料与基材的贴合方式不同，贴胶法又可分为内贴法和外贴法。内贴法是在压延出的薄膜状物料被引离压延机辊筒前，在压延机最后一只辊筒与特设的贴合辊之间使其与基材直接贴合而成为最终产品。而外贴法则是在物料被引离压延机后，利用一组贴合辊使其与基材贴合。采用贴胶法(无论是内贴法还是外贴法)生产人造革时，为保证塑料与基材贴合牢固，基材在贴合前通常都需进行底涂预处理，即在基材上涂上黏合剂。涂敷的黏合剂量一定要合适。黏合剂的量过小，起不到应有的作用，但是黏合剂的量过大，黏合剂会渗入基材内部，从而使生产出的人造革缺乏弹性。

不同复合方法生产的人造革如图 6-6-26 所示。

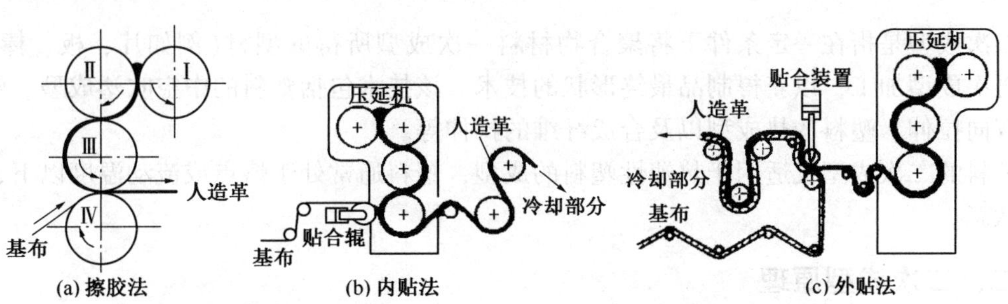

图 6-6-26　四辊压延机不同复合方法生产人造革示意图

2. 影响压延人造革质量的因素

(1) 原材料的选择

原料中最重要的组分是树脂。如果生产的是发泡人造革，那么在整个生产过程中，树脂要经历两次热过程，一次为压延过程，一次是发泡过程。因此，单从这一角度看，生产人造革时应选用热稳定性好的树脂。但同时还需考虑到热稳定性好的树脂又会给塑料原料的塑化造成困难，因此，压延人造革宜选用中等相对分子质量的 PVC 树脂。

发泡人造革生产前选择合适的发泡剂是非常关键的一步。目前，常用的发泡剂主要是偶氮二异丁腈（AIBN）及偶氮二甲酰胺（AC）两种。偶氮二异丁腈虽然具有较好的发泡性，但由于其分解后的残余物有毒性，对环境和操作人员的健康会产生不利影响，因此，它的使用受到很大限制。比较而言，偶氮二甲酰胺是较合适的一种发泡剂。它的分解温度较高（195~196℃），不会在压延或其他操作中过早分解，同时其分解产物无毒、无色、无臭，不仅不会污染环境、损害人体健康，而且可生产透明度高的产品。

（2）塑料原材料的塑炼

生产人造革时，塑料原材料的塑炼过程与 PVC 薄膜的塑炼过程基本相似，并无特别之处。由于此时原料配方中增塑剂含量较高，物料的混合需要时间较长。同时在塑炼时一定要严格控制物料温度，一般不应超过 145℃。如果配方中有发泡剂，要注意使物料塑炼温度低于发泡剂的分解温度，以免造成发泡剂过早分解。

（3）压延

压延过程中严格控制压延机各辊筒温度以及辊隙间存料量是保证塑料压延产品质量的关键。通常如果所选择的塑料配方中含有较多的增塑剂或含有发泡剂时，应使压延机辊筒温度略低于单纯压延薄膜制品的温度。

（4）贴膜

为使压延出的塑料薄膜与基材间保持良好贴合，在贴膜开始前基材往往需进行某些预处理，如清除表面杂质、张紧及预热等。经过预处理后的基材就能干净平整地进入复合辊，而不会发生卷边、皱折等现象。

贴膜过程中应注意调整基材的供给速度与薄膜的压延出料速度，使两者相匹配。

第七节　塑料的二次成型

一、概述

二次成型是指在一定条件下将聚合物材料一次成型所得的型材（例如片、板、棒、管）通过再次成型加工，以获得制品最终形状的技术。该技术包括塑料的中空吹塑成型、塑料薄膜的双向拉伸、塑料的热成型以及合成纤维的拉伸等。

塑料的二次成型仅适用于热塑性塑料的成型，塑料通常处于熔点或流动温度以下，即类橡胶状态。

二、二次成型原理

1. 聚合物的物理状态

聚合物在不同的温度下分别表现为玻璃态（或结晶态）、高弹态和黏流态三种物理状态。

在一定的相对分子质量范围内，温度对非晶型和部分结晶型聚合物物理状态转变的关系如图 6-7-1 所示。

非晶型聚合物在玻璃化转变温度 T_g 以上呈类橡胶状，显示出橡胶的高弹性，在黏流温

度 T_f以上呈黏性液体状。而部分结晶型聚合物在 T_g以下呈硬性结晶状，在 T_g以上呈韧性结晶状，在接近熔点 T_m转变为具有高弹性的类橡胶状，高于 T_m则呈黏性液体状。

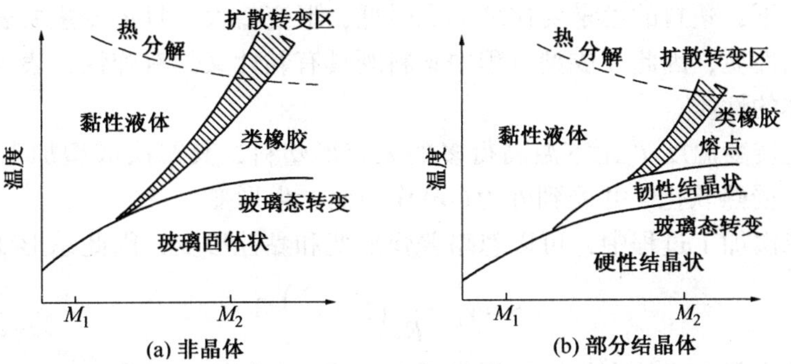

图 6-7-1　温度和聚合物物理状态的转变关系

2. 聚合物的黏弹性形变

聚合物为黏弹体，按照经典的黏弹理论，加工过程中线型聚合物的总形变γ可以看成由三个部分的形变组成，即普弹形变γ_E、推迟高弹形变γ_H和黏性形变γ_v。

$$\gamma=\gamma_E+\gamma_H+\gamma_V=\frac{\sigma}{E_1}+\frac{\sigma}{E_2}[1-e^{\left(\frac{E_2}{\eta_2}\right)t}]+\frac{\sigma}{\eta_3}t$$

式中　σ——作用的外力；

t——外力作用的时间；

E——模量；

η——聚合物黏度。

普弹形变，是在外力作用下聚合物大分子键长和键角的变化，外力撤去可以回复，这部分的变形很小，通常可以忽略。推迟高弹形变，是外力较长时间作用于聚合物大分子，是大分子链段的形变和位移，形变值较大，具有可逆性，使聚合物表现为特有的高弹性。黏性形变是外力作用下，大分子链之间的运动，形变值很大，具有不可逆性，能够形成永久变形。

通常的聚合物成型，如挤出成型、注射成型等，聚合物所处的温度较高，大于黏流温度。这时从公式看到，温度高，η_2和η_3降低，弹性形变γ_H和黏性形变γ_v都增加，而γ_v增加的趋势更大，因此挤出成型、注射成型聚合物大分子主要发生的是黏性形变。此时聚合物的黏度低、流动性大，非常容易成型，同时黏性形变具有不可逆性，还可以提高制品在使用过程中的尺寸稳定性。但是黏流态聚合物的形变并不是单纯的黏性，也表现出一定程度的弹性，如出现端末效应和不稳定流动等，详细内容见第四章。

如果温度在黏流温度 T_f以下时，此时聚合物形变中的弹性成分增大，黏性成分减小，但是从公式看到，在增大外力或延长外力的作用时间的条件下，都可以使黏性形变增加，此时可逆形变转变成不可逆形变，这种形变称为塑性形变。塑性形变的实质是高弹态条件下大分子的一种强制性流动，增大外力等于降低了聚合物的流动温度 T_f，迫使大分子间产生解缠和滑移。

上述塑性形变和黏性形变具有相似的性质，均为不可逆的、大分子链的一种流动形变；不同之处是大分子链的变形所处的温度不同，大分子链的表现不同。利用塑性形变，可以成型不希望材料有很大流动性的加工技术。

在 $T_g\sim T_f(T_m)$范围内，聚合物的形变主要表现为弹性，但是调整应力以及应力作用的时间，并配合适当的温度可以使材料的形变由弹性转向塑性。

3. 塑料二次成型原理

塑料的二次成型加工是在材料的类橡胶态下，即在 $T_g \sim T_f(T_m)$ 间进行的。

在类橡胶态下，塑料的模量要比玻璃态时低，形变值大，且形变主要表现为弹性，但是也表现出黏性的性质，因此在成型过程中塑料既具有黏性又具有弹性，表现的性质既有液体的性质又有固体的性质。

对于玻璃化转变温度 T_g 比室温高得多的无定形塑料，其二次成型加工是在 T_g 以上，黏流温度 T_f 以下，受热软化，并受到外力(σ)作用而产生形变。

在塑料的二次加工过程中，可以忽略普弹形变和黏性形变，因此总形变为：

$$\gamma=\gamma_H=\frac{\sigma}{E_2}[1-e^{\left(\frac{E_2}{\eta_2}\right)t}]$$

如果是当外力很大或外力作用时间很长时，其中有塑性形变发生。

考虑到塑料形变是一个松弛过程，其形变方程可以变换为：

$$\gamma(t)=\gamma_\infty(1-e^{\frac{t}{t^*}})$$

式中 t^*——推迟高弹形变的松弛时间，$t^*=\eta_2/E_2$；

γ_∞——极限形变。

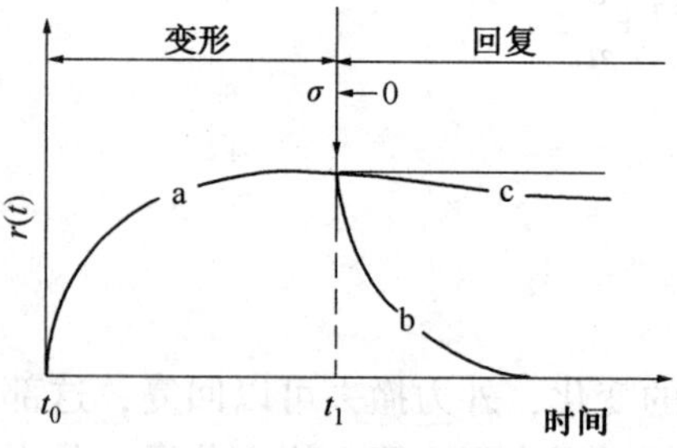

图 6-7-2　二次成型时聚合物的形变-时间曲线

曲线 a：$T>T_g$ 条件下成型时变形；

曲线 b：当 $T>T_g$，变形的回复；

曲线 c：当 T=室温≪T_g，变形的回复

如图 6-7-2 所示为形变方程的形变-时间曲线关系，如果这种形变充分保持在 $t=t_1$ 时间，形变近似于极限形变 γ_∞。推迟高弹形变是大分子链段形变和位移的贡献，具有可逆性，当在时间 t_1 时除去外力(σ)时，经过一定时间高弹形变回复。用 $\sigma=0$，$t=t_1$ 以及 $\gamma=\gamma_\infty$ 的边界条件求解，形变回复方程为下式：

$$\gamma=\gamma_\infty e^{\frac{-(t-t_1)}{t^*}}$$

形变的回复是与产生的形变以相同的速度进行的，如图 6-7-2 中的曲线(b)。

如果使其形变到 γ_∞ 后，立即将它放到比 T_g 低得多的室温下，塑料的高弹形变黏度大大上升，链节的运动被完全冻结，形变回复几乎没有，仍被冻结在 $\gamma=\gamma_\infty$ 处，成型物的变形就被固定下来，此时的回复曲线变为曲线(c)。

因此，对于 T_g 比室温高得多的非晶型塑料，二次成型的原理是先将塑料材料在 $T_g \sim T_f$ 温度范围内加热，使之产生形变并成型为一定形状，然后将其置于接近室温下冷却，使其形变冻结并固定其形状。

对于部分结晶的塑料形变过程则是在接近熔点 T_m 的温度下进行，此时黏度很大，成型形变情况与上述无定形塑料一样，但其后的冷却定型与非晶型聚合物有本质的区别。

结晶塑料在冷却定型过程中会产生结晶，分子链本身因成为结晶结构的一部分或与结晶区域相联系而被固定，不可能产生弹性回复，从而达到定型的目的。

4. 塑料二次成型的条件

塑料在高弹态下表现出弹性和黏性，在加工过程中的形变是在外力和温度共同作用下，大分子形变和进行重排的结果。

由于塑料大分子在外力作用时与应力相适应的任何形变都不可能在瞬间完成，把大分子

的形变经过一系列中间状态过渡到与外力相适应平衡态的过程看成是一个松弛过程，这过程所需的时间称为松弛时间。塑料大分子松弛过程的速度(即松弛时间)与分子间相互作用能和热运动能的比值有关。提高温度则热运动能增加，分子间作用能减少，大分子改变构象和重排的速度加快，松弛过程缩短。反之，温度降低则延缓松弛速度。所以温度对塑料的松弛过程有很大的影响。

塑料的二次成型加工正是利用松弛过程对温度的这种依赖性，辅以适当外力，使其在较高的温度下能以较快的速度，在较短的时间内经过形变形成所需形状的制品。一定的温度，外力作用下使聚合物达到某一变形量的时间远小于松弛时间，塑料主要产生弹性变形，形变被冻结后留有较高的内应力，成型制品具有较大的收缩率；如形变时间大于等于其松弛时间，塑料所获得的形变能被100%的固定。

因此，二次成型的温度和形变速度是两个相互关联的重要工艺条件。

(1) 二次成型的温度

二次成型的温度以塑料能产生形变且伸长率最大的温度为宜。此时温度升高，向高弹态过渡，由于链段开始运动，而体系的黏度很大，因此链段运动受到的摩擦阻力较大，高弹形变显著落后于应力变化，形变中内耗也大。

一般无定形热塑性塑料最宜成型温度比其 T_g 略高，如硬聚氯乙烯($T_g=83℃$)的最宜成型温度为92~94℃，聚甲基丙烯酸甲酯($T_g=105℃$)的成型温度为118℃。

二次成型产生的形变具有回复性，实际获得的有效形变(即残余形变)与成型条件有关。

冻结残余形变的温度(即模具温度)低，成型制品可回复的形变成分就少，可获得的有效形变就大，因此，模具温度不能过高，一般在聚合物的 T_g 以下。同时提高成型温度，弹性形变成分减少，如图6-7-3所示在85℃以下对塑料加热，收缩很小，塑料所获得的残余形变几乎为100%；在塑料的 T_g 以上加热使塑料收缩时，随着收缩温度提高，制品的形变值增大，残余形变减小；制品在相同的收缩温度下，成型温度高比成型温度低具有更高的残余形变。因此，在较高温度下成型，可获得形状稳定性较好的制品，且具有较强的抵抗热弹性回复的能力。

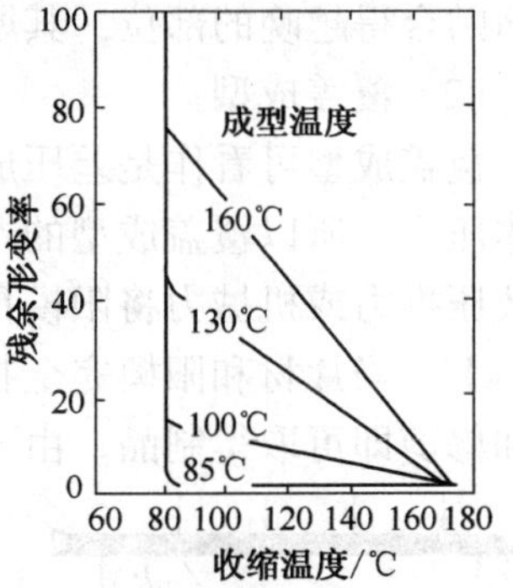

图6-7-3　硬质聚氯乙烯二次成型温度与收缩温度对参与形变的影响

(2) 成型速度

成型速度即完成形变所需要的时间。完成形变所需要的时间与成型温度有关，必须考虑聚合物大分子的时温效应。

在 T_g 以下，慢速成型可以获得高的伸长率；在 T_g 以上，快速成型可以得到更高的伸长率。当然还要综合考虑，例如该温度与速度下的强度。

三、几种二次成型工艺

(一) 热成型工艺

1. 热成型原理

热成型又叫吸塑成型，是利用热塑性塑料片材为原料(片材可以采用挤出成型、压延成型)的二次成型技术。首先将片材裁切成一定尺寸和形状的坯件，再将坯件夹在框架上，加热到软化温度，即高弹塑性状态，然后施加压力使坯件弯曲和延伸，在达到一定的形状后使其冷却定型成为敞口薄壳形制品。

热成型过程中对坯件所施加的压力，在大多数情况下是靠抽真空和压缩空气在坯件两面所形成的压力差，但也可以采用各种形式的机械压力或液压力。

热成型的适应性很广，如药片的包装、一次性使用的饮料杯、各种商品的仿型包装、冰箱内胆、汽车和游艇的外壳部件、化工容器以及一个室内游泳池的成型，都可用热成型方法制造。

热成型产品具有很多特点，例如制品壁厚与表面积之比小，绝对壁厚也小，制品都是半壳体(内凹和外凸)，深度受到一定限制。热成型产品的直径与深度比在 1∶1 为理想，1∶1.5为界限。但是热成型不能成型结构复杂的制品，且壁厚均匀度差，边角废料多。

目前用于热成型的塑料有 PS 及其改性品种、PMMA、PVC、ABS、PE、PP、PA、PC、PET 等。

2. 热成型的方法

目前实际生产中采用的热成型方法有数十种，最基本的方法有六种：差压成型、覆盖成型、柱塞助压成型、回吸成型、对模成型、双片热成型。

(1) 差压成型

差压成型是热成型中最简单的一种。如图 6-7-4 所示，在气体差压的作用下，加热至软化的片材紧贴模具，冷却后得到制品。由于差压形成的方法不同，差压成型可分为真空成型和加压成型。

差压成型的特点是，与模具面贴合的一面结构上较鲜明和精细，且光洁度较高。胚料与模面贴合得越晚的部位，其厚度越小。

(2) 覆盖成型

覆盖成型可看作是差压成型的一个特例，其所用的模具是单阳模，借助的成型压力仍为气体压力，所以覆盖成型的本质是单阳模真空成型。其成型过程如图 6-7-5 所示，首先借助液压推力或机械力将阳模顶入已夹持且预热好的片材中，或移动片材夹持框使片材覆盖在阳模上。当片材和阳模完全扣紧后，在模具顶部抽真空，则片材贴合在阳模上，经冷却、脱模和修剪即可取得制品。由于覆盖后有一个拉伸的过程，制品厚度均匀性比差压成型好。

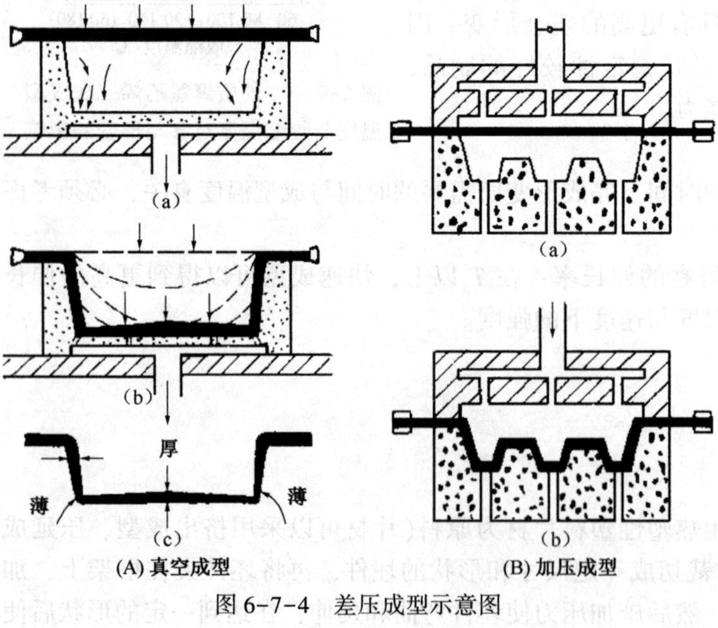

图 6-7-4　差压成型示意图

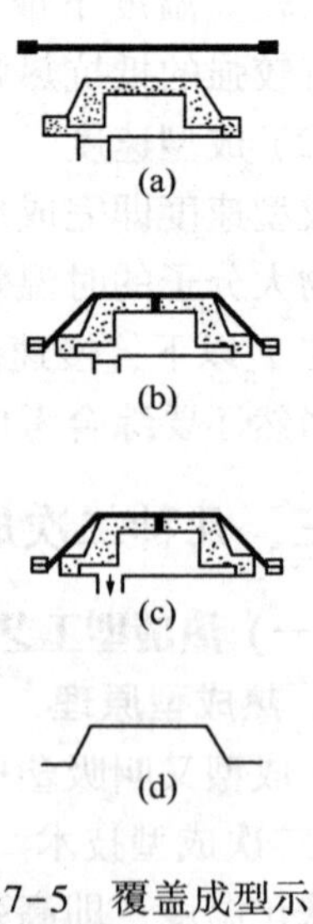

图 6-7-5　覆盖成型示意图

（3）柱塞助压成型

柱塞助压成型分为柱塞助压真空成型、柱塞助压气压成型、气胀柱塞助压真空或气压成型。与差压成型相比，柱塞助压成型的最大特点就是在片材夹持和加热完成后，先将柱塞伸进片材对其进行一定程度的预拉伸。拉伸程度以控制片材接近而不接触阴模为限。预拉伸后再抽真空或鼓入压缩空气使片材与模具贴合，再经冷却、脱模和修整即可取得制品。柱塞助压成型的主要特点是能精确控制制品断面厚度，片材能够均匀牵伸，制品的壁厚小且重复性好，制品的力学性能有方向性。如图 6-7-6(A)所示为柱塞助压气压成型。为了使制品厚度更均匀，在柱塞下降前，由模具底部吹入压缩空气使加热的片材形成泡状物，然后在控制模腔内气压的情况下柱塞下降，当受热的片材接近模具底部的时候停止下降抽真空，如图 6-7-6(B)所示，为气胀柱塞助压真空成型。

（4）回吸成型

回吸成型与气胀柱塞助压成型有些相似，在成型技术上基本相同，所不同的是经过气胀预拉伸的片材不是在阴模上成型，而是在阳模上成型。阳模在回吸成型中的作用一是辅助柱塞，二是作为成型模具，三是可以起到冷却作用。回吸成型的原理比较简单，但实施方法却可以变幻出许多种，常见的是真空回吸成型、气胀真空回吸成型和推气真空回吸成型，如图 6-7-7 所示。

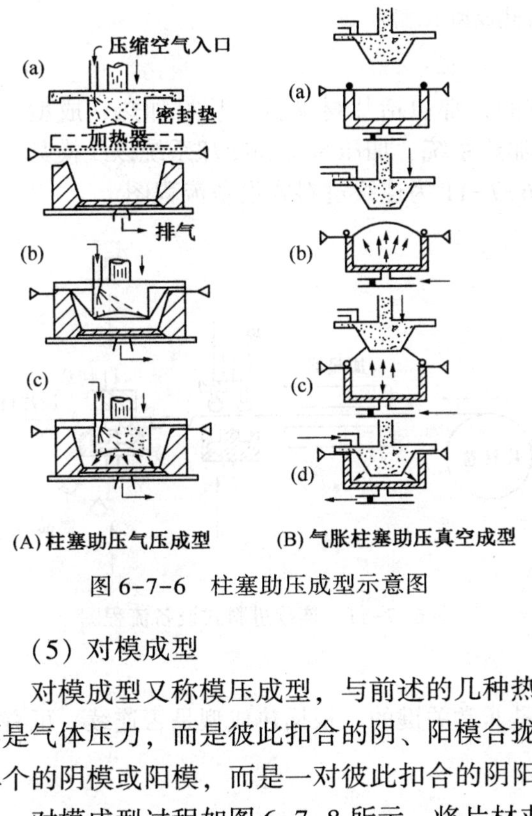

图 6-7-6　柱塞助压成型示意图

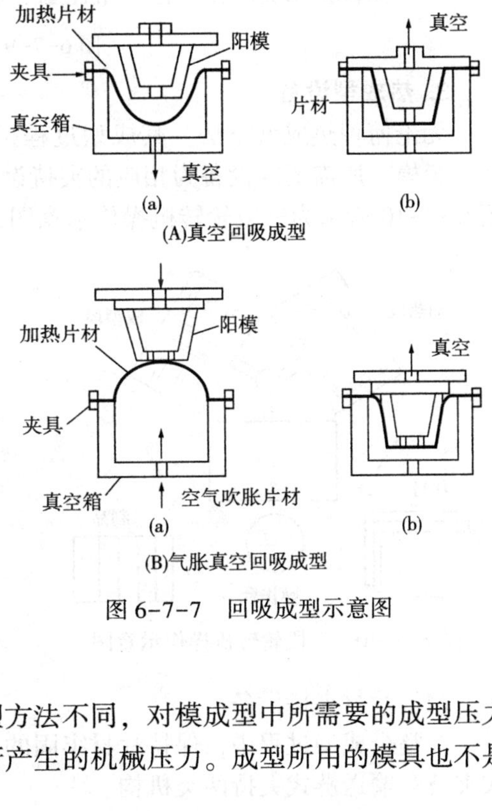

图 6-7-7　回吸成型示意图

（5）对模成型

对模成型又称模压成型，与前述的几种热成型方法不同，对模成型中所需要的成型压力不是气体压力，而是彼此扣合的阴、阳模合拢时所产生的机械压力。成型所用的模具也不是单个的阴模或阳模，而是一对彼此扣合的阴阳模。

对模成型过程如图 6-7-8 所示。将片材夹持于两模之间，用可移动的加热器加热片材，达到工艺设定的温度后，移开加热器，将阴、阳模合拢、加压成型，再经冷却、脱模和修整即可得到制品。

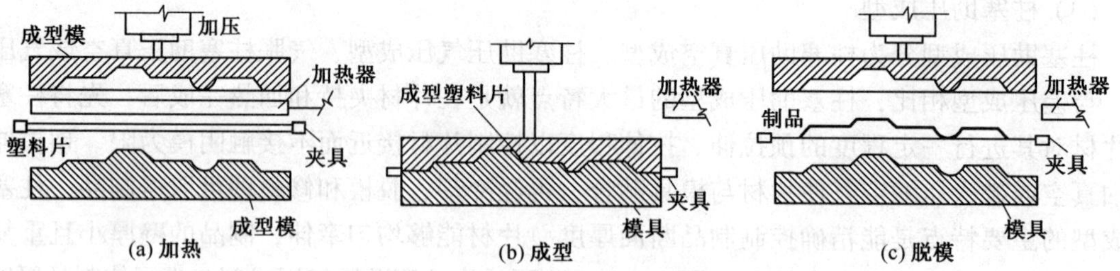

图 6-7-8　对模成型示意图

（6）双片热成型

双片热成型是将两块已加热到足够温度的塑料片材，放在半合模具模框上夹紧，吹针插入两片材之间。通过吹针吹入压缩空气，同时两半合模抽气抽空贴合在两半合模内腔，经脱模修整得到制品，如图 6-7-9 所示。

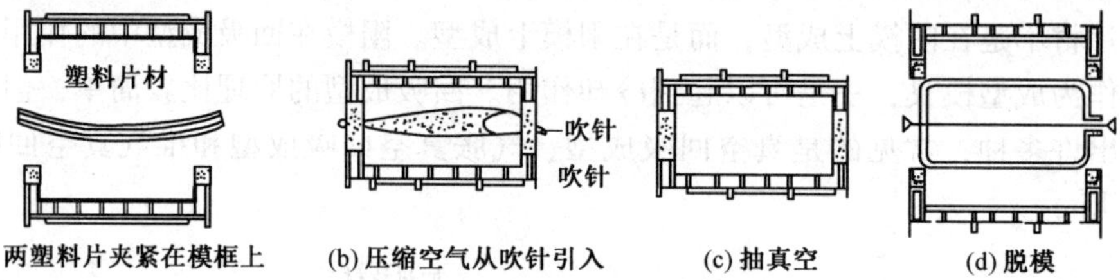

图 6-7-9　双片热成型示意图

3. 热成型设备

无论何种热成型方法，其成型过程是一致的，都包括片材夹持、片材加热、成型、冷却、脱模，所需要的设备为相应的夹持设备、加热系统、加压系统和冷却系统以及模具。如图 6-7-10 所示为三段轮转机操作示意图，图 6-7-11 为连续进料式设备流程图。

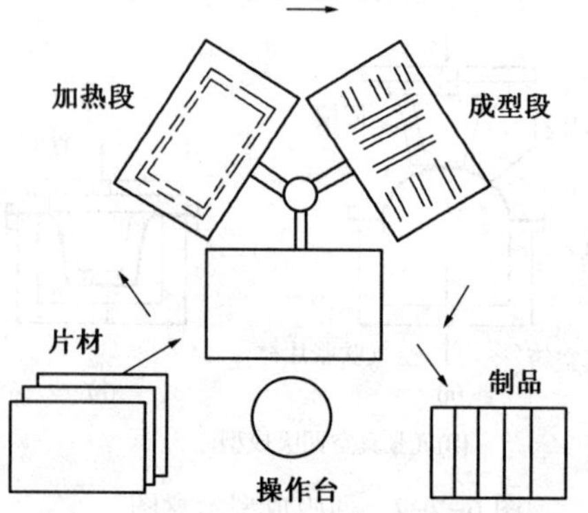

图 6-7-10　三段轮转机操作示意图

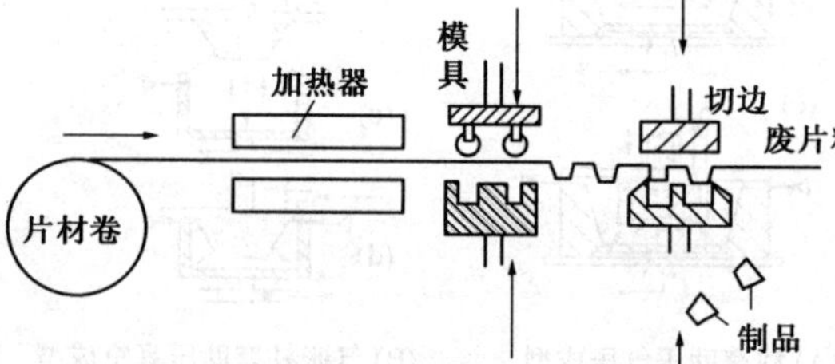

图 6-7-11　连续进料式设备流程图

（1）片材夹持设备

在整个成型过程中，保持片材牢固的夹持是非常关键的。根据热成型是否连续，可有框式夹持和输送链式夹持两类机构。

（2）片材的加热系统

片材的加热关系到成型的成败。加热器的加热方式很多，现代化的加热大都采用红外线辐照方式。一般加热器的温度控制在 370～650℃，加热器与片材之间的距离可调节在 8～30cm 范围，加热功率根据所选用的塑料材料而定。

(3) 加压系统

加压系统分为真空系统和压缩空气系统。真空系统由真空泵、真空储罐、管路和阀门组成，真空系统的真空度应能达到0.07~0.09MPa，真空储罐的容量至少应为最大成型室容量的2.5倍。压缩空气系统由空气压缩机、储压罐、管路、阀门组成，压缩空气机的额定排气量通常为0.05~0.3m^3/min，压力范围为0.6~0.7MPa，实际使用时一般不超过0.35MPa。

(4) 冷却系统

冷却系统有内冷和外冷两种形式。内冷是依靠模具内设冷却盘管，通冷却水，进行冷却。外冷则是利用风和水雾等冷却。通常金属模具用内冷，非金属模具用外冷，有时也采用内冷和外冷相结合的方式，可以达到快速冷却。

(5) 模具

根据热成型方法可知，热成型模具有三种基本型式，阴模、阳模和对模(极少数的自由成型可不用模具)。热成型模具材料的种类有很多，可分为金属材料和非金属材料。模具材料的选择主要依据预期用途和预期寿命。由于热成型工作压力不很高，因此对模具刚度的要求较低，这样，用作制模的材料就不限定用钢材。常用的制模材料有木材(硬木和压缩木料)、石膏、塑料(酚醛、环氧树脂、聚酯、氨基等塑料)、铝和钢等。可根据制品的数量和质量来选用制模材料。

4. 热成型工艺因素分析

热成型工艺主要从加热、成型、成型物的冷却与脱模几个因素分析。

(1) 加热

塑料热成型过程，是塑料在类橡胶状态拉伸成型的过程，所以成型前必须将坯件加热到规定温度。一般坯件的加热时间占整个成型时间的50%~80%，而加热温度的准确性和各处温度分布的均匀性将直接影响成型操作的难易和制品的质量。

加热温度应使塑料在此温度下既有很大的伸长率又有适当的拉伸强度，保证坯件成型时能经受高速拉伸而不致出现破裂。降低温度虽然能缩短成型时间和节省能源，但是温度过低时所得制品轮廓不清晰、尺寸稳定性差。而加热温度过高，会造成塑料材料的降解，从而导致制品变色和失去光泽。因此加热的下限温度应以片材在牵伸最大区域不发白或不出现明显的缺陷为度，上限温度则是片材不发生降解和不会在夹持架上出现过分下垂的最高温度。一般热成型过程中，加热的坯件经过转换工位时会有一些降温，尤其是壁薄的坯件和传热系数较大的坯件，散热现象较严重，所以坯件的加热温度要稍高于成型温度。

保证坯件在加热过程中均匀升温是提高制品质量非常关键的因素。首先选用片材厚度均匀，厚度公差通常不应大于4%~8%，若厚度公差大，就要延长加热时间，使坯件各部分都要“热透”。其次由于塑料的导热性差，会造成一面温度达到要求而另一面温度仍然很低，再继续加热会使一面温度过高，表面降解，因此可以采用两面加热的方法，或采用高频加热和远红外加热。

在加热温度一定的条件下，加热时间的确定很关键，加热时间主要由塑料的品种和片材的厚度决定。加热时间随塑料的导热系数增大而缩短，随塑料比热和片材厚度的增大而延长，但都不是简单的直线关系，所以很难通过这种方式确定。合适的加热时间要由实验或参考经验数据来定。表6-7-1所示为加热时间与片材厚度的关系。

此外，加热还对最终制品的厚度以及坯件下垂问题有影响。

除片材加热外，模具和柱塞也应根据不同塑料进行加热，保持适当的温度。

表 6-7-1 加热时间与 PE 片材厚度的关系

片材厚度/mm	0.5	1.5	2.5
加热到 121℃所需要的时间/s	18	36	48
单位厚度加热时间/(s/mm)	36	24	19.2

(2) 成型

对成型的基本要求是使所得制品的壁厚尽可能均匀。造成热成型制品壁厚不均匀的主要原因，一是成型时坯件各部分被拉伸的程度不同，二是拉伸速度的大小，也就是抽气、充气的气体流率或模具、夹持框和预拉伸柱塞等移动速度的不同。

对于深的制件，一般都要用预拉伸(气胀)热成型的方法，首先使坯件经过抽真空或通压缩空气形成预伸泡状物，此泡状物的壁厚应接近制品底部的厚度，因为一旦柱模或柱塞与塑料接触，其拉伸的程度就会很小；另外泡状体达到要求后应保持几秒钟，调整壁厚均匀性。

成型过程中涉及拉伸作用，因此成型中存在大分子的取向问题。由于制品各部位和各方向拉伸程度不同，所以出现的分子取向程度也会不同，导致制品存在各向异性。取向程度大的方向或部位，拉伸强度、总伸长率、抗裂能力等都会增加。但是如果单向拉伸的数值和双向拉伸的差值保持在一定范围内，各向异性程度就不会太大。提高坯件的温度和较低拉伸速度都会降低取向程度。

成型过程中的拉伸作用的大小依赖于坯件的温度，温度低的坯件，由于变形能力小，应采用低的拉伸速度；相反拉伸速度高，就要采用高温坯件。由于成型时坯件会散热降温，所以薄型坯件的拉伸速度要快于厚坯件。

成型过程中力的大小，与所用片材品种与牌号、坯件的厚度和温度有关。一般来说，聚合物大分子链刚性大、相对分子质量高、存在极性基团的塑料片材，需要较高的成型力；坯件较厚和温度较低时，也要采用较高的成型力。

(3) 成型物的冷却

成型物的冷却涉及冷却时间、冷却方式、冷却速率。

坯件经拉伸成型获得制品所要求的形状后，必须在成型压力下继续冷却一定时间，才能在解除压力后保持已获得的形状。冷却时间不够，造成冷却不足，制品从模腔内或模面上脱出后将发生变形；冷却时间过长，造成过分冷却，不仅使成型设备的生产效率降低，而且往往会由于成型物的收缩而紧包在阳模上，使脱模发生困难。

对于薄壁制件在自然条件下冷却，一般只需很短时间就可以脱模；而对于壁厚制件，就要采用附加的冷却措施，由于塑料的导热性差，在模内冷却就要很长时间，常用模内通水冷却、风扇降温和压缩空气喷枪冷却。这三种措施可单独使用，但组合使用效果更好。

冷却速率与塑料的导热性和成型物的壁厚有关，降温速率过快会在制品中产生大的内应力，在制品的高度拉伸区域，会由于降温过快而出现微裂纹。

(4) 脱模

一般热成型的脱模较容易，除非因为坯件温度过高产生热降解或因模具表面过于粗糙引起脱模困难。偶有的粘模现象，可以在模具表面涂脱模剂。常用的脱模剂有硬脂酸锌、二硫化钼和有机硅油的甲苯溶液。

(5) 制品的修整

批量大的制品修整用专用设备，批量小的制品用手工修整切除废边以及将边缘修整光滑。

(6) 热处理

由于热成型时的不均匀拉伸和分子取向使制品总存在一定的残余应力和应变，从而使制品的因次稳定性和抗应变能力降低。为了消除热成型制品中的应力和应变，一般多借助于热处理。热处理的方法与注射制品的热处理方法相同。为了使热处理充分发挥消除制品内应力和应变的作用，应在制品的修整和机械加工后进行。

(二) 中空吹塑工艺

中空吹塑，是制造空心塑料制品的成型方法，借鉴于玻璃容器吹制工艺，于 20 世纪 30 年代发展成为塑料吹塑技术。

中空吹塑工艺是将挤出或注射成型所得的半熔融态型坯(管坯)置于各种形状的模具中，在型坯中通入压缩空气将其吹胀，使之紧贴于模腔壁上，再经冷却脱模得到中空制品的成型方法。其成型过程包括塑料型坯的制造和型坯的吹塑。

这种成型方法可生产口径和容量不同的瓶、壶、桶等各种包装容器，日常用品和儿童玩具等。用于中空吹塑的塑料品种有 PE、PVC、PP、PS、PET、PC、PA、CA 和聚缩醛树脂等。

1. 挤出吹塑

(1) 挤出吹塑工艺过程

如图 6-7-12 所示，挤出吹塑首先由挤出机挤出半熔融状管坯(型坯)，当管坯到达一定长度时，模具移到机头下方闭合，抱住管坯，利用切刀将管坯割断。模具移到吹塑工位，吹气杆进入模具吹气，使管坯紧贴模具内壁而冷却定型。最后打开模具，取出制品。

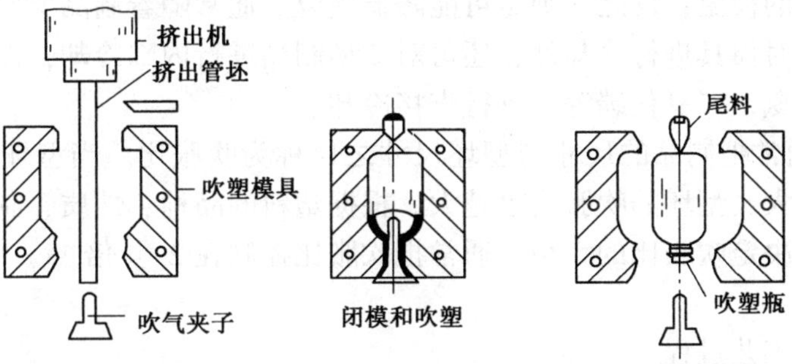

图 6-7-12　挤出吹塑工艺过程

挤出吹塑生产方法简单，适用于多种塑料，生产效率较高，管坯温度较均匀，制品破裂少，能生产大型容器，设备投资少，但挤出吹塑产品的精度较低。

(2) 挤出吹塑工艺控制因素

① 原料的选择　首先要求原料的性能满足制品的使用要求，尤其是气密性和耐冲击性。其次是原料的加工性能必须符合吹塑工艺的要求。如：低熔体流动速率树脂吹塑时有利于防止管坯下垂，容易得到壁厚均匀的管坯，但是螺杆转速增高时，低熔体流动速率的树脂外观粗糙。因此对于大中型吹塑制品以防止管坯下垂为主，选熔体流动速率宜偏低、相对分子质量大的树脂；而对于小型吹塑制品，选熔体流动速率偏高一些、相对分子质量小的树脂。

② 温度的控制　在挤出管坯过程中温度控制的精确度对于管坯质量影响很大。温度过低管坯表面粗糙，温度高表面光泽好，但下垂严重。在挤出 PVC 等容易热降解的树脂时，还要注意控制温度使其不超过降解温度。

③ 螺杆转速　螺杆转速是影响管坯质量的一个重要因素。高的挤出速度能够提高产量，

减少管坯下垂，但是管坯表面质量下降。尤其是剪切速率增大造成某些塑料，如HDPE，可能出现熔体破裂现象。而且转速提高时大量摩擦热的产生使PVC等类塑料有瞬间降解的危险。所以一般吹塑机都选用大一点的挤出装置，使螺杆转速在70r/min以下。

④ 口模　口模是决定管坯尺寸及形状的重要装置，所以要求内表面光洁度应达到一定要求，尺寸必须按设计要求加工。口模定型段尺寸一般可选用8倍口模芯棒之间隙数值。

⑤ 吹气压力　吹塑中，压缩空气有两个作用，一是使管坯胀大而紧贴模腔壁，形成需要的形状。二是可以起到冷却作用。根据塑料品种和型坯温度的不同，空气压力也不一样，一般控制在0.2~0.7MPa之间，最适宜的是能使制品在成型后外形、花纹等表露清晰的压力。对于黏度较低、容易变形的取较低值，对于黏度和模量较高的塑料取较高值，大容积和薄壁制品宜用较高压力，小容积和厚壁制品则使用较低压力。

⑥ 充气速度　充气速度是指单位时间内流过的空气体积。为了缩短吹气时间，以利于制品获得较均匀的厚度和较好的表面，充气速度要尽可能大一些，但也不宜过大。充气速度过大，会在空气进口处造成部分真空，使这部分的型坯内陷，而当型坯完全吹胀时，内陷部分会形成横隔膜片。此外充气速度过大会使口模部分的型坯有可能被极快的气流拉断，造成废品。为此需要加大吹管口径或适当降低充气速度。

⑦ 模温和冷却时间　为保证制品质量，模具的温度应分布均匀，模温一般保持在20~50℃。模温过低，会使夹口处塑料的延伸性降低，不易吹胀，并使制品在此部分加厚，同时使成型困难，制品的轮廓和花纹等也不清楚。模温过高，冷却时间延长，生产周期加长，制品脱模变形，收缩也会增大。模温的高低取决于塑料的品种，当塑料的玻璃化转变温度较高时，可以采用较高的模温；反之，则尽可能降低模温。通常随着制品壁厚的增加，冷却时间需要延长。有时除对模具进行冷却外，还可对成型制品进行内部冷却，即向制品内部通入各种冷却介质，如液氮、二氧化碳等，进行直接冷却。

⑧ 吹胀比　通常把制品的尺寸与型坯尺寸之比称为吹胀比。当型坯的尺寸和重量一定时，制品的尺寸越大，型坯的吹胀比也越大。根据塑料的品种、性质、制品的形状和尺寸以及型坯的尺寸等来决定吹胀比的大小。通常把吹胀比控制在2~4倍。

2. 注射吹塑

(1) 注射吹塑工艺过程

如图6-7-13所示，注射吹塑先由注射机注射出半熔融状有底型坯；再把型坯移入吹塑模具内，吹气杆进入模具吹气，使型坯紧贴模具内壁而冷却定型；最后打开模具，取出制品。

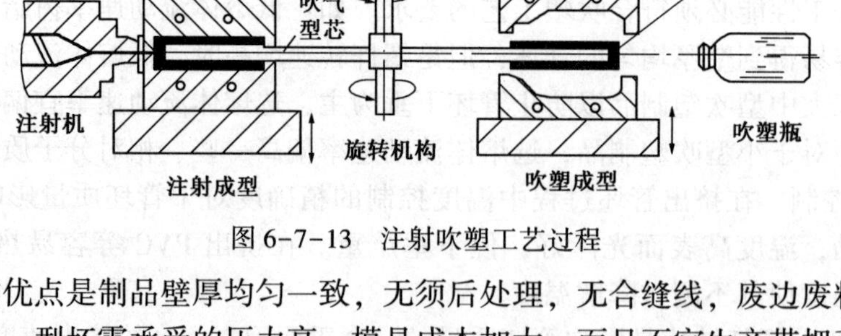

图6-7-13　注射吹塑工艺过程

注射吹塑的优点是制品壁厚均匀一致，无须后处理，无合缝线，废边废料少。缺点是一件制品两副模具，型坯需承受的压力高，模具成本加大，而且不宜生产带把手的容器。

注射吹塑适宜生产批量较大的小型精致容器和广口容器，最大容积量<4L。所采用树脂有PP、PE、PS、SAN、PVC、PC等。

(2) 注射吹塑工艺控制因素

① 注射吹塑的树脂　适合注射吹模的树脂应具有较高的相对分子质量和熔融黏度，且熔体黏度受剪切速率及加工温度的影响较小，这样才能使制品具有较好的冲击韧性，有合适的熔体延伸性能，以保证制品所有棱角都能均匀地呈现吹塑模腔的轮廓，不会出现壁厚明显偏薄、薄厚不均现象。

② 型坯温度与吹塑温度　注射型坯时，型坯温度是关键，温度太高，熔料黏度低易变形，使型坯在转移中出现厚度不均，影响吹塑制品质量。但是型坯温度太低，制品内常带有较多的内应力，使用中易发生变形及应力破裂。为按要求选择模温，常配置模具油温调节器，由精度较高的数字温控仪控制。

其他参数的控制同挤出吹塑。

3. 拉伸吹塑

拉伸吹塑有热型坯法和冷型坯法，又称一步法和两步法。前者具有生产过程连续进行、自动化程度高、节省能量的优点，后者具有较易达到高产量的优点。根据型坯的生产方法，分为注射拉伸吹塑(图6-7-14)和挤出拉伸吹塑。

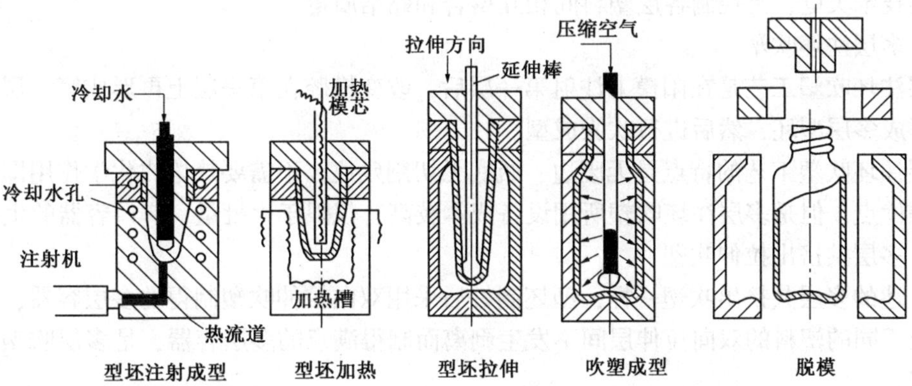

图6-7-14　注射拉伸吹塑成型过程示意图

拉伸吹塑工艺控制因素主要有：

(1) 原材料的选择

由于拉伸制品要求具有较高的拉伸强度、冲击强度、刚性、透明度和光泽，对氧气、二氧化碳和水蒸气的阻隔性，因此对于树脂的要求较高，主要应用的材料有PET、PVC、PP、PC等。

(2) 型坯成型

为了得到优良的制品，对型坯的要求是透明度高、均质、内部无应变、外观无缺陷等。线型聚酯虽为结晶型树脂，但结晶速度较慢，在130~220℃的范围内其结晶速度较快，而低于130℃时结晶较慢。还需注意树脂的干燥过程、干燥条件、模具温度、周围空气温度及成型过程中的颗粒处理等。

(3) 拉伸温度

不同的树脂有自己的适用范围。拉伸PET和PVC无定形型坯时，其拉伸温度以比玻璃化转变温度高10~40℃为宜，PET一般为90~110℃，PVC一般为100~140℃。对于拉伸PP那样的结晶型塑料的型坯时，其拉伸温度比熔点低5~40℃较合适，一般为150℃左右。

拉伸温度过高，取向不充分；而拉伸温度过低，影响制品的透明度。

(4) 拉伸倍率

拉伸倍率直接影响大分子的取向，最终影响制品的性能。拉伸倍率高，拉伸强度和冲击强度高，跌落强度也高。PET 比 PVC 拉伸倍率高，这也是 PET 制品强度高的原因。另外，拉伸倍率高也能提高阻止气体渗透的性能。

4. 多层吹塑

多层吹塑的结构可以根据需要来设定，例如尼龙/聚烯烃、聚乙烯醇/聚烯烃、聚乙烯/聚氯乙烯/聚乙烯、聚苯乙烯/聚丙烯腈/聚丙烯等。利用多层吹塑的目的是满足日益发展的化妆品、药品、食品包装对气密性要求更高的需要。

按照制品容量范围及性能要求，可生产 3~6 层的层结构。层结构及树脂选择要注意，阻隔层塑料可选用 PA、PAN 或乙烯/乙烯醇共聚物(EVOH)；内壳层塑料可选用 PE、PP 或 PC；再生层可选用型坯的飞边和余料。其中内壳层、再生层或外表层的厚度应大于黏结层和阻隔层。

(1) 多层共挤出吹塑

多层共挤出吹塑是选用两台以上的挤出机，将同种或异种塑料在不同的挤出机内熔融塑化后，在机头内复合、挤出，形成多层同心的复合型坯，经吹塑制造中空容器的技术。多层共挤出吹塑的技术关键，是控制各层塑料间相互熔合和黏结质量。

(2) 多层注坯吹塑

多层注坯吹塑工艺是在阳模上注射第一层后，改变模腔在第一层上再形成第二层，重复操作即可形成多层型坯，然后进行吹胀成型。

多层注坯吹塑工艺的特点是无废边、瓶底无切割残痕、不需要热熔或化学作用即能制成多层容器等优点，但是多层注坯吹塑所用设备成本较高，仅限于大批量、广口容器的生产。

(3) 多层共挤出拉伸吹塑

同上述的多层共挤出吹塑一样，型坯制好后采用双向拉伸吹塑制得的多层容器，使得多种性质完全不同的塑料的双向拉伸层间不发生剥离而制得满意的多层容器，是多层吹塑成型技术的新成就。

5. 大型中空吹塑

容积超过 20L 的中空吹塑制品称为大型中空吹塑容器。大型中空吹塑基本上采用挤出吹塑工艺。

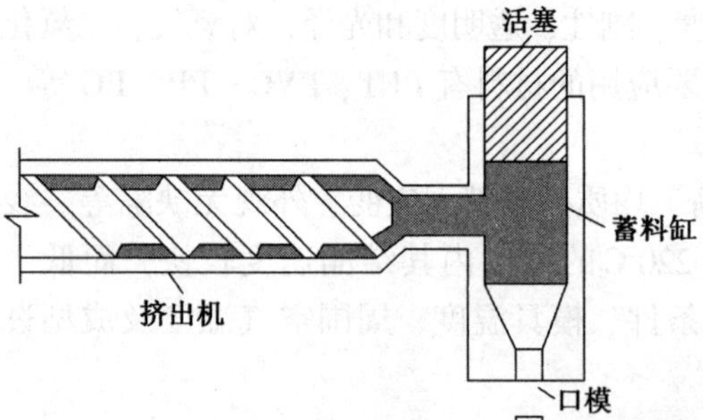

图 6-7-15　带蓄料缸的吹塑机

对于大型制品，关键的成型技术有两点：一是要求快速提供制品所需的熔体数量，减少因自重而引起的型坯下坠和缩径；二是大型制品冷却时间长，挤出机不能连续进行，从而发展了带有蓄料缸的机头。

如图 6-7-15 所示，先将挤出机塑化的熔体存积在一个料缸内，即蓄料缸。在缸内的熔体达到预定量后，用加压柱塞以很高的速率使其经环隙口模压出，成为一定长度的管状物。

为进一步提高大型吹塑制品壁厚的均一性，目前在这种带蓄料缸的吹塑机上已采用可变环隙口模和程序控制器，以实现按预先设定的程序自动控制型坯的轴向壁厚分布，从而进一步提高大型吹塑制品壁厚的均一性。

第八节　塑料的其他成型方法

一、模压成型

模压成型是压制成型的一种方法，是塑料成型加工技术中历史最久，也是热固性塑料比较重要的成型方法之一。压制成型根据材料的性质和成型加工工艺的特征，可分为模压成型和层压成型。

模压成型又称压缩模塑，这种成型方法是将粉状、粒状、碎屑状或纤维状的塑料放入加热的模具后升温使其熔化，并在压力作用下使熔体充满模腔，形成与模腔形状一样的模制品，再经加热(使其进一步发生交联反应而固化)或冷却(对热塑性塑料应冷却使其硬化)，脱模后即得制品。

对于热塑性塑料，由于模具交替加热和冷却，生产周期长，生产率较低，同时易损坏模具，故生产中很少采用该方法生产，但是对于成型面积较大的热塑性塑料可以采用此方法。

用模压法加工的塑料主要有酚醛塑料、氨基塑料、环氧树脂、有机硅、硬聚氯乙烯、聚三氟氯乙烯、氯乙烯与醋酸乙烯共聚物、聚酰亚胺等。

模压成型与注射成型相比，其优点是生产过程控制容易，使用的设备和模具投资少，工艺简单，易操作，较易成型大型制品，成型中材料取向程度小，制品性能在各个方向上较均匀，制品无流道及浇口，材料浪费少，可以适用的成型材料较多，可成型带有碎屑状、片状及纤维状填料的制品等。

其缺点是，模压成型的热固性物料只能靠模具传给的热量进行交联反应，因此，压缩模塑固化时间长，生产效率低。加压方向的制品尺寸取决于坯料量的准确性，因而精度不高。在模具的合模面处，制品易产生飞边，需人工修整。对于形状复杂及带有嵌件的制品，模具结构复杂，甚至难以成型，由于成型材料需预处理，生产难以实现自动化。

模压成型主要用于机械零部件、电器绝缘件、交通运输工具、日常生活用品的成型。

(一) 模压成型所用设备

模压成型所用设备为压机和模具。

压机用得最多的是液压机，吨位从几十吨至几百吨不等，如图 6-8-1 所示。液压机有下压式压机和上压式压机。

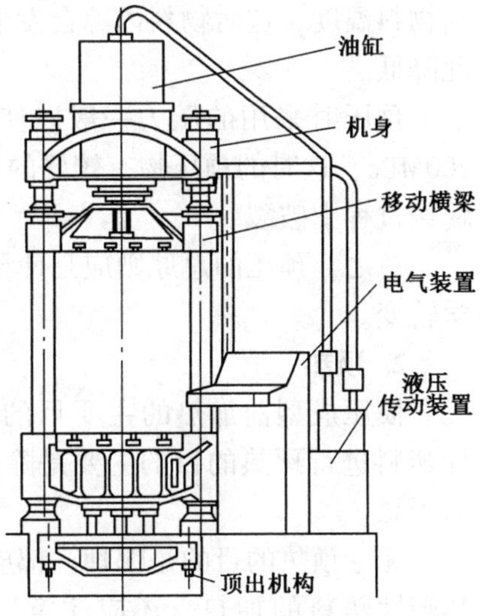

图 6-8-1　典型的液压机结构

模具的阴阳模分别与上下压板固定，液压机的下压板是固定不动的，依靠上压板的升降即能完成模具的开闭和对塑料施加压力等基本操作。

用于压缩模塑的模具称为压制模具。压制模具分为三类，有溢料式模具、半溢料式模具和不溢料式模具，半溢料式模具又分为有支撑面和无支撑面两种。

（二）模压成型工艺过程

模压成型的工艺过程主要由预压、预热和模压三个过程组成。预压和预热属于原料的预处理工序。

1. 预压

预压是将松散的粉料、粒料或纤维状成型材料，在室温或稍高于室温条件下压成形状规整、质量一定的密实体的作业。预压后的物料称为预压物，或压片、锭料、型坯。预压物的形状多种多样，常为圆片状。预压处理对纤维增强的热固性塑料尤为重要。

松散的物料经过预压，可以做到加料快、准确而简单，同时可以避免加料过多或不足时造成废品。此外松散的物料经过预压可以降低塑料的压缩率，减小模具的装料室，简化模具的结构，避免压缩粉的飞扬，改善劳动条件。预压物中空气含量少，传热加快，缩短了预热和固化时间，并能避免制品出现较多的气泡，有利于提高制品的质量。另外经过预压还能够改进预热规程，便于模压较大或带有精细嵌件的制品。但是采用预压物就必须增加相应的预压设备和人力，导致制品生产成本提高。另外，并不是所有的物料预压后性能都好，例如松散度大的加入长纤维塑料及结构复杂、混色斑纹制品等都不合适预压。

在预压过程要特别注意对原料的几点要求：

① 模塑粉中水分及挥发分含量过高时，不宜预压，否则会导致制品内出现气泡等缺陷，但模塑粉过于干燥也不容易制成预压物。

② 制备预压物的塑料模塑粉颗粒最好粗细相间，如果大颗粒过多，制得的预压物较松散；细小颗粒过多时，会造成加料装置堵塞，并将过多的空气封入预压物中。

③ 模塑料的压缩率不能太大，否则预压不方便，但是太小时又失去预压的意义，合适的压缩率一般为 3 左右。

④ 原料中润滑剂的存在对预压物有利，但其含量过多，特别是外润滑剂含量过大，会积存在预压物表面，造成制品在预压物与预压物之间的机械强度降低。

⑤ 注意原料在预压时温度对原料的影响。一般预压是在室温下进行的，有时需稍微升高物料温度，这时物料内部会发生部分或轻微的化学变化，如凝胶化，此时物料的流动性因此降低。

预压时采用的压力一般以使预压物密度达到制品密度的 80% 为宜，压力范围在 40~200MPa，这时的预压物有较好的传热能力，同时也有足够的强度，不至于在模塑成型前的输送过程中破裂。

总之，预压的总原则应是使预压物结构均匀、致密，在预压中不发生或尽可能少发生化学转变。

2. 预热

模压成型前加热的主要目的是为了改善物料的成型性能，该工序称为预热。但热塑性塑料进行预热的目的主要是除去物料中多余的水分和其他挥发物质，因此，一般称其为干燥。

无论预热的目的是哪种，都应保证塑料不因此而发生降解或其他不应有的化学变化。对热塑性塑料的加热，还应注意以不使塑料颗粒熔结在一起为宜。几种塑料的预热温度见表 6-8-1。

表 6-8-1　几种常用热固性塑料的预热温度和预热时间

塑　料	预热温度/℃	预热时间/s	塑　料	预热温度/℃	预热时间/s
酚醛塑料	90~120	60	聚邻苯二甲酸乙烯丙酯塑料	70~110	30
脲醛塑料	60~100	40	环氧树脂	60~90	30
三聚氰胺甲醛塑料	60~100	60	不饱和聚酯塑料	55~60	—

成型前进行预热的优势有以下几个方面：

① 预热阶段可将物料温度升高到接近成型温度，这样可大大缩短物料在型腔内达到最低黏度的时间以及固化时间，因而模塑成型周期也随之缩短。

② 预热后的物料内部与模具的温差大大降低，物料各部分能较均匀地升温和固化，成型出的制品内应力小，物理机械性能优良。

③ 预热后的物料可很快达到流动状态，减少了模具损耗，避免了物料可能产生的充模不足的缺陷。预热的物料可在较低压力下模压，因而使采用小吨位压机模塑大型制件或多模腔制件成为可能。

预热可以采用热板加热、烘箱加热、红外线加热、高频加热等方法。

3. 模压

热固性塑料的模压过程主要包括加料、闭模、排气、固化、脱模与清理模具。如果制品带有嵌件，在加料前应先将嵌件安放好，如图 6-8-2 所示。

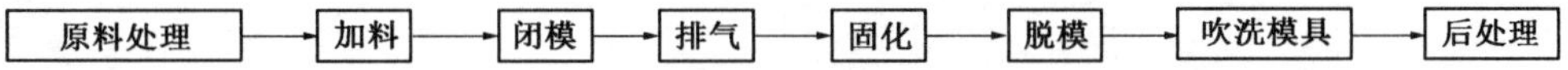

图 6-8-2　模压成型过程

（1）原料处理

原料处理主要包括预压、预热以及安放金属嵌件等。

（2）加料

加料方法有重量法、容量法和计数法。重量法加料准确，但操作麻烦；容量法操作方便，但不够准确；计数法只能用于预压过的物料。物料在模腔中的堆放原则应有利于物料在熔融之后充满型腔。

（3）闭模

加料完毕后模具的阳模和阴模在压机的作用下进行闭合。闭模速度先快后慢，阳模没有接触到物料之前，闭模速度应尽量快些，接触到物料之后闭模速度应适当放慢，可避免因物料流动性差而损坏型腔以及型腔内的嵌件和成型件，同时也是为了使留存在物料中的空气、水分及挥发分有足够时间被压挤向型腔边壁而逸出。

（4）排气

模压热固性塑料时发生化学交联反应，常有水分和低分子挥发物放出。因此待化学交联反应进行适当时间后，需将压机短暂卸压，使塑模松开，这个过程称为排气。同时排气还可以排出型腔深处的空气，改善物料的传热条件，缩短固化时间，还可避免制品出现烧焦、鼓泡以及表面光泽差等缺陷。

（5）固化(硬化)

固化是指热固性塑料在模压温度下保持一定时间，树脂的缩聚反应达到一定交联程度，使制品具有所要求的物理力学性能的过程。物料在型腔中的固化速率取决于塑料种类、制品厚度、物料形式以及物料的预热温度等因素。

固化的最终程度应以硬化完全为宜，过熟或欠熟对制品性能均不利。对于硬化速率不高的物料，为提高设备利用率，在模腔内固化到具有足够刚度后即行脱模，脱模后的制件通过后烘达到完全硬化。

（6）脱模

固化完毕，模具打开后，使制品脱离模具的操作称为脱模。带嵌件的制品在脱模时应先将成型杆件拧脱，再将制品用手或模具顶出机构脱出。如果制品有因冷却不均而发生翘曲的可能，可将其在烘箱中缓慢冷却。

（7）清理模具型腔

卸件后的模具型腔应用钢刷等刮去模具上残留的塑料，并用压缩空气吹净，为下一成型周期的加料做好准备。

（8）后处理

后处理的目的一是可以使塑料固化完全，二是去除水分及挥发物，三是解决冷却收缩不均、制品内存在内应力等缺陷，四是提高制件的因次稳定性、耐热性以及物理和机械性能等。

后处理一般在鼓风烘箱中进行，温度和时间随塑料种类及制品尺寸而定，一般酚醛或环氧塑料制件的后烘温度在150℃左右，氨基塑料的后烘温度在100℃以下。有时，后烘温度也选择在高于该塑料的马丁耐热温度10~15℃范围内，时间从几小时到十几小时不等。

（三）模压工艺条件的控制

1. 模压温度

模压温度是指模压时规定的模具温度，它并不总等于模腔中各处物料的温度。对于热塑性塑料，模压温度总是不低于模腔中物料的温度；而对于热固性塑料，由于在模压过程中会因发生固化反应放出热量，模腔中某些部位，如中心部位的温度，有时能高于模具温度。中心部位和边缘开始固化时间不同，边缘快、中心慢，因此使制品表面带有残余压应力，中心带有残余张应力。而热塑性塑料也会有这种情况，其原因是冷却不均匀。

模具具有一定的温度，主要使塑料在模具型腔中受热软化，并达到熔融状态，以便获得足够的流动性，顺利地充满型腔，同时提供热固性塑料固化所需要的热量，以达到在型腔中固化定型的目的。

模压温度越高，模压周期也就越短。同时设定模压温度还应考虑成型材料的形态、预热情况、成型物料的固化反应特性、制品的厚度以及型腔中各部位物料的温度均匀程度等。

需要注意的是物料的温度要尽量均匀，否则会造成物料固化速度及固化程度不均匀，最终导致制品产生内应力，影响制品的因次稳定性及物理机械性能，同时也会造成制品表面过熟而中心欠熟的现象。另外温度过高甚至会引起制品表层材料的降解。

模压温度的确定主要按照以下原则，首先成型前经过预压和预热过的物料在成型时可采用较高的模压温度，但是以不致引起温度分布的过分不均匀为度。其次如果制品厚度较大，传热距离增大时（大制件），应适当降低模具温度。最后成型材料的固化反应特性不同，宜选用的模压温度也不同。

实际生产中，具体制件的最佳模压温度是以原材料生产厂提供的标准试样的模压温度范围为依据，再经模塑实验确定的，如表6-8-2所示。

表 6-8-2 热固性塑料的模压温度与模压压力

塑料类型	模压温度/℃	模压压力/MPa	塑料类型	模压温度/℃	模压压力/MPa
酚醛塑料	145~180	7~42	聚酯	85~150	0.35~3.5
三聚氰胺甲醛塑料	140~180	14~56	环氧树脂	145~200	0.7~14
脲甲醛塑料	135~155	14~56	有机硅	150~190	7~56

2. 模压压力

模压压力是指模压时迫使塑料充满型腔和进行固化而由压机对塑料所加的压力。模压压力可用下式计算：

$$p_m = G \times 1000 / A$$

式中 p_m——模压压力，MPa；

G——压机的公称重力，N；

A——塑件或加料室在垂直压力方向上的投影面积，m^2。

通常，实际生产中所采用的模压压力比计算高 20%~30%。

模压压力除可使熔融物料充满模具型腔，压实物料使制品获得必要的密度外，还可克服热固性塑料模塑过程中发生固化反应放出的小分子物质挥发、气体逸散，以及物料热膨胀等因素造成的负压力，使小分子物质及气体及时排出，以避免制品起泡和在其内部残存太多气孔。同时使模具紧密闭合，从而使制品具有固定的尺寸、形状和最小毛边，并防止制品在冷却时发生形变。

模压压力选择时要注意以下几个问题：

① 考虑原料的性质和制品形状。塑料在模压温度下流动性越差，压缩率越大，固化速度越高，制品的形状结构越复杂，成型深度越大，所需的模压压力也应越大。

② 考虑原料是否预热。对物料预热和提高模压温度均有利于降低模压压力。在这一温度区域内，预热温度越高，所需的模压压力越低，但当预热温度超过一定值后，预热主要导致物料交联，流动性降低。因此，在此温度范围内，预热温度越高，所需的模压压力反而会增大。

根据公式计算得到的模压压力是一个确定的数值，但物料实际受到的模压压力往往是随时间变化的，模压压力的变化规律与成型采用的塑模类型有关。

3. 模压时间

模压时间特指从热固性塑料熔融体充满型腔到固化定型所需的时间，它在模压周期中占有较大比例，直接影响模压周期的长短。

一般提高模压温度能够缩短模压时间，而成型前预热物料也可以缩短模压时间，但是成型制品的壁越厚，在相同模压温度条件下，所需要的模压时间却越长。

二、泡沫塑料的成型

泡沫塑料是整体内含有无数微孔的塑料，它是以塑料构成连续相并以气体作为分散相的两相体系。采用不同的树脂和发泡方法，可制得性能各异的泡沫塑料。泡沫塑料由于气相的存在，因而具有密度低、隔热保温、吸音、防震等优点。大部分热塑性和热固性塑料都能制成泡沫塑料。目前工业广泛应用的是 PE、PS、PU 等做基材的热塑性树脂泡沫塑料，热固性树脂泡沫塑料亦有一定产量，但柔软性差，主要用作要求强度较高和阻燃性好的泡沫塑料制品。泡沫塑料的成型方法有挤出成型、注射成型、模压成型、浇铸成型、压延成型等。

(一) 泡沫塑料分类方法

1. 按照制品的密度

泡沫塑料按其密度可分为低发泡、中发泡和高发泡泡沫塑料。密度小于 $0.1g/cm^3$ 的称为高发泡泡沫塑料；密度在 $0.1\sim0.4g/cm^3$ 之间称为中发泡泡沫塑料；密度大于 $0.4g/cm^3$ 的称为低发泡泡沫塑料。

2. 按照制品的结构

泡沫塑料按其结构不同可分为开孔型泡沫塑料和闭孔型泡沫塑料。泡沫塑料内各个气孔是相互连通的称为开孔型泡沫塑料，开孔型泡沫塑料具有良好的吸音性能和缓冲性能。如果泡沫是互相分隔的，则称为闭孔型泡沫塑料，闭孔型泡沫塑料具有较低的导热性能和较小的吸水性。

3. 按照制品的硬度

泡沫塑料按其硬度不同又可分为软质泡沫塑料、半硬质泡沫塑料和硬质泡沫塑料。如果利用弹性模量作为硬度的标准，在23℃和5%相对湿度时，弹性模量高于686MPa称为硬质泡沫塑料，弹性模量在68.6~686MPa之间称为半硬质泡沫塑料，弹性模量小于68.6MPa的称为软质泡沫塑料。软质泡沫塑料富有柔韧性，压缩硬度很小，应力解除后能恢复原状，残余变形较小；硬质泡沫塑料无柔韧性，压缩硬度大，应力达到一定值方产生变形，解除应力后不能恢复原状；半硬质泡沫塑料性质介于两者之间。

此外，还有结构泡沫塑料和组合性泡沫塑料之分，前者具有不发泡或少发泡的皮层和发泡的芯层，后者则是把微小的中空玻璃、陶瓷微球加入已含固化剂的树脂中，然后固化成型制得。

(二) 泡沫塑料的发泡方法

1. 机械发泡法

机械发泡法是采用强烈的机械搅拌使空气卷入树脂乳液、悬浮液或溶液中成为均匀的泡沫体，然后再经过物理或化学变化使之胶凝，固化为泡沫塑料。为缩短成型时间可通入空气和加入乳化剂或表面活性剂增加泡沫量。常用该法生产的有聚甲醛、聚乙烯醇缩甲醛、聚醋酸乙烯、聚氯乙烯溶胶等泡沫塑料。

2. 物理发泡法

物理发泡是利用惰性气体、低沸点的液体、空心玻璃球、陶瓷球、空心塑料等引入气体。工业上常用惰性气体发泡法和低沸点液体发泡法。

惰性气体发泡法是利用氮气、二氧化碳等无色无臭、化学活性较弱，很难与其他元素化合的惰性气体，在较高压力下，使其溶于熔融状态塑料或糊状复合物中，而后在减压下使溶解的气体释出而发泡。

低沸点液体发泡法是使低沸点液体在高压下压入熔态塑料中，或掺入聚合物颗粒中，而后再减压或加热，使其在塑料中汽化和发泡。目前作为发泡剂使用的低沸点液体有脂肪族碳氢化合物如丙烷、丁烷等；含氯和含氟的脂肪族的碳氢化合物如一氯甲烷、二氯甲烷、三氯氟甲烷(氟利昂)等。由于氟利昂破坏大气臭氧层，目前已限制使用。它们的沸点大都在100℃以下。

物理发泡法的优点是操作中毒性小，发泡剂的原料成本低，没有发泡剂留下的残渣，因而对泡沫塑料性能无严重影响。其缺点是某些过程所用设备投资较大。

3. 化学发泡法

化学发泡法提供的发泡气体是由混合原料中的某些组分在成型过程中发生的化学作用而产生的。化学发泡法包括以下两种。

(1) 化学发泡剂发泡法

化学发泡剂是一种在加热时可以分解放出气体的物质。化学发泡剂发泡法是利用特意加入的化学发泡剂，在加工过程中受热分解使塑料熔体进行发泡，并成型制品的过程。该方法的特点是所用设备通常都不很特殊和复杂，且适用于大部分热塑性塑料的发泡，因此应用广泛。但是为了提高产品的性能，对发泡剂有一定的要求。

首先要求发泡剂分解逸出气体的温度范围应比较狭窄而固定，逸出的气体没有腐蚀性，最好是氮气和二氧化碳；其次发泡剂在分解时不应大量放热，逸出气体的速率应能控制，且不受压力的影响；另外发泡剂应能均匀地分散在原料中，发泡剂和其分解后的残余物不应有毒性，应无色、无味、无毒，能与塑料混容，并且对塑料的熔融和硬化以及塑料的性能都没有影响。此外价格便宜，运输和储存中稳定。

目前工业上常用的发泡剂有无机发泡剂、有机发泡剂。

无机发泡剂常用的有碱金属的碳酸盐和碳酸氢盐，如碳酸铵和碳酸氢钠等，它们的价格便宜，因为对聚合物无增塑作用，因此不会降低塑料的耐热性。其缺点是不能与塑料混容，很难在塑料中均匀分布，且分解气体的速率受压力的影响非常大。

有机发泡剂常用的是一些加热后分解放出氮气的化学品，如偶氮二甲酰胺(AC)、偶氮二异丁腈等，氮气的化学行为较迟钝，对大多数聚合物的渗透性比氧气、二氧化碳、氨气都要小，在有机聚合物中有较大的分散性。目前较普遍采用有机化学发泡剂进行发泡。

但是，绝大多数发泡剂都是易燃和可能发生爆炸的物质，甚至还可能放出有毒气体，因此必须保存于阴冷、干燥、通风好的场所。

(2) 发泡组分间相互作用产生气体的化学发泡法

此法是利用发泡体系中的两个或多个组分之间发生化学反应，生成惰性气体(如二氧化碳或氮气)而使塑料膨胀发泡。发泡过程中为控制聚合反应和发泡反应平衡进行，保证制品有较好的质量，尚需加入少量催化剂和泡沫稳定剂，即表面活性剂。

工业上用这种方法生产的主要有 PU 泡沫塑料，是由异氰酸酯与聚酯或聚醚反应所析出的二氧化碳做发泡剂。还有用苯酚与甲醛缩聚反应所生成的水泡来制造的酚醛泡沫塑料。

(三) 泡沫塑料的发泡原理

泡沫塑料是气体与固体塑料的共混复合材料。泡沫塑料成型的研究就是如何使塑料熔体或溶液中出现大量细密的气泡，并最终成型为泡沫塑料制品。

泡沫的形成大体上分三个阶段，即气泡核的形成、气泡核的膨胀和泡体的固化定型。首先应该在塑料熔体或溶液中形成大量均匀细密的气泡核；然后再膨胀成为具有所要求的泡沫结构的泡体；最后，通过固化定型将泡沫结构固定下来，得到泡沫塑料制品。

这三个阶段的成型机理、影响因素各不相同，因此泡沫塑料成型各个阶段的工艺条件和设备结构也不相同。

1. 气泡核的形成

所谓气泡核就是指原始微泡，也就是气体分子最初聚集的地方。塑料发泡过程的初始阶段是在塑料熔体或溶液中形成大量的气泡核，它对成型泡体的质量起着关键性的作用。

当气体在溶液中达饱和限度而形成过饱和溶液时，气体又从溶液中逸出形成气泡，形成气泡的过程就是成核作用。这时，除聚合物液相外，又产生了新的气相，分散在聚合物中，成为泡沫。如果此时还存在很小的固体粒子或很小的气泡，即所谓的第二分散相，非常有利于这一过程的形成。这种加入第二相的物质叫作“成核剂”。

对气泡核的形成，人们提出了不同的机理，主要的理论有分子架理论和热点成核理论。

分子架理论认为不同的聚合物具有不同的分子架结构，而分子架中所存在的空间之大小和力学性能各不相同，某些聚合物的分子架中可以聚集较多的低沸点液体，即发泡剂，并在适当的条件下膨胀形成气泡核。这种成核方法要求每一种聚合物和每种低沸点液体都能配合作用，所以是有选择性的。

热点成核理论认为分散均布在聚合物熔体中的气体分子是不能形成大量气泡核的，但当熔体中出现热点时，由于热点处熔体的温度上升，熔体的黏度、表面张力、气体在熔体中的溶解度都较低，使熔体中过饱和气体分子易向热点聚集，使其变形，有利于产生气孔。热点成核理论的前提是必须有大量的热点和过饱和气体同时出现，才能形成大量的气泡核。

2. 气泡核的膨胀

气泡形成之后，由于气泡内气体压力与半径成反比，气泡越小，内部的压力越大。当两个大小不同的气泡接近时，由于气体从小气泡扩散到大气泡，造成气泡合并，通过成核剂的作用增加了气泡的数量，加上气泡的膨胀扩大了泡孔的直径，从而泡沫得到增长。

促使气泡增长的因素有溶解气体的增加、温度的升高、气体的膨胀、气泡的合并等。阻碍气泡增长的因素有表面张力和塑料的黏度，降低塑料熔体的表面张力和黏度对泡沫增长有利，但是如果熔体的黏度过低，会使泡孔壁膜减薄，使泡孔易破裂。此外原材料规格、品种、性能以及用量和加工工艺参数，如压力、温度、剪切速率对熔体中气泡膨胀均有影响。

3. 泡体的固化定型

泡体的固化定型，即泡沫的稳定，是制品的形成过程。任何一个气液相共存的体系，多数是不稳定的。已经形成的气泡可以继续膨胀，也可能合并、塌陷或破裂，这些可能性的实现主要取决于气泡所处的条件。

在发泡成型过程中，稳定气泡的方法有两种：一是控制发泡过程中熔体的性能，即一方面可以从提高熔体的黏弹性入手，使气泡壁有足够的强度，不易破裂，同时控制膨胀速度，兼顾气泡壁应力松弛所需时间；二是使发泡体从气液相转变为气固相，即泡沫的固化定型。

（四）泡沫塑料的成型工艺

1. 聚苯乙烯(PS)泡沫塑料

PS 泡沫塑料具有吸水性小、隔音、保温、介电性优良等特点。密度为 0.015～0.02g/cm³ 的 PS 泡沫塑料用于包装材料，密度为 0.02～0.05g/cm³ 的用于防水隔热材料，密度为 0.03～0.10g/cm³ 的用于救生圈漂浮材料。

PS 泡沫塑料常用物理发泡法进行发泡。工业上有两种生产方法：一种方法是悬浮聚合的聚苯乙烯颗粒中渗入低沸点的液体，使其成为可发性珠粒，然后经过预发泡、熟化，利用不同成型方法成型发泡而制成制品；另外一种方法是将高相对分子质量的乳液法聚合的粉状聚苯乙烯树脂，同发泡剂及其他添加剂进行混合，通过挤出机挤出发泡，再经冷却定型而成泡沫制品。

(1) 可发性珠粒法

① 可发性聚苯乙烯珠粒的制造　可发性珠粒的制造一般采用的液体发泡剂大多是脂肪烃类化合物，例如丁烷、正戊烷、异丁烷、石油醚等。其珠粒的制造方法有一步法、一步半

法和两步法。

一步法是发泡剂在苯乙烯聚合的时候加入。由于发泡剂有阻聚作用，所以制得的可发性聚苯乙烯珠粒相对分子质量偏低，大概在40000~50000的范围。反应后有部分粉状物，需要进行处理。

一步半法是发泡剂在苯乙烯聚合反应中期加入，减少了阻聚作用，相对分子质量会有所提高。

两步法使苯乙烯聚合反应形成聚苯乙烯珠粒后，在加热加压下，将低沸点的液体渗入到PS中，使其溶胀，经冷却后留在珠粒中。该法操作工序较多，发泡剂渗透时间较长，颗粒经过筛选，不合格的事先剔除，有助于提高泡沫制品的质量。在塑料加工厂常用此法制备PS发泡制品。表6-8-3所示为两步法制备PS可发性珠粒的配方。

表6-8-3　PS可发性珠粒配方及原料规格

原　料	规　格	配比/份	作　用
PS珠粒	相对分子质量55000，挥发物<0.5%	100	主原料
丁烷	工业级	10	发泡剂
水	自来水	160	溶剂
肥皂粉	工业级	5	表面活性剂
DCP	工业级	0.8	交联剂
264	工业级	0.3	抗氧剂
二苯甲酮	工业级	0.2	紫外线吸收剂
四溴乙烷	相对密度2.7~2.9	105	阻燃性发泡剂

② 浸渍工艺参数　浸渍过程是指PS珠粒浸入溶剂中的过程。此时体系内压力不超过0.98MPa，温度大致为80~90℃，并恒温保持4~12h(由颗粒大小决定)，出料时需要降温至40℃以下，冷却后用自来水清洗珠粒并吹干。浸渍工艺也可以在常温、常压下进行，但是浸渍时间长，发泡剂挥发量大。

浸渍后的PS珠粒称为可发性珠粒(EPS)。EPS珠粒中发泡剂含量约为5.5%~7.5%，其表观密度为0.68g/cm^3，颗粒的直径范围0.25~2mm。制造密度偏小的泡沫塑料制品时，宜用直径偏大的珠粒。注意可发性聚苯乙烯珠粒储存时，一定要密封包装，低温储存。

③ 预发泡过程　预发泡的作用是凭加热使可发性珠粒膨胀到一定程度，这样可以使成型时制品的密度更低，并减小密度梯度，使发泡制品均匀。

预发泡过程一般采用水蒸气、热水、热空气和红外线等加热，其中水蒸气发泡比较常用。

预发泡过程中严格控制加热温度和时间，使可发性珠粒软化呈高弹态，但不要熔化，使珠粒有足够的强度以与内部总压力平衡，避免预发泡粒子破裂。一般温度控制在80~100℃。在机筒内停留2~4min，发泡倍数约20倍。预发泡设备的结构如图6-8-3所示。

预发泡后的PS珠粒其表观密度要求在0.012g/cm^{3}左右，即12~16g/L，密度低于0.012g/cm^{3}时，泡孔易破裂。泡孔直径在80~150μm的范围，泡孔频数要求为55个/cm^3。

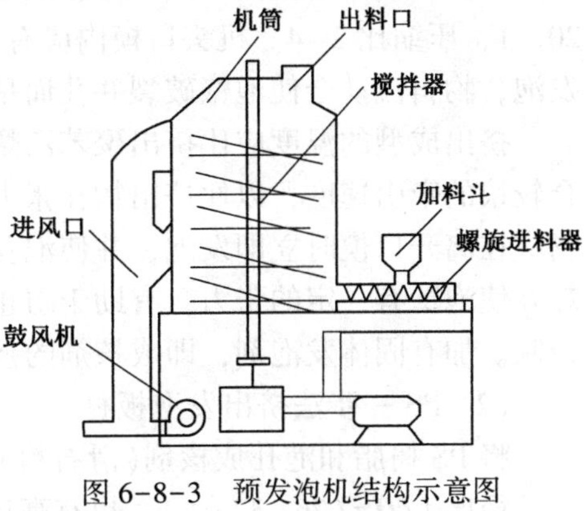

图6-8-3　预发泡机结构示意图

④ 熟化　熟化的目的是使预发泡后 PS 珠粒(即预发物)在空气中暴露一段时间，这样使空气逐步渗入泡孔，令泡孔内外压力达到平衡，同时使冷凝的发泡剂再渗透到粒子中去。

预发泡后，气泡中的气体因冷却而凝结，此时凝结成液体的发泡剂又重新溶入聚苯乙烯中，一部分还会向外渗出，当气体初凝结的一段时间内，气泡的压力会有较大的下降，以致出现真空，因此预发泡颗粒很脆弱。随着成熟时间的进展，外界空气逐渐渗入气泡，预发泡颗粒就变成具有弹性而又不能用手轻易捏碎的物体。

熟化的操作方法是将预发泡颗粒放入大型料斗中进行。空气从料斗底部缓缓送进，由顶部排出。熟化时最好使空气很快地渗入预发泡珠粒中，而不使发泡剂太多渗出，否则预发物在成型时的膨胀性差。一般熟化温度 22~26℃，有时为加速熟化，可将空气温度提到 32~38℃。熟化时间由所用珠粒的规格、制品的密度要求、送至料斗中的空气条件而定，有的 8~10h，有的 24h 左右，由试验而定。

⑤ 成型　可发性聚苯乙烯珠粒的成型方法主要有模塑成型和挤出成型。

常用的模塑方法是蒸汽箱模塑法。首先将熟化珠粒入模，送入液压机蒸汽室，加热发泡剂汽化膨胀、塑料软化，进一步膨胀后由于模具限制珠粒互相熔接成整体。

模塑成型的工艺控制主要有温度、时间。温度应尽快达到 110~135℃，蒸气压偏高达 0.294~0.329MPa。如果蒸汽压力不足，会造成制品表面和中心密度不一致，严重时得不到整块制品。因为蒸汽量不足时，泡内的空气和发泡剂就会先期渗出，而后渗入的蒸汽的压力至多也只是能与外界压力相平衡。蒸汽的加热时间依制品的厚度而定，一般 5~60s。若制品密度大于 $0.025g/cm^3$，可用洗淋的方法；若制品密度小于 $0.025g/cm^3$，因为容易碎裂和收缩，最好用空气冷却。快速冷却可使压力均匀地降低，制品密度梯度也小。但是如果冷却过快，水蒸气分压下降过快，聚合物因冷却硬化所具有的强度不能承受残存压力，因冷却承受的部分真空即会导致泡沫体的较大收缩。

可发性聚苯乙烯珠粒可直接用于挤出成型片材和薄膜，因为在挤出过程中很容易造成在机筒内塑化压实的情况，所以制品密度偏高，为 $0.32~0.80g/cm^3$。为降低制品密度可加入 1.6%的硼酸和 1.8%的碳酸氢钠。硼酸和碳酸氢钠起成核剂的作用，它们在挤出机料筒中受热分解出不溶于聚苯乙烯的气体，均匀混合在熔融的树脂中，混合物一出口模，成核剂形成的气体由于解除了压力，而立即汽化膨胀，形成互不连通的泡孔核，熔融在树脂中的发泡剂就进入泡孔核内，使泡孔连续膨胀，生成密度较低的泡沫制品。

挤出时易用吹塑法制成筒状发泡膜，再在生成线上用刀剖开成片状，因为直接挤出成泡沫片材会在制品的宽向上出现膨胀而形成波纹。挤出成型的发泡设备对螺杆的要求为长径比 20∶1，压缩比 2~4。机头口模内应有一定的压力差，以阻止物料在模内发泡，如果在模内发泡，物料流动会使泡壁破裂并孔而呈粗孔，发泡不均匀。

挤出成型的温度应比挤出聚苯乙烯一般制品时低，不超过 120℃。吹胀比约为 6，并配合较快的牵引速度，以便挤出物在张力下大分子沿牵伸方向取向，物料机械性能提高。挤出物应在离开口模时立即发泡，并使泡孔能均匀地双向膨胀。因为发泡剂汽化吸热，使树脂冷却并使泡壁有一定的张力，有助于防止气泡并孔。因此，温度、牵引速度和冷却速度应严格控制。加有固体发泡剂，即成核剂的挤出发泡制品，其最小密度可达 $0.012~0.016g/cm^3$。

(2) PS 一步法挤出发泡板材

将 PS 树脂和泡孔成核剂(滑石粉)、稳定剂等经过混合后，加入挤出机中。挤出机螺杆的长径比 L/D=(26~32)∶1，也有高达 50∶1，压缩比较小。在螺杆的熔融段末端压入发泡剂，如脂肪烃类、二氯甲烷等，在均化段熔体和发泡剂混合，或在另一挤出机内均化混合，再一起通过机头口模挤出，出模后减压发泡，冷却后得到具有一定厚度的结皮发泡制品。制品密度可达0.03~0.08g/cm³。也可以采用两台挤出机联合挤出。

生产中应严格控制挤出温度，出模前保证熔体具有一定的黏度，使形成的泡沫均匀，所以均化段的温度要低于熔融段。挤出的泡沫塑料板材必须慢慢冷却，以免造成内应力，导致泡沫崩塌。

2. 聚乙烯(PE)泡沫塑料

聚乙烯泡沫塑料密度小，低温性能和抗化学腐蚀性能良好，且具有一定的物理性能和力学强度，因此可用于日用制品、精密仪器包装材料、保暖材料、水上漂浮材料以及代替天然木材等方面，其应用面非常广泛，发展也很迅速。

(1) 聚乙烯发泡的特点

聚乙烯属于聚烯烃塑料，特点是结晶度高，在未达到结晶熔融温度以前，树脂几乎不能流动，而达到熔融温度后，整个聚合物的熔融黏度急剧下降，使发泡过程中产生的气泡很难保持，如图6-8-4所示低密度聚乙烯(LDPE)温度和熔体黏度的关系。聚乙烯结晶度高、结晶快，从熔融态到晶态时放出大量的结晶热，熔融聚烯烃的比热容较大。另外聚烯烃从熔融态冷却到固态需时间较长，使发泡的气体逃逸的机会增多。聚烯烃塑料的透气性大，使发泡的气体难保持。

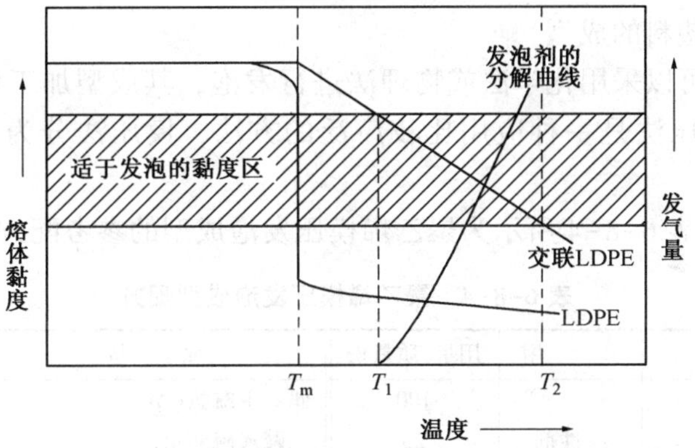

图6-8-4　交联熔体黏度与温度的关系

以上几个问题使聚烯烃很难顺利成型发泡。为了改善聚烯烃类塑料的发泡缺陷，常采用树脂分子间交联的方法调节熔融物的黏弹性，使之达到发泡所需的条件，并提高泡沫塑料的物理机械性能。如图6-8-4所示，比较未交联的LDPE、交联的LDPE的温度与熔体黏度的关系，其熔体黏度对于温度的变化发生了很大的变化。在T_1~T_2温度范围内，其熔融黏度随着温度的变化非常缓慢，因此有合适的区域进行发泡并成型。在T_m~T_1温度范围，可以对LDPE以及其中的组分进行混炼。

(2) 聚乙烯的交联

聚乙烯的交联方法主要有物理交联和化学交联。而物理交联常用的是辐射交联，由于辐射交联需要很昂贵的设备，所以对于特殊产品如薄的发泡制品、细径电缆生产时采用辐射交联，其他聚乙烯发泡制品一般采用化学交联。

化学交联采用添加化学交联剂的形式。交联剂大都含有O—O键，如：过氧化二异丙苯(DCP)等，O—O键的键能小，不稳定，在热和光作用下容易分解生成游离基，从而引发聚乙烯主链上某些碳原子产生活性，而后两个大分子游离基相互结合产生 C—C 交联键。如果同时加入助交联剂，如马来酰亚胺、顺丁烯二酸酐、1,2-聚丁二烯等含有双键和过氧键的化合物，可以提高过氧化物的交联效率，提高交联度，使泡沫均匀、坚固。

有机过氧化物的作用是从分解开始的，当交联剂分解到其浓度一半时所需的时间，称为半衰期。而交联时间一般取预定交联温度下半衰期的 10~12 倍的时间。在发泡成型过程中，要防止交联剂过早达到分解温度，选择过氧化物的稳定性要符合交联起始要求和加工的要求。

为了制得不同性能的 PE 泡沫塑料制品，可以对 PE 本身进行改性，如进行接枝反应的化学改性，同 EVA、聚异丁烯、天然橡胶或合成橡胶、聚苯乙烯、高低密度聚乙烯等共混的物理改性，还可以在泡沫塑料中使用填料，降低成本，提高产品机械性能。

填料可以扩大泡沫塑料的物理性能范围，如炭黑、二氧化硅可作为增强填料，提高泡沫的挠曲模量、拉伸强度、压缩载荷和刚度，碳酸钙、亚硫酸钙、硅酸钙可以降低泡沫塑料的成本，改进其燃烧性能等。有些填料可以使溶解的气体进一步成核，使气泡分散更广，泡孔尺寸更加一致。填料一般不改变泡孔的结构，而对与泡壁有关的泡沫塑料的性能，如气体渗透性有影响。含填料、发泡剂、交联剂的 HDPE，可以制成泡孔细小的泡沫塑料，密度最小达 0.04g/cm^3。但是要注意的是填料的加入会降低过氧化物的交联效率，要相应增加过氧化物的用量来补偿。

(3) 聚乙烯泡沫塑料的成型

聚乙烯泡沫塑料可以采用化学法或物理法进行发泡，其成型加工可以采用挤出、注射、模压等方法。其中模压法是一种应用比较广泛的方法，模压法分为一步模压法和两步模压法。

① 一步模压法　表 6-8-4 所示为聚乙烯模压发泡成型的参考配方。

表 6-8-4　聚乙烯模压发泡成型配方

原　料	作　用	用量/质量份	原　料	作　用	用量/质量份
LDPE(MFR=3g/10min)		100	偶氮甲酰胺(AC)	发泡剂	5.5
乙烯-醋酸乙烯共聚物(EVA)	改性剂	20	三碱式硫酸铅	助发泡剂	适量
过氧化二异丙苯(DCP)	交联剂	1	硬脂酸(HSt)	润滑剂	1.5

首先 LDPE 和 EVA 在室温下混合。混好后的树脂在两辊开炼机上塑炼，塑炼温度在树脂的熔点以上，交联剂和发泡剂的分解温度以下，大概为 110~120℃。塑炼后加入 AC、三碱式硫酸铅混合粗炼，再加入交联剂 DCP 混合精炼。这期间要特别注意严格控制温度和时间。混炼好后，按模具大小出片，厚度 1mm 左右，按质量称量、裁切后，放入模压的模具中，加热(170℃左右)、加压(约 7.12~10.78MPa)，时间约 12min。在这个过程中交联剂分解使聚合物交联，随后发泡剂分解，待发泡剂完全分解后，解除压机的压力开模，使热的物料膨胀弹出，在 2~3s 内完成发泡。

在发泡过程中特别要注意物料的黏弹性，如果黏弹性太低，遇微小的机械阻力，就会导致泡沫塑料的龟裂。在生产中，可以通过开模前适当降低物料的温度，使其黏弹性提高、再开模的办法防止龟裂。所以一步法所得泡沫塑料的发泡倍率不高，一般在 3~15 倍。而两步法可得发泡倍率为 30 倍的 PE 泡沫塑料。

② 两步模压法　首先将塑炼好的片材在压机上模压，温度 150℃，时间根据片材的厚

度，常为30min左右，去压、开模，完成第一步发泡。此时密度约为0.098g/cm^3，70%的发泡剂没有分解。然后趁热置于165℃的油浴中加热20min，材料的密度进一步降低，但是尚有7%发泡剂没有分解。从油浴中取出，室温下冷却，余下的发泡剂继续分解10min后，发泡完毕。所制得的制品泡孔细小均匀，密度可以达到0.027g/cm^3。

可以利用注射法生产PE结构泡沫塑料，已经在注射成型一节介绍过。

3. 聚氨酯(PU)泡沫塑料

聚氨酯泡沫塑料是以多元醇(聚醚或聚酯型)和二异氰酸酯为原料，加入催化剂(交联催化剂和发泡催化剂)、发泡剂(化学发泡剂和外发泡剂)、泡沫稳定剂(表面活性剂)经过混合搅拌后发泡、熟化而成。主要发泡气体为异氰酸酯与水反应形成的二氧化碳。

聚酯型聚氨酯泡沫塑料性能优良、价格高，而聚醚型价格低，应用普遍。

聚氨酯泡沫塑料根据原料不同和配方不同分为软质、半硬质和硬质泡沫塑料。

生产软质泡沫塑料的聚醚或聚酯都是线型的或稍带支链的长链分子，每个大分子带有2~3个羟基，相对分子质量为2000~4000。生产硬质泡沫塑料的聚醚或聚酯相对分子质量较小，具有支链结构，官能度在3~8之间。软质泡沫塑料主要用于家具衬垫、车用垫材、地毯底衬、建筑吸声材料、体育垫、床垫和仪器包装等；硬质泡沫塑料用于冰箱、冷库等隔热保温，石油管道等的隔热。

(1) 一步法聚氨酯发泡工艺

按照配方将各种原料组分用计量泵送到带有高速搅拌器的发泡机混合器内，混合器能移动(14~18次/min)，以加强搅拌作用。然后从混合器底部不断排出混合物，流到连续运转的传送带上，传送带上衬有纸张，混合物在传送带上开始发泡，通过烘道后，发泡完毕。剥去纸张，在室温或70~100℃下熟化。

(2) 两步法聚氨酯发泡工艺

两步法聚氨酯发泡的第一步是将聚醚树脂和适量的异氰酸酯生成预聚体，第二步是预聚体与其他组分在高速混合器中混合，并排出成型发泡。

两步法聚氨酯发泡工艺需要控制的生产因素有原料用量比、温度、搅拌速率及时间、熟化过程。

原料用量比的要求：反应体系中主要的原料有聚醚或聚酯树脂、异氰酸酯和水。三者之间符合：水当量数+聚酯当量数=异氰酸酯当量数。

异氰酸酯实际加入量为理论值的1.0~1.05倍，过多会使泡沫硬脆，过少泡沫容易发生老化。发泡密度随(发泡剂)水的增加而降低。

温度主要影响反应速度及发泡质量，须严格控制。

搅拌速率及时间主要反映混合时搅拌程度的大小，如搅拌不充分，泡孔粗糙；搅拌过度，泡沫会开裂。

熟化是指随着聚合物相对分子质量的增加和剩余异氰酸酯的消失达到最终机械性能的过程。高温熟化可提高胺类化合物与异氰酸酯的反应常数，加速异氰酸酯消失及多余催化剂挥发，熟化温度一般控制在45~60℃。

三、浇铸成型

浇铸成型也称铸塑成型，是指在常压下将树脂的液态单体或预聚体灌入大口模腔，经聚合固化定型成为制品的成型方法。铸塑工艺过程包括浇铸液的配制、过滤和脱泡、浇铸、硬化、脱模以及后处理等工序。

铸塑的生产特点是在成型过程中一般不需对原料加压，故不需要加压设备，所用塑模的强度要求也较低，从而所得制品大分子取向低，内应力小，质量也较均匀，同时铸塑成型对制品的尺寸大小限制也较少。但是该成型生产周期长，制品尺寸精确性较差。

铸塑生产所用的塑料有 PMMA、PS、PA、EP、UF、有机硅树脂、不饱和聚酯、PU 等。

铸塑技术包括静态铸塑、嵌铸、离心浇铸、流延铸塑、搪塑和滚塑等。

1. 静态浇铸

静态浇铸操作方便，是应用较广泛的一种铸塑方法。静态浇铸可生产各种型材和制品，其中，有机玻璃是最典型的铸塑制品。静态铸塑按照模具结构分为敞开式浇铸、水平式浇铸、侧立式浇铸、倾斜式浇铸等。

典型的静态浇铸工艺过程包括成型材料的配制、模具准备、浇铸及固化、制品脱模及后处理等四大步骤。

(1) 成型材料的配制

不同的成型材料在成型工艺上的要求不同，总的要求是使物料流动性好，在浇灌时容易填满模具的型腔。此外液态料硬化时生成的低分子副产物应尽可能少，以避免制品内出现气泡，硬化的交联反应或结晶凝固过程应在各处以相近的速率同时开始进行，以免因各处硬化收缩不均而使制品出现缩孔和产生大的残余应力。再有经聚合所得冷却凝固产物的熔融温度，应明显高于成型物料的熔点或流动温度。

浇铸液的配制和处理，是按一定的配方将单体或预聚体等与引发剂或固化剂、促进剂及其他助剂(如色料、稳定剂等)配制成混合物。例如己内酰胺原料的配制主要是熔融单体，聚甲基丙烯酸甲酯的配制需要单体的预聚体。配制和处理后的浇铸液应使各组分完全混合均匀，尽量使空气和挥发物排出料液中，控制好其中组分固化剂和催化剂等的加入温度。

配制好的浇铸原料，经过滤除去机械杂物和抽真空成常压下放置脱泡后即可浇铸。

(2) 模具准备

静态浇铸与注射成型均采用模具成型，所不同的是浇铸过程中为使充模顺利完成，不是像注射成型那样借助很高的注射压力，而是依靠浇铸原料自身所具有的低黏度或良好的流动性。因此，浇铸用模具比注射成型用模具强度的要求低。常用的浇铸模材料为铸铁、钢、铝合金、型砂、硅橡胶、塑料、玻璃以及水泥、石膏等。

模具准备首先是模具的清洁与干燥，然后根据需要是否涂脱模剂，例如环氧树脂黏性很高，需要使用脱模剂，而甲基丙烯酸甲酯的预聚物可以不必要涂饰脱模剂。有金属嵌件的需要准备、预热和安放金属嵌件。有的模具需要根据工艺的要求是否预热，例如己内酰胺单体的浇铸就需要预热，以保证聚合或固化过程迅速进行，缩短成型周期。

(3) 浇铸及固化

浇铸及固化是静态浇铸成型的关键工序。浇铸及固化过程就是将配制好的浇铸原料注入准备好的模具中，使浇铸原料中的小分子或预聚物在模具内完成聚合或固化反应，从而完成成型的过程。

由于不同种类的浇铸原料的反应特性不同，因此需控制的浇铸工艺条件也存在差异。

聚己内酰胺制品的工艺过程较简单，将配制好的浇铸原料注入涂有脱模剂并预热过的模具中，在一定温度下保温一定时间，即可使单体己内酰胺完成聚合反应成为高相对分子质量的聚合物，然后经冷却即可脱模取出制品。需要注意的是，由于聚己内酰胺属于结晶型聚合物，冷却过程对制品结晶结构及性能会产生决定性的影响，缓慢冷却可使制品具有较好的结晶度，脱模后的制件通常还需经热处理及调湿处理，借以消除制件的内应力并保持尺寸的稳定性。

甲基丙烯酸甲酯聚合过程中极易产生爆聚现象，为避免该现象的产生对制品质量造成的不利影响，浇铸及固化温度(特别是在聚合反应中期)的控制是关键因素。一般固化温度通常需分段逐步提高，必要时还需进行部分冷却。各段的温度及时间主要取决于制品的厚度，制品的厚度越大，固化升温应越慢，在各段恒温的时间也应越长。当聚合反应进入后期，此时聚合反应速率变得十分缓慢，这一阶段固化温度可较高(聚合中期温度一般不超过100℃)，并应长时间保温，以确保聚合反应进行尽可能完全，聚合物的相对分子质量尽可能高。

环氧树脂的成型是将配制好的浇铸原料注入涂有脱模剂的模具中，固化工艺条件应根据配方中固化剂的反应特性确定。环氧树脂的成型既可采用常温浇铸，也可采用真空浇铸工艺。

(4) 制品脱模及后处理

制品固化后即可脱模，然后通过适当的后处理，包括热处理、调湿处理、机械加工、修饰、装配和检验等，其中热处理和调湿处理对产品的质量很关键。

上述三类浇铸塑料制品中，环氧树脂的浇铸件通常不需进行后处理；而聚甲基丙烯酸甲酯浇铸件需进行退火热处理，退火的工艺条件为70~80℃下保温3~4h；聚己内酰胺浇铸件需同时进行退火及调湿处理，具体操作是先将脱模后的制品在150~160℃的机油中保温2h，随同机油冷却至室温后，在沸水中煮24h，最后缓慢冷却至室温即可。

2. 嵌铸

嵌铸又称封装或封入成型，是将液态原料注入预先放好嵌件的模腔，使非塑料嵌件被包封在塑料中的一种成型方法。嵌铸与静态浇铸从本质上说并无区别，不同的是嵌铸时每一制件中都包埋有嵌件，因此，从成型过程来看，前者也就多了嵌件预处理及固定这两道非常重要的工序。

嵌铸成型常用于各种生物和医用标本、商品、样品、纪念品的包封，以利长期保存。包封材料主要是聚甲基丙烯酸甲酯、不饱和聚酯及酚醛树脂等透明塑料。嵌铸成型也用于包埋某些电气元件及零件，使之与外界隔离，起到绝缘、防腐、防震等作用，所用的塑料主要是环氧树脂等。

嵌铸工艺过程由如下三个步骤组成：嵌件的预处理、嵌件的安放以及浇铸与固化。其中浇铸与固化过程与静态浇铸相同。而嵌件的预处理及安放是嵌铸成型的两个非常重要的工序，尤其是嵌件的预处理。

嵌件的预处理包括干燥、表面浸润、表面涂层和表面糙化。针对某些含有水分的生物标本，进行干燥，以防制品产生气泡。表面浸润是将嵌件在单体中浸润一下，以提高嵌件与塑料的黏合。表面涂层是在嵌件表面涂上一层惰性物质，防止嵌件对树脂的硬化有不良影响。表面糙化是将嵌件与塑料接触部分进行喷砂或打磨糙化，以提高嵌件与塑料的黏合。

嵌件的固定对某些动植物标本可用合适的钉子将其固定在模腔内以免浇铸时位置移动。也可采用分次浇铸的方法，以便嵌件能固定在制品的中央或其他规定的位置。

不饱和聚酯及环氧树脂等的浇铸工艺与静态浇铸基本相同，但聚甲基丙烯酸甲酯的嵌铸一定要用预聚体，否则会因大量的聚合热无法逸散而引起爆聚。

为避免在嵌铸成型过程中，塑料与嵌件由于收缩率相差悬殊而造成制件开裂或产生较大的内应力，可在浇铸的塑料原料中加入适量的填料或增塑剂。

3. 离心浇铸

离心浇铸是在静态浇铸的基础上发展起来的一种成型方法。它是将液态原料注入可旋转运动的模具内，利用其旋转产生的离心力使物料充满模腔，再通过固化定型取得制品。采用离心浇铸可生产大直径的管制品、空心制品、齿轮和轴承等圆柱形或近似圆柱形的制品。

与静态浇铸相比，离心浇铸既可成型大型厚壁制品又可成型大型薄壁制品，该成型方法克服了静态浇铸难以成型大型薄壁制品的局限性，其制品的成型精度及机械强度高于静态浇铸制品，且离心浇铸制品无内应力或内应力很低，外表面光滑，内部无缩孔。为获得足够的离心力，离心浇铸的转速可高达每分钟几十转到几千转，因此离心浇铸也存在设备及工艺复杂的缺点。如图 6-8-5 所示为立式离心浇铸示意图。

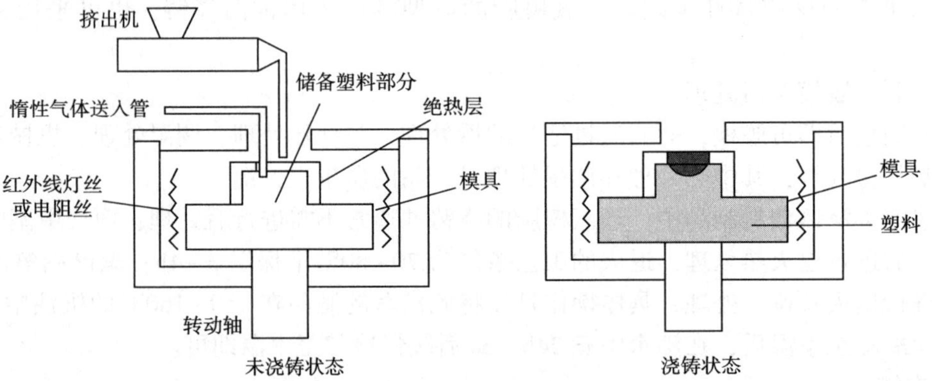

图 6-8-5　立式离心浇铸示意图

适于离心浇铸的塑料有 PA、PE、增塑 PVC 等熔融黏度小、热稳定性好的热塑性塑料，静态浇铸中使用的己内酰胺浇铸料也可用于离心浇铸。

4. 流延铸塑

流延铸塑也称流延成型，是一种塑料薄膜的成型方法。流延铸塑是将配制好的一定黏度的塑料溶液，经脱泡、过滤等处理后，以一定速度流布于连续回转的基材(一般为无接缝的不锈钢带)上，通过加热脱除溶液中的溶剂，作为溶质的聚合物于是就固化定型为一定厚度的薄膜。采用这种方法生产的薄膜常称为流延薄膜或铸塑薄膜。

适用的塑料有醋酸纤维素、聚乙烯醇和 EVA 等。目前 PC 和 PET 等工程塑料也可采用流延铸塑来生产薄膜。如图 6-8-6 所示为三醋酸纤维素流延薄膜的生产过程。

三醋酸纤维素配制溶液前应预先进行干燥处理，控制含水量低于 1%。溶解三醋酸纤维素的溶剂通常为混合溶剂，如二氯甲烷、三氯甲烷、甲醇、丁醇等的混合液，目的在于使三醋酸纤维素得到很好的溶解，所制得的溶液黏度较低且有一定挥发速度。除此之外，溶液中有时还加入少量增塑剂等。各组分按照一定的比例加入混合器中，在混合器中混合均匀后，利用压滤机过滤和脱泡处理后即可用于流延铸塑成型。

流延铸塑薄膜的宽度取决于不锈钢带的宽度，薄膜的厚度取决于溶液浓度、钢带回转速度、胶液的流布速度及次数等，由于是连续生产，薄膜的长度可以根据需要确定，不受限制。

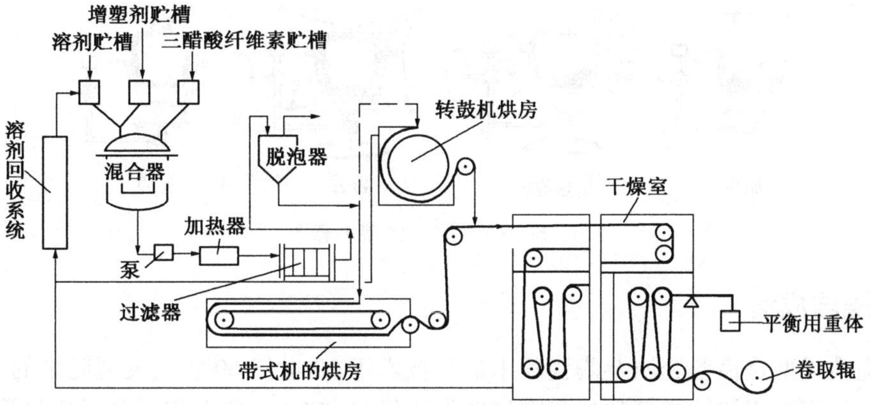

图 6-8-6　三醋酸纤维素薄膜生产流程示意图

流延法得到的薄膜薄且均匀，最薄可达 0.05～0.1mm，因为受力很小，因此透明度高，内应力小，较压延或挤出吹塑薄膜更多地用在光学性能要求高的场合，如电影胶片、安全玻璃的中间夹层等。流延法生产的缺点是生产速度慢，设备昂贵，生产过程较复杂，热量及溶剂消耗量大，同时要考虑溶剂的回收及安全等问题，制品的成本较高，且制品强度又较低。

5. 搪塑

搪塑成型分为糊塑料的配制和搪塑成型两个工序。糊塑料的配制已经在塑料原料配制的章节有过介绍。

搪塑成型是将预先配好的糊塑料经过滤和脱泡处理，倒入已加热至一定温度的模具(一般只用阴模)中，接近模壁的糊塑料在热的作用下因胶凝而附着于模具上，将模具中没有来得及胶凝的糊塑料倒出，再对模壁上已胶凝的塑料进行烘熔热处理，最后使其冷却，脱模得到空心制品。

目前搪塑用糊塑料主要是 PVC 塑料。阴模的温度在 130℃ 左右，糊塑料停留时间 15～30s，烘熔热处理 160℃左右，时间 10～40min，冷却采用风冷或水冷，温度 80℃以下。

从本质上看，糊塑料在烘熔中的变化可划分为两个阶段，称为“胶凝”和“熔化”。胶凝是指从糊塑料被加热起，到其形成具有一定强度的型坯为止的阶段。在这一阶段，树脂不断吸收分散剂而胀大，糊塑料黏度也逐渐增大，树脂颗粒间距也越来越小。当糊塑料中液体部分被吸收或挥发而消失时，糊塑料于是变为一种表面无光、干而易碎的物质，这时即认为胶凝阶段已达终点。实际上这里使用胶凝的概念并不确切，这种变化并不是真正化学意义上的胶凝，而是一种物理变化，只不过从现象和结果上看，两者有一定相似性而已。胶凝阶段结束后，如果糊塑料继续被加热，则胀大且彼此紧邻的树脂颗粒就会在界面上发生黏结，这就是所说的“熔化”。随着熔化的进行，颗粒间界面被逐渐熔合。到“熔化”结束时，原来在外观上不透明的薄膜变为均匀透明或半透明体。将这种状态的型坯冷却，即可得到具有较高机械强度的搪塑制品。

6. 滚塑

滚塑成型工艺亦称旋转成型、回转成型。该成型方法是先将塑料粉状原料加入模具中，然后模具沿两垂直轴不断旋转并使之加热，模内的塑料在重力和热的作用下，逐渐均匀地涂布、熔融黏附于模腔的整个表面上，成型为所需要的形状，经冷却定型而制得塑料制品。

滚塑的特点是可生产大型的容器。其成型示意图如图 6-8-7 所示。

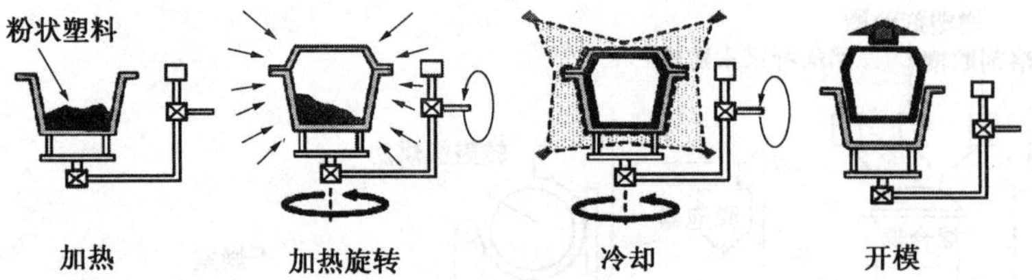

图 6-8-7　滚塑成型示意图

四、烧结成型

冷压烧结成型是借鉴金属及陶瓷粉末成型技术于20世纪60年代发展起来的一种塑料成型方法。目前可采用烧结成型的塑料有聚四氟乙烯(PTFE)、超高相对分子质量聚乙烯(UHMWPE)、聚酰亚胺(PI)等难熔塑料的生产。其中以聚四氟乙烯应用最早，工艺最成熟。

PTFE冷压烧结成型工艺过程主要分为冷压制坯、烧结和冷却三道工序。

1. 冷压制坯

PTFE与各种填充剂的混合料具有良好的压锭性，在常温下可用高压制成各种形状的坯件。

冷压时要注意模具的型腔尺寸以PTFE粉料的压缩比和烧结后的收缩率为依据确定。PTFE在运输过程中易结块，使用前应破碎过20目筛，粉料应一次加入，如果加压后再补料将会使制品在两次加料处开裂。如果制件尺寸较大，粉状料中将裹入过多空气，在冷压制坯过程中应注意排气，以免坯料产生夹层和气泡。冷压坯料只靠粉末颗粒界面挤压黏结在一起，故强度较低，脱模时尤其应该注意。

还要特别注意的是压力和加压速率。冷压压力范围在30~50MPa，如果树脂中加有填料，压力可适当增大，但是过大，树脂颗粒间易产生滑动，造成烧结后的制品产生裂纹。加压速度视制品尺寸不同有快速和慢速两个范围，慢速5~10mm/min用于压制截面尺寸大且厚的制件，快速10~20mm/min用于压制小型制件。为使制件各部位压实程度一致，压力达到规定值后，保压一定时间，尺寸大的10~15min，尺寸小的3~5min。解除压力需慢慢卸压，避免型坯产生回弹出现裂纹。

2. 烧结

烧结过程是将冷压坯料加热到PTFE树脂熔点(327℃)以上，并在该温度下保持一段时间。在这个过程中，颗粒间互相熔合，紧密地黏结在一起，制件因此获得了足够的强度。因为聚四氟乙烯是结晶型塑料，在烧结过程中，原来呈乳白色不透明的细小粉粒随着温度升高而逐渐软化，直至温度高于其熔点后，变为透明或半透明体。利用这一转化可控制烧结终点。

常用的烧结装置为普通烘箱和带有转盘的热风循环烧结炉。烧结过程分为升温和保温两个过程。

升温过程是指树脂从常温慢慢加热到烧结温度的过程。烧结温度应高于树脂熔点而低于树脂的分解温度。对于热稳定性好的PTFE树脂，一般烧结温度在380~400℃；热稳定性较差的树脂，烧结温度应低些，通常为365~375℃。烧结温度提高，制品收缩率、气孔率因分解速率增加而增大。加热速率根据制件尺寸确定，加热速率太快易造成制件内生外熟，制件各部分升温历程不同(内部滞后于外部)，易产生内应力，严重时可引起制件开裂。大型及厚壁制件升温速度为 30~40℃/h，且在材料线膨胀系数较大的温度(300~340℃)下保温一段时间，以使制件各部分膨胀一致，减小造成内应力的可能性。小型及薄壁制件，加热速度可较快，约为 80~120℃/h。

为使坯料完全烧透，升温至烧结温度的坯料还需在此温度下保持一段时间，此为保温过程。保温时间取决于烧结温度、材料热稳定性及制件厚度(或高度)。保温时间的选择以不引起树脂降解、同时又保证制件烧透、尽量缩短成型周期为准。有资料介绍，保温时间可按每毫米厚度制件保温 5~8min 选取，也可以由窗口观察坯料的透明状况来决定，一般烧到全透明为止。

3. 冷却

在冷却过程中，由于 PTFE 有结晶倾向，因此会出现结晶结构。制件的结晶结构及物理机械性能在很大程度上取决于冷却速度。大型厚壁制件及希望获得高结晶度的制件宜采用慢速冷却的方法，冷却速度为 15~24℃/h，并在最大结晶速度温度下保持一段时间。而小型制件冷却速度可在 60~70℃/h。在控制冷却速度时应该以保证制品不开裂变形为前提。

烧结后的制品与预压坯料相比，在加压方向上约收缩 3%~5%，而在垂直加压方向上约膨胀 5%~10%。在采用冷压烧结方法成型其他材料制品时，应遵循与上述聚四氟乙烯成型制品同样的原则，合理选择各阶段的成型工艺参数。

第六章思考题

第七章　橡胶的成型

第一节　概　　述

一、橡胶的发展史

橡胶的发展是从天然橡胶到合成橡胶的一个发展过程。

1. 天然橡胶的发展历史

据考古学家发现，人类在 11 世纪就开始使用橡胶，最早发现橡胶的是印第安人。天然橡胶产于南美洲亚马孙河流域热带雨林中野生橡胶树。割开树的表层流出一种白色的乳液，该乳液经过处理后具有弹性和防水功能，能够制造橡胶球、橡胶鞋及橡胶瓶。人们把这种白色的乳液，称为 cau-uchu，含义是“流泪的树”。

1493—1496 年，哥伦布发现新美洲大陆时，发现海地岛上的印第安儿童玩的球能从地上弹起来，这是最早的橡胶球。1735 年，法国科学家德·拉·孔达米纳(Condamine)参加南美洲科考，带回了最早的橡胶制品。但在较长时期内橡胶主要被用于擦掉铅笔写的错字，其英文名 rubber 是 1770 年英国化学家普里斯特给取的。

直到 1823 年，英国人马辛托希创办了世界上第一个橡胶厂，生产防水布，这是橡胶工业的开始。1839 年，美国化学家 C. 古德伊尔发明了橡胶的硫化技术，橡胶才真正走进人类的生活。这两项发明为橡胶工业的发展奠定了基础。

1888 年，英国人邓禄普(J. B. Dunlop)发明了充气轮胎，促使汽车轮胎工业飞跃发展，因而导致耗胶量急剧上升。

橡胶在工业上的需求量剧增，也促进了对野生橡胶树的大规模引种驯化。1876 年英国人威克姆从巴西马逊河口采集橡胶种子，运回英国皇家植物园播种并在锡兰(现在的斯里兰卡)、印度尼西亚、新加坡等地试种，均取得成功，此即为巴西橡胶树在远东落户的开端。从此，栽培橡胶业发展非常迅速，种植的橡胶其性能已经超过了野生的天然橡胶。

我国从 1904 年开始在雷州半岛等地种植天然橡胶。在新中国成立后，中国农垦科技工作者通过科学实践，打破了国外近百年来所谓北纬 15°以北是巴西橡胶树种植“禁区”的定论，成功地在北纬 18°以北至北纬 24°的广大地区种植巴西橡胶树，并获得较高的产量。2023 年我国天然胶产量已达到 800kt，成为世界第六大天然胶生产国。2020 年以来我国天然橡胶的年产量约为 800kt，消费量却接近 7000kt。

2. 合成橡胶的发展历史

合成橡胶是在天然橡胶的基础上发展起来的。最早就是通过对天然橡胶的剖析和仿制，明确了橡胶是由 C 和 H 组成，发现橡胶的基本化学组成为异戊二烯化合物。在第一次世界大战期间，德国化学家用电石、乙炔作原料得到了类似异戊二烯结构的甲基橡胶，这是世界上最早人工合成的橡胶。此后的几十年合成橡胶纷纷出现，并基本实现了工业化生产。

1908 年开始，俄国化学家列别捷夫研究了二烯烃的聚合反应，1910 年发现用金属钠使丁二烯转化为橡胶。列别捷夫用乙醇生产丁二烯，于 1913 年建成了世界上第一个大规模生产丁钠合成橡胶的工厂。1928—1931 年间，美国人纽兰德和卡罗瑟斯各自合成了氯丁橡胶，于 1932 年由美国杜邦公司投入工业生产。1930—1934 年，德国又合成了丁腈橡胶和丁苯橡胶。1954 年，美国固特里奇海湾化学公司采用齐格勒-纳塔催化剂生产出聚异戊二烯橡胶，该技术的成功致使橡胶工业有了新的飞跃，从此橡胶工业走上稳定发展道路。目前，合成橡胶家族还增加了丁基橡胶、顺丁橡胶等成员，也出现了一批特种橡胶，如耐高温(250~300℃)、耐低温(-60℃)、耐油、耐强腐蚀、耐辐射等性能。20 世纪 60 年代还出现了一类新型的橡胶材料，即热塑性弹性体，可以像塑料一样容易成型，而使用时表现出橡胶的性质。

我国从 1958 年开始生产合成橡胶，国产第一块合成胶是四川长寿化工厂于 1958 年生产的氯丁橡胶，1960 年兰州化工厂生产丁苯橡胶(SBR)，1962 年兰州石化生产丁腈橡胶(NBR)。目前国内多家大型石化企业如燕山石化、巴陵石化、兰州石化、齐鲁石化、吉林石化等均能够生产合成橡胶。

二、橡胶的成型加工

1. 橡胶的配合

根据制品的性能要求，考虑加工工艺性能和成本等因素，把生胶和配合剂组合在一起的过程，即橡胶的配合过程。一般的橡胶配合体系中包括生胶、硫化体系、补强体系、防护体系、增塑体系等。有时还根据一些特殊的要求加入如阻燃剂、着色剂、发泡剂、抗静电剂、导电剂等组分。

生胶(或与其他聚合物并用)为母体材料或基体材料，是没有加入配合剂且尚未交联的橡胶。一般由线型大分子或带有支链的线型大分子构成，可溶于某些有机溶剂。

硫化体系，是一种同橡胶大分子反应，使橡胶由线型大分子变为三维网状结构，提高橡胶制品的使用性能、稳定形态的体系。

补强填充体系，是在橡胶中加入炭黑等补强剂或其他填充剂，或提高其力学性能，改善工艺性能，或者降低制品成本的一种体系。

防护体系，主要起到延缓橡胶的老化，提高橡胶制品的使用寿命的配合体系。

增塑体系的作用是降低制品硬度和混炼胶的黏度，改善加工工艺性能。

2. 橡胶的加工工艺过程

无论什么橡胶制品，都要经过原料的准备、塑炼、混炼、压片、硫化成型等几道工序，如图 7-1-1 所示。其中橡胶加工中最基础、最重要的加工过程包括以下几个阶段。

① 塑炼　主要降低生胶的相对分子质量，增加生胶的塑性，提高可加工性。塑炼后的胶称为塑炼胶。

② 混炼　是使配方中的生胶和其中的配合剂混合均匀，混合后的胶称为混炼胶，混炼胶是一种未被成型和交联的橡胶。

③ 成型　是混炼胶成型为半成品或成品的过程。橡胶的成型方法主要有压延、压出、模压和注出，同塑料的成型非常相似。

压延成型是混炼胶或与纺织物、钢丝等骨架材料通过不同的方法，如压片、压型、贴合、擦胶、贴胶等操作制成一定规格的半成品的过程。类似于塑料的压延成型。

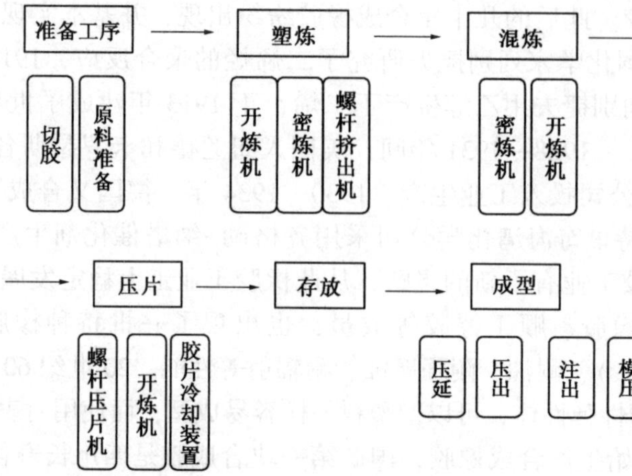

图 7-1-1　橡胶加工过程

压出成型是指混炼胶通过口型压出各种断面的半成品的过程，如内胎、胎面、胎侧、胶管等都可以通过该方法成型。类似于塑料的挤出成型。

压延成型和压出成型生产属于非模型制品的生产，得到的是橡胶的半成品，需要通过硫化工序制成最终的产品。

模压成型是将混炼胶加入模具中，在模腔中熔融塑化、流动成型并硫化的方法。类似于塑料的模压成型。

注出成型是将混炼胶通过橡胶注射机进行熔融塑化，并注入模具中成型并硫化的方法。类似于塑料的注射成型。

模压成型和注出成型属于模型制品的生产，成型硫化一次完成。

④ 硫化　是橡胶加工的最后一道工序。是指混炼胶或橡胶半成品在一定的温度、压力和时间作用下，由线型大分子变成三维网状结构而得到的橡胶。硫化后的胶称为硫化胶。

三、橡胶的特点

① 高弹性　橡胶的弹性模量低，伸长变形大，有可恢复的变形，并能在很宽的温度（-50～150℃）范围内保持弹性。

② 黏弹性　橡胶材料在产生形变和恢复形变时受温度和时间的影响，表现出明显的应力松弛和蠕变现象，在震动或交变应力作用下，产生滞后损失。

③ 电绝缘性　与其他高分子材料一样，橡胶具有电绝缘性。

④ 老化现象　同金属腐蚀、木材腐朽、岩石风化一样，橡胶也会因为环境条件的变化而产生老化现象，特别是橡胶结构中含有双键，极易老化，使橡胶性能变坏，寿命下降。

⑤ 硫化　传统的橡胶必须进行硫化才具有使用价值。热塑性弹性体除外。

⑥ 必须加入配合剂　由于橡胶硫化后才能够使用，因此需要加入硫化剂、硫化促进剂以及活性剂等组成硫化体系，同时为了改善某些性能，如力学性能、防止老化等必须加入相应的配合剂。

⑦ 橡胶制品还应该具有密度小、硬度低、柔软性好、气密性好等特点。

由于上述特点，作为橡胶的高分子化合物要求内聚能密度小，相对分子质量大，相对分子质量分布宽等。同时橡胶的大分子链应有足够的柔性，玻璃仪转变温度应比室温低得多，在使用条件下不结晶或结晶度很小，在使用条件下无分子链间的相对滑动，即无冷流现象。

四、橡胶的用途

橡胶的弹性、柔软性、耐磨性、绝缘性和阻隔性都十分优良，因此橡胶的用途非常广泛，在交通运输、建筑、电子、石油化工、农业、机械、军事、医疗等各个部门以及信息产业都获得了广泛的应用。

橡胶的最大用途是作轮胎，包括各种轿车胎、载重胎、力车胎、工程胎、飞机轮胎、炮车胎等，一辆汽车约需要240kg橡胶，一艘轮船约需要60～70t橡胶，一架飞机需要600kg橡胶，一门高射炮约需要86kg橡胶。

在工业上，除了用于制备各种轮胎外，它还是重要的减震和密封材料，如O型圈和汽车门窗的密封条等。传送带、马达皮带、自动扶梯把手、印刷用的胶辊、电线电缆的绝缘护套及劳保用品等也都用橡胶制造。橡胶还被用于制备防水建材，是防水涂料的重要成分。

在农业上，橡胶大量用于制备灌溉用胶管等。在日常生活中橡胶更是随处可见，雨衣、胶鞋、热水袋、球类、玩具、胶黏剂、医用手套和输血管等也都是用橡胶制成的。

第二节　生　　胶

生胶是橡胶的原料，橡胶的主要性能由生胶决定。生胶按照来源和用途主要分为天然橡胶和合成橡胶。

一、天然橡胶

天然橡胶(NR)是从天然植物中采集来的一种弹性材料，天然橡胶的主要来源有巴西橡胶树、橡胶草、银色橡胶菊和杜仲树。

(一)天然橡胶的分级

目前天然橡胶的分级有两种，一种是按照外观质量分级，如烟片胶、绉片胶。国产烟片胶的标准，是将烟片胶分为一级烟片胶、二级烟片胶、三级烟片胶、四级烟片胶和五级烟片胶五个等级，质量依次递减。国产绉片胶的标准是按GB 8089—2007分为六个等级，分别是特一级白绉片胶、一级白绉片胶、特一级浅色绉片胶、一级浅色绉片胶、二级浅色绉片胶、三级浅色绉片胶等。

另一种是按照理化指标分级，如颗粒胶，也是目前国际标准的橡胶分级方法。这种标准胶的分级方法，是按照生胶中含有的机械杂质、塑性保持率、塑性初值、氮含量、挥发分含量、灰分含量、颜色指数等理化性能指标进行分级划分的。在理化性能指标中塑性保持率又称抗氧指数(PRI)，是指生胶在140℃、30min加热前后，华莱氏可塑度的比值。PRI值越高，表明生胶抗热氧老化性能越好。ISO 2000将标准胶分为五个等级，并有鲜明的标识：SMR5L(绿带)、SMR5(绿带)、SMR10(褐带)、SMR20(红带)、SMR50(黄带)，质量依次降低。国产标准胶的规格按GB 8081—2008分为SCR5、SCR10、SCR20、SCR10CV、SCR20CV共五个等级。

(二)天然橡胶的制造工艺及特点

天然橡胶系指从橡胶树上割下来的新鲜胶乳加工制成的橡胶，橡胶烃含量在90%以上，平均相对分子质量为70万左右。烟熏是传统的加工工艺，制得的成品叫烟片胶。20世纪60

年代发展的标准工艺橡胶系用现代加工设备将橡胶加工成颗粒状，经清洗、干燥、压块得成品，俗称颗粒胶或标准橡胶。标准工艺是天然橡胶制胶工艺的一大进步。

(1) 烟片胶

烟片胶的加工制备是将35%的胶乳经过滤去除杂质后，加水稀释至15%~20%，消泡澄清滤渣后，加1%甲酸或乙酸使之凝固，除去水，再压成3~3.5mm的薄片，最后在70℃条件下薰烟干燥，时间7~8天，在此期间防止霉变，检查分级进行包装。

(2) 绉片胶

绉片胶分为白色绉片胶、褐色绉片胶。

① 白色绉片胶　白色绉片胶的加工制备是将35%的胶乳经过滤去除杂质后，加水稀释至18%~20%，消泡澄清滤渣后，加$NaHSO_3$漂白防腐，再加酸凝固，并轧炼水洗去水溶物，压成1~2mm薄片，通过35℃的热空气干燥10天，最后检查分级包装。

② 褐色绉片胶　褐色绉片胶的加工是将胶线、胶团、胶泥浸泡洗涤后，凝聚滚压成表面呈皱纹状的生橡胶片，通过热空气干燥后检查分级包装

(3) 颗粒橡胶

颗粒橡胶可以采用机械法和化学法制备。

机械法是将一定浓度的胶乳，经过过滤、稀释、澄清滤渣后，加入酸凝固、脱水，最后压片、压条、机械造粒、干燥、压紧包装。化学法是将一定浓度的胶乳加入絮凝剂[$Al_2(SO_4)_3$]，通过一定的设备进行离心分离后，干燥、压紧打包。

二、合成橡胶

合成橡胶的种类很多，按其性能和用途可分为通用橡胶和特种橡胶两类。其中能代替天然橡胶制造轮胎及其他橡胶制品的合成橡胶为通用橡胶，具有耐寒、耐热、耐油等特殊用途的合成橡胶为特种橡胶。

合成橡胶大多由两种单体共聚而成。其中的一种成分有较好的弹性，另一种成分有较好的强度。把这两种单体共聚在一起，得到的橡胶既有较好的弹性又有较高的强度。

丁苯橡胶是产量最大的合成橡胶，占合成橡胶总量的55%，其中70%用于轮胎产业。氯丁橡胶是用途最广、发展较早的一种橡胶，1931—1932年间，由美国杜邦公司开始生产的橡胶产品，是由2-氯-1,3-丁二烯(简称氯丁二烯)通过乳液聚合的方法制成的橡胶。顺丁橡胶为合成橡胶的第二大品种，约占总胶量品种的15%左右。顺丁橡胶是聚丁二烯橡胶中的一种，聚丁二烯橡胶是以1,3-丁二烯为单体聚合而成的一类通用合成橡胶。丁腈橡胶是由单体丁二烯和丙烯腈，在一定配料比及乳化剂等助剂存在和自由基引发下，经乳液共聚反应而生成的弹性体共聚物。乙丙橡胶是由乙烯与15%左右的丙烯共聚而成，其主要特点是原料丰富、价格便宜，弹性介于天然橡胶和丁苯橡胶之间，是很有发展前途的橡胶新品种。还有一类三元乙丙橡胶，三元乙丙橡胶除乙烯和丙烯外，还要加入第三单体，即二烯烃类进行共聚。丁基橡胶是由异丁烯与少量异戊二烯用阳离子共聚的方法制成的。异戊橡胶是顺式-1,4-聚异戊橡胶的简称，它是由异戊二烯单体在定向催化剂的作用下，经溶液聚合方法制得的弹性体均聚物。

此外还有一类与上述传统橡胶不同的弹性体，称为热塑性弹性体。例如SBS弹性体，即苯乙烯-丁二烯-苯乙烯嵌段共聚物。SBS的主体同顺丁橡胶类似。SBS是一种弹性很好的橡胶，其成型不需要硫化，主要是因为在顺丁橡胶的分子中通过化学反应引入了非常刚性的

苯乙烯(S)链段。它们在橡胶分子中的作用就像热固性聚合物中的交联点一样，发挥了类似交联的作用。同硫化橡胶不同的是，在 SBS 的分子间并没有形成化学键。这种靠硬段分子间的相互作用或相互缠结形成的交联作用称为物理交联。很显然，这种物理交联点在高温下会由于分子的热运动而解离，因此可以像热塑性塑料一样的加工，是一种可逆的交联。

热塑性弹性体可以通过调节软段和硬段的长度和比例来改变弹性体的性能。

天然橡胶、合成橡胶的结构及性质

三、生胶的特性

生胶，包括天然橡胶和合成橡胶，是一种高弹性的材料，需要经过加工成为具有一定塑性的材料(塑炼)，并与配合剂混合后(混炼)才能制成各种各样的制品(成型)，并在成型后或成型过程中，通过化学键的交联，使橡胶恢复和增强弹性(硫化)，克服流动性。所以橡胶的加工过程要经历一系列的物理化学变化。

橡胶的加工过程与其他的聚合物材料一样，都涉及材料(胶料)的流动性质。胶料的流动性能是加工工艺过程中最重要的性质。影响加工性能的流变性质主要有黏度、弹性记忆效应、断裂过程的力学特性(断裂特性)。在橡胶的加工温度条件下，可以把橡胶看作是黏度很高的液体，但是它又有别于普通的高黏度液体，因为它具有固体的性质，兼具黏性和弹性的性质，即黏弹性。橡胶在加工过程中流动行为不遵循牛顿黏度定律，在受到机械剪切力的作用下同时表现黏性响应和弹性响应，即黏性流动作用和弹性松弛作用同时存在，因此胶料加工时流变性能实质上是黏性响应和弹性响应同时作用的结果。

1. 黏度

在橡胶加工中涉及塑炼、混炼、成型及硫化几个重要工序，而这几个工序要求橡胶具有一定的可塑性。

可塑性是指当橡胶受到外力发生变形后，不能恢复其原来状态，或者说保持其变形状态的性质。橡胶的可塑性归根到底与橡胶的流动，即橡胶的黏度有关，因此黏度对橡胶的工艺过程有着很深的影响。例如橡胶的可塑性大、黏度小，那么当塑炼、混炼或成型的时候流动性就好，塑炼时包辊适中，胶片表面光洁度较高。但当可塑性太大时，橡胶塑炼时反而粘辊，而可塑性太小时，塑炼不包辊，收缩率大，造成胶片表面粗糙。因此橡胶加工过程要保证黏度适中，对黏度有影响的因素一定要控制得当。

影响黏度的一些因素主要有：

① 剪切应力和剪切速率　大多数聚合物材料都是假塑性流体，在一定温度条件下，随剪切应力和剪切速率提高，黏度降低。橡胶也如此，在加工过程中由于通过设备时受到的剪切应力和剪切速率都很高，因此流动性增加，胶料的可塑性大，胶料柔软，不容易烧焦。

② 温度　在一定温度范围内，温度升高可以使生胶流动性提高，黏度下降。但要注意的是在混炼以及硫化成型时，超出该温度范围，会使其中的胶料在硫化体系的作用下发生化学交联反应，反而使流动性下降，黏度升高。因此不同的工序，根据需要严格控制温度。

③ 胶料的相对分子质量　对于高分子化合物，其相对分子质量越大，黏度越高，流动性越差，可塑性就越小。而橡胶大分子由于一些原因，其相对分子质量大部分都很高，可塑性很小，因而很难加工。所以橡胶在成型前，对于有些生胶，为了增加可塑性，必须要降低生胶的相对分子质量。

④ 胶料的相对分子质量分布　生胶的相对分子质量如果分布宽，如天然橡胶，相对分子质量低的级分对相对分子质量高的级分起到增塑的作用，可以增加可塑性。而相对分子质量分布窄的生胶，例如顺丁橡胶反而不利于加工。

⑤ 支化度　橡胶一般是由线型长链分子所组成，但是有时也有支链。支链容易生成网状的凝胶，因此支化会使橡胶的流动性降低，黏度增加，可塑性下降。支化度越大，可塑性越小，这种情况可以通过切断或切短分子链来降低或消除凝胶来改善可塑性。

⑥ 再生胶　再生胶是由废旧橡胶制品和硫化胶的边角废料经粉碎、脱硫等加工处理制得的具有塑性和黏性的材料。使用再生胶可以降低成本，获得良好的加工性能，同时少数再生胶的加入还会使胶料流动性得到改善。但是如果再生胶的结构大部分是由带支链的分子所组成，那么支链的引入会降低硫化胶的机械性能，配方设计时须特别注意。

2. 弹性记忆

弹性记忆，即所谓的弹性回复，是指生胶在加工过程中橡胶流动时表现出可以恢复的弹性形变。这种弹性回复对生胶的尺寸影响很大。

弹性记忆效应中一个很重要的参数是应力松弛时间。如果松弛时间很短，远小于观察时间，那么在观察时留存的形变已经不存在，看不到弹性回复，可以看作弹性记忆很短。如果松弛时间很长，到观察效应时留存可回复形变很大，就可能看到弹性形变，即弹性记忆没有忘掉。弹性记忆效应中另一个很重要的参数是胶料流动时可恢复的弹性形变量。如果可恢复的弹性形变量大，则弹性记忆效应就大。

弹性记忆效应一般采用给定条件下挤出物的压出膨胀率来表示。膨胀率越大，弹性记忆效应就越强烈。

影响弹性记忆的因素主要有：

① 分子链的结构　从分子链的结构来看，不同的橡胶有不同的膨胀率，天然橡胶的膨胀率比丁苯橡胶、丁腈橡胶、氯丁橡胶等的小。例如，在制造轮胎胎冠时，天然橡胶胎冠的膨胀率为 33%，丁苯橡胶的膨胀率则高达 120%。

② 相对分子质量　从相对分子质量和可塑度方面看，如果相对分子质量大，则分子间的作用力大，黏度大，可塑度小，流动性差，松弛时间也长，从而使其在流动过程中所产生的弹性形变松弛的收缩就慢。所以，相对分子质量大的胶料，压出膨胀率就大，相对分子质量小的则压出膨胀率小。此外，相对分子质量的分布越宽，则膨胀率增大。分子链的支化程度越高，长支链支化而缠结，使松弛时间延长，所以膨胀率也就较大。

③ 配方的组成　在胶料的配方因素中，含胶率高则弹性大，压出膨胀率亦大，压出半成品的表面也粗糙。如果在配方中加入一定量的再生橡胶，就可降低其膨胀率。填充剂用量多的胶料，其含胶率就低，于是膨胀率就小。配方的软化增塑剂可以减小分子间的作用力，缩短松弛时间，故可降低膨胀率。

④ 工艺因素　在成型加工过程中，温度升高，胶料分子的活动能量增大，分子间的距离变大，分子间的作用力减小。于是，其松弛时间缩短，胶料易于变软和流动，弹性减小，因此其膨胀率减小。除温度升高之外，如果提高压出速度，则切变速率增大，外力作用时间缩短。如果作用时间比松弛时间短，则会产生压出膨胀。压出速度高时，胶料的膨胀率就大；压出速度低时，其膨胀率就小。因此，通过调整压出机的压出速度，就能获得理想的半成品。

为了获得尺寸准确和表面光滑的理想半成品，通常可采用两种工艺方法：一是提高成型温度，二是降低挤出速度。这两种方法的技术效果是相同的，即“时间-温度等效原理”。在压出过程中的应用，其实质是对于胶料的黏度来说，高温度、短时间与低温度、长时间，其结果是相同的。

⑤ 其他因素　口型的长径比大，则膨胀率小；半成品的尺寸规格大者，膨胀率也小。

3. 生胶断裂特性

生胶是一个黏弹体，在受到外力作用的时候会发生弹性形变、黏性形变和塑性形变直到断裂。

生胶的断裂特性用形变指数 θ_d 和断裂伸长比 λ_b 来表示。

形变指数 θ_d：

$$\theta_d = \frac{U_{bc}}{U_b}$$

式中　U_{bc}——理想生胶断裂能量密度；

U_b——实际生胶断裂能量密度。

断裂伸长比 λ_b：

$$\lambda_b = \frac{L_b}{L_0}$$

式中　L_b——生胶被拉到断裂点时的长度；

L_0——生胶拉伸前的长度。

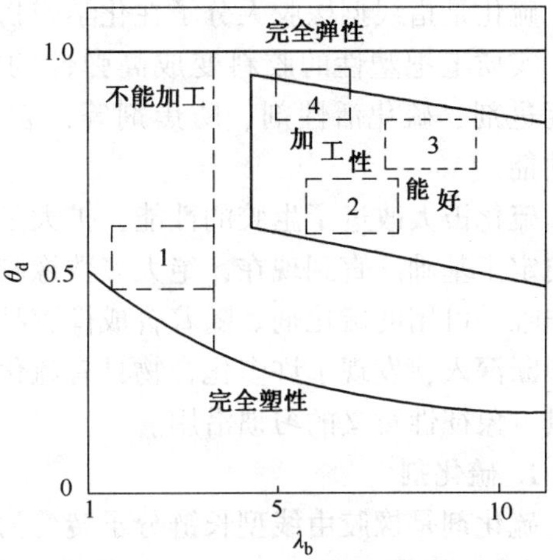

图 7-2-1　表征生胶加工性能的 θ_d-λ_b 图

1—相对分子质量比较窄的溶聚丁苯橡胶和丁二烯橡胶；
2—相对分子质量比较宽的溶聚丁苯橡胶和丁二烯橡胶；
3—低温乳液聚合丁苯橡胶；4—高温乳液聚合丁苯橡胶

如图 7-2-1 所示，表征生胶加工性能的 θ_d-λ_b。从图中可以分析生胶的断裂特性对生胶加工性能的影响。

生胶是黏弹体，在加工时，其 θ_d-λ_b 的关系落在完全弹性线和完全塑性线之间。如果 θ_d-λ_b 的关系在虚线左侧，形变指数和断裂伸长比较低，容易断裂，包辊性差，加工性能不好。例如相对分子质量较窄的溶聚丁苯橡胶和丁二烯橡胶，这两种橡胶呈干酪状，容易脱辊，加工十分困难。相对分子质量分布较宽的溶聚丁苯橡胶和丁二烯橡胶、低温乳液聚合的丁苯橡胶、高温乳液聚合的丁苯橡胶的 θ_d-λ_b 都在虚线的右侧，形变指数和断裂伸长比较高，与左侧的正好相反，生胶的包辊性好，加工容易。因此为使生胶有好的加工性能，必须控制 θ_d 和 λ_b 的值稍微大一些。

影响生胶断裂特性的因素有相对分子质量、相对分子质量分布以及橡胶的支化度。一般情况下，相对分子质量大的、支化程度高的其线向上移动，相对分子质量分布宽的向右移动。

第三节　橡胶配合体系

橡胶的成型加工指由生胶及其配合剂经过一系列化学和物理作用制成橡胶制品的过程。

配合剂，类似于塑料的助剂，与生胶配合提高橡胶制品的加工和使用性能。但是橡胶中的配合剂的作用远远超过塑料助剂的作用。橡胶中配合剂的种类非常多，且往往多种同类的配合剂组成一个体系共同完成对生胶的硫化、增强等作用。橡胶的配合体系主要有硫化体系、防老体系、增强体系、增塑体系等。

一、橡胶的硫化体系

（一）硫化

自从固特异(Goodyear)和汉考克(Hancock)先后发现天然橡胶与硫黄共热后可转变成坚实而有弹性的物质，不复变黏，并且对热能保持一定的稳定性，天然橡胶的应用逐渐扩大。天然橡胶与硫黄共热反应的这一过程称为硫化，而其中的硫黄称为硫化剂，当然现在的硫化剂不只限于硫黄。

硫化是指线型橡胶大分子在化学或物理的作用下，通过化学键的交联，形成空间网状结构，实质上把塑性的胶料变成高弹性的橡胶过程。在硫化过程中除硫化剂外，还加入硫化促进剂、硫化活性剂、防焦剂等，它们组成了配方中的硫化体系，共同完成橡胶的硫化功能。

硫化极大改进了生胶的性能，扩大了橡胶的应用范围，为橡胶的大规模工业化生产与应用奠定了基础。直到现在，绝大多数橡胶仍然采用硫黄硫化。但是，后来的研究表明，硫黄并非唯一可用的硫化剂。随着合成橡胶品种的增加及其制品的发展，硫化方法和硫化剂的研究不断深入，发现了许多化合物具有硫化功效。因此，术语“硫化”和“硫化剂”现在已经变成具有象征性意义的习惯沿用。

1. 硫化剂

硫化剂是橡胶由线型长链分子转变为网状大分子物质的主要配合剂。常用的硫化剂有硫黄(不饱和橡胶的硫化剂)、金属氧化物(如氧化锌，氯丁橡胶的硫化剂)、有机过氧化物(饱和橡胶的硫化剂)等。

(1) 硫黄类硫化剂

硫黄即单质硫，有结晶型和无定形两种形态。常用的一般为结晶型硫黄。硫黄是用量最大的橡胶硫化剂。硫黄硫化剂可用于各种不饱和橡胶的硫化，在二烯类橡胶，如天然橡胶、丁苯橡胶、丁腈橡胶及聚丁二烯等软质橡胶中，硫化剂的配合量为1~4质量份，在硬质橡胶中的配合量可达30~40质量份。硫黄作为硫化剂时要注意酸的影响，酸具有延迟硫黄硫化的作用，因此用硫黄作硫化剂的配方中不能含有酸性物质。

以硫黄作为硫化剂时，会出现硫黄从没有硫化的胶料或硫化后的橡胶制品中析出的现象，析出后在胶料表面呈细微结晶，称为“喷硫”现象。“喷硫”的发生会降低胶料表面的黏着力而造成生产困难，同时也影响制品的外观及耐老化性能。因此为防止胶料喷硫现象，硫黄应在尽可能低的温度下混入，也可以在胶料中配用再生胶、加硫黄前先加入某些软化剂、使用槽法炭黑等，尽量减少“喷硫”现象。采用不溶性硫黄硫化剂是消除“喷硫”的主要方法。

(2) 有机过氧化物类硫化剂

有机过氧化物类硫化剂是一类分子内含有过氧基(—O—O—)的有机物硫化剂。有机过氧化物的种类繁多，较有代表性的有机过氧化物硫化剂如过氧化二异丙苯(DCP)、二叔丁基过氧化物(DTBP)等。有机过氧化物类硫化剂是现在几种饱和橡胶，如硅橡胶、二元乙丙橡胶、氟橡胶、聚酯型聚氨酯橡胶、乙烯-醋酸乙烯共聚物等橡胶的主要或唯一硫化剂。近年来，将有机过氧化物用作常见不饱和橡胶的硫化剂的研究也很活跃。

与硫黄硫化相比，有机过氧化物硫化时间短，硫化胶耐热性能良好，对金属无腐蚀性、无污染，可用于透明制品。另外硫化橡胶的压缩永久变形小，适用范围广，对饱和和不饱和橡胶均有硫化作用。有机过氧化物硫化的缺点是硫化胶的抗撕裂强度和伸长率低，而且某些石油系软化剂、防老剂、填充剂对硫化有阻碍作用，该硫化剂在有氧条件下硫化困难，安全性差，某些品种易着火、爆炸，价格昂贵。

(3) 金属氧化物硫化剂

常用金属氧化物硫化剂有氧化锌、氧化镁、一氧化铅、四氧化三铅等，其中，氧化锌和氧化镁较常用。

金属氧化物硫化剂主要用于氯丁橡胶、氯磺化聚乙烯、氯醇橡胶、聚硫橡胶以及某些活泼酸性基团的聚合物的硫化。

不同的金属氧化物硫化特点不同，例如氧化锌硫化起步快，能得到良好的平坦硫化曲线，硫化胶的耐热性、耐老化性好，但易发生焦烧，硫化胶的机械性能差。氧化镁在较高温度(100℃以上)才具有硫化作用，不易发生焦烧，硫化胶强度高，但硫化时间长，硫化程度低。

此外还有醌类硫化剂、树脂类硫化剂、胺类硫化剂、硫黄给予体类硫化剂等。

2. 硫化促进剂

在橡胶硫化过程中，与硫化剂并用，可以缩短硫化时间，降低硫化温度，减少硫化剂用量并提高橡胶的物理机械性能的一类橡胶配合剂，称为硫化促进剂。

例如，天然橡胶单独用3质量份硫黄硫化时，正硫化时间为5h，如果与促进剂M(2-巯基苯并噻唑)1份和硬脂酸(硫化活性剂)1份并用，则只需20~30min即可完成硫化，且所制得的硫化胶性能大为改进。

如图7-3-1所示为硫化体系各组分在橡胶硫黄硫化中的作用。其中硫黄为硫化剂，促进剂M为硫化促进剂，硬脂酸锌为硫化活性剂，三者组成了硫化体系。图中的四条曲线，分别表示四种不同硫化体系随着硫化时间变化，每克橡胶的摩尔交联数的多少，即硫化胶交联程度大小。

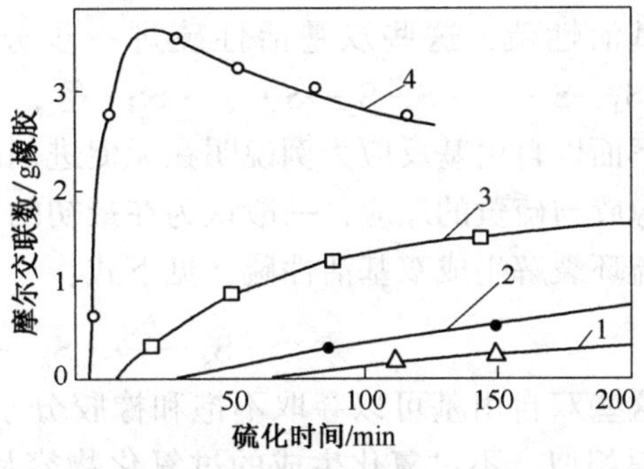

图7-3-1　硫化体系各组分在橡胶硫黄硫化中的作用

1—天然胶100份，硫黄2份，硬脂酸锌6份；

2—天然胶100份，硫黄2份；

3—天然胶100份，硫黄2份，促进剂M 1份；

4—天然胶100份，硫黄2份，促进剂M 1份，硬脂酸锌6份

比较曲线1和2看到，曲线2的摩尔交联数多一些，主要是硬脂酸锌的加入非但没有对硫黄的交联起到促进作用，反而对硫化起到阻碍的作用。如果加入硫黄的同时加入促进剂M，见曲线3，促进剂增加了硫黄的交联效率，使交联速度和交联程度大大提高。如果再配以活性剂硬脂酸锌，见曲线4，在极短的时间每克橡胶的摩尔交联数达到较大值，交联效果更加明显。可见在硫化体系中，为了提高橡胶的硫化效率，需要硫化剂、硫化促进剂和硫化活性剂配合使用。

硫化促进剂的种类很多，包括二硫代氨基甲酸盐类、秋兰姆类、噻唑类、次磺酰胺类、胍类、硫脲类、黄原酸盐类、醛胺类以及混合促进剂类等。

促进剂单独很难起到作用，基于促进剂的功能在于调节改善橡胶硫化过程，从橡胶硫化加工需要看，理想的促进剂应具有以下特点：焦烧时间长，以使硫化开始前的加工操作安

全；硫化时间短，有利于提高生产效率；平坦硫化时间长，无硫化返原现象，无毒、无污染等。

3. 硫化活性剂

硫化活性剂也称活化剂、促进助剂，用来增加胶料中有机促进剂的活性，充分发挥其效能，以减少促进剂用量或缩短硫化时间。活性剂一般不直接参与硫黄与橡胶的反应，但是对硫化胶中化学交联键的生成速度和数量有着重要影响，例如氧化锌、硬脂酸等。

4. 防焦剂

能防止胶料在硫化前操作期间产生早期硫化，同时又不影响促进剂在硫化温度下正常发挥作用的物质，称为防焦剂，也称为“硫化延缓剂”。

防焦剂主要有有机酸类、亚硝基化合物、硫代酰亚胺化合物等。

（二）硫化体系作用机理

橡胶的硫化是一个非常复杂的化学反应过程。硫化使橡胶分子由线型结构变成了网状结构，其性能发生非常大的变化。其硫化机理不单是橡胶与硫化剂的化学反应，而是许多复杂因素引起的多种物理-化学变化汇集而成的复杂过程。

硫化是通过硫化剂的作用实现的，橡胶所采用的硫化剂不同，其硫化机理也不同。

橡胶的硫化体系可以分为硫黄体系和非硫黄体系。此处重点介绍硫黄体系的硫化反应过程。

1. 无促进剂的硫黄硫化

硫黄主要作为不饱和橡胶的硫化剂。元素状态的硫黄既不是硫原子也不是 S_2 分子，而是以稳定的 S_8 环的形式存在。为了与生胶反应必须使硫环裂解。通常硫环在60℃下裂解成为双基活性硫，这些双基活性硫进一步分裂为含硫原子数目较少的双基活性分子。如 $\cdot S—S_4—S\cdot$ 、$\cdot S—S_2—S\cdot$ 、$\cdot SS\cdot$ 等，当硫原子减少到2~4个时活性大大提高。

下面以自由基反应为例说明在无促进剂的情况下，橡胶与硫黄的反应机理。

橡胶与硫黄的反应，一般认为在最初的反应中形成橡胶硫醇，然后转化为多硫交联键。

硫环裂解生成双基活性硫，见下式：

$$S_8 \xrightarrow{\triangle} \cdot S_8 \cdot \xrightarrow{\triangle} \cdot S_x \cdot + \cdot S_{8-x} \cdot$$

这些双自由基可以夺取不饱和橡胶分子 α-亚甲基上的氢原子。这与氧和橡胶分子的反应很相似。不过氧化生成的过氧化物容易分解转化为 RO·，并发生断链反应而导致降解。而硫化生成的 $RS_x\cdot$ 较稳定，不发生断链反应，而是与其他自由基结合，从而导致交联。

双基活性硫与橡胶大分子反应生成橡胶硫醇，硫化反应一般是在双键的 α-亚甲基上进行，见下式：

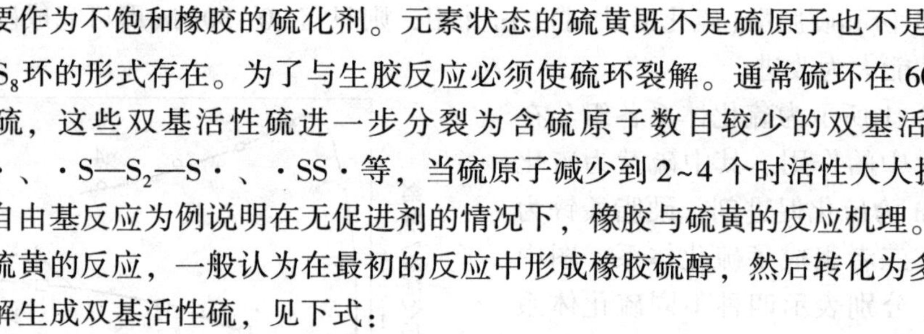

橡胶硫醇

然后橡胶硫醇与其他橡胶大分子反应，形成交联结构：

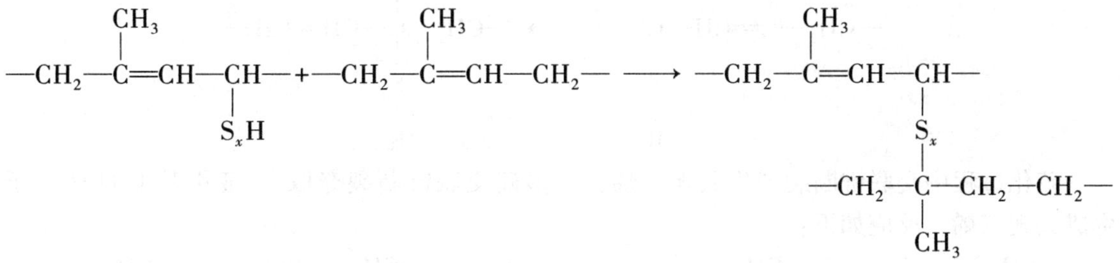

橡胶硫醇分子本身可以分子内反应，形成分子内环化物：

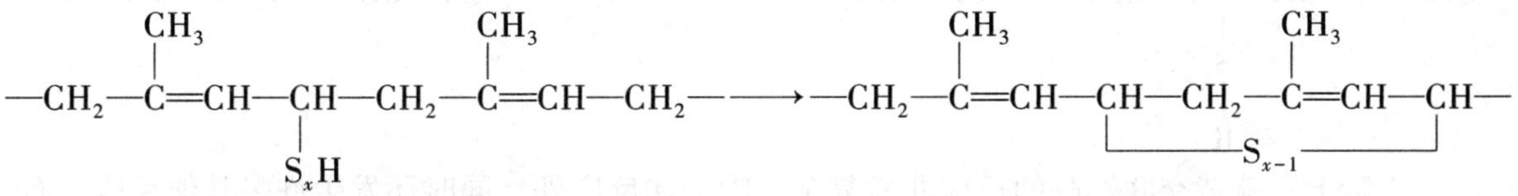

双基活性硫可以直接与橡胶大分子发生加成反应，形成邻位交联键：

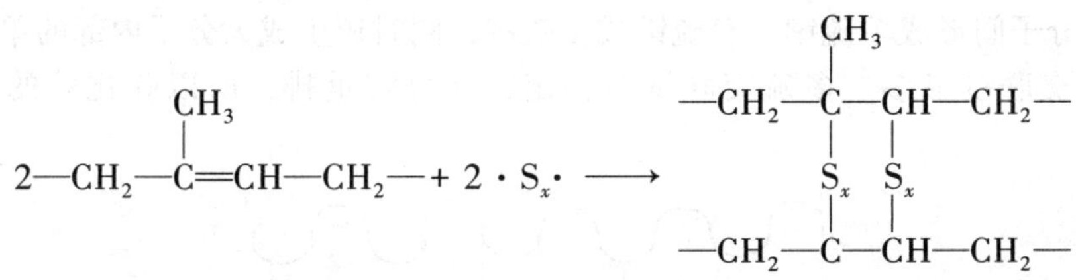

连邻位交联键

此外，双基活性硫与橡胶大分子在不生成橡胶硫醇的情况下也可以进行交联反应，见下式反应：

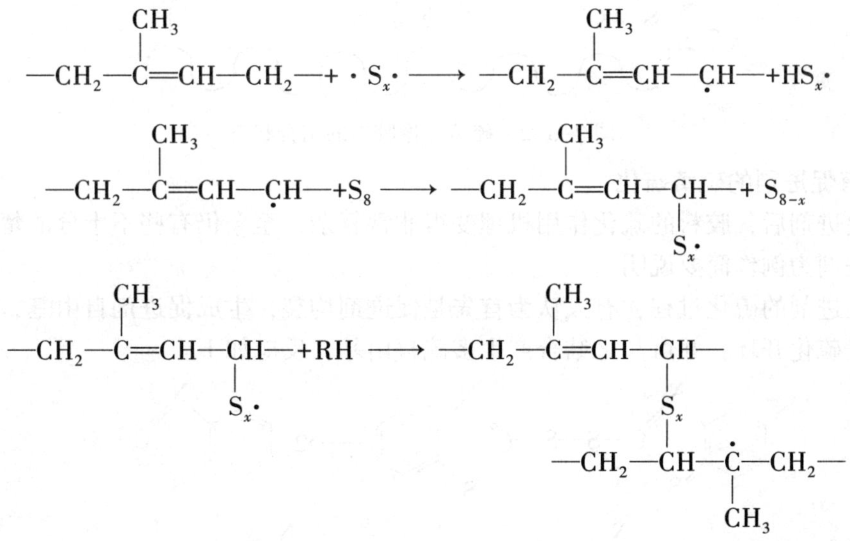

不含促进剂的硫化，由于只与硫黄单独作用，因此硫化时间长、硫化效率低。此外硫化胶的耐老化性能和机械性能也差，主要是因为在硫化过程中产生多硫交联键的移位、交联键断裂产生共轭三烯等。

多硫交联键的移位，是指生胶如 NR 在硫化过程中，当生成多硫交联键后，由于分子链双键位置等的移动，也有可能改变交联的位置，反应如下：

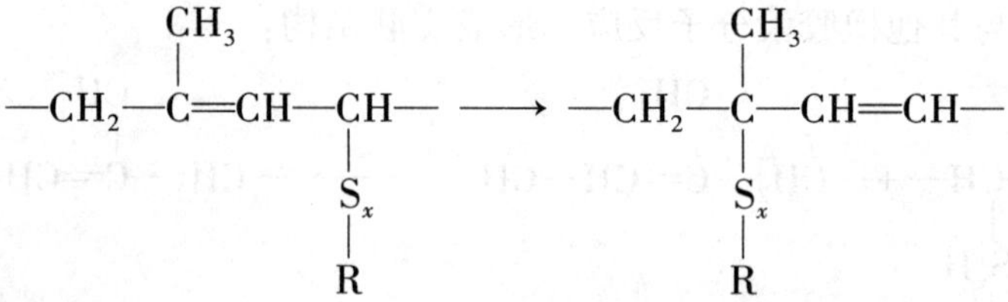

硫化过程中交联键断裂产生共轭三烯，是多硫交联键断裂夺取 α-亚甲基上的 H 原子，生成共轭三烯，反应如下：

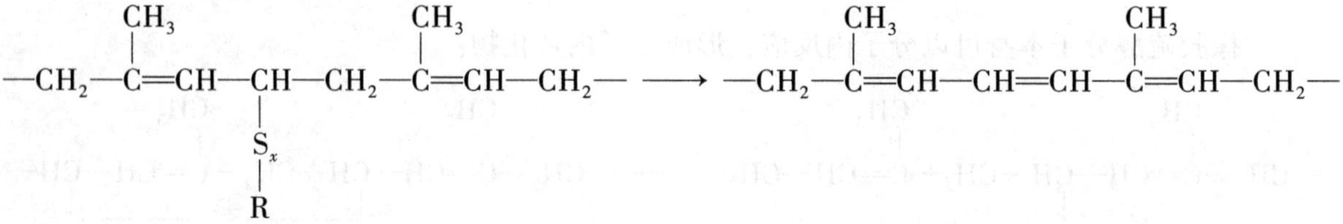

实际上，硫黄交联橡胶的反应非常复杂，除上述反应外，同时还发生许多其他反应。有人提出硫黄在橡胶中的结合状态如图 7-3-2 所示。从图 7-3-2 看到，硫黄硫化橡胶的结构中，硫黄在橡胶大分子间形成单硫键、双硫键或多硫键，同时还生成大分子内部的单硫键或多硫键，但以多硫交联键最多。多硫交联键不稳定，易分解重排，所以硫化胶的耐热性较差。

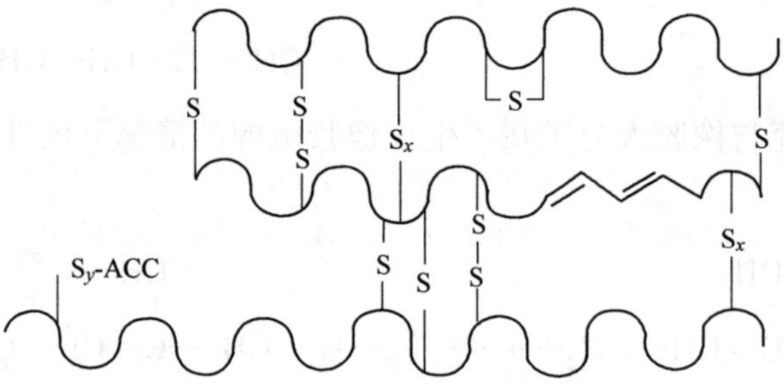

图 7-3-2　硫黄在橡胶中的结合状态

2. 含有促进剂的硫黄硫化

加入促进剂后，胶料的硫化作用机理变得非常复杂，至今仍有些不十分清楚，下面仅以噻唑类促进剂为例作简要说明。

含有促进剂的硫化过程，有人认为首先是促进剂均裂，生成促进剂自由基，此促进剂自由基可引发硫化开环，并可与之结合产生多硫自由基，反应如下：

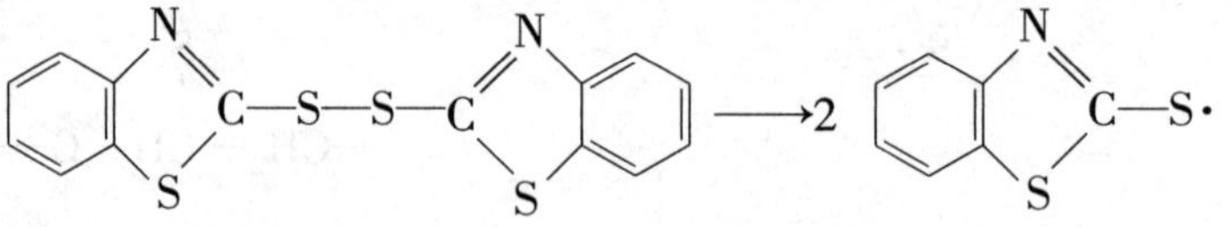

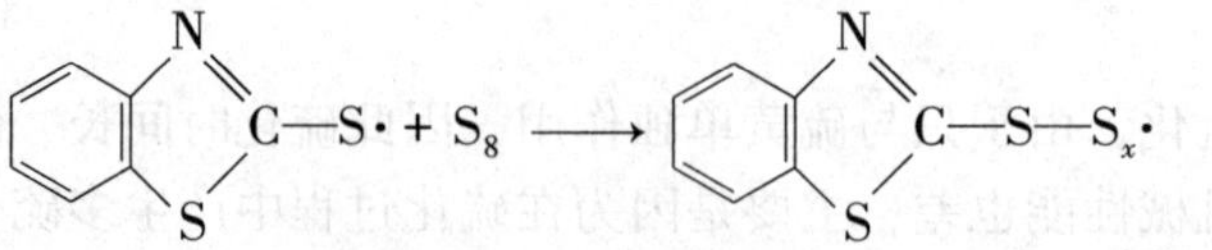

也有人认为促进剂首先与硫黄反应生成一种中间化合物，此中间化合物受热分解多硫自由基，反应如下：

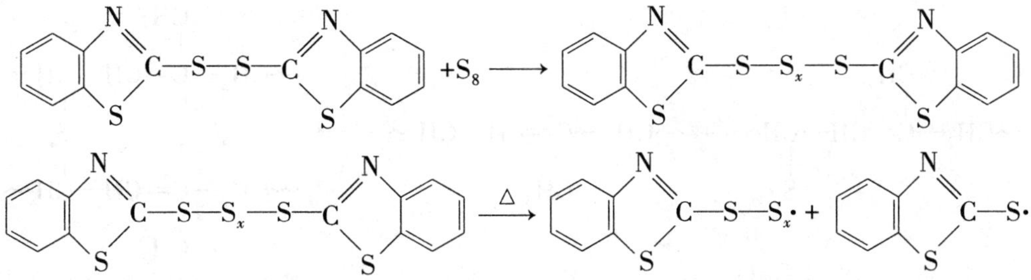

然后上述自由基可以引发橡胶分子生成自由基。由于橡胶分子中的α-亚甲基上的氢原子比较活泼，因此该反应主要发生在α-亚甲基上，反应如下：

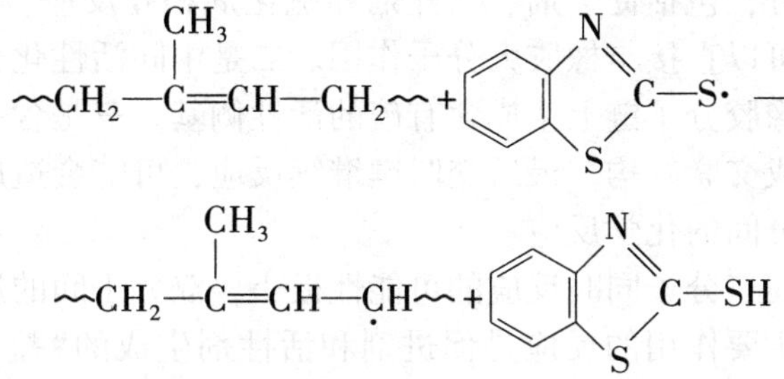

橡胶大分子链自由基再与促进剂多硫自由基结合，生成连接活性多硫侧基的橡胶分子，反应如下：

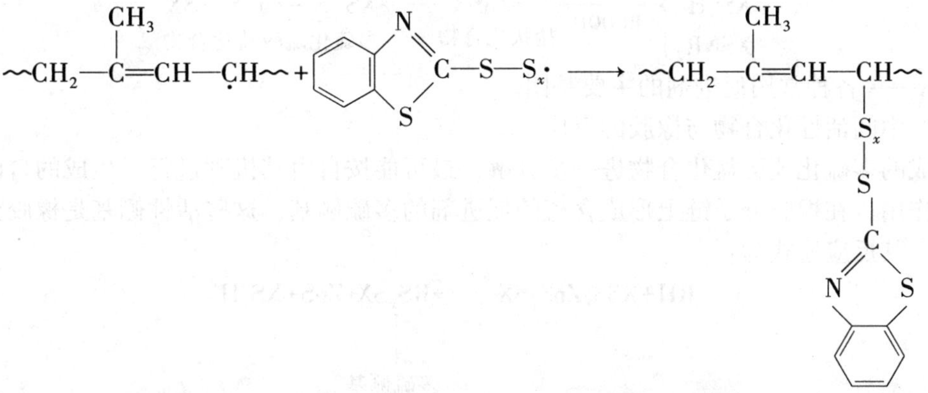

最后这些橡胶分子多硫侧基裂解产生自由基，再与橡胶自由基结合，生成交联键，反应如下：

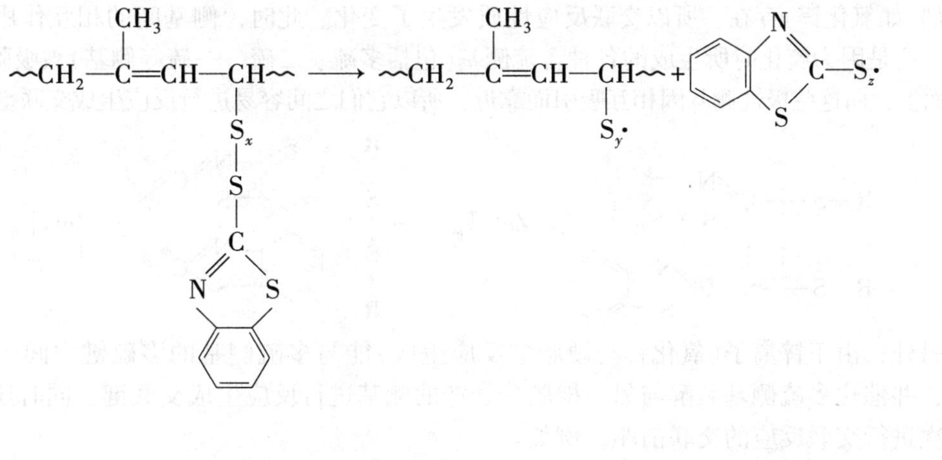

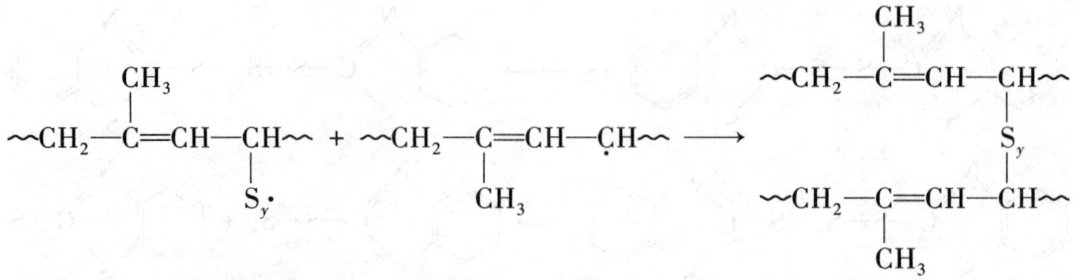

3. 含有促进剂、活性剂的硫化体系的硫化机理

如果硫化体系中既有促进剂，又有活性剂，硫黄与促进剂、活性剂的硫化分为四个阶段。一是硫黄体系各组分，包括促进剂、活性剂和硫化剂相互反应，生成中间活性化合物，这是事实上的硫化剂，可以直接与橡胶大分子作用。二是中间活性化合物，即硫化剂与橡胶分子发生化学反应，使橡胶分子链上生成含有硫的活性侧基。三是含有硫的活性侧基与橡胶分子间的相互作用，形成交联结构。最后交联键继续反应，可能会造成不良的反应。

（1）硫化体系各组分间的化学反应

中间活性化合物之间三分子同时反应的可能性极小，双分子间的反应很多。

在硫化过程中起着主要作用的反应是促进剂和活性剂生成的“盐状化合物”，该化合物继而和硫黄反应生成多硫化硫醇盐化合物，其反应式及产物可表示如下：

$$\left.\begin{matrix}\mathrm{XSH}\\ \mathrm{XSSH}\\ \mathrm{XSNR_2}\end{matrix}\right\}\xrightarrow[\mathrm{RCOOH}]{\mathrm{ZnO}}\underset{\text{盐状化合物}}{\mathrm{XSZnSX}}\xrightarrow{\mathrm{S_8}}\underset{\text{多硫化硫醇盐化合物}}{\mathrm{XS{-}S_{\mathit{x}}{-}Zn{-}S_{\mathit{x}}{-}SX}}$$

式中　X——各种常用促进剂的主要基团。

（2）中间活性化合物与橡胶的反应

生成的多硫化硫醇盐化合物进一步分解，最可能按自由基机理进行，生成的自由基与橡胶分子作用，在橡胶分子链上形成含硫的促进剂的多硫侧基，这些活性侧基是橡胶分子的交联前驱。其反应通式为：

$$\mathrm{RH+XSS_{\mathit{x}}ZnS_{\mathit{x}}SX\longrightarrow \underset{\uparrow\ \text{多硫侧基}}{RS_{\mathit{x}}SX}+ZnS+XS_{\mathit{x}}H}$$

（3）生成橡胶分子间的交联反应

在硫化过程中，当多硫侧基的生成量达到最大值时，橡胶的交联反应即迅速进行。因为有活性剂(如氧化锌)存在，所以交联反应性质发生了变化。此时，侧基间的相互作用成为主要反应。这是因为硫化时所生成的各种含硫侧基(包括多硫、二硫、一硫等侧基)被吸附在氧化锌的表面上，而这些极性侧基因相互吸引而靠近，所以它们之间容易进行反应生成交联键。例如：

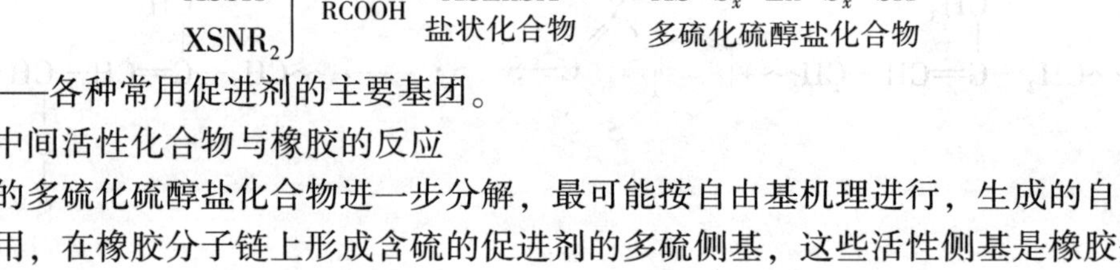

另外，由于锌离子(氧化锌与硬脂酸反应生成)能与多硫侧基的多硫键中间一个硫原子络合，并催化多硫侧基裂解与另一橡胶分子链的侧基进行反应生成交联键，同时还生成了能够再次进行交联反应的交联前驱。例如：

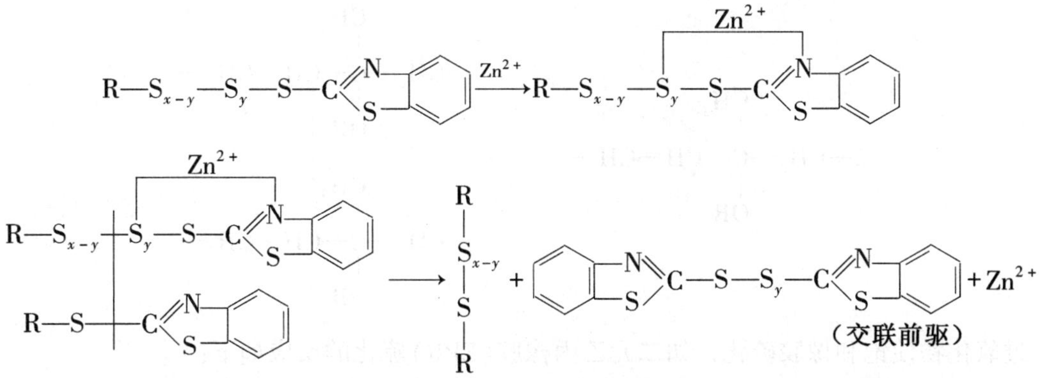

这两种交联反应说明，有活性剂时，交联键的数量增加，交联键中硫原子数减少，因而硫化胶的性能得到提高。

（4）交联结构的继续

在常用硫化体系作用的情况下，硫化过程中最初生成的交联键多为较长的多硫交联键。在此阶段，多硫交联键将继续变化，长的多硫键变成短的一硫、二硫键。这个短化过程被促进剂的锌盐所催化，并伴随交联键的可逆变位和新的交联键生成。与此同时，还有交联键的断裂、橡胶分子键的改性，例如生成共轭三烯、环硫化合物、顺反异构化等。这些变化导致硫化胶的许多技术性能变差，该现象称为硫化返原或过硫化。因此要控制硫化时间和调整硫化体系，尽量防止该反应的进行。

4. 非硫黄硫化体系

除了硫黄硫化体系外，还有一些非硫黄硫化体系，既可用于不饱和橡胶又可用于饱和橡胶。其中饱和橡胶必须用非硫黄硫化体系。

（1）过氧化物硫化机理

过氧化物的硫化过程，首先使有机过氧化物中含有的不稳定过氧基团，在一定温度下分解均裂成游离基，游离基夺取橡胶分子链上的氢形成橡胶游离基，橡胶游离基之间相互结合生成交联键。过氧化物分解生成自由基：

$$ROOR \xrightarrow{\triangle} 2RO\cdot$$

自由基引发橡胶大分子形成橡胶自由基，大分子之间形成交联键。

过氧化物可以使不饱和橡胶硫化，如天然橡胶硫化，反应如下：

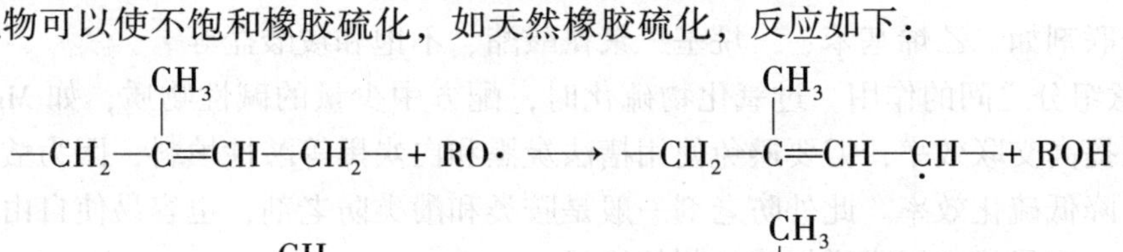

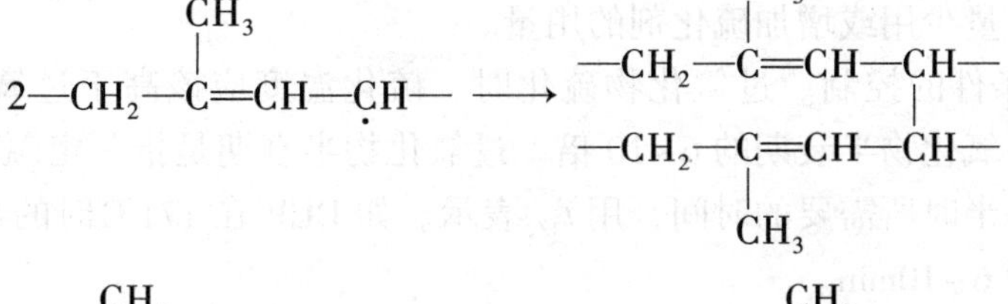

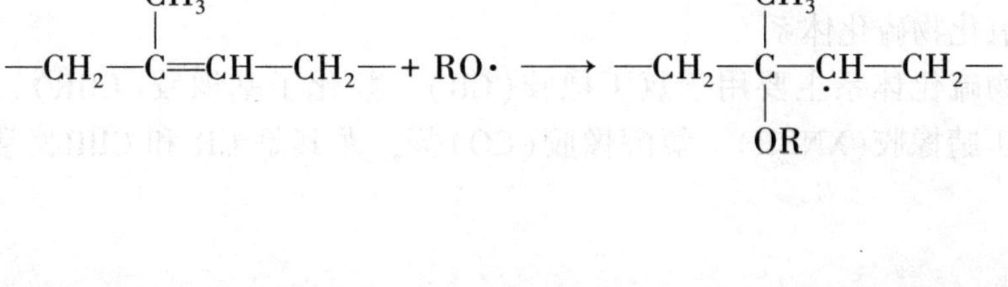

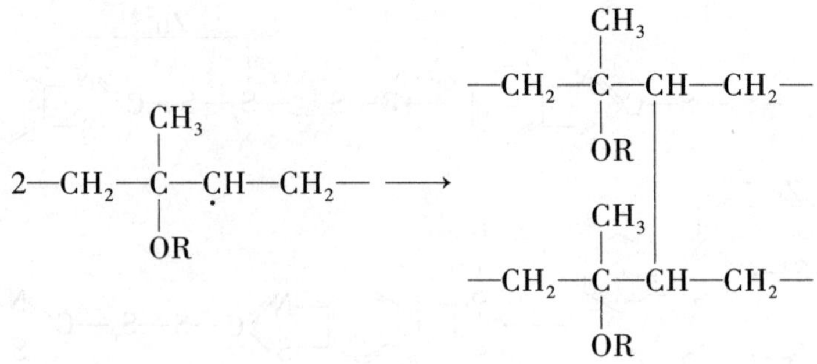

过氧化物使饱和橡胶硫化，如二元乙丙橡胶(EPR)硫化的反应如下：

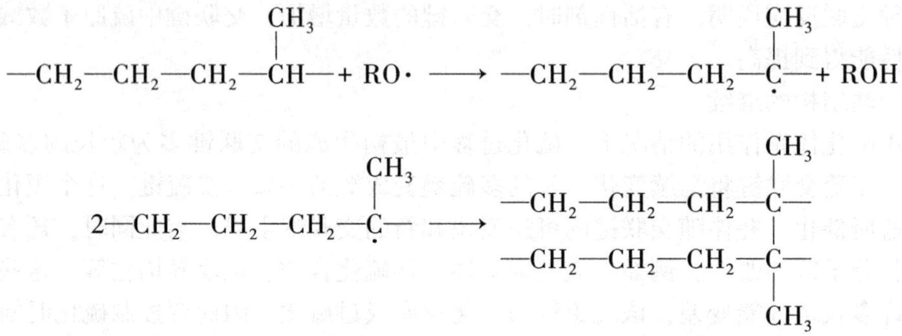

由于侧甲基的存在，EPR 存在着 β 断裂的可能性，必须加入助硫化剂，如加入适量硫黄、肟类化合物，可以提高聚合物大自由基的稳定性，提高交联效率。

过氧化物硫化的时候要注意以下几个问题：

① 过氧化物的用量随胶种不同而不一样。过氧化物的用量一般通过交联效率来计算。过氧化物的交联效率指 1g 分子的有机过氧化物能使多少克橡胶分子产生化学交联。若 1g 分子的过氧化物能使 1g 分子的橡胶交联，交联效率为 1，如：SBR 的交联效率 12.5，BR 的交联效率为 10.5，EPDM、NBR、NR 的交联效率为 1，而 IIR 的交联效率为 0。

② 使用活性剂和助硫化剂提高交联效率。ZnO 的作用是提高胶料的耐热性，与硫黄硫化的活化剂作用不同。硬脂酸的作用是提高 ZnO 在橡胶中的溶解度和分散性。HVA-2 (N,N'-邻亚苯基-二马来酰亚胺)也是过氧化物的有效活性剂。助硫化剂，主要是硫黄，其他还有助交联剂如二乙烯基苯、三烷基三聚氰酸酯、不饱和羧酸盐等。

③ 注意组分之间的作用。过氧化物硫化时，配方中少量的碱性物质，如 MgO、三乙醇胺等，可以提高交联效率，但要避免使用槽法炭黑和白炭黑等酸性填料，因为酸性物质使自由基钝化，降低硫化效率。此外防老剂一般是胺类和酚类防老剂，也容易使自由基钝化，降低交联效率，应尽量少用或增加硫化剂的用量。

④ 注意工艺条件的控制。过氧化物硫化时，硫化温度应该高于过氧化物的分解温度。硫化时间一般为过氧化物半衰期的 6~10 倍。过氧化物半衰期是指一定温度下，过氧化物分解到原来浓度的一半时所需要的时间，用 $t_{1/2}$ 表示。如 DCP 在 171℃时的半衰期为 1min，则其正硫化时间应为 6~10min。

(2) 金属氧化物硫化体系

金属氧化物硫化体系主要用于氯丁橡胶(CR)、氯化丁基橡胶(CIIR)、氯磺化聚乙烯(CSM)、羧基丁腈橡胶(XNBR)、氯醇橡胶(CO)等，尤其是 CR 和 CIIR，常用金属氧化物硫化。常用的金属氧化物是氧化锌和氧化镁。

金属氧化物硫化 CR 时，首先是 1,2-结构的氯丁橡胶结合在烯丙基上的氯和双键发生转移，活泼氯与氧化锌作用生成醚型交联键。

具体反应式如下：

双键和氯转移：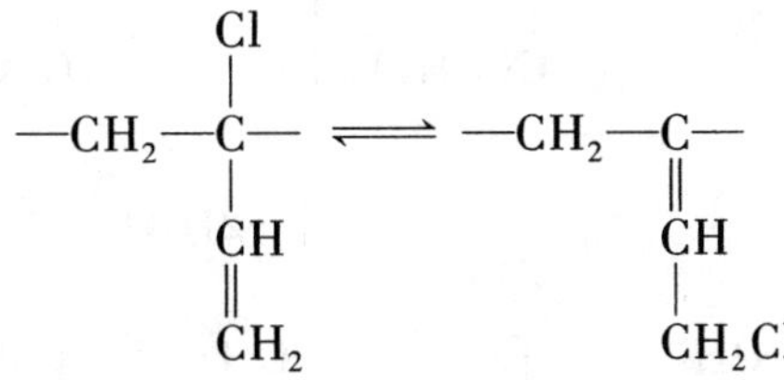

氯丁橡胶的金属氧化物硫化有两种机理：

第一种机理：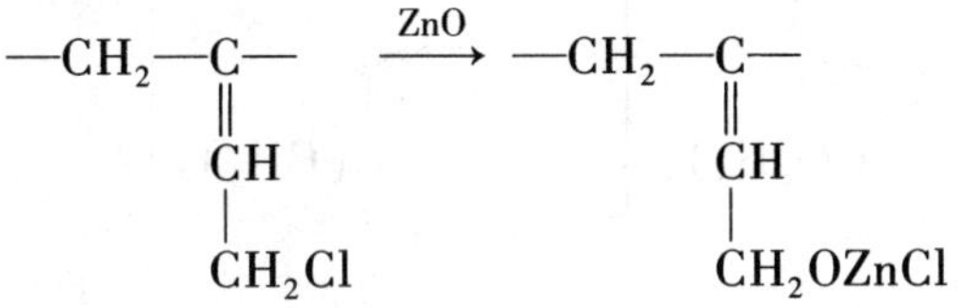

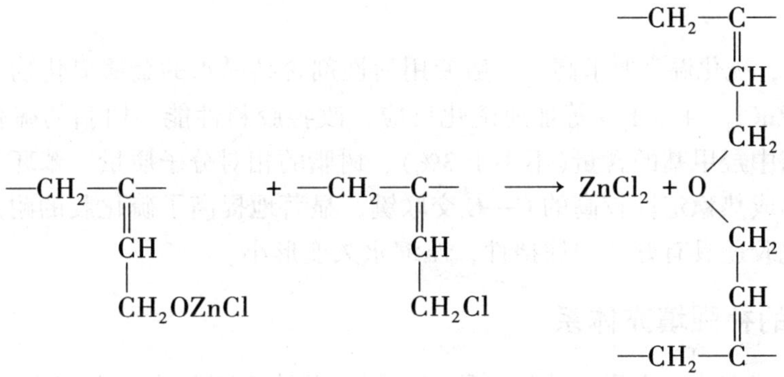

第二种机理：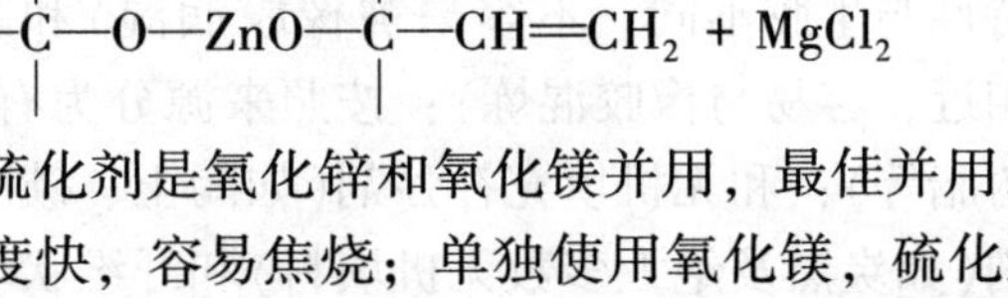

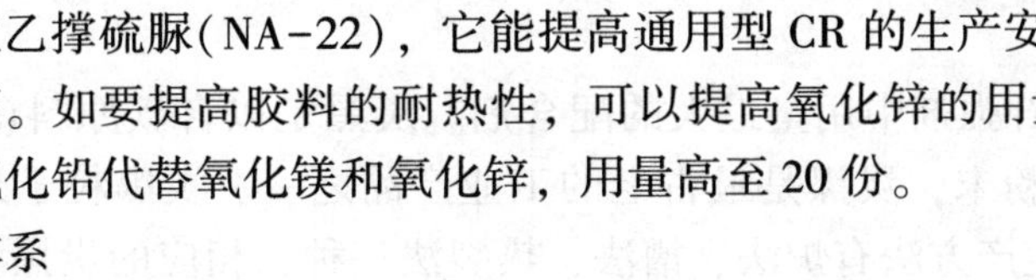

金属氧化物硫化体系常用的硫化剂是氧化锌和氧化镁并用，最佳并用比为 ZnO：MgO = 5：4。单独使用氧化锌，硫化速度快，容易焦烧；单独使用氧化镁，硫化速度慢。CR 中广泛使用的促进剂是亚乙撑硫脲(NA-22)，它能提高通用型 CR 的生产安全性，并使产品的物性和耐热性得到提高。如要提高胶料的耐热性，可以提高氧化锌的用量(15~20 份)；若要制耐水制品，可用氧化铅代替氧化镁和氧化锌，用量高至 20 份。

(3) 树脂硫化体系

为了提高二烯类橡胶的耐热性和屈挠性，可以用树脂硫化，尤其是 IIR。用树脂硫化时更能显示出其良好的耐热性，特别适合做胶囊使用。

叔丁基酚醛树脂硫化天然橡胶或丁腈橡胶反应如下：

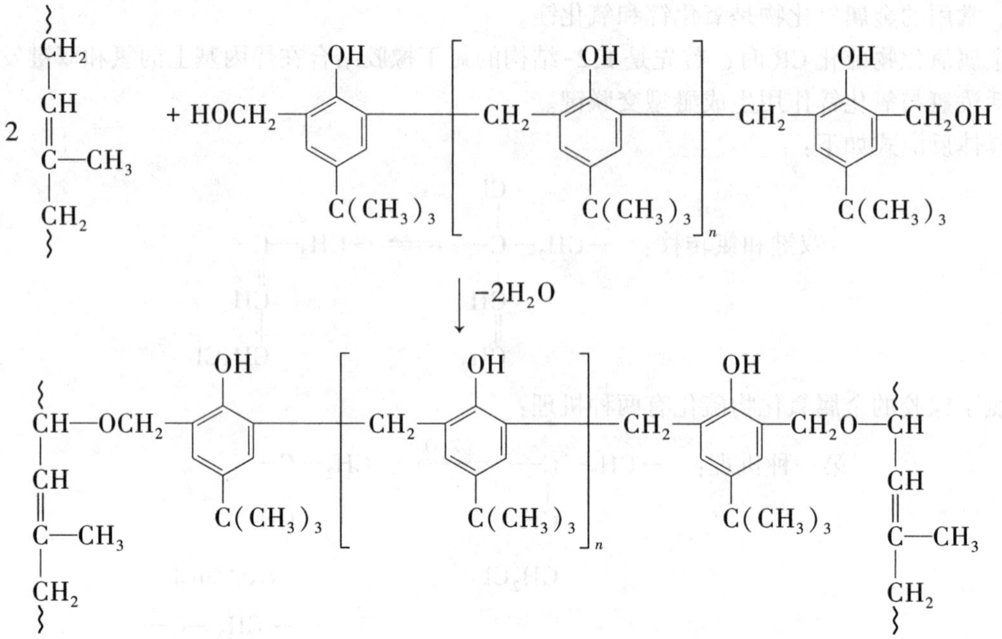

树脂硫化时，硫化温度要求高，一般使用活性剂含结晶水的金属氯化物如 $SnCl_2 \cdot 2H_2O$，$FeCl_2 \cdot 6H_2O$，$ZnCl_2 \cdot 1.5H_2O$ 等加速硫化反应，改善胶料性能。树脂的硫化活性与许多因素有关，如树脂中羟甲基的含量(不小于 3%)、树脂的相对分子质量、苯环上取代基等。

硫化胶中形成热稳定性较高的 C—C 交联键，显著地提高了硫化胶的耐热性和化学稳定性。另外，硫化胶还具有好的耐屈挠性，压缩永久变形小。

二、橡胶的补强填充体系

橡胶的补强填充体系实质上就是一种填充剂，而填充剂分为补强填充剂和惰性填充剂。补强填充剂能提高橡胶的耐磨性、抗撕裂强度、拉伸强度、模量、抗溶胀性等性能，也称为补强剂；惰性填充剂称为增容剂，仅仅是为了节约生胶，降低成本，改善加工工艺，而又不明显影响橡胶制品性能的行为而加入的，也称为填充剂。

填充补强剂是橡胶中最大品种的配合剂，其种类非常多。由于填充补强剂表面性质不同，对橡胶的活性也不同，可以按照表面特性分为亲水性填充补强剂(如碳酸盐、陶土、氧化锌等，它们的特性与生胶不同，不容易被橡胶润湿)和疏水性填充补强剂(如各种炭黑，表面性质与橡胶相近，容易与橡胶混炼)；按照来源分为有机填充补强剂(如炭黑、软木粉、木质素、煤粉、树脂等)；和无机填充补强剂(如陶土、碳酸钙、硅铝炭黑等)；按照形状分为粒状填充补强剂(如炭黑及绝大多数无机填料)和纤维状填充补强剂(如石棉、短纤维、碳纤维、金属晶须等)。

炭黑是橡胶填充补强剂中用量最大的配合剂。炭黑是以含碳原料(主要为石油)经不完全燃烧而产生的微细粉末，炭黑是最古老的工业产品之一。炭黑粒子近似球形，粒径介于 10~500μm。主要的生产方法有炉法、槽法、热裂法三种，相应的炭黑为炉黑、槽黑和热裂黑，如导电槽黑炭黑(CC)、可混槽黑(MPC)、易混槽黑(EPC)、超耐磨炭黑(SAF)、通用炉黑(GPF)、高耐磨炉黑(HAF)、快压出炉黑(FEF)、细粒子炉黑(FF)、高定伸炉黑(HMF)、半补强炉黑(SRF)、细粒子热裂法炉(FT)等。炭黑主要用作橡胶的补强剂和填料，其消耗量约为橡胶消耗量的一半，橡胶用炭黑占炭黑总量的94%，其中约60%用于轮胎制造。此外，也用作油墨、涂料和塑料的着色剂以及塑料制品的紫外光屏蔽剂。

除了炭黑外，还有碳酸盐类，主要为重质碳酸钙、轻质碳酸钙和活性碳酸钙，用作填充剂；硫酸盐类，包括硫酸钡、硫酸钙、锌钡白(立德粉)等，主要用作填充剂，硫酸钡可减少X光透过度；含硅化合物中，陶土中最常使用的为高岭土，作填充剂，硬质陶土有补强作用，滑石粉作填充剂，在橡胶中主要作隔离剂、表面处理剂，有一定补强作用，白炭黑(水合二氧化硅)在橡胶中作补强剂，效果仅次于炭黑，是硅橡胶的优良补强剂，亦可作消光剂、增稠剂。其他的还有云母粉、硅藻土、硅酸铝等。

(一)补强剂补强的原因

补强剂中最典型、用量最大的是炭黑，下面以炭黑为例简述橡胶补强原因。

炭黑与橡胶之间的结合反应(结合橡胶)是炭黑对橡胶补强的基本原因。结合橡胶也称为炭黑凝胶(bound-rubber)，是指炭黑混炼胶中不能被它的良溶剂溶解的那部分橡胶。结合橡胶实质上是填料表面上吸附的橡胶，也就是填料与橡胶间的界面层中的橡胶，具有类似玻璃态的特点。

通常采用结合橡胶来衡量炭黑和橡胶之间相互作用力的大小，结合橡胶多则补强性高，所以结合橡胶是衡量炭黑补强能力的标尺。

理论上只要一条橡胶分子链有一个点同炭黑结合，则整个分子链就成为凝胶，这种凝胶是疏松的。

当炭黑的填充量大时，一条橡胶分子链可能被吸附于几个炭黑粒子上，形成结实的凝胶，如图7-3-3所示。

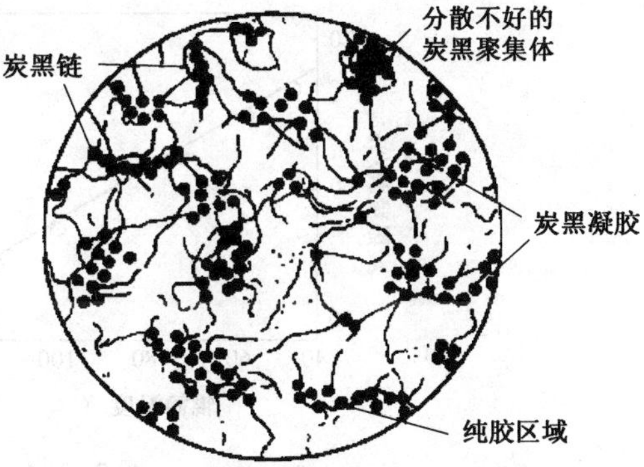

图7-3-3　炭黑在橡胶中的分布示意图

结合橡胶的生成原因主要源于橡胶和炭黑之间的化学吸附和物料吸附。

化学吸附，是吸附在炭黑表面上的橡胶分子链与炭黑的表面基团结合，或者橡胶在加工过程中经过混炼和硫化产生大量橡胶自由基或离子与炭黑结合，发生化学吸附，这是生成结合橡胶的主要原因。

物理吸附是橡胶大分子链在炭黑粒子表面上的那些大于溶解力的物理吸附，要同时解脱所有被炭黑吸附的大分子链并不是很容易的，只要有一两个被吸附的链节没有除掉，就有可能使整个分子链成为结合橡胶。

影响结合橡胶的因素：

1. 炭黑比表面积

结合橡胶几乎与炭黑的比表面积成正比增加。随着炭黑比表面积的增大，吸附表面积增大，吸附量增加，即结合橡胶增加。如图7-3-4所示。

2. 混炼薄通次数

很多橡胶，如天然橡胶是一种很容易产生氧化降解的物质，那些只有一两点吸附的大分子链的自由链部分可能存在于炭黑的玻璃态层及亚玻璃态层外面。这部分橡胶分子链薄通时同样会产生力学断链及氧化断链。这种断链可能切断了与吸附点的连接，这样就会使结合橡胶量下降。

例如50份炭黑填充的氯丁橡胶、丁苯橡胶和丁基橡胶随薄通次数的变化如下：氯丁橡胶、丁苯橡胶结合胶随薄通次数增加而增加，大约到30次后趋于平衡；而丁基橡胶一开始就下降，也是约30次后趋于平衡，丁基橡胶下降的原因类似于天然橡胶。如图7-3-5所示。

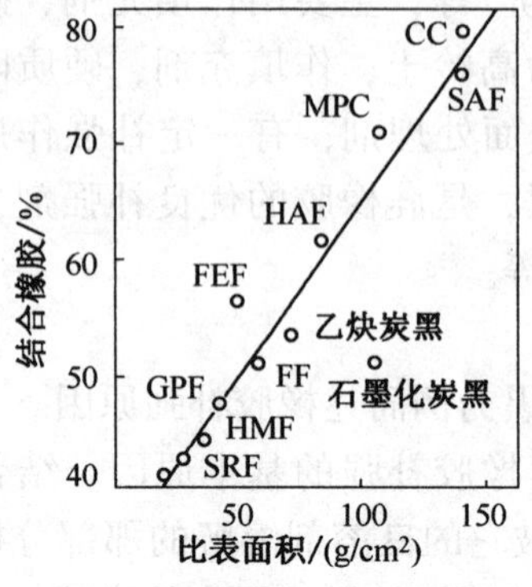

图7-3-4　比表面积对结合橡胶的影响

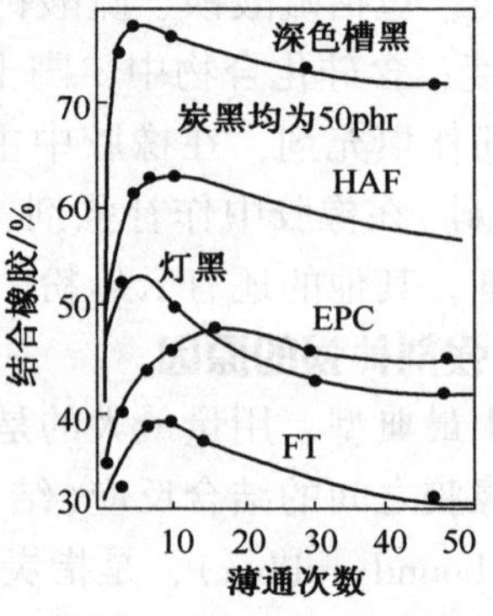

图7-3-5　薄通次数对结合橡胶的影响

3. 温度的影响

温度主要指处理温度和混炼温度。将混炼好的试样放在不同温度下保持一定时间后测结合橡胶量。随处理温度升高，即吸附温度提高，结合橡胶量提高，这种现象和一般吸附规律一致，如图7-3-6所示。

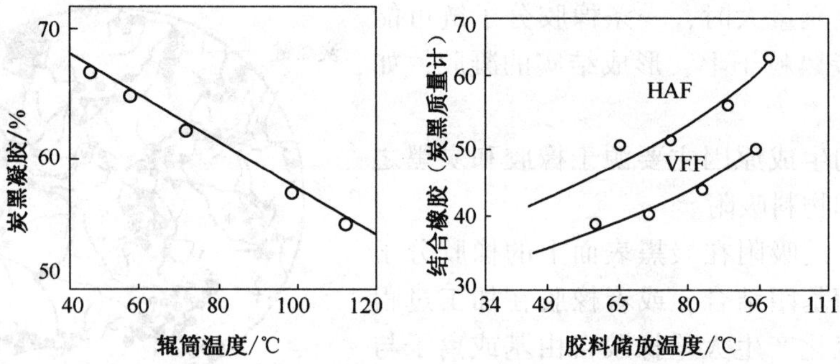

图7-3-6　温度对结合橡胶的影响

与上述现象相反，混炼温度对结合橡胶的影响却是混炼温度越高则结合橡胶越少。这可能是因为温度升高，橡胶变得柔软而不易被机械力破坏断链形成大分子自由基，炭黑在这样柔软的橡胶环境中也不易产生断链形成自由基，因此在高温炼胶时由于这种作用形成的结合橡胶会比低温下炼胶的少。

4. 胶料性质

结合橡胶量与橡胶的不饱和度和相对分子质量有关，不饱和度高、相对分子质量大的橡胶，生成的结合橡胶多，如表7-3-1所示。

表7-3-1　橡胶相对分子质量对结合橡胶的影响(HAF炭黑)

SBR相对分子质量 M_t	$M_t/M2000$	结合橡胶/(mg/g)	结合橡胶比率(以 $M_v=2000$ 的为1)
2000	1	45.7	1
13400	6.7	60.9	1.3
300000	150	145.0	3.2

5. 陈化时间

实验表明，混炼后随停放时间增加，结合橡胶量增加，大约一周后趋于平衡。因为固体炭黑对固体橡胶大分子的吸附不像固体填料对气体或小分子吸附那么容易。另外化学吸附部分较慢，也需要一定时间。

（二）炭黑的补强理论

近半个世纪以来，人们对炭黑补强机理曾进行了广泛的探讨。各个学者提出的机理虽然能说明一定的问题，但都存在局限性。炭黑的补强理论有很多，如容积效应理论、弱键和强键学说理论、有限伸长学说理论、双壳层模型理论、大分子滑动学说理论等。其中橡胶大分子链滑动学说被很多学者认为最有说服力。该理论的核心是橡胶大分子能在炭黑表面上滑动，由此解释了补强现象。

前面介绍过橡胶能够很好地吸附在炭黑表面，润湿了炭黑。吸附是一种物理过程，即炭黑与橡胶分子之间的吸引力大于橡胶分子间的内聚力，即物理吸附。这种结合力较弱，还不足以说明主要的补强作用。主要补强作用在于炭黑的不均匀性，有些活性很大的活化点，具有不配对的电子，能与橡胶起化学作用。橡胶吸附在炭黑的表面上有若干个点与炭黑表面起化学的结合，这种作用称为化学吸附，化学吸附要比单纯的物理吸附大得多。这种化学吸附的特点是分子链较容易在炭黑表面上移动，但不易和炭黑脱离。

如图 7-3-7 所示为大分子滑动学说补强机理模型。

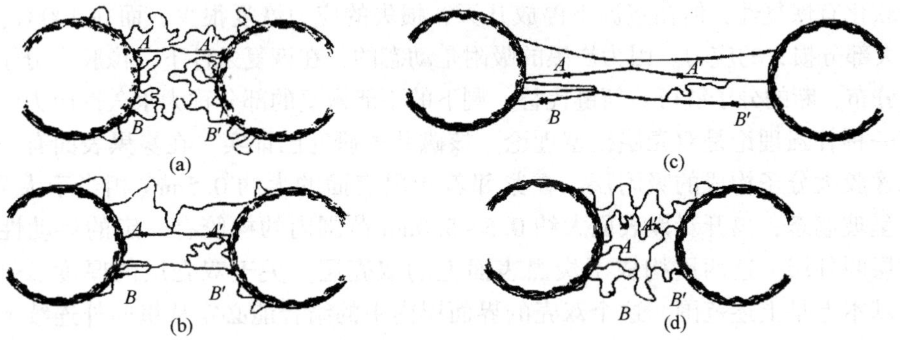

图 7-3-7　橡胶大分子滑动学说补强机理模型

第一阶段如图 7-3-7(a)，表示胶料原始状态，长短不等的橡胶分子链被吸附在炭黑聚集体表面上。第二阶段如图 7-3-7(b)，当大分子链伸长时，最短的链先受力，但是这条最短的链不是断裂而是沿炭黑表面滑动，起到应力均匀作用，缓解应力集中。分子就不是各个击破，而是整体运动。这也是炭黑补强橡胶的第一个重要因素。第三阶段如图 7-3-7(c)，当再继续伸长，橡胶链再滑动，使橡胶链高度取向，承担更大的应力，具有高的模量，成为炭黑补强的第二个因素。由于滑动摩擦使胶料有滞后损失，会消耗一部分外力功，化为热量，使橡胶不受破坏，成为补强的第三个因素。第四阶段如图 7-3-7(d)为收缩后胶料的状况，表明再伸长时的应力软化效应，胶料回缩后炭黑粒子间橡胶链的长度差不多一样，再伸长就不需要再滑动一次，所需应力下降。在适宜的情况(如膨胀)下，经过长时间，由于橡胶链的热运动、吸附与解吸附的动态平衡、粒子间分子链长度的重新分布，胶料又恢复至接近原始状态。但是如果初次伸长的变形量大，恢复常不超过 50%。

以上几种情况形成了炭黑补强机理。这里提到了应力软化与炭黑补强的机理有一定的关系，如图 7-3-8 所示为压力软化示意图。

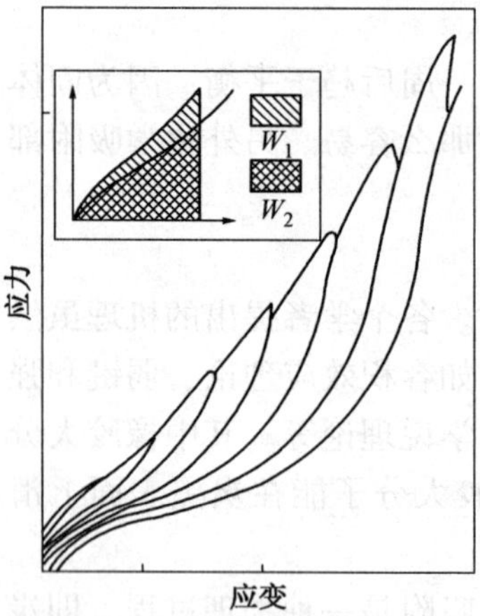

图 7-3-8　应力软化示意图

硫化胶试片在一定的实验条件下拉伸至给定的伸长比 λ_1 时，去掉应力，恢复。第二次拉伸至同样的 λ_1 时所需应力比第一次低，第二次拉伸的应力-应变曲线在第一次的下面。若将第二次拉伸比增大超过第一次拉伸比 λ_1 时，则第二次拉伸曲线在 λ_1 处急骤上撇与第一次曲线衔接。若将第二次拉伸应力去掉，恢复。第三次拉伸，则第三次的应力应变曲线又会在第二次曲线下面。随次数增加，下降减少，大约 4~5 次后达到平衡。上述现象叫应力软化效应，也称为 Mullins 效应。

应力软化效应用拉伸至给定应变所造成的应变能下降的百分率 ΔW 表示如下：

$$\Delta W=\frac{W_1-W_2}{W_1}\times 100\%$$

式中　W_1——第一次拉伸至给定应变时所需要的应变能；

W_2——第一次拉伸恢复后，第二次(或更多次数)再拉伸至同样应变时所需的应变能。

应力软化效应代表一种黏性的损耗因素，所以凡是影响黏弹行为的因素对它均有影响。填料及其性质对应力软化效应有决定性作用，例如是否填充、填料品种、炭黑品种等。总的趋势是补强性高的炭黑应力软化效应比较高，反之亦然。

应力软化有恢复性，但在室温下停放几天，损失的应力恢复很少，而在 100℃、24h 真空中能恢复大部分损失的应力。因为炭黑的吸附是动态的，在恢复条件下，橡胶大分子会在炭黑表面重新分布，断的分子链可被新链代替。剩下的不能恢复的部分称为永久性应力软化作用。

还有一种补强理论是双壳层模型理论。核磁共振研究已证实，在炭黑表面有一层由两种运动状态橡胶大分子构成的吸附层。在紧邻着炭黑表面的大约 0.5nm(相当于大分子直径)的内层，呈玻璃态；离开炭黑表面大约 0.5~5.0nm 范围内的橡胶有一定的运动性，呈亚玻璃态，这层叫外层。这两层构成了炭黑表面上的双壳层。关于双壳层的厚度 $\Delta\gamma_c$，报道不一，不过基本上是上述范围。这个双壳的界面层内中的结合能必定从里向外连续下降，即炭黑表面对大分子运动性的束缚不断下降，最后到橡胶分子不受束缚的自由状态。

对壳层补强作用的解释是双壳层起骨架作用。如图 7-3-9 所示为填充炭黑橡胶的不均质结构示意图，A 相为自由大分子，B 相为交联结构，C 相为双壳层，该理论认为 C 相起着骨架作用联结 A 相和 B 相，构成一个橡胶大分子与填料整体网络，改变了硫化胶的结构，因而提高了硫化胶的物理机械性能。

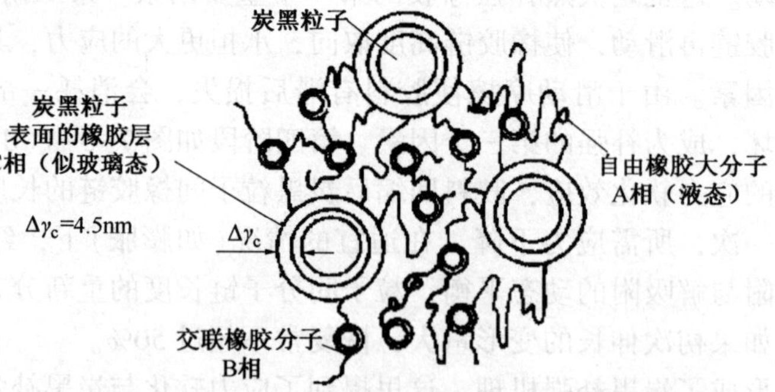

图 7-3-9　炭黑填充的硫化胶的非均质模型

（三）影响补强效果的因素

1. 粒子的大小

填充剂粒子越小，比表面积越大，能吸附的分子链越多，补强效果越好。但粒子太细，工业成本增大，且比表面积增大，混合摩擦大，放热量大，动力消耗也就变大。

2. 粒子的形状

粒子的形状对补强作用影响较大。球状的炭黑、片状的云母、针状的石棉，其补强效果的顺序是球状粒子>片状粒子>针状粒子，针状和片状粒子在加工中有取向作用，会使材料呈各向异性。

3. 粒子的表面性质

粒子的表面活性越大，吸附能力越强，补强效果越好，所以可采用表面活性剂来对固体粒子进行表面处理，例如采用硅烷偶联剂处理无机填充剂。

4. 粒子的结构性

在众多补强剂中，仅炭黑具有结构性，炭黑的结构性高低以吸油值表示。

炭黑在制造过程中，相邻的颗粒相互熔结在一起，并连接起来形成链状的三维空间结构，这是炭黑的一次结构(原结构)。炭黑在后加工处理时，由于物理吸附而形成的松散结构称为二次结构(次结构)，例如炭黑在收集过程中由于静电沉淀所致的结构。一次结构的牢度性很高，不易在加工过程中被破坏，即炭黑在混合分散于胶料的过程中，仍保持这种聚合状态。炭黑的结构性越高，对橡胶的补强作用越大，在胶料中的分散也越容易，橡胶的压出性能也越好。

5. 补强剂的用量

炭黑种类不同补强效果不同，同一种炭黑，用量不同，其补强效果也不同。若炭黑用量过大，补强效果反而下降，主要是过量的炭黑相当于体系的稀释剂。

（四）填充剂补强剂的选用

补强剂虽然能够起到补强作用，但不能加太多，否则适得其反。填充剂可以降低成本，但是当量大时，会造成生胶加工性能以及橡胶使用性能的下降。因此选用填充剂补强剂要考虑全面，主要考虑其分散性、吸油量，对聚合物和其他助剂的惰性、加工性能的影响，对设备的磨损等。

三、橡胶的防老体系

橡胶或橡胶制品在加工、储存和使用过程中，由于受内、外因素的综合作用(如热、氧、臭氧、光、细菌、机械力等因素)使性能逐渐下降，以至于最后丧失使用价值，这种现象称为橡胶的老化。

老化过程是一种不可逆的化学反应，像其他化学反应一样，伴随着外观、结构和性能的变化。

橡胶在老化过程中所发生的变化主要体现在以下几个方面：

① 外观变化　橡胶品种不同，使用条件不同，发生的变化也不同。外观变化主要有变软发黏，例如天然橡胶的热氧化，氯醇橡胶的老化；变硬变脆，如顺丁橡胶的热氧老化，丁腈橡胶、丁苯橡胶的老化；龟裂，如不饱和橡胶的臭氧老化，大部分橡胶的光氧老化，但龟裂形状不一样；发霉，例如橡胶的生物微生物老化。另外还有表面出现斑点、裂纹、喷霜、粉化泛白等现象。

② 性能变化　老化中性能变化是最关键的变化，性能变化可以通过仪器测试来反映。物理化学性能的变化，包括相对密度、导热系数、玻璃化转变温度、熔点、折射率、溶解性、熔胀性、流变性、相对分子质量、相对分子质量分布、耐热性、耐寒性、透气性、透水性、透光性等性能的变化。物理机械性能的变化，包括拉伸强度、伸长率、冲击强度、弯曲强度、剪切强度、疲劳强度、弹性、耐磨性都下降。电性能的变化，包括绝缘电阻、介电常数、介电损耗、击穿电压等电性能的变化以及电绝缘性下降。

③ 结构变化　外观变化、性能变化产生的原因归根到底是结构发生了变化。结构变化指橡胶大分子间产生交联结构，相对分子质量增大，如果反映在外观上表现出橡胶制品变硬变脆。分子链降解(断裂)，相对分子质量降低，如果反映在外观上表现出制品变软变黏。分子结构上发生其他变化，例如主链或侧链的改性，侧基脱落、弱键断裂(发生在特种橡胶中)等，相应的外观也有表现。

(一) 橡胶老化的原因

橡胶老化的原因有内因和外因两种因素。

内因主要是橡胶分子结构的原因。首先橡胶的基本结构如天然橡胶的单体单元异戊二烯，存在双键及活泼氢原子，所以易参与反应；其次橡胶大分子链含有的弱键，薄弱环节越多越易老化。不饱和碳链橡胶容易发生老化，饱和碳链橡胶的氧化反应能力与其化学结构有关，如支化的大分子比线型的大分子更易氧化。就氧化稳定性来说，各种取代基团按下列顺序排列：$CH<CH_2<CH_3$。硫化胶的交联结构中，其交联键有—S—、—S_2—、—S_x—、—C—C—，交联键结构不同，硫化胶耐老化性不同，其中—S_x—最差。此外橡胶配合组分及杂质，如橡胶中常存在变价金属，Ca、Fe、Co、Ni 等，若超过 3μg/g 就会大大加快橡胶的老化。

老化的外因多种多样，其中最常见的、影响最大、破坏性最强的因素是热、氧、光、机械力、臭氧等的作用，相应的老化称为热氧老化、光氧老化、疲劳老化、臭氧老化、机械老化等。

1. 热氧老化

橡胶老化最主要的因素是氧化作用，它使橡胶分子结构发生裂解或结构化，致使橡胶材料性能变坏。同时温度对氧化也有很大影响，提高温度会加速橡胶氧化反应，特别是橡胶制品在高温下或动态下使用时，生热会发生显著的热氧化作用。

橡胶的热氧老化是一种自由基链式反应，并且是一种由 ROOH 引起的自动催化氧化反应或由重金属离子引起的催化氧化反应。如果能设法阻止这种链反应的进行，或阻止催化氧化作用，就能延缓橡胶的老化。现已研制出了链终止型防老剂、破坏氢过氧化物型防老剂、重金属离子钝化剂。

2. 光氧老化

橡胶在紫外线照射下，引起光活化作用，使大分子发生光引发的氧化链反应。

在实践中，通常是采用添加稳定剂的方法来阻止聚合物的光氧化。常用的光稳定剂有三大类，即光屏蔽剂、紫外线吸收剂和猝灭剂，同塑料的稳定机理相似。

光屏蔽剂是能在聚合物与光辐射源之间起到屏蔽作用的物质。其功能是在有害的光辐射源到达聚合物表面之前将其吸收，限制其穿透到聚合物体内。光屏蔽剂包括外部涂层(如油漆)、聚合物内渗出的防护性膜以及各种配合剂。光屏蔽剂主要是一些颜料，它分散于整个聚合物之中。炭黑和其他一些颜料虽然属于光屏蔽剂类，但它们也能吸收有害的光辐射。严格地说，只有颜料的外部涂层才能算是光屏蔽剂，而在聚合物内部的颜料主要是靠吸收光发挥防护作用。

紫外光吸收剂的功能在于吸收并消散能引发聚合物降解的紫外线辐射。它能有选择地强烈吸收紫外线，并把被吸收的能量转变成热能或次级辐射(荧光)消散出去，它本身不会因吸收紫外线而发生化学变化，因而使材料避免与紫外线直接作用，从而免于遭受紫外线的破坏，起到保护材料的作用。紫外光吸收剂按其结构不同可分为邻羟基二苯甲酮类、水杨酸酯类、邻羟基苯并三唑类。

3. 臭氧老化

橡胶在大气中老化变质，臭氧的作用也是一个很重要的原因。臭氧老化先是在表面层，特别容易在应力集中处或配合剂粒子与橡胶的界面处产生，通常先生成薄膜，然后薄膜龟裂。如果是在动态条件下使用时，薄膜更易不断破裂而露出新鲜表面，使得臭氧老化不断向纵深发展，直到完全破坏。

不饱和橡胶最不耐臭氧，因为臭氧最易与主链上的双键迅速进行亲电子加成反应。同时，由于橡胶分子的扩散是反应中的最主要阶段，所以反应也取决于外部和内在的物理因素。

橡胶的臭氧老化是一个表面反应。橡胶发生臭氧龟裂需要一定的应力或应变，未受拉伸的橡胶臭氧老化后表面形成类似喷霜状的灰白色的硬脆膜。在应力或应变作用下，薄膜发生臭氧龟裂。臭氧龟裂的裂纹方向垂直于受力方向。

在橡胶中加入化学抗臭氧剂，在动静态下都可使用。抗臭氧剂用量一般为 1.5~3.0 份，几乎都是含氮化合物。常用的是对苯二胺类。

4. 疲劳老化

疲劳老化指在多次变形条件下，使橡胶大分子发生断裂或氧化，结果使橡胶的物性及其他性能变差，最后完全丧失使用价值，这种现象称为疲劳老化。

发生疲劳老化最突出的地方是轮胎的胎侧。随着轮胎每转一圈，经历压缩、伸张不断变形，这种情况下易发生疲劳老化。

防护疲劳老化最有效的方法是加入化学防老剂。防护效果最好的是对苯二胺类，主要作用是提高橡胶疲劳过程结构变化的稳定性，特别是在高温条件下，防老剂有力地阻碍了机械活化氧化反应的进行。

此外应从橡胶填料的活性、橡胶的结晶性、制品使用条件等方面综合考虑防护疲劳老化。

5. 机械老化

当橡胶受到机械力作用时，由于橡胶网络结构的不均匀性，导致产生应力分布不均匀的现象，使局部产生应力集中，结果造成局部的分子链被扯断。这种情况尤其当橡胶处于周期性的变形时更为突出，因为这时橡胶分子链来不及松弛，应变对应力有一滞后角，在分子链中总是保持着一定的应力梯度，从而使分子链容易发生断裂，当分子链被扯断后，生成游离基，引发产生氧化链反应。

橡胶的低温塑炼也属这种情况，在机械力的作用下，分子链断裂(在低温条件下，又可引发氧化作用)。当橡胶分子链处于应力作用时，由于机械力作用导致分子链中原子的价力减弱，结果使橡胶氧化反应活化能降低，活化了氧化过程。

未受应力时，橡胶大分子活化能为 87.8kJ/mol。受应力时，振幅为 50%，频率为 250 周/s，氧化活化能为 75.7kJ/mol。

在多次变形条件下，既可发生应力引发，又可发生应力活化，但二者发生的情况不同。一般，温度高、振幅小、频率低、氧的浓度大的条件下，以应力活化为主，反之以应力引发为主。

（二）防老剂的使用原则

为使橡胶制品具有一定的防护效能，一般都需要在胶料中加入防老剂。目前防老剂的品种繁多，效果各异。防老剂的防护效能与防老剂本身的性能、聚合物的类型、加工条件、制品的使用条件等有关。因此，应根据具体情况来选用防老剂。通常在选用防老剂时应考虑以下几点：

① 了解橡胶制品的使用条件及引起老化的因素，这是在选择防老剂时首先考虑的。

② 考虑加工过程中工艺条件的影响。

③ 考虑所采用的橡胶及配合剂的性质，如橡胶的性质、配合剂的性质。

④ 防老剂本身性质的选择，例如变色及污染性、挥发性、溶解性和稳定性等。

此外为了降低橡胶分子链间的作用力，改善加工工艺性能，提高胶料的物理机械性能，可以加入不同种类的增塑剂，组成增塑体系。

橡胶加工助剂

第四节　生胶的塑炼

生胶是线型的高分子化合物，在常温下大多数处于高弹态。高弹态是橡胶及其制品的最宝贵的性质，然而这一特性却给制品的生产带来了极大的困难。如果不首先降低生胶的弹性，提高可塑性，在加工过程中一方面各种配合剂无法在生胶中分散均匀；另一个方面成型加工的大部分机械能将消耗在弹性变形上，不能获得人们所需要的各种形状。此外橡胶分子间的作用力相对较小，但是橡胶的平均相对分子质量很大，M_n大约为$(1\sim10)\times10^5$，每一根分子链所受的总作用力非常大，因此橡胶分子链的相对位移很困难，表现为黏度很高。所以为了满足各种加工工艺的要求，必须使生胶由强韧的弹性状态变成柔软可塑性的状态，该过程称为塑炼，即把具有弹性的生胶变成具有可塑性的胶料的工艺过程。但是过度塑炼会降低硫化胶的强度和弹性、耐磨性等。

一、生胶的塑炼原理

生胶的塑炼就是使橡胶由强韧的高弹性状态转变为柔软的塑性状态的过程。

塑炼后的生胶弹性减小，可塑性提高，黏度降低，流动性改善，胶料的溶解性和成型粘着性提高。降低相对分子质量是生胶获得可塑性的最有效方法，只有这样才能使黏度下降，可塑性增加。黏度和相对分子质量的关系见下式：

$$\eta_0 = A\,\overline{M}_{W}^{3.4}$$

降低相对分子质量，实质上就是使分子链断链，而分子链断链主要通过氧和机械力的作用，此外还有热、电、化学塑解剂等的作用来完成。

按照塑炼的方法可以分为机械塑炼和氧化塑炼，其中以机械塑炼法为主。

1. 机械塑炼机理

橡胶的机械塑炼，通常是将生胶分子链在机械力和氧的作用下产生分子链的断裂，实质是力-化学反应过程。

非晶态橡胶分子的构象是卷曲的，大分子间以范德华力相互作用。塑炼时，由于受到强烈摩擦、挤压、剪切的反复作用，使卷曲的缠结大分子链互相牵扯拉直，容易使机械应力局部集中。当应力大于大分子链上某一个键的断裂能时，造成大分子链断裂，相对分子质量下降，由此获得希望的可塑性。

大分子链的断裂过程不是杂乱无章的，而是遵循一定的规律。当大分子链受到剪切力作用时，沿着流动方向伸展，分子链中央部分受力最大，伸展最大，而链段的两端保持一定的卷曲状。因此大分子链中央部分首先断裂，通过理论计算得知，10 个链受剪切力作用，其中只有 1 个发生在距离中心 1/3 处，其余都在中心断裂。

大分子链断裂几率可以利用下列公式进行理论分析：

$$\rho \approx \frac{K_1}{e^{\frac{(E-F_0\delta)}{RT}}}$$

式中 ρ——分子链断裂几率；

E——分子化学键能；

δ——链断裂时伸长长度；

K_1——常数；

$F_0\delta$——链断裂时机械功；

F_0——作用于分子链上的力，见下式：

$$F_0 = K_2 \eta \dot{\gamma} \left(\frac{M}{\overline{M}}\right)^2$$

式中 $\overline{M}$——平均相对分子质量；

M——最长分子的相对分子质量；

$\eta\dot{\gamma}$——作用于分子链上的剪切力 τ；

K_2——常数。

从上式中可以看出，分子链断裂的几率与作用于分子链上的机械力、胶料的温度以及大分子链键能有关。当橡胶的黏度越大，剪切速率越大，分子受力越大；而橡胶的相对分子质量越大，受力越大；当外力作用的机械功大于化学键能时，分子断裂几率上升，即断裂往往发生在键能低的化学键上；由于橡胶大分子的主链比侧链长得多，大分子链间的范德华力和几何位移的缠结使得主链上受到的应力要比侧链上受到的应力大得多，所以主链断裂的可能性比侧链断裂的可能性大很多。

机械力作用的结果是生胶的最大相对分子质量级分最先断裂而消失，低相对分子质量级分几乎不变。因此中等相对分子质量级分得以增加，这就使生胶相对分子质量下降的同时，其相对分子质量分布变窄，如图 7-4-1 所示。

机械塑炼的机理一般以自由基机理进行，在机械力作用下首先切断橡胶大分子链生成大分子自由基。

$$\text{R—R} \xrightarrow{\text{机械力}} \text{R}\cdot + \text{R}\cdot$$

但是自由基的化学性质很活泼，生成的自由基会重新结合起来从而得不到预期的塑炼效果。因此，单纯机械力的作用是不够的。

实践证明，在惰性气体中进行长时间的塑炼的可塑性几乎不变，而在氧气中塑炼，生胶的黏度迅速下降。如图 7-4-2 所示。

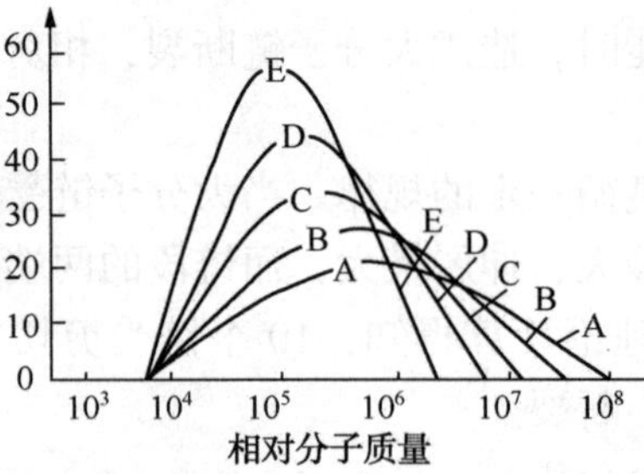

图 7-4-1　天然橡胶相对分子质量分布与塑炼的关系

塑炼时间/min：A—8；B—21；C—38；D—43；E—56

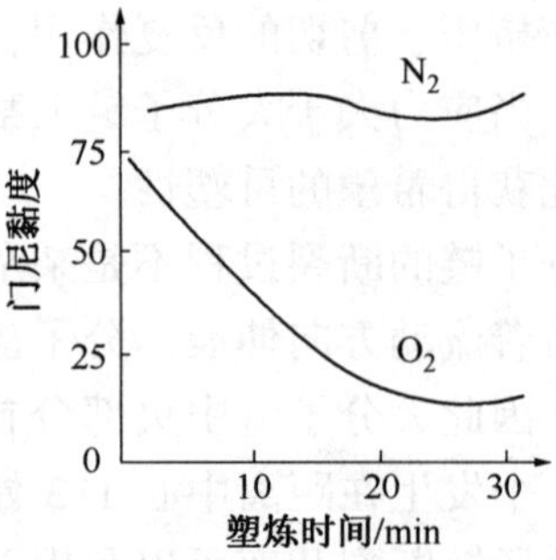

图 7-4-2　橡胶塑炼时门尼黏度的变化

另有实验证明，生胶结合 0.03%的氧就能使橡胶相对分子质量减少 50%，结合 0.5%的氧，相对分子质量由 10^5 降到 5000。生胶塑炼时，随着塑炼时间的延长，橡胶质量和丙酮抽出物(其中含有氧化合物)的含量不断增加，可见氧在塑炼过程中与橡胶分子起了某种加成作用，参与了橡胶的化学反应。

在实际塑炼过程中，橡胶都与周围空气中的氧接触，可作为活性自由基的稳定剂(自由基接受体)，使自由基转变为稳定的分子，即起到阻断自由基的作用，所以氧起着极为重要的作用，见下式反应：

$$R—R \longrightarrow 2R\cdot$$
$$R\cdot +O_2 \longrightarrow ROO\cdot$$
$$ROO\cdot +R'H \longrightarrow ROOH+R'\cdot$$
$$ROOH \longrightarrow \text{分解成稳定的较小的分子}$$

机械塑炼一般在温度较低时塑炼效率较高。

2. 氧化塑炼机理

在机械塑炼中，氧作为自由基的接受体，起到阻断自由基的作用，氧在机械塑炼中起到辅助作用。而在氧化塑炼中，橡胶大分子在机械力的活化作用下，氧引发橡胶大分子断链。此时机械力起到应力活化作用，氧作为自由基引发体，引发橡胶大分子的断链。其氧化机理如下：

链引发　　$RH+O_2 \longrightarrow R\cdot +HOO\cdot$

链增长　　$R\cdot +O_2 \longrightarrow ROO\cdot$

$$ROO\cdot +R'H \longrightarrow ROOH+R'\cdot$$
$$HOO\cdot +R'H \longrightarrow HOOH+R'\cdot$$
$$R'\cdot +O_2 \longrightarrow R'OO\cdot$$

氧化塑炼一般是温度较高时塑炼效率较高。

氧化塑炼时，因为氧化对相对分子质量最大和最小部分同样起作用，所以并不发生相对分子质量分布变窄的情况，而是相对分子质量分布曲线的平移。如图 7-4-3 所示。

如图 7-4-4 所示为天然橡胶在不同温度下的塑炼效率。

从曲线上看到，在 110℃以下，此处为低温塑炼区，随着温度的升高，塑炼效率下降；而在 110℃以上，为高温塑炼区，随着温度的升高，塑炼效率上升。

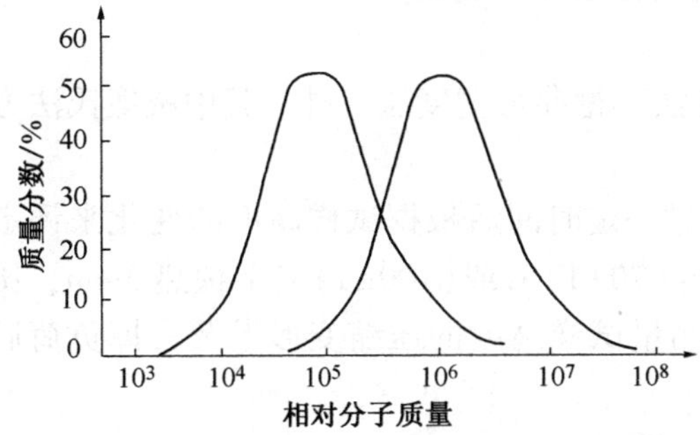

图 7-4-3　氧化塑炼相对分子质量的变化

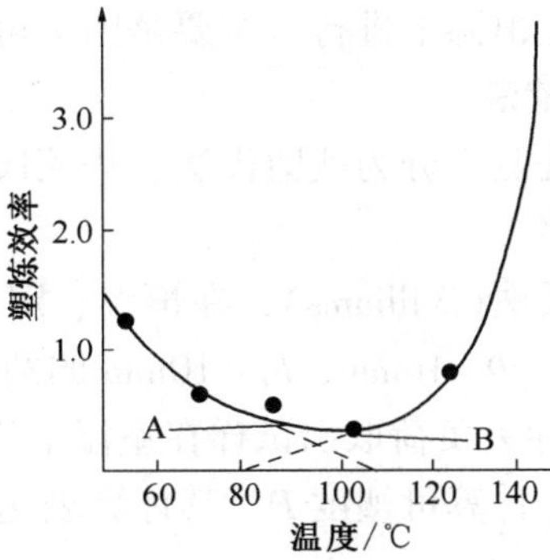

图 7-4-4　温度对 NR 生胶机械塑炼效率的影响

低温塑炼区随着温度的升高，胶料受热变软，分子链较易产生滑动而难于被切断，因而所受的机械力作用显著减小，降低了机械力对分子链的作用，生胶塑炼效率下降。

在高温区，虽然机械力作用下降了，但是由于温度高，产生的热量大，氧的自动催化氧化作用急剧增加，加快了氧化降解速度，塑炼效果反而随着温度的升高而增加。

在低温和高温塑炼的交界处，即 110℃处，天然橡胶的塑炼效率最低，因为在这个温度范围内，氧的活性不大，氧化作用不显著，而生胶此时由于温度的作用又会变得很软，机械力作用又不显著，因此所得的塑炼效率最低。

各种生胶的性能不同，出现最低效率的温度也不同。

从以上的分析看到，生胶的塑炼在低温时机械塑炼占主要地位，而高温时主要发生氧化塑炼。无论是机械塑炼还是氧化塑炼，在塑炼过程中，如果加入化学塑解剂均能加强氧化作用，促进橡胶分子断裂，从而增加塑炼效果。通常化学塑解剂主要有三大类：

（1）自由基接受型塑解剂

自由基接受型塑解剂，即低温塑解剂，如硫酚、苯醌和偶氮苯等。该类塑解剂在低温塑炼时起着和氧一样的自由基接受体的作用，使断链的橡胶大分子自由基稳定，从而生成较短分子。

（2）引发型塑解剂

引发型塑解剂，即高温塑解剂，如过氧化二苯甲酰和偶氮二异丁腈等，在高温塑炼时分解成极不稳定的自由基，再引发橡胶大分子生成大分子自由基，进而氧化断链。

（3）混合型塑解剂

混合型塑解剂，即链转移型塑解剂，如硫醇类和二邻苯甲酰胺基苯基二硫化物类，它们既能使橡胶分子自由基稳定，又能在高温下引发橡胶形成自由基加速自动氧化断链。

二、可塑性的测定方法

经过塑炼的胶称为塑炼胶，对塑炼胶质量的要求有两个：一是可塑度要适当，二是塑炼要均匀。

塑炼胶的可塑度适当指应满足加工工艺要求，在此基础上应具有最小的可塑性。但过度塑炼会降低硫化胶的强度、弹性、耐磨性等，而且会增加动力消耗。塑炼程度一般根据混炼胶工艺性能和制品性能的要求来确定。例如胶管外层胶可塑度一般要求 0.3~0.35，胶管内层胶 0.25~0.3，胎面胶 0.22~0.24，胎侧胶 0.35 左右，海绵胶 0.5~0.6 等。

生胶和塑炼胶可塑度的测定通常有三种方法，即压缩法、旋转扭力法和压出法。它们的测定均需在恒温下进行，主要是因为可塑度随温度变化会发生变化。

1. 压缩法

压缩法测定分为威廉氏法、华莱氏快速可塑度法和德弗可塑度法三种。其中威廉氏法方法应用较多。

威廉氏法(Williams)，在恒温、定负荷下，经过一定时间后根据试样高度的变化来评定可塑度。将 $\Phi=16\text{mm}$，$h_0=10\text{mm}$ 的圆柱试样在 $T=(70\pm1)$℃或(100 ± 1)℃下预热 3min，压缩 3min，除去负荷取出试样在室温下恢复 3min，测量试样高度的压缩变形量及去掉负荷后的变形量，计算可塑度 P，其计算表达式如下：

$$P=\frac{h_0-h_2}{h_0+h_1}$$

式中 h_0——试样原始高度，mm；

h_1——试样压缩 3min 后的高度，mm；

h_2——恢复 3min 后的高度，mm。

由于生胶和塑炼胶均为黏弹体，故 P 值在 0~1 之间。当 $P=0$ 时表示为完全弹性体，当 $P=1$ 时则表示为完全塑性体。P 值越大，表示塑炼胶的可塑性越大。

2. 旋转扭力法

旋转扭力法即门尼黏度法。是在一定温度、时间和压力下，根据试样在活动面(转子)与固定面(模腔)之间变形时所受扭力来确定胶料可塑度。实验时，将试样按要求放入模腔里，在 100℃下预热 1min，使转子在 2r/min 速度转动 4min，在转子和模腔之间变形时所受的扭力值即为门尼黏度，其表示方法如下式：

$$ML_{1+4}^{100℃} \text{或} MS_{1+4}^{100℃}$$

符号中 M 表示门尼黏度，L 表示大转子，S 表示小转子，表示在 100℃下预热 1min、转子转动 4min。此值越大，黏度越大，胶料的可塑性越小。

门尼黏度法比压缩法迅速简便，且表示的动态流动性更接近于工艺实际情况。

3. 压出法

压出法采用毛细管流变仪来测定。

在一定温度、压力、口型下，于一定时间内用毛细管流变仪测定胶料的压出速度，以每分钟压出的毫克数表示可塑度。

此法与压出机口型的工作状况相似，可更具体地了解混炼胶可塑性对压出性能的影响。但是压出法试样需要较多的胶料，且试样必须经较长时间预热。

三、塑炼方法及影响因素

生胶的塑炼依据设备类型不同分为三种，即开炼机塑炼法、密炼机塑炼法和螺杆式塑炼机塑炼法。由于设备结构与工作原理上的差别，在具体应用上又各有特点，要依据具体情况适当选用。依据塑炼工艺条件的不同，塑炼方法又分为低温机械塑炼法和高温氧化塑炼法。

密炼机塑炼法和螺杆塑炼机塑炼法的塑炼温度都在 100℃以上，称为高温塑炼法；开炼机塑炼法的温度在 100℃以下，故属于低温机械塑炼法。

利用不同的设备进行生胶的塑炼，生胶的塑炼程度或可塑度大小要根据具体的成型产品、不同的成型工艺以及胶料种类来确定。胶料的可塑度过大和过小，以及可塑度的不均匀，都会影响加工操作和产品质量。若胶料的可塑度过低，混炼时配合剂不易混入，混炼时间会加长，压出半成品表面不光滑，压出和压延半成品收缩率增大，压延胶布半成品容易掉皮，成型时胶料的粘着性差，硫化时不易流动充模，容易造成产品缺胶等。如果胶料的可塑度过高，混炼时配合剂也不易分散均匀，压出半成品挺括性不好，压延时胶料易粘辊筒和垫布，硫化时胶料流失胶边较多，特别是硫化胶成品的物理机械性能和使用性能会受到严重损害。所以，胶料塑炼程度主要根据胶料加工过程要求和硫化胶的物理机械性能要求来决定。一般说来，供胶、涂胶、浸胶、刮胶、压延擦胶和制造发泡制品等的胶料，其可塑度要求都较高；而对物理机械性能要求较高、半成品挺括性好及模压硫化的胶料，其可塑度要求较低。压出胶料的可塑度要求介于以上二者之间。

目前，随着恒黏度和低黏标准天然生胶品种的出现及合成橡胶的大量应用，生胶塑炼加工的任务已大为减少。只是由于天然生胶的主要品种烟片胶和绉片胶以及某些品种的合成橡胶因初始门尼黏度较高，还必须经过塑炼使之达到要求的可塑度。因此，本部分的塑炼工艺主要以天然生胶的塑炼为基础。

生胶在塑炼加工前需经一些准备加工，然后才能利用某些设备进行塑炼，塑炼后的胶料一般要经过压片、冷却、停放和质量检查，质量合格后方能供下一步加工使用。

（一）准备工艺

生胶塑炼前的准备工艺包括烘胶、切胶、选胶和破胶等处理过程。

1. 烘胶

天然生胶经过长时间运输和储存之后，常温下的黏度很高，容易硬化和产生结晶，尤其在气温较低的条件下，常会因结晶硬化使生胶难于切割和加工。因此，应事先进行加热软化，这就是烘胶。因此烘胶的作用是使生胶硬度减小，结晶熔化，以便于进行切割和塑炼加工，同时烘胶还能去除其中的水分及挥发分。

烘胶在专用的烘胶房中进行。烘胶房的下面和周边设有蒸汽加热器，生胶在烘房内按一定规则和顺序堆放在存放架上，但不得与加热器直接接触。天然生胶室内的温度保持在50~60℃，加热时间依季节气候和地区的温度差异而不同。在夏季高温季节，烘胶时间较短，一般为24~36h；在冬季低温条件下，加热时间一般为48~72h。氯丁橡胶的烘胶温度要低些，一般为24~40℃，时间为4~6h。

烘胶温度不宜过高，否则会影响橡胶的物理机械性能。烘胶必须达到胶块内外温度均匀，否则会影响塑炼质量和效率。

2. 切胶和选胶

烟片胶的包装方式都是110kg左右的大胶包。为便于使用，必须首先切成小块。每块重量视胶种而异，NR每块10~20kg，CR每块不超过10kg。生胶经加温后自烘胶房取出，在切胶前应先剥除胶包的外包皮或刷洗除去表面的砂粒其他杂物，然后才能进行切割。

切胶用单刃立式切胶机或多刃立式及卧式切胶机，具体依生产规模和生产条件而定。生胶切割后，须经外观检查，并注明胶种。若胶包中有不符等级品种质量规定的生胶或有杂质、霉烂等现象，应加以挑选和分级处理，以便按质量等级适当选用。

3. 破胶

用开炼机进行塑炼时，为了提高生产效率和保证质量及设备安全，在塑炼前有的还要将切好的胶块用破胶机进行破胶。破胶时辊温在45℃以下，辊距保持在2~3mm，让胶料通过辊距几次即可，一般2~3次。破胶操作应注意避免被弹出的胶块打伤。

（二）开炼机塑炼工艺

开炼机塑炼生胶与塑料的塑炼非常相似。开炼机的两个辊筒以不同的转速相对回转，胶料放到两辊筒间的上方，在摩擦力作用下被辊筒带入辊距中。由于辊筒表面的旋转线速度不同，使胶料通过辊距时的速度不同而受到摩擦剪切作用和挤压作用，胶料反复通过辊距而被塑炼。

开炼机塑炼是应用最早的机械塑炼方法，与其他机械塑炼方法相比，开炼机塑炼法自动化程度低、生产效率低、劳动强度大、操作危险性也大，所以不适于现代化规模生产。但由于开炼机塑炼温度低，可以进行低温塑炼，塑炼胶可塑度均匀，胶料的耐老化性能和耐疲劳性较好，动态下生热性较小，机台容易清洗，变换胶种灵活，另外设备投资较节省，所以非常适合塑炼胶质量要求高、胶料品种变化多和生产批量较小的生胶加工。因此开炼机至今仍在使用。

1. 开炼机塑炼方法

开炼机塑炼的操作方法主要有包辊塑炼法、薄通塑炼法和化学塑解法。

（1）包辊塑炼法

包辊塑炼法是指胶料通过辊间后，胶片包在前辊筒表面上，随着辊筒一起转动重新回到辊间的上方并再一次进入辊间，这样反复通过辊间受到挤压，直至达到规定的可塑度要求为止，然后通过下片、冷却完成塑炼过程。该方法塑炼时间长，效率低，最终获得的可塑度也较低。

包辊塑炼法包括一段塑炼法和分段塑炼法两种。

一段塑炼法是使胶片包在前辊上，让其自然地反复过辊塑炼，直至达到规定的可塑度要求为止。一段塑炼法的塑炼操作和胶料的停放管理简单方便，但塑炼时间长、效率低，最终能获得的可塑度也较低，不适用于塑炼胶可塑度要求较高的生胶塑炼。

分段塑炼法是先将胶料包辊塑炼一定时间，通常 10~15min，然后下片、冷却并停放4~8h 后，再将停放后的胶料重新放到炼胶机上，进行第二次包辊塑炼，达到一定时间后，再通过下片、冷却和停放，这样反复塑炼数次，直至达到要求的可塑度为止。通常分两段塑炼法和三段塑炼法即可，具体的次数还依可塑度要求而定。分段塑炼法胶料管理较麻烦，所需胶料停放占地面积较大，但塑炼温度较低，塑炼效果较好，能达到任意的可塑度要求，适用于可塑度要求较高的生胶塑炼。

（2）薄通塑炼法

薄通塑炼法是保证开炼机的辊距在 1mm 以下，胶料通过辊间后不包辊而直接落在接料盘上，等胶料全都通过辊距后，再将胶料返回到辊距上方重新通过辊距，这样反复数次，直至达到要求的可塑度为止。胶料的可塑度要求越高，需要通过辊距的次数也就越多。薄通塑炼法的优点是胶料散热快，冷却效果较好，机械塑炼效果大，塑炼胶可塑度均匀，其质量较高，能达到任意的塑炼程度，是开炼机塑炼中最普遍采用的和行之有效的塑炼方法。薄通塑炼法适用于各种生胶的塑炼加工，也可采用同包辊塑炼法相似的分段方法进行。

（3）化学塑解法

开炼机塑炼时，可采用化学塑解剂增加机械塑炼效果，提高塑炼生产效率并节约能耗。适用的化学塑解剂类型为游离基接受体型及混合型化学塑解剂，如国产的化学塑解剂 SJ-103 及进口的 Renacit Ⅴ等，化学塑解剂应以母胶形式使用，并应适当提高开炼机的辊温。

2. 开炼机塑炼的影响因素

影响开炼机塑炼的因素主要有装胶容量、辊距、辊速与速比、辊温、塑炼时间、化学塑解剂等。

（1）装胶容量

装胶容量是一次炼胶的胶料容积，取决于开炼机的设备规格与生胶种类。装胶容量过大，辊距上方的积存胶数量过多，不仅使散热困难，胶温升高，降低塑炼效果，而且使单位时间内胶料通过辊距的次数减少，造成生产效率下降，同时还会加大操作的劳动强度。但是容量过小，同样也会降低塑炼的生产效率。

合理的容量应根据以下经验公式计算：

$$Q = K \cdot D \cdot L$$

式中 Q——塑炼容量，L；

K——经验系数，一般取值范围为0.0065~0.0085，L/cm^2；

D——辊筒直径，cm；

L——辊筒工作部分长度，cm。

合成胶塑炼时生热量多，升温快，应适当减小装胶容量，如丁腈橡胶塑炼容量一般比天然橡胶低20%~25%。

（2）辊距

辊距对可塑度的影响如图7-4-5所示。当辊速和速比一定时，辊距越小，同样的塑炼其门尼黏度下降快，故机械塑炼效果越大，同时因辊距减小胶片变薄，塑炼后的冷却效果改善，又进一步提高了机械塑炼效果。例如，天然生胶利用开炼机塑炼时，辊距从4mm调小至0.5mm时，胶料的门尼黏度在同样薄通次数内迅速降低。

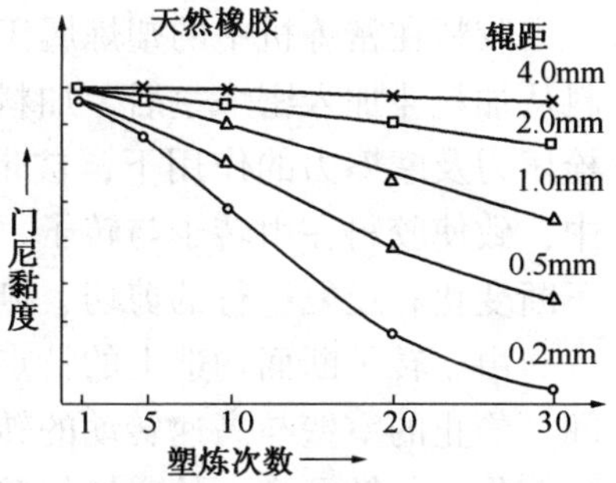

图7-4-5 塑炼次数和辊距对可塑度的影响

（3）辊速与速比

当辊距一定，提高开炼机辊筒的转速或速比都会增大胶料的机械剪切作用，从而提高机械塑炼效果，因此，开炼机塑炼时一般速比较大，在1.15~1.27范围内。速比过大会使生胶升温过快，反过来又会降低机械塑炼的效果，并加大塑炼过程的能耗；速比过小也会降低机械塑炼效果和生产效率。

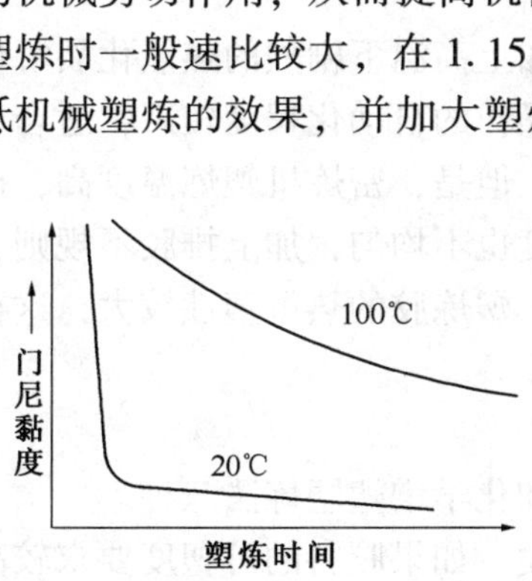

图7-4-6 塑炼温度和时间对可塑度的影响

（4）辊温

开炼机塑炼温度用辊筒的表面温度表示。

辊温和门尼黏度的关系如图7-4-6所示。辊筒温度低时，门尼黏度迅速下降，塑炼效果好。辊筒温度高时，门尼黏度下降很慢。实验证明，塑炼胶的可塑度与辊温的平方根成反比关系。由于胶料塑炼时的摩擦生热会使辊温升高而降低机械塑炼效果，所以在塑炼过程中必须不断向辊筒内腔通入冷却水冷却辊筒，使辊温保持在较低的温度范围内。但若辊温过低又容易造成设备超负荷而受到损害。天然橡胶通常控制前辊温度在45~55℃，后辊温度在40~50℃为宜，采用分段塑炼法和薄通塑炼法有利于辊温的控制。

(5) 塑炼时间

塑炼时间对可塑度的影响如图 7-4-6 所示。在辊温一定的情况下，塑炼过程的最初 10~15min，胶料的门尼黏度迅速降低，此后则渐趋缓慢，这是由于塑炼过程中胶料因生热软化，分子链之间易产生相对滑移，降低了机械作用力的效果所致。所以要获得较大的可塑度，最好的办法就是分段进行塑炼。每次塑炼的时间在 20min 以内，不仅塑炼效率高，最终达到的可塑度也大。

(6) 化学塑解剂

开炼机塑炼采用化学塑解剂时，可塑度在 0.5 以内的塑性随塑炼时间增加呈线性增长，故不需分段塑炼。

化学塑解剂不仅能提高机械塑炼效果、提高塑炼效率、节约电能消耗，还能减小塑炼胶停放过程中的弹性复原性和胶料的收缩率。

采用化学塑解剂时，为了更大地发挥化学塑解剂的作用，应适当提高开炼机的辊温，一般控制在 70~75℃ 为宜。但是辊温过高，例如温度升高到 85℃ 时，反而会降低塑炼效果，因为这时的机械剪切效果显著降低，而热氧化作用尚未达到足够的程度。

塑解剂的用量，天然橡胶一般为生胶质量的 0.1%~0.3%，合成胶则应增大为2%~3%。

(三) 密炼机塑炼工艺

胶料在密炼机中的塑炼属于高温塑炼。胶料在密闭室中的运动和受力状态十分复杂。胶料从加料斗加入密炼室后，加料门关闭，压料装置的上顶栓降落，对胶料加压。胶料在上顶栓压力及摩擦力的作用下，被带入两个具有螺旋棱、有速比的、相对回转的两转子的间隙中，致使胶料在由转子与转子，转子与密炼室壁、上顶栓、下顶栓组成的捏炼系统内，受到不断变化和反复进行的剪切、撕拉、搅拌和摩擦的强烈捏炼作用，从而达到塑炼的目的。

由于转子断面构造上的特点，转子之间的速比变化很大，其变化范围在 0.91~1.47 之间。静止的室壁与高速转动的转子突棱表面之间的速度梯度很高，更使胶料受到剧烈的剪切摩擦作用。转子表面的突棱使胶料绕转子运动的同时还发生轴向移动，进一步增加了胶料之间的搅拌混合和摩擦作用。剧烈的摩擦生热和密闭条件下的难以散发的热使橡胶在高温下剧烈氧化而发生裂解破坏，从而达到高温机械塑炼的目的。

总之，胶料在密炼机中受到的机械剪切作用较大，加上高温下剧烈的热氧化裂解作用使密炼机的塑炼速度和生产效率大大提高。同时，密炼机操作的自动化程度较高，适合于大规模生产，其劳动强度低，操作安全，操作条件得到改善。但是，密炼机塑炼温度高，操作不慎容易发生过炼现象，高温塑炼的胶料质量较差，可塑度也不均匀，加上排胶不规则，所以必须配备专用补充加工设备进行补充塑炼和压片。另外，塑炼胶的热可塑性较大，这在确定塑炼胶可塑度要求时应加以适当考虑。

1. 密炼机塑炼的方法

密炼机塑炼的工艺方法有一次塑炼法、分段塑炼法和化学增塑塑炼法三种。

当塑炼胶可塑度要求较低时，采用一次塑炼法较方便。如果胶料的可塑度要求较高，一次塑炼的时间太长，也可以采用分段塑炼，以避免塑炼温度过分升高。采用化学增塑塑炼法可提高塑炼效率，降低塑炼温度，节约能量消耗。

2. 影响密炼机塑炼的因素

影响密炼机塑炼的因素主要有装胶容量、上顶栓压力、转子的转速、密闭室内胶料的温度、塑炼时间，此外还有烘胶质量和化学塑解剂等。

（1）装胶容量

装胶容量过小不仅会降低生产效率，降低机械塑炼效果，且塑炼胶的可塑度不均匀。装胶容量过大易使设备超负荷受到损害，且散热困难造成温度过高，胶料可塑度也不均匀。合理的装胶容量应依设备规格和新旧程度，以及上顶栓压力而定。通常的填胶体积取密闭室有效容积的48%~62%，即填充系数在0.48~0.62范围内。

（2）上顶栓压力

炼胶时上顶栓必须要对胶料施加一定的压力，以增加对胶料的剪切和摩擦力作用。上顶栓压力过小，不能压紧胶料，压力一般控制在0.5~0.8MPa。随着密炼机转速的加大，也有达到1.0MPa者。但上顶栓压力过大，又会造成设备负荷过大。在一定范围内提高上顶栓压力有利于提高密炼机塑炼效果和生产效率。

（3）转速

提高转速可以加大密炼机对胶料的剪切搅拌作用和机械塑炼效果。当塑炼温度一定，达到同样的可塑度要求时，转速与塑炼时间成反比。转速快，塑炼效率高。转速从25r/min提高到75r/min，塑炼时间从30min缩短到10min。必须注意，转速的提高必然会加速胶料生热升温，因此必须加强冷却措施，使胶温保持在规定限度以内，以防过炼。

（4）塑炼温度

密炼机塑炼属高温塑炼，生胶在密炼机内受高温及剧烈的机械剪切作用，以高温氧化为主，可在短时间内获得所需要的可塑度。一般密炼机的塑炼温度为120℃以上，有的甚至可达到160℃。但温度过高有可能导致过炼，造成胶料的物理机械性能降低，所以密炼机塑炼天然生胶时，其排胶温度一般控制在140~160℃范围，快速密炼机塑炼排胶温度可能达到180℃。合成橡胶塑炼时温度应适当降低，如丁苯橡胶用密炼机塑炼时，其排胶温度应控制在140℃以下，否则会发生大分子链支化和交联，产生凝胶，反而会使胶料的可塑度降低。丁腈橡胶不能用密炼机塑炼，否则不但不能获得塑炼效果，反而会生成凝胶。使用塑解剂时，塑炼温度可控制在160℃以下。

（5）塑炼时间

采用密炼机塑炼，胶料的可塑度一般随塑炼时间的增加而增加。使用塑解剂进行塑炼时，塑炼效果会提高，塑炼时间可缩短30%~50%。但是有时会出现塑炼后期塑炼效果随塑炼时间的变化逐渐减慢，这可能是塑炼过程的后期密闭室中低分子挥发物增多，减少了氧的含量所致。因此可以采用分段塑炼法，这样可以补充氧含量，不仅提高生产效率，还能节约能量消耗。

密炼机塑炼时必须严格控制排胶温度和时间，否则极易发生过炼现象。

（6）化学塑解剂

密炼机塑炼温度高，采用化学塑解剂增塑法是最合理、最有效的，不仅能更充分地发挥塑解剂的增塑效果，而且在同样条件下还可以降低排胶温度，提高塑炼胶质量。例如，用促进剂M时，天然生胶的塑炼排胶温度可由纯胶塑炼时的160~180℃降低到140~160℃，节省能耗。同时，采用化学增塑剂的塑炼胶其弹性复原性也较小。

在密炼机中采用化学塑解剂增塑塑炼时，还可使塑炼与胶料混炼合并在一起进行，不仅简化了工艺，节约能耗与时间，而且有利于炭黑的分散。另外，如果采用上述合并一段塑-混炼工艺时，应适当提高塑解剂的用量，由0.1~0.2份增加到0.25份，以补偿炭黑对塑解剂吸附作用所造成的影响。

(四) 螺杆塑炼机塑炼工艺

与开炼机塑炼和密炼机塑炼的间歇式操作不同，螺杆塑炼机塑炼属于连续操作，适合于机械自动化生产，具有连续生产、生产能力大、能量消耗少等特点，宜在塑炼胶品种较少、需要量大的大规模生产上采用，例如大型轮胎厂。螺杆塑炼机塑炼的主要缺点是排胶温度高，可达180℃以上，胶料的质量较差，可塑度也不均匀，导致胶料的耐老化性能较差，塑炼胶的热可塑性较大。同时所能获得的最大可塑度较低，只能达到0.40左右，加之螺杆塑炼机排胶不规则，所以必须进行补充塑炼和压片。因此，这一方法只能用于可塑度要求较低的天然生胶的塑炼加工。

1. 螺杆塑炼机塑炼的工艺方法

螺杆塑炼机的螺杆螺纹分为前后两段，靠加料口段为三角形螺纹，其螺距逐渐减小，以保证吃胶、送料及初步加热和捏炼。靠近排胶孔的一段为不等腰梯形螺纹，胶料在这里经进一步挤压剪切后被推向机头，并再次受到捏炼作用。在前后两段螺纹中间的机筒内表面上装有切刀，以增加胶料被切割翻转的作用。机头由机头套和芯轴组成，机头套内表面有直沟槽，芯轴外表面有锥状体螺旋沟槽。胶料通过机头时进一步受到捏炼。机头套与芯轴之间的出胶孔隙可以通过机筒或螺杆的前后相对移动而调整其大小。排胶孔出来的筒状塑炼胶片在出口处被切刀划开呈片状，经运输带送往压片机补充塑炼和冷却下片。在机筒尾部加料口上设有气筒加压喂料装置。

胶块自加料口喂入机筒后，即受到螺纹与机筒内壁衬套之间的摩擦、剪切、撕裂和搅拌混合作用，由于加热升温而产生热氧化裂解，达到塑炼的目的，并在螺杆推动下向机头和排胶孔方向流动排出机外，为避免设备超负荷损坏。在开始塑炼前，先用蒸汽预热机身、机头和螺杆至一定温度，然后才加入胶块进行塑炼。在正式塑炼过程开始后，因胶料剪切摩擦生热会使温度不断升高，要通入冷却水进行冷却，使胶料温度控制在规定限度之内。由于胶料在螺杆塑炼机内的停留时间很短，所以不能采用化学塑解剂塑炼。

2. 影响螺杆塑炼机塑炼效果的因素

影响螺杆塑炼机塑炼效果的因素主要有胶料温度、喂料速度、塑炼温度、排胶孔隙大小等。

(1) 胶料温度

用螺杆塑炼机塑炼时，喂入的生胶块温度必须在70~80℃，最低不能低于60℃，胶块的温度要均匀，塑炼操作才能顺利，塑炼效果好，生产效率高且可塑度均匀。喂料胶块温度偏低，不仅设备负荷太大容易损坏，塑炼胶可塑度偏低且不均匀。胶块温度不均匀，塑炼胶质量也不均匀。

(2) 喂料速度

喂料速度要适当而均匀。速度过快，胶料在机筒内的塑炼停留时间太短，塑炼程度不足，也容易不均匀，出现“夹生”现象。速度太慢不仅降低生产效率，还可能造成过炼，损害胶料物理机械性能。喂料速度快慢不均，塑炼胶可塑度和质量也不均匀。所以在整个塑炼过程中的喂料速度必须始终保持适当而均匀。

(3) 塑炼温度

塑炼温度偏低，设备负荷偏大，塑炼胶可塑度也偏低，且不均匀。若温度太高，易使橡胶大分子链过度氧化降解而损害胶料质量。因此，塑炼温度必须严格控制在适当范围内。且机筒内前后各部位的温度还要有一个合理的分布。例如天然生胶塑炼温度一般控制在机尾

60℃以下，机身80~90℃，机头90~100℃，排胶温度180℃以下。塑炼排胶温度必须保持稳定，否则会使塑炼质量发生波动。

(4) 排胶孔隙大小

排胶孔隙大小依胶料塑炼程度要求而定。孔隙小，排胶速度和排胶量减小，胶料在机内停留塑炼的时间长，胶料可塑度偏大，生产效率降低。反之，出胶孔隙加大，排胶量增大，生产能力提高。但胶料在机筒内的停留时间缩短，塑炼胶的可塑度偏低且不均匀。国产Φ300mm螺杆塑炼机的排胶孔隙最小时，塑炼胶的最终可塑度最多可达到0.38~0.43。

从螺杆塑炼机排出的胶料用输送带送往开炼机进行冷却、压片和补充塑炼加工。

(五) 塑炼后的补充工艺

根据需要，塑炼后的补充加工包括压片或造粒、冷却与干燥、质量检验等。

1. 压片或造粒

塑炼后的胶料必须压成8~10mm厚的规则胶片，或根据需要制成胶粒，以增加冷却时的散热面积，便于堆放管理和输送、称量、配合操作。

2. 冷却与干燥

塑炼胶压片或造粒后，温度仍较高，应立即浸涂或喷洒隔离剂液进行冷却隔离，以防堆放过程发生黏结，再用冷风吹干，防止胶料中含有水分并使温度降到室温。

3. 停放

干燥后的胶片按规定堆放4~8h以上才能供给下道工序使用。

4. 质量检验

停放后的塑炼胶在使用前还要进行质量检查，可塑度符合要求才能使用。若可塑度偏低，需进行补充塑炼，使之符合规定再用。若可塑度偏大，可少量掺混使用，严重者必须降级使用。

四、常用橡胶的塑炼特性

多数合成橡胶的机械塑炼特性与天然橡胶不同，对此须予以充分注意。尽管合成橡胶在机械塑炼过程中其黏度降低的倾向与天然橡胶相似，但其效果远低于天然橡胶，且在150~160℃的高温下塑炼时还容易产生凝胶。总的来说，绝大多数合成橡胶比天然橡胶难于进行机械塑炼。

1. 橡胶的塑炼条件

根据生胶的机械塑炼机理，在低温下塑炼时，要获得必要的机械塑炼效果，就必须具备一些条件，首先生胶大分子链中有较弱的化学键存在；其次大分子链容易受到机械力的作用；再者大分子链在机械力作用下断裂生成的自由基低温下比较稳定，不容易发生再结合或与其他分子链发生活性传递；最后大分子氧化生成的氢过氧化物分解时应导致大分子链断裂破坏，而不应成为大分子间交联反应的引发剂。

对天然橡胶来说，上述条件基本上都能满足，例如大分子中存在甲基和双键的共轭效应，键能降低，易断裂；相对分子质量大，易断链；大分子断链后生成的自由基稳定性高；大分子氧化生成的氢过氧化物分解导致大分子链断裂破坏等，故较容易用机械塑炼法进行塑炼。但大多数丁二烯类合成橡胶都不具备这些条件。首先，丁二烯合成橡胶分子链中不具备天然橡胶分子中的甲基共轭效应，因而没有像天然橡胶那样的弱键存在；其次，合成橡胶的平均相对分子质量一般都较低，初始黏度低，机械力作用下容易发生分子间相对滑移，减小了分子链的受力作用；同时，多数合成橡胶在外力拉伸下结晶性很小或根本不发生结晶，进一步减小了机械力的作用。所以，合成橡胶分子链难以被机械力破坏。另外，低温下丁二烯类橡胶大分子链被外力破坏生成的自由基的化学稳定性比天然橡胶低，缺氧时容易发生再结合而失去机械塑炼效果，或发生分子间活性传递，产生支化或凝胶而不利于塑炼。当有氧时虽发生氧化降解，但同时也发生支化和产生凝胶。故合成橡胶低温机械塑炼效果不如天然橡胶好。

高温塑炼时，天然橡胶大分子链氧化生成的大分子氢过氧化物分解反应主要导致大分子降解。但丁二烯类合成橡胶大分子氢过氧化物在发生裂解反应的同时还会产生凝胶。这是因为高温下丁二烯类橡胶大分子自由基活性比天然橡胶大所致。另外，严格地讲，合成橡胶本身就含有部分交联结构的分子，这也是难以塑炼的原因之一。同时，合成橡胶的分子结构不如天然橡胶稳定，在储存过程中容易发生结构化反应使门尼黏度增大，产生自然硬化现象。为此，在合成过程中常加入适量的防老剂改善储存时的结构稳定性，这恰好又是对化学增塑作用的抑制。因此，在合成橡胶使用前，必须严格进行质量检验，防止过期使用。在机械塑炼时应尽可能采用低温、小辊距操作，并减小炼胶容量。

但是，改善合成橡胶加工性能的最合理的方法还是控制和调节其聚合度和相对分子质量分布，制得初始门尼黏度较低、加工性能较好的生胶，例如软丁苯橡胶、软丁腈橡胶等。这些橡胶一般不必进行塑炼。天然橡胶中的恒黏度和低黏度标准胶也不需要塑炼，即可直接进行混炼。

目前，塑炼的主要任务除天然生胶以外，还有高温聚合的丁腈橡胶类高门尼值合成胶品种。合成橡胶经过机械塑炼后的弹性复原性比天然橡胶大。因此，合成橡胶经过塑炼后最好不要进行停放，应立即进行混炼，以获得较好的效果。

2. 几种常用橡胶的塑炼特性

(1) 天然橡胶(NR)

NR 的塑性低，弹性大，必须塑炼，但是塑炼非常容易造成过炼。

NR 由于自身的特点较容易进行塑炼，品种不同其塑炼特性不同。烟片胶初始门尼黏度较高，一般在 95~120 之间，必须进行塑炼加工才能获得适当的可塑性。SMR 系列的 NR 其初始门尼黏度较低，一般在 40~75 之间，一般不需要塑炼。NR 用开炼机塑炼，通常采用低温(40~50℃)塑炼，薄通塑炼效果好。用密炼机塑炼时，温度宜在 155℃以下。NR 塑炼时，常加入化学塑解剂来提高塑炼效果。

(2) 丁苯橡胶(SBR)

软 SBR 的初始门尼黏度一般在 54~64 之间，不需进行塑炼。SBR 采用机械塑炼时，速比要大，辊距要小，辊温一般在 45℃以下，采用薄通方法效果好。比较有效的方法是采用高温塑炼法，以 130~140℃温度最好，温度过高易生成凝胶，使黏度增大。

(3) 顺丁橡胶(BR)

BR 有冷流性，缺乏塑炼效果，用密炼机高温塑炼时，黏度显著下降，但无凝胶产生。BR 一般不需要进行塑炼。

(4) 氯丁橡胶(CR)

CR 的初始门尼黏度比较低，一般不需要进行塑炼。但在储存过程中其可塑性会下降，因此 CR 仍需经过塑炼加工，才能获得所要求的可塑性。CR 容易结晶、变硬，塑炼前应烘胶。CR 宜采用开炼机进行塑炼，低温薄通塑炼效果最好。CR 对温度敏感，通用型 CR 塑炼温度在 40℃以下。

(5) 丁基橡胶(IIR)

IIR 具有冷流性，缺乏塑炼效果，其门尼黏度在 38~75 之间的品种一般不需要塑炼。IIR 采用开炼机塑炼应采用低辊温、小辊距。采用密炼机塑炼温度在 120℃以上，并且加入塑解剂进行高温塑炼则可取得较好的塑炼效果。

(6) 丁腈橡胶(NBR)

NBR 的韧性大，塑炼生热大，塑炼特别困难。在高温塑炼条件下，NBR 很容易生成凝胶。如果采用开炼机塑炼应控制低温，一般 40℃以下，小间距辊距(1mm 左右)，低温薄通，低容量，约为 NR 容量的 1/2~1/3。

(7) 乙丙橡胶(EPDM)

EPDM 化学性质稳定，缺乏塑炼效果。一般在合成中控制可塑度。其生胶薄通 5~6 次可以包辊加料。

第五节　胶料的混炼

混炼是橡胶加工中塑炼后的另一个重要工序，是将各种配合剂与可塑度合乎要求的生胶或塑炼胶在机械作用下混合均匀的一种过程。混合后的胶称为混炼胶。

混炼胶的质量要求能够保证制品具有良好的物理机械性能和加工工艺性能。

混炼的关键是使各种配合剂能完全均匀地分散在橡胶中，保证胶料的组成和各种性能均匀一致。

一、混炼理论

混炼过程是各种配合剂在生胶(或塑炼胶)中的均匀分散过程。同其他聚合物材料的混合一样，为了使配合剂在生胶中均匀混合，必须借助炼胶机的强烈机械作用。但是由于胶料的配合剂组分比较多，配合剂的形态性质相差很大，配合剂对混炼过程、分散程度以及混炼胶的结构的影响也很大，因此橡胶的混炼过程相对于其他的高分子材料要复杂。

(一) 胶料性质

生胶是决定橡胶制品性能的主要成分，单纯的生胶强度低，适应温度范围窄，容易变质，故在生胶中加入各种配合剂以提高生胶的加工性能及橡胶的使用性能，同时还可以通过加入低成本的配合剂在不影响其他性能的条件下降低产品的成本。

(二) 配合剂的性质

生胶中需要加入的配合剂品种很多，各种配合剂的性质相差也很大，不同性质的配合剂与生胶的混合难易程度是不同的。例如软化剂、促进剂、硫黄等配合剂多数能溶解于橡胶中，易混合均匀，但是填充剂、补强剂等往往与橡胶不相容，难以混合均匀。在混炼过程中，配合剂与胶料的混合首先是配合剂粒子表面与胶料接触，所以配合剂表面性质与混炼效果关系密切。有些配合剂粒子表面性质与生胶表面性质接近，两者界面极性相差较小，易与胶料混合，例如各种炭黑等。而有些配合剂粒子表面性质与生胶相差较大，两者界面极性相差很大，这样的配合剂就难以在胶料中分散均匀，例如陶土、硫酸钡、碳酸钙、氧化锌、氧化镁、氧化钙等表面具有亲水性的配合剂。为了改善亲水性配合剂的表面性质可使用表面活性剂进行处理。

各种配合剂的几何形状也不尽相同，片状的陶土、滑石粉、针状的石棉、玻璃丝比球状的炭黑等配合剂难以分散。几何形状为细粒状的配合剂，如炭黑，这类配合剂往往是以聚集体形式存在，直径为几毫米的炭黑颗粒是由很多的粒径只有几十纳米的炭黑粒子所聚集成的。要使配合剂在橡胶中均匀分散就必须把配合剂聚集体搓开，这就需要一定的剪切力。胶料的黏度高一些，在混炼时能产生较大的剪切力。为了让橡胶有足够的黏度，塑炼胶的可塑性不宜过大，混炼温度不宜过高。

（三）配合剂的分散过程

配合剂用量最大的是炭黑补强剂，因而胶料与配合剂的混合分散过程往往以炭黑为例进行阐述。

关于胶料与配合剂的混合分散过程有两类不同的观点：一类是认为橡胶弹性体在混炼条件下是黏流体，处于流动状态，这是一种传统的观点，能被大多数人承认；另一类是认为在混炼条件下的弹性体处于高弹状态，应该把橡胶看作是有黏弹性的固体。

1. 流动状态观点

该观点认为橡胶弹性体在混炼条件下是黏流体，处于流动状态。炭黑在橡胶中的均匀分散过程分为润湿、分散等几个阶段。

（1）润湿过程

润湿过程是混炼的第一个阶段，是指炭黑颗粒被生胶润湿的过程，即生胶分子逐渐进入炭黑颗粒附聚体的空隙成为包容橡胶的过程。

从配合剂的分散过程看，首先要求各种配合剂的粒子容易被生胶润湿，而润湿的条件是生胶和配合剂的相互接触。按照表面特性，配合剂分为亲水性和疏水性，亲水性的配合剂很难和生胶润湿。为了获得良好的混炼效果，可以加入表面活性剂来改善无机粒子与橡胶的界面状况，如硬脂酸、高级醇、含氮的有机化合物等。炭黑粒子是疏水的，其表面性质与橡胶非常相近，炭黑很容易被处于黏流状态的橡胶所润湿。

（2）分散过程

润湿后形成含有高浓度炭黑的包容橡胶，在剪切力的作用下被搓开，变成较小的团块，该团块为一次结构，分散于整个胶料中，同橡胶形成结合橡胶。

在混炼过程中，橡胶分子断链生成大分子自由基可以与炭黑粒子表面的活性部位结合，也可以与炭黑聚集体在混炼时被搓开所产生的具有较高活性的新生面结合，或者已与炭黑结合的橡胶又通过缠结或交联结合更多的橡胶，形成一种不溶于橡胶溶剂的产物，即结合橡胶。

结合橡胶的生成有助于配合剂粒子的分散，对改善橡胶的性能有好处。结合橡胶的产生及多少与橡胶和配合剂的性质、混炼工艺条件有关。橡胶的不饱和度高，活性大，易生成结合橡胶；配合剂粒度小，结构性高，表面活性大，易生成结合橡胶；混炼温度越高，越容易生成结合橡胶。所以，对于很多橡胶如丁基橡胶、乙丙橡胶等低不饱和度橡胶与炭黑混炼时，可以采用高混炼温度来提高结合橡胶量。但对于天然橡胶、顺丁橡胶等高不饱和度橡胶，由于在混炼初期结合橡胶逐渐增多，混炼温度不宜过高，否则一下子集中生成许多与橡胶结合的炭黑凝胶硬粒，反而难以进一步分散。

（3）捏炼阶段

炭黑-橡胶形成的结合橡胶在受到足够大的剪切作用时，已经混入橡胶中的炭黑附聚体，即二次结构破裂，以更细的颗粒分散于橡胶中。混入的炭黑粒子被细化到一定程度，通常为 5~6μm 时，则不能进一步分散。这时的混合只改变粒子的位置，称为单纯混合。

炭黑的分散性与粒子的大小和结构有关，通常小粒子的炭黑难于分散，而结构性强的(二次结构)炭黑容易分散。

(4) 力化学降解过程

由于橡胶分子链的断裂，相对分子质量降低，黏度下降，当然也可能是混炼温度升高而导致黏度下降。如图 7-5-1 所示为炭黑粒子与橡胶的混合过程，图中 1 为橡胶大分子，2、3 为配合剂炭黑或其他配合剂粒子。

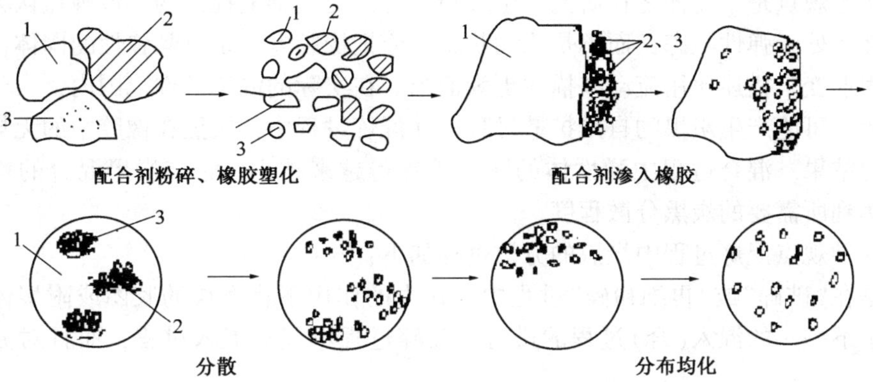

图 7-5-1　橡胶与配合剂的混合过程

首先较大的配合剂团聚体和橡胶团块在力的作用下破碎为适合于混合的较小粒子，并在一定的剪切热和传导热的作用下，使橡胶熔融塑化，以降低橡胶的黏度。粉状或液状的较少粒子组分克服橡胶的内聚能，渗入到橡胶内部，润湿并形成包容橡胶。然后在剪应力作用下，把配合剂聚集体或团聚体的尺寸减小到形成聚集体之前的初始粒子的最小尺寸，与橡胶形成结合橡胶，较少粒子组分分散。固相最终粒子发生位移，从而提高物料的熵或无规程度、随机性或均匀性，分布均化。最后橡胶与活性填充剂之间产生某种力-化学作用，使填充物料形成强化结构。

对于橡胶的混合希望主要发生前三个过程，但由于混合中温度、力等因素的作用也可能发生橡胶降解的现象，因此控制橡胶的混合程度就显得非常重要。橡胶的混炼程度常采用炭黑被混炼到均匀分散所需要的时间来衡量，可以利用密炼机的转动力矩对混炼时间的关系曲线，找出该时间。如图 7-5-2 所示为生胶混炼的几个阶段其功率的变化示意图。从图中可看出混炼时功率变化的各个阶段。

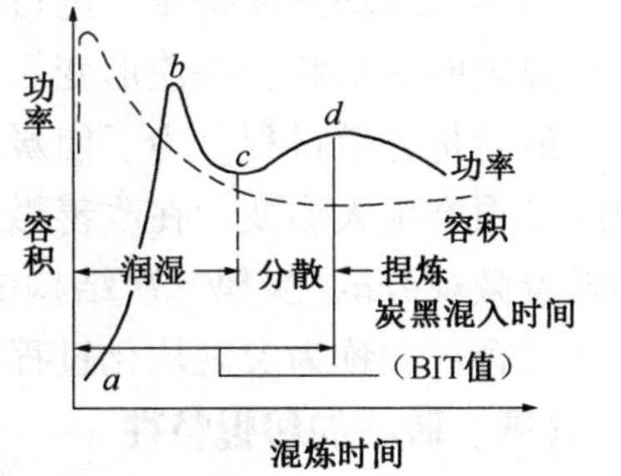

图 7-5-2　混炼时功率的变化曲线

该曲线有两个峰值，b 点和 d 点，以及一个最低点 c。

润湿初期，转动需要很大的能量，因此混合过程功率曲线出现第一个峰值(b 点)。

随着润湿阶段的进行，整个体系的表观密度增大，比容减小，所需要的功率逐渐下降，到最低点(c 点)时，表示混入(润湿)阶段的结束。在这一阶段要求橡胶具有较低的黏度，使炭黑等粉料容易混入，但是黏度太小对后面的分散不利。

随着混炼的进行，炭黑聚集体受到剪切力作用，破碎成更小的颗粒(或一次结构)分散于橡胶中，并与橡胶结合逐渐生成结合橡胶，所以功率逐渐升高，曲线上升，直到达到第二个峰值(d 点)，此时挤出膨胀率和结合胶量也达到最大值。这时炭黑基本上分散均匀，可以认为分散阶段结束。这个时间称为炭黑混入时间，简称“BIT 值”，这个值可以作为生胶混炼性能判断的依据，该值越小表示越容易混炼。

功率曲线在第二个峰值之后逐渐下降，其原因是橡胶分子链断裂所导致，也可能是混炼胶温度升高而导致黏度下降。因此配合剂基本分散后再适当混炼虽然可改善均匀程度，但是由于分子链断裂而导致硫化胶性能的下降，所以要控制好炭黑的混入时间。

2. 弹性状态观点

弹性状态观点是中岛伸之在研究了生胶断裂特性的基础上提出的。该观点认为在混炼条件下的弹性体处于弹性状态，而不是流动状态，应把橡胶看作是有黏弹性的固体，因此混合分散过程用形变来描述比用流动来描述更为恰当。在实际的混炼条件范围内，由于橡胶的黏度很大，故不可能产生炭黑的自发扩散过程。在混炼过程中，炭黑在橡胶中的无规分布只是机械作用的结果。混合过程中弹性体的颗粒破碎得越来越小，它与炭黑混合的均匀性就越好，从而达到所需要的炭黑分散程度。

按照这种观点混炼过程中炭黑的分散过程如下：

首先是在“破碎”或“再细粉碎”过程中。在力的作用下将大块的胶团或附聚体打碎成小块，以便于下一步的混入(合)过程的进行。破碎过程不仅对混入过程，而且对分散过程都是必要的。

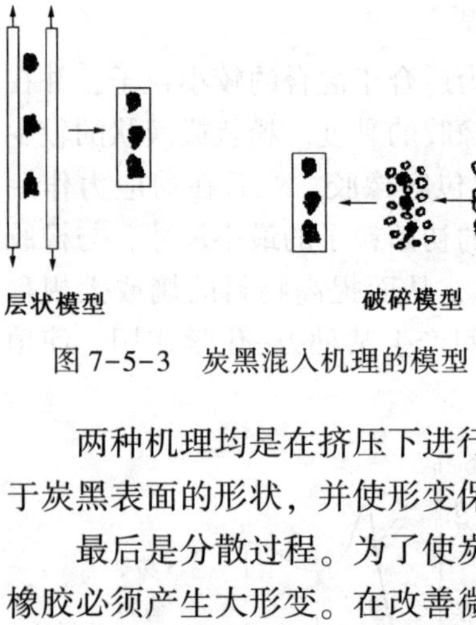

图 7-5-3　炭黑混入机理的模型

其次是炭黑的混入(合)过程。该过程包含两种同时进行的机理，如图 7-5-3 所示，一是橡胶在外力作用下，产生大形变而未断裂，增加其表面积，通过层状机理以接受炭黑附聚体，再把炭黑包封在其中，然后松弛。大变形和弹性回复的重复，促进了橡胶与炭黑的混合，该模型称为层状模型。二是橡胶被破碎成小块，再与炭黑混合，然后把炭黑包封在其中。大变形可能先于破碎过程，该模型称为破碎模型。

两种机理均是在挤压下进行的，这里所说的挤压是指物料受压，即橡胶相发生形变以适于炭黑表面的形状，并使形变保持到橡胶相在形变状态下的松弛为止。

最后是分散过程。为了使炭黑附聚体破碎，需要产生足够大的应力，所以在分散过程中橡胶必须产生大形变。在改善微观均匀性的过程中，橡胶本身也被破碎(颗粒尺寸变小)。伴随着微观分散(炭黑二次结构的破裂)过程，可以使炭黑与橡胶的表面紧密接触。最后的单纯混合过程称为宏观均化过程。

(四) 胶料的包辊特性

利用开炼机进行胶料的混炼，其首要条件是胶料要包在开炼机的辊筒上，即胶料具有包辊特性。Tokita 等观察了辊筒温度与胶料的包辊现象，认为随着辊筒温度从低变高，生胶或胶料在开炼机辊筒间可出现四个界限分明的行为区域，如图 7-5-4 所示。

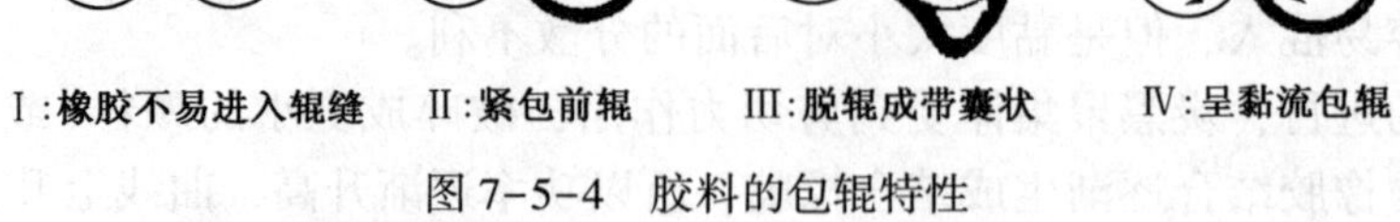

图 7-5-4　胶料的包辊特性

在第Ⅰ区，辊温较低，胶料太硬，弹性比较大，且易滑动，因而胶料难以通过两个辊间，如果强制压入则胶料在大的挤压剪切力作用下变成碎块，此时的胶料不易进入辊筒间隙。

第Ⅱ区，随着胶料温度的升高，胶料比第Ⅰ区容易变形，可在力的作用下进入辊间隙，形成一条弹性带，并包在前辊上，此时的胶料既有塑性流动又有适当高的弹性形变，由于胶带不易破裂，故最适宜于炼胶操作，混炼分散好。

当温度进一步升高，到了第Ⅲ区，胶料的流动性增加，橡胶大分子间力减小，胶带强度下降而出现脱辊或破裂现象，因而不能紧包在辊筒上，形成带囊状，无法进行胶料的混炼操作。

到了第Ⅳ区，胶料的温度更高，此时胶料呈黏性状态，包在辊筒上，并产生粘性(塑性)流动粘在辊筒上，很难进行混炼的吃粉和翻炼操作。

因此应该选择适当的温度，使胶料处于包辊的第Ⅱ区，才能进行混炼。但是橡胶的黏弹性不仅受温度的影响，同时也受外力作用速率的影响。当其切变速率增加时，对于橡胶的黏弹性来说，就相当于降低温度，使胶料的强度和弹性提高，有利于实现弹性状态的包辊。因此，在实际操作时，当出现脱辊现象，除了降低辊温之外，还可以通过减小辊距，加快转速或提高速比的方法予以解决，使胶料重新包辊，进行混炼。

对于包辊性差的合成橡胶，可以运用先加入部分炭黑的办法来改善胶料的脱辊现象，这是因为炭黑的加入与胶料形成了结合橡胶，而结合橡胶的生成可以提高胶料的强度，较容易形成弹性的胶带，从而包辊翻炼。

由于各种橡胶的玻璃化转变温度不同，因此橡胶包辊的最佳温度区也不同。例如天然橡胶只出现Ⅰ和Ⅱ区，一般条件下的操作没有明显的Ⅲ区，所以包辊和混炼性能好；而顺丁橡胶低温包辊在Ⅱ区，50℃以上就转变到Ⅲ区，即使调整辊距也不能回到Ⅱ区。

另外生胶的相对分子质量分布也对包辊性能，即Ⅱ区温度范围有着重要的影响，一般相对分子质量分布宽，可以使Ⅱ区温度范围展宽，包辊性好。

Whita 认为从Ⅱ区到Ⅲ区的转变是与生胶在剪切下断裂过程的表现，与生胶的断裂伸长比 λ_b 值有关，而Ⅲ区到Ⅳ区的转变则与生胶的最大松弛时间有关。

在给定的辊距和转速下，当逐渐升高辊温时，最初生胶在Ⅱ区是处于剪切力作用下，但是还没有达到断裂点前的橡胶态；其后随着辊温升高，生胶的断裂伸长比 λ_b 减小，升到一定温度后生胶即发生断裂而进入Ⅲ区。辊温再升高，生胶进入流动态而达到Ⅳ区。

随着生胶相对分子质量的增大、λ_b 增大，流动温度升高，从Ⅱ区到Ⅲ区再到Ⅳ区的转变温度也提高。生胶的相对分子质量分布宽，则 λ_b 增大，使Ⅱ区到Ⅲ区的转变温度提高，因而包辊性能好的Ⅱ区相对范围扩大了。同时相对分子质量分布宽，则黏流温度降低，使Ⅲ区到Ⅳ区的转变温度降低，因而使包辊性能不好的Ⅲ区缩小。以上两者都对包辊有利，所以说相对分子质量分布宽的橡胶包辊特性较好，使混炼加工性能好。

二、胶料的混炼工艺

胶料混炼主要采用的设备有密炼机和开炼机，其操作工艺不同，但共同点都需要注意混炼时胶料以及配合剂的加料顺序。此外密炼机的混炼同密炼机的塑炼一样需要与压片机配合使用。

混炼工艺一般要求塑炼胶的门尼黏度在60左右，压延纺织物擦胶工艺要求胶料的门尼黏度在40左右，对于生胶的初始可塑度已能满足加工性能要求的生胶，可以直接进行混炼，大多数合成橡胶和某些品种的天然生胶，如软丁苯橡胶、软丁腈橡胶及恒黏和低黏标准天然橡胶，由于在生胶制造过程中均控制了聚合度或门尼黏度，使其初始可塑度在混炼加工的可塑度要求范围之内，因而不必进行塑炼便可直接混炼。至于混炼胶的可塑度大小则可以在混炼过程中加以适当控制。

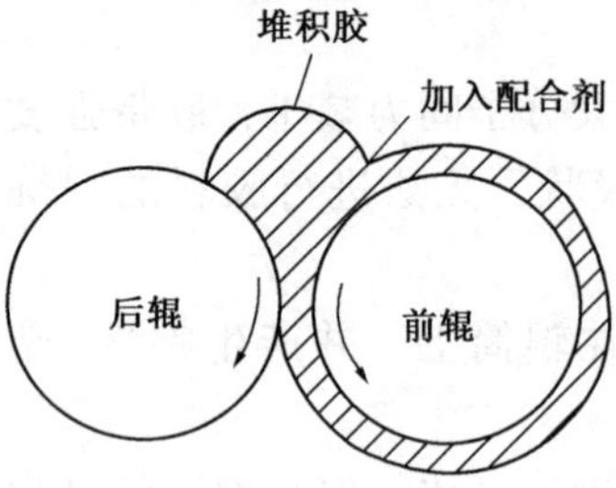

图 7-5-5　橡胶包辊示意图

（一）开炼机的混炼工艺

1. 开炼机混炼方法

开炼机的混炼主要分为三个阶段，即包辊阶段、吃粉阶段和翻炼阶段。

包辊阶段，如图7-5-5所示。开炼机两个互相平行排列的中空辊筒，以不同的线速度相对回转，在适当的温度下，加胶后采用捣胶、打卷、打三角包等方法使胶均匀连续地包于开炼机的前辊，并在包辊后，在辊距上方留有一定量的堆积胶。

吃粉阶段是配合剂的加入过程。辊筒上方的堆积胶拥挤、绉塞会产生许多缝隙，在此处加入配合剂，称为吃粉。配合剂颗粒进入到胶料缝隙中，被橡胶包住，形成配合剂团块，随胶料一起通过辊距时，若想吃粉容易且快，需要采用降低生胶或塑炼胶的黏度、适当提高辊筒温度、减少配合剂的用量等方法，此外加料时还需沿着辊筒的横向方向均匀左右摆动，增加胶料与配合剂的接触面积，且达到均匀吃粉。

能否吃粉的关键还需一个合适的堆积胶量。如果没有堆积胶量或堆积胶量过少的话，会出现两种情况：一是配合剂仅依靠后辊筒与橡胶间的剪切力擦入胶料之中，不能深入到胶料的内部而影响分散效果。再则没有被擦入橡胶中的粉状配合剂会被后辊筒挤压成片状而掉落到接料盘中，假如配合剂是液体，则会粘附在后辊上或滴落到接料盘中，给混炼带来困难。如果堆积胶料过多，则有一部分胶料会在辊隙上方旋转打滚，不能进入辊隙，使得配合剂不能混入，直接影响混炼效率。堆积胶量的多少常用“接触角”来评定，一般“接触角”的取值范围为32°~45°。

翻炼阶段是一个比较关键的操作过程，也称为捣胶，其主要目的是加快配合剂分散，提高配合剂分散均匀性。

开炼机的翻炼是由于辊筒线速度不同产生速度梯度，形成剪切力，橡胶分子链在剪切力的作用下被拉伸，产生弹性变形。同时配合剂团块也会受到剪切力作用而破碎成小团块，胶料通过辊距后，由于流道变宽，被拉伸的橡胶分子链恢复卷曲状态，将破碎的配合剂团块包住，使配合剂团块稳定在破碎的状态，配合剂团块变小。胶料再次通过辊距时，配合剂团块进一步减小，胶料多次通过辊距后，配合剂在胶料中逐渐分散开来。

由于橡胶黏度大，混炼时胶料只是沿着开炼机辊筒转动方向产生周向流动，而没有轴向流动，且沿着周向流动的胶料也仅为层流。因此，大约在胶片厚度1/3处的紧贴在前辊筒表面上的胶层不能产生流动而成为“死层”或“呆滞层”，如图7-5-6所示。此外，辊隙上方的堆积胶还会形成部分楔形“回流区”。这样，使大部分胶料所受到的剪切力很小，小到无法使配合剂进入胶料内部。因此，必须对胶料进行多次翻炼、左右割刀、打卷或三角包以及薄通等操作，才能破坏“死层”和“回流区”，使配合剂有效地分散，保证混炼的质量要求。

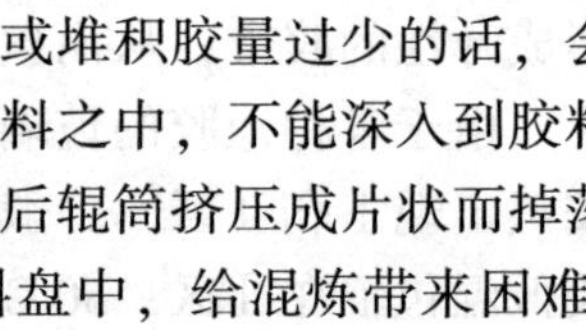

图 7-5-6　混炼胶吃粉时的断面示意图

在翻炼中胶料的黏度低、辊筒温度高、配合剂粒径小、结构低、配合剂与生胶的相容性差、辊距大等因素都会造成配合剂的分散均匀性差。

2. 开炼机混炼的影响因素

（1）胶料的包辊性

包辊是开炼机混炼的首要因素，胶料的包辊性好坏会影响混炼时吃粉快慢、配合剂分散。如果包辊性太差，甚至无法混炼。胶料的包辊性与生胶的性质，如格林强度、断裂拉伸比、最大松弛时间以及辊温和剪切速率有关。例如 NR 格林强度高、断裂拉伸比大、最大松弛时间长的生胶包辊性能好，而诸如 BR 格林强度低、断裂拉伸比小、最大松弛时间短的生胶包辊性差。

影响生胶这些性质的因素都会影响生胶的包辊性，如加入补强剂、提高胶料的格林强度、增大松弛时间，会明显改善 BR 的包辊性；胶料中加入过多液体软化剂，会降低格林强度，缩短松弛时间，包辊性变差，甚至脱辊。辊温在胶料玻璃化转变温度（T_g）以下，无法包辊，在黏流温度（T_f）以上，胶料粘辊，也不能混炼，只有在 $T_g \sim T_f$ 之间某一温度范围内，胶料才有良好的包辊性，适于混炼。如采取减小辊距、增大速比或提高辊筒转速等方法增大剪切速率，可提高胶料的断裂拉伸比、延长最大松弛时间，因而也能改善胶料的包辊性。

（2）装胶容量

装胶容量对开炼机辊筒上方的堆积胶有影响。装胶容量过大，增加了堆积胶量，使堆积胶在辊缝上方自行打转，失去了起折纹夹粉作用，影响配合剂的吃入和分散效果，延长混炼时间，胶料的物性下降，同时会增大能耗，增加炼胶机的负荷，易使设备损坏。如果装胶量过少，堆积胶没有或太少，吃粉困难，生产效率太低。因此，开炼机混炼时装胶量要合适。

可根据经验用下列公式计算装胶容量：

$$Q = K \cdot D \cdot L \cdot \rho$$

式中 Q——装胶容量，kg；

K——装料系数，K 取 0.0065~0.0085L/cm^2；

D——辊筒直径，cm；

L——辊筒工作部分的长度，cm；

ρ——胶料的密度，g/cm^3。

当炼胶量较少时，为了保证辊距上方留有适量的堆积胶，可通过调整挡胶板的距离来实现。

（3）辊距

胶料通过辊距时受到的剪切变形速率，与辊距、辊筒转速和速比之间的关系为：

$$\dot{\gamma} = \frac{v_2}{e}(f-1)$$

式中 γ——机械切变速率，s^{-1}；

f——辊筒的速比，$f = v_1/v_2$；

v_2——前辊筒表面旋转线速度，m/min；

v_1——后辊筒表面旋转线速度，m/min；

e——辊距，mm。

减小辊距，橡胶料受到的剪切变形速率增大，橡胶分子链和配合剂团块受到的剪切作用增大，配合剂团块容易破碎，因此有利于配合剂的分散，但橡胶分子链受剪切断裂的机会也增大，容易使分子链过度断裂，造成过炼，橡胶相对分子质量降得过低，使胶料的物理机械性能降低。而且辊距过小，还会使堆积胶量增加，使胶料不能及时进入辊隙，反而降低了混炼效率。但辊距过大，剪切作用太小，配合剂不易分散，给混炼操作带来困难。因此开炼机混炼时，辊距要合适。

在合理的装胶容量条件下，辊距一般以4~8mm为宜。在混炼过程中，为了使堆积胶量能够保持在较为合适的状态，一般在配合剂不断混入、胶料总量不断增加的情况下，辊距应当随之逐渐增加，以便得到相适应的状态。

(4) 辊筒温度

合适的辊温有利于胶料的流动，容易进行混炼加工。随辊温升高，胶料的黏度降低，有利于胶料在固体配合剂表面的湿润，增加吃粉的速度。但是温度升高，配合剂团块在柔软的胶料中受到的剪切作用会减弱，不容易破碎，不利于配合剂的分散，结合橡胶的生成量也会减少。辊温过高，则会导致胶料软化而降低混炼效果，甚至会引起胶料的焦烧以及低熔点配合剂熔化结团而无法分散，因此开炼机混炼时辊筒的温度要合适。辊温一般应控制在50~60℃范围内。但是，如果胶料中含有高熔点配合剂，例如高熔点古马隆树脂，此时胶料混炼的辊温应当适当提高。

由于温度对不同胶料包辊性的影响不同，因此不同胶料混炼时辊温也应不同。为了便于胶料包住前辊，应使前、后辊筒的温度保持一定的温差。例如天然橡胶包热辊，此时前辊温度应稍高于后辊温度，而大多数合成橡胶包冷辊，这样就应使前辊温度稍低于后辊的温度。由于大多数合成橡胶或者生热量较大，或者对温度的敏感性较大，因此在混炼时，其辊温要低于天然橡胶的5~10℃以上。常用的橡胶开炼机混炼时辊温如表7-5-1所示。

表7-5-1　不同胶料开炼机混炼时辊筒温度

胶　　种	辊温/℃		胶　　种	辊温/℃	
	前　　辊	后　　辊		前　　辊	后　　辊
天然橡胶	55~60	50~55	顺丁橡胶	40~60	40~60
丁苯橡胶	45~50	50~55	三元乙丙橡胶	60~75	85左右
氯丁橡胶	35~45	40~50	氯磺化聚乙烯	40~70	40~70
丁基橡胶	40~45	55~60	氟橡胶23~27	77~87	77~87
丁腈橡胶	≤40	≤45	丙烯酸酯橡胶	40~55	30~50

(5) 混炼时间

辊筒温度高和混炼时间长是等效的。因此应适当掌握配合剂的混入和分散时间，避免混炼时间过长，否则容易产生过炼现象。也可以在辊筒温度高的情况下，减少混炼时间。

(6) 辊速和速比

增大辊筒之间速比和增加辊筒辊速，对混炼效果的影响与减小辊距的规律一致，都会加快配合剂的分散，但对橡胶分子链的剪切也加剧，容易产生过炼，使胶料物性降低，且会使胶料升温加快，增加设备能耗。但是速比过小，配合剂又不易分散，造成生产效率降低。开炼机混炼的辊筒速比一般控制在1.15~1.27范围内，辊速控制在16~18r/min。

(7) 加料顺序

混炼时需要加入多种配合剂，而配合剂的性质各不相同，对胶料的作用相差很大，其加料顺序也不同。配合剂加入顺序不当，轻则影响配合剂分散不均，重则导致焦烧、脱辊或过炼。加料顺序是关系到混炼胶质量的重要因素之一。

加料顺序的确定一般遵循用量小、作用大、难分散的配合剂先加，用量多、易分散的配合剂后加，对温度敏感的配合剂后加，硫化剂与硫化促进剂分开加等原则。因此开炼机混炼时，最先加入生胶、再生胶、母炼胶等加热包辊，如果配方中有固体软化剂如石蜡，可在胶料包辊后加入，再加入小料如活化剂(氧化锌、硬脂酸)、促进剂、防老剂、防焦剂等，再次加炭黑、填充剂，加完炭黑和填充剂后，再加液体软化剂，如果炭黑和液体软化剂用量均较大时，两者可交替加入，最后加硫化剂。如果配方中有超速级促进剂，应在后期和硫化剂一起加。配方中如有白炭黑，因白炭黑表面吸附性很强，粒子之间易形成氢键，难分散，应在小料之前加入，而且要分批加入。对 NBR，由于硫黄与其相容性差，难分散，因此要在小料之前加入，将小料中的促进剂放到最后加入。

(8) 加料方式

加料方式不同也会影响吃粉速度和分散效果。如果配合剂连续加在某一固定位置，其他部位胶料不吃粉，相当于减少了吃粉面积，吃粉时间延长，吃粉慢，配合剂由吃入位置分散到其他地方需要的时间延长，因此也不利于配合剂的分散。加料时应将配合剂沿辊筒轴线方向均匀撒在堆积胶上，使堆积胶上都覆盖有配合剂，这样会缩短吃粉时间，也有利于配合剂在胶料中的分散，缩短混炼时间，对橡胶分子链的剪切破坏较小。

(二) 密炼机的混炼工艺

比起开炼机的混炼，密炼机的优势在于混炼容量大，混炼时间短，混合效率高，而且投料、捏炼、加压和排料操作易于机械化、自动化，劳动强度低，操作安全性大，密闭混炼使配料损失、粉尘飞扬状况得到改善，胶料质量和环境卫生条件好。密炼机混炼的缺点是由于混炼时温度较高，对温度敏感的胶料易发生焦烧，需要对排胶进行补充加工，如压片冷却等。

1. 密炼机混炼工艺操作方法

密炼机混炼的操作方法主要有以下几种。

(1) 一段混炼法

一段混炼法是指从加料、混炼，到混炼结束下片冷却，连续操作一次完成的工艺过程。采用一段混炼法进行混炼，混炼胶的制备时间短，可以省去二段混炼法中的胶片中途停放和冷却，占地面积小。其缺点是一次炼成，胶料在密炼机中混炼时间较长而易于过热，特别是在一段混炼的后期，此时，由于温度高而胶料的热可塑性增大，妨碍了配合剂的均匀分散，因此使混炼胶的质量受到影响，可塑度较低，并易于产生焦烧现象。所以，一段混炼法通常只适用于性能要求一般的制品，如工业胶板、普通胶管及橡胶架件等胶料的制备。

一段混炼法又分为传统一段混炼法和分段投胶一段混炼法。

传统一段混炼法的混炼程序，一般先加入橡胶，包括生胶、塑炼胶和再生胶，然后一次加入硬脂酸、促进剂、活性剂、防老剂、补强填充剂、液体软化剂后，混炼后排胶，通过压片机薄通散热，最后加硫黄和超速促进剂，利用开炼机下片，冷却、停放备用。

分段投胶一段混炼法是先投入 60%~80%生胶和配合剂，硫黄和超速促进剂除外，在 70~120℃混炼温度下，混炼到总混炼时间的 70%~80%，再把其余生胶并同硫化剂和超速促进剂一起投入，再混炼 12min 后，排胶下片冷却。

为了使一段混炼胶料的温度不过快地升高，传统一段混炼法通常采用慢速密炼机混炼。分段投胶一段混炼法采用双速密炼机，在前期快速混炼，在短时间内完成除硫黄和超速促进剂以外的母炼胶料的混炼，然后使用慢速混炼，使胶料降温后再加入硫黄和超速促进剂，混炼好后进行排胶料至压片机压片，冷却、停放备用。

如果胶料需要炭黑量多，可以分为两次加入。液体软化剂在补强填充剂加入之后再加入，这是因为混炼温度通常是在120℃左右，接近胶料的流动点，如果先加入液体软化剂，将会使胶料的流动性变大而降低其剪切作用，使炭黑结团，影响分散效果。

(2) 两段混炼法

所谓二段混炼法，就是将胶料的混炼过程分为两个阶段来进行，第一段是粗混炼，其目的是制备含炭黑和软化剂的母胶料，并将母胶料排放到压片机上进行补充混炼和压片，下片之后进行冷却和干燥，停放8h后再次投放密炼机内进行第二次混炼，即第二段混炼。第二段主要目的是补充混炼以及加入配合剂硫黄和促进剂，均匀分散后再经压片机混炼加工，下片后再次进行冷却。

两段混炼法又分为传统两段混炼法和分段投胶两段混炼法。

传统两段混炼法，是利用高速高压密炼机进行第一段的粗混炼，使橡胶与配合剂混炼制成母胶，下片后经停放一段时间后，送入低速密炼机加硫黄和促进剂进行混炼，再经过压片机补充加工胶片。

分段投胶两段混炼法，第一段混炼时把80%左右的生胶投入进行与传统两段混炼法一样的混炼，制备母胶。在第二段混炼时将剩余20%左右的生胶投入母胶中混炼，混合均匀后排胶压片。

比起一段混炼法，两段混炼法的胶料经过第一段混炼后，因胶料在中间经过冷却和停放后黏度增加，使第二次混炼时的剪切作用与分散效果提高，从而改善配合剂的分散程度，硫化胶的物理、力学性能也得到了明显提高。而且胶料的工艺性能良好，减少了焦烧现象的产生。胶料停放的温度和时间对二段混炼的质量有着十分重要的意义。在较低温度下，橡胶分子在混炼过程中所产生的剩余应力可使其重新定向，胶料中结合橡胶的含量随停放时间的加长而逐渐增加，胶料变硬，势必使其在第二段混炼时再次受到强烈的剪切作用，从而使一段混炼中没有混炼均匀的炭黑粒子被搓开。因此，二段混炼胶料的断面光亮、细腻、均匀，且可塑性增加。如果不将胶料充分冷却，那么二段混炼也就失去了意义。通常第一段排胶温度不高于140℃，第二段排胶温度不高于120℃。

二段混炼的缺点是胶料混炼制备周期长，胶料冷却、停放占地面积大。为了提高胶料的混炼效率，第一段混炼可采用4r/min密炼机进行，第二段混炼采用2r/min慢速密炼机或开炼机进行。在生产中，常常将第一段混炼与生橡胶的塑炼合并在一个工序中进行，且采用较高的温度160℃左右。这样可以简化工艺，缩短生产周期，提高生产效率，而且混炼胶的质量也能得到保证。

(3) 逆混炼法

逆混炼，又称逆混，也称倒混炼，是20世纪70年代出现的密炼机一段混炼工艺的一种延伸，其加料顺序和传统的加料顺序相反。

在传统的炼胶工艺中，无论是采用开炼机还是密炼机，都无一例外地先加生胶，然后再依次添加各种配合剂(小料、中料、大料、油等)，混好后排料下片。逆混炼则反其道而行之，总的顺序颠倒成先加各种不同的配合剂，后加生胶。

逆混炼法首先加入除硫黄、促进剂外的各种配合剂，混匀后再加生胶，继续混炼均匀后出料。这种混炼方法的优点是密炼室内物料的量始终是满的，增加了胶料混炼过程中受到的压力，从而提高了胶料所受到的机械剪切作用，可以使胶料混合更均匀。由于是一次性投料，避免了分次投料的操作时间，提高了效率。此外胶料在密炼室中经受的热历程少，胶料的硫化特性较稳定，减少操作，同时也提高了不同批次之间胶料的稳定性。

逆混炼法操作对密炼机的要求较高：一是密炼机的密封性能要好，否则很多粉料容易泄漏；二是密炼机的功率要大，因为投入的生胶没有经过热炼，黏度较大，在开始阶段机器消耗功率较大。

2. 密炼机混炼的影响因素

（1）装胶容量

装胶容量即混炼容量。装胶容量不足会降低对胶料的剪切作用和捏炼作用，甚至出现胶料打滑和转子空转现象，导致混炼效果不良；反之，装胶容量过大，胶料翻转困难，使上顶拴位置不当，一部分胶料在加料口颈处发生滞留，从而使胶料混合不均匀，混炼时间长，并容易导致设备超负荷，能耗大。因此，混炼容量应适当，通常取密闭室总有效容积的60%~70%为宜。

密炼机混炼时装胶容量可用下列经验公式计算：

$$Q=K\cdot V\cdot \rho$$

式中 Q——装胶容量，kg；

K——填充系数，通常取0.6~0.7；

V——密闭室的总有效容积，L；

ρ——胶料的密度，g/cm^3。

填充系数 K 的选取与确定应根据生胶种类和配方特点、设备特征与磨损程度以及上顶拴压力来确定。NR 及含胶率高的配方，K 应适当加大；合成胶及含胶率低的配方，K 应适当减小。磨损程度大的旧设备，K 应加大；新设备要小些。啮合型转子密炼机的 K 应小于剪切型转子密炼机。上顶拴压力增大，K 也应相应增大。另外逆混法的 K 必须尽可能大。

（2）上顶栓压力

密炼机混炼时，胶料受到上顶栓的一定压力作用。一般认为上顶栓压力在0.3~0.6MPa为宜。当转子转速恒定时，进一步提高压力效果也不大。当混炼容量不足时，上顶栓压力也不能充分发挥作用。提高上顶栓压力可以减少密闭室内的非填充空间，使其填充程度提高约10%。随着容量和转速的提高，上顶栓的压力必须增大。但要注意的是上顶栓压力提高会加速混炼过程胶料生热，并增加混炼时的功率消耗。

（3）转子转速和混炼时间

提高密炼机转子的速度是强化混炼过程的最有效的措施之一。转速增加一倍，混炼周期大约缩短30%~50%，常用的转速范围在40~60r/min。转速提高过大会加速生热，导致胶料黏度降低，机械剪切效果降低，不利于分散。

在同样条件下采用密炼机混炼胶料所需的混炼时间比开炼机短得多。混炼质量要求一定时，所需混炼时间随密炼机转速和上顶栓压力提高而缩短。加料顺序不当、混炼操作不合理都会延长混炼时间。

延长混炼时间能提高配合剂在胶料中的分散度，但也会降低生产效率。混炼时间过长又容易造成胶料过炼而使硫化胶的物理机械性能受到损害，还会造成胶料的“热历史”增长而容易出现焦烧现象，因此应尽可能缩短胶料的混炼时间。

（4）混炼温度

混炼温度高有利于生胶和胶料的塑性流动和变形，有利于橡胶对固体配合剂粒子表面的湿润和混合，但混炼温度高又使胶料的黏度下降，不利于配合剂粒子的破碎与分散混合。混炼温度过高还会加速橡胶的热氧老化，使硫化胶的物理机械性能下降，即出现过炼现象。混炼温度高还容易使胶料发生焦烧现象，所以密炼机混炼过程中必须采取有效的冷却措施。但混炼温度又不能太低，否则会出现胶料压散现象。一般采用的排胶温度低于 130℃。

(5) 加料顺序

密炼机混炼的加料顺序一般是先加入生胶，然后加入活性剂、固体软化剂、防老剂和普通促进剂，再加炭黑，随后是液体软化剂，最后加入硫黄和超速促进剂。

密炼机混炼中，生胶、炭黑和液体软化剂的投加顺序与混炼时间特别重要，一般都是先加生胶，再加炭黑，混炼至炭黑在胶料中基本分散后再加入液体软化剂，这样有利于混炼，提高混炼效果，缩短混炼时间。液体软化剂过早加入或过晚加入，均对混炼不利，易造成分散不均匀，延长混炼时间，增加能耗。液体软化剂的加入时间可由分配系数 K 确定。硫黄和超速促进剂通常在混炼的后期加入，或排料到压片机上加入，主要减少胶料焦烧的危险性。小药，如固体软化剂、活化剂、促进剂、防老剂、防焦剂等，通常在生胶之后、加炭黑之前加入。

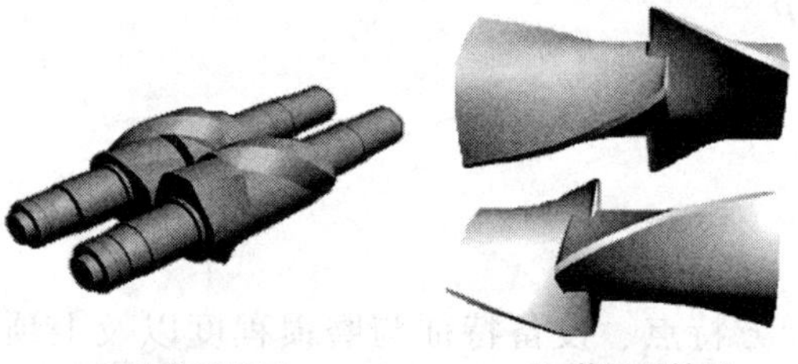

(a) 啮合型转子　　(b) 剪切型转子

图 7-5-7　密炼机转子的类型

(6) 转子结构和类型

转子工作表面的几何形状和尺寸在很大程度上决定了密炼机的生产能力和混炼质量。密炼机转子的基本构型有两种，剪切型转子和啮合型转子，如图 7-5-7 所示。一般说来，剪切型转子密炼机的生产效率较高，可以快速加料、快速混合与快速排胶。啮合型转子密炼机具有分散效率高、生热率低等特性，适用于制造硬胶料和一段混炼。啮合型转子密炼机的分散和均化效果比剪切型转子密炼机要好，混炼时间可缩短 30%~50%。

(三) 连续混炼工艺

为了进一步提高生产率，改善混炼胶的质量，使混炼操作实现自动化、连续化，近年来发展了连续混炼，使加料、双炼(塑炼和混炼)和排胶连续进行，也可使混炼与压延、压出联动。工业上已获得应用的连续混炼机主要有螺杆型 FCM 转子式连续混炼机、单螺杆型传递式和隔板式连续混炼机。

三、混炼胶后胶料的补充加工与处理

胶料混炼后应立即强制冷却，以免产生焦烧和喷霜现象，因此胶料温度一般要降至30~35℃以下。除此之外还要进行其他的补充加工，才能供下道工序使用。目前，生产中的补充加工主要有冷却、停放及滤胶。

(1) 压片与冷却

混炼胶料经压片后温度较高，若不及时冷却，则胶料容易产生焦烧现象，且在停放过程中易产生粘连，因此必须进行强制冷却使胶片温度降低到 35℃以下。为了避免胶片在停放时产生自粘，需涂隔离剂进行隔离处理。

最简单的冷却方法是将开炼机上割下的胶片浸入加有隔离剂的水槽中，然后取出挂置晾干，这种方法的缺点是用手工劳动，劳动条件差。较好的办法是将胶片挂置有喷淋装置的悬挂式运输链上，然后用冷风吹干，这种方法的缺点是悬挂式运输机的装料和卸料还需要靠手工进行。最好的方法是将从开炼机或带有出片机头的螺杆机出来的连续胶片自动切割成块，然后通过辊道，用水或隔离液喷淋冷却。胶片冷却至35℃以下，方可堆垛停放。

（2）停放

胶片冷却后必须于室温下停放8~24h，才能供下道工序使用。首先停放的目的主要是使胶料进行松弛，减小收缩，也使配合剂特别是炭黑在胶料中继续扩散，提高分散的均匀性。其次使橡胶和炭黑之间进一步相互作用，生成更多的结合橡胶，提高补强效果。实际生产中，也有不经停放而直接进行热流水作用的，使配合剂继续扩散，促使胶料进一步均匀。如果需要停放，其停放时间不能超过120h。

（3）滤胶

对于质量和性能要求比较严格的某些胶料，例如一些薄壁、气密性能要求好的制品，胶料要进行滤胶，以便除去杂质。滤胶通常在滤胶机中进行，机头装有滤网，滤网规格视胶料要求而异，如内胎胶料，内层滤网一般为30~40目，外层滤网为20~30目。滤胶时，排胶温度应控制在125℃以下。

四、混炼胶的质量检验

1. 混炼胶的结构

在混炼胶里，与生胶不相容的配合剂以细粒状分散在生胶中，成为细分散体。而生胶和溶于生胶的配合剂成为复合分散介质。所以，混炼胶实质上是由多种细分散体与生胶介质组成的胶态分散体系。

混炼胶不同于一般的胶体分散体系，混炼胶具有独特性质：

① 分散介质不是单一的物质，而是由生胶和溶于生胶的配合剂共同组成，例如再生胶和增塑剂可以与橡胶互容，从而构成了混炼胶的复合分散介质。各种配合剂在橡胶中的溶解度是随温度而变的，所以分散介质和分散体的组成会随温度而变化。

② 粒状配合剂（如炭黑和促进剂）与橡胶在接触面上产生了一定的物理和化学结合，甚至在橡胶硫化以后仍保持这种结合。这对胶料和硫化胶的性能起着重要的影响。

③ 橡胶的黏度很大，而且有些配合剂与橡胶有化学和物理的结合，所以表现为热力学不稳定性不明显。

2. 混炼胶的质量检验

混炼胶的质量好坏，不仅对压延、压出、成型等工序操作有重要的影响，而且还直接影响着成品的质量，因此对混炼胶料要进行质量检查。

（1）胶料的快检

① 可塑度测定　胶料可塑性过大或过小都会影响帘布压延挂胶和胶料压出半成品的质量，例如胶料厚度不易掌握、半成品表面不光滑等。可塑性也会影响胶料的物理性能，混炼胶可塑性的测定与塑炼胶一样。

胶料可塑性过大、过小的原因可能是塑炼胶可塑性不合要求，配料中软化剂的填充剂称量不准确，混炼时间、混炼温度掌握不好，尤其当胶料产生焦烧现象时，将会使胶料可塑性急剧下降。焦烧是混炼工艺中必须避免的，它会严重地影响胶料的质量，甚至不能加工。产生焦烧的原因主要是炼胶温度高、混炼时间长，此外硫黄混合不均匀也会引起焦烧。可塑度测定同样采用威廉氏法、华莱氏法、德弗法以及门尼黏度法。

② 密度测定　通过测定相对密度来衡量混炼胶中配合剂是否分散均匀，同时检验配料

配合剂是否少加、多加或漏加等。

③ 硬度测定　硬度测定是将胶料快速硫化后用硬度计测量得到的。如测得的硬度值比指标小，其原因可能是硫化剂、促进剂称量少或漏加引起的，也可能是软化剂、生胶称量过多或填充剂量过小而引起的。混炼时间过长或炼胶温度过高也会造成硬度指标低；反之如补强剂、硫化剂、促进剂的称量过多，则硬度比指标高。

④ 喷霜　通过混炼胶料的喷霜情况，也可判断是否混炼不足、混炼不均、混炼温度过高、混炼胶停放时间过长、胶料冷却过急、配合剂称量不准或用量过大等情况。

（2）配合剂的分散度检查

配合剂的分散度检查可以通过目测或显微镜测定的方法。

目测是借助10倍放大镜或低倍双目显微镜观测胶料表面，粗略判断胶料的分散程度。显微镜测定分为定性检验法和定量检验法。定性检验法只适用于炭黑作为填料的胶料；定量检验法，利用偏光显微镜、电子显微镜来观察胶料切片，能真实反映混炼胶的分散程度。

（3）胶料硫化特性的检查

胶料硫化特性的检验是将胶料在较高温度下快速测定硫化曲线，通过比较硫化曲线上的特征参数，如最大和最小扭矩以及不同扭矩下的时间，将这些参数与标准曲线上的参数比较，便可知道这批混炼胶的质量（见硫化一节）。胶料硫化特性的检查采用各种仪器来进行胶料质量的检验，如硫化仪。

（4）物理机械性能测定

常规物理机械性能检测项目有拉伸强度、伸长率和硬度等。根据胶料的不同性能要求选择专门性能项目进行测试，如胎面胶测定磨耗性能等。

五、几种常用橡胶的混炼特性

1. 天然橡胶

在机械混炼时，天然橡胶的塑性增加很快，发热量比合成橡胶低，配合剂易于分散，加料顺序对配合剂分散程度的影响不像合成橡胶那样显著，其混炼特性好，吃粉快。但混炼时间长易过炼，对胶料性能的影响比合成橡胶大，即对混炼时间较敏感。用开炼机混炼天然橡胶时，辊温一般控制在50~60℃之间，前辊较后辊高5℃；用密炼机混炼时多采用一段混炼法，排胶温度要低于150℃。

2. 丁苯橡胶

丁苯橡胶混炼时生热大，升温快，因此混炼温度要比天然橡胶低。配合剂在丁苯橡胶中较难混合分散，故相应的混炼时间要比天然橡胶长。用开炼机混炼时，前辊温度应比后辊低5~10℃，开炼时辊距要小，需增加薄通次数和进行补充加工，以有助于配合剂的均匀分散。用密炼机混炼可采用两段混炼，容量应小些，防止产生凝胶，排胶温度要低于130℃。

3. 顺丁橡胶

顺丁橡胶内聚能低，粘着性差，在开炼机上混炼不易压合成片，且容易脱辊。为使顺丁橡胶包辊，开炼机混炼时宜采用两段法，可采用小辊距、低辊温（40~50℃）混炼。配合剂在顺丁橡胶中的分散度比在天然橡胶中慢。为使配合剂更好地均匀分散，需进行补充加工。用密炼机混炼时，装胶容量可以增加10%，辊温也可稍高，以利于配合剂分散，排胶温度一般在130~140℃。炭黑含量大或采用高结构细粒子炭黑时，必须采用两段混炼才能分散均匀，也可采用逆混法混炼。

4. 氯丁橡胶

氯丁橡胶的工艺性能随着温度变化非常明显，在开炼机上混炼时，辊温一般在40~50℃范围内，温度过高易粘辊。生胶混炼时，辊距要逐渐由大调小，以免粘辊。混炼时如果有氧化镁时应先加，以防焦烧，最后加入氧化锌。密炼机密炼时，可采用两段混炼法，尽量降低排胶温度，不使其超过110℃，以防焦烧。氧化锌在第二段混炼时的压片机上加入。

5. 乙丙橡胶

乙丙橡胶也可用普通炼胶设备加工。但因乙丙橡胶塑炼效果特别差，缺乏黏性，橡胶不易包辊。开炼机混炼时，一般先采用窄辊距(0.2~1mm)，待形成连续片状后再放宽辊距进行混炼加工。辊温为前辊50~60℃，后辊60~70℃为宜。三元乙丙橡胶的加料顺序一般为先加生胶包辊，再分两批加入炭黑，然后顺序加入硬脂酸、氧化锌(或氧化镁)、促进剂以及交联剂，薄通后下片。

采用密炼机混炼时，由于乙丙橡胶具有高温热塑性的特点，因此密炼机混炼使用高温条件，配合剂和油剂易于分散，可得到均匀性较好的胶料。

6. 丁基橡胶

丁基橡胶的冷流性较大，配合剂分散困难，对设备清洁度要求高；橡胶的自粘性和挺括性差，不易包辊，宜采用高温或逆炼法。在开炼机混炼时可用引料法或用薄通法，引料法即从前次炼好的同样胶料上取一小块包于辊筒上，然后加入丁基橡胶和配合剂，丁基橡胶易包冷辊，因此后辊温度比前辊应高10℃左右。用密炼机密炼时，装胶容量可比天然橡胶、丁苯橡胶大10%~20%，且以高温混炼的分散效果较好，温度约在150℃左右。当填料多时也常采用两段混炼法和逆混炼法。

7. 丁腈橡胶

丁腈橡胶内聚能大，黏度高，混炼时的发热量大，配合剂难分散，故在开炼机上混炼时应采取低温(40~45℃)、小容量、小辊距、慢加料的操作方法。硫黄在丁腈橡胶中溶解度低，不易分散，故常在混炼开始时加入，而促进剂最后加入。酯类软化剂用量大时，可与粉料交替加入。丁腈橡胶混炼生热大，高温容易产生结构化，很少用密炼机混炼，如用密炼机混炼时应加强混炼室冷却，炭黑和酯类软化剂要分批交替加入，使排胶温度不高于130℃。

第六节　橡胶压延工艺

一、概述

橡胶的压延加工首先由开炼机将混炼胶片进行粗炼、细炼，或由销钉式冷喂料挤出机给压延机供料。如果产品中含有织物时，织物经导开装置后进行烘干，经过一定张力送至压延机。通过压延机辊筒的延展和挤压，制成胶片或胶帘布，再通过冷却降温，最后卷取，如图7-6-1所示。

与塑料的压延相同，压延过程主要是通过辊筒作用把胶料碾压成具有一定厚度和宽度的胶片的过程。表面上看，压延只是胶料造型的变化，但实质上也是一种流体流动变形过程。在压延过程中，胶料一方面发生黏性流动，另一方面又发生弹性变形。压延中的各种工艺现象与胶料的流动性质有关，也与胶料的黏弹性有关。

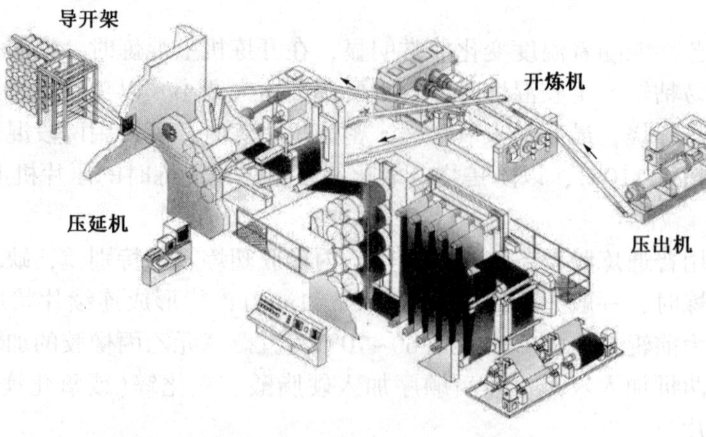

图 7-6-1　橡胶压延成型示意图

胶料在辊缝中的受力情况与塑料非常相似。压延时，推动胶料流动的动力来自两个方面：一是辊筒旋转拉力，它由胶料和辊筒之间的摩擦作用产生，其作用是把胶料带入辊筒间隙；二是辊筒间隙对胶料的挤压力，其作用使胶料变形并推动其前进。

橡胶在加工状态是一种非常黏稠的流体，压延时，胶料会被摩擦力带入辊缝而流动。由于辊缝是逐渐缩小的，因此当胶料向前行进时，其厚度越来越小，而辊筒对胶料的压力越来越大，直至在辊缝的某一位置处出现最大压力值。然后胶料在强大的压力作用下快速地流过辊距处，随着胶料的流动，压力逐渐下降，至胶料离开辊筒时，压力为零。

为使压延过程顺利进行，要求胶料具有良好的流动性。胶料的流动性一般用门尼黏度来衡量，胶料的门尼黏度小，流动性好；反之，则流动性差。橡胶与塑料均属于切力变稀流体，随切变速率的增加黏度下降。当切变速率很低时，黏度很高，大于 10^5 Pa · s，当速率增加到压延和压出的速率范围时，黏度下降至原来的 1/10 左右。

同时橡胶是一种黏弹性体，胶料受到外力推动时，并不能马上产生黏性流动，而要经过一定的时间，而且胶料在黏性流动过程中伴随着弹性变形。胶料从弹性变形转变为完全黏性流动过程所需要的时间，一般等于最大应力松弛时间。当压延速度很慢时，胶料的变形来得及转变为黏性流动，胶料就表现出较好的流动性，容易进行压延，得到的半成品表面光滑，收缩小；反之，当压延速度很快时，橡胶大分子链来不及移动，这时胶料表现出明显的弹性性质，流动性差，甚至不能进行压延。

与塑料的压延相似，胶料在压延中也存在着压延效应。压延后的胶片容易出现一种纵横方向物理机械性能的差异，即在纵方向的拉伸强度大，伸长率小，收缩率大，而在横方向的拉伸强度小，伸长率大，收缩率小。这种纵横方向性能各异的现象叫压延效应。产生这种现象的原因，主要是橡胶大分子链及针状或片状的不对称的填料粒子，经压延后产生取向排列不同的结果。从加工角度来看，应尽可能消除压延效应，否则半成品纵横方向收缩不一致，会导致半成品的变形，给操作带来困难。但从使用角度来看，根据具体情况而定，有些制品要求纵向强力高的则要利用之，有些制品需要强力分布均匀的，则要消除之。

二、橡胶压延成型设备

橡胶压延成型设备包括橡胶压延供胶系统、橡胶压延机、橡胶压延联动装置等。

（一）橡胶压延供胶系统

压延供胶系统用于对混炼结束后的冷硬混炼胶进行预热软化，使其具备压延所必备的较高温度状态下的热流动性能，并进一步提高物料的混合均匀性，然后向压延机连续而均匀地输送胶料。因此，热炼胶料与均匀供胶是保证压延生产正常进行及产品质量的有效前提条件之一。

1. 热炼胶料设备

热炼胶料采用两种方法：一种是利用开炼机对压延用混炼胶进行热炼，另一种是利用冷喂料挤出机对压延用混炼胶进行热炼。热炼胶料所用设备主要是开炼机和挤出机。

开炼机的结构与工作原理在相关章节已经做过介绍。采用开炼机进行热炼胶料时一般采用两台该设备，一台粗炼加工，一台细炼加工，其与压延机的布局如图 7-6-2 所示。热炼机的安装位置应尽可能靠近压延机，一般与压延机呈 90°安置，这样利于操作人员观察供胶情况。常用热炼开炼机为 XKR-550、XKR-660 型，其辊筒速比为 1∶1.2~1∶1.5。

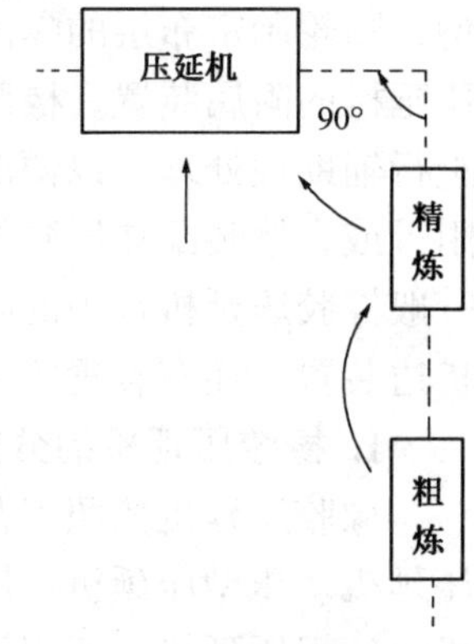

图 7-6-2 热炼机与压延机的相对位置

热炼后的胶料由一台专用的开炼机割取成连续的胶条，经输送带连续向压延机供料。

大型的压延生产一般采用冷喂料螺杆挤出机进行热炼和供胶。冷喂料挤出机热炼供胶不仅简化了工艺，节省机台、厂房面积和操作人员。而且也提高了自动化操作水平和生产效率，有利于胶料质量的提高。冷喂料挤出机采用大长径比、销钉型的螺杆，可强化捏炼作用。冷喂料挤出机挤出胶料为带状，一般经架空胶带运输机至摆动供胶装置，向压延机辊隙均匀供胶。

2. 供胶

供胶采用摆动供胶装置。摆动供胶装置将热炼后的条型或带型胶料在一定宽度范围内连续而均匀地向压延机填加胶料。

供胶装置主要由输送带、传动装置及摆动投向机构组成，如图 7-6-3 所示。

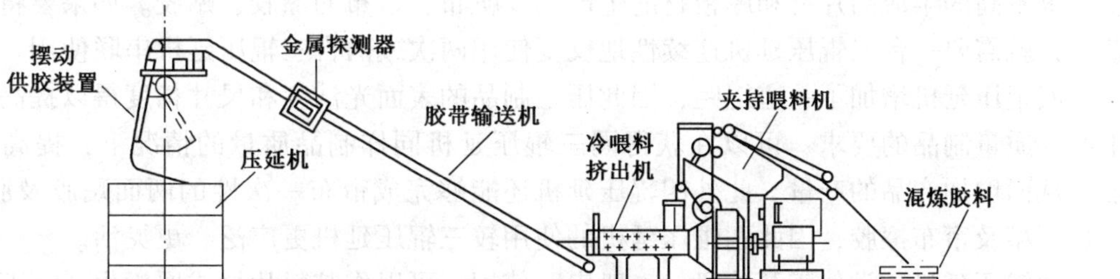

图 7-6-3 压延机供胶装置

从图中可看出，混炼后的胶料由夹持喂料机送入冷喂料挤出机预热，预热后的胶条由胶带输送机的输送带运送至摆动供胶装置。摆动供胶装置的供胶端头部可沿辊筒工作长度方向往返摆动而均匀供胶。为确保压延机的安全生产，在供胶装置上装有金属探测器，若探测出胶料中含有金属杂物时，输送带自动停运并报警。

(二) 橡胶压延机

压延机是橡胶塑料制品加工过程的基本设备之一，在橡胶塑料机械中压延机属于重型高精度机械。橡胶压延机基本结构与塑料压延机非常相似，工作原理基本相同。但由于橡胶制品中很多是含有帘子线以及钢丝的复合产品，因此橡胶压延机的结构更复杂，用途更广，种类更多。

橡胶压延机主要用于胶料的压片、纺织物或钢丝帘布的挂胶、胶片的贴合、胶胚的压型、贴轮胎帘布层的隔离胶片等。橡胶压延机的结构中除辊筒以及相应的部件外，还有橡胶压延机的附属装置。橡胶压延机的附属装置用来对压延时的成型材料（如胶料与纤维帘布）进行辅助性处理，以便配合压延机以更好的性能完成压延作业。这些附属装置多位于压延机附近或直接装配在压延机上，随压延工艺和压延设备水平的不同，附属装置的设置也不同。一般橡胶压延机常用的附属装置有挡胶板、刮胶边装置、切胶边装置、划气泡装置、扩布与扩边装置、递布装置等。

1. 橡胶压延机的分类

橡胶压延机按照工艺用途不同可分为压片压延机、擦胶压延机、压片擦胶压延机、贴合压延机、压型压延机、压光压延机以及实验用压延机等。按辊筒数目多少可分为二辊压延机、三辊压延机、四辊压延机、五辊压延机及多辊压延机等。按辊筒的排列形式不同可分为“I”型压延机、“Γ”型压延机、“L”型压延机、“F”型压延机、“Z”型（或斜“Z”型）压延机、“S”型压延机、“A”型压延机及其他型式压延机等。按照辊筒直径的差异可分为等径压延机和异径辊筒压延机。

具体结构见塑料压延成型章节。

2. 橡胶压延机的主要技术参数

（1）辊筒数目

辊筒数目决定了胶料碾压的次数，而胶料的碾压次数与原材料的品种、制品品种及精度要求有关。一般胶料质硬，制品精度要求高，物料需经过的碾压次数就多，则辊筒数目也多，但辊筒多机器结构庞大，功率消耗也相应增大。

同塑料压延机一样，橡胶用压延机辊筒数目也多为三辊、四辊。三辊压延机结构简单，制造容易，因只有两道辊距，故其制品尺寸精度及表面质量较低，适于尺寸精度和表面光洁度要求不高的半成品片材和厚板材的生产以及帆布、帘布的擦胶、贴胶。如果要将织物双面覆胶，就需要一台三辊压延机连续性地反复使用两次或两台三辊压延机串联使用。

四辊压延机增加了一道辊距，因此压延制品的表面光洁度和尺寸精度得以提高，满足了生产高质量制品的要求，可以在获得同三辊压延机同样制品质量的情况下，提高辊筒的速度，从而增加产品的产量。此外四辊压延机还能够完成帘布一次性的两面贴胶及胶片贴合、压片压型及帘布擦胶，因此四辊压延机的使用较三辊压延机更广泛、更灵活。

两辊压延机，类似于开炼机，一般串联使用，可以作胶料片材或厚板生产。五辊六辊压延机一般用于压延硬质胶料或实验室使用。

（2）辊筒工作部分的长度与直径

辊筒工作部分的长度与直径是表征压延机规格并影响压延机性能的重要技术参数。

辊筒工作部分的长度直接影响着压延制品的幅宽。辊筒长度越大，表示所能加工制品的宽度越大。由于辊筒工作表面全长范围内温差的影响及设置挡胶板空间所需，辊筒工作表面可压延制品的最大幅宽应小于辊筒工作长度，比值一般为0.8~0.9。

辊筒的直径与压延机生产能力密切相关。辊径越大，压延机的产量也越大，但压延负荷及驱动功率相应增大。

辊筒工作部分的长度和直径需维持一定的比值，即所谓的长径比。辊筒长径比增大，可增大压延幅宽，节省能源，提高经济效益。同时辊筒长径比也是反映辊筒刚度的重要数据，长径比越大，刚性越差。辊筒的长径比可影响压延制品的厚度尺寸精度，其值与压延制品质量、被加工物料的性能、压延制品的宽度、生产效率及辊筒材质等因素有关。为确保压延制品的厚度尺寸精度，对于普通冷硬铸铁制成的辊筒，其长径比一般为2.5~3，而以复合冷硬铸铁材料或(合金)铸钢制成的辊筒，其长径比可适当增大。另对硬质胶料及钢丝纤维的压延，其辊筒长径比应适宜地减小。

(3) 辊筒线速度与速比

压延机辊筒线速度系指压延出制品的辊筒工作部分的圆周速度。辊筒线速度是表征压延机生产能力和装备水平的重要参数之一。

压延机辊筒线速度应满足压延工艺操作的需要。压延机通常是慢速启动、高速压延生产。慢速启动的原因是便于递布、引头等操作的调整与安全，且要适应多类原材料、不同压延工艺和制品的需要。因此辊筒线速度应在较大范围平稳调节，一般中小规格压延机的调整范围为3，大规格压延机的调速范围不小于10，压型专用压延机则可以固定几种操作速度。

压延机辊筒线速度的提高受诸多因素的制约，辊筒规格大、自动化操作水平高、热传导系统工作性能好、机台加工精度高，则压延速度较高，所获产量也大，但辊速的加大将导致功率消耗及工作温度的增大。一般橡胶用压延机的最高辊筒线速度为50m/min，例如纤维帘布双面贴胶为30~50m/min，胶片压延为10~30m/min，钢丝纤维压延为4~20m/min。

各种规格压延机的辊筒线速度如表7-6-1所示。

表7-6-1 橡胶压延机辊筒的线速度

压延机规格/mm	辊筒线速度/(m/min)	
	纤维帘布	钢丝帘布
Φ230×630	2~10	2.5~7.5
Φ360×1120	7.3~21.9	4~12
Φ450×1200(三辊)	9~25	
Φ550×1300(四辊)		4~20
Φ550×1700(三辊)	5~50	
Φ610×1730	5.4~54	3~12
Φ700×1800(四辊)	7~70	

压延机辊筒速比是指压延机每相邻两辊筒的线速度之比。辊筒速比也是表征压延机工作性能的一个重要参数，对高分子材料压延工艺过程的进行有重要意义。橡塑材料的压延成型就是利用辊筒之间不同速度以及不同的温度来克服聚合物流体分子间的强大吸引力而实现碾压、混炼、塑化和延展成型的。压延机辊筒速比与压延工艺、操作方式及原材料性质等因素有关。

橡胶压片、压型、贴合及帘线双面贴胶等压延作业时，为保持压延制品表面平整、清晰和织物纤维的有序排列通常采用速比为1∶1的等速压延。帆布织物擦胶作业时，为促进胶料对织物的渗透，增大胶与织物的结合强度，擦胶辊筒的速比取1∶1.2~1∶1.5。速比增大，剪切力大，擦胶效果好，但过大的辊筒速比会损伤织物，导致温升和压延负荷的增大，而速比过小则胶料的渗透作用差，影响压延质量。因此胶料硬，骨架织物质地坚硬，速比可取较大值。

辊筒的速比为1∶1.1~1∶1.5，以提高胶料工作温度，增大其塑化均匀性及致密程度，硬胶料取大值，反之亦然。

（4）辊筒横压力

在辊隙范围内混炼物料对辊筒表面各点径向作用力的合力称为辊筒横压力。辊筒横压力对压延机各工作部件的强度、刚度影响很大，也是关系安全可靠、进行高精度压延生产的重要因素之一。

由高分子材料流变学理论分析及实验测试得知，物料通过压延机辊筒间隙时物料的厚度逐渐减小，而物料内部的压力，即物料对辊筒表面各点的径向力却逐渐增大，并在最小间隙前方不远处，即辊距前一定范围内，力值达到最大，过了该处压力急剧下降，如图7-6-4所示。

由压力分布图可以看出，辊隙间物料对辊筒表面各点的径向作用力是很复杂的，不仅大小各异，方向也各不相同，但都指向辊筒轴心，因此得到辊隙范围内各处物料对辊筒径向作用力的合力，即横压力。横压力大约在进入辊隙的稍前处开始作用，并且也是沿径向方向的。

压延机为连续化生产，在保证定量恒温均匀性供料、操作参数不变的情况下，横压力在压延过程中基本维持定值不变，并沿辊筒表面在压延宽度范围内均匀分布。

压延过程中，横压力的大小受诸多因素的影响。总的来说，被加工物料硬度大，加工温度低，压延制品厚度小，辊筒压延速度及速比较大，辊筒直径及工作长度（压延宽度）大，采用集中加料的操作方式等，都将使固体横压力值增大；反之亦然。

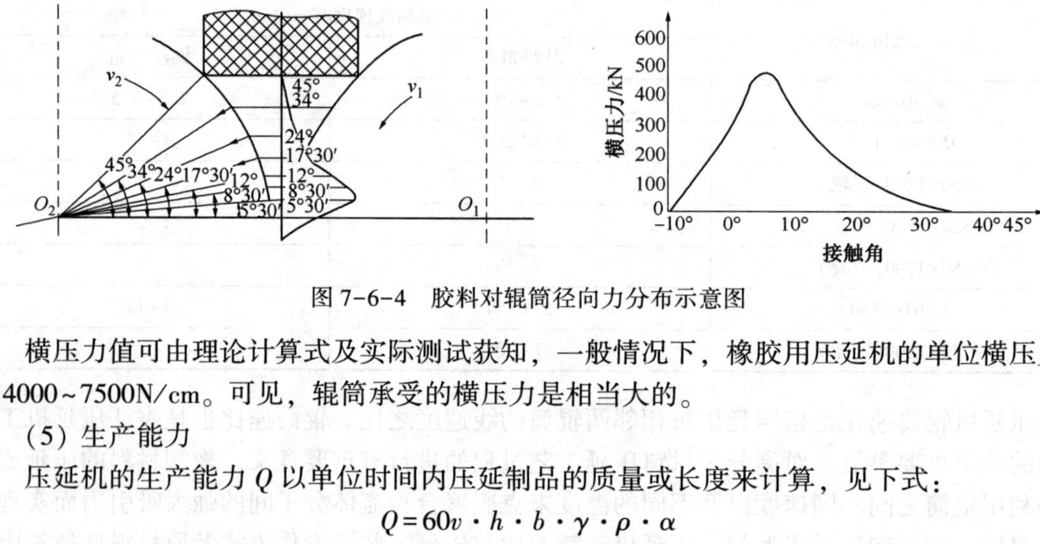

图7-6-4　胶料对辊筒径向力分布示意图

横压力值可由理论计算式及实际测试获知，一般情况下，橡胶用压延机的单位横压力值为4000~7500N/cm。可见，辊筒承受的横压力是相当大的。

（5）生产能力

压延机的生产能力 Q 以单位时间内压延制品的质量或长度来计算，见下式：

$$Q = 60v \cdot h \cdot b \cdot \gamma \cdot \rho \cdot \alpha$$

式中　Q——生产能力，kg/h 或 m/h；

v——辊筒线速度，m/min；

h——压延制品厚度，m；

b——压延制品宽度，m；

γ——压延物料密度，kg/m^3；

α——设备利用系数，通常取0.85；

ρ——超前系数，取1.1。

$$\rho=\frac{v_1}{v}$$

式中　v_1——物料压出速度 m/min。

3. 橡胶压延机的规格表示

同塑料压延机一样，橡胶压延机规格也采用辊筒外直径和辊筒工作部分的长度来表示，单位是 mm。例如 Γ 型直径 610mm、长度 1730mm 的四辊压延机，表示为 XY-610-1730。

（三）橡胶压延成型联动装置

橡胶压延联动装置是辅助压延主机完成压延工艺过程所必备的附属装备，又称压延辅机。它由若干独立的单元设备组成，并与压延机组合成完整的流水式压延作业的压延机组。压延联动装置是压延机组的主要组成部分，其设备组成单元、排列顺序及工作性能对压延操作工艺、生产效率、产品质量影响很大。

压延联动装置分设于压延机的前方及后方，前方联动装置主要实现对织物材料的导开、衔接、干燥预热、扩展（平）及伸张等处理。后方联动装置用于压延制品冷却、切割、卷取及伸张等处理。不同的工艺过程和生产要求，压延联动装置的分类及用途有所差异。

压延联动装置可以按照辊筒的数目分为两辊、三辊、双三辊、四辊压延联动装置，也可按照压延工艺过程及用途来分类，如表 7-6-2 所示。

表 7-6-2　橡胶压延联动装置的分类及其功能与用途

橡胶压延联动装置的类别	橡胶压延联动装置的用途
帆布压延联动装置	帆布单面（双面）贴胶
纤维帘布压延联动装置	浸胶帘布双面贴胶
钢丝压延联动装置	钢丝帘布双面贴胶
纤维/钢丝压延联动装置	纤维帘布或钢丝帘布双面贴胶
贴隔离胶压延联动装置	胶体帘布双面贴胶
密封层（胶片）压延联动装置	密封层（胶片）组成胶片的贴合
运输带成型压延联动装置	运输带芯、覆盖胶的黏合与压型

1. 纺织物挂胶压延联动装置

（1）帆布擦胶三辊压延联动装置

帆布单面擦胶一般是在一台三辊压延机联动装置上进行，主要由前导开卷取装置、冷却装置、后卷取装置组成。因为是断续作业，可不设干燥装置。如图 7-6-5 所示。

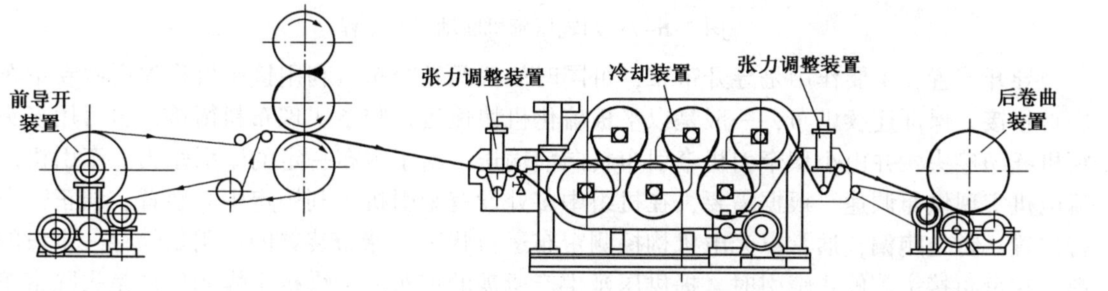

图 7-6-5　一台三辊压延机联动工艺流程

挂胶时，干燥后的帆布放置在前导开卷取装置的导开架上，经压延机第一面擦胶后，由主机上的导开卷取装置卷取。若将该导开装置作导开用，可进行帆布第二面挂胶。两面擦胶完成后，经冷却装置冷却后由卷取装置卷取。单台三辊压延联动装置适合于小型轮胎厂和橡胶制品厂生产所需。

帆布的一次性双面擦胶(或一擦一贴)是采用两台三辊压延机组成的联动装置进行连续作业而完成的，供大型轮胎厂及橡胶制品厂使用。如图 7-6-6 所示。

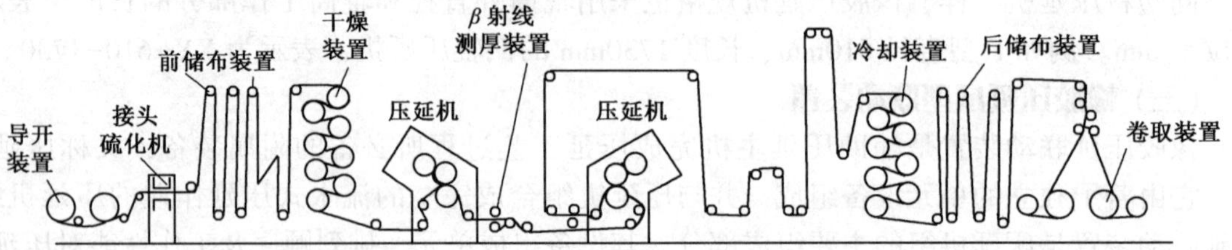

图 7-6-6　两台三辊压延机联动工艺流程

(2) 帘布双面贴胶四辊压延联动装置

如图 7-6-7 所示，压延机的前联动装置主要由导开装置、接头机、牵引机、定中心装置、储布装置、干燥机以及张力机等组成。

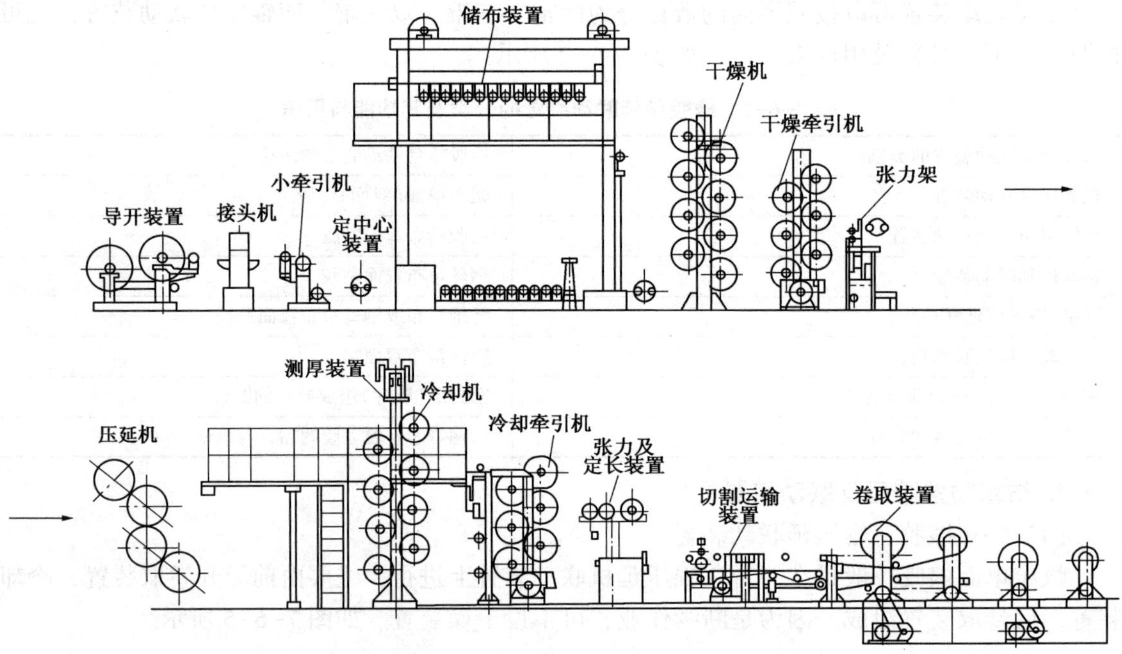

图 7-6-7　四辊压延机联动工艺流程

导开装置，主要作用是导开帘布，可同时放置两卷帘布。利用接头机将先后两卷帘布的尾首相接，保证连续供布，一般是以平板硫化机快速硫化胶条实现布料衔接，也可用多头缝纫机缝纫接头，并由小型牵引机牵引布料向前输送，给予帘布一定的牵引张力。牵引机以直流电机实现供布调速，根据需要，在机组中多处设有牵引机。利用定中心装置，纠正帘布运行位置，防止跑偏，通常以光电机构探测帘布运行状况。储布装置的作用是储存一定量的布料，在帘布接头需停止牵引时，提供压延生产所需的帘布。干燥机干燥的作用是去除帘布内所含有的水分，并将帘布预热至一定的温度，以提高压延时帘布与胶之间的黏合强度，干燥一般采用蒸汽进行加热干燥。位于联动装置各区段的张力架可测量所在区间帘布张力的大小，并产生反馈信号输入电气系统进行自动调节，以维持各工作区域张力值的恒定。压延联动装置中，为了保持帘布的平整均匀，防止帘布在运行过程中产生收缩、弯曲、打褶现象，压延帘布在复胶前后自始至终必须保持一定的张(紧)力。张力是压延联助装置重要的技术参数，张力的大小视帘布的种类与帘布所处区段不同而异，多由经验确定。

压延机的后联动装置主要有测厚装置、冷却机、切割机、卷取机等。测厚装置，能够连续正确地测定压延片的厚度。现代压延联动装置均采用电感应测厚仪及同位素测厚仪自动测试制品的厚度。冷却机用于压延后挂胶帘布的冷却定型，便于卷取存放，通常是以循环冷却水通入若干冷却辊筒以对胶帘布进行冷却。冷却后的半成品经过切割机，定长裁断压延后的复胶帘布，并由卷取机用于定量自动卷取胶布，常以两组卷取装置交替工作。

2. 钢丝帘布压延联动装置

(1) 钢丝帘布热贴压延联动装置

如图 7-6-8 所示为钢丝帘布热贴压延联动装置的一种形式。该机组主要由锭子导开架、接头机、整经装置、冷却装置、后储布器、卷取机、裁断机及牵引机、张力测力架、测厚装置等组成，用于热炼胶料的钢丝挂胶。

钢丝导开架是放置钢丝锭子的专用托架，上设 600~1000 个钢丝锭子座，数百根钢丝由此有序地导开输出以组成宽幅无纬钢丝帘布。为保持钢丝帘线导出时的张力恒定，每个锭子座设有单独的能自动调节帘线导出张力的制动器与张力控制系统配套。为提高机组的生产效率，一般配有两台导开架交替使用。导开架所处的锭子房应保持恒温恒湿，以防钢丝表面生锈。

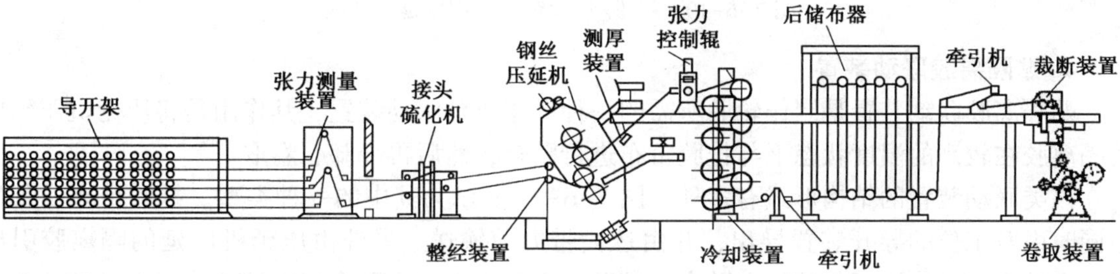

图 7-6-8　钢丝帘布压延联动工艺流程

定长的钢丝多以胶条在接头硫化机上经高温加压快速硫化做接头处理。压延之前的钢丝需在整经装置上按规定的密度排列整齐，并压在包胶的压延机中辊上使之定位，保证帘线在挂胶时不错位，这对钢丝帘线压延是十分重要的。

钢丝压延的后联动装置与帘布压延后联动装置类同。

(2) 冷贴法钢丝帘布压延联动装置

钢丝冷贴压延机组是将三辊压延机压成的胶片，经冷却、卷取后，在双辊钢丝压延机上将上、下两层胶片与钢丝帘布进行冷贴复合。如图 7-6-9 所示。

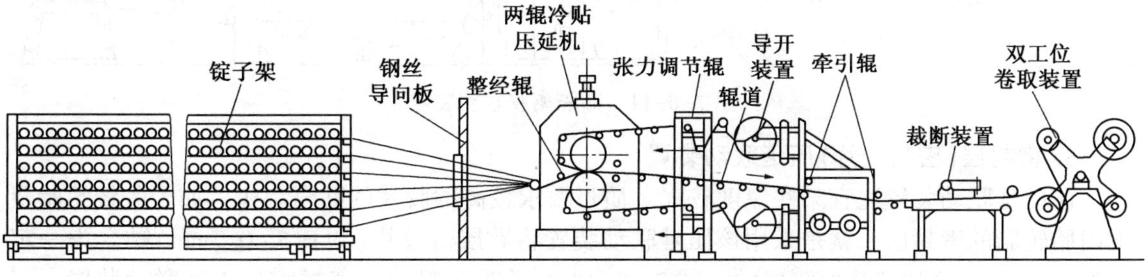

图 7-6-9　冷贴法钢丝帘布压延生产线

3. 纤维/钢丝帘布两用压延联动装置

该两用型压延联动装置可分别满足纤维帘布、钢丝帘布挂胶压延的需要。

在该联动装置中分别设置了纤维、钢丝各自专用的前联动装置。这两套前联动装置的单元设施及排序分别与上述纤维帘布压延前联动装置及钢丝压延前联动装置类同。两套前联动装置可设置在不同高度上。如图 7-6-10 所示为纤维/钢丝两用压延生产线。纤维用前联动装置布置在地平面上，钢丝部分置于地平面之下(或者是将前者架高置于特制平台上)。一般情况下，压延主机和后联动装置对于纤维及钢丝各自的压延是共用的。

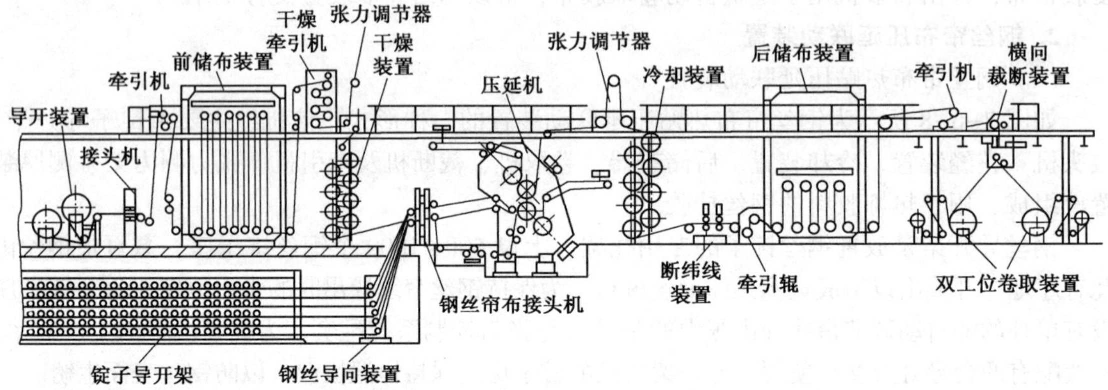

图 7-6-10 纤维/钢丝帘布两用压延联动线

4. 贴隔离胶联动装置

贴隔离胶联动装置是制作轮胎所需的一种专用压延联动装置，其作用是将压延机压延出的隔离胶在较高的温度状态下与挂胶帘布进行贴合，然后再冷却、卷取。

该类联动装置的结构形式有多种，图 7-6-11 所示为其中的一种类型。挂胶帘布及其垫布同时由双工位的导开装置导出，并由运输带向前输送。另外由压延机压延的隔离胶引出后，在贴合辊的作用下与胶带布贴合，其贴合力的大小可由贴合辊末端的位于电磁铁处重锤予以调节。电磁铁能控制贴合辊的起落，贴合后的帘布与隔离胶经冷却装置冷却后由卷取装置卷取。

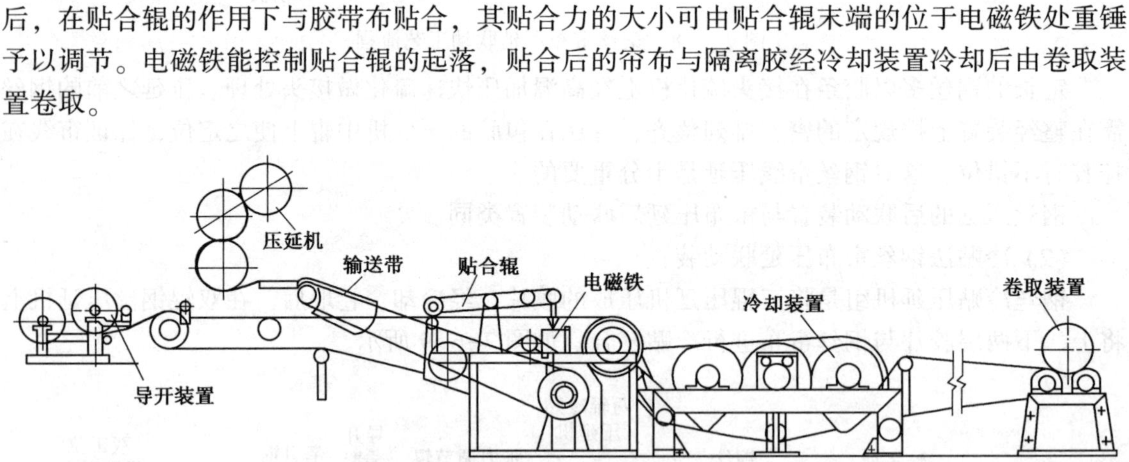

图 7-6-11 贴隔离胶联动装置

5. 密封层(密封胶片)压延联动装置

该压延联动装置适宜某些厚度较大、质量要求较高的胶片的贴合制作，如子午线轮胎及无内胎轮胎的密封层，就是采用该压延联动装置将数层薄胶片(约 0.5~0.7mm)贴合为一定厚度(1.5~2mm)的胶片而制成的。图 7-6-12 所示为密封层、密封胶片压延联动装置。工作时压延机将压延出的二次胶片经冷却装置冷却后，由输送带送至环形输送带上与预先压延好的一次胶片在贴合辊的作用下进行贴合成为一体，并由双工位的带垫布导开的卷取装置直接卷取。

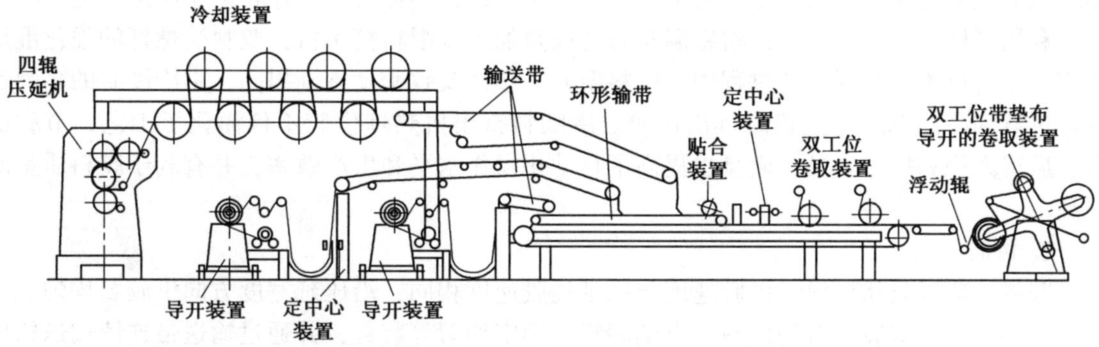

图 7-6-12　密封层、密封胶片压延联动装置

采用该联动装置贴合的多层胶片，其温度和可塑性应尽可能接近，送胶与卷取的速度要一致，并避免空气混入。

6. 运输带成型压延联动装置

运输带成型压延联动装置是制作叠层式运输带的专用压延成型生产线，其功能是将构成带芯的多层定宽挂织物贴合成坯体并贴以覆盖胶。

图 7-6-13 所示为带芯逐层多次贴合并两面覆胶的胶带成型工艺流程示意图。受牵引装置的驱动，胶布由导开装置导出后在压延机上进行贴合。若胶带布层数较多，可将半成品带坯返回由卷取辊卷取后送至导开装置再次导开逐层贴合，直至带坯层数达到规定要求为止。然后由输送带将胶料送到四辊压延机上，将压延出的新鲜胶片覆盖于上述带芯的两外层面。经冷却后卷取，最终完成运输带的贴合成型。

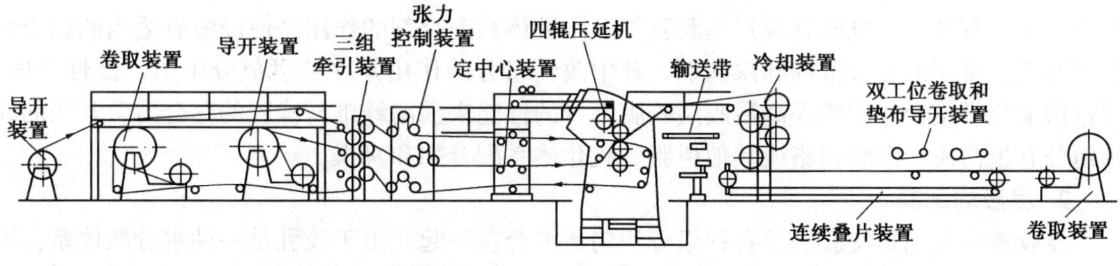

图 7-6-13　带芯逐层多次贴合并两面覆胶的胶带成型工艺流程

三、压延准备工艺

（一）胶料的热炼与供胶

1. 胶料的热炼

混炼胶料在进入压延机之前必须预热，进一步提高胶料的均匀性和可塑性，使胶料柔软而易于压延，能均匀顺利地通过辊筒间隙，这一工艺过程即为热炼或预热。

混炼胶可以采用开炼机进行热炼，也可以采用冷喂料挤出机进行热炼。

开炼机热炼一般分为两步完成，首先以一台开炼机在低辊温、小辊距条件下对胶料进行粗炼，主要是补充混炼胶料使之均匀，并适当提高其真实的可塑性，粗炼后的胶温一般可达到40~45℃，辊距2~5mm，薄通7~8次。然后将粗炼后的胶料以较大的辊距和速比，并在较高的辊温细炼，使之升温软化呈现出压延加工所必需的热塑流动性。细炼胶料温度为60~80℃。热炼后的胶料由一台专用的开炼机割取成连续的胶条，经输送带连续向压延机供料。热炼机的辊筒速比应较大，范围为1∶1.17~1∶1.28，热炼机上的存胶量应保持一定。

利用螺杆挤出机热炼时，将室温状态的胶料加入冷喂料挤出机，胶料受螺杆的强化混炼作用，在向机头不断推移的过程中，胶料温升、塑性及致密度逐渐提高，由冷硬时的高弹态逐渐过渡到高温下的黏流状而排出供胶。冷喂料挤出机热炼供胶不仅简化了工艺，节省机台、厂房面积和操作人员，而且也提高了自动化操作水平和生产效率，并有利于胶料质量的提高。

2. 供胶

胶料一般以条状供料，供胶速度与压延耗胶速度相同，沿压延宽度方向供胶要均匀。

在热炼机上应装备自动供料、自动翻料、固定切刀等装置，并通过输送带连续输送给压延机，在压延机供胶处应有供胶装置，使输送带以摆动方式向压延机辊间供料。输送带的运行速度应略大于热炼机辊筒的线速度，而且输送带长度不宜过长，以避免胶条向压延机输送过程中温度降低，同时在输送机上装有磁感应装置。

根据压延机所压延胶片的规格大小及压延机车速等情况确定输送胶条的宽度，压延机辊筒缝隙处存胶不宜太多，否则会使胶料冷却下来，从而导致厚度变化或出现表面粗糙和严重的空气泡等问题。

（二）纺织物的浸胶

纺织物的浸胶是将织物(主要是帘布)通过胶液浸渍槽，使纺织物表面和缝隙内附着和充满一层乳胶，建立起一过渡性的中间层，用以增加胶料与纺织物间的结合强度和胶布的耐动态疲劳性。

1. 浸液的组成

用于浸胶的浸液多以胶乳为主体，并含有适量的配合剂和改性组分。常用的胶乳为天然胶乳、丁苯胶乳、丁吡胶乳及羟基胶乳等。胶乳体系配合剂的作用是使浸液有适当的稳定性和浸润性，常用的有分散剂和湿润剂。其中改性组分的作用是在胶乳成分中引入极性基团，通过增加化学结合作用或提高浸胶层胶膜本身的性能来提高纤维与橡胶的黏合力，常用的改性组分有蛋白质、酚醛树脂或其他树脂、硫化体系配合剂和炭黑。

2. 浸液的配制

浸胶液的配制是将胶乳及各种组分均匀地混合在一起。由于胶乳是一种水分散体系，因此各种配料都要预先制成溶液或水分散体才能与胶乳混合，否则容易引起胶乳凝固。浸液配成后，一般都需经一定时间的熟成，然后才能应用。

3. 浸胶工艺

浸胶工艺主要包括帘布的导开、浸胶、干燥、卷取等。

如图7-6-14所示，帘布由导开辊经过调节装置按一定速度进入浸胶槽，浸胶槽中的浸液保持一定液面，使胶乳充分渗入帘布，一般浸胶时间在6~10s范围内。

当帘布离开液面后，通过压辊挤去多余的浸液及水分，然后进入干燥室干燥。压辊压力为1.19MPa，干燥时间随温度提高而缩短，通常采用130℃，干燥时间为4~5min，也可采用190~200℃的高温，这时干燥时间可缩短至9~10s。经干燥后，帘布中的水分应降低至1%~3%的范围。帘布干燥后经扩布器平整，最后经冷却或直接卷取。

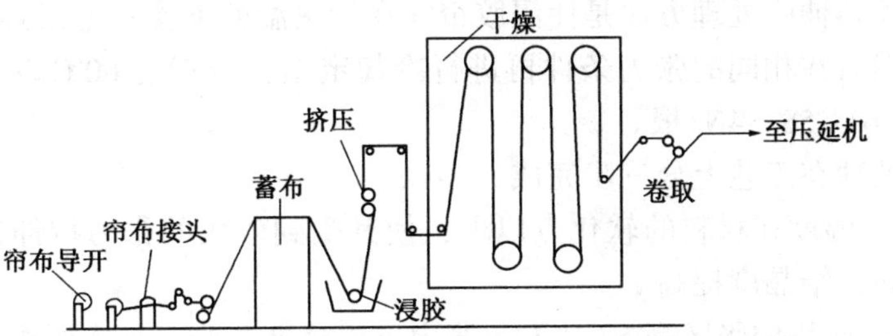

图 7-6-14　帘布(帆布)浸胶工艺流程图

不同的帘布其浸胶工艺不同。棉帆布浸胶不需要热伸张处理，但为了避免在浸胶过程中帆布呈松弛状态而产生过分收缩，在浸胶中仍须对帆布施加一定的张力。尼龙由于表面较光滑，需经浸胶处理才能获得良好的黏合效果。尼龙帘布受热时易产生收缩(可达 30%)，因而浸胶工艺比棉帘布复杂。尼龙帘布浸胶包括浸胶和热伸张处理(见尼龙、聚酯帘线的热伸张处理)两大部分。如图 7-6-15 所示为尼龙帘布的浸胶工艺过程。

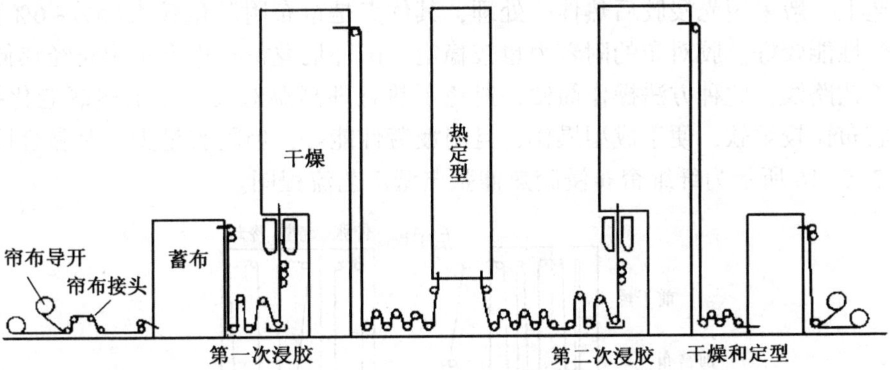

图 7-6-15　尼龙帘布双浸和热处理的装置

首先帘布由导开装置导开，经接头后进入蓄布架，然后进入第一浸胶槽，进行浸胶，将浸胶后的帘布通过干燥机干燥。再进入第二浸胶槽浸胶，浸胶后的带布通过真空吸气装置把过多的浸液吸去。然后再进入干燥装置，用 120~150℃的热风进行干燥，干燥后的帘布进入热伸张装置进行热伸张处理，经热伸张后，帘布进入标准过热伸张装置，以固定其伸张，再通过一组张力和冷却装置冷却到常温，最后经过储布架进行卷取。

帘布浸胶、干燥和热处理可单独进行，也可与压延过程联动，组成联动流水作业生产线。

(三) 尼龙、聚酯帘线的热伸张处理

尼龙、聚酯帘线是橡胶中常用的骨架材料。

尼龙帘线热伸张收缩性大，这是因为尼龙纤维从抽丝到加捻成型时虽然已经进行过拉伸和热定型处理(见纤维一章)，但是尼龙帘线变形临界温度较低，尼龙 6 为 93℃，尼龙 66 为 130℃，而浸胶后干燥温度高达(200±10)℃，远远超过尼龙纤维的变形临界温度，因此会使纤维分子的结晶消失，再次变为无定形卷曲状态，结果产生收缩，其收缩率可高达 30%。因此必须在浸胶后对帘线重新进行拉伸和热定型处理，消耗内应力，使尼龙帘线形态稳定，增加强度。另外压延过程中也要对帘线施加一定的张力，防止其高温下的热收缩变形。聚酯帘线的尺寸稳定性虽然比尼龙帘线好得多，但为进一步改善其尺寸稳定性，亦应进行热伸张处理。

尼龙帘线浸胶热伸张处理方法是使浸胶帘线在加热温度下受一定张力作用，经过一定时间的伸张过程，然后在相同的张力条件再进行冷却定型，冷却至60℃以下，在热伸张过程中帘线张力为19.61~58.84N/根。

帘布热伸张处理在工艺上分三步完成。

① 热伸张区：温度在材料的软化点以上，使其受到较大的张力拉伸作用。此时大分子链拉伸变形和取向，结晶度提高。

② 热定型区：比热伸张区高5~10℃，张力可以略低一些。其主要作用是使帘线于高温下消除内应力，同时又保持其热伸张时大分子链的取向度。张力消除后帘线不会收缩。

③ 冷定型区：在保持张力不变的情况下，使帘线冷却到玻璃化转变温度以下而定型，这时大分子链的取向状态已被固定，内应力已消除，帘线尺寸稳定性得到改善。

目前国内尼龙帘布浸胶及热伸张处理工艺全在纺织纤维厂完成，人造丝帘布浸胶则可在生产厂进行。聚酯帘布因其纤维表面光滑及活性基团的数量比起尼龙纤维要少很多，必须进行两次浸胶处理，因此热伸张处理条件较复杂，热处理温度较高，为235~250℃。

在工艺上一般采用先浸胶后热伸张处理，其优点是帘布附胶量较大(5%~6%)、胶布的耐动态疲劳性能较好、胶对布的附着力也较稳定。国外尼龙帘布也有采用先经热伸张处理后再浸胶的工艺路线，此种方法操作简便，避免了热处理高温对浸胶层的热氧老化损害作用，压延后的胶布比较柔软，便于成型操作，且耐疲劳性能好，但附胶量少，对黏合性能不利。

如图7-6-16所示为纤维帘布浸胶热伸张典型工艺流程图。

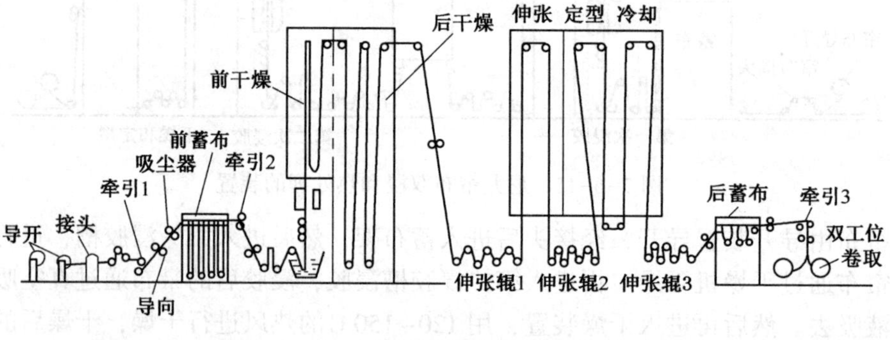

图7-6-16 纤维帘布浸胶热伸张典型工艺

(四) 纺织物干燥

纺织物的含水率较高，与胶料结合在成型硫化时，可能会造成胶布半成品掉胶、硫化胶制品内部脱层、压延时胶布内部产生气泡、硫化时产生海绵孔等质量问题。因此在压延前需要烘干处理，以减小帘布的含水量，同时也提高纺织物温度，增加胶料与纺织物之间的结合强度。

纤维纺织物的干燥一般采用一组中空式辊筒(内通饱和蒸汽)组成的立式或卧式干燥机完成，辊筒温度为110~130℃。

压延作业组成联动生产流水作业线，纺织物离开干燥设备后立即进入压延机进行挂胶。胶布压延时，辊筒线速度一般选择在40m/min，当遇有相对湿度达80%以上或帘帆布含水率较高时，应再降低压延机速度，使帘帆布在烘干室置留的时间相对长一些，保证烘干效果。

压延织物的含水率一般要求控制在1%~2%的范围内，最大不超过3%，干燥后的纺织物不宜停放，以免回潮。

四、压延工艺

压延是橡胶工业中基本工艺之一，其作用是将混炼胶胶料通过压延机辊筒，利用辊筒的压力使胶料产生延展变形，制成所需规格形状的胶片或将胶料覆盖在骨架材料上制成胶布带胚半成品。

压延工艺在橡胶制品应用较多，主要包括压片、贴合、贴胶、擦胶、压型以及带芯包胶等工艺。

（一）胶片压延工艺

胶片的压延是利用压延机将胶料制成具有规定断面厚度和宽度的表面光滑的胶片，如胶管、胶带的内外层胶和中间层胶片、轮胎的缓冲层胶片、隔离胶片和油皮胶层胶片等。

胶片的压延包括压片、贴合和压型。

1. 压片工艺

压片是将已预热好的混炼胶通过压延机辊筒，连续压制成一定厚度和宽度的光滑表面的胶片。压片可以一次完成断面厚度小于 3mm 的胶片，压片适用于输送带的上下覆盖胶、轮胎的缓冲胶片的生产。

压片工艺方法如图 7-6-17 所示。

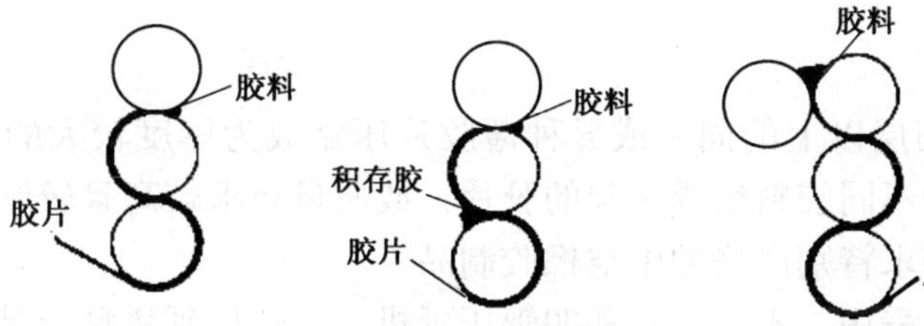

图 7-6-17　压片工艺示意图

压片可采用三辊压延机，也可采用四辊压延机。在压延胶片过程中分为积胶和不积胶两种方法。辊筒之间有适量的积胶，可使胶片光滑和减少气泡，而且胶片的致密性好，但会增大压延效应，此法适用于丁苯橡胶。需要注意的是操作时积胶不宜太多，否则会带入较多的空气，使胶片中有气泡。没有积存胶，比较适用于天然橡胶的压片。

压延的胶片要求表面光滑，无皱缩，内部密实，无气孔，断面厚度均匀，尺寸精确，胶片各个部分收缩变形一致，因此必须控制好影响压片质量的因素。影响压片质量的因素主要有：

（1）辊筒温度

适当的辊筒温度是保证胶片顺利压延的首要条件，胶料性能决定辊筒温度，一般含胶率高或弹性大的胶料辊筒温度应高一些，而含胶率低或弹性小的胶料辊筒温度宜低些，为了使胶片在辊筒之间顺利移动，各辊筒应有一定的温度差。例如天然胶粘热辊，胶片由一个辊筒移到另一个辊筒时，后者的辊筒温度就应高一些，而丁苯橡胶则相反，它对辊筒的黏附力随辊筒温度的降低而增大，因此辊筒温度的顺序与天然橡胶相反。

适当的辊筒温度对于保证胶片的外观质量也起着重要作用。因为辊筒温度决定着胶料的流动性，为使胶料有较好的流动性，就必须适当提高胶料温度和压延机辊筒的温度，使其保持在适当的温度范围。但辊筒温度太高，又会使胶料中的挥发分挥发出来导致胶片中有大量的气泡，并容易造成胶料自硫。但如果温度过低，会降低胶料的流动性，增加胶料的黏弹性，使浸胶料难以压延，并且胶片外观不光滑，有水波纹。

(2) 辊筒速度和速比

压延机辊筒线速度快，可以提高生产能力，但辊筒线速度应根据胶料的可塑度决定，可塑度大者，辊筒线速度可以快些，但过快又会造成胶片表面粗糙，有气泡，而且胶片厚度不宜控制，同时又会因为胶片冷却不透，卷取后发生胶料自硫。因此还应根据所压胶片厚度的不同选择不同的辊筒线速度。胶片厚度大者，辊筒线速度应慢些。在实际生产中，同一胶片应保持压延机辊筒线速度一致，这样有利于胶片厚度均匀。

如果辊筒之间有一定速比，会有助于排出气泡，但对出片的光滑度不利，为了既能排除气泡，而又不至于影响胶片的光滑度，通常在使用三辊压延机时，采用中、下辊等速，上、中辊有速比；而四辊压延机压片时，采用中、上辊等速，上、侧辊有速比。

(3) 胶料的可塑度

胶料可塑度与流动性有关，可塑度大，其流动性好，容易得到光滑的胶片，但可塑度太大又容易粘辊，造成操作困难；可塑度小，则胶片表面不光滑，收缩率大。

(4) 供入胶料的形式

进行热炼的开炼机或挤出机应均匀连续地向压延机辊筒间隙中供料，因此应设有摆动装置，供胶料均匀地分散在辊筒间隙中。堆积胶不应太多，否则易使外面的胶料温度降低，导致胶片厚度发生变化。

2. 贴合工艺

贴合是将两层或两层以上的同种或异种薄胶片压贴成为厚度较大的整体胶片的压延方法。贴合可以制造两种不同胶料组成一起的胶片，或质量要求较高且较厚的胶片以及制造夹胶雨布制品和气密性要求特别严格的中空橡胶制品。

胶片贴合工艺可以采用二辊、三辊和四辊压延机。二辊压延机贴合是用普通等速二辊炼胶机进行，可以贴合厚度较大的胶片，操作较简便，但精度较差。三辊压延机贴合是将预先制成的胶片或胶布与新压延出来的胶片进行贴合。四辊压延机贴合的工艺包含了压延和贴合两个过程，即同时压延出两块胶片并进行贴合，此法效率高，质量好，规格也较精确，但压延效应较大。三辊压延机和四辊压延机贴合工艺如图 7-6-18 所示。

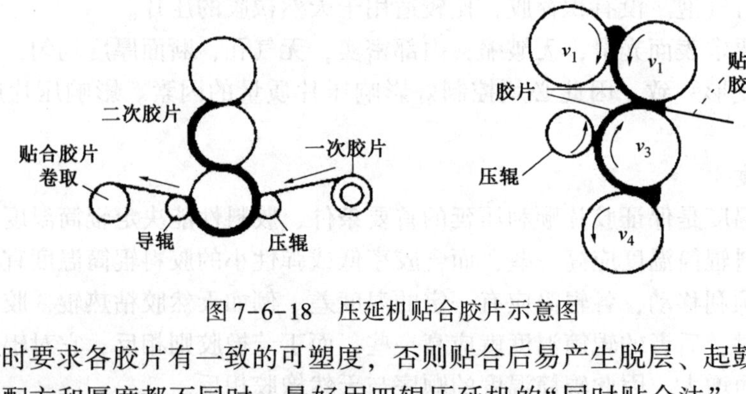

图 7-6-18　压延机贴合胶片示意图

胶片贴合时要求各胶片有一致的可塑度，否则贴合后易产生脱层、起鼓等现象。当贴合的两层胶片的配方和厚度都不同时，最好用四辊压延机的“同时贴合法”，将压延出来的两块新鲜胶片进行热贴合，以保证贴合胶片完全密着无气泡。

3. 压型工艺

压型是将胶料压制成一定断面形状的半成品或表面有花纹的胶片，如制造胶鞋大底、力车胎胎面、胎侧等半成品。压型工艺过程可用两辊、三辊、四辊压延机进行，其中一个或数个辊筒刻有花纹。为了适应各种压型制品规格的要求，刻有花纹的辊筒需经常调换，因此压型压延机的结构宜小而简单。

压型的工艺要点与压片大致相同，但压型制品要求花纹清晰、尺寸准确、胶料致密，因此对胶料的配方和工艺条件有特别的要求。

(1) 配方

在胶料配方方面主要控制含胶率。由于橡胶具有弹性，当含胶率较高时，压延后的花纹易变形或消失，因此在进行胶料配方的时候，应加入适量的填充剂和软化剂。在胶料中加入再生胶和硫化油膏也可以防止花纹塌扁。

(2) 工艺条件

压型主要依靠胶料的流动性来造型，而不是靠压力，因而要求胶料应具有一定的可塑性。压延操作中可以采用提高辊温、降低转速等方法来提高压延胶片的质量。压型后的胶片由于较厚，冷却速度难以均一，采取急冷的办法，使花纹定型、清晰，防止变形。

(二) 纺织物挂胶工艺

纺织物挂胶是利用压延机将胶料覆盖于纺织物表面，并渗透入织物缝隙的内部，使胶料和纺织物紧密结合在一起成为胶布的压延作业，故又称为胶布压延工艺。

挂胶的目的是使制品中的纺织物的线与线、层与层之间通过胶料的作用相互紧密牢固地结合为整体，共同承担应力的作用。同时减少胶料摩擦生热，提高胶布的弹性和防水性能，保证制品具有良好的使用性能。

纺织物挂胶工艺有三种：贴胶、压力贴胶和擦胶。

1. 贴胶

纺织物贴胶是使纺织物和胶片通过压延机等速回转的两个辊筒之间，在辊筒的挤压力作用下贴合在一起，制成胶布的挂胶方法。贴胶主要适用于胶带胶帘布、轮胎胶帘布和钢丝帘布。贴胶常用四辊压延机一次进行两面贴胶，也可以用三辊压延机一次进行单面贴胶。如图 7-6-19 所示。

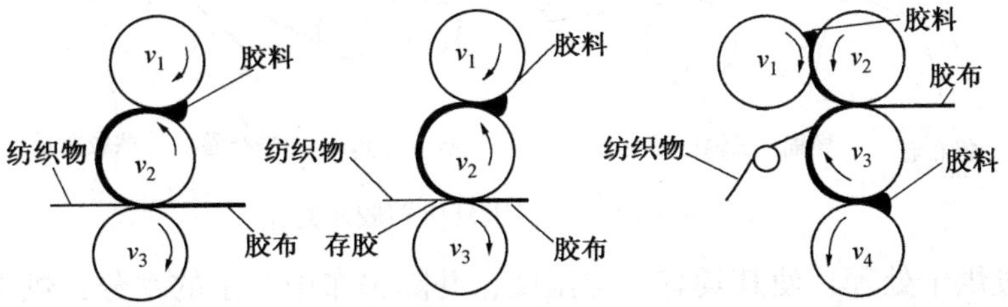

图 7-6-19 纺织物贴胶压延工艺示意图

如图 7-6-20 所示为采用四辊压延机帘布双面贴胶的工艺流程。首先帘布由导开装置导开，经压力接头机接头后，经送布装置送入储布器，然后进入烘干装置进行烘干，烘干后的帘布经张力装置进入四辊压延机进行贴胶。贴胶后的胶布进入冷却装置，冷却装置与压延机具有一定的速比，最后胶布垫上边布由卷取装置卷取。

贴胶的压延机辊筒等速回转，只有挤压力，对纺织物的损伤小，但是胶料对织物的渗透性较差，附着力较低。贴胶工艺附胶量大，耐疲劳性好，胶布断面中容易产生气泡。主要适用浸胶帘布及浸胶、涂胶处理后的帆布。

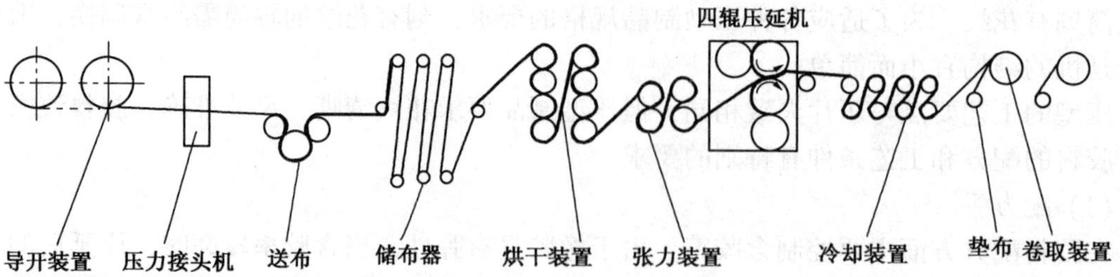

图 7-6-20　帘布双面贴胶工艺流程示意图

影响贴胶质量的因素主要有帘布烘干、压延机辊筒温度、辊筒线速度、辊距、张力以及贴胶后的冷却、卷取等。

2. 压力贴胶

压力贴胶也称为半擦胶，其工艺方法与贴胶工艺基本相同，差别在于在纺织物引入压延机的辊隙处留用适量的积存胶料，以增加胶料对纺织物的挤压和渗透，从而提高胶料对布料的附着力，如图 7-6-19 所示。通常用三辊压延机来完成。

压力贴胶法保持了贴胶法的优点，克服了其缺点，使胶与布的附着力与擦胶法更接近了。

3. 擦胶

擦胶是利用压延机辊筒速比所产生的剪切力和辊筒压力，将胶料擦入织物纤维组织内的作业。其目的是增加橡胶和基布的附着力，提高织物强力和耐屈挠性能。主要适用于帆布挂胶，可用于胶管、三角带、输送带等制造。

擦胶常采用三辊压延机操作。如图 7-6-21 所示为三辊压延机擦胶的工艺流程。

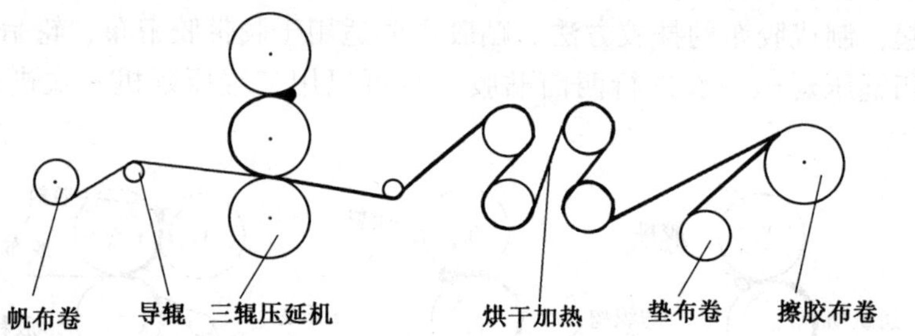

图 7-6-21　三辊压延机擦胶示意图

帆布先经过烘干处理，使其具有一定温度，并除去布中多余的水分，烘干后的帆布进入三辊压延机中下辊筒缝隙中，只对帆布一面进行擦胶。单面擦胶完毕后可以不经过冷却辊筒而直接卷取，然后再经过导开，进入压延机中下辊筒缝隙进行另一面擦胶，完成双面擦胶。擦胶后的胶布经过冷却装置后进行卷取。

擦胶分为包擦和光擦，如图 7-6-22 所示。包擦也称为薄擦，胶料对织物的渗透性大，附着力大，对织物的损伤小，主要适用于薄细帆布和平纹细布的挂胶。光擦也称为厚擦，附胶量大，胶布表层的胶层厚度大，主要适用于厚度较大帆布的擦胶。

擦胶的压延机辊筒之间有速比，既有挤压力又有剪切力，对纺织结构比较紧密的帆布较适合擦胶，能够使胶料有强大的渗透力，同时对织物的机械损伤大。

影响纺织物擦胶的工艺因素有胶料的可塑度、胶温及辊筒温度、辊筒速比、压延机辊筒线速度以及配方中的含胶率。

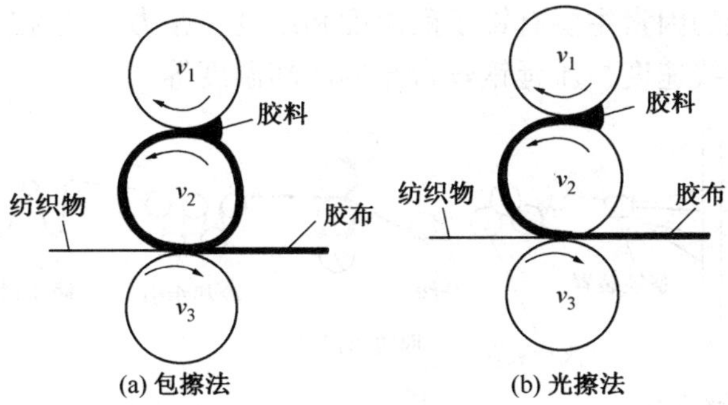

图 7-6-22　纺织物擦胶压延工艺示意图($v_2>v_3=v_1$)

(1) 胶料的可塑度

为了保证胶料对织物缝隙的充分渗透，擦胶胶料应有较高的可塑度。因此擦胶胶料应经过薄挤，以提高胶料的可塑度，但可塑度过高也会影响黏弹性，对于各种胶料的具体要求也不同。例如氯丁橡胶黏性好，所以其可塑度要求比较低。

(2) 胶温及辊筒温度

为使胶料能更好地擦入织物组织的缝隙中，应提高热炼机辊筒温度，使胶料有较高的温度，以最大限度地增加胶料的热可塑性。同时适当提高压延机辊筒温度，增大胶料的流动性，使胶料的渗透力增大。但辊筒温度过高易使胶料自硫。

(3) 辊筒速比

擦胶所需的剪切作用是由辊筒之间不同的速比提供的，速比越大，剪切力就越大，擦胶效果也越好，但会损坏帆布组织，致使帆布强度下降，且对设备也不利。如果速比太小，胶与布的摩擦力就会减小，很容易使包胶脱落，给操作带来困难。

(4) 压延机辊筒线速度

压延机辊筒线速度太快，会导致胶料对帆布组织的渗透力减小，使擦胶效果不好。线速度的大小要兼顾帆布的强度，强度高的，线速度可适当快些；强度低的，线速度应慢些。

除工艺因素外，配方对擦胶的质量也有很大的影响。例如擦胶要求较高的含胶率，最少不低于 40%，有时可超过 70%。

(三) 钢丝帘布的压延工艺

全钢丝子午线轮胎的胎体帘布、带束层及半钢丝子午线轮胎的带束层帘布都是由多根平行的钢丝线经过压延贴胶制备的。钢丝帘布的压延质量对子午线轮胎的使用性能影响极大。

钢丝帘布的制造方法主要有热压延法、冷压延法等，目前大多采用热压延工艺。热压延又分为有纬帘布压延法(采用尼龙或聚酯单纱作为帘线)、无纬帘线压延法、无纬钢丝帘线热贴压延工艺。

如图 7-6-23 所示为钢丝帘布的压延工艺流程。

钢丝导开锭子架装有数百个排列有序的锭子座，绕满钢丝帘线的锭子套入锭子座中，单根钢丝由导开架导出，进行表面清洗和干燥(60℃±1℃)后，经排线分线架使钢丝帘线进行初步排列，经过整经使帘线在恒定张力下按规定的设计密度整齐地通过整经辊，进入四辊压延机进行双面贴胶，钢丝帘布离开压延机被牵引进入冷却装置，通过辊筒逐步冷却后再经储布架进入卷取装置。

压延钢丝帘布要求胶料定伸强度高，具有良好的耐屈挠疲劳性，与钢丝黏合强度高。

影响钢丝帘布压延的因素主要有锭子的温度和湿度、张力、整经辊、供胶温度、压延机辊筒温度、压延机辊筒线速度、压延钢丝帘布的冷却温度等。

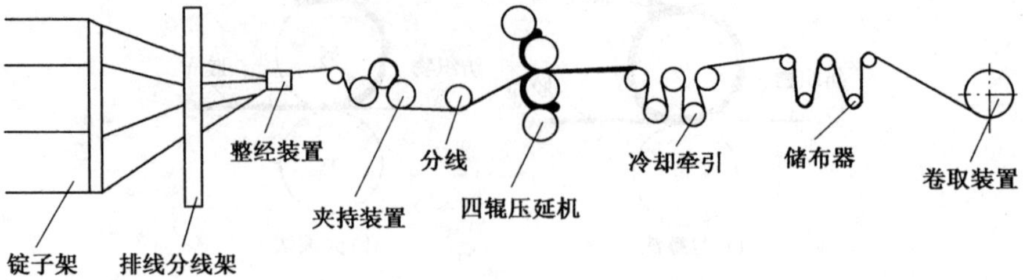

图 7-6-23　钢丝帘布的压延工艺流程

（四）带芯包胶的工艺过程

带芯包胶是指在已成型好的带芯上贴上一定厚度的覆盖胶片，主要适用于带芯贴上下覆盖胶，制成带胚半成品。带芯包胶在“S”型四辊压延机上进行，其包胶的工艺过程如图 7-6-24 所示。

带芯由导开架导开，经过张力装置进入四辊压延机的 2、3 辊辊筒缝隙中，1、2 辊提供带芯一面的胶片，3、4 辊提供另一面包胶的胶片，包好胶片的带胚离开压延机后进入冷却装置，降温之后进行卷取。

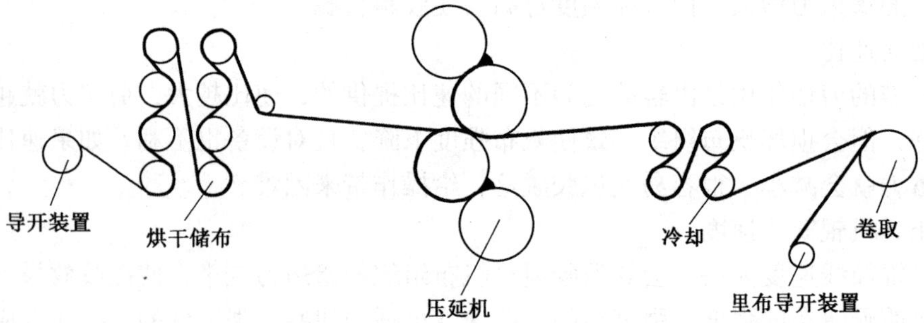

图 7-6-24　四辊压延机带芯包胶工艺过程

五、常用橡胶的压延特点

1. 天然橡胶

天然橡胶热塑性大，收缩率小，压延容易，易粘附热辊，压延时应适当控制各个辊的温差，使胶片顺利转移。

2. 丁苯橡胶

丁苯橡胶热塑性小，收缩率大，用于压延的胶料必须充分塑炼，增加软化剂、填充剂用量或掺入少量天然橡胶能减小收缩率。

3. 氯丁橡胶

氯丁橡胶对温度敏感性大，通用型在 75~95℃时易粘辊，难于压延。若对质量无特别要求，应采用低温压延，辊温不超过 65℃；若对胶布的质量要求较高，辊温应大于 95℃，压延后要迅速冷却，若在胶料中加入少许石蜡、硬脂酸或掺用少量顺丁橡胶能减少粘辊现象。

4. 顺丁橡胶

顺丁橡胶压延后半成品比较光滑、紧密和柔软，压延时应以低温和快速为宜。

5. 丁腈橡胶

丁腈橡胶热塑性较小，收缩性较大，当填充剂的用量占生胶用量的50%时，才能得到表面光滑的压延胶片，易粘于冷辊上。

6. 丁基橡胶

丁基橡胶在无填料时不能压延，生胶本身强度低，胶片易产生裂纹，填料含量较多时才能压延。

第七节　橡胶压出工艺

橡胶挤出(习惯上叫橡胶压出)是在压出机(挤出机)中对混炼胶加热与塑化，通过螺杆的旋转，使胶料在螺杆和机筒筒壁之间受到强大的挤压作用，不断向前推进，并借助于口型(口模)压出具有一定断面形状的橡胶半成品。

压出是橡胶加工基本工艺之一，橡胶的压出与塑料的挤出在设备和加工原理方面基本相似，但由于橡胶和塑料在常温下物理状态不同，因此橡胶的压出有其自身的特点。

在橡胶制品工业中，压出成型的制品应用面很广，如轮胎的胎面、内胎、胶管、胶带、电线电缆外套以及各种异形断面的连续制品都可以用压出成型来加工。此外，压出加工还可用于胶料的过滤、造粒、生胶的塑炼以及上下工序的联动，例如在热炼与压延成型之间，压出可以起到前后工序衔接作用。

压出工艺操作简单、经济，半成品质地均匀、致密，利用更换口型容易变换制品的规格，其设备压出机占地面积小，结构简单，操作连续，生产率高，因此压出工艺是橡胶工业生产中的重要工艺过程。

一、橡胶压出机

橡胶压出机与塑料挤出机的结构原理相近似，压出机组成的主要部件是机身、螺杆、机头等。

橡胶压出机根据喂料方式不同分为热喂料压出机、冷喂料压出机和排气冷喂料压出机；根据螺杆数量不同分为单螺杆压出机、双螺杆压出机、多螺杆压出机；根据用途不同分为压型压出机、滤胶压出机、混炼压出机、压片压出机、脱硫压出机。

(一) 螺杆

橡胶压出机与塑料挤出机的主要差别在于其螺杆长径比较小，这是因为与大多数热塑性塑料相比，橡胶的黏度很高，约高一个数量级，在压出过程中会产生大量的热，缩短压出机的长度，可保持温度升高在一定限度之内，防止胶料过热和焦烧。

橡胶压出机的长径比大小，取决于是冷喂料还是热喂料，热喂料橡胶压出机的长径比一般很短，L/D 在 4~5 之间，冷喂料橡胶压出机的 L/D 在 15~20 之间，排气冷喂料压出机 L/D 可以达到 20 以上。

(二) 机筒

按照组合结构，机筒分为整体式和组合式两大类。

热喂料压出机多用整体式机筒，冷喂料压出机一般使用分段式机筒，一般由喂料段机筒、中间机筒与前段机筒组成，各段用法兰连接。

(三) 喂料装置

喂料装置对压出过程的稳定性和强化生产能力都起着重要作用。带喂料辊的喂料机结构如图 7-7-1 所示。

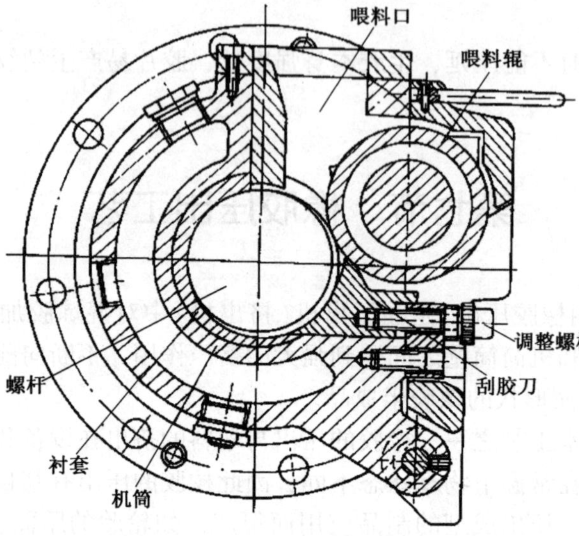

图 7-7-1 销钉式冷喂料压出机的喂料装置

喂料辊由固定在螺杆上的齿轮啮合驱动回转，转动的喂料辊与胶料产生摩擦力对胶料施加推力。喂料辊下面装有刮胶刀，与喂料辊保持一定间隙，其间隙的大小可用调整螺栓调节。喂料辊在工作时由冷却水冷却。

(四) 机头

机头与机身衔接，用来安装口型(类似塑料挤出机的口模)。机头的结构随压出机用途不同而有多种。圆筒形机头用于压出圆形或小型制品，如胶管、内胎等；喇叭形机头用于压出宽断面的半成品，如外胎胎面、胶片；T 形和 Y 形机头适用于压出电线电缆的包皮、钢丝和胶管的保胶等。

当胶料离开口型后，由于出现压出膨胀变形现象，压出的半成品的几何形状与口型断面的几何形状会有很大差异，如图 7-7-2 所示。因此必须根据胶料在压出中的这种变形特征来设计合理的口型。

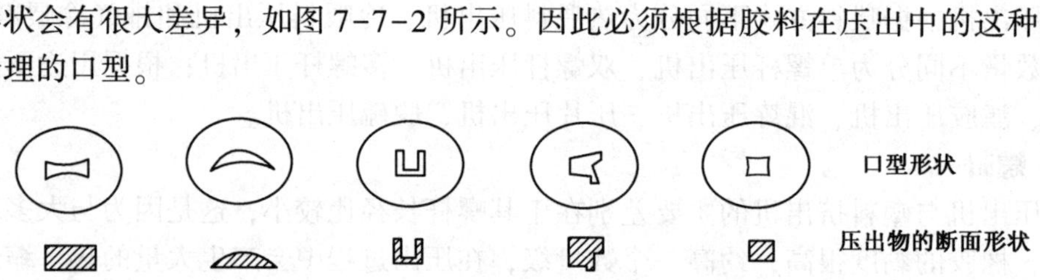

图 7-7-2 各种实心制品压出断面的变形图

同塑料挤出机的机头一样，橡胶压出机机头的作用也是使胶料由螺旋运动状态转变为直线运动状态，同时形成必要的压力，并通过机头成型一定形状半成品。同一压出机使用不同的机头，可使压出机获得不同的用途。

1. 压型机头

胶料通过压型机头能得到所需要的形状和尺寸的半成品。

如图 7-7-3 所示为筒型机头。筒型机头是一种最常用的机头，主要用来压出胶管、内胎等空心制品。

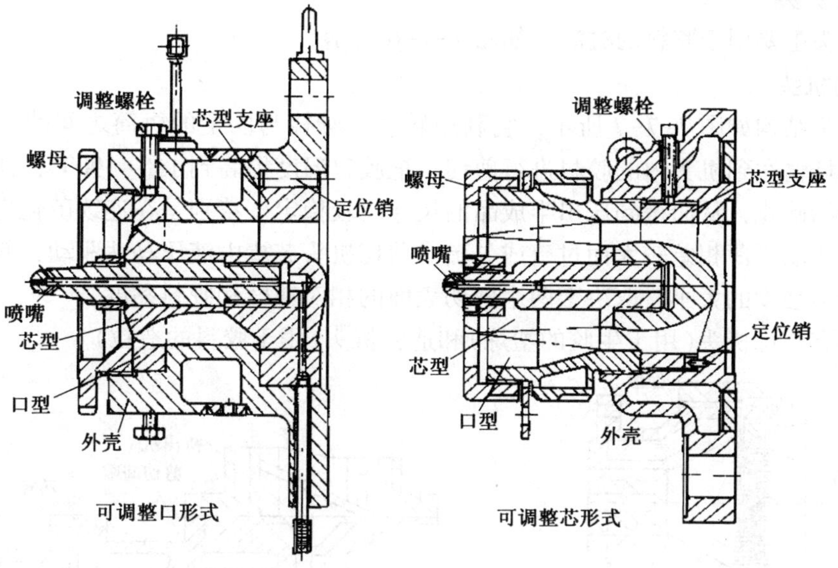

图 7-7-3　筒型机头示意图

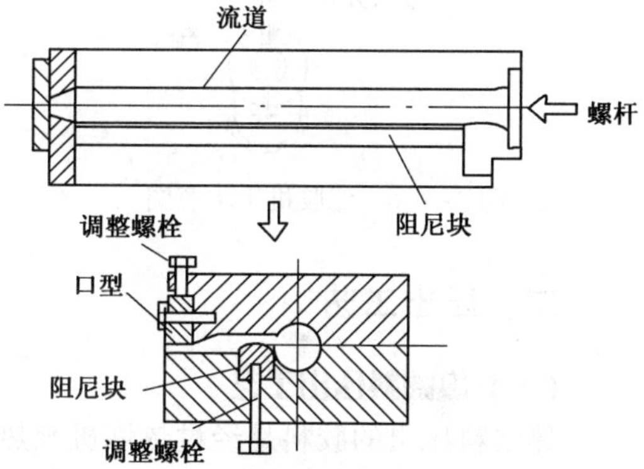

图 7-7-4　直通式压片机头

片型机头主要用于压出充气轮胎的胎面以及各种用途的胶片。

片型机头主要有胎面机头和压片机头两种。压片机头结构如图 7-7-4 所示。胎面机头主要有普通胎面机头和复合胎面机头。复合胎面机头由于具有提高产品质量和降低成本的独特优点，因而成为现代胎面机头的发展方向。

此外还有异型机头，异型机头主要用于生产各种不同截面形状的橡胶制品，如汽车门窗用的密封胶条等。使用异型机头生产有关橡胶制品既能提高产品质量，节约材料，还能大幅度提高生产效率。

2. 覆胶机头

覆胶机头主要用在电线覆胶、电缆覆胶和子午线钢丝层覆胶。如图 7-7-5 所示。

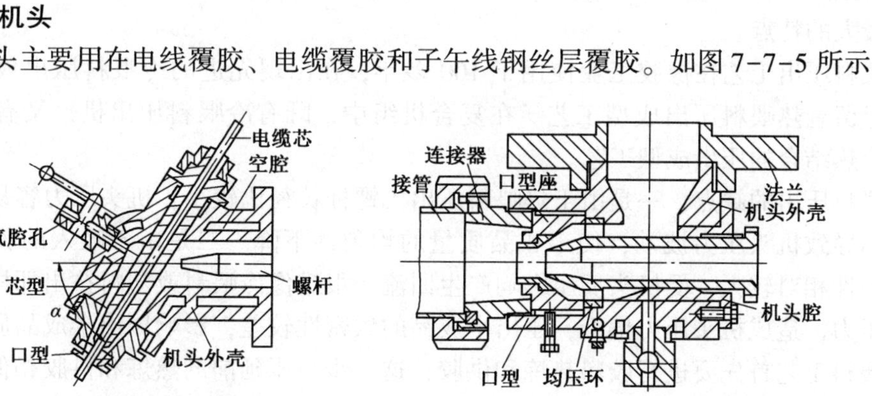

图 7-7-5　电线电缆覆胶机头示意图

3. 滤胶机头

滤胶机头主要用于胶料的过滤，如图 7–7–6 所示。

4. 剪切机头

剪切机头结构如图 7–7–7 所示，它利用转动芯轴棒与固定的机筒之间的环型间隙，对由压出机螺杆输送到机头内的胶料进行剪切，把胶料温度提高到 150~190℃，使通过口型后的胶料已开始硫化，从而得到压出半成品的尺寸比较稳定。特别是在连续硫化生产密封嵌条时，不因半成品厚薄相差较大而过硫或欠硫。剪切机头芯棒由液压马达驱动，其摩擦阻力产生的能量转换强度的大小，取决于两个剪切表面的相对速度和胶料黏度。

此外还有塑炼机头(用于生胶的塑炼)和造粒机头(用于胶料的造粒)。

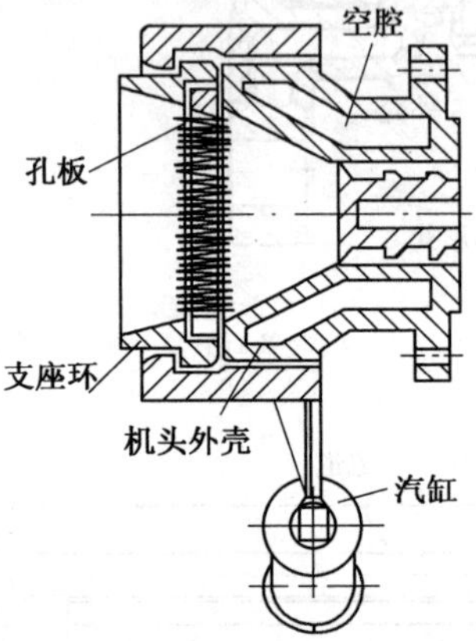

图 7–7–6　滤胶机头示意图

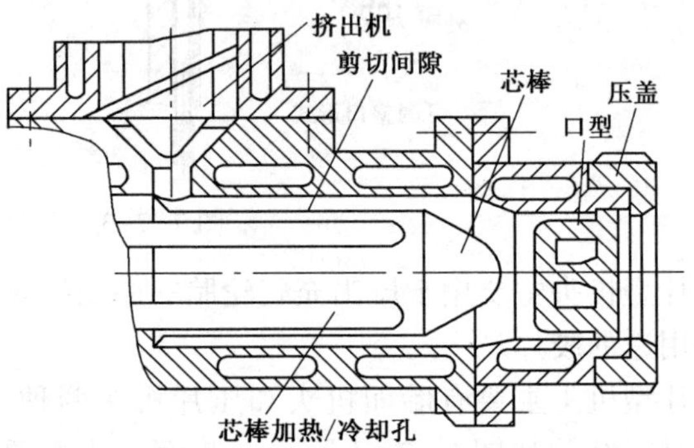

图 7–7–7　剪切机头示意图

二、压出工艺

(一) 热喂料压出工艺

热喂料压出的胶料是经过热炼机预热的。因此，在热喂料压出工艺中，热炼供胶和压出成型之间是连续的。不同胶料的压出需要不同的剪切量时，胶料可以通过热炼机热炼的程度来控制胶料的剪切量，然后将塑化好的胶料进行压出，这样就可以获得预期的半成品压出质量。在这里热喂料压出机的主要作用是补充塑化胶料和半成品的成型，这也是热喂料压出成型工艺最大的特点。

热喂料压出工艺在橡胶工业使用了 100 多年，在出现先进的冷喂料压出成型工艺的今天，也保留着热喂料压出成型工艺。在复合机组中，既有冷喂料压出机，又有热喂料压出机，是冷热结合的压出成型工艺。

热喂料压出的缺点，一是由于热喂料压出机螺杆长径比较小，机头压力容易受到喂料条件的影响导致机头压力波动，使半成品质量的均匀性下降。二是由于喂入的胶料可塑性较高，流动性相对较大，受机头反压影响产生回流，很难像冷喂料或塑料挤出那样建立起较高的压出压力，造成机头压力偏低，压出半成品的致密性较差，影响压出半成品质量的提高。

热喂料工艺首先要进行胶料热炼和供胶，这一步与压延前的热炼和供胶相似。第一步采用开炼机粗炼，辊筒温度 45℃，辊距 1~2mm，补充混炼，提高胶料的均匀性。第二步细炼，辊温 60~70℃，辊距 5~6mm，增加胶料的热塑性。然后向挤出机供胶或喂料，此时应连续而且均匀。

热喂料压出机的加热要稳定，保证胶料在压出机的工作范围内达到热塑性流动状态。调节口型位置并测定和观察半成品尺寸、表面状态、厚薄均匀程度等。控制口型温度最高，机头的温度次之，机头温度最低。速度的调节根据压出物的要求调整压出速度及螺杆转速。

（二）冷喂料压出工艺

冷喂料压出工艺是在20世纪40年代初期出现的。冷喂料压出所使用的胶料是常温的胶料。胶料通过大长径比的螺杆得到剪切、混合、挤压作用，使胶料达到预期的塑化程度，然后通过机头的成型而获得致密性好、质量高的半成品。

冷喂料压出成型工艺取消了热炼供胶，热炼的功能就必须由冷喂料压出工艺来承担。它不像热喂料压出工艺可以根据各种胶料用热炼机来调节其可塑度，冷喂料压出必须在同一过程完成热炼和塑化。为了实现热炼和塑化效果，冷喂料压出机使用了比热喂料压出机螺杆长径比大得多的螺杆。一般热喂料压出机使用的长径比为3~4，而冷喂料则要达到12~18。但是用加大长径比的方法是有限的。因此，往往有些胶料很难获得理想的塑化效果。另外传统的螺杆压出机，胶料在螺槽的运动状态是层流，容易造成胶料的“夹生”，即塑化不均匀，导致压出半成品的质量下降，并很难适应各种胶料压出的半成品要求。为了解决这一问题，在20世纪60年代初期出现了强力剪切螺杆冷喂料挤出机，70年代末期出现了销钉式冷喂料挤出机，90年代出现了销钉传递式冷喂料压出机等，解决了胶料在挤出系统中的塑化问题和混合均匀性问题，为橡胶压出工艺的发展奠定了基础。

冷喂料压出工艺具有两个特点：一是机头压力受喂料条件影响较小，机头压力容易保持稳定，挤出半成品质量均匀性较好；二是冷料喂入，在喂料段的挺性较好，容易建立起压力，而且机头压力对胶料的回流影响较小，敏感性较低，机头压力比较高，一般比热喂料的机头压力高出2~4倍。这样使压出的半成品在较高的机头压力作用下而获得致密性好的质量效果。因此，从简化工艺过程或从提高半成品质量来看，冷喂料压出工艺将会取代热喂料压出工艺。

冷喂料压出工艺与热喂料有所不同。加热前通蒸汽，开快转速，使温度迅速升高到120℃，然后放冷却水，在两分钟内使各部位的温度调节到规定值。各部位常用温度如下：螺杆35℃，加料段35~50℃，塑化段40~60℃，挤出段50~70℃，机头和口型80~100℃，达到设定温度然后加料。

（三）压出工艺

压出工艺在橡胶工业中应用非常广泛，它可以用来压型、包覆胶、过滤、造粒、塑炼及供胶等。

1. 压型工艺

压型工艺是通过挤出机的挤压系统对胶料塑化并挤入机头流道，然后通过具有一定截面形状和尺寸的口型而获得一定形状和截面尺寸的半成品过程的工艺。

压型工艺有普通压型和复合压型之分。

（1）普通压型

普通压型是指由单一配方的胶料直接压出一定形状尺寸的半制品，包括胎面、内胎、胶管、胶板等，如图7-7-8所示。

① 胎面压型　这是胎面的一种整体压出成型。用一台压出机就可以完成其压型工艺，这种方法适合小规格轮胎和小厂使用。

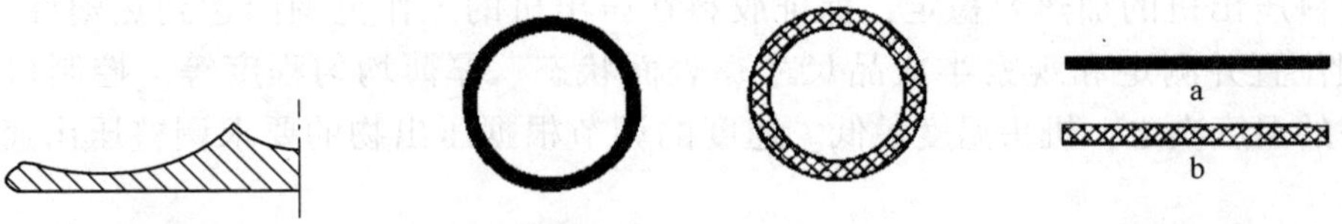

图 7-7-8　普通压型半成品示意图

② 内胎压型　内胎胎面结构简单，它的截面是一薄形的环状体。在成型机头由口型和芯型构成，以便压出环状的筒体。胎面形成后，为防止内壁粘连，应用隔离剂喷射装置，向其内部喷射隔离剂，然后通过接取运输带喷水冷却。

③ 胶管压型　胶管与内胎胎筒结构相似，主要的不同是胶管的壁厚较大。

④ 胶板(片)压型　当一矩形截面的橡胶制品截面的厚度大于一定值时，则为胶板；若厚度小于一定值时，则为胶片。胶板(片)的结构比较简单，但因其制品宽度大、厚度小，则对机头流道和口型的设计有较高的要求，以便能使整个流道的压力场、温度场以及速度场在横截面方向接近一致，否则会造成制品的起皱和不平整等弊病。

⑤ 密封胶条压型　由于密封胶条使用的场合较复杂，因此其断面形状多种多样。为适合密封胶条的压出成型，应设计出相适配的各种口型。在设计中要充分考虑制品截面形状的不对称性以及几何尺寸的差异，以便避免胶料在通过口型时速度的不一致而导致制品的质量问题。

(2) 复合压型

复合压型是指由两种配方以上的胶料由不同的流道和口型获得的初级半成品，然后通过二次成型装置将两种以上的初级半成品复合成为所需要的半成品。最常用的有胎面复合压型、胶管复合压型以及胶片复合压型等。

① 胎面复合压型　胎面复合压型包括胎面外复合压型和胎面内复合压型。

外复合压型是指各部位胶件分别由相对应的压出机压出，然后在机外由压合装置将有关胶件压合成整体胎面。

内复合压型是指各部位胎面零件由相应的压出机塑化和压出，然后在同一机头中通过各自的流道进入预口型板，最后在同口型中进行复合，此时从机头中出来的胎面则是一条完整的复合胎面。

② 胶管复合压型　胶管复合压型可在内层与外层使用不同配方的材料，如内层使用耐化学药品胶料，外层使用耐自然老化胶料，或搭配两种不同颜色的材料。胶管的断面是一封闭环状，使用压延方法是无法实现的，但采用压出成型复合就非常简单。

③ 胶片复合压型　胶片复合压延可以在胶片(板)的底层和上层搭配不同性质或不同颜色的胶料。如在上面搭配上一层大理石花纹，就成了一种既廉价又美观的装饰材料。

无论是普通压型还是复合压型，都是半成品的加工。压型后的半成品要迅速冷却，防止半成品变形和在存放时产生自硫，稳定其断面尺寸。生产上常用水喷淋或水槽冷却两种方法。为了防止制品相互粘连，可以在冷却水槽中定量加入滑石粉，并借助搅拌以造成悬浮隔离液。也可以使压出物先通过滑石粉槽，然后在空气中进行冷却。如果压出空心制品，则空心部分须喷射隔离剂。

经过冷却后的半成品，有些(如胎面)需经定长、裁断、称量等步骤，放置到有隔离垫布的百叶车以便停放。有些(如胶管、胶条等)半成品冷却后可卷在容器或绕盘上停放。

2. 包覆胶工艺

包覆胶工艺是在单根金属线或在一组金属线的表面包覆上一层胶料的工艺。单根裸电线包覆上一层胶料称电线覆胶，一组(股)裸电线包覆一层胶料称电缆覆胶，当一组按一定顺序规则平面排列的子午线钢丝包覆上胶料形成相互黏结的带束称子午线带束层包覆胶。

压出包覆胶工艺是通过在压出机安装专用的包覆胶机头的压出来实现的。一般包覆胶机头呈直角或呈一倾斜角度以便裸线或金属线不妨碍胶料的压出以及方便对生产线的配置。

压出包覆胶工艺由于机头压力高，有利于金属线与胶料的结合，提高了半成品质量。同时由于压出包覆胶是连续硫化的生产过程，提高了生产效率。因此，压出包覆胶工艺得到了广泛应用。

3. 过滤工艺

过滤工艺一般用在薄壁且要求气密性好的制品中，如内胎与轮胎硫化用胶囊等。这些制品如果胶料中含有杂质，则制品的气密性能和抗撕裂性能将受到很大影响，因此除要求加强对原材料进行加工处理外，还需对胶料进行过滤。

滤胶工艺有热喂料压出滤胶工艺与冷喂料压出滤胶工艺。由于热喂料压出滤胶工艺需要预先用热炼机热炼，然后喂入压出机滤胶，其工艺过程显得繁琐。冷喂料压出滤胶工艺，简化了工艺过程，同时提高了生产效率。

滤胶时，胶料内不能加入硫黄、超速促进剂，以防止胶料温度过高时产生焦烧。过滤后的胶料，可用开炼机压片降温，并按照工艺要求加入硫黄和促进剂。滤胶机各部分温度一般为机筒 40~50℃，机头 60~90℃，滤板处 60~80℃。过滤后的 NR 胶料温度不超过 130℃，掺用 30% SBR 的胶料也不超过 140℃。

4. 造粒工艺

造粒工艺是将生胶或胶料喂入压出机中，压出机安装有造粒机头，当螺杆转动推动胶料通过带有按规律排列的孔板后，形成圆条状胶条，当造粒机机头的切刀以一定速度旋转时，就可得到一定规格的胶粒。

5. 供胶工艺

供胶工艺采用冷喂料压出供胶给压延机。冷喂料压出供胶工艺是将胶片或胶条喂入冷喂料压出机，胶料在挤压系统作用下得到充分塑化，同时将塑化的胶料通过一定形状的机头口型得到连续的带状胶片或胶条，由输送带送至压延机完成供胶工艺。

6. 螺杆塑炼工艺

螺杆塑炼的特点是在高温下进行连续塑炼。生胶在挤出机中一方面受螺杆的强烈机械剪切与搅拌作用，另一方面由于胶料之间的内摩擦产生大量的热量，温度高达 150~180℃，从而加速氧化裂解，获得塑炼效果。

与开炼机和密炼机相比，螺杆塑炼工艺的最大优势是能连续生产，塑炼生产能力大，设备结构简单。其不足是操作过程中热量损失大，排胶温度高，对生胶物理机械性能的破坏较大。

(四) 压出成型的影响因素

1. 胶料的组成和性质

不同橡胶压出工艺性能有所不同。天然橡胶的压出速度比合成橡胶快，压出后半成品的收缩性较小；顺丁橡胶的压出性能接近天然橡胶，但其弹性较大，压出膨胀率比天然橡胶和丁苯橡胶都大，且压出的半成品表面易产生裂纹；丁苯橡胶的压出速度宜慢些，其压出后膨胀和收缩变形都比天然橡胶大；丁腈橡胶的压出工艺性能不好，胶料中应增加软化剂的用量，以利操作的顺利进行；氯丁橡胶的压出性能类似天然橡胶，但容易焦烧。

胶料中含胶量大时，压出速度慢，半成品收缩率大，表面不光滑。在一定范围内，胶料随含填充剂数量的增加，其压出性能改善。不但压出速度提高，而且收缩性也减少，但胶料的硬度增大，压出时生热明显。

胶料中掺有松香、沥青或油膏矿物油等软化剂可增大压出速度，改善压出半成品的表面性能。掺用再生胶的胶料压出速度快，而且能降低压出物的收缩率及减少压出时的生热。

除了胶料的组成之外，胶料的可塑性及生热性也影响压出操作。若可塑性大，则压出时内摩擦小，生热低，不容易焦烧。同时因为流动性好，压出速度快，压出物表面也比较光滑。但压出物易变形，尺寸稳定性差。

2. 压出机的结构特征

同塑料挤出机一样，橡胶压出机的大小以螺杆直径大小来表示。压出机大小的选择要根据压出物断面大小及厚度来决定。对于压出实心或圆形中空的半成品，一般要求口型尺寸为螺杆直径的0.3~0.75。

3. 压出温度

压出机的温度是分段控制的，各段温度是否适当是压出工艺十分重要的一环，它影响压出操作的正常进行和压出半成品的质量。

4. 压出速度

压出速度用单位时间压出胶料的体积或质量来表示，生产中压出速度应恒定，使胶料稳定出料。

5. 压出物的冷却

冷却的目的是及时降低压出物的温度，增加半成品存放期内的安全性，减少其焦烧的危险，同时使半成品的形状尽快地稳定下来，以免变形。

第八节　硫化工艺

除热塑性弹性体外，大部分传统橡胶加工的最后一道工序都需要进行硫化。硫化是指在一定温度、时间和压力下，混炼胶的线型大分子在化学或物理的作用下，通过化学键的交联，形成三维网状结构的过程。硫化最终使橡胶的塑性降低，弹性增加，抵抗外力变形的能力大大增加，并提高了其他物理和化学性能，使橡胶成为具有使用价值的工程材料。因此，应严格掌握硫化条件。

一、硫化历程

硫化历程是橡胶大分子链发生化学交联反应的过程，包括橡胶分子与硫化剂及其他配合剂之间发生的一系列化学反应以及在形成网状结构时伴随发生的各种副反应。

橡胶在硫化过程中，其各种性能随着硫化程度增加而变化。因此将与橡胶硫化程度成正比的某些性能(如定伸强度)的变化与对应的硫化时间作曲线图，即为硫化历程图，如图7-8-1所示。从图看到，硫化历程可以分为四个阶段，分别为诱导期(焦烧期)、预硫期(欠硫期)、正硫期和过硫期。

1. 焦烧阶段

焦烧阶段也称为硫化的起步阶段，是指硫化开始前的延迟作用时间，也称硫化反应的诱导期。对于不同的胶料，这个阶段的焦烧时间有的比较长，而有的时间又很短。焦烧时间的长短主要与胶料的性质以及配方的组成有关，特别是配方中的硫化促进剂、活化剂等配合剂的种类和数量影响很大。

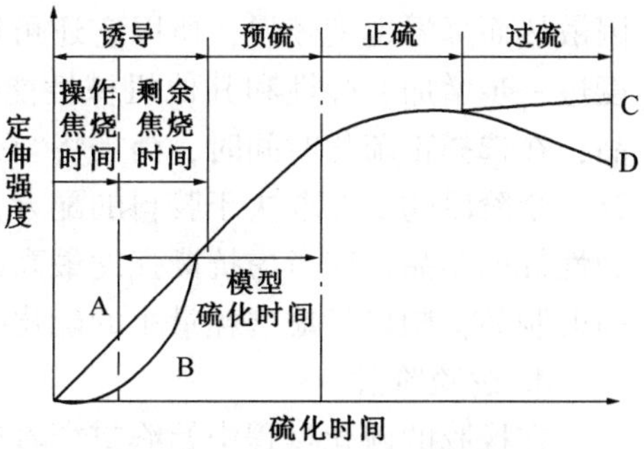

图 7-8-1 橡胶硫化历程图

A—起硫快速的胶料；B—有迟延特性的胶料；C—过硫后定伸强度继续上升的胶料；D—具有返原性的胶料

焦烧时间由两部分组成：一是操作焦烧时间，二是剩余焦烧时间。操作焦烧时间是橡胶加工过程中由于热积累效应所消耗掉的焦烧时间，如胶料的翻炼次数、混炼程度、压延、压出等操作过程。这部分时间有可能在硫化前就已经消耗。剩余焦烧时间是指胶料在模型中加热时保持流动的时间。如果胶料在混炼、停放、热炼和成型中所耗的时间过长或温度过高，而导致操作焦烧时间长，占去的整个焦烧时间就多，而剩余焦烧时间就少，易发生焦烧。因此为了防止焦烧，一方面使胶料具有较长的焦烧时间，如不加超速促进剂；另一方面在混炼、塑炼、成型时应该低温、迅速，以减少操作焦烧时间。因此从安全的角度来看，较长的诱导期对安全有利。

但是不同的硫化方法，对诱导时间的要求也有不同。例如硫化模型制品，如模压成型、注射成型，希望有较长的焦烧期，特别是剩余焦烧时间长一些，使胶料在模型内进行充分的流动，得到清晰轮廓的制品。而非模型制品，如压延成型、压出成型，要求硫化起步尽量早。硫化起步早，压延压出的胶料迅速变硬，防止制品受热软化变形。

总之诱导期反映了胶料的加工安全性。诱导期短，加工安全性差；诱导期太长，虽然确保了操作的安全性，但是会降低生产效率。

2. 预硫阶段

预硫阶段是指胶料开始硫化，并随着硫化的进行，橡胶的交联程度逐渐增加。由于网状结构的形成，橡胶的物理机械性能逐渐提高，只是还没有达到预期的水平，但有些性能，如耐磨性、抗撕裂性达到最佳状态。

同焦烧阶段一样，预硫阶段时间也与硫化速度和胶料配方有关。

3. 正硫阶段

正硫阶段也称平坦硫化阶段。在此阶段，硫化胶的各项物理机械性能并非在同一时间都达到最高值，而是分别达到或接近最佳值，此时综合性能最好，此阶段所取的温度和时间称为正硫化温度和正硫化时间。

正硫化时间和正硫化温度是很重要的参数。硫化胶性能随硫化时间的长短有很大变化，一般规律是拉伸强度、抗撕裂强度首先随硫化时间增加而上升，当增至一定值后逐渐下降，伸长率、生热、变形随硫化时间增加而减少，硬度、弹性、定伸强度随硫化时间增加而增至某一定值。由此可见，硫化时间是表征橡胶硫化程度的标志，硫化时间的选取，决定了硫化胶性能的好坏。

确定硫化时间一般是采用拉伸强度达到最高值前一点的时间或强伸积（拉伸强度与伸长率的乘积）最高值。之所以利用拉伸强度达到最高值前的一点，主要考虑到后硫化过程，即所谓的“后硫化”。“后硫化”是当制品硫取出以后，由于橡胶导热性差，传热时间长，制品因散热而降温也就较慢，所以它还可以继续进行硫化反应。“后硫化”会导致拉伸强度和硬度进一步增加，弹性和其他机械性能降低，制品的使用寿命因之受到损害。因此对于厚制品，在选择正硫化时间时，尚需将“后硫化”考虑进去，制品越厚“后硫化”的影响程度越大。这一个阶段的长短取决于胶料的配方，同时要考虑制品所要求的性能。例如，着重要求抗撕裂性好的制品，应考虑抗撕强度最高或接近最高值的硫化时间定为正硫化时间；要求耐磨性高的制品，则可考虑磨耗量小的硫化时间定为正硫化时间。

4. 过硫阶段

在橡胶的硫化过程中始终贯穿着交联反应和热断链反应，只是在不同的时期两种反应所占的位置不同。

过硫阶段就是氧化断链占主要的地位，例如天然橡胶、丁基橡胶等，该现象称为硫化返原现象，如图 7-8-1 中的 D 线。一般，采用硫黄硫化，而且用超速促进剂的胶料，硫化胶生成的多硫键较多，键能低，热稳定差，容易出现硫化返原现象。而非硫黄硫化或硫黄用量低，形成无硫键或少硫键，热稳定性好，硫化平坦期长。还有些胶料会出现过硫期性能提高的现象，这种现象很少，如图 7-8-1 中的 C 线。还有诸如合成橡胶会因为交联过度，发生支化或环化而变硬，称为硫化非返原现象。

二、正硫化点的测定

正硫化阶段，通常是指橡胶制品的各种物理机械性能达到最佳值的硫化状态，而理论正硫化时间，则是达到正硫化状态所需的时间。但是在实际应用上，由于橡胶各项性能往往不会在同一时间都达到最佳值，而且对制品性能指标的要求也不一样，往往侧重于某一两个方面。因此确定最佳正硫化时间常常侧重于某些性能来选择，为了区别于理论正硫化时间，这段时间称为工艺正硫化时间或技术正硫化时间。

硫化程度，如欠硫、正硫、过硫决定了硫化胶性能的好坏，而硫化程度与硫化条件有着直接的关系，因此准确的测定和选取正硫化的条件，如硫化温度和硫化时间就成了获得最佳性能产品的关键。从硫化反应动力学原理来说，正硫化的状态应是胶料达到最大交联密度时的硫化状态，正硫化时间应该由胶料达到最大交联密度所需的时间来确定比较合理。因此在实际应用中确定正硫化时间，主要是根据与交联密度成正比的某些主要性能指标达到最佳点来进行选择的。

（一）测定正硫化点的方法

测定正硫化点的方法有化学法、物理机械性能法、专用仪器法。其中利用硫化仪专业仪器测定应用较广。

1. 化学法

化学法是通过测定橡胶在硫化过程中游离硫的含量，以及用溶胀法测定硫化胶的网状结构的变化来确定正硫化点。化学法的缺点是误差较大，适应性不广，对于某些场合有一定的局限性。

2. 物理机械性能法

在硫化过程中，由于交联键的生成，橡胶的各项物理机械性能都随之发生变化。物理机械性能法通常是测定在一定硫化温度下，不同硫化时间的硫化胶物理机械性能，如 300%定伸强度、拉伸强度、压缩永久变形或强伸积等，并作出这些性能与硫化时间的曲线，再根据产品的要求进行综合分析，找出适当的正硫化点。物理机械性能法的缺点是测定繁琐，且不经济。

3. 专用仪器法

专用仪器法是利用专门的测试仪器来测定橡胶硫化特性并确定正硫化点的方法。目前主要有门尼黏度计和各类硫化仪，其中转子旋转振荡式硫化仪用得最为广泛。

利用硫化仪进行测定，其优点是快速、准确、方便、试样用料少，能连续测定硫化全过程，因此在国内外得到广泛的使用。硫化仪测定的基本原理是根据胶料的剪切模量与交联密度成正比为基础进行测定的。在硫化过程中对胶料施加一定振幅的剪切变形，通过剪切力的测定(硫化仪以转矩读数反映)，即可反映硫化交联过程的情况。能够连续地测定与加工性能和硫化性能有关的参数，包括初始黏度、最低黏度、焦烧时间、硫化速度、正硫化时间和活化能等。

如图 7-8-2 所示为硫化仪测定的胶料的硫化曲线图。胶料在试样室中硫化开始时，其转矩(或黏度)为 O 点所示。当胶料逐渐受热升温，其黏度也逐渐下降到 D 点。D 点以后曲线又开始上升，表明胶料有轻微的交联，但在 E 点以前仍然能够流动。从 O 点到 E 点的时间即为焦烧时间。E 点以后胶料不能进行塑性流动，而是以一定的速度进行交联直到正硫化点 F。从 F 以后，曲线可能有三种走向：A 线硫化曲线继续上升，很少发生此现象；B 线是最典型的硫化曲线，交联与裂解达到平衡；而 C 硫化曲线下降，此现象为硫化返原现象，裂解占主要趋势。

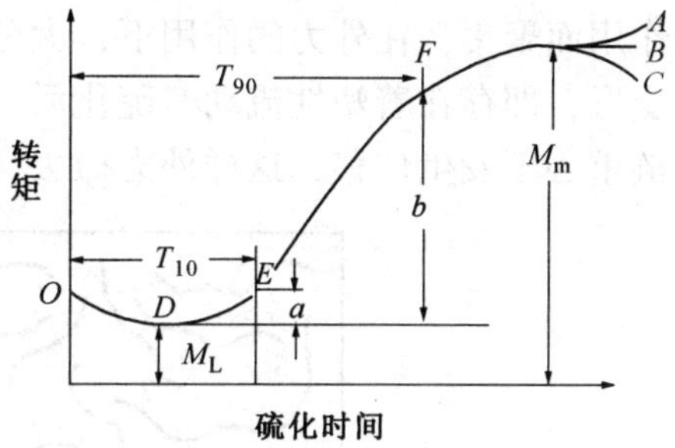

图 7-8-2　硫化仪测定的硫化曲线图

(二) 硫化参数

从图 7-8-2 硫化曲线中可以得到以下几个参数：硫化仪最小转矩 M_L，硫化仪最大转矩，即平衡转矩 M_m，胶料反应达到 10%硫化度时的硫化仪转矩 a，胶料反应达到 90%硫化度的硫化仪转矩 b，胶料的焦烧时间 T_{10}，胶料的工艺正硫化时间 T_{90}。

其中最小转矩 M_L反映了胶料在一定温度下的流动性或可塑性，最大转矩 M_m反映了硫化胶在硫化温度下的模量。

(1) 焦烧时间 T_{10}

胶料的焦烧时间 T_{10}，即胶料从加热开始至转矩 M 上升到最大转矩的 10%所需要的时间。该转矩 M_{10}为：

$$M_{10}=M_L+10\%(M_m-M_L)$$

焦烧时间 T_{10}为胶料放入模具至出现轻微硫化的整个过程所需要的时间的长短，即诱导期的长短。诱导期短则加工安全性差，太长则会降低生产效率。因此这个时间对于胶料的加工非常关键。

(2) 工艺正硫化时间 T_{90}

工艺正硫化时间 T_{90}，即胶料从加热开始至转矩 M 上升到最大转矩的 90%所需要的时间。该转矩 M_{90}为：

$$M_{90}=M_L+90\%(M_m-M_L)$$

而理论正硫化时间取交联密度达到最大程度时所需要的时间。如果胶料再继续硫化就会使交联结构产生降解、性能下降的现象，即硫化返原。经验证明，取 90%转矩上升对应的时间作为正硫化时间，因为这个区域体现的硫化胶性能最好，另外从工艺角度考虑硫化需要一定的保险系数，防止过硫或欠硫。

为了获得优良的橡胶制品，其较为理想的橡胶硫化曲线应满足如下条件：

① 硫化诱导期要足够长，充分保证生产加工的安全性；

② 硫化速度要快，提高生产效率，降低能耗；

③ 硫化平坦期要长，这样可以保证硫化加工中的安全性，减少过硫危险，以及保证制品各部位硫化均匀一致。

（三）橡胶在硫化过程结构的变化

橡胶的硫化是一个非常复杂的化学反应过程。硫化使橡胶分子由线型结构变成了网状结构，其性能发生了非常大的变化。

硫化前的橡胶大分子呈卷曲状，大分子链处于自由运动状态，大分子间以范德华力相互作用而聚集，在外力的作用下，大分子重心很容易发生位移，表现出较大的伸长变形和永久变形，即存在着塑性流动。硫化后，大分子链间形成交联网，互相牵制，外力作用下大分子链重心不发生位移，这样外力撤去，形变可以回复，如图 7-8-3 所示。

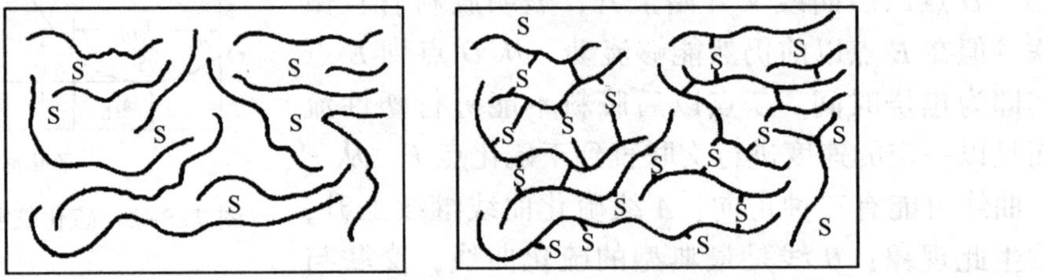

图 7-8-3　胶料硫化前后结构的变化

硫化的本质使橡胶由塑性状态转变成高弹状态。经过硫化后的橡胶性能有了很大的改变，如强度、硬度、伸长率、弹性等，这些性能不仅取决于生胶的性能和配方，同时也取决于硫化体系和硫化条件。

对于硫化胶，其硫化交联的程度采用交联相对分子质量、交联密度等表示。

① 交联相对分子质量(M_c)　交联点间的相对分子质量是两个相邻的交联点间链段的平均相对分子质量。该值越小交联程度越大。

② 交联密度($1/2M_c$)　指单位体积内的交联点数目，它正比于单位体积内的有效链数目。交联密度越大，交联程度越大。交联密度对拉伸强度的影响如图 7-8-4 所示。

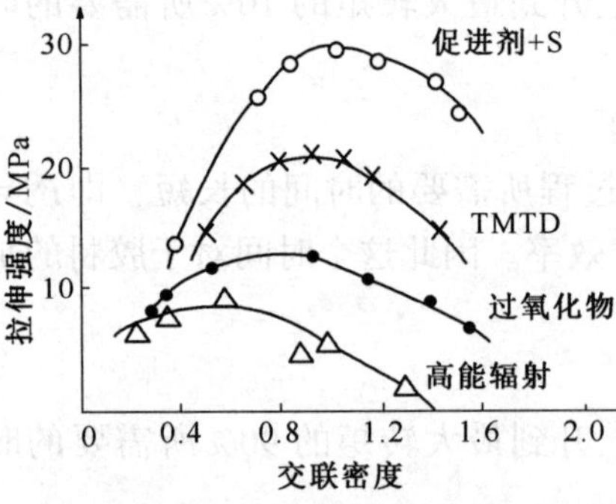

图 7-8-4　各种硫化体系的交联密度与拉伸强度的关系

注：TMTD—二硫化四甲基秋兰姆

③ 交联效率　也称硫化效率，通常用参数 E 表示。

$$E=\frac{\text{摩尔结合硫/克硫化胶}}{\text{摩尔交联键/克硫化胶}}=\frac{\text{硫黄原子数}}{\text{每个交联键}}$$

④ 交联官能度　从一个交联点出发所射出的射线数目。或者说交联剂本身所具有活性官能团的数目。如液体硅橡胶四乙氧基硅烷（4 官能度）、三异氰酸酯（3 官能度）。

交联键类型对硫化胶性能的影响也很显著，表 7-8-1 所示为不同交联键的键能以及对硫化胶性能影响的次序。

表 7-8-1 不同交联键的键能

交联键类型	硫化体系	键能/(kJ/mol)	不同交联键影响性能的次序		
			强伸性能	动态性能	耐热性能
—C—C—	过氧化物或辐射交联	351.7	④	④	①
—C—S—C—	EV(有效硫化体系)	284.7	③	③	②
—C—S_2—C—	SEV(半硫化体系)	267.9	②	②	③
—C—S_x—C—	CV(普通硫化体系)	<267.9	①	①	④

三、硫化

(一)硫化条件的选取及确定

对已确定配方的胶料而言，影响硫化胶质量的因素主要有三个，即硫化压力、硫化温度和硫化时间，又称硫化的三要素。

1. 硫化压力

硫化过程中需要对胶料施加一定的压力，该压力称为硫化压力。硫化时施加一定的压力主要有以下几个目的：

一是使胶料在模具的型腔内顺利流动，充满模腔，包括充满模具中沟槽或花纹，以制得花纹清晰的制品。硫化过程中施加一定的压力也可以防止出现气泡或缺胶现象，提高胶料的致密性。此外还可以增强胶料与布层或金属的附着强度，有助于提高胶料的物理机械性能，如拉伸性能，耐磨、抗屈挠、耐老化等性能。因此一般橡胶制品的硫化都需要施加一定的压力，某些薄制品如胶布可以采用常压硫化。

硫化压力的选取主要根据胶料的性质、产品结构和其他工艺条件等决定。对于流动性较差，产品形状结构复杂，或者产品较厚、层数多的宜选用较大的硫化压力。硫化温度提高，硫化压力也应高一些。但过高压力对橡胶的性能也不利，高的硫化压力会对橡胶分子链的热降解有加速作用，对于含纤维织物的胶料，高的压力会使织物材料的结构被破坏，导致耐屈挠性能下降。

2. 硫化温度和硫化时间

硫化温度直接影响着硫化反应速度和硫化的质量。硫化温度是促进硫化反应的主要因素，提高硫化温度可以加快硫化速度，缩短硫化时间，提高生产效率。

硫化时间是由胶料配方和硫化温度来决定的。硫化反应的程度与硫化时间有关，而反应交联程度又与橡胶的性能有关。对于给定的胶料来说，在一定的硫化温度和压力条件下，有一个最适宜的硫化时间，时间过长、过短都会影响硫化胶的性能。因此选择一个合适的硫化时间，对得到性能优良的制品非常关键。适宜硫化时间的选择可通过硫化仪测定值来决定。

硫化时间和硫化温度是互相依赖的。根据范德霍夫方程式：

$$\frac{t_1}{t_2}=K^{(T_2-T_1)/10}$$

式中 t_1——温度为 T_1 时的硫化时间；

t_2——温度为 T_2 时的硫化时间；

K——硫化温度系数，大多数橡胶在硫化温度为 120~180℃范围内，K 在 1.5~2.5 之间选取，通常取 $K=2$。

从公式可以看出，当 $K=2$ 时，温度每升高 10℃，硫化时间就可减少一半，说明硫化温度对硫化速度的影响是十分明显的。也就是说提高硫化温度就可加快硫化速度，因此从提高生产效率的角度来看应该提高硫化温度。但是提高温度会受到很多因素的制约，例如高温容易引起橡胶分子链裂解和硫化返原，导致胶料力学性能下降等。表 7-8-2 所示为不同胶料适宜的硫化温度。

表 7-8-2　胶料适宜的硫化温度

胶料种类	适宜的硫化温度/℃	胶料种类	适宜的硫化温度/℃
天然橡胶	143	丁基橡胶	170
丁苯橡胶	150	三元乙丙橡胶	160~180
异戊橡胶	151	丁腈橡胶	150~180
顺丁橡胶	151	硅橡胶	160
氯丁橡胶	151	氟橡胶	160

除此之外，硫化温度的确定还应该考虑胶料配方、硫化方法和制品尺寸。

(1) 胶料配方

适宜的硫化温度要根据胶料配方而定，其中主要取决于橡胶的种类和硫化体系。

针对硫黄硫化体系的胶料，硫化反应生成的多硫键较多，键能较低，硫化胶的热稳定性差，不宜用高的硫化温度。如果需要高硫化温度的，应考虑采用其他的硫化体系，例如低硫高促或无硫硫化体系。

对于花纹复杂及含纤维织物的橡胶制品，要在硫化初期有一定时间让胶料的温度升高，流动性增加，以便胶料充满模型及渗入织物缝隙之中，然后进行硫化交联。但是如果温度太高，交联速度太快，胶料初期受热交联造成流动性下降，难以充满模腔及渗入织物缝隙，得不到所需要的制品。此外温度高对纤维织物的强度也有一定的影响。

(2) 硫化方法

不同的硫化成型方法需要的硫化温度不同，一般注射成型、需要连续硫化的，硫化温度相对较高，而模压成型的硫化温度相对较低。

(3) 制品外观尺寸

若制品较厚、外形尺寸较大，硫化温度不宜过高，否则会导致表面过硫、内部欠硫。同其他高分子材料一样，橡胶的热传导系数也很低，传热速度很慢。在硫化过程中，橡胶制品内层的温度达到所规定的硫化温度需要一定的时间，制品越厚，需要的时间越长。如果采用高温硫化时，必然会出现外层正硫化、内层欠硫化或内层正硫化、外层过硫化的情况，所以生产厚制品时，通常采用低温长时间进行硫化。

(二) 硫化介质

硫化介质是指硫化过程中传递热能的物质，常用的加热介质有饱和蒸汽、过热蒸汽、热空气、过热水、热水、固体介质、微粒玻璃珠等。

饱和蒸汽，是指饱和状态下的蒸汽。饱和蒸汽是橡胶制品硫化应用最广的热能，其热量大，导热效率高，改变蒸汽压力即可准确地调节加热温度。缺点是加热温度受到压力的影响，硫化过程中饱和蒸汽容易产生冷凝水，造成局部温度下降。

过热蒸汽，是饱和蒸汽继续加热，使蒸汽温度升高并超过沸点温度，此时得到的蒸汽称为过热蒸汽，是可以用于硫化罐的硫化介质。与饱和蒸汽比较其优点是温度不受压力影响，适于温度要求较高的场合。但是其给热系数小，而且对设备的腐蚀性强。

用热空气加热硫化可以在常压或加压的情况下进行。其优点是加热温度不受压力的影响，产品硫化时不接触水蒸气，硫化后表面光亮，也不腐蚀设备。缺点是导热率很低，硫化时间长，比蒸汽硫化时间长一倍，且易使制品氧化。

过热水指水达沸点却没有沸腾的水。过热水也是比较常见的硫化介质，用过热水作硫化热能的优点是能保持较高温度并提供较大压力。特别是用于轮胎的外胎硫化，将过热水注入水胎中，以1.96MPa以上的压力及160~170℃的高温，从轮胎内侧对轮胎加压加热。

固体介质指低熔点的材料，如共熔金属(熔点为140℃的铋锡合金)、共熔盐(熔点为142℃的硝酸钾、亚硝酸钠和硝酸钠的混合物)等，一般用于压出制品的连续硫化。其优点是导热效果好，温度高，硫化效率高。

用电热、红外线及微波加热硫化，成本高，但因不用蒸汽设备，无燃料污染，适用于特定的产品硫化工艺。

(三) 硫化方法

不同性质和形状的橡胶制品依据不同成型加工工艺和加热加压方式需采用不同的硫化方法。硫化方法可以分为室温硫化法、冷硫化法、热硫化法和连续硫化法。

1. 室温硫化法

室温硫化法是橡胶半成品在常温和常压的条件下进行的硫化。例如黏合剂，往往要求在现场施工，室温下快速硫化。此外用于硫化胶的接合和橡胶制品的修补的自硫胶浆也具有室温常压下硫化的特点，胶浆中都含有活性很强的超促进剂，如二硫代氨基甲酸盐或黄原酸盐，硫化是在开放的条件下进行，不需要任何硫化设备。

2. 冷硫化法

冷硫化法一般用于薄层浸渍制品的硫化。制品在含有2%~5%的一氯化硫溶液中(溶剂为二硫化碳、苯或四氯化碳等)浸渍几秒至几分钟即可完成硫化。也可把制品放在有氯化硫蒸气的衬铅室中进行硫化。

冷硫化法生产的产品老化性能差，故很少使用。

3. 热硫化法

热硫化法是橡胶加工中应用最广泛的硫化方法。由于是在加热条件下进行，硫化反应活性大，速度快。热硫化法可以采用如水蒸气、热空气、热水、电热等介质来加热硫化橡胶制品。

热硫化法可以分为直接硫化法、间接硫化法、加压硫化法等。

(1) 直接硫化法

直接硫化法的加热介质有热水、热空气和蒸汽。

① 热水硫化法　将半成品加入热水中，水温大致75~80℃，受热一定时间完成硫化。由于温度、压力都比较低，只能硫化薄型制品，如玩具皮球、乳胶制品等。此法也适用于大型化工设备橡胶衬里的硫化。另外在热水中可以加入超促进剂。

② 直接蒸汽硫化罐硫化法　半成品加入硫化罐内，硫化时罐内通蒸汽，利用蒸汽的热量和压力来硫化制品。包括裸硫化法、包布硫化法、模型硫化法和埋粉硫化法，常用于胶管、胶辊、电缆等的硫化。

③ 热空气硫化　利用热空气作为介质，将半成品放在加热室或烘箱中硫化。

(2) 间接硫化法

将半成品放在夹套或蛇形加热管的硫化缸内，硫化时缸内通压缩空气，给半成品施加硫化压力，夹套及加热管通蒸汽加热，常用于胶鞋、胶布等的硫化。由于空气中氧的作用，橡胶易热氧老化，为此，可改为使用热空气和蒸汽混合气体作为加热介质，即先用热空气使制品硫化定型，再用蒸汽加强硫化，因此称为间接蒸汽硫化法。

(3) 加压硫化法

加压硫化法是在加压的条件下进行硫化，其产品结构密实，不易产生气泡，表面光滑，花纹清晰。压力可以通过水或油提供，即采用水压、油压等。加热介质一般为蒸汽、电热和热液。

胶料或半成品放在金属模具的模腔内，从模外加热、加压一段时间，制得与模腔形状相同的模型制品，例如汽车外胎、内胎、三角带、密封圈以及橡胶零件等。加压硫化为模型硫化，是间歇生产，常使用平板硫化机、个体硫化机(单模硫化机)和罐式平板硫化机等。

① 平板硫化法　平板硫化法大多采用平板硫化机硫化，一般用于模型制品硫化，如图 7-8-5 所示。将装有半成品或胶料的模型放在能够加压的两个平板之间，平板之间的压力通过介质水或油提供。加热一般采用电或蒸汽，硫化温度根据具体的配方以及胶料、制品的形状来确定。

平板硫化机主要硫化各种模型制品，例如模压成型，也可以硫化传送带、运输带和工业用胶板等半成品。

② 注压硫化　注压硫化是在平板硫化和塑料的注射成型的基础上发展的一种方法，是模型加压硫化的一种进展，胶料是通过注射机筒自动注入到加热的模具中进行成型硫化，自动化程度高。

③ 罐式硫化机硫化法　罐式硫化机硫化法主要用于硫化轮胎的外胎，由蒸汽硫化罐和水压机结合构成。硫化罐中装有待硫化的轮胎，通过蒸汽逐步升温，并由罐底下部的柱塞水压筒通入高低压水，使其中的模型升降和压紧。硫化时利用过热水补充外热的不足，同时也起到一种内压作用。

④ 个体硫化机硫化法　如图 7-8-6 所示，个体硫化机是带有固定模型的特殊结构的硫化机。是用于硫化汽车外胎、内胎和垫带的一种设备，现已逐步代替罐式硫化机。个体硫化机硫化的优点是样品温度均匀，产品质量一致，不用高压水装置，可以自动操纵，劳动强度低，硫化操作时间短，工艺过程简单。缺点是制造复杂，成本高，安装费用高。

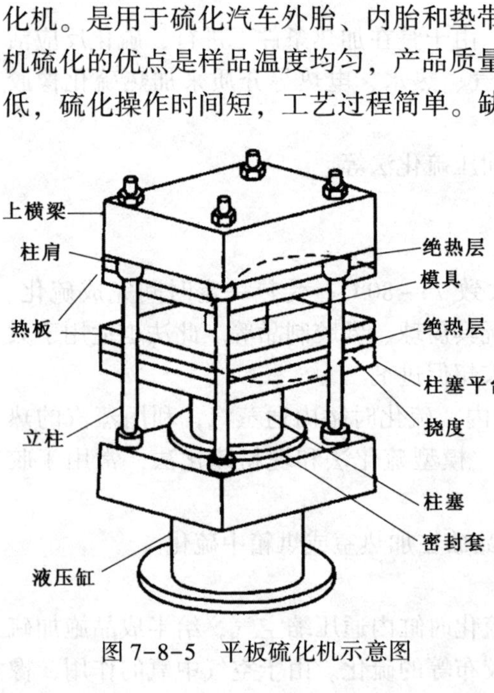

图 7-8-5　平板硫化机示意图

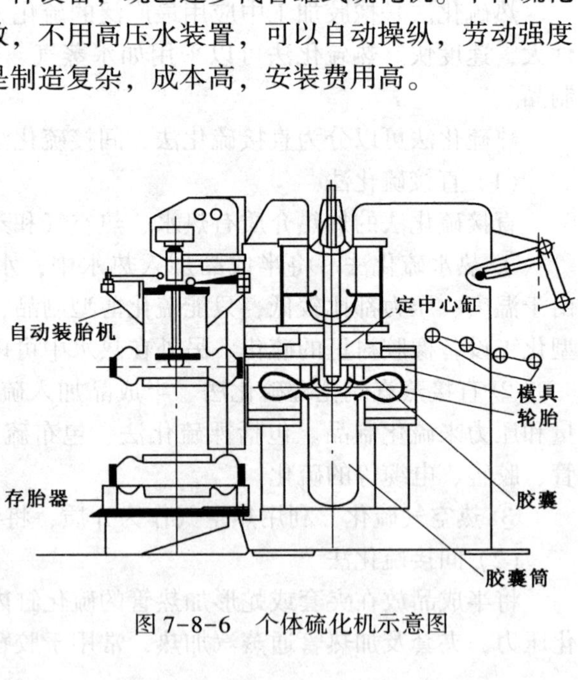

图 7-8-6　个体硫化机示意图

4. 连续硫化法

（1）鼓式硫化机硫化法

鼓式硫化机有一圆鼓进行加热，圆鼓外绕着环形钢带，制品置于转动的圆鼓与钢带之间进行加热硫化。主要用于硫化胶板、平型胶带和三角带等。硫化工艺过程如图 7-8-7 所示。鼓式硫化机的鼓内采用的加热介质一般为蒸汽，温度为 150℃，鼓外采用电加热，温度为 200℃。

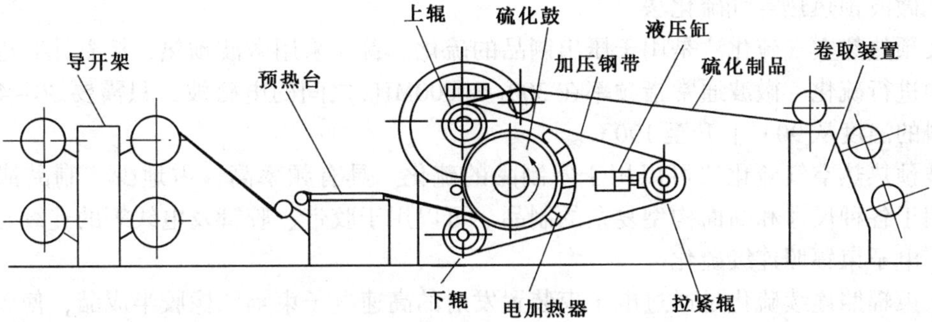

图 7-8-7　鼓式硫化机连续硫化示意图

（2）热空气连续硫化

热空气连续硫化是一种常压硫化方法，主要用于硫化雨布和胶乳制品。产品连续通过硫化室进行加热硫化。硫化室分为三段：预热，升温，恒温硫化和降温冷却。硫化室可用间接蒸汽加热或电热。

（3）管道硫化法

管道硫化法的加热介质为蒸汽，也称蒸汽管道硫化。一般和橡胶压出机配合，用于胶管、电线电缆等制品的硫化。橡胶压出的半制品连续通过密封的通有高压蒸汽的管道，在高压蒸汽的作用下进行硫化反应。硫化管道的长度可达 50~80m。

（4）液体介质连续硫化法

主要用于压出的半制品硫化，将压出制品通过储有高温液体介质的槽池中加热硫化，加热的液体介质通常为低熔点的共熔盐。

（5）红外线硫化法

红外线硫化是用红外线辐射硫化箱进行加热，使制品在红外线发热源之间通过受到的辐射加热。红外线硫化适用于胶乳制品、雨布、密封条等薄壁制品。

（6）沸腾床硫化法

沸腾床的构造原理与液体硫化槽类似，床内储存的是由固体、气体构成的悬浮系统。如图 7-8-8 所示。

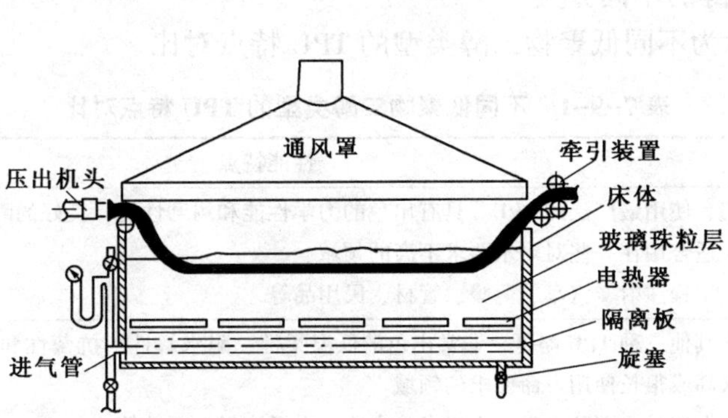

图 7-8-8　卧式沸腾床结构示意图

沸腾床硫化的优点是热传递能力高、受热均匀、操作安全、不沾污成品和简化清洁工序等。

沸腾床除用于硫化橡胶制品外，还可用于金属、织物、坯料、模型的预热及原料的干燥等。沸腾床硫化广泛应用于无芯制品的连续硫化，如海绵条、门窗条、胶绳、胶条及异型压出制品、电线、电缆、纯胶管、薄膜制品等。

(7) 微波预热热空气硫化法

微波预热热空气硫化法是用于压出制品的硫化。首先采用微波预热，接着让其进入热空气管道中进行硫化。微波通常指频率在 300~30000MHz 之间的电磁波，只需要 30~40s 就可以使胶料的温度从 90℃上升至 190℃。

微波预热热空气硫化法可以用于厚制品的硫化。具有频率高，占地少、制品清洁等优点，适用于各种尺寸和断面构型复杂的制品。可以用于胶带、胶管及电线等的连续硫化。

(8) 电子束辐照连续硫化

电子束辐照连续硫化是通过电子束装置发射的高速电子束辐照橡胶半成品，使胶料离子化、活化，并产生交联反应。该方法的优点是可在常温下快速连续地进行硫化，交联程度可通过调整电子束的能量来实现，操作简便。

电子束辐照硫化可用于多种制品，如轮胎、胶管、电线和防水卷材等。还可采用电子束辐照对胶料进行轻度预硫化，从而保证其成型挺括性。

第九节 热塑性聚氨酯弹性体的加工

热塑性聚氨酯弹性体(thermoplastic polyurethane elastomer，简称 TPU)，既有塑料的可塑性又有橡胶的高弹性。TPU 具有可熔可溶的特点，因此可以采用多种方法加工成型。TPU 按加工工艺分为熔融加工和溶液加工，熔融加工包括注射成型、吹塑成型、挤出成型、压延成型、熔涂等，其中以注射最为常用；溶液加工则主要为涂覆工艺。

一、TPU 分类及特点

TPU 是由二异氰酸酯(OCN—R—NCO)、低聚物二醇(HO—R′—OH)、小分子二醇(HO—R″—OH)合成而成。不同的原材料合成的 TPU 性能也会不同，一般按低聚物二醇和二异氰酸酯的种类进行区分。

(1) 按低聚物二醇的不同分类

如表 7-9-1 所示为不同低聚物二醇类型的 TPU 特点对比。

表 7-9-1 不同低聚物二醇类型的 TPU 特点对比

TPU 分类	性能特点
聚酯型	最普遍、使用最广泛的 TPU。具有出色的力学性能和耐磨性能，良好的耐热和耐化学品性能，耐水解性差，适合用在一些对耐水要求不高的领域 应用：工程注射、汽车、薄膜、管材、民用品等
聚醚型	密度比其他三种 TPU 略低。非常出色的低温柔性、耐水解性、抗菌性和耐候性，非常适合一些对耐水要求高或很长使用寿命要求的领域 应用：水上用品、消防水带、大口径输水管、电子注射、军品等

续表

TPU 分类	性能特点
聚己内酯型（PCL 型）	具有与聚酯型 TPU 相似的物理性能。相对较好的低温性能和耐水解能力，优异的抗压缩变形能力，非常适合于液压、气动密封领域 应用：密封件、工业管材、脚轮等
聚碳酸酯型（PCDL 型）	具有出色的物理性能。媲美聚醚型 TPU 的耐水解和耐菌性能，最好的热稳定性、耐化学性能，极低的胶质含量 应用：适合一些特殊的制品，如大口径管、输油管、软体储油罐等

（2）按二异氰酸酯的不同分类

如表 7-9-2 所示为不同二异氰酸酯类型的 TPU 特点对比。

表 7-9-2　不同二异氰酸酯类型的 TPU 特点对比

TPU 分类	性能特点
芳香族	为最常见的类型，95%以上的 TPU 都是 MDI 基的。具有非常优异的力学性能、耐磨性、弹性等，良好的热稳定性和耐化学品性能，低成本，差的耐 UV 性能 应用：工业品和民用品
脂肪族	具有出众的耐 UV 和颜色稳定性，永不黄变。中等的机械性能，极佳的光学透明性（取决于 ADI 的类型），弹性和热稳定性较差 应用：汽车贴膜、玻璃夹层、光学部件、高耐 UV 场合

二、TPU 颗粒的干燥处理

大多数 TPU 暴露于大气环境时会吸收水分，如图 7-9-1 所示，并且一般来说硬度越大吸湿性越强，聚醚型吸水性强于聚酯型。TPU 的吸湿性受环境的温度和湿度影响比较大，环境的温度越高、湿度越大，TPU 的吸水量就越大。TPU 在高温加工过程中由于水分的存在会导致聚合物链分解成胺和二氧化碳，同时过量的水分会导致成型的产品产生气泡和其他缺陷。在加工 TPU 之前，必须对 TPU 进行充分的干燥，使水分的含量降低到一定的限度（$<0.02\%$），以避免出现问题。

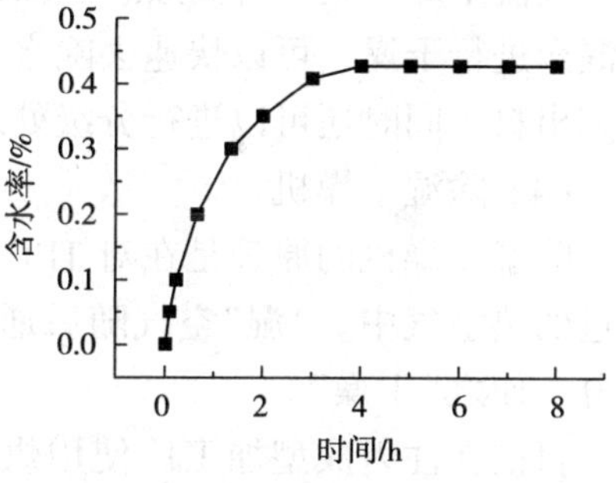

图 7-9-1　TPU 在暴露环境中的吸湿性

1. 干燥的条件

干燥条件对 TPU 的干燥效果和产品质量有着重要的影响，以下是影响 TPU 干燥条件的主要因素。

（1）干燥温度

干燥温度是 TPU 干燥过程中最重要的因素之一。适宜的干燥温度可以加快水分的蒸发速度，同时避免 TPU 过热或结块。一般而言，干燥温度控制在 90~110℃之间为宜。

（2）干燥时间

干燥时间也是影响 TPU 干燥效果的重要因素。干燥时间过短，水分未完全去除，会导致制品性能下降；但是干燥时间过长，则可能导致 TPU 过热结块或变色。因此，需要根据 TPU 的种类和干燥设备的性能来确定合适的干燥时间。

一般90℃干燥6h以上，100℃干燥3h以上，110℃干燥2h以上。原则上讲，低硬度的TPU适于在100℃以下干燥，高硬度的TPU适于在100℃以上干燥。

（3）空气流量

空气流量可以影响水分的蒸发速度和干燥效果。较大的空气流量可以加快水分的蒸发速度，提高干燥效果，但同时也会增加能耗。因此，需要根据实际情况来确定合适的空气流量。

（4）空气湿度

空气湿度也是影响TPU干燥效果的因素之一。如果空气湿度过高，会导致水分难以蒸发，影响干燥效果；如果空气湿度过低，则可能导致TPU过干而变脆。因此，需要根据实际情况来确定合适的空气湿度。

2. TPU干燥设备

根据干燥原理的不同，可以将TPU干燥设备分为以下几种类型。

（1）烘箱

烘箱干燥的优点是设备简单、操作方便，适用于小批量生产。缺点是干燥时间较长，且易受外界环境影响。

（2）料斗式干燥机

料斗式干燥机是一种常用的干燥设备，适用于大规模生产。它将TPU颗粒加入料斗中，通过加热和通风进行干燥。这种方法的优点是干燥时间短、效率高，可以连续进料和出料。缺点是设备成本较高，且需要定期维护和清洗。

（3）气流干燥机

气流干燥机是一种高效、连续的干燥设备，适用于大规模生产。它将TPU颗粒与热气流混合进行干燥，可以快速去除水分。这种方法的优点是干燥时间短、效率高，可以连续进料和出料，同时还可以进行分级处理。缺点是设备成本较高，需要较高的维护和管理水平。

（4）除湿干燥机

除湿干燥机的原理是在对TPU用加热的“干”空气的闭环循环。干燥出来的水分释放到经过的热空气中。“湿”空气随后通过干燥剂分子筛材料，这种材料能够从循环空气中吸收水分，使之“干燥”。

目前在注射成型加工厂使用烘箱、料斗式干燥机进行干燥的比较多，TPU合成厂则采用除湿干燥机干燥的比较多。

三、注射成型

（一）注射机选用

一般单螺杆三段式注射机适合TPU的注射。与其他塑胶相比由于TPU在熔融时黏度高，在机筒里容易产生高剪切力从而破坏TPU的物性，所以需要选择适合TPU注射的机型。

注射机机筒衬以铜铝合金，螺杆镀铬防止磨损。螺杆一般选择长径比L/D18~22左右，压缩比2.0~3.0左右，加料段长度0.5L，压缩段长度0.3L，计量段长度0.2L。应将止逆环装在靠近螺杆顶端的地方，防止反流并保持最大压力。

加工TPU宜用自流喷嘴，出口为倒锥形，喷嘴口径4mm以上，小于主流道套环入口0.68mm，喷嘴应装有可控加热带以防止材料凝固。从经济角度考虑，注射量应为额定量的40%~80%。螺杆转速20~50r/min。

（二）注射工艺

因为 TPU 是弹性体橡胶，TPU 最重要的注射条件是塑化温度、冷却温度、压力和时间。这些参数将影响 TPU 制件的外观和性能。

1. 注射温度

机筒温度的选择与 TPU 的硬度有关。TPU 硬度越大，熔融温度就越高，所用机筒温度范围是 160~230℃。机筒温度的分布一般是从料斗一侧(后端)至喷嘴(前端)，逐渐升高，以使 TPU 温度平稳地上升达到均匀塑化的目的。但是 TPU 注射加工过程中，多采用压缩段温度>计量段温度>加料段温度的分部模式，而喷嘴温度通常略低于机筒的最高温度。这样做可以使 TPU 充分塑化而且从喷嘴射出的 TPU 熔体黏度适中，便于注射。

模具温度对 TPU 制品的内在性能和外观质量影响很大，它的高低决定于 TPU 的结晶性和制品的尺寸稳定性等。模具温度通常通过恒温的冷却介质(例如水)来控制，TPU 硬度越高，结晶度越高，模具温度亦高。例如邵氏硬度 60~80A 的 TPU，模具温度宜在 10~30℃；邵氏硬度 90~98A，模具温度宜在 30~50℃；邵氏硬度 55~72D，模具温度宜在 50~65℃。对于模温的控制设备，注射厂家一般采用水为介质的模温机。

2. 注射压力

TPU 的注射压力一般为 20~110MPa，保压压力大约为注射压力的一半，背压通常在 0.3~4MPa。

3. 注射速度

注射速度主要决定于 TPU 制品的构型。端面厚的制品需要较低的注射速度，端面薄的制品则注射速度较快。对于较大制件一般采用二段或者三段的注射方式，使制品注射得更加饱满。

4. 成型周期及停机

TPU 的成型周期一般在 10~60s 之间，大型制件则长达数分钟。由于 TPU 在高温状态下停留容易发生降解，因此针对不同的制品设定相应的成型周期。在设备关机或者停机超过 1h 的时候应用聚乙烯清洗，将机筒内的 TPU 置换干净后关闭加热。机筒和螺杆必须保持清洁，否则焦化物质会严重影响 TPU 制品的外观及性能。

5. 后处理

TPU 的退火宜用低温长时间，硬度较低的制品室温放置数周即可达到最佳性能。硬度在邵氏 85A 以上宜在 100℃处理 6~12h。退火可在热风烘箱中进行，注意放置的位置不要局部过热而使制品变形或变色。

表 7-9-3 为 TPU 常见的注射缺陷原因及解决方法。

表 7-9-3　注射缺陷原因及解决方法

缺陷	原因	解决方法
气泡	背压低	增加背压
	材料潮湿	彻底干燥
	螺杆转速太高	降低螺杆转速
	材料过热	降低机筒温度
	注射速度过快	降低注射速度
焦斑	注射压力太高	降低注射压力
	注射速度太快	降低注射速度

缺陷	原因	解决方法
焦斑	材料过热	降低机筒温度
	模具排气不当	增加排气口
韧性降低	材料潮湿	彻底干燥
	回收料比率太大	降低回收料比率
	熔融温度太高或太低	调整熔融温度
	浇口太小	增加浇口尺寸
	浇口接合区太长	降低浇口接合区长度
	模具温度太低	提高熔融温度

续表

缺陷	原因	解决方法	缺陷	原因	解决方法
麻孔气泡或缩皱纹	注射压力太低	增加注射压力	制品粘模	模具表面镀铬或高度抛光	改变模具表面
	材料过热	降低机筒温度		熔融温度过高	降低熔料温度
	模具温度太低	提高模具温度	注料量不足	给料不足	调整给料
	给料不足	调整给料		过早凝固	提高模具温度
	浇口定位不当	调整浇口位置		机筒温度太低	提高机筒温度
制品凹陷	注射速度快	降低注射速度		注射压力太低	增加注射压力
	注射时间短	增加注射时间		注射时间短	增加注射时间
	背压过高	降低背压		喷嘴、流道或浇口尺寸不足	调整喷嘴、流道和浇口尺寸
	注射压力低	提高注射压力	翘曲	注射压力太低	增加注射压力
	合模压力不足	提高合模压力		材料过热	降低机筒温度
	熔料温度高	降低机筒温度		模具温度太高	降低模具温度
	凹陷部位排气不良	凹陷部位设排气口		树脂缓冲过度	降低树脂缓冲
螺杆打滑	料斗进料部位故障	排除进料部位障碍	接合线	注射压力、时间不足	增加注射压力、时间
	机筒后部温度过高	降低该处温度		熔料温度低	提高机筒温度
	螺杆退后速度过快	降低退后速度		浇口尺寸小、位置不当	增加浇口尺寸，改变位置
	机筒没有清洗净	用其他树脂清洗机筒	表面线纹	熔料温度太高	降低机筒温度
	材料干燥不充分	干燥材料		注射速度快	降低注射速度
	材料颗粒过大	降低颗粒尺寸		浇口尺寸过小	加大浇口尺寸
螺杆无法转动	熔料温度低	提高机筒温度		材料干燥不足	彻底干燥材料
	背压过高	降低背压	喷嘴流料	熔料温度过高	降低机筒温度
	材料欠润滑	添加适当润滑剂		喷嘴温度过高	降低喷嘴温度
毛边	材料过热	降低机筒温度		背压过大	降低背压
	注射压力太高	降低注射压力		主流道冷料断脱时间早	延迟冷料断脱时间
	模具紧固压力低	提高紧固压力	材料未熔尽	熔料温度低	提高机筒温度
制品粘模	注射压力太高	降低注射压力		背压过低	增加背压
	保压时间太长	减少保压时间		料斗下部过冷	关闭料斗下部冷却系统
	冷却不充分	增加冷却时间或循环时间		成型周期太短	增加成型周期
	模温太高或太低	调整模温		材料干燥不足	彻底干燥材料
	注射时间太长	降低注射时间			

四、挤出成型

（一）成型管材

TPU 管材的成型与塑料管及橡胶管的工艺过程相似。

1. 挤出机

（1）挤出机的电机

TPU 熔体黏度较高，为了保证熔体充分塑化，TPU 挤出机应配备高功率电机，一般来讲 45 机和 65 机电机功率最好不要低于 15kW 和 30kW。螺杆驱动电机功率比通用树脂一般要高 1.5 倍左右。

（2）螺杆

由于TPU对于剪切作用非常敏感，一般推荐使用渐变式螺杆或者具有较长压缩段的突变式螺杆进行加工。螺杆为三段式螺杆，即分为加料段、压缩段、均化段，三段比例为3∶4∶3，长径比为25∶1~30∶1，压缩比为2∶1~4∶1。TPU挤出成型加工用的螺杆结构与PVC用螺杆相似，参考数据如表7-9-4所示。

表7-9-4　TPU挤出成型推荐螺杆结构

区段	30mm直径	50mm直径	90mm直径	120mm直径	各区螺纹数
加料段槽深/mm	5	10	13	15	5~6
压缩段槽深/mm	—	—	—	—	11~12
计量段槽深/mm	1.5	2.8	4.0	4.5	8~10

（3）机筒型式

可采用通用塑料使用的机筒，机筒温度控制最好使用较多的区段（如4~5区段），温度调整要精密，加热器要尽可能用微细的温度调节，控温自如。机筒的冷却可以使用风冷或水冷方式。

2. 口模设计

根据挤出成型品的形状，口模分为管材口模、片材口模、棒材口模、异型材口模等。比较典型的是管材口模，有直通式口模、横头式口模、偏心口模等。TPU成型最好采用直通式口模。一般在TPU挤出成型口模设计时，要考虑到TPU的黏弹性、较高的熔融黏度及高黏度材料的流动性。

3. 冷却及牵引

与其他热塑性树脂比较，TPU结晶度较小，因此从挤出机出来的挤出物，经长时间仍有粘附性，易变形，所以有时可能得不到符合要求的成型制品。TPU挤出成型时要求的冷却条件较高，需要注意以下几点：①冷却时水温要尽量低，必要时使用冷冻机；②冷却水槽应尽可能长；③在冷却水中加入防粘剂。

在上述的冷却过程中，只要管材成型品充分防粘、无变形，挤出物与牵引机的线速度相同就可以满足成型要求。

4. 挤出管材举例

表7-9-5以WHT-1190PC为例，说明了两种机械挤出成型管材的工艺条件异同。

表7-9-5　WHT-1190PC挤出管材实例

工艺条件	单螺杆40mm直径	单螺杆50mm直径	工艺条件	单螺杆40mm直径	单螺杆50mm直径
机筒温度1#/℃	185	180	口模1#/℃	205	200
机筒温度2#/℃	190	185	口模2#/℃	200	190
机筒温度3#/℃	190	185	口模3#/℃	190	185
机筒温度4#/℃	200	195	过滤网/目	100-120	100-120
机筒温度5#/℃	—	200	螺杆转速/（r/min）	30	30
连接器/℃	205	—	电流值/A	17	35
干燥（鼓风干燥机）	90℃，2h	90℃，2h	挤出量/（kg/h）	6.5	22

注：Φ40mm单螺杆挤出机，长径比$L/D=25$，压缩比$CR=3.5$，搭配直通式机头，Φ12/Φ8mm；Φ50mm单螺杆挤出机，长径比$L/D=28$，压缩比$CR=4$，配直通式机头，Φ13/Φ10mm。

由表 7-9-5 可知，成型条件不是一成不变，随着挤出机种类不同、TPU 材料硬度不同、成型制品具体要求不同等，成型条件均需在仔细调整的基础上确定。

5. TPU 管材成型中出现典型的现象以及原因分析和解决方法

表 7-9-6 所述 TPU 管材出现的现象以及原因分析和解决方法。表中有些现象在实际成型加工管材中会经常碰到，但因机械大小及口模形状、尺寸等不同，产生现象可能稍有差异。

表 7-9-6　典型的挤出缺陷原因及处理

缺陷	原因	解决方法	缺陷	原因	解决方法
表面麻点	在输送的制品仍在加热	改善冷却	口模线	口模孔粗糙	整修口模表面
	材料有杂质	小心处理材料并清洗机体		口模悬挂硬微粒	清理口模
	材料潮湿	彻底干燥		挤出温度太低	调整挤出温度
表面粗糙	材料潮湿	彻底干燥		冷料	检查机头死点，调整机筒和机头温度防止凝固
	口模温度太低	调整口模温度			
	口模表面粗糙	磨光口模表面	过热	螺杆设计不合理	降低螺杆压缩比
	材料有杂质	清洗挤出机		限制流动	检查口模阻流
	挤出速度过快	降低挤出速度	带色条纹	挤出机脏	清理挤出机
	机筒温度低	提高机筒温度		生产前未清理加料斗	彻底清理加料斗
	口模成型面太长	降低成型段长度		挤出机积存变色材料	改变螺杆设计，消除死点
浪涌	机筒温度不准	调整机筒温度		挤出温度不准确	调整挤出温度
	螺杆速度太快或太慢	调整螺杆转速		混合不良	改变螺杆设计
	材料潮湿	彻底干燥		材料过热	降低料温
	材料有杂质	清洗机筒	气泡	材料潮湿	彻底干燥
	过滤网堵塞	换过滤网		挤出温度过高	调整挤出温度
	加料斗架桥	冷却加料段		降解	调整挤出温度和螺杆转速
	背压低	增加过滤网		计量段螺槽浅	降低螺杆压缩比

（二）成型薄膜

1. TPU 薄膜加工过程

TPU 薄膜用挤出机采用直径 40mm，长径比 $L/D=25$，压缩比 $CR=3.5$ 的单螺杆；衣架式机头，有效宽幅 200mm。TPU 颗粒在 80～100℃下干燥 2～3h，采用 5 层不同目数的过滤网搭配(一般 80-100-120-100-80)。

如图 7-9-2 所示，挤出机内熔融态的 TPU 被送入机头中，按规定形成所相应的厚度和宽度，通过冷却辊边冷却边拉伸，然后通过张力调节辊调节松弛部分，并通过扩张辊来保持一定的张力，以防止产生褶皱，再用卷取机卷取。

挤出成型初期把温度调整到高于工艺条件的 10～15℃，螺杆转速采用最低速度，逐渐连续地加颗粒料。当从口模挤出薄膜坯片时，则大量加入颗粒料，注意观察薄膜坯片的流动状态，并进行最佳成型温度的调整。从机头出来的薄膜马上用冷却辊进行冷却(最好使用 5～10℃的冷却水)。当得到符合要求的薄膜时，一边将挤出机调整到标准条件，一边加大挤出量。拉伸装置中使用的辊，一般除冷却辊外，还使用胶辊以防止粘附。一般来说，制造薄膜的厚度为 0.05mm 以下。当制造拉伸粘附性大的薄膜的时候，需要加入离型纸(玻璃纸或聚乙烯薄膜复合牛皮纸)作为衬里。

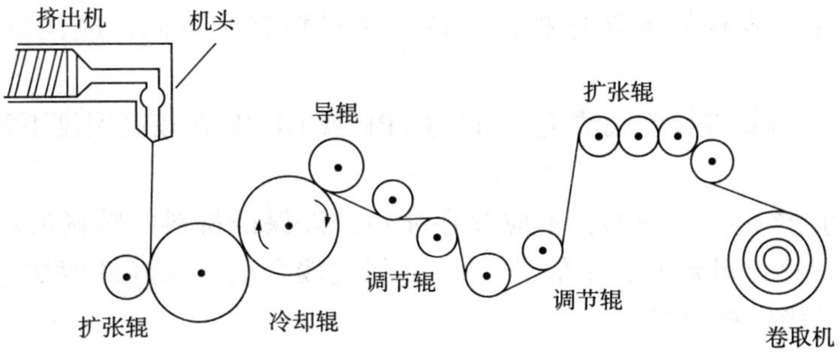

图 7-9-2　TPU 薄膜加工过程

不同类型的 TPU 生产条件略有不同，表 7-9-7 以 WHT-2180PC/WHTT-1190PC 为例来说明薄膜的生产条件。

表 7-9-7　薄膜生产条件

生产条件	WHT-2180PC	WHTT-1190PC	生产条件	WHT-2180PC	WHTT-1190PC
机筒温度 1#/℃	170~180	170~180	T 型口模 1#/℃	180~195	185~190
机筒温度 2#/℃	170~180	180~190	T 型口模 2#/℃	180~195	195~200
机筒温度 3#/℃	180~190	190~200	T 型口模 3#/℃	180~195	185~190
机筒温度 4#/℃	180~190	190~200	螺杆转速/(r/min)	30~40	30~40
机筒温度 5#/℃	180~195	195~205	电流值/A	20~25	20~25
机头部物料温度/℃	197	205	机头部物料/(kg/cm^2)	250	150
机头/℃	180~195	195~205	挤出量/(kg/h)	10~15	10~15

2. TPU 薄膜生产时的不良现象及原因

① 薄膜中有气泡：树脂温度过高或干燥不足，压力不够。

② 在薄膜流动的同方向上有波纹：物料干燥不足，树脂压力不够。

③ 沿流动方向有直角线进入：机头及挤出机振动。

④ 沿流向的横向进入曲线：混炼不足，温度过低。

⑤ 薄膜的厚度有变动：机头温度不协调及凸缘部分调整不当。

(三) TPU 电缆

TPU 电缆线缆类的产品都属于 TPU 挤出产品范畴，成型加工与塑料类产品相似，但是对于高端拖链电缆、高端拖拽电缆(舰船用拖拽声呐电缆)、普通港机电缆用 TPU 护套挤出过程，生产过程中仍要注意如下问题：

① 单螺杆挤出机螺杆压缩比 1∶2~1∶3 之间皆适用，最好是 1∶2.5，三段式螺杆长径比最佳为 25，良好的螺杆设计可避免激烈摩擦引起材料的分解裂化。螺杆长度为 L，加料段长度为 $0.3L$，压缩段长度为 $0.4L$，计量段长度为 $0.3L$，机筒与螺杆间隙为 0.1~0.2mm。机头处的多孔板需有 1.5~5mm 的孔洞，使用 2 片 50 目的滤网。挤出成型时一般需要更大马力的马达，防止马达因过载失速或烧坏。一般 PVC 螺杆或 BM 螺杆可用，短压缩段螺杆不适用。

② 成型温度根据不同厂家的材料而定，硬度越大挤出的温度越高。加料段到计量段的加工温度增加 10~20℃。

③ 螺杆转速太快会因剪切应力而导致摩擦过热，转速设定应控制在 12~60r/min，具体

值依螺杆直径而定，直径越大转速越慢。各厂家材料有所不同，应注意不同厂家的技术要求。

④ 使用前螺杆需要进行彻底清洗，可使用PP或HDPE在较高温度下清洗，也可以用清洁剂进行清洗。

⑤ 机头设计应该是流线型的，不应存在死角，以保证材料的顺畅流动。模套的承线可以适当加长，模型模套间夹角设计在8°~12°之间比较合适，以降低剪切应力，防止生产过程中产生鱼眼以及稳定挤出量。

⑥ TPU的摩擦系数较高，定型较为困难，冷却水槽的长度应比其他热塑性材料长，硬度大的TPU比较容易成型。

⑦ 线缆的芯线必须干燥、无油污，以防止因热发生气泡并保证最佳的结合性。

⑧ TPU属于易吸湿材料，放置在空气中很快吸湿，尤其是聚醚类，比聚酯类更易吸湿，因此必须保证良好的密封状态。材料在热态情况下更易吸湿，因此剩余材料装包后应迅速密封。材料成型时，须在80℃ 4h或90℃ 2h以上环境下预备干燥，但不可太久，否则可能引起材料变色。加工时含水量控制在0.02%以下。

⑨ 加工温度随材料硬度变化而变化，在120~250℃之间。材料在挤出机内停留时间一般不超过20min。TPU很容易分解，220℃以上分解比较明显。建议的成型条件如表7-9-8所示。

表7-9-8　线缆生产条件

硬度	加料段	压缩段	计量段	机头	螺杆回转数	筛目
65	140~160℃	155~170℃	160~180℃	165~185℃	30~50r/min	80/120/80
80	160~180℃	175~185℃	175~190℃	180~195℃	30~40r/min	80/120/80
90	165~185℃	180~195℃	185~200℃	190~205℃	30~40r/min	80/120/80
98	175~190℃	195~210℃	195~210℃	205~220℃	30~40r/min	80/120/80

第七章思考题

第八章　合成纤维的成型

第一节　概　　述

一、纤维的发展历史

合成纤维是重要的高分子材料，也是新材料技术的产业基础，关乎国计民生、国家战略。纤维材料的发展，见证了人类文明与科技进步，而现代科学与技术的发展也离不开合成纤维工业的不断创新。经过几十年来的不断探索和努力，我国合成纤维工业持续快速发展，综合竞争力明显提高，而且不断取得突破进展，与发达国家的差距逐步缩小，推动和支撑了纺织工业和相关产业的发展。

纤维的发展历史是从天然纤维到人造纤维再到合成纤维的发展过程。

人类利用天然纤维的历史非常悠久，中国是利用天然纤维最早的国家之一。有资料证明五千年前中国人就开始养蚕取丝。用野蚕抽丝的方法就是最早的人工制丝技术，是我们祖先的一项重大发现，也是化学纤维抽丝技术的鼻祖。

蚕丝织成的布虽然华丽，但价格昂贵，所以人们一直试图寻找合适的替代品。1833 年法国药物化学家泰奥菲尔·朱尔·佩卢兹(Theophile Jules Pelouze)和亨利·布拉康纳特(Henri Braconnot)首先成功研制硝酸纤维素，1847 年，德国人克里斯琴·弗里德里斯·申拜恩(Christian Friedrich Schonbein)研制成火棉后，硝酸纤维素才投入工业生产。1878 年，法国化学家德贝尔尼戈·夏尔多内(Bemigaud Chardonner)开始进行人造纤维的研究，于 1884 年第一次成功地取得了由硝酸纤维素制造人造纤维的专利权，这种丝同蚕丝相比，虽然光泽相似，但却不如蚕丝纤细、柔韧。后又经多年的研究，解决了人造纤维的易燃问题，并于 1891 年在贝桑松(Besanaon)建立了世界上第一家人造丝厂。

第一种人造丝是 1855 年制成的，奥德马尔把硝酸纤维素溶解在乙醚和乙醇的混合溶液里，得到一种黏稠的液体，通过毛细管把这种溶液挤出，溶剂在空气中挥发后，就凝固成光亮柔韧的细丝。第二种人造丝是铜氨人造丝。1857 年，施韦策尔发现纤维素(如棉花中的纤维素)很容易溶解在铜氨溶液里。1890 年，弗雷梅里和乌尔班发现，溶解了纤维素的铜氨溶液遇到酸以后，就会被分解，使已经溶解的纤维素重新凝固出来。他们利用这一性质，通过细孔把溶解了纤维素的铜氨溶液喷射到稀硫酸中，使纤维素凝固成细丝，并可进一步纺成非常细、质地柔软、强度很高的人造丝。

1884 年，墨塞尔又发现，用碱浸泡纤维素，能得到一种有丝光的碱纤维。1892 年，克劳斯和比万将碱纤维跟二硫化碳反应，纤维便溶解在二硫化碳中，形成纤维素磺酸钠溶液，当这种溶液遇到酸时，纤维素磺酸钠便被分解，重新产生出纤维素。但是，这时产生的纤维素不同于原来的粗纤维素，它很细，质地柔软，很适合于纺丝。由于纤维素磺酸钠溶液的黏度很高，因此用这种溶液生产出来的纤维叫作黏胶纤维。黏胶纤维于1904年工业化生产。黏胶纤维可以采用不适合纺纱的天然纤维(指与适合纺纱的棉、麻不同的天然纤维)为原料来制造，例如木材边角料、芦苇、棉短绒、甘蔗渣、棉花秆、小麦秆等利用率不高的产品，因此它的原料来源丰富、成本低。直到现在，黏胶纤维在合成纤维林立的纺织工业中仍占有一席之地。黏胶纤维除了生产服装之外，还由于其具有很高强度，在轮胎工业中用作帘子线，以增加橡胶的强度。

1924年德国P. H. 赫尔曼(Herrmann)和W·黑内尔(Hahnel)最先研究成功维纶(聚乙烯醇纤维)，在20世纪30年代制成纤维，称为津托菲尔(Synthofil)。由于它溶解于水而不能作为纺织纤维，主要用作外科的手术缝线。直至1939年，日本京都大学樱田一郎等人研究成功聚乙烯醇的热处理和缩醛化方法，使维纶成为耐热水性良好的纤维，并于1940年6月正式投入工业化生产。

1928年英国皇家化学工业公司(ICI)经过一系列的研究，用高压法制成乙烯聚合物，于1933年合成了一种高分子化合物。1928年起，美国化学家华莱士·休谟·卡罗瑟斯(Wallace Hume Carothers)在杜邦公司实验室主持一项高分子研究，用聚合的方法测定了高相对分子质量物质的结构和组成，这一研究导致他在1930年发明了聚酰胺，从而奠定了合成纤维工业的基础。1935年W. H. 卡罗瑟斯用己二胺、己二酸合成聚酰胺66，两年后又发明了用熔融法制造聚酰胺66纤维的技术，1938年公开发表专利，并正式投入工业化生产。这种聚合物不溶于普通溶剂，具有263℃的高熔点，由于在结构和性质上接近天然丝，拉制的纤维具有丝的外观和光泽，其耐磨性和强度超过当时任何一种纤维，而且原料价格也比较便宜。1938年7月杜邦公司完成了聚酰胺66的中试，同月用聚酰胺66制作牙刷毛的牙刷开始投放市场。1938年10月27日杜邦公司正式宣布世界上第一种合成纤维正式诞生了，并将聚酰胺66这种合成纤维命名为尼龙(Nylon)，这个词后来在英语中变成了聚酰胺类合成纤维的通用商品名称。尼龙的强度很高，直径1mm的细丝就可以吊起100kg的东西。尼龙耐污、耐腐蚀的性能也很好，因此一问世就受到了全世界的瞩目。二战期间美国陆军收购了全部尼龙产品，用以制造降落伞和百余种军事装备。而1940年尼龙长筒女袜刚一投放市场就轰动了世界，4天之内四百万双袜子一抢而空。尼龙是真正投入大规模生产的第一种合成纤维。尼龙在我国也被称为锦纶，因为是锦州化工厂最早开始生产尼龙的。同年，德国的P. 施拉克发明了聚酰胺6制造技术，并于1940年1月开始工业化生产。

从那以后，各种新型纤维一个接一个地被创造出来。1938年美国杜邦公司工程师罗伊·普隆克特(Roy. J. Plunkett)偶然发现了四氟乙烯聚合物，在英国称之为氟纶(Fluon)，在法国称为特氟隆(Teflon)。特氟隆于1939年获得专利，于1954年开始进行商业性生产。

1941年，英国的J. R. 温菲尔德(Winfield)和J. T. 迪克森(Dickson)以对苯二甲酸和乙二醇为原料在实验室内首先成功合成聚酯纤维，命名为特丽纶(Terylene)，1950年开始工业化生产。1953年，美国开始生产商品名为达可纶(Dacron)的聚酯纤维。该纤维的产量在20世纪居各种纤维之冠。

1941年和1942年美国杜邦公司和德国拜耳公司的化学家分别发明了聚丙烯腈溶剂。几年之后，他们又解决了聚丙烯腈的纺丝工艺问题。1953年，杜邦公司实现了商品化，称为奥纶。1954年，拜耳公司也推出新产品德拉纶。美国杜邦公司R. C. 霍兹(Houtz)于1941年开始进行聚丙烯腈系纤维的研究，1944年研究成功，并于1950年7月开始工业化生产。1955年由G. 纳塔首先采用了典型的K. 齐格勒型催化型三乙基铝[$Al(C_2H_5)_3$]和四氯化钛

($TiCl_4$)，成功地制成了等规结构的聚丙烯，1960 年由意大利开始工业化生产。1958 年美国杜邦公司发明了聚氨酯纤维。

一系列合成纤维的出现，使纺织工业大为改观。同时由于科技的高速发展以及人们对衣着的更高要求，又出现了各种高性能纤维，例如在传统化学纤维的基础上进行物理改性或化学改性，开发新型纤维、差别化纤维以及高科技纤维，如功能性纤维、高性能纤维和环保纤维等。

二、纤维的几个概念

（一）成纤聚合物

成纤聚合物是指可以进行纺丝的高聚物。成纤聚合物具备以下几个性质：

① 成纤聚合物必须是线型的能够伸直的大分子，其支链尽可能少，没有庞大的侧基，大分子之间没有化学键。具备这个性质，主要是利于纺丝液的制备和纤维结晶。非晶聚合物的玻璃化转变温度如果很低，加工的纤维强度低、耐热性差、形状不稳定，无实用价值。只有玻璃化转变温度超过 60~80℃的才有价值。所以真正有实用价值的纤维都是结晶的或部分结晶的聚合物。结晶聚合物的模量和强度都较高，变形量也较小，制成的纤维结构形状稳定。具有结晶是成纤聚合物很重要的性能，但是太高的结晶度模量又太高，造成拉伸很困难，在制作纤维时拉伸倍数低，不利于大分子的取向。

② 聚合物分子之间有适当的相互作用力，或具有一定规律性的化学结构和空间结构。这种性质的聚合物结构决定了它作为纤维使用的性能，例如适当的分子间作用力使纤维的柔韧性好。

③ 聚合物应具有适当高的平均相对分子质量和较窄的相对分子质量分布。在一定范围内相对分子质量越大，其纤维的强度越高，但是太高不利于纺丝液的制备。低分子量级分多造成强度下降，而高分子量级分多使加工困难，因而要求其相对分子质量的分布要窄。

④ 聚合物应具有一定的热稳定性，其熔点或软化点应比允许使用温度高得多。这个性质主要是从纤维的使用角度来要求的，例如纤维作为服饰使用，其洗涤和熨烫的温度一般超过 100℃，因此其熔融温度(流动温度)要求比使用温度高出一定值，否则纤维会发生变形或破坏。

此外成纤聚合物还应具有诸如染色性、吸附性、耐热性、耐水性等性质。

（二）纺丝

纤维的加工成型通常称为纺丝。纤维的加工过程如图 8-1-1 所示，主要包括以下几道工序：纺丝液的制备、纺丝、后加工(拉伸和热定型)，其中纺丝是纤维的成型部分，而拉伸和热定型是纤维的后加工部分，也是很关键的部分。

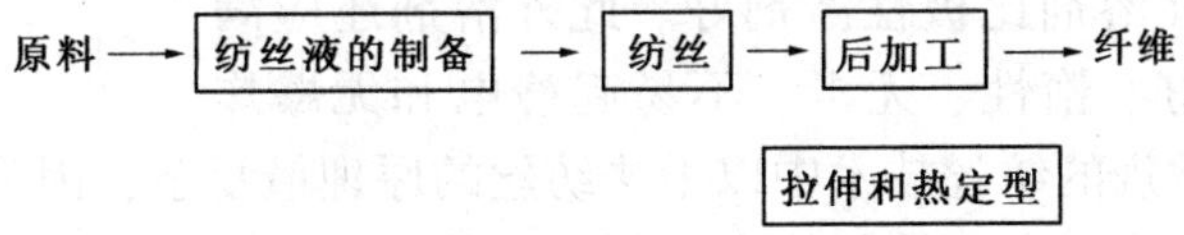

图 8-1-1　纤维的加工过程

按照纺丝液的制备方法不同，纤维的成型可以分为以下几种基本方法。

1. 熔融纺丝

熔融纺丝，也称熔体纺丝，是以聚合物熔体为原料(类似塑料的挤出)，采用熔融纺

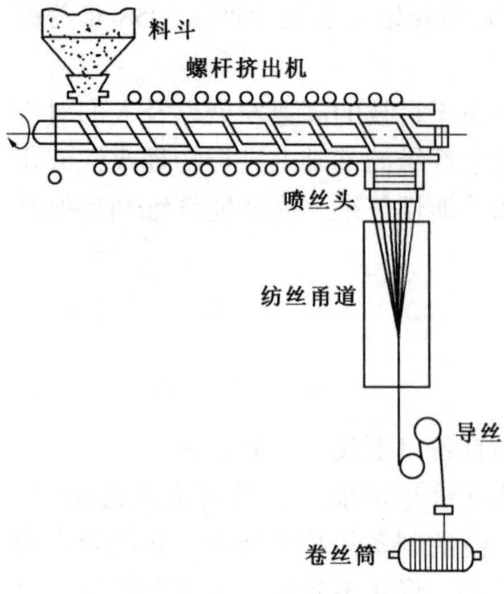

图 8-1-2　熔融纺丝示意图

丝机（类似塑料的挤出机）进行的一种成型方法，如图 8-1-2 所示。

凡加热能够熔融或转变成黏流态而不发生显著降解的聚合物，均可采用熔体纺丝法进行纺丝。熔体纺丝时，本体聚合物在螺杆挤出机中熔化后被送入纺丝部位，经纺丝泵定量送入纺丝组件，过滤后，由喷丝板的毛细孔中挤出。液态丝条通过冷却介质时逐渐固化，而后由下方的卷绕装置高速拉伸成丝，该丝为初生纤维，初生纤维经过后加工成为纤维。

为不使丝条冷却过速难于成丝，有时采用等温熔体纺丝，即在喷丝板外加一个等温室（称纺丝甬道）。卷绕装置的拉伸速度很高，可达 1500 ~ 3000m/min，视材料种类及流变性质而定。熔体纺丝的拉伸比很大，产率很高，且可在较大的范围内调节。涤纶（聚酯纤维）、锦纶（尼龙）和聚丙烯纤维（如丙纶）均是按熔体纺丝成型的。对熔体纺丝聚合物的一个重要要求是熔点较低，加热软化时不发生降解。由于熔体纺丝不需要溶剂，直接纺丝，因此工艺简单，成本较低，无溶剂回收问题。

2. 溶液纺丝

溶液纺丝是采用一种或多种溶剂，将成纤聚合物进行溶解配成一定浓度的浓溶液作为纺丝原液进行的一种纺丝。

溶液纺丝主要用于分解温度低于成型温度的聚合物（如聚丙烯腈）或特殊要求的纤维。溶液纺丝按照所用的溶剂不同分为干法纺丝和湿法纺丝。

（1）干法纺丝

干法纺丝是纤维最早的一种成型方法。干法纺丝适用于熔点接近或高于分解温度的某些成纤聚合物，由于加热不能形成一定黏度的热稳定的熔体，但是该成纤聚合物可以在挥发性溶剂中溶解形成浓溶液。如图 8-1-3 所示，干法纺丝时，凝固介质为干态的气相介质。从喷丝头小孔喷出的黏液细流，被引入通有热空气流的甬道中，热空气使黏液细流中的溶剂快速挥发，而溶液细流脱去溶剂后很快转变成细丝，即初生纤维。

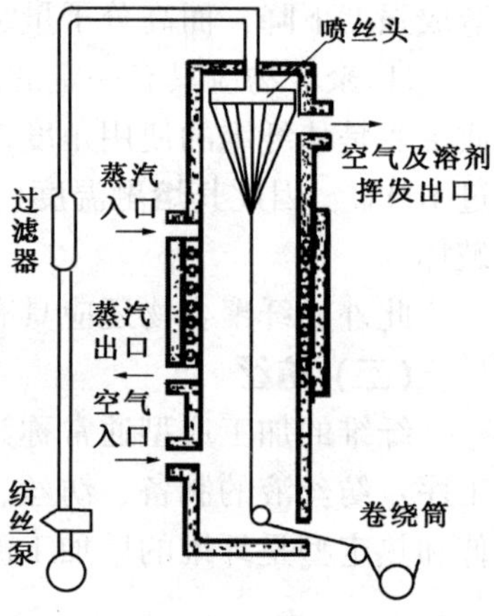

图 8-1-3　干法纺丝示意图

干法纺丝要求溶剂的沸点和汽化热较低，以便在甬道中迅速汽化。通常非极性溶剂比极性溶剂好。此外溶剂还应满足易回收、热稳定性好、惰性、无毒、不易起静电和无爆炸危险等要求。在几种常规的纺丝技术中以干法纺丝的原理最复杂，因为一是涉及溶剂在丝条内的扩散问题和从丝条表面向环境气体介质的对流传质问题；二是能量方程中还包括溶剂汽化潜热项和对流传热项，而与传质和传热相关的物理常数的实验测定是非常困难的。腈纶、维纶和氯纶（聚氯乙烯纤维）是较典型的干纺纺丝的纤维。

（2）湿法纺丝

湿法纺丝适用于不能熔融仅能溶解于非挥发性的或对热不稳定的溶剂中的成纤聚合物。

湿法纺丝主要用于 PAN、PVA、PVC 等的成型。如图 8-1-4 所示，纺丝液经过凝固浴中的喷丝头，形成纤维细流，细流在凝固浴中经过双扩散作用，使其中的溶剂除去后形成初生纤维。初生纤维再经过后加工成为纤维。

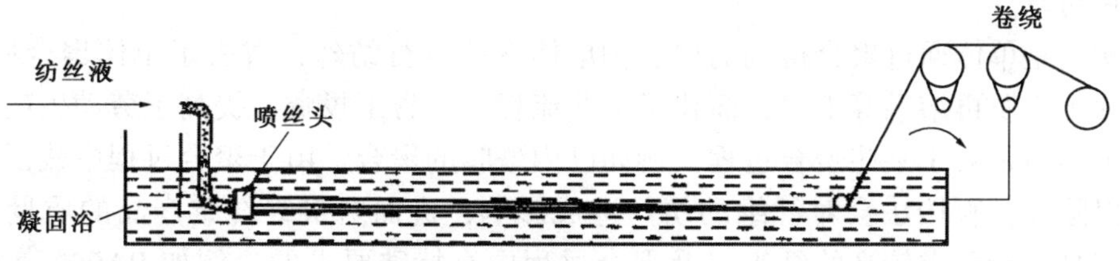

图 8-1-4　湿法纺丝示意图

湿法纺丝中因为丝条通过液体凝固浴时摩擦阻力大，因此拉伸速率低，拉伸比也小，产率低。有时为除去溶剂往往需要不止一个凝固浴，还需要洗涤和干燥等后处理工序，生产成本高。从纺丝机理来看，除了要研究溶液从喷丝孔喷出、纤维拉伸及分子取向等问题外，尚需研究凝固液的组成、浓度和温度。丝条的凝固机理对拉伸黏度和拉伸比的影响也较复杂。采用湿法纺丝的材料有黏胶纤维、腈纶(聚丙烯腈纤维)和维纶(聚乙烯醇缩甲醛纤维)等。

随着航空、空间技术、国防等工业的发展，对合成纤维的性能提出了若干新的要求，同时能够纺丝的新的成纤聚合物又不断合成出来，它们往往不能用常规方法纺丝，因此又出现了一系列新的纺丝方法，如干湿纺丝法、液晶纺丝法、冻胶纺丝法、乳液或悬浮液纺丝法、反应纺丝法等，本书不再一一列举。

(三) 聚合物的可纺性

聚合物的可纺性是指聚合物流体在单轴拉伸应力的状态下，能够承受稳定的拉伸操作，在拉伸过程中大幅度出现不可逆伸长形变，并且可以通过成型形成细长丝条的能力。

聚合物的可纺性取决于聚合物流体的流变性、流体黏度、强度以及流体的热稳定性和化学稳定性。

利用聚合物的可纺性可以使塑料通过挤出喷丝，制得单丝和扁丝(打包带)等，特别是聚合物树脂可以通过纺丝加工成为连续的固态纤维。

从纺丝成型加工的角度来看，聚合物流体从喷丝孔中挤出后，便受到轴向拉伸而形成丝条。有良好的可纺性是保证纺丝过程持续不断的先决条件。但是作为纺丝体，仅具有可纺性是不够的，同时它还必须在纺丝的条件下具有足够的热稳定性和化学稳定性，在形成丝条后容易转化成固态，且固化的丝条经过适当处理后，具有必要的物理力学性质。所以可纺性只是作为成纤聚合物的必要条件，但不是充分的。

评定聚合物的可纺性，是纺丝溶液或熔体纺丝纤维所面临的基本问题。根据前述的可纺性概念，可纺性问题实质上是一个单轴拉伸流动的流变学问题。

第二节　纺丝液的制备

工业上合成纤维的成型加工(纺丝)主要是前面介绍的三种基础方法，在纺丝前，成纤聚合物必须制成纺丝的熔体或溶液，而且在制备纺丝液过程中避免聚合物发生化学反应以及聚合物分子链结构的变化。

一、纺丝熔体的制备

纺丝熔体主要用于熔融纺丝。熔融纺丝在工业生产中有两种形式：一种是直接纺丝，另一种是切片纺丝。

直接纺丝是单体通过聚合得到的聚合物熔体直接进行纺丝，省去了单体聚合后的铸带、切粒、切片干燥及再熔融等工序，简化了工艺流程，节省了投资，提高了劳动生产率，降低了生产成本。但是对于某些聚合过程，例如己内酰胺的聚合，由于聚合过程中残留的单体和低聚物难以除掉，直接法会对纤维的纺丝造成影响，进而对最终纤维产品的质量不利。因此，对于产品质量要求较高的纤维以及聚合过程中有特殊要求的，例如 PA6 需萃取单体的品种，一般常采用切片纺丝法。

塑料成型一章中介绍的粒料树脂(单体通过聚合后的聚合物经过铸带、切粒等工序制成的树脂)，在纤维中称为“切片”。切片纺丝是将切片经过干燥、加热熔融制成纺丝液，然后进行纺丝。切片纺丝法的工序虽然较直接纺丝法多，但具有较强的灵活性，产品质量也较高。另外还可以采用其他的聚合方法，例如固相聚合，能够进一步提高聚合物的平均相对分子质量，生产高黏度切片，以制取高强度的纤维。因此对于生产产品质量要求较高的帘子线或长丝，大多采用切片纺丝法。不具备聚合生产能力的企业，也常采用此法，并根据产品的性能对切片的指标提出相应的要求。

切片纺丝熔体的制备包括切片干燥和熔融两个过程。

切片干燥的目的是去除水分，提高聚合物的结晶度与软化点。因为利用切片制备纺丝液的过程中，需要在熔融的高温作用下，这样非常容易使聚合物发生热裂解、热氧化裂解和水解等化学反应，使聚合物平均相对分子质量显著下降，降低纤维的质量。此外，熔体中的水分汽化，会造成纺丝断头率增加，严重时甚至使纺丝无法正常进行。因此，必须对切片，特别是含有吸湿性基团的聚合物切片，在纺丝前进行干燥处理。干燥后切片的含水率视纤维品种而异，例如对于 PA6 切片，要求干燥后含水率一般低于 0.05%；PET 切片，由于在高温下聚酯中的酯键极易水解，故对干燥后切片含水率要求更严格，一般应低于 0.01%；PP 切片，由于其本身不吸湿，回潮率为零，因而不需干燥。

切片熔融是在螺杆挤出机中完成的，这一过程同塑料在挤出机中的熔融过程是一样的，是通过机筒外加热器以及螺杆转动提供的剪切摩擦内热完成的。熔融塑化的熔体以一定的压力被挤出而输送至纺丝箱体中进行纺丝成型。

二、纺丝溶液的制备

纺丝溶液的制备也分为两种方法，即一步法和二步法。

一步法制备纺丝溶液是直接利用溶液聚合法聚合后得到的聚合物溶液作为纺丝原液。采用一步法的优点是省去了聚合物的分离、干燥、溶解等工序，可以简化工艺流程，提高劳动生产率，因此在技术和经济上比较先进。但是有些聚合物如 PVC、PVA 等，由于不能直接得到均匀的纺丝溶液，因此无法采用一步法生产工艺。

二步法制备纺丝溶液是将聚合后的聚合物溶液先制成颗粒状或粉末状的成纤聚合物，然后该成纤聚合物再利用一种或多种溶剂进行溶解，以获得纺丝液。二步法制备纺丝溶液需要选择合适的溶剂将成纤聚合物溶解，所得的溶液在送去纺丝之前还要经过纺前准备，即混合、过滤和脱泡等工序。很明显二步法工序麻烦，但是可得到质量优良的纤维。

1. 成纤聚合物的溶解

聚合物的溶解原理见第二章。线型聚合物的溶解过程是先溶胀后溶解，即溶剂先向聚合物内部渗入，聚合物的体积不断增大，大分子之间的距离增加，最后大分子以分离的状态进入溶剂，从而完成溶解过程。

由于聚合物大分子的结构特点，其溶解过程非常复杂，因此对用于制备纺丝溶液的溶剂必须满足下列要求：

① 首先在适宜的温度下有良好的溶解性能，并使所制得的聚合物溶液在尽可能高的浓度下具有较低的黏度。

② 溶剂的沸点不宜太低，也不宜过高。如沸点太低，溶剂挥发性太强，会增加溶剂损耗并恶化劳动条件。而沸点太高，则不宜进行干法纺丝，且溶剂回收工艺比较复杂。

③ 要有足够的热稳定性和化学稳定性，并易于回收。

④ 溶剂应尽量无毒和无腐蚀性，不会引起聚合物分解或发生其他的化学变化。

由于聚合物大分子的相对分子质量很高，因此即使溶液的浓度不高，但是其黏度也很大，为了保证溶液的流动成型，纺丝液的黏度必须满足成型流动的要求。纺丝溶液的浓度根据纤维品种和纺丝方法的不同而异。通常，用于湿法纺丝的纺丝溶液浓度为12%~25%，用于干法纺丝的纺丝溶液浓度则高一些，一般在25%~35%之间。

因为聚合物的溶解过程所需时间较长，目前生产中大多采用间歇式分批操作的溶解机，它是由带有夹套(可加热或冷却)的圆筒形机身、搅拌装置及传动装置等组成。提高溶解的温度和搅拌速度对提高聚合物的溶解速度有利。

2. 纺丝溶液的混合、过滤和脱泡

如图 8-2-1 所示，成纤聚合物溶解后还要经过混合、过滤和脱泡等工序的纺前准备工作。

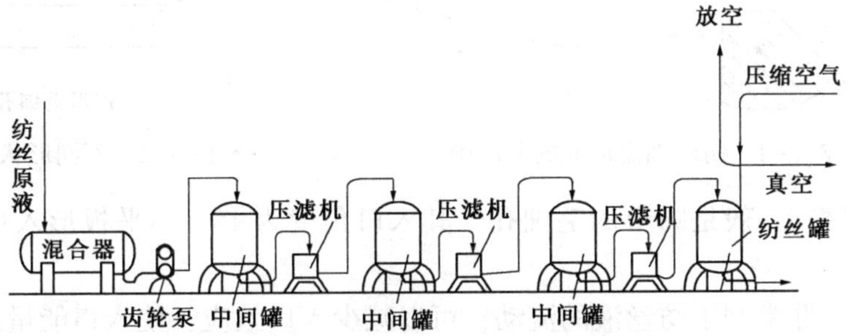

图 8-2-1　纺前准备流程示意图

混合是指各批纺丝溶液之间的混合，目的是保证纺丝溶液的性质(主要是浓度和黏度)达到均匀一致，从而保证产品质量。

过滤是去除纺丝液中杂质和未溶解的聚合物，使纺丝过程中不至于因为没有溶解的聚合物而堵塞喷丝孔。纺丝溶液的过滤，一般采用板框式压滤机，过滤材料选用能承受一定压力并具有一定紧密度的各种织物，一般要连续进行 2~4 道过滤。后一道过滤所用的滤材应比前一道更致密，这样才能发挥应有的作用。

脱泡是为了除去留存在纺丝溶液中的气泡。这些气泡在纺丝过程中会造成断头、毛丝和气泡丝而降低纤维质量，甚至使纺丝无法正常进行。脱泡过程可在常压或真空状态下进行。在常压下静置脱泡，因气泡较小，气泡上升速率很慢，脱泡时间很长；而在真空状态下脱泡，真空度越高，液面上压力越小，气泡会迅速胀大，脱泡速度可大大加快。

第三节 合成纤维成型原理

无论何种方法的纺丝，纺丝细流的形成都是纺丝原液经过计量泵，以一定的速度和压力被泵送到纺丝头的小孔中(喷丝板)，在小孔中流动并形成了纤维细流，然后再通过一定的方式冷却固化定型。纤维成型的关键问题是成型和冷却定型。

一、纺丝细流的形成原理

纺丝细流是纺丝原液在喷丝孔中形成的。纺丝原液在喷丝孔中的流动与前述的聚合物流体在圆管中的流动是一样的。一般喷丝孔的形状为圆形，其长径比为1.3∶1。由于孔径很小，纺丝原液经过孔径时会受到很高的剪切力。如图8-3-1所示，纺丝细流在成型过程中主要经历入口段、恒定流动段、出口段和细流受力变形段。

(一)入口段

入口段是指纺丝原液刚刚进入喷丝孔道的一段。

喷丝孔入口区的几何结构对纺丝液的流动特性，特别是纺丝液在流动过程中的弹性表现影响较大。喷丝孔入口区的几何结构分为平板形入口区和锥形入口区，如图8-3-2所示。

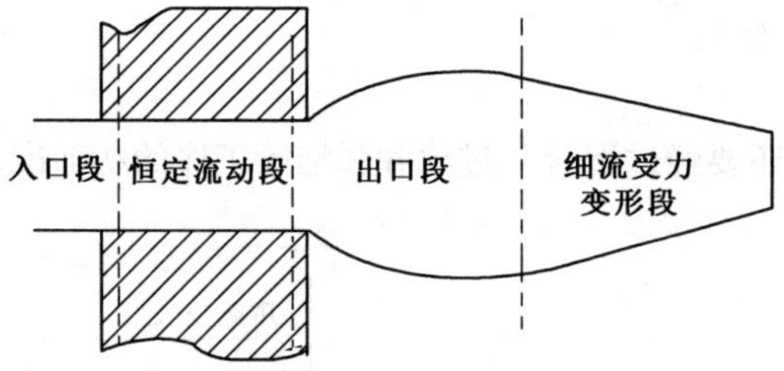

图8-3-1 纺丝细流形成的分段图

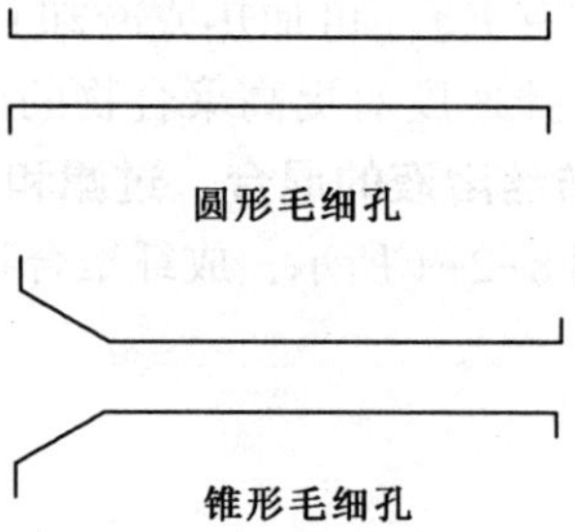

图8-3-2 不同形状的毛细孔

平板形入口区，一般是圆形的毛细孔，其入口角度为180°，平板形入口区入口能量效应较大。

锥形入口区，非常利于纺丝液的流动，可以减少入口效应，使入口能量损失减小，利于产生均匀的速度场。

(二)恒定流动段

恒定流动段是原液细流在喷丝孔中流动的主要阶段。

这一段因为毛细孔的口径很小，纺丝液受到的剪切速率很大，如果长径比大一些，有利于液流的流动和应力松弛。但实际长径比不可能很大，主要原因是毛细孔的加工困难，此外长径比大还可能增加流动阻力，很容易堵塞口道。因此在这一段很容易发生不稳定的流动。

(三)出口段

出口段指流体从喷丝孔道挤出，在孔外形成细流的阶段。

出口段是纺丝成型的关键阶段，随着纺丝流体黏弹性和挤出条件的不同，挤出细流大致可以分为四种型式，如图8-3-3所示为挤出细流的类型：液滴型、漫流型、胀大型和破裂型。

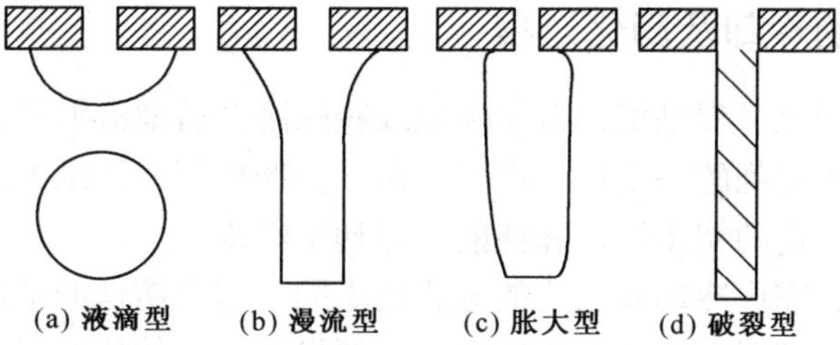

图 8-3-3 挤出细流的类型

1. 液滴型

液滴型由于挤出速度很慢，纺丝液不能成为连续细流，即纤维无法成纤。出现这种情况还与流体表面张力 a 有关，a 越大，细流缩小，其表面积成为液滴的倾向也越大。另外黏度 η 也促使液滴形成。所以采用 a/η 表示是否形成液滴，$a/\eta>10^{-2}$cm/s，容易形成液滴。此外液滴的形成还与孔径大小、挤出速度有关。一般孔径越小，挤出速度越低，纺丝液流出喷丝板越容易形成液滴。

2. 漫流型

漫流也称为散流，此时挤出速度稍微大了些，纺丝液已经形成了连续的细流，但是细流从喷丝孔挤压出后，沿喷丝头表面漫流，也称为开放式流动。这种漫流型流动很不稳定，非常容易引起细流间的黏结，形成并丝，影响生产，因此在生产上一定要避免漫流型细流的产生。

3. 胀大型

当挤出速度进一步增大，细流的类型从漫流型转变为胀大型，如图 8-3-4 所示为漫流型向胀大型的转变过程。此时的挤出速度称为最低临界挤出速度。最低临界挤出速度与喷丝板的孔径 R_0、纺丝液的黏度以及漫流半径 R_c 有关。

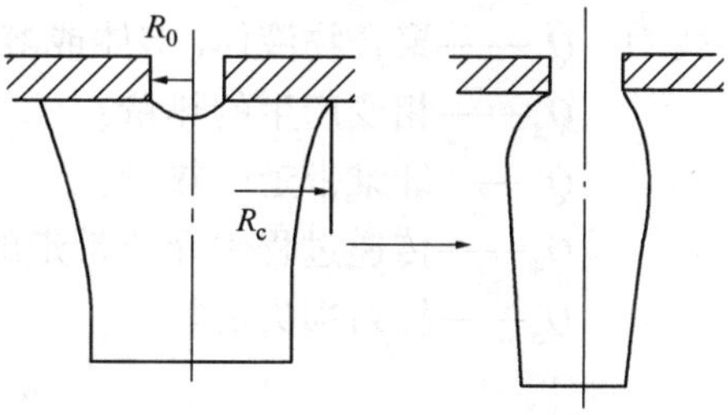

图 8-3-4 从漫流型向胀大型的转化

纺丝流体在孔口发生胀大，与聚合物的弹性有关。只要胀大比控制在适当的范围内，细流就能够连续而且稳定地挤出。这种形式的流动是纺丝中比较正常的细流类型。一般纺丝细流的胀大比大约在 1~2.5 之间，理想的胀大比为 1，过大对于提高纺丝的速度以及丝条的稳定性都是不利的。

4. 破裂型

在胀大型细流的基础上，如继续提高挤出速度，细流受到的剪切速率增加，由于聚合物的弹性效应，挤出细流会因均匀性的破坏而转化为破裂型。当细流呈破裂型时，纺丝流体中出现不稳定流动，初生纤维外表呈现波浪形、鲨鱼皮形、竹节形或螺旋形畸变，甚至发生破裂。

对纺丝来说，破裂型细流属于不正常类型，它限制着纺丝速度的提高，使纺丝过程不时中断，或使初生纤维表面形成宏观的缺陷，降低纤维的断裂强度和耐疲劳性能。

(四) 细流受力变形段

这一段细流受到力的作用而发生变形，最明显的变形是直径变小。细流受力变形段见纤维纺丝过程中纤维的力学行为。

二、纺丝细流的冷却及固化过程

纺丝细流的冷却固化过程是指细流在降温或脱除溶剂后细流形状的固定阶段。与这一过程同时进行的还有细流受到的一定拉伸作用。由于拉伸作用，纤维细流的外形及形态发生变化，此时的纤维具有一定的初步结构和性能，即初生纤维。

纺丝的方法不同，完成冷却和固化的方式也不同。熔融纺丝的细流，主要靠熔体细流与周围介质的热交换而冷却固化形成初生纤维，主要发生的是传热过程。湿法纺丝，主要通过双扩散，把非挥发性的溶剂带走，主要发生的是传质过程，使细流成为初生纤维。干法纺丝是利用加热的介质把挥发性溶剂带走，而使细流固化，成为初生纤维，这个过程既有传热又有传质。

纺丝细流冷却固化的本质是传热和传质。

(一)传热过程

传热过程主要发生在熔融纺丝和干法纺丝的生产中。

在生产工艺上这个传热过程是发生在纺丝细流和介质之间，虽然介质保持相对的稳定，但是细流在整个热交换过程中是连续运动着的，而且随着热交换的进行，细流的直径和细流上的速度梯度也在不断地变化，因此整个传热场特别不稳定。

细流的冷却过程可以简单地看作无限长的圆柱体在不稳定温度场的传热过程，其传热过程的热量符合下列平衡：

$$Q_1+Q_2=Q_3+Q_4+Q_5$$

式中 Q_1——聚合物液体(熔体或溶液)带入的热量；

Q_2——相变产生的热量；

Q_3——纤维带走的热量；

Q_4——传递过程中介质带走的热量；

Q_5——辐射损失的热量。

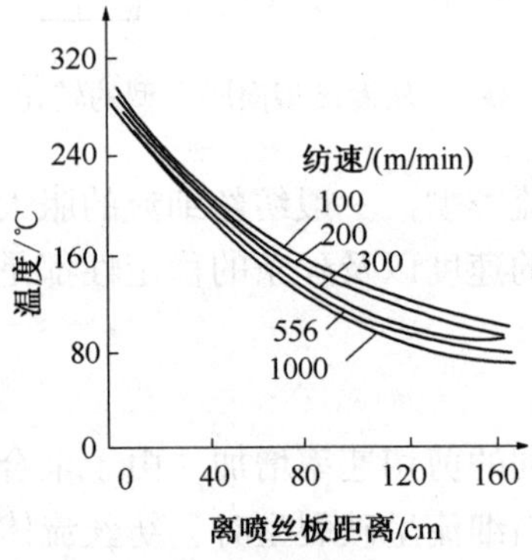

图 8-3-5 PA6 纺丝线上的轴向温度分布

对于熔融纺丝，其熔体细流的固化过程，主要受细流和周围介质的传热过程控制，因此传热是熔融纺丝过程的一个决定因素，它影响纺丝线上的速度分布和应力分布，以及纺丝线上的结晶、大分子取向和其他结构形成过程，因此也是化学纤维成型理论研究的核心问题之一。特别注意的是熔融纺丝的细流在传热过程中同时伴随结晶和分子取向的过程。

如图 8-3-5 所示为尼龙 6(PA6)纺丝线上的轴向温度分布，与理论计算非常符合。但是如果在冷却过程中有取向结晶(相变热)发生，比如 PET 的高速纺丝，那么会出现实测值高于计算值。

对于细流的径向温度场，丝条中心与表面之间的温度差可达 20~30℃，而丝条的半径仅为 0.002cm，这相当于径向温度梯度的数量级可以达到 10^4℃/cm。由于聚合物性质对温度的敏感性，这样的径向温差会对纤维的径向结构发展产生重要影响。

图 8-3-6 所示为熔融纺丝纤维的径向温度梯度物理性质和动力学特征。该图表明由于径向温度分布导致径向黏度分布的差异，使高黏性的皮层出现应力集中现象，这样高应力的

皮层区要比接近于纤维轴的低应力区存在更好的大分子取向和结晶的条件。这正是高速纺纤维形成皮芯结构的原因。

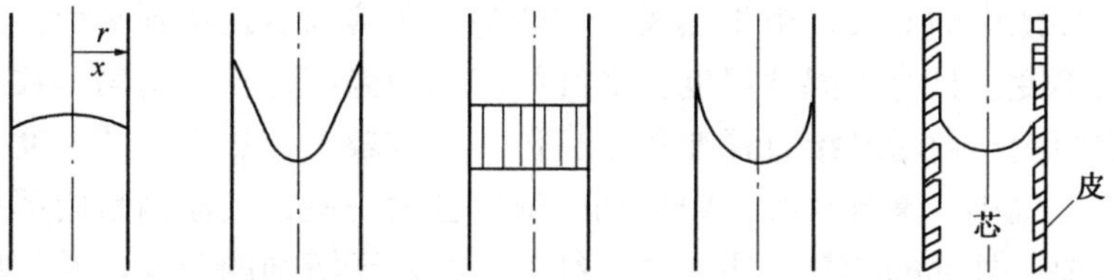

图 8-3-6　熔纺纤维的径向温度梯度物理性质和动力学特征

此外在传热过程中大分子的取向也不可忽视。

熔体在喷丝孔中流动时温度较高，因而松弛时间非常短，造成的大分子取向就小。再则即使有流动取向，在挤出胀大区域中也将松弛殆尽。所以实验证明，喷丝孔中流动取向的贡献很小，对于熔融纺丝，这种贡献可以忽略不计，如图 8-3-7 所示。

然而对于熔融纺丝线上的拉伸流动取向，控制取向的速度场是拉伸流动中的轴向速度梯度。实验表明，这是熔融纺丝中所应考虑的最重要的取向机理，卷绕丝的取向度主要是纺丝线上拉伸流动的贡献，如图 8-3-8 所示。

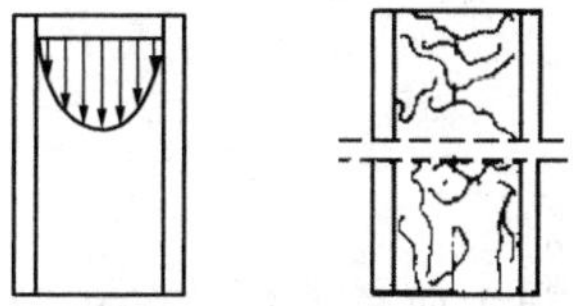
图 8-3-7　喷丝孔切变流场中的流动取向

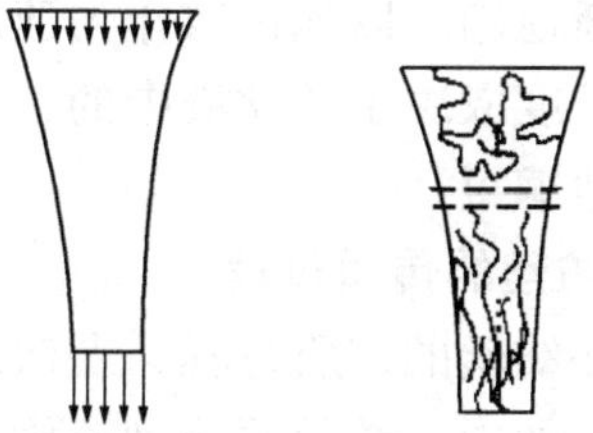
图 8-3-8　纺丝线拉伸流场中的取向

(二)传质过程

溶液纺丝的细流固化过程主要是去除溶剂的过程，是传质过程。传质过程在溶液纺丝的成型以及后加工都是很重要的过程。

和传热过程的温度变化一样，传质过程中主要考虑浓度的变化，由于传质过程也是在不稳定的无限长的圆锥体进行的，浓度的变化可以按照温度的变化公式得出，与传热过程相似，但是纤维的传质过程由于伴随传热过程，而且相互影响，所以传质过程更复杂。

1. 干法纺丝的传质过程

干法纺丝是利用加热介质加热液体细流来使溶剂挥发，因此同时进行着传热和传质过程。干法纺丝的热传递过程与聚合物材料的干燥过程极为相似。

干法纺丝的传质过程分为三个阶段：开始蒸发段、蒸发恒速段和蒸发速度下降段，如图 8-3-9 所示。

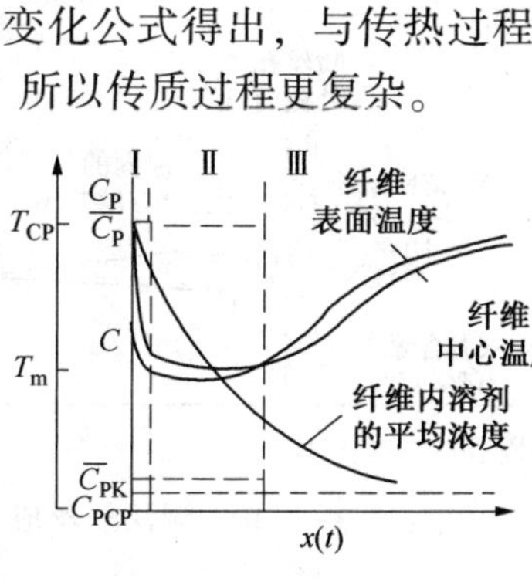

图 8-3-9　干法纺丝沿纺程温度和溶剂浓度分布

(1) 开始蒸发段

开始蒸发段如图中的 Ⅰ 段。在喷丝孔出口处，热的纺丝液由于压力突然下降，发生溶剂闪蒸，使溶剂迅速大量挥发，细流的组成和温度发生急剧变化。

在此区域细流内部温度比细流表面高，所以溶剂从内部向表面的扩散速度很大，细流表层溶剂浓度较高，传质主要以对流方式进行热交换。溶剂强烈挥发，聚合物细流表面的温度很快减小到湿球温度 T_m。

（2）蒸发恒速段

蒸发恒速段如图中的Ⅱ段。由于热风的传热与丝条溶剂蒸发达到平衡，这一阶段丝条的温度实际上保持不变，且等于湿球温度，沿纤维截面的温度近乎是均匀一致的，纤维同周围介质的热交换也恒定。此时纤维直径变化小，传热系数较大，热交换的速度变化很小，所以此段传质速度变化也小。聚合物细流中溶剂的浓度会大一些，其原因是内部扩散没有受到过程的限制，而主要与外部的传热传质有关。纤维半径由于溶剂的蒸发以及拉伸作用而减小。

（3）蒸发速度下降段

蒸发速度下降段如图中的Ⅲ段，是溶剂（使聚合物溶剂化的那部分溶剂）从纤维中间层向表面扩散的阶段，也是纤维开始成型阶段。

在该区内丝条内部溶剂扩散速度变得更慢，浓度分布变得更大，随着蒸发强度的急剧降低，丝条表面温度上升并接近热风温度。受内部扩散控制，该区溶剂的蒸发速度变小，以致聚合体与溶剂间的相互作用加强。所以该区发生的过程为控制阶段，从纺丝甬道出来的丝条上残留溶剂的含量，决定于该阶段的温度与时间。

有关干法纺丝发生的实验数据表明，在开始阶段传质机理是闪蒸、对流和扩散综合控制，而后逐渐地趋于以纯扩散作为速度的控制因素。为使丝条残余溶剂浓度符合规定，纺丝甬道的最短长度取决于纺丝液中的二元扩散系数，丝条的线密度、纺速和空气流强度并不能使甬道有效地缩短。

2. 湿法纺丝的传质过程

比起干法纺丝的传质过程，湿法纺丝要更加复杂。

在湿法纺丝中，纺丝原液细流固化形成纤维的过程主要是多组分的扩散，同时伴随着相和结构的转变，有时还涉及其中组分之间的化学反应。

例如聚丙烯腈的溶液纺丝，是采用硫氰酸钠（NaSCN）作为溶剂。湿法纺丝时一般都用制备纺丝原液时所用溶剂的水溶液作为凝固浴，其中水为沉淀剂（凝固剂），NaSCN 为溶剂。从喷丝头喷出的细流与凝固浴中 NaSCN 含量不同，这一浓度的差异就导致了“双扩散”现象的进行。

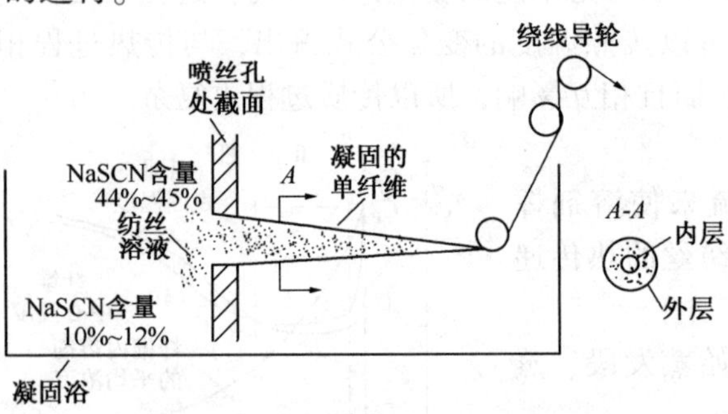

图 8-3-10　湿法纺丝成型示意图

如图 8-3-10 所示湿法纺丝示意图，纺丝原液由喷丝头喷出进入凝固浴后，原液细流的表层首先与凝固浴接触，进行传质，很快凝固成一薄层，凝固浴中的水（凝固剂）不断通过这一薄皮层扩散至细流内部，而细流中的溶剂 NaSCN 也通过皮层扩散至凝固浴（NaSCN 水溶液）中，这一过程称为反扩散过程。随着双扩散过程的不断进行，使皮层不断增厚，当细流中部分溶液浓度降低到某一临界浓度时，原为均相的丙烯腈共聚物溶液发生相分离，聚丙烯腈从溶液中沉淀析出，构成初生纤维，并产生一定的体积收缩。

细流从液态变成固态，实质上是由量变到质变的过程，是相变过程。

湿法纺丝的传质过程使纤维凝固速度很慢。溶剂扩散过程是逐步进行的，纤维的凝固过程也是逐步进行的。当细流从喷丝孔进入凝固浴时，细流的外层首先接触凝固浴而凝固，而细流的内层一下子还来不及完全凝固。以后的溶剂扩散和水的渗透都要通过皮层而达内层，所以纤维的凝固速度是较慢的，在缓慢的凝固过程中，聚丙烯腈大分子逐步相互凝聚靠拢，形成结构均匀的纤维。因此扩散是支配湿法成型的基本过程之一。

当纺丝溶液从喷丝孔中挤出后，就受到原液细流中的溶剂向凝固浴扩散和凝固浴中的沉淀剂(凝固剂，非溶剂)向原液细流扩散的控制。溶剂和沉淀剂扩散的相关速率决定了相分离的驱动力和速率，它对于细流的凝固动力学和初生纤维的结构与性能有着决定性影响。

研究表明，扩散缓慢有利于提高纤维结构的均匀性，在这种情况下其机械性能一般都较好。

三、纤维纺丝过程中纤维的力学行为

纤维成型过程中液体细流从喷丝板的小口流出后，同周围介质进行传质、传热、冷却、凝固的同时，纤维细流还受到拉伸力的作用。由于力的作用，大分子产生一定的取向，同时使纤维的直径发生变化。此时的纤维具有一定的初步结构和性能，称为初生纤维。

(一)纺丝过程中的拉伸作用

纺丝过程中纤维拉伸作用的产生是由于纤维的卷绕速度大于喷丝速度，拉伸的结果使液体细流中的大分子从无序排列向有序排列转化，分子链产生取向和结晶作用，纺丝中的丝线产生了延伸，纤维沿作用力方向变形(直径变小)。但是这个拉伸力不大，对纤维(初生纤维)性能的影响不显著。

丝线运动中速度的变化可以用实际拉伸率来表示：

$$\varepsilon_k = \frac{v_2 - v_1}{v_1}$$

式中 ε_k——实际拉伸率；

v_1——喷丝速度；

v_2——卷绕速度。

而纤维的拉伸倍数 I_k：

$$I_k = \frac{v_2}{v_1}$$

纤维细流的运动分为四个阶段，如图 8-3-11 所示。

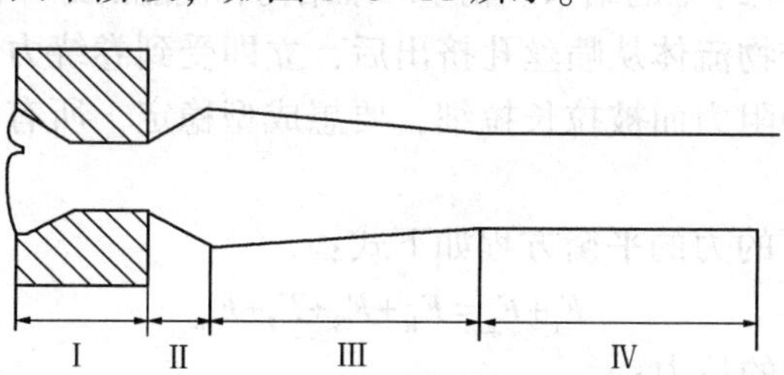

图 8-3-11 纤维成型的主要区段

孔流区Ⅰ：孔流区是指纺丝液在喷丝孔的流动阶段。这个阶段的流动同液流在圆形管中的流动相似。孔流区的运动特征是液流径向速度梯度 $dv_x/dr<0$，流动的大分子会产生一定的取向。

胀大区Ⅱ：胀大区是指细流从喷丝孔流出阶段。该段的拉伸作用不大，但由于聚合物的弹性效应会使细流产生一定的膨胀。该区的运动特征是径向速度梯度 dv_x/dr 逐渐减小趋于零，在细流最大直径处 $dv_x/dx=0$，由于膨胀轴向速度梯度 $dv_x/dx<0$。

如果在改变喷丝头拉伸比的情况下，胀大比随拉伸比增大而下降，当拉伸比增大一定值时，该阶段消失。

细化区Ⅲ：细化区是纤维结构形成的主要阶段，是熔体细流向初生纤维转化的重要阶段。在这个阶段，熔体细流被拉长而变细，原液细流逐步完成凝固过程。该过程径向速度不变，而轴向速度迅速上升，速度梯度也增大，当然由于冷却熔体黏度增大致使大分子取向度增加。

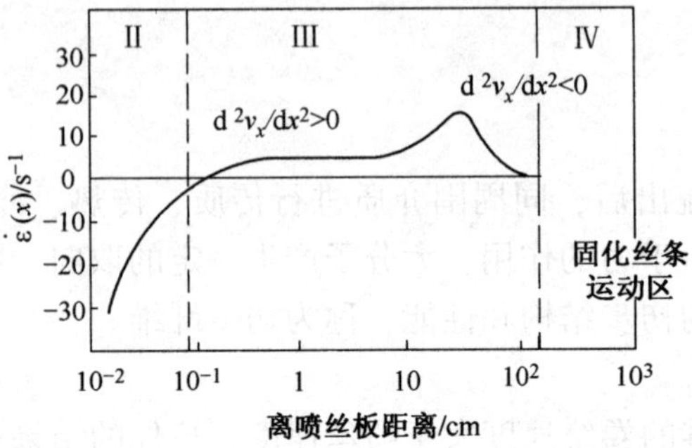

图 8-3-12　纺丝过程中拉伸应变速率分布示意图

由于细流逐渐拉长变细，故 v_x 沿纺程 x 的变化呈 S 形曲线，如图 8-3-12 所示，拐点两侧沿轴向方向的速度梯度 $dv_x/dx>0$，径向方向速度梯度 $dv_x/dr=0$。

固化丝条运动区Ⅳ：固化丝条运动区是丝线运动速度恒定阶段。该区丝条速度梯度 $dv/dx=0$，$dv/dr=0$，速度保持不变。在此段继续形成初生纤维结构，而且在拉伸外力作用下使已经成型的纤维继续变形取向。

表 8-3-1 所示为纺丝原液在各个区段运动学特点。

表 8-3-1　纺丝原液在各个区段运动学特点

	孔流区Ⅰ	胀大区Ⅱ	细化区Ⅲ1	细化区Ⅲ2	等速区Ⅳ
v_x	=	↓	↑	↑	=
dv_x/dr	<0	→0	0	0	0
dv_x/dx	0	≤0	>0	>0	0
d^2v_x/dx^2	0		>0	<0	0

注：↓代表下降，↑代表上升，=代表不变。

（二）纺丝过程中的受力分析

纺丝过程，实际上是纤维在周围介质场中产生力学变形的过程。而纤维拉伸变形，是各种外力作用于液体细流和初生纤维的结果。初生纤维结构和性能的好坏，主要决定于受力的情况。

在纺丝过程中，聚合物流体从喷丝孔挤出后，立即受到卷绕力的轴向拉伸作用，而丝条在运动过程中要克服各种阻力而被拉长拉细，要想成型稳定，所有作用在丝条上的力应该处于平衡状态。

在单轴拉伸力作用下的力的平衡方程如下式：

$$F_t+F_g=F_R+F_S+F_f+F_{in}$$

式中　F_t——丝线上受到的拉力；

F_g——丝线的重力；

F_R——丝线内分子链的流变阻力；

F_S——丝线本身的表面张力；

F_f——丝线同周围介质的摩擦力；

F_{in}——丝线产生加速度的惯性力。

如图 8-3-13 所示为纺丝线轴向受力示意图。

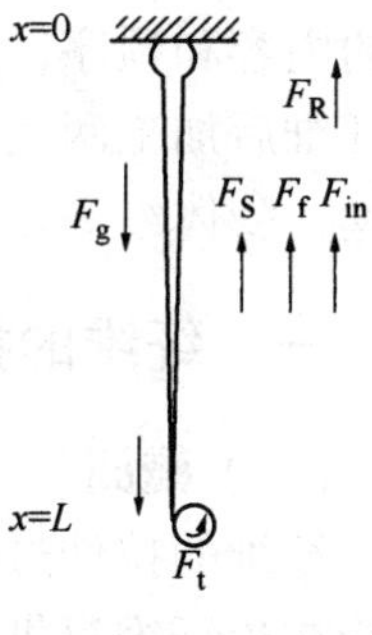

图 8-3-13 纺丝线轴向受力示意图

1. 纤维变形的拉伸力(主动力)

纤维变形的拉伸力主要由两部分组成，一是丝线上受到的拉力 F_t，另外一个是丝线的重力 F_g。

丝线上受到的拉力 F_t即卷绕装置给丝线的拉伸力，这个力是丝线变形的主要作用力。

丝线的重力 F_g在不同纺丝方法中表现不同，主要是对张力的贡献不同。例如常规的熔融纺丝，重力对张力有明显的影响，熔体黏度过低时，它引起的自重拉伸可能大于喷丝头的拉伸，会产生并丝，而在高速纺丝时它的作用很弱，可以忽略。重力在纺丝开始的一段距离起作用，随着距离的增加，重力作用不大。

2. 纤维变形的阻力或反作用力

(1) 丝线内分子链的流变阻力 F_R

丝线内分子链的流变阻力 F_R是指纺丝线截面上所受的张力，决定于聚合物离开喷丝板的流变行为和形变区的速度梯度。流变阻力 F_R是阻力中比较重要的力，随着离开喷丝板距离的增加，其流变阻力逐步有所增加。

(2) 丝线本身的表面张力 F_S

纺丝液的拉伸流动是一个使流体比表面积增大的过程，但是表面张力要使液体表面趋于最小，这是一种抗拒拉伸的作用力。表面张力在熔融纺丝中很小，可以忽略不计。

(3) 丝线同周围介质的摩擦力 F_f

丝线在空气介质中运动时，其表面积和介质之间因为相互运动而产生摩擦阻力。摩擦阻力沿纺丝线而变化。F_f在阻力中仅次于流变阻力 F_R。最大的空气阻力是在离喷丝板 100~200cm 之间，在 200cm 之后其值逐渐下降。

(4) 丝线产生加速度的惯性力 F_{in}

丝线产生加速度的惯性力 F_{in}是纺丝线获得加速度的力，特别是对于高速纺丝，它的重要性大大加强。

在纺丝过程中丝线所受各种作用力都随丝线离喷丝板的距离而发生变化。离喷丝板较远，作用力和阻力(反作用力)的变化较大。

第四节 合成纤维的拉伸和热定型

不论是熔纺成型的卷绕丝还是湿纺成型的凝固丝，统称为初生纤维。初生纤维在纺丝过程中受到卷绕装置提供的拉伸力的作用，使初生纤维具有一定的取向结构。但是其结构尚不稳定，分子链排列不规整，物理力学性能差，手感粗硬甚至发脆，不能直接纺制成织物。初生纤维只有在给定的加工条件下，获得相应的稳定结构之后，才能具有所期望的性能，符合纺织加工的要求，并具有良好的使用稳定性。这个过程就是纤维的后加工。

纤维的后加工主要是对纺丝成型的初生纤维(卷绕丝)进行加工，以改善纤维的结构，使其具有优良的使用性能。后加工一般包括上油、拉伸、卷曲、热定型、切断、加捻和络丝等工序，其中拉伸和热定型对所有纤维，特别是化学纤维的生产都是必不可少的。后加工工序的内容和顺序，需根据所纺纤维的品种和纺织加工的具体要求而定，基本可分为短纤维与长纤维后加工两大类。另外，通过某些特殊的后加工，还可得到具有特殊性能的纤维，如弹力丝、膨体纱等。

一、纤维的拉伸

（一）概述

纤维的拉伸过程是指把初生纤维卷装在筒子上或存于盛丝筒中，然后利用专门的拉伸设备给初生纤维提供一定的速度和力。在拉伸过程中，纤维的大分子链或聚集态结构单元沿纤维轴向排列取向，在取向的同时，通常伴随着相态的变化，以及其他结构特征的变化。

无论何种方法成型的初生纤维，在拉伸过程中所发生的结构和性能都有一个共同点，即纤维的低序区(对结晶聚合物来说即为非晶区)的大分子沿纤维轴向的取向度大大提高，同时伴有密度、结晶度等其他结构方面的变化。其拉伸结果使纤维承受外加张力的分子链数目增加，纤维的断裂强度显著提高，延伸度下降，耐磨性和对各种不同类型形变的疲劳强度亦明显提高。

在合成纤维生产中，拉伸可以与纺丝工序连续地进行，也可与纺丝工序分开进行。初生纤维的拉伸可一次完成，有的必须进行分段拉伸，即多次(道)拉伸。纤维的总拉伸倍数是各段拉伸倍数的乘积。一般熔纺纤维的总拉伸倍数约为3~7倍，湿纺纤维拉伸倍数可达8~120倍，某些高强高模纤维，采用冻胶纺丝法，拉伸倍数可达几十到上百倍。

纤维的品种和纺丝方法不同，初生纤维的结构和性质不一样，拉伸的条件和方式就不相同。按拉伸时纤维所处的介质来分，纤维拉伸的方式一般有干拉伸、蒸汽浴拉伸和湿拉伸三种。

干拉伸是指拉伸时初生纤维处于空气包围之中，纤维与空气介质及加热器之间有热量传递。干拉伸又可分为室温拉伸和热拉伸。室温拉伸一般适用于玻璃化转变温度在室温附近的初生纤维，热拉伸适用于玻璃化转变温度较高、拉伸应力较大或较粗的纤维，通过加热使纤维的温度升高到玻璃化转变温度以上，促进分子链段运动，降低拉伸应力，有利于拉伸顺利进行。

蒸汽浴拉伸是指拉伸时纤维被包围在饱和蒸汽或过热蒸汽之中，由于加热以及水分子的增塑作用，使纤维在拉伸时的应力有较大下降。

湿拉伸是指拉伸时纤维被液体介质包围，在拉伸过程中有热量传递，还可能有传质甚至有化学反应发生。

从表面上看拉伸过程只是纤维几何形状改变的过程，但实际上是拉伸时纤维结构重新组建和形成的过程，这关系到最终纤维的质量。因此，为了取得最佳拉伸工艺条件，必须了解初生纤维在拉伸线上的形变行为、纤维拉伸的运动学、动力学和拉伸机理，以及纤维在拉伸过程中结构与性能的变化等。

（二）拉伸流变学机理

经典拉伸流变学的基础是固体的黏弹理论和聚合物黏弹体的松弛理论。从理论上讲，初生纤维的拉伸形变很大，属于非线性黏弹行为。作为近似处理，可借用描述小形变线性黏弹行为方程来描述，见下式：

$$\gamma=\gamma_E+\gamma_H+\gamma_V=\frac{\sigma}{E_1}+\frac{\sigma}{E_2}\left[1-e^{\frac{-t}{t^*}}\right]+\left(\frac{t}{\eta_3}\right)\sigma$$

式中 σ——作用的外力；

t——外力作用的时间；

E——模量；

η——聚合物黏度；

t^*——松弛时间，$t^* = \eta_2/E_2$。

拉伸过程的形变 γ 是时间的函数，是由普弹形变 γ_E、高弹形变 γ_H 以及塑性形变 γ_V 组成。普弹形变是瞬间发生的，是大分子主链的键角和键长受力后发生形变的反映，形变与应力同相位，应力去除，形变马上回复，即 γ_E 与时间无关。普弹形变的弹性模量 E_1 很大，形变值很小，一般只有总形变值的1%左右。

聚合物的高弹形变是大分子链在应力的作用下，由卷曲构象转化为伸展构象的宏观表现。高弹形变的特点是模量 E_2 较小，一般 E_2 比 E_1 小 2~3 个数量级，但形变量 γ_H 很大，可伸长至原长的 10 倍以上，且形变滞后于应力，即形变有明显的时间依赖性。在外力除去后，高弹形变基本上能回复，但回复需要一定的时间。高弹形变是一种松弛过程，实验证明，高弹形变的发展与外力作用的时间、增塑所引起的活化能下降、纤维试样中的拉伸应力以及形变时纤维的温度有关。在实际生产中，应在拉伸应力较小的前提下(以避免毛丝的生成)，采用适当措施，例如通过改变拉伸温度、通过调节纤维的增塑程度以及通过改变拉伸速度、拉伸辊间纤维的长度，或通过采用多级拉伸等因素互相配合，以保证拉伸时高弹形变得以顺利发展。

塑性形变是聚合物在外力作用下，大分子链间产生相对滑移的宏观反映。塑性形变实际上是一种流动变形，它在外力作用下随着时间的延长而连续增大，只要时间允许，它会无限发展下去，外力去除后，它将作为永久形变而保存下来，即这种形变是完全不可回复的。它是一种固体的形变，其分子运动机理虽与黏性流动相类似，但塑性形变必须在某一特定应力 σ^* 之上，使聚合物固体屈服后才能发生，σ^* 即为屈服应力。由于这一差别，塑性形变 γ_V 应表示为：

$$\gamma_V = \frac{t}{\eta_3}(\sigma - \sigma^*)$$

上式表明，外力必须克服屈服应力后才能使聚合物发生塑性变形，所以该应力差值才是产生 γ_V 的有效应力。上式也反映出塑性形变随作用时间 t 延长而增大，而且形变是不可回复的，因此 γ_V 是拉伸总形变中的有效部分，拉伸过程中应设法发展塑性形变。

塑性形变实质上属于黏性流动，当然与塑性黏度 η_3 有关，η_3 越大，塑性形变就越小。而黏度与温度有关，温度上升，则塑性黏度 η_3 下降，塑性形变 γ_V 则增大。因此按照上式只要时间 t 足够长，则塑性形变 γ_V 可以足够大，而事实上，任何一种合成纤维的总拉伸倍数都是有限的，因此这种描述尚有不足之处。

实际纤维在连续拉伸过程中，由于增塑作用、温度、张力以及纤维结构改变的前提下，纤维的形变性质可能会发生一定的改变。

(三) 拉伸线上速度和速度梯度分布

初生纤维连续拉伸时，其直径和横截面积均发生改变，最终导致沿拉伸线上速度和速度梯度有所改变。

对连续拉伸时纤维速度分布的研究表明，纤维在拉伸箱或拉伸浴中拉伸时，沿拉伸线所发生的形变或拉伸本身是不均匀的，其速度分布曲线呈 S 形。

连续拉伸取向过程可分成三个区，每个区丝条或丝束的运动速度不同，如图 8-4-1 所示。

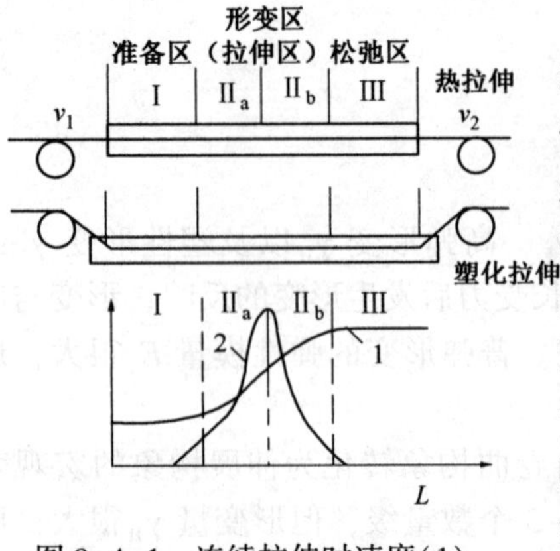

图 8-4-1　连续拉伸时速度(1)和速度梯度(2)变化曲线

第Ⅰ区为准备拉伸区。在准备拉伸区内，由于加热和膨胀，使纤维发生塑化。准备区中，纤维的拉伸速度恒定并等于丝条的喂入速度，而速度梯度则等于零。当纤维温度超过玻璃化转变温度而开始剧烈形变的瞬间，准备区结束。丝条在准备区内停留的时间，决定于塑化时传质或传热的速度。将丝条加热至拉伸温度所需的时间与热交换条件有很大关系，可能是 1s 或几秒。热拉伸时，加热时间亦取决于丝条直径，例如对于单丝，加热时间为 0.15s，复丝的加热较慢。湿法成型的初生纤维，或由于预先经塑化的纤维，也包括加热了的纤维，在拉伸时，准备区可能很短，或有的时候根本没有准备区。

第Ⅱ区为形变区，也称为真正拉伸区。在此区由于机械力的作用，纤维发生取向，与丝条形变性质的改变相适应，速度增加，而速度梯度为正值 $dv/dt>0$。但此段总速度梯度的变化规律不同，在速度曲线的拐点之前，可称为$Ⅱ_a$区，此区内速度梯度有所增加，即 $d^2v/dt^2>0$，在达到最大值以后的$Ⅱ_b$区，速度梯度又开始下降，即 $d^2v/dt^2<0$。随着纤维的结构变得规整和大分子柔性的减小，纤维的形变性剧烈下降，拉伸作用就停止。

第Ⅲ区为纤维拉伸松弛区。在此区内纤维不再发生形变，但内应力逐步发生松弛。在松弛区内，丝条的运动速度大致恒定，与此相应，速度梯度 $dv/dt=0$。根据拉伸过程的设备形式，在松弛区之后，或是作进一步热松弛处理，或开始将纤维冷却。

（四）拉伸过程中的应力-应变性质的变化

测定纤维应力-应变关系的方法，一般是沿纤维轴向拉伸，测定纤维负荷和伸长的关系，而后换算成应力-应变关系。纺丝工程中的拉伸多为恒速拉伸，所用实验机亦是恒速的，记录应力以及应变倍数或伸长率来表示应变。通常所说样品被拉伸了 2.5 倍，即是伸长率 150%。在拉伸过程中，应力和应变不断地变化，反映初生纤维拉伸时应力-应变变化的曲线又称拉伸曲线。拉伸曲线的形状依赖材料的化学结构，例如纤维的组成、分子构型、平均相对分子质量、相对分子质量分布、超分子结构、结晶取向，加工条件例如拉伸程度、定型温度以及材料中的添加剂的种类和数量。

纤维的应力-应变曲线是在外力作用下对纤维力学行为的具体描述，是纤维拉伸过程研究的依据。由于应力-应变曲线受纤维本性及周围环境的影响，当周围环境变化时，应力-应变曲线会发生变化，在加工处理过程中纤维力学性能的变化也反映在其应力-应变曲线的改变上。纤维拉伸应力的在线精密测量是困难的，这是因为在拉伸过程中纤维的截面积不断发生变化，所以一般采用初始截面积或按泊松比为 1/2 来近似地加以计算。纤维是黏弹性体而非弹性体，因此其应力-应变的关系中有时间这一重要影响因素。

各种初生纤维的应力-应变曲线（简称 *S-S* 曲线）可归纳为如图 8-4-2 所示的三种基本类型。

1. a 型

a 型曲线的特征是呈凸形，模量随着形变的发展而减小。由曲线可见，随着形变的增大，许用应力到达临界点，即到达最大值屈服应力，随后急剧下降，出现应力集中和细化点。因为随着拉伸的进行，其模量 E 下降，纤维经不起拉伸，很快就被拉断，也就是当纤

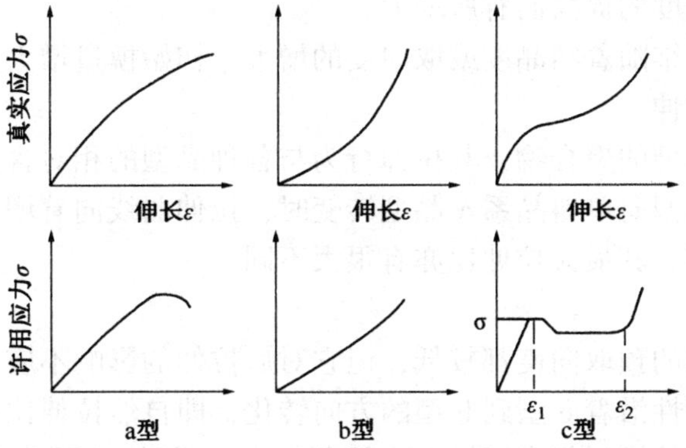

图 8-4-2　应力-应变曲线的基本类型

维克服了屈服应力而开始塑性变形时，就立即断裂。该类拉伸曲线的屈服强度大于断裂强度，例如塑料和金属材料的拉伸属于这种类型。

具有 a 型应力-应变曲线行为的初生纤维，由于在拉伸时出现脆性断裂，因此是不可拉伸的，应避免初生纤维出现这种应力-应变行为。

2. b 型

b 型曲线的特征是呈凹形，表明初生纤维在拉伸时，模量不断增加，即模量随着应变的增大而增大，纤维在拉伸过程中发生自增强作用。正因为纤维自增强，所以不出现细化点，能承受更大的拉伸应力，拉伸可顺利进行。这种拉伸不会出现应力集中，属于均匀拉伸。硫化橡胶的 *S-S* 曲线就是典型的 b 型曲线。由于橡胶交联链之间的大分子链在拉伸时取向并导致结晶，因而模量增加。而拉伸曲线呈这种类型的初生纤维，其拉伸性是好的。

对于湿法纺丝成形的凝固丝，是一种高度溶胀的冻胶体，由聚集态大分子间的物理交联形成的网络结构内充满着液体（溶剂或沉淀剂），这样的网络结构与硫化橡胶有某些相似之处，所以，湿纺凝固丝的 *S-S* 曲线基本上属于 b 型曲线，拉伸时不会出现细颈现象。

3. c 型

c 型曲线的特征是先凸后凹形，从图 8-4-2 看出，在该曲线上有屈服点，还有应力几乎不变的平台区。在小形变区内，即 $\varepsilon<\varepsilon_1$时，形变是均匀且可逆的，相当于弹性形变。在$\varepsilon_1<\varepsilon<\varepsilon_2$区内，形变先集中在一个或多个细颈处，继而细颈逐渐发展，在此区域内拉伸属于不均匀拉伸；当 $\varepsilon>\varepsilon_2$时，形变又是均匀的，拉伸应力逐渐增大，而形变也随之增大，直至断裂。

实际生产应该控制拉伸条件使应力-应变曲线呈 b 型和 c 型，即控制实际拉伸倍数大于自然拉伸比而小于最大拉伸比。

（五）初生纤维结构对拉伸性能的影响

对一种给定的纤维来说，大分子的化学结构基本上是固定的，而初生纤维的结构主要指初生纤维的分子链结构（聚合物的平均相对分子质量及相对分子质量分布）和超分子结构（主要是指结晶和取向）。

1. 结晶度和晶型

初生纤维的结晶结构对其应力-应变性质影响很大。随着初生纤维结晶度的增大，使应力-应变曲线沿着图 8-4-2 的 b 型到 c 型再到 a 型的方向转化，导致屈服应力的提高，并增大了自然拉伸比。据报道聚乙烯纤维的屈服应力与结晶度呈线性关系；而聚偏二氯乙烯初生纤维一旦发生结晶，就根本不能拉伸，即拉伸时呈 a 型脆性破裂；涤纶在 0～50%结晶度范围内，屈服应力随结晶度的提高而有所增大。

总之，对于初生纤维随着结晶度或取向度的增大，初始模量增大，屈服应力增大而断裂伸长则减小，不适合拉伸。

对于有不同结晶晶型的聚合物，其拉伸行为与各种晶型的相对含量有关。丙纶初生纤维结晶由六方晶系的β晶型向单斜晶系α晶型转变时，拉伸曲线向着增大应力的方向转化，结晶晶型的相对含量不同，其最大拉伸比亦有很大不同。

2. 预取向

一般熔纺初生纤维的预取向度都较低，但它对后拉伸的影响不应忽视。随着初生纤维预取向度的增大，形变特性沿着c型到b型的方向转化，即自然拉伸比有所减小，并转变为均匀拉伸，屈服应力和初始模量都有所增大。尼龙66初生纤维的预取向度增大时，其屈服应力大为提高，这种情况下很容易出现毛丝断头，给后拉伸带来困难。在纺丝过程中产生的预取向对尼龙6的拉伸行为的影响更显著，低预取向试样拉伸时，有细颈现象，并有表征塑性流动的准平台区；高预取向纤维拉伸时，则显示均匀拉伸形变，初始模量明显加大，而最大拉伸倍数则较小。

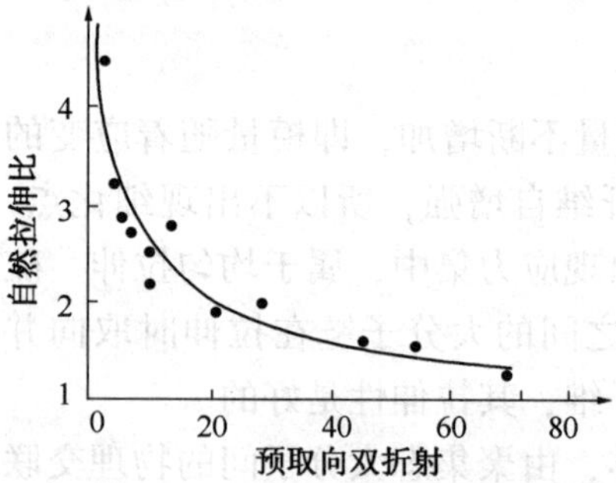

图8-4-3　涤纶初生纤维的预取向度对自然拉伸比的影响

初生纤维的预取向度对自然拉伸比的影响很大。图8-4-3表明涤纶初生纤维的自然拉伸比对预取向度非常敏感。

在低纺速下制得的初生纤维，经不同倍数的拉伸之后，其取向度不同，这种样品的拉伸曲线也有明显差别。

总之，为了提高初生纤维的可拉伸性，使拉伸倍率增大，拉伸顺利，并使成品纤维强度较大，断裂伸长较小，应适当控制纺丝条件，不要使初生纤维取向度太高。当然，这是对一般纺丝工艺而言，如采用高速纺丝新工艺（纺丝速度达6000m/min以上）时，则初生纤维已接近完全取向纤维（FOY）的水平，不需要进行后拉伸。

3. 初生纤维平均相对分子质量

关于相对分子质量及其分布对纤维拉伸性能的影响所知不多。可能是因为平均相对分子质量和相对分子质量分布与微布朗运动和松弛特性有关，故对拉伸应力和应力-应变曲线的形状有影响，特别是对b型形变影响大。一般说，随着初生纤维相对分子质量的增大，拉伸时的屈服应力有所提高。

初生纤维要避免a型的不可拉伸情况，就必须具备一定的初始模量和较高的断裂强度，才能经得起一定应力下的拉伸作用而不至于一拉就断。相对分子质量大，试样强而韧，可拉伸性好；而相对分子质量小，试样硬而脆，一拉就断。这说明相对分子质量达不到一定值，承受不起拉伸应力。换句话说，要使初生纤维有可拉伸性，相对分子质量必须达到某一数值。但是初生纤维的相对分子质量不是越大越好，因为随着相对分子质量的增加，分子间的作用力增强，使分子间的相对滑移困难，即难以实现塑性形变。所以，相对分子质量如超过一定限度，反而会使纤维的可拉伸性降低。

4. 初生纤维中的低分子物

初生纤维中存在的水、溶剂、单体等低分子物质亦可影响初生纤维的拉伸。因为这些物质的存在，可使大分子间距离增大，减少大分子间的相互作用力，降低松弛活化能，使链段和大分子链的运动变得容易，从而使聚合物的玻璃化转变温度(T_g)降低，这种现象称为增塑作用。增塑作用对纤维拉伸行为的影响与提高温度相似。例如尼龙 6 初生纤维的拉伸曲线中，由于水或低聚物的增塑作用而使屈服应力下降，并使应力-应变曲线水平段缩短，即促使由 c 型形变向 b 型形变转化。

此外当初生纤维内包含与纤维直径大小相当的气泡和固体粒子(包括凝聚粒子、消光剂 TiO_2等)时，这种初生纤维就经不起拉伸，在较小的拉伸作用下就会发生断裂。由于纺丝成型时工艺控制不当，在初生纤维内出现的裂缝或线密度波动，产生过细的横截面，等也是拉伸的薄弱环节，亦会使纤维的拉伸性能变坏。

湿纺时，纺丝原液在凝固浴中脱溶剂化而凝固形成的初生纤维，是一种高度溶胀的立体网络状的冻胶体凝固丝，如图 8-4-4 所示。立体网络的骨架由大分子或大分子链束构成，大分子间的缠结(由分子脱溶剂化后相互作用而形成)是这个骨架的物理交联点。在没有交联的地方，链段仍保持一定的溶剂化层，在网络骨架的空隙总充满着溶剂与沉淀剂的混合物。湿纺初生纤维的拉伸应力-应变特性属于均匀拉伸，一般没有明显的屈服应力，也不产生细颈现象，为 b 型拉伸。而凝固丝的形成条件对冻胶体的可拉伸性影响很大。

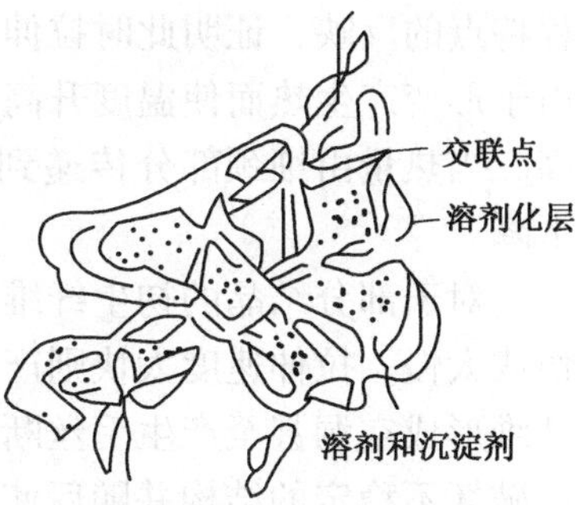

图 8-4-4　冻胶体结构示意图

纤维中溶剂含量的增大起了增塑作用，使冻胶更具有弹性和塑性。但是冻胶中溶剂含量也不是越多越好，因为溶剂太多，立体网络的交联点数目就较少，网络较弱，强度必然较低，就经不起高倍拉伸。所以在拉伸前，必须调节凝固丝的溶胀度，使结构单元的交联点具有适宜的强度。

(六) 拉伸条件对拉伸性能的影响

(1) 拉伸温度

初生纤维应力-应变曲线对温度非常敏感，特别是在 T_g附近，变化十分敏感。例如聚氯乙烯纤维的拉伸曲线，在-40℃样品表现为脆性，-20~23℃表现出一定的韧性，40~60℃为冷拉伸，而在 80℃表现为橡胶状。

在我们使用的聚合物中，在适当的温度和适当的拉伸速率下，几乎都能出现细颈拉伸。一般认为在 T_g以上拉伸就不出现细颈。应该指出，T_g具有速度依赖性。例如，涤纶卷绕丝的 T_g约为 67~69℃，但在拉力机上以较高速度拉伸时，T_g上升到 80℃左右，而在高速拉伸的工艺条件下，T_g可达 100℃以上。这就是涤纶卷绕丝在 80℃以上拉伸仍出现细颈的原因。

前面提及湿纺凝固丝的拉伸，一般属于 b 型的均匀拉伸，但也不是绝对的，往往会受拉伸条件的影响而改变。二甲基甲酰胺(DMF)为溶剂的湿纺腈纶在不同温度下的拉伸曲线表明，此种纤维在 80℃以下不能很好拉伸，易发生脆性断裂，在 80~120℃拉伸时，有细颈产生，属于不均匀拉伸，在 120℃以上才成为均匀拉伸。

也有个别例外，如纤维素醋酸酯纤维，它的大分子链中纤维素的羟基大部分与醋酸基生成酯，从而使分子间作用力降低，使它与其他聚合物产生了差别。在生成细颈的地方，其温度可以比环境温度高出 50℃。所以最初人们认为温度升高导致黏度下降，流动性增加而产生细颈。但进一步的恒温实验中，仍有细颈出现，所以另一种说法认为细颈是大分子网络链开始滑动的结果。

综上所述，初生纤维拉伸时，适当地提高拉伸温度到聚合物的 T_g 以上是必要的，而且在多级拉伸中温度要逐级提高。显然，拉伸温度应低于非结晶聚合物的黏流温度或结晶聚合物的熔点，否则，不可能进行有效的拉伸取向。

(2) 拉伸速度

根据聚合物的时温等效原理，增大拉伸速度，对应力-应变曲线的影响与降低温度的影响相是类似的。在 c 型形变范围内，随着拉伸速度的提高，屈服应力和自然拉伸比有所增大。

例如涤纶卷绕丝的屈服应力和拉伸应力随拉伸速度增大而不断增大，这是黏弹过程松弛特征的反映。然而拉伸速度达到 1cm/min 以上时，拉伸应力出现明显下降，这正是绝热过程特点的反映，证明此时拉伸放热所引起的温升已超过与拉伸速度增大所相当的温度下降。由于形变产生热而使温度升高，拉伸速度越快，则过程更加接近于绝热条件，此时温升也越高。当热量由细颈部分传递到未拉伸部分时，后者温度升高，使发展细颈所需的拉伸应力下降。

对于部分结晶的初生纤维(包括非晶区和不稳定的或不完善的晶体)，拉伸速度不宜太快或太慢。拉伸速度太快则产生很大应力，并使细颈区局部过热，产生不均匀流动，可能使纤维形成空洞甚至产生毛丝断头。但是拉伸速度太慢，产生缓慢流动，纤维的拉伸应力不足以破坏不稳定的结构并随后使它改建，结果尽管拉伸倍数可能很高，但取向效果并不大。而拉伸速度适中，则发生塑性流动时，应力足以使不稳定的结晶结构破坏，并随后得到重建，在细颈区建立了最佳热平衡，没有显著的张力过度，所以得到的纤维缺陷较少。

(七) 拉伸中纤维结构和性能的变化

1. 拉伸过程中纤维结构的变化

在拉伸过程中，纤维的超分子结构发生明显的改变，包括取向的提高以及晶态结构的变化。

(1) 分子取向和结晶取向

非晶态纤维的拉伸取向较简单，视取向单元的不同，可以分为大尺寸取向和小尺寸取向两类。大尺寸取向是指整个分子链已经取向了，但是链段可能未取向，如熔体纺丝中从喷丝孔出来的熔体细流即有大尺寸取向现象。小尺寸取向是指链段的取向排列，而分子链的排列是杂乱的，一般在温度较低时，整个分子不能运动，在这种情况下取向，就得到小尺寸取向。

结晶态纤维在拉伸时的结构大体上可以分为以下两类：一是未拉伸丝已结晶，拉伸时几乎不结晶的纤维；二是未拉伸丝是无定形的，拉伸时在大分子链取向的同时进行结晶化。还有一种处于两者之间。

第一种状态的代表纤维有纤维素纤维。尼龙 6、尼龙 66 虽然在拉伸时也略微进行一些结晶化，但大体上仍可归属此类。第二种状态的代表纤维是聚酯纤维，其拉伸取向是结晶化的过程，首先是在应力下形成晶核，而后急速地进行结晶化。实验结果表明，聚酯纤维的取向结晶化是显著的。

对于具有球晶结构的聚合物，拉伸取向过程实质上是球晶的形变过程。在低倍拉伸时，球晶处于弹性形变阶段，球晶体被拉成椭圆状，继续拉伸到不可逆形变阶段，球晶变成带状结构。球晶形变过程中，组成球晶的片晶之间发生倾斜、晶面滑移和转动，甚至破裂，部分折叠链被拉伸，称为伸直链，使原有结构部分或全部破坏，而形成新的结晶结构。它由取向的折叠链片晶与在取向方向上贯穿于片晶之间的伸直的分子链段组成，这种结构称为微纤结构，如图 8-4-5(a)所示。在拉伸取向过程中，原有的折叠链片晶也有可能部分地转变成为分子链沿拉伸方向有规则排列的完全伸直链晶体，如图 8-4-5(b)所示。

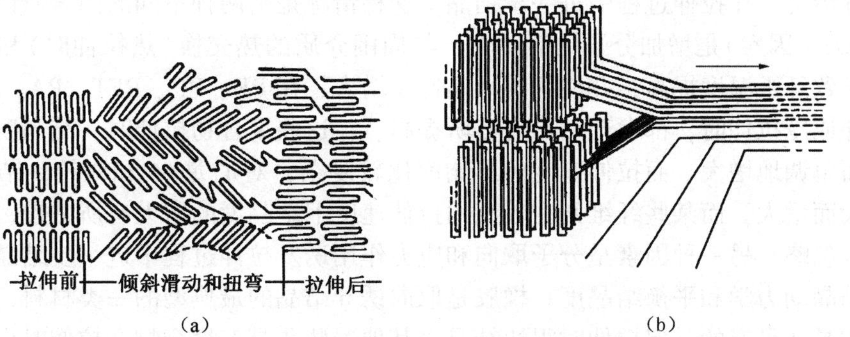

(a)　　　　　　(b)

图 8-4-5　晶态聚合物拉伸取向时结构变化示意图

当然，不同类型的结晶聚合物，在不同的拉伸条件(温度、拉伸速率)下，可能有不同的取向机理。实验资料表明，结晶聚合物的初生纤维在拉伸过程中以形成在拉伸方向上的微纤结构为主，但也有形成部分伸直链晶体的报道。

聚合物拉伸取向的结果，伸直链段的数目增多，而折叠链段的数目减少，由于这些片晶之间的连结链增加，从而提高了取向聚合物纤维的力学强度和韧性。因此，控制加工过程中所生成的高分子聚集态结构，可使它生成伸直链结构，是提高取向聚合物力学强度的一条途径。

(2) 结晶的变化

对于不同化学结构的结晶聚合物，在不同的拉伸工艺条件下，结晶变化情况也不一样，一般可分为以下三种情况：

① 拉伸过程中相态结构不发生变化，非晶态的未拉伸试样拉伸后仍保持非晶态，结晶试样则不改变其结晶度；

② 拉伸过程中试样原有结构发生部分破坏，结晶度有所降低；

③ 拉伸过程中发生进一步结晶，结晶度有所增大。

第一种情况(晶态结构不改变)是非结晶型聚合物如无规聚苯乙烯、聚甲基丙烯酸甲酯等拉伸时的一般规律。此时拉伸只涉及非晶区取向而不引起结晶。对于部分结晶型聚合物，在非晶区的分子活动度大的情况下，防止在所施加张力作用下晶粒发生熔化或破坏，就可能出现这种情况。有人观察到高度溶胀(500%~600%)的纤维素纤维拉伸时，结晶度不发生改变，而是晶粒(或微晶)发生转动并沿纤维轴取向。这种类型的形变是所有结晶型的湿纺纤维在塑化浴中拉伸的典型情况。对于准晶结构的腈纶，经沸水拉伸后，通过甲苯密度的测定，发现密度不变，证实其结晶度没有变化，而晶区尺寸则有所增加。另外，未拉伸纤维处于非晶态却能够结晶的纤维，例如涤纶，如果拉伸条件排除结晶速度高的可能性，则拉伸过程中仍能保持其非晶态结构。涤纶在低温下慢速拉伸时就是此种情况。排除拉伸过程中试样本身的发热和温度诱使结晶的可能性，将会得到高度取向但是非晶态的纤维。对于聚丙烯纤维亦有在拉伸过程中结晶度不改变的报道。

第二种情况，高度结晶的试样在拉伸过程中，在分子活动性较低的条件下，原有的晶态结构就发生破坏，这种情况下，试样产生形变，使原有结构破坏并成为一种新的、缺陷较多的结构，并沿着所加张力的方向取向。如果形变在低温下发生，则原有的晶态结构破坏之后并不发生重建，结果形成非晶区和高度破坏的晶体共存的结构。在聚乙烯、聚酰胺和聚丙烯纤维冷拉时，都曾观察到结晶度降低的现象。

第三种情况，在拉伸过程中进一步结晶。这种情况是由两种不同的因素所诱发：一种因素(纯粹动力学因素)是增加分子的活动性，与周围介质的热交换(热拉伸时)和形变能量的转换，会导致纤维温度提高，并使纤维结晶速度增大，在PE、PP、PET、PA、PVC及PVA纤维热拉伸或冷拉伸时，都发现结晶度有所提高。在这些聚合物拉伸时，结晶度随拉伸比和拉伸温度而单调地增大。而拉伸速度的影响就比较复杂，对尼龙66和涤纶，结晶度随拉伸速度的增大而增大。而某些纤维则在较高的拉伸速度下结晶度的增大有所减慢，或拉伸速度的影响可以忽略。另一种因素是分子取向和应力作用诱发拉伸过程中进一步结晶，它会影响共聚物的结晶动力学和平衡结晶度。橡胶是取向诱导结晶的最典型的一类材料，在各向同性状态下，它是非晶态的，但拉伸时很快结晶。其他一些非晶态聚合物在拉伸时也会伴随着发生取向诱导结晶。

综上所述，拉伸过程中引起原有纤维相态结构变化的程度，取决于纤维本身的性质和拉伸条件。一般说来，未拉伸纤维的序态越高，则其破坏就越大，拉伸纤维结构的缺陷也就越大。因此，在纺丝成型过程中，希望得到取向度和结晶度尽可能低(具有较不稳定结晶变体)的卷绕丝，以利于通过后拉伸而得到结构较完善、性能较优良的纤维。自然，这并不包括采用高速纺丝或超高速纺丝工艺以得到部分取向丝(POY)或接近完全取向丝(FOY)在内。

2. 拉伸对纤维物理-机械性质的影响

拉伸所引起的最重要的结构变化是大分子、晶粒和其他结构单元沿纤维轴取向。这种取向导致各种物理性质的各向异性。除机械性质外，拉伸导致光学性质(双折射、吸收光谱的二向色性)的各向异性，以及热传导、溶胀和其他一些性质的各向异性。

拉伸对纤维结构的另一重要影响是伴随着发生相变、结晶、晶体破坏和晶型转化。在拉伸过程中，结晶度可能增大，也可能减小，取决于未拉伸纤维的结构和拉伸条件。与结晶度有关的物理性质主要有密度、熔化热、介电性和透气性等。可见对于骤冷的试样(结晶度低)，密度和熔化热两者都单调地随拉伸比而增大，这是二次结晶的结果。与此不同，经热处理的纤维拉伸时，密度和熔化热都有一个极小值，这可能是由于原有的晶体发生了破坏(在小的形变时)，接着在较大的拉伸比下又发生再结晶。由于热诱导结晶的结果，密度和熔化热随拉伸温度而单调地增大。

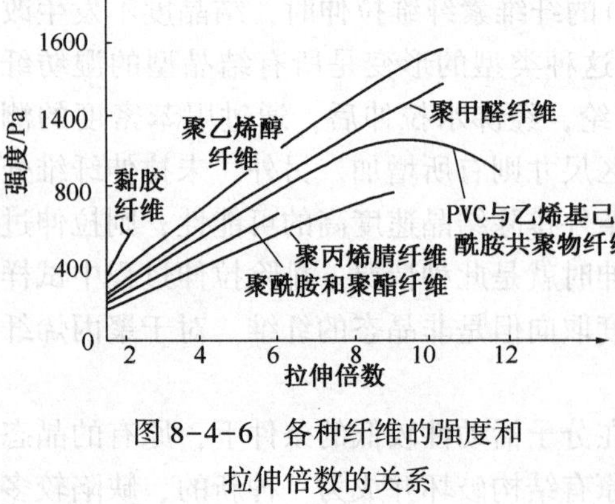

图8-4-6 各种纤维的强度和拉伸倍数的关系

拉伸纤维的机械性质取决于拉伸过程中所形成的超分子结构，即为拉伸纤维的取向态、结晶态及形态结构所确定。纤维的拉伸取向主要是为了提高纤维的强度和降低其变形性。事实上，未取向纤维与取向纤维的强度相差达5~15倍之多。

拉伸条件，特别是拉伸比(拉伸倍数)是影响拉伸纤维力学性质的主要因素。如图8-4-6所示在室温下拉伸倍数对各种纤维强度的影响。由图可见，强度随拉伸倍数增大而增大，但是增大的速度各不相同。

除了强度以外，拉伸纤维的其他力学性质也都与拉伸比密切相关。例如，拉伸模量 E 和屈服应力随拉伸比而单调增大，断裂伸长和总变形功随拉伸比递增而单调地减小。

尼龙 6 在不同温度下拉伸时，其强度与拉伸比的关系显示，强度单纯地取决于拉伸比而与拉伸温度无关。拉伸速度增大时，纤维的强度稍有下降，聚丙烯纤维便是如此。

拉伸纤维的力学性质与其取向态结构的关系可分为两种情况，有一些力学性质直接与试样的平均取向度有关，另一些力学性质直接与非晶区取向度相关。例如，模量、断裂强度、断裂伸长率、屈服行为以及回弹性，都直接与聚合物的平均取向度有关。

拉伸纤维的机械性质不仅取决于拉伸条件，而且取决于未拉伸纤维原来的结构。当用结晶的、准晶的或无定形的纤维拉伸时，或者未拉伸纤维的取向度或形态结构不同时，即使拉伸条件相同，所得的结果也不相同。

二、合成纤维的热定型

(一) 概述

合成纤维成型及拉伸之后，其超分子结构已经基本形成。但由于在这些工艺过程中，纤维的停留时间很短，有些分子链处于松弛状态，而另一些链段处于紧张状态，使纤维内部存在着不均匀的应力。这种纤维若长时间放置，它们的内部结构会逐渐变化而趋于某种平衡，这种变化包括纤维尺寸、结晶度(急冷形成的无定形区的二次结晶化)、微孔性(微孔洞的陷缩)、内应力松弛、大分子取向等的变化。

以上变化的速度，从根本上讲是受纤维材料黏弹特性的控制，从分子论的角度来说，是受到分子运动强度的制约。一般在室温下系统的变化速度很慢，在高温下大分子运动强度增加很快，可以在数分钟内就使体系接近平衡，从而在以后的使用过程中基本上能抵抗外界条件的变化，有效地处于稳定状态。

在纤维成型加工过程中，有两个阶段要完成这种平衡。第一个阶段是未拉伸丝在纺丝加工后需平衡若干小时再去拉伸。这一平衡过程对于熔纺亲水性聚合物，例如聚酰胺纤维、聚氨酯纤维等特别重要，该过程使湿度和水分导致的初生纤维结构变化达到某一水平。聚酰胺纤维在没有达到这一平衡状态下拉伸时，就会得到很不规整、很不均匀的纤维。另外，纤维的结晶度又不能过高，否则很难进行均匀拉伸，所以未拉伸丝的调湿平衡过程是在较低温度下进行的。

第二个阶段是拉伸后的湿热平衡过程。拉伸加工会使纤维产生新的应力不均匀和新的结构缺陷，这种纤维在一般实际应用温度下，如洗涤、熨烫表现出极强的形状不稳定。因此拉伸纤维需经热处理过程达到一个新的稳定平衡。这种热处理工序通常称为热定型。在这一过程中如果能得到适当的结晶和取向度，则对纤维的力学性能会有明显的改善。为使热定型过程能迅速、顺利地完成，除了加热之外，一般还伴随有湿处理，如蒸汽、水或塑化浴等。

热处理过程将引起纤维超分子结构和形态结构的改变，使稳定度较低的结构单元转变为稳定度较高的结构单元。但热定型要达到的是修补式改善纤维成型或拉伸过程中已经形成的不完善结构，而不是彻底破坏和重建。这些结构上的变化，归纳起来有三个方面：① 提高纤维的形状稳定性，即尺寸稳定性，这是定型的原来意义。② 进一步改善纤维的物理-机械性能，如打结强度、耐磨性等以及固定卷曲度(对短纤维)或固定捻度(对长丝)。③ 改善纤维的染色性能。

在某些情况下，通过热定型可使纤维发生热交联，例如聚乙烯醇纤维，或借以制取高收缩性和高蓬松性的纤维，赋予纤维及其纺织制品以波纹、皱襞或高回弹性等效果。

热定型可在张力作用下进行，也可在无张力作用下进行。根据张力的有无或大小，纤维热定型时可以完全不发生收缩或部分发生收缩。因此，若根据热定型时纤维的收缩状态来区分，则有下列四种热定型方式：

① 控制张力热定型：热定型时纤维不收缩，而略有伸长(如1%左右)。

② 定长热定型：热定型时纤维既不收缩，也不伸长。

以上两种方式统称为无收缩热定型，或紧张热定型。

③ 部分收缩热定型，或称控制收缩热定型。

④ 自由收缩热定型，或称松弛热定型。

如按热定型介质或加热方式来区分，则有干热空气定型、接触加热定型、水蒸气湿热定型、浴液(水、甘油等)定型等四种方式。

就定型效果的永久性而论，定型可以是暂时的或永久的，通常把它们叫作暂定或永定。在通常使用中，稍经热、湿和机械作用，定型效果就会消失的称为暂定。在工业生产中对纺丝材料所施加的定型处理，大多是永久性的定型，这里所引起的纤维和织物结构的变化是不可逆的。但已经永久定型的纺织材料，可用更强力的定型处理，产生更进一步的不可逆的结构变化，从而达到新的定型水平。有些定型效果介于上述两者之间，叫作半永定。暂定、半永定和永定可能同时发生，例如纤维织物的熨烫就是如此。

热定型的工艺条件随纤维品种不同而会有差别，即使是同一品种的纤维，也会因拉伸条件不同或对最终产品性能的要求不同而会有明显差别。

(二)纤维在热定型中的力学松弛

1. 纤维在热定型中的形变和收缩

如图 8-4-7 所示为初生纤维后加工过程的形变示意图，通过该图来分析热定型的力学松弛过程。

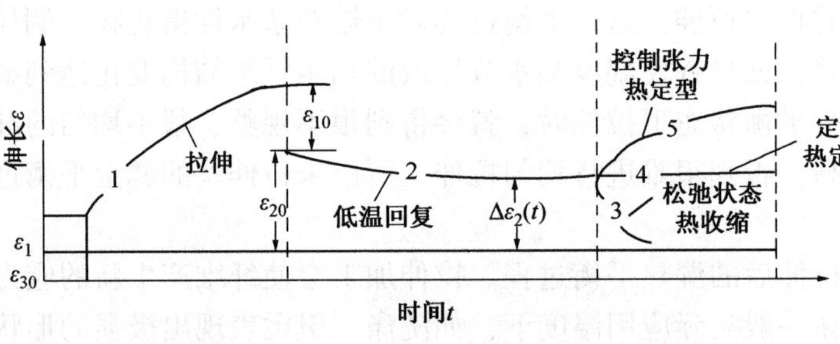

图 8-4-7　纤维后加工过程的形变示意图

ε_{10}、ε_{20}、ε_{30}—分别表示拉伸过程发生的普弹、高弹和塑性形变；$\Delta\varepsilon$—剩余收缩

图中的曲线 1 表示初生纤维在拉伸过程中的形变对时间的依赖关系。负荷解除后，形变发生松弛回复也具有时间依赖性。当拉伸后的纤维送去热定型时，其中形变主要是由高弹形变和塑性形变组成。经热定型 t 时间后，形变的组成按条件不同而发生不同的改变。曲线 2 和曲线 3 描述的是松弛状态下的热定型。曲线 2 是在低温下，松弛时间非常长，高弹形变是“冻结”着。曲线 3 表示松弛热定型使纤维收缩。松弛的结果使纤维变粗，且由于高弹形变的松弛回复和内应力的消除，使纤维尺寸稳定，打结强度提高。曲线 4 表示纤维在固定长度下的热定型。此时形变 ε 保持不变，而应力是时间的函数。定长热定型的实质是在纤维长度及细度不变的情况下，把内应力松弛掉，而让高弹形变转变为塑性形变。定型效果即消除内

应力的程度，与定型时间 t 及应力松弛时间有关。曲线 5 表示在恒定张力 σ 下的热定型。在热定型开始的瞬间($t=0$)，纤维的形变包括不可回复的塑性形变和一部分冻结的高弹形变，两者都是在拉伸过程中产生的。而在热定型过程中，除上述两者外，还有一部分形变是在 σ 下热定型过程中新发展的塑性形变和高弹形变(松弛后有一部分回复)。

纤维在热定型过程中存在着收缩。热定型过程中纤维的收缩定义为在瞬间 t 的形变与初始时的形变之差的负值。纤维热定型过程的收缩有以下两种情况：

一种情况是采用松弛热定型，原有高弹形变发生回缩，并随时间 t 和松弛时间的倒数而有限地增大；二是在张力下紧张热定型时，情况较为复杂，纤维可能发生收缩，试样也可能发生伸长(内应力和外力的关系而定)。此种紧张热定型的特点是名为热定型，实际是在新条件下的拉伸，不可避免地会出现新的高弹形变，所以此种紧张热定型的结果不能达到完全消除高弹形变的目的，因为旧的高弹形变未消除，新的高弹形变又发展了。所以在紧张热定型之后，必须接着进行一次松弛热定型，以消除内应力，否则纤维尺寸就不稳定。

2. 热定型温度的选择

纤维在热定型中收缩率的大小与温度密切相关，同时纤维收缩应力峰值出现的时间也与温度有关，因此热定型温度的选择是重要的。

由于目前尚无统一的理论能解释不同纤维热定型的机理，所以在生产中还是适用经验的“转变温度”作为制定工艺条件的参考。经验“转变温度”(T_t)定义为黏弹回复速率等于 10%/min 时的温度，即此温度相当于松弛时间为 10min，它通常比 T_g 高 20～100℃。

对于疏水性纤维，如聚乙烯、聚丙烯等，干态和湿态下转变温度相同，因此温度对于松弛回复过程没有明显影响。反之，对于纤维素、聚酰胺、醋酸纤维素以及聚乙烯醇，在湿态下转变温度 T_t 明显降低，对于这些纤维，温度在热定型过程中起重要作用。而聚丙烯腈和聚酯则处于上述两者之间。

在实际定型工艺中所采用的温度是在玻璃化转变温度与熔点之间适当选择的，对于每一种纤维都有一个最合适的热定型温度范围。一般热定型温度应高于纤维或其织物的最高使用温度，以保证在使用条件下的稳定性。此外，热定型应在一定温度条件下完成，以在合理的短时间内达到动力学平衡。再则，一种纺织纤维热定型时所能达到的最高温度还受此物质的热稳定性限制。例如，聚酯纤维(涤纶)在水的存在下，加热至高温时会发生解聚，聚乙烯和聚丙烯则对氧化作用较为敏感。

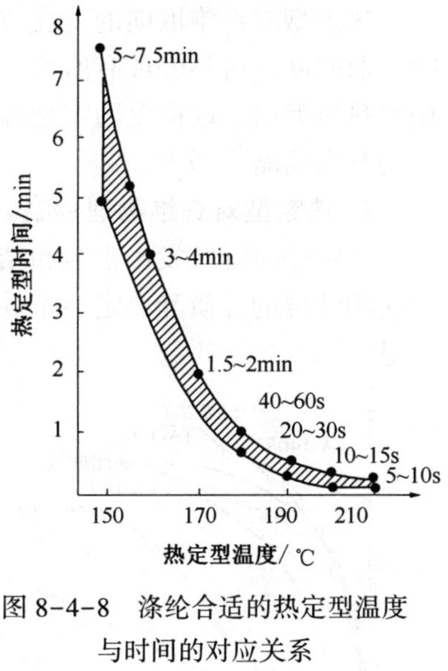

图 8-4-8　涤纶合适的热定型温度与时间的对应关系

如图 8-4-8 所示为涤纶合适的热定型温度和时间的关系，从图中看到，温度越高，时间越短，则最佳热定型时间的范围越窄。

(三) 热定型中纤维结构和性能的变化

1. 热定型过程中纤维结构的变化

与拉伸过程一样，热定型过程中纤维结构的变化，主要是超分子结构的变化。然而，热定型时纤维结构的变化比拉伸时的变化更为明显。热定型时纤维结构的变化，很大程度上取决于分子链的柔性，而热定型的条件，如温度、介质和所加张力对结构变化的影响也十分明显。前已指出，热处理(有时同时有溶剂的作用)促进分子链段运动，使内应力得到松弛，同时使纤维结构更趋于完善和稳定。

(1) 结晶度的变化

对于结晶型的聚合物，如将纤维在无张力状态下热处理，则结晶度有所增大，定型温度较高时，结晶度的增大往往更快。对聚酰胺、聚酯、聚丙烯、聚乙烯醇和聚乙烯纤维，热处理时都发现结晶度有所增大。由于热处理的结果，能使结晶度提高20%~30%。如进行定长热定型或在张力下热定型，则所得纤维的结晶度保持不变或比松弛热定型时增加得较慢。

尼龙66松弛热定型时，随热定型温度的提高，纤维的结晶度直线上升。纤维在热定型过程中的结晶速率与拉伸纤维原来的结构有关。

(2) 微晶尺寸和晶格结构的变化

在松弛状态下进行热定型，一般会增大微晶的尺寸，特别是垂直于纤维取向方向上的尺寸。这是由于热处理有利于分子链运动而发生链折叠，在张力下热定型时，平行于纤维取向轴的微晶尺寸会大为增大，而垂直于纤维曲线轴的尺寸只是略微增大，张力大时尺寸可能减小。

显然，微晶尺寸的增大，会使晶区缺陷减少，晶区完整度得到改善。

热定型也能影响晶格结构。例如，拉伸聚丙烯纤维的结晶一般为六方晶体，在加热时转变为更稳定的单斜晶变体。取向的尼龙6在绝对干燥状态下加热，只能增加原来六方晶体结构的完整性，而在水或其他能形成氢键的试剂存在下热处理，就会促使它转变为单斜晶变体。

(3) 取向度的变化

热定型时纤维取向的变化受定型方式的影响很大。一般情况下在定长或张力下热定型时，取向度保持不变或有所增大，而松弛热定型时，取向度随温度的增加而明显下降。涤纶松弛热定型时，取向度随定型温度的升高而明显减小，紧张热定型的情况却相反，随定型温度的升高而略有增大。

2. 热定型对纤维物理-机械性质的影响

热定型时纤维发生松弛和结构变化，引起纤维物理-机械性质发生改变，这种改变取决于使用纤维的性质和热定型条件，特别是定型温度和张力对纤维物理-机械性质的影响最为明显。

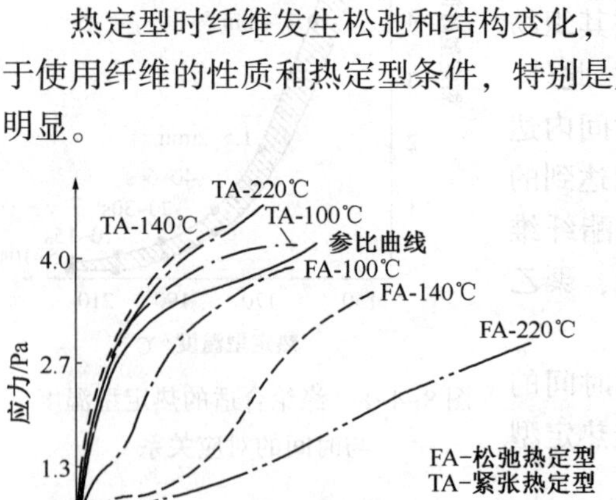

图 8-4-9 涤纶热定型后的应力-应变曲线

(1) 热定型的温度以及张力对纤维应力-应变行为的影响

如图8-4-9所示表示在不同温度、张力条件下热处理1min后，涤纶的应力-应变曲线。

从图中看到，松弛热定型时，纤维的应力-应变曲线都在未处理的参比曲线之下，热处理温度越高，曲线的位置越低；而紧张热定型时，应力-应变曲线则在参比曲线之上。松弛热定型时，随着定型温度的提高，纤维的断裂伸长有所增大，断裂强度、屈服应力和初始模量有所减小，断裂功有所增大。紧张热定型时，温度的影响与松弛热定型时大小一样，随着温度的提高，断裂强度和初始模量有所增大，而断裂伸长和断裂功则有所下降。

如图 8-4-10 所示为不同拉伸倍数的涤纶，松弛热定型与紧张热定型温度对涤纶的强度和初始模量的影响。由图中看出，松弛热定型温度超 100℃时，纤维的强度随定型温度的升高而明显下降；而紧张热定型温度在 140~200℃范围内，涤纶的强度随温度升高而有所增大；在 200℃以上，随温度的升高强度反而下降。由此可见，紧张热定型时，强度开始下降的转折点温度远较松弛热定型时(100℃)高。初始模量随定型温度的变化曲线与松弛热定型时大不相同，它先是稍有下降，而后又明显增大；当定型温度超过 200℃时，模量又明显下降，这可能与非晶区取向、结晶度以及晶粒尺寸的变化有关。

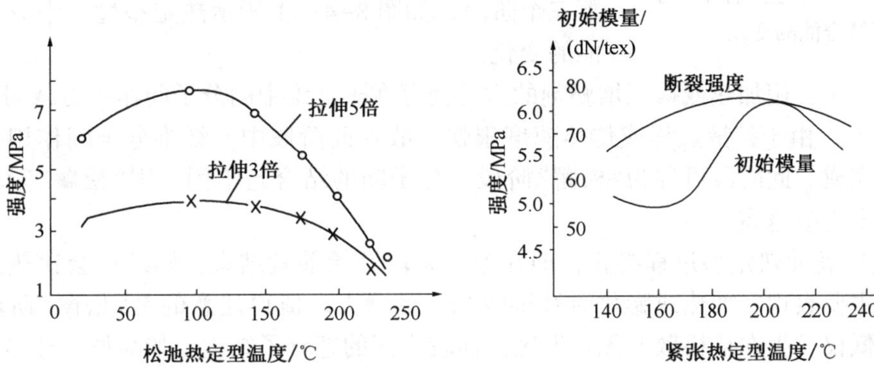

图 8-4-10　热定型温度对涤纶强度以及模量的影响

(2) 热定型对纤维热收缩的影响

随着温度升高，纤维收缩率增加。尼龙 66 在 220℃以后，收缩率迅速上升。而同时，在 220℃以上纤维的力学性能迅速恶化。

曾有人研究过热收缩后涤纶伸长的实测值与实验值的比较：实验结果表明计算值比实测值大，而且热处理温度越高，时间越长，这种差异越大。这就表明高温热处理所产生的收缩，不能在随后拉伸中重新回复为伸长。

因此，可以认为涤纶与尼龙 66 一样，热收缩不是一种简单的取向过程。也就是说，高温热处理改变了由拉伸所形成的网络结果(包括结晶参与的网络)，而这种改变在重新拉伸时不能复原。

(3) 热定型对纤维染色性能的影响

热定型对纤维的吸湿及染色性能的影响较为复杂，由于水分子及染料一般只能渗入纤维的非晶区，所以吸湿和染色性能主要取决于纤维的结晶度、晶粒尺寸、非晶区的取向以及微孔结构。对于不同类型的纤维，热定型对于吸收性能的影响也不尽相同。

聚丙烯腈纤维经热定型后吸湿性有所减小，这可能与其超分子结构有关。一般来讲，紧张热定型之后，由于纤维的结构更致密而使染色性能有所下降。

(四) 热定型机理

纤维热定型时放热，结构的有序程度增加；纤维在热定型时吸热，结构的无序程度增加。拉伸形变主要是熵的贡献，而热定型时，除了熵变之外，必定要有大分子的内能变化，而且大分子有多种运动单元，在吸热后各种转变都可能发生，目前尚无综合上述各种情况的统一理论。目前研究纤维的热定型，可从热定型过程中纤维大分子间作用力的变化，热定型与分子运动等方面来进行探讨。

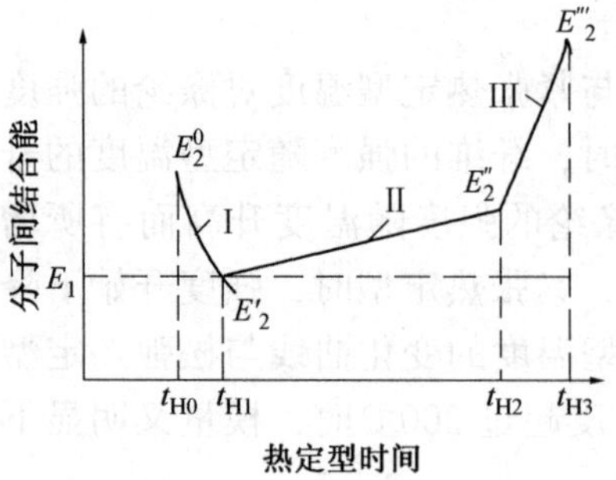

图 8-4-11　热定型过程中分子间结合能的变化

1. 热定型过程中大分子间作用能的变化

从纤维的大分子链结构分析可知，不同的纤维分子间存在不同的作用力，例如聚酰胺纤维，大分子间的作用力主要是氢键，聚酯纤维则是极性酯键以及苯环之间的相互作用，聚丙烯腈纤维分子间有极强性的侧基作用，而聚烯烃纤维只有亚甲基或侧基的作用，这一类分子间相互作用力很小，在温度稍高时(例如 50℃)就会舒解。那么从分子间的结合能的观点出发，合成纤维的热定型过程包括以下三个阶段，如图 8-4-11 所示热定型过程中分子间结合能的变化。

第一阶段Ⅰ，用加热或掺入增塑剂的方法使存在于纤维中的分子间作用力减弱，并使纤维温度高于 T_g。由于扩散过程或传热速度很快，故在此阶段中，纤维分子间作用力的减弱在几秒钟内完成。此阶段可称为"松懈"阶段。分子间的结合越牢固，则"松懈"阶段的时间就越长，温度就应越高。

如在 t_{H1} 时就使热定型过程终止，即在第二阶段开始前就结束，则纤维会比热定型以前更易变形，主要表现在加热或膨化时纤维收缩率的增大。值得注意的是"松懈"阶段分子间结合能的降低仅发生在最松散的无定形区，而较牢固的超分子结构，如晶粒、球晶、微纤等则并不拆散。

第二阶段Ⅱ是热定型过程的主要阶段，即真正的定型阶段。此时，分子间结合能 E 自发地由 E_2' 增大至 E_2''。由于"松懈"和热振动的结果，个别的大分子链节和链段周期性相互靠近并重新相互排斥。振动时，大分子个别的活性基团与其他大分子的同样基团相遇，靠近到原子间相互作用的距离，就形成新的键。此时由于处在高温下，这些键很弱，但其数目则不断增加，同时分子间的作用力增大。在结晶聚合物中会发生进一步的结晶，使非晶区或结晶区减小，结晶度有所提高。在非结晶型聚合物所形成的纤维中，热定型时仅发生无定形结构的紧密化，并形成新的微纤和其他超分子结构单元，这也使分子间的作用力增大。

由于相邻大分子的活性基团发生结合需要时间，因此第二阶段的时间比第一阶段长好几倍。第二阶段所发生过程的速度也取决于大分子链节或链段的活动性，即取决于热定型温度。此过程在高于 T_g 的温度下自发地进行，通常在低于聚合物熔点 30~50℃ 的温度下达到最大速度。

在很多情况下，形成新结构单元的过程可用一般用来描述结晶过程的 Avrami 方程来描述。这些过程的活化能等于 75~105kJ/mol，即当定型温度提高 10℃时，这些过程的进行速度通常增大 1~2 倍。

借助于提高温度或塑化程度而使定型加速是有限度的，因为提高温度或塑化程度会使分子间键过分减弱导致纤维熔融或溶解。此外，过分增大大分子的活动性，会使纤维的超分子结构大大改变，从而使其物理-机械性能恶化。把热作用和增塑作用结合起来，可使定型的第二阶段大为加快。因此，在热水或蒸汽介质中热定型的效果比在同样温度的热空气介质中定型要好一些。也就是说，在热水或蒸汽介质中定型时，能以较低的温度和较短的时间达到与在热空气中定型相同的效果。

第三阶段Ⅲ，在此阶段使纤维冷却除去增塑剂(水洗、干燥)，并降低温度至 T_g 以下，此时在第二阶段所产生的新键以及大分子的位置得到固定。新生结构的固定发生得很快，可在几秒内完成，因此此过程取决于传热或增塑剂的扩散速度。

综上所述，热定型过程中大分子间作用能的变化，第一阶段时间很短，主要发生传热、传质、内应力松弛等变化，纤维的主要物理机械性质改变；第二阶段时间长，形成较大的超分子结构单元和分子间键，结构得到稳定；第三阶段冷却或去除增塑剂，时间很快，结构的变化被固定下来。

2. 热定型与分子运动

聚合物大分子运动的特点之一是存在着多种运动单元和多种运动方式。每一种运动方式所需的活化能与该运动单元的松弛特性有关。运动单元的松弛时间越短，则其转变温度就越低。因此，聚合物在宽广的温度范围内显示出多种运动单元的转变温度，通常称为聚合物的多重转变。

聚合物中除了相当于50~100个主链原子的链段开始运动的玻璃化转变温度T_g、整个大分子链开始流动的黏流温度T_f以及结晶聚合物的熔融温度T_m以外，还存在着多种转变温度，例如侧基的运动、主链中4~8个碳原子在一起的“曲柄”运动等。每一种方式的运动一定要在高于其转变温度以上方能进行。聚合物中各种一定单元的松弛过程和转变温度可在其动态力学-温度谱上反映出来，特别是内耗-温度谱上反映得更为明显。

聚合物的内耗-温度谱是在一定频率下，在宽广的范围内测定聚合物的内耗而得到的。

如图8-4-12所示是尼龙6的内耗-温度谱。根据温度从高到低，谱图上的内耗峰分别为α、β、γ等内耗峰，其对应的温度称为α、β、γ转变温度。在大多数情况下，α转变温度相当于T_g。

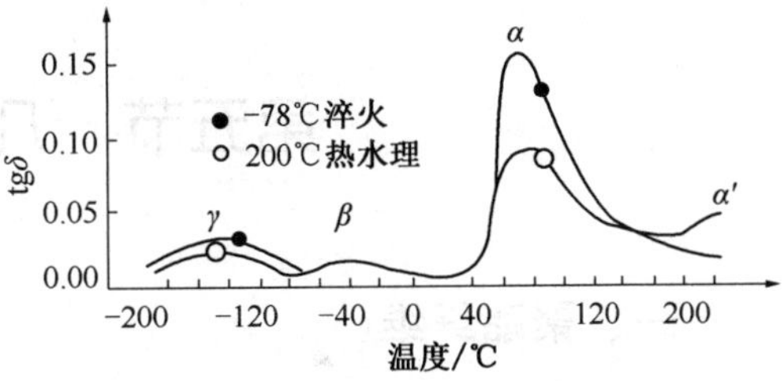

图8-4-12　尼龙6内耗-温度谱(100Hz)

研究纤维的多重转变，对于进一步理解热定型机理以及制定热定型工艺条件具有重要意义。人们希望纺织用纤维在使用温度下具有必要的柔性和弹性，同时又希望它不发生蠕变或蠕变尽可能小，即能保持纤维的形状和尺寸的稳定性。要符合上述条件，就要求成纤聚合物结构中存在多种运动单元。

一种理想纤维的内耗-温度谱应包括两部分内容：一是松弛时间短的运动单元，其内耗峰的位置低于室温，这就是说，在低于室温时，这些小的运动单元已发生运动，这就使纤维在室温下具有必要的柔性和弹性；另一部分是松弛时间相当长，相当于室温以上具有内耗峰，这就是说，一些较大的运动单元(一般指链段)在室温下还不能发生运动，这就防止了在室温下发生蠕变或松弛。

如果在较高温度下进行热定型，则较大的运动单元得以快速松弛，纤维的内应力得到消除，同时使热定型后纤维的结构得以稳定。

在内耗-温度谱上同时出现低于室温的内耗峰和高于室温的内耗峰，称之为“双内耗峰”现象。

在生产实践中发现，涤纶的热定型效果最好，聚酰胺纤维次之，腈纶也有热定型效果，而聚烯烃纤维和纤维素纤维热定型效果不好，其原因可从它们的内耗-温度谱中得到解释。如图8-4-13，涤纶的α转变温度高于室温，β内耗峰在-50℃附近，即涤纶具有上述的双内耗峰现象，因此，涤纶的热定型效果很好。尼龙6在室温下有多重内耗峰，见图8-4-12，

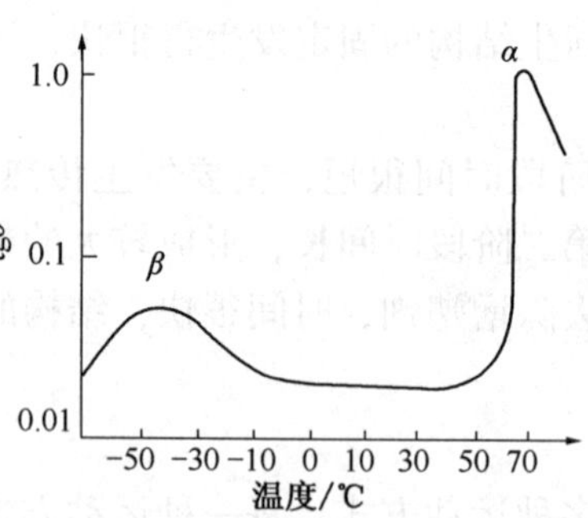

图 8-4-13　聚酯内耗-温度谱

但由于其分子间有氢键，在湿态下锦纶 6 的 α 转变温度可降低到室温。虽然可借水或其他溶剂的存在以降低热定型温度，但热定型的效果随后将受到水分子的影响以致受到损害。

多重转变是成纤聚合物松弛谱的特征，纤维的热定型又是在一定温度和时间下进行的，所以多重转变和热定型有密切关系。这里叙述的成纤聚合物的多重转变与热定型的关系是基于小形变下测定的松弛时间谱理论，并以结晶区和无定形区的结构模型为依据，不符合大形变的有关概念。如果松弛时间谱宽广平滑，则随温度的上升，将使在操作时间尺度内，能控制的松弛过程或分子转移过程的数目平缓地增加。但一般的成纤聚合物在室温以上的松弛时间谱都有内耗峰，所以随着温度的上升，在操作时间尺度内，能控制的松弛过程或分子转动过程的数目会在一个很窄的温度范围内迅速增加，这一点与拉伸之后有可能进一步结晶化结合起来，成为纤维热定型的基础。在转变温度以上进行快速的应力松弛，可使纤维固定于一定的长度和形状，使其在低温时形状稳定。热定型时的进一步结晶化，使纤维结构有所改变，并使转变温度提高，可以抑制进一步形变和不可回复伸长的发生。热定型使纤维具有能承受一定的热和张力作用的稳定结构。

第五节　几种纤维的纺丝过程

一、聚酯纤维

聚酯纤维是由大分子链中的各链节通过酯基相连的成纤聚合物纺制而成的合成纤维，通常是指聚对苯二甲酸乙二酯纤维(PET)，以对苯二甲酸二甲酯、乙二醇为原料，经酯交换、缩聚、纺丝和纤维后加工等四个步骤而制得，为目前发展速度最快、产量最大的合成纤维品种。聚酯纤维又称涤纶、的确良、特丽纶、达克纶、帝特纶等。

聚酯纤维常采用熔体纺丝法，可分为切片纺丝和直接纺丝。目前，聚酯短纤维大多采用直接纺丝法，即将聚合釜中的熔体直接送入纺丝机；而聚酯长丝多采用切片纺丝法。

（一）熔体纺丝

1. 切片纺丝过程

聚酯纤维常以纺丝速度的高低来划分纺丝技术路线。主要有四种技术路线：一是常规纺丝，纺速 1000~1500m/min，通称 UDY；二是中速纺丝，纺速 1500~3000m/min，通称 MOY；三是高速纺丝，纺速 3000~4000m/min，通称 POY，当纺速>5000m/min 以上时，为全拉伸丝 FDY；四是超高速纺丝，纺速 6000~8000m/min，为全取向丝，通称 FOY。

聚酯纺丝的工艺流程如图 8-5-1、图 8-5-2 所示，为短纤维和长丝纺丝流程图。

切片在螺杆挤出机中熔融后，以熔体形式送至纺丝箱中的各纺丝部位，过滤后通过计量泵从喷丝板的毛细孔中压出而成为细流，冷却定型的丝，即初生纤维，被卷绕成一定形状的卷装(对于长丝)或均匀落入受丝桶中(对于短纤维)。

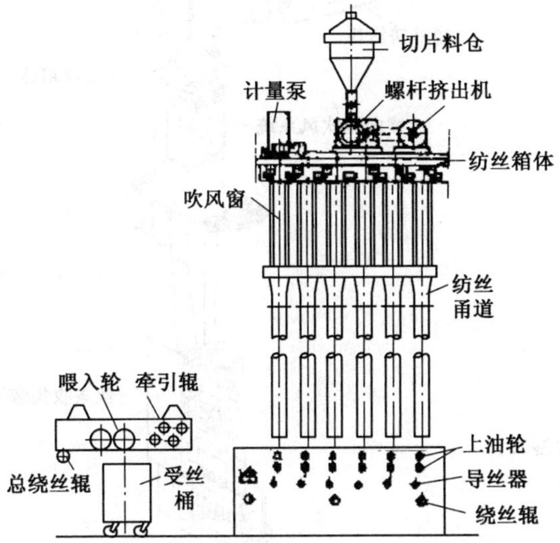

图 8-5-1　短纤维纺丝工艺流程示意图

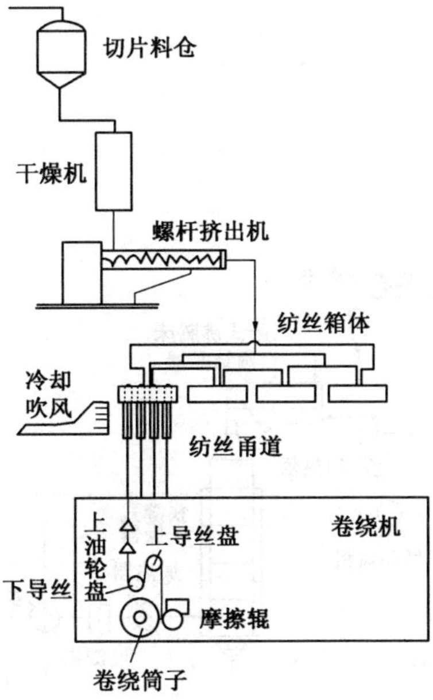

图 8-5-2　长丝纺丝工艺流程示意图

要注意的是切片纺丝前需要进行切片的干燥。切片干燥的目的是除去切片中水分，提高切片含水的均匀率，提高结晶度及软化点。干燥过程中，由于温度高，PET 会伴随着部分化学反应，如热裂解、热氧化降解、热水解等反应以及大分子的缩聚反应(固相缩聚)。因此切片干燥工艺要特别控制以下因素：首先是预结晶温度和时间，对于沸腾床预结晶器温度控制在 160~180℃，时间 8~15min；搅拌式充填预结晶器温度控制在 120~140℃，时间 1~1.5h；转鼓干燥温度 120℃，时间 4~5h。其次是干燥温度，根据干燥方式不同，干燥温度也不同，真空转鼓干燥温度 120~140℃，热风干燥 160℃以上。干燥时间一般在 4h 以上，达到干燥切片的含水率。另外干燥的风速，沸腾干燥一般在 20m/s 以上，充填干燥一般为8~10m/s。

图 8-5-3 为真空转鼓干燥设备以及切片干燥工艺流程。此外还有连续式(回转式、沸腾式、充填式干燥)干燥流程，如 KF、BM(见图 8-5-4)、Zimer 等。

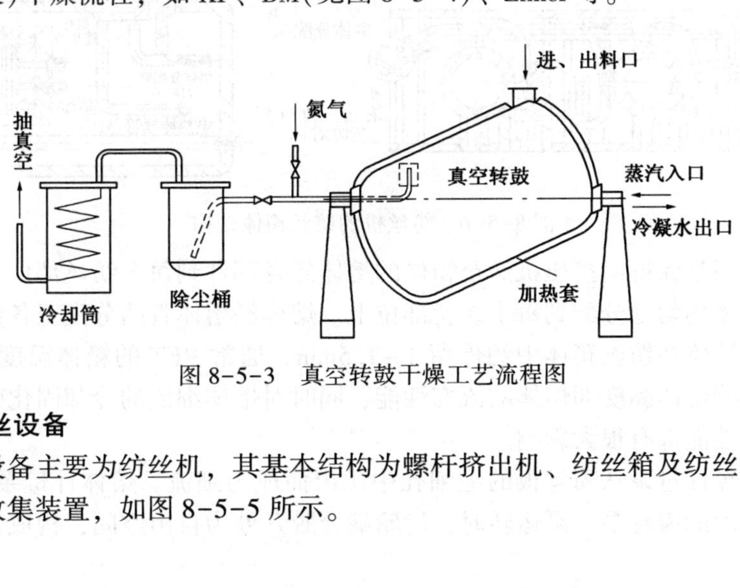

图 8-5-3　真空转鼓干燥工艺流程图

2. 熔体纺丝设备

熔体纺丝设备主要为纺丝机，其基本结构为螺杆挤出机、纺丝箱及纺丝头组件、丝条冷却装置和丝条收集装置，如图 8-5-5 所示。

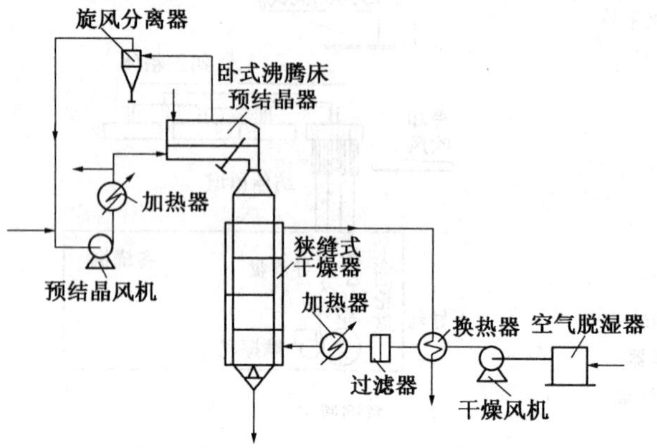

图 8-5-4　BM 干燥工艺流程图

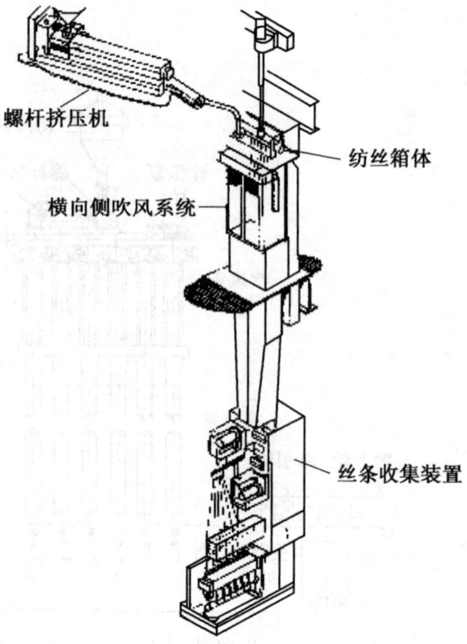

图 8-5-5　纺丝机的组成

(1) 螺杆挤压机

螺杆挤压机是聚合物的熔融装置，与塑料挤出机相似，挤压机各段的温度设定与一般热塑性塑料挤出成型规律相同。在加料段，要防止切片过早熔融造成输送不畅，压缩段的温度为熔点温度以上增加 27~33℃。熔体自螺杆前端向纺丝部件输送的管路，温度应接近或略低于纺丝熔体温度，例如 PET，在熔点以上 14~20℃。

(2) 纺丝箱及纺丝头组件

纺丝组件及纺丝箱体的作用是完成熔体输送、分配、纺丝及保温装置，主要由弯管、熔体分配管、计量泵等组成，如图 8-5-6 所示为纺丝箱体的结构。

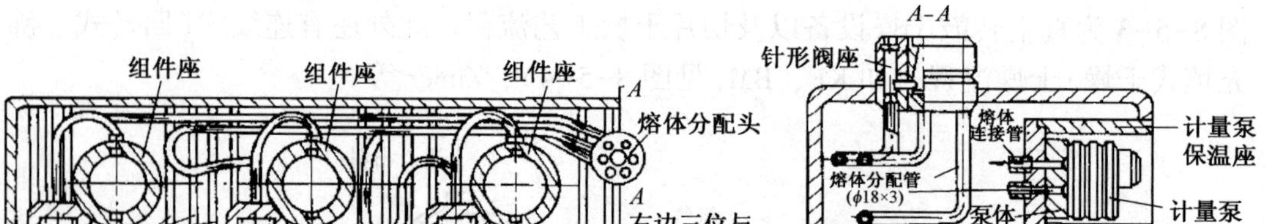

图 8-5-6　纺丝机的纺丝箱体结构

纺丝箱的作用是保持由挤压机送至箱体的熔体经各部件到每个纺丝部位有相同的温度和压力降，保证熔体均匀地分配到每个纺丝部位上。熔体经熔体管路分配至各纺丝位的计量泵和纺丝头组件。熔体在纺丝箱体中约停留 1~1.5min，通常 PET 的箱体温度为 285~288℃。熔体温度直接影响熔体黏度即熔体的流变性能，同时对熔体细流的冷却固化效果、初生纤维的结构以及拉伸性能都有很大影响。

熔体过滤后经计量泵从喷丝板的毛细孔中压出而成为细流。熔体计量泵如图 8-5-7 所示，是一种高精度的齿轮泵。泵运转时，齿轮啮合脱开处为自由空间，构成泵的进料侧。进入的熔体被齿轮强制带入泵体的啮合区间，然后挤入出料区，此区的高压熔体只能压入出料管，不会带入进料区。物料的泵出量是基本恒定的。

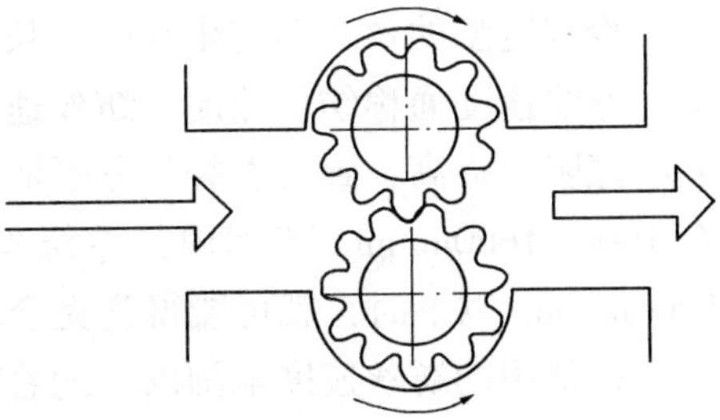

图 8-5-7　熔体计量泵示意图

纺丝组件是喷丝板、熔体分配器、过滤材料及组装套件的结合体。它的主要作用是将计量泵送来的熔体进行最终过滤，混合均匀后分配到每一个喷丝孔中，形成均匀的细流。同时还要确保熔体高度密封，防止泄漏。

组件中以喷丝头最为重要，直接影响成品丝的质量。根据纺丝方法的不同，喷丝头分为熔纺、湿纺和干纺三种。熔纺喷丝头一般为圆板形，也有矩形，如图 8-5-8 所示喷丝板的形式。喷丝孔的几何形状直接影响熔体的流动性，从而影响纤维成型。圆形喷丝板用耐高温的不锈钢制成，结构简单，制造方便。供熔纺用的喷丝板上的孔径，与纤维品种和纺丝条件有关，一般直径为0.2~0.5mm。纺长丝孔数一般为几十孔，棕丝一个孔，纺短纤维孔数一般多达 400~2000。喷丝头组件中喷丝板的洁净程度影响纺丝成型过程及纤维质量。组件内压力可达 20~50MPa，因此，要严格密封，防止漏料。

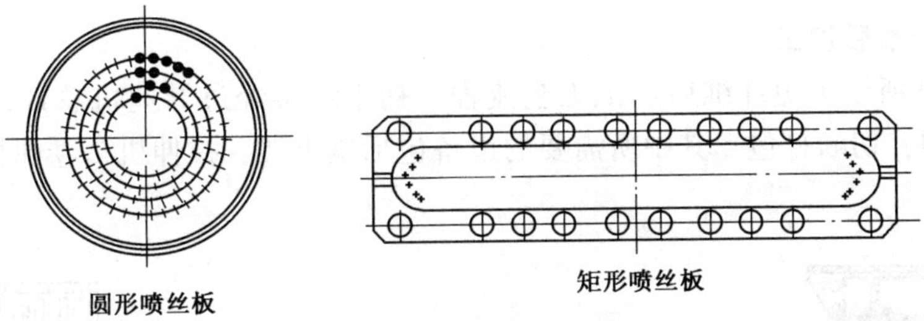

图 8-5-8　喷丝板的形式

湿纺喷丝头的孔径比熔纺喷丝板的孔径小，孔径一般为 0.05~0.1mm。常用的干纺喷丝头(板)有帽形和圆形两种，孔径为 0.07~0.16mm，孔数为 300~1200，由不锈钢或特种合金钢制成。

(3) 丝条冷却装置

丝条冷却装置主要完成纺丝细流的冷却成型，由纺丝窗及冷却套筒组成横向侧吹风系统。

采用单面侧吹风时，应适当提高送风温度，一般在 22~32℃ 范围内，有利于卷绕丝断裂强度的提高。若纺丝速度较高，应降低风温。

一定的湿度可防止丝束在纺丝甬道中摩擦带电，减少丝束的抖动，空气含湿可提高介质的比热容和给热系数，有利于丝束温度恒定和丝条及时冷却。此外，湿度对初生纤维的结晶速度和回潮伸长均有一定影响。

纺制短纤维时，对卷绕成型要求稍低，送风湿度可采用 70%~80% 的相对湿度，也可采用相对湿度为 100% 的露点风。

由于熔体细流在空气中冷却，传热速度和丝条固化速度快，而丝条运动所受阻力很小，因此熔体纺丝的纺丝速度要比湿法纺丝高得多。

为了加速冷却固化过程，一般在熔体细流离开喷丝板后与丝条垂直方向进行冷却吹风。

(4) 丝条收集装置

丝条收集装置由卷绕机和受丝桶组成，完成初生纤维的卷绕。

冷却定型的丝，即初生纤维，长丝被卷绕成一定形状的卷装，而短纤维均匀落入受丝桶中。卷绕速度通称纺丝速度。纺丝速度越高，纺丝线上速度梯度也越大，且丝束与冷却空气的摩擦阻力提高，致使卷绕丝分子取向度高，双折射率增加，后拉伸倍数降低。当卷绕速度在1000~1600m/min 范围内，卷绕丝的双折射率和卷绕速度呈直线关系，若卷绕速度达5000m/min 以上时，就可能得到完全取向的纤维。

在常用的纺丝速度范围内，随着纺丝速度的提高，初生纤维的卷绕张力和双折射率有所增大，同时熔体细流冷却凝固速度加快，也导致纤维中的内应力增大，从而使初生纤维的沸水收缩率增大。

（二）聚酯纤维后加工

后加工是指对纺丝成型的初生纤维（卷绕丝）进行加工，以改善纤维的结构，使其具有优良的使用性能。将纤维进行拉伸，使纤维中大分子取向，并规整排列，提高纤维强度，降低伸长率，并将纤维进行热处理，使大分子在热作用下，消除拉伸时产生的内应力，降低纤维的收缩率，并提高纤维的收缩强度。同时通过后加工可对纤维进行特殊加工，如将纤维卷曲或变形、加捻等，以提高纤维的摩擦系数、弹性、柔软性、蓬松性，或使纤维具有特殊的用途及纺织加工性能。

1. 聚酯短纤维后加工

如图 8-5-9 所示为短纤维后加工工艺流程。初生纤维经过导丝机总计四道拉伸后，卷曲处理并热定型，切断打包。其中所需要的设备包括集束架、拉伸机、卷曲机、热定型设备以及切断机等。

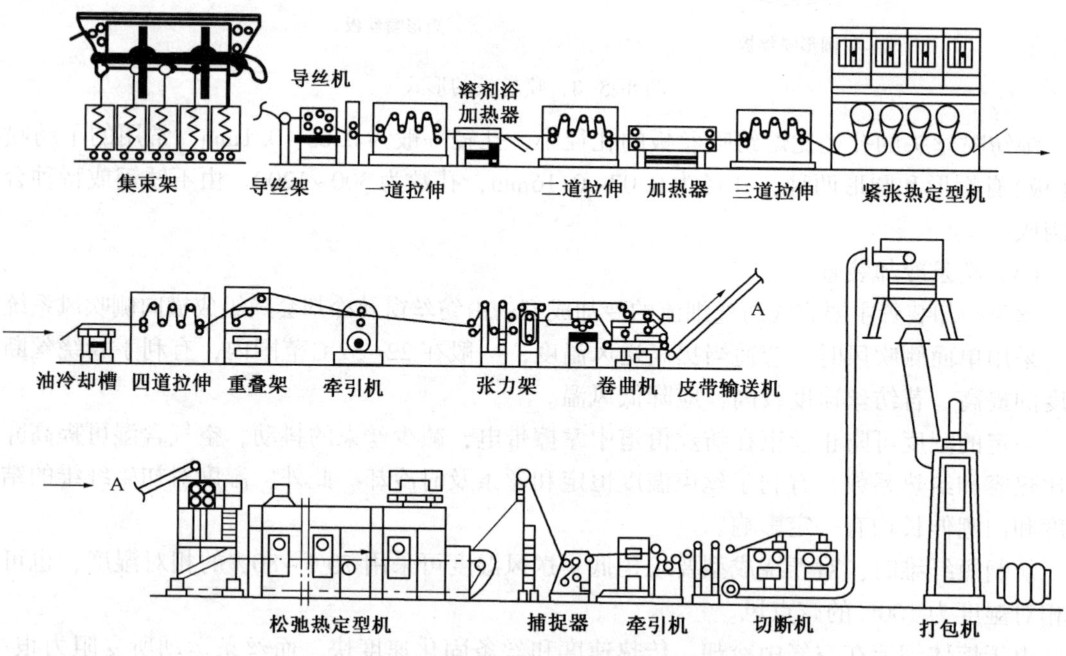

图 8-5-9　短纤维后加工工艺流程示意图

（1）初生纤维的存放及集束

初生纤维的存放主要因为刚成型的初生纤维预取向度不稳定，需经存放平衡，使内应力减小或消除，预取向度降至平衡值，聚酯纤维的存放时间与取向的关系如图 8-5-10 所示，可以看出存放 8h 后取向趋于平衡稳定，因此工艺上要求存放 8h 以上。同时初生纤维的存放也使卷绕时的油剂扩散均匀，以改善纤维的拉伸性能。

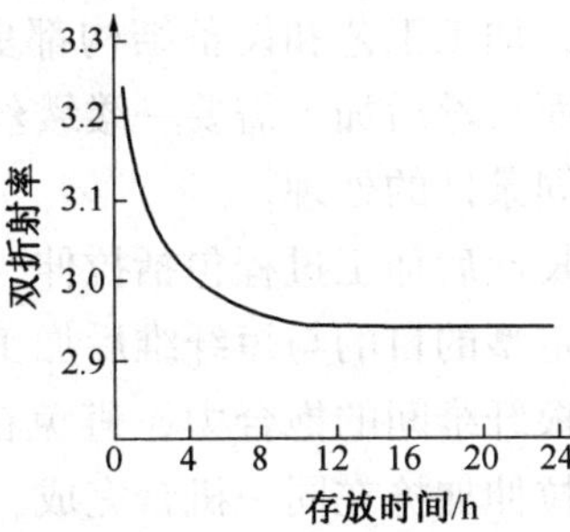

图 8-5-10 聚酯卷绕丝双折射率与存放时间关系

集束是将若干个受丝桶的丝条(初生纤维)合并，集中成工艺规定粗度的大丝束，以便后处理。一般在 30×1(股)~70×2(股)ktex。

(2) 拉伸

拉伸是后加工的主要工序，采用七辊拉伸机进行四道拉伸。采用湿热拉伸工艺，加热方式有热水喷淋、蒸汽喷射、油浴、水浴加热等。

拉伸工艺有一级和两级拉伸，间歇集束两级拉伸。

提高拉伸温度，屈服应力和拉伸应力减小，有利于拉伸，第一级拉伸在 T_g 以上，70~90℃；第二级拉伸在第一级拉伸后，已有一定程度取向和结晶，T_g 也随之提高，进行第二级拉伸时就应有更高温度，例如棉型 150℃，毛型 180℃。

拉伸速度提高，可使拉伸应力提高，因此可提高拉伸温度，降低拉伸应力，提高拉伸速度。但当拉伸速度超过某一值后，应力又会降低，因为拉伸过程纤维发热，使纤维实际温度升高，降低了拉伸应力。拉伸丝束喂入速度一般为 30~45m/min，出丝速度对于棉型一般为 140~180m/min，毛型要低些。

拉伸时拉伸倍数如果小于自然拉伸比，会有很多未拉伸丝，但是倍数达到最大拉伸比，会使纤维断裂。

采用两级拉伸时，如果一级拉伸倍数大，二级拉伸倍数就小，结果使纤维的断裂强度提高，延伸度下降；如果一级拉伸倍数提到一定值，即占总拉伸倍数的 90%时，则纤维性能变差，造成强度下降，延伸度和沸水收缩率上升。一般总拉伸倍数为 4~4.4 倍，第一级控制 85%左右。

在拉伸中拉伸点控制很关键。拉伸点是指拉伸过程中出现细颈的位置。实际上应是 2~3cm 的拉伸区，拉伸区距离越短越好。拉伸点准确控制在一、二道拉伸机之间的加热器中。

(3) 卷曲

卷曲采用卷曲机，利用机械卷曲法进行卷曲。卷曲是使纤维与天然纤维有相似的卷曲性，以增加纤维的抱合性。

一般的卷曲数，棉型 5~7 个/cm，毛型 3~5 个/cm。

(4) 热定型

热定型的目的是消除纤维在拉伸过程中的内应力，使大分子发生一定程度的松弛，提高纤维的结晶度，改善纤维的弹性，降低纤维的热收缩率，使其尺寸稳定。

用于热定型的设备有链板式松弛定型机、圆网式松弛定型机、紧张热定型机。干燥温度 110~115℃，松弛定型温度 120~130℃。

(5) 切断和打包

按照不同的要求，棉型短纤维，切断长度 35mm 或 38mm，并要求长度偏差小于 6%；超长纤维含量 2%；中长纤维为 51~76mm；毛型为 89~114mm。

2. 聚酯长丝后加工

纺丝获得的纤维不切断，长度以千米计的光滑纤维称长丝。长丝后加工与短纤维后加工相比，加工工艺和设备结构都更复杂，这是由于短纤维是集束成大股丝束后，进行后加工的，而长丝后加工需要一缕缕丝(细度为几十特至一百多特)分别进行，要求每缕丝都能经受相同条件的处理。

长丝后加工过程包括拉伸、加捻、复捻、热定型、络丝、分级、包装等工序，其中拉伸和热定型的目的与短纤维后加工基本相同。加捻是长丝后加工的特有工序。加捻的目的是增加单根纤维间的抱合力，避免在纺织加工时发生断头或紊乱现象，同时提高纤维的断裂强度。拉伸加捻在同一机台完成，以拉伸为主，加捻为辅。这种捻度较小的丝称弱捻丝，织造前常需复捻。纤维的捻度以每米长度的捻回数表示。通常经拉伸-加捻后得到的捻度为10~40 捻/m。需要更高捻度，则再进行复捻。

如图 8-5-11 所示为涤纶长丝拉伸加捻机示意图，其组成主要为原丝筒子架、拉伸装置、加热器和加捻卷绕装置。一般利用高纺原丝 POY 丝筒由导丝器喂入辊，经过加热器到拉伸盘，进入钢丝圈加捻，卷绕筒卷绕得到普通长丝。

原丝长丝经过特殊变形热处理，可制得富有弹性的弹力丝。弹力丝在长度上的伸缩性可达原丝的数倍，而在蓬松性方面可为原纤维的数十倍。生产弹力丝的主要方法为假捻法。

目前世界上约有 80%的弹力丝用该法生产，此外还有填塞箱法、空气喷射法等。假捻法生产弹力丝原理如图 8-5-12 所示。利用合成纤维的热塑性，在加捻器上方，纤维在高捻度情况下在定型器中进行热定型，以消除内应力，固定加捻变形。纤维移至加捻器下方时即退捻至零，但纤维仍保留已定型的卷曲状态，因而形成了蓬松柔软并富有弹性的弹力丝。长丝可以进行空气变形丝的加工。其生产原理是丝条在气流作用下(横向气流、轴向气流、旋转涡流)，纤维发生交络(纤维彼此间相交、形成网络结构)和缠绕(一根纤维以另一纤维为轴心，或互为轴心缠绕)，使整根丝束形成错综复杂的丝体，呈现环圈加交络的丝体结构。如图 8-5-13 所示为空气变形丝的加工过程。

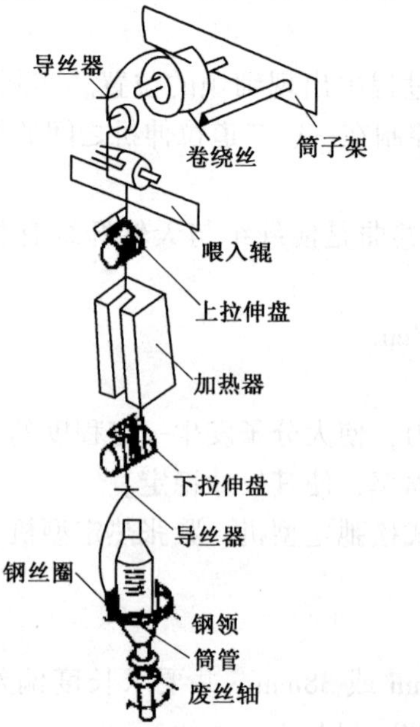

图 8-5-11　涤纶长丝拉伸加捻机示意图

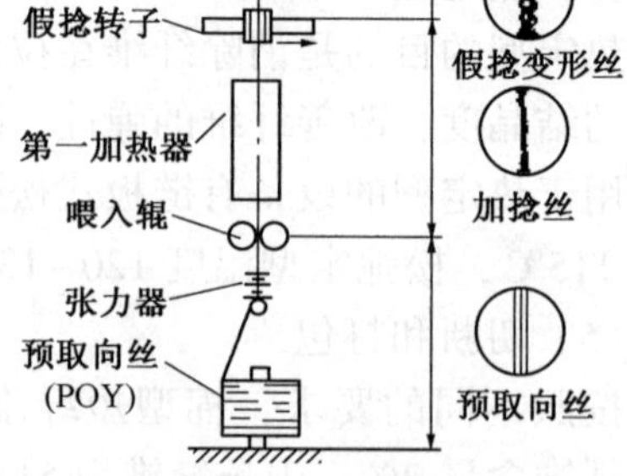

图 8-5-12　假捻变形工艺流程及其相应的纤维表观形态示意图

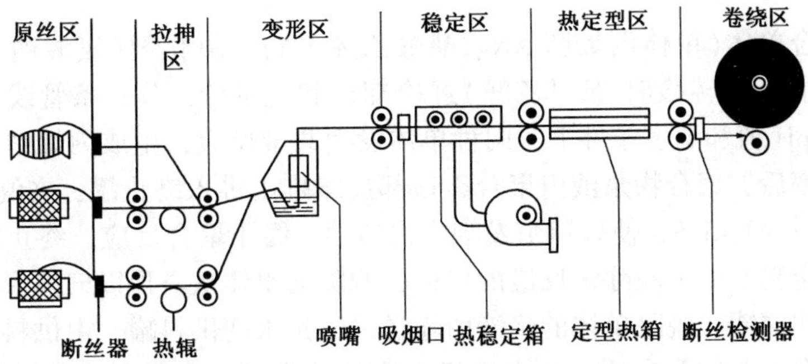

图 8-5-13 空气变形丝生产工艺流程图

变形丝的加工主要工序是变形区内，原丝入喷嘴被气流吹开，吹开的单丝位移、横向弯曲、生成圈结，丝长度缩短、强化缠结和网络，固定变形效果。

二、聚丙烯腈

聚丙烯腈(PAN)简称腈纶，在我国还称为“人造羊毛”，在国外则称为“奥纶”“开司米纶”，为目前世界上产量仅次于聚酯纤维和聚酰胺纤维的第三大品种的纤维材料。

聚丙烯腈纤维是由聚丙烯腈或 85% 以上的丙烯腈和其他第二、第三单体的共聚物纺制的纤维。仿毛型织物以腈纶为主要原料。

腈纶的生产路线可按聚合方法(非均相聚合、均相溶液聚合)、纺丝方法(干纺、湿纺)、溶剂种类划分为十几种。其中 NaSCN 二步法湿法纺，是 PAN 的合成采用水相沉淀聚合，聚合物经分离后重新溶解，即聚合物的制备和原液的配制两步完成。如图 8-5-14 所示。

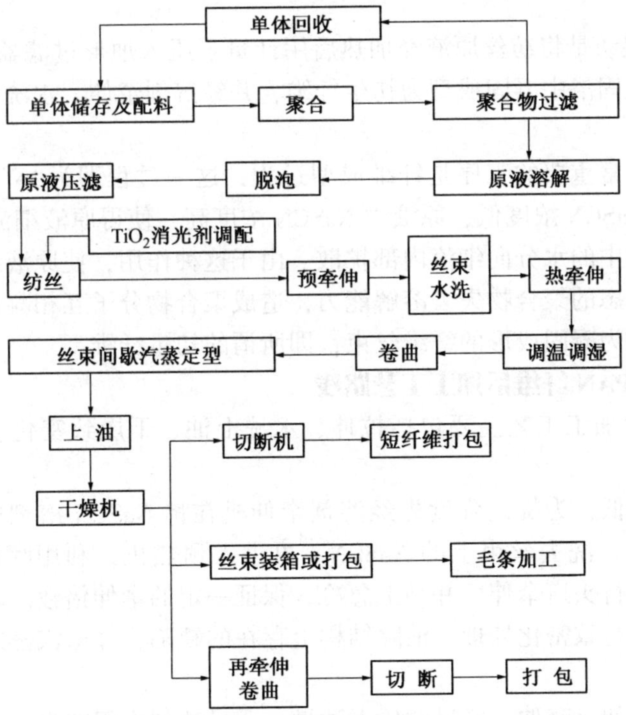

图 8-5-14 腈纶二步法湿法纺丝过程

（一）聚合

配制好的混合单体（单体丙烯腈 AN、醋酸乙烯 VA）、氧化剂（氯酸钠和固体硫酸铜）、还原剂（亚硫酸钠）及链转移剂（巯基乙醇）经冷却器和流量计，分三条管线从釜底同时进入聚合釜，在一定 pH 值和温度条件下，两种单体发生共聚反应，生成丙烯腈共聚物。当反应达到规定的转化率后，聚合物浆液由聚合釜顶部连续排出进入终止罐，在终止罐中加入 2% 的 NaOH 调节体系 pH = 5.5，使残留引发剂失去活性，终止聚合反应。终止的聚合物浆液打入脱单塔，在一定真空度下脱除未反应的单体，脱除的单体从塔顶以气体形式逸出，冷凝分离后打到回收单体储罐。脱除单体的浆液由输送泵送到水洗供料罐，由供料泵将浆液送到水洗机中，洗去残余的单体及杂质。从水洗机下来的滤饼再加水稀释成浆液进入混合供料罐中，与罐中不同时间得到的聚合物浆液充分混合，保证聚合物性质稳定，经混合后聚合物浓度大致为 26%，然后利用脱水机进行脱水，脱水后的聚合物为含水量低于 55% 的白色粉末。

（二）原液制备

原液制备是二步法纺丝生产腈纶的必要工序。它是将脱水后的聚合物粉末进行浆化、溶解、过滤、脱泡等工序配成纺丝原液，为纺丝工段提供原料。

脱水后的聚合物粉末首先进入浆化罐与溶剂 NaSCN 混合进行浆化。浆化即所谓的溶胀，是指大分子链吸收溶剂而膨胀。然后浆化后的浆液与加热的 NaSCN 在静态混合器中混合，并在一定时间、一定搅拌速度下使聚合物溶解，但这时的原液中含有一些杂质及未浆化溶解的聚合物，很容易堵塞管道机和喷丝头，在此必须进行过滤。过滤采用板框式压滤机。过滤后的浆液由泵打到预热器中加热，通过脱泡塔脱除气泡，进入储存罐储存，目的是为防止溶解和脱泡工序出现问题影响后纺丝。储存的原液再经过过滤器第二次过滤，并调定原液温度，使它保持一定黏度，至此完成原液制备。

（三）纺丝

NaSCN 二步法湿纺是将纺丝原液经加热后用计量泵压入烛形过滤器，并由喷丝头喷出。喷出的原液细流在凝固浴中凝固成型为初生纤维，并经溶剂牵伸、水洗等后处理成为腈纶纤维成品。

纺丝工段一个非常重要的工序是纤维成型过程，这一过程即为“双扩散过程”。双扩散是由于凝固浴中的 NaSCN 浓度低，原液中 NaSCN 浓度高，使得原液细流中的 NaSCN 向凝固浴中扩散，而凝固浴中的水分向细流内部扩散。由于这种作用，使原液细流中聚合物浓度越来越高，处于溶解状态的聚合物失去溶解能力，造成聚合物分子互相凝聚，纺丝细流转变成为凝胶体，进而转变为凝固成形的纤维丝束，即所谓的初生纤维。

（四）湿法成型 PAN 纤维后加工工艺路线

PAN 初生纤维后加工工艺主要包括拉伸、水洗上油、干燥致密化、卷曲、热定型、干燥、切断、打包。

初生纤维强度较低，为提高强度先经溶剂牵伸机在稀 NaSCN 溶剂中进行牵伸（拉伸），然后进入蛇形水洗机，洗去丝束上的 NaSCN。再进入预热机，利用喷淋水提高丝束温度，之后进入牵伸浴中进行头道牵伸，并马上急冷，保证一定的牵伸倍数。牵伸后的初生纤维再经调温调湿干燥机进行致密化处理，消除结构上存在的缺陷，并由汽蒸定型机，消除丝束中的残余应力。

然后进入二道牵伸机牵伸，经过调质上油槽，通过油剂作用减少丝束之间的摩擦，增加可纺性。再由两个挟持辊进行机械卷曲，以便提高纤维的抱合力。

此时的纤维还含有一定的水分，因此必须经过干燥机进行干燥，以达到规定的回潮率，干燥后的丝束可送去毛条车间制毛条，也可由切断机切断成短丝打包出厂。

1. 拉伸

预热浴拉伸的主要目的为脱溶剂化，加强结构单元之间的作用力，脱除大分子中氰基与水分子的缔合体，提高可拉伸性。预热浴拉伸的温度控制在55~65℃。

湿热拉伸的拉伸介质采用一定浓度的溶剂(先拉伸后水洗)和水(先水洗后拉伸)。拉伸倍数，一般腈纶的总拉伸倍数为10倍以上。拉伸后纤维形态结构的变化主要表现在初生纤维的微孔拉长变细、生成由大分子链束组成的微纤、微纤与微纤之间有结点连接。

2. 水洗

水洗的目的主要是除去丝束中含有的一定量的溶剂，一般溶剂含量小于0.1%。水洗温度一般控制在50℃左右。

3. 上油

上油的目的是增加纤维之间的抱合力，增加抗静电性，减少摩擦，提高纺织加工性能。毛型腈纶的上油率为0.2%~0.3%，棉型腈纶的上油率为0.4%~0.5%。

4. 干燥致密化

干燥致密化不仅需要一定温度，而且伴随着脱溶剂的过程，即水分从微孔内逐步移出的过程。致密化在适当的温度下进行干燥，由于水分逐渐蒸发并从微孔移出，在微孔中产生一定的负压；在适当温度下，大分子链段能比较自由地运动而引起热收缩，使微孔半径相应地发生收缩，微纤之间的距离越来越近，导致分子间作用力急剧上升，最后到微孔的融合。

干燥致密化后纤维结构的变化主要表现在微孔和裂隙融合，纤维密度提高，比表面积下降，序态结构加强，T_g升高，脱溶胀引起纤维径向轴向收缩，结晶粒子变大，准晶区取向度不变或略下降。干燥致密化后纤维性能的透光率由20%增加到93%，白度下降，染色的均匀性增加，物理机械性能提高。

干燥致密化的工艺条件主要为温度、时间、介质的相对湿度以及张力。干燥的温度应高于纤维的玻璃化转变温度。对于常用的圆网半松弛式干燥机各区温度控制如下：Ⅰ区130℃，Ⅱ区115℃，Ⅲ区105℃，Ⅳ区95℃，Ⅴ区80℃，Ⅵ区70℃。干燥时间18min。

5. 热定型

热定型的目的主要是松弛大分子，消除丝束中的残余应力。通过热定型的纤维结构主要发生两种变化：一是晶粒尺寸变大，二是取向度下降。热定型对腈纶性能的影响主要是沸水收缩率下降(8%下降到2%)，钩强(cN/dtex)、钩伸(%)上升，上染率及染色均匀性增加。

热定型的工艺条件包括介质的种类、温度和时间。常用的热定型传热介质有热板、空气浴、水浴、饱和蒸汽或过热饱和蒸汽浴五种，腈纶常采用汽蒸定型。热定型温度首先应低于PAN分解温度，一般为160℃左右。热定型时间与加热介质、定型温度等有关。120℃时，定型时间14min，160℃时只要10s，高于160℃时时间更短。

6. 卷曲

卷曲的目的是提高纤维的抱合力。卷曲度：一般棉型4~5.5个/cm，毛型3.5~5个/cm。卷曲温度：在纤维湿态下的T_g(65~67℃)以上10℃左右，一般为70℃左右。

(五) 聚丙烯腈纤维的特殊加工

1. 毛条制备

腈纶生产中，切断以前的纤维是连续不断的长丝束，切断以后才变得紊乱无序，纺织厂在纤维加工中需将这些纤维进行梳理，使纤维回复到比较整齐排列的状态。为了缩短纺纱工艺，提高生产率，可将腈纶长丝束经过适当的机械加工方法，使长丝束既切断又不乱，这种机械加工方法称为直接制毛条，或称牵切纺。

毛条制备的工艺过程主要有两种：一种为切断法，是通过特殊切丝辊把片装丝束切断成一定长度的纤维，然后制成毛条，由卷曲装置压实，由导槽落入毛条筒中。另一种方法为拉断法，是在高温条件下对腈纶进行高倍拉伸，然后用特殊刀轮将纤维拉断，经卷曲箱进入毛条筒。

2. 膨体纱的制备

膨体纱主要以腈纶为主，是利用其热塑性制得的具有蓬松性的纱线。制法是将经过一般后加工的腈纶长丝在牵伸机上进行热拉伸，然后骤冷，使拉伸形变冻结。再将纤维切断，取其中一部分(约50%~60%)在一定温度下进行松弛热定型，使其收缩性减小。将这样得到的两种分别具有高收缩性和低收缩性的不同纤维进行混纺，再将纺出来的纱线在一定温度下进行热处理，这时高收缩性纤维收缩成芯子，而低收缩性纤维浮在表面，就得到蓬松柔软、保暖性好的膨体纱。

第六节　功能纤维和高性能纤维

新材料是具有优异性能的结构材料和有特殊性质的功能材料，是国家战略性新兴产业之一。随着纤维材料在航空航天和国防军工等方面用途不断扩大，各种高性能纤维与功能纤维应运而生。与常规大品种纤维多用于纺织服装所不同，高性能纤维和功能纤维新材料属于高技术纤维，其作为现代科技领域的重要组成部分，在国防科工、新能源、生命健康、生物医药、化学工业和智能穿戴等多个领域都发挥着不可替代的作用，是推进新型工业化、加速形成新质生产力的关键引擎，也是体现一个国家综合实践力与技术创新的标志之一。

功能纤维和高性能纤维

第八章思考题

参 考 文 献

[1] 周殿明. 塑料压延技术[M]. 北京：化学工业出版社，2003.
[2] 巫静安. 橡胶塑料加工成型与制品应用工程手册. 压延成型与制品应用[M]. 北京：化学工业出版社，2001.
[3] 吕柏源等. 橡胶塑料加工成型与制品应用工程手册. 挤出成型与制品应用[M]. 北京：化学工业出版社，2002.
[4] 朱复华. 挤出理论及应用[M]. 北京：中国轻工业出版社，2001.
[5] 王贵恒. 高分子材料成型加工原理[M]. 北京：化学工业出版社，1982.
[6] 张海等. 橡胶及塑料加工工艺[M]. 北京：化学工业出版社，1997.
[7] 沈新元等. 高分子材料加工原理[M]. 北京：中国纺织出版社，2000.
[8] 赵素合等. 聚合物加工工程[M]. 北京：中国轻工业出版社，2001.
[9] 周达飞等. 高分子材料成型加工[M]. 北京：中国轻工业出版社，2000.
[10] 丁浩. 塑料工艺实用手册[M]. 北京：中国轻工业出版社，1995.
[11] 张明善. 塑料成型工艺及设备[M]. 北京：中国轻工业出版社，1998.
[12] 吴培熙等. 塑料制品生产工艺手册[M]. 北京：化学工业出版社，1993.
[13] 邬国铭. 高分子材料加工工艺学[M]. 北京：中国纺织出版社，2002.
[14] 杨明山等. 高分子材料加工工程[M]. 北京：化学工业出版社，2013.
[15] 陈耀庭. 橡胶工艺原理[M]. 北京：化学工业出版社，1982.
[16] 杨清芝. 实用橡胶工艺学[M]. 北京：化学工业出版社，2018.
[17] 贺英. 高分子合成和成型加工工艺[M]. 北京：化学工业出版社，2013.
[18] 肖长发. 化学纤维概论(第三版)[M]. 北京：中国纺织出版社，2015.
[19] 董纪震等. 合成纤维生产工艺学(第二版)[M]. 北京：中国纺织出版社，1991.
[20] 刘厚钧. 聚氨酯弹性体手册(第二版)[M]. 北京：化学工业出版社，2012.
[21] 张清华等. 聚酰亚胺高性能纤维[M]. 北京：中国纺织出版社，2019.